钼及钼复合材料理论与实践

赵宝华　朱　琦　王　林
韩　强　左羽飞　　编著
孙院军　　主审

西北工業大學出版社

【内容简介】 全书共分为10章，按章序先后介绍了概论、钼粉质量优化过程及相关机理、钼粉及钼复合材料粉末压制、钼及钼复合材料烧结、钼合金化原理及其与介质的相互作用、钼及钼合金塑性加工变形、钼合金在靶材及其他行业的应用、钼及钼复合材料生产方法设计、钼产业链环境污染及环境保护、中国钼加工业现状及发展建议等内容。本书内容是根据近几十年所搜集的文献资料及著者工作中的实践经验编写而成的。

本书主要供从事难熔金属工业生产的技术人员阅读，也可作为高等院校相关专业学生的参考书。

图书在版编目(CIP)数据

钼及钼复合材料理论与实践/赵宝华等编著．—西安：西北工业大学出版社，2014.2

ISBN 978-7-5612-3908-7

Ⅰ.①钼…　Ⅱ.①赵…　Ⅲ.①钼—粉末冶金—冶金过程②钼—复合材料　Ⅳ.①TF841.2 ②TB331

中国版本图书馆CIP数据核字(2014)第012928号

出版发行：西北工业大学出版社
通信地址：西安市友谊西路127号　　**邮编**：710072
电　　话：(029)88493844　88491757
网　　址：www.nwpup.com
印 刷 者：陕西宝石兰印务有限责任公司
开　　本：787 mm×1 092 mm　1/16
印　　张：28
字　　数：683千字
版　　次：2014年2月第1版　　2014年2月第1次印刷
定　　价：88.00元

序

赵宝华先生在金堆城钼业集团有限公司技术中心任总工程师。他在钨钼业界从事生产及科研30多年，有很丰富的实践经验。

2000年，赵宝华先生和其他人一起进行了稀土钼攻关，在电光源、金属切割等领域有重大突破。“稀土钼合金研制”被陕西省评为科技成果二等奖。

《钼及钼复合材料理论与实践》一书是他们为我国有色金属工业编写的一部介绍粉末冶金和压力加工技术与生产的专著。在书中，对钼科研及生产工艺设计和环境保护等进行详细阐述，并对钼靶材也做了介绍。

《钼及钼复合材料理论与实践》是传统和新技术的结合，也是从钼初级产品到精品设计与生产的理论与实践的结合，对难熔界工程技术人员有很好的指导意义。

钼冶金工艺虽然多种多样，但工艺制定十分严格，《钼及钼复合材料理论与实践》一书对粉末冶金和压力加工从工艺原理到实践做了详细的介绍，给钼业工作者提供了参考借鉴，并能开拓新的思路。

金堆城钼业集团有限公司技术中心是国家级技术中心，该公司在国际上有一定的知名度，他们能将钼及钼复合材料的理论与实践写成一本书，也是对中国难熔金属界事业的一大贡献。

我相信，在难熔界同志们的共同努力下，中国难熔金属赶超世界先进水平会早日实现！

张文征

西北有色金属研究院教授

2013年8月

前　　言

钼是1778年由瑞典化学家C. W. Scheele发现的。钼属于难熔金属。19世纪末，人们发现钼能够显著增加钢的强度和硬度，含钼的炮钢有优异的机械性能，钼钢的生产在1910年后得到迅速发展。此后，钼成为耐热和防腐的各种结构钢的重要成分。

金属钼的工业生产以及在电气工业上的广泛应用，大约与金属钨是同一年代开始的。因为生产这两种致密金属的粉末冶金法和压力加工工艺已研究成功，完全可应用于生产。

20世纪50年代后，钼的研究工作主要是积极探索耐热钼基合金的成分和生产工艺。从某种意义上讲，是战争的武器材料需要促进了对钼的认识、研究和发展，然后才逐步将其应用到电子、化工、高温等领域。

钼的应用十分广泛，其中最主要的行业有钢铁工业、金属压力加工行业、电光源行业、电真空行业、高温炉行业、玻璃工业、机械工业、耐磨行业、航空航天行业、核工业、石油化工行业、防腐化工行业、颜料行业、农业等。

中国是世界上最大的钼资源国，储量占世界第一，钼资源储量占到世界储量的44%，但出口到国外的大部分是钼的初级产品。如何改变从钼的初级产品出口到钼的精品生产及出口，是摆在中国难熔金属界工程技术人员和管理工作者面前的共同课题。

《钼及钼复合材料理论与实践》一书即是旨在提供改变上述问题的探索性书籍。笔者曾经从事难熔金属工作30余年，在国内多家大型钨钼企业从事过生产和科研工作，积累了一定的理论知识和实践经验。

本书主要对钼粉末冶金和压力加工过程的理论与实践进行了详细阐述，并对环境保护、钼生产及工艺设计也作了介绍。

全书由赵宝华、朱琦、王林、韩强、左羽飞编著，全书由孙院军先生主审。

中南大学王德志教授同笔者在一起做了钼粉机理研究，并提供了大量的资料；北京矿冶研究总院新材料科技有限公司谢孝春先生在冷等静压方面提供了大量资料和帮助；西北大学范海波博士同笔者进行了钼靶材的制备研究；杨秦莉、丁飞、曹东等提供了一定的帮助。在此，一并表示谢忱。

由于水平有限，书中难免有疏漏或错误之处，请读者批评指正。

编著者

2013年8月

目　录

第1章 绪　　论

1.1 钼的发展概略

钼是1778年由瑞典化学家C. W. Scheele发现的。19世纪末，人们发现钼能够显著增加钢的强度和硬度，1909年钼开始用于电子工业等；1910年发现含钼的炮钢有优异的机械性能。20世纪初，钼的冶金技术才得到发展。

1893年莫依沙赫用电炉加热碳和二氧化钼的混合物，得到含钼量在92%～96%的铸态金属钼。

20世纪初，别尔齐利乌斯用氢还原三氧化钼，得到了更纯的金属钼。

钼的生产和发展是与军事工业和钢铁工业的发展密切相关的。也可以说，由于军事工业的需要，促使了钢铁工业的发展；而钢铁工业的需要，又促使了钼的生产和发展，以致逐步推广到各行各业的开发和应用。

在19世纪末发现钢中添加钼后，钼钢的性质和同样成分的钨钢性质相似。在1900年成功地研究出了钼铁生产工艺后，钼钢的生产在1910年迅速发展。因为当时发现了钼钢能满足炮钢材料需要的特殊性能，此后，钼成为耐热和防腐的各种结构钢的重要成分，也是有色金属镍和铬合金的重要成分。

20世纪初，钼仍是以某些化合物在工业上应用，其中有作为磷试剂用的钼酸铵，作为颜料用的钼蓝，等等。

金属钼的工业生产以及在电气工业上的广泛应用，大约与金属钨是同一年代(1909年)开始的。因为生产这两种致密金属的粉末冶金法和压力加工工艺已研究成功，完全可应用于生产。

在第二次世界大战期间，美国的克莱麦克斯钼业公司研究出真空电弧熔炼法，用这种方法得到了450～1000kg的钼锭，从此打开了用钼作结构材料的道路。随着粉末冶金法不断发展，在20世纪50年代已能生产180kg以上的坯料。

20世纪50年代后，钼的研究工作主要是积极探索耐热钼基合金的成分和生产工艺。从某种意义上讲，是战争的武器材料需要促进了对钼的认识、研究和发展，然后才逐步将其应用到电子、化工、高温等领域。

20世纪60年代以来，钼冶金的工艺研究一方面走向超高纯的研究，另一方面满足某些性能而人为地掺杂进一些其他元素。掺杂方法由固-固相掺杂进入到固-液相掺杂。为了追求微量元素掺杂的均匀性，在2000年初，金堆城钼业集团有限公司成功地研究出钼的固-液相掺杂工艺，钼的固-液相掺杂工艺属于国际一流工艺，使掺杂钼的均匀性提高到一个新的阶段。

1980年以后，我国开始大量引进国外的先进技术和设备，如金堆城钼业集团有限公司从德国引进了Y250轧机、对焊机、多模拉丝机及检测设备，多膛焙烧炉生产线、钼化工生产技术和设备、美国HAPPER和德国ELINO钼粉生产线等，使我国的钼冶金工业跨上一个新的台阶，缩短了与世界水平的差距。经过短短几十年的发展，中国的钼工业在探矿、开采、选矿、冶炼、钼化工、粉末冶金、压力加工和钼产品的应用等方面都具有了一定的水平，在全世界已享有一定的地位。

金堆城钼业集团有限公司成功购入了 Φ2250mm 冷等静压机，从德国引入了电阻烧结炉等，烧结炉单炉装料量已超过 1000kg，Φ3.17mm 喷镀钼丝单个质量已超过 50kg，西北有色金属研究院已上宽度达 2800mm 的轧机，钼板的质量已达到了世界水平。我国钼冶金和压力加工设备的研制和生产已接近世界先进水平。随着钼丝和钼板生产水平的提升，基本结束了我国过去钼初级产品出口、精细产品需进口的局面。

1.2 钼及其化合物的性质

1.2.1 金属钼的性质

金属钼的主要性质如图 1-1 所示。

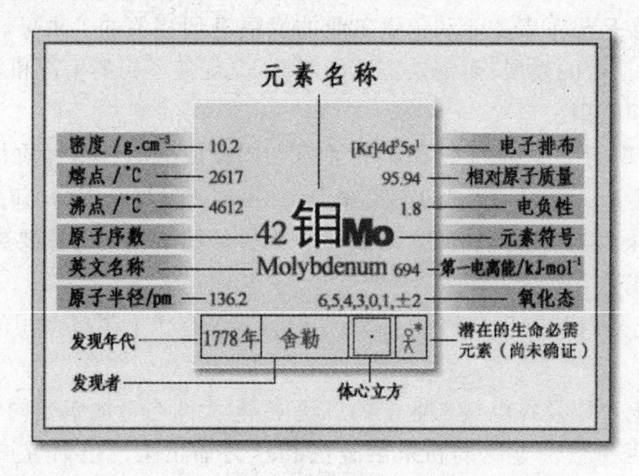

图 1-1 金属钼的主要性质

1.钼的物理性质

钼的主要物理性质见表 1-1。

表 1-1 钼的主要物理性质

原子序数	42
稳定同位素及其所占百分数	92(14.84%)；94(9.25%)；95(15.92%)；96(16.67%)；97(9.55%)；98(24.14%)；100(9.63%)
相对原子质量	95.94
晶体结构及晶格常数/nm	体心立方 0.314737
密度/(g·cm⁻³)	10.2
熔点/℃	2620
沸点/℃	4650
德拜温度/K	450

续表

蒸气压/kPa	与温度的关系式	$\lg p=\frac{-34700}{T}-0.236\lg T-0.145\times10^{-3}\lg T+10.80(0\sim2893)$
	2000K	2.40×10^{-8}
	2800K	1.54×10^{-3}
熔化热/(kJ·mol^{-1})		27.6
升华热(25℃)/(kJ·mol^{-1})		664.5
蒸发热(沸点时)/(kJ·mol^{-1})		589.66±20.9
比电阻(25℃)/(Ω·m)		5.2×10^{-8}
比热容/(J·mol^{-1}·K^{-1})	与温度的关系式	$22.92+5.44\times10^{-3}T$(298～1800K)
	298K	24.54
	1000K	28.36
	2000K	33.80
热导率(300K)/(W·m^{-1}·K^{-1})		138
线膨胀系数(298～973K)/(m·℃$^{-1}$)		$(5.8\sim6.2)\times10^{-6}$
电子逸出功/eV		4.37
热中子俘获面/m^2		2.7×10^{-28}
硬度(HB)/MPa	烧结棒(条)	1500～1600
	锻造棒	2400～2500(2mm钼板)
弹性模量/MPa(丝材)		$(28.5\sim30.0)\times10^{4}$
丝材抗拉强度/MPa(0.18mm)	未退火	1400～2600
	退火丝(伸长20%～25%)	800～1200

2.钼的化学性质

钼与某些非金属元素、金属元素及酸碱的作用情况见表1-2～表1-4。

表1-2 钼与某些非金属元素的反应情况

名 称	反应情况
O_2	在空气中,400℃以下几乎不反应,500～600℃迅速氧化,平均氧化速度(单位:mg·cm^{-2}·min^{-1})为,400℃:1.7×10^{-4};500℃:27×10^{-4};600℃:600×10^{-4}。在600～700℃氧化成MoO_3挥发,速度受MoO_3的挥发速度控制
N_2	1200℃以上时,氮迅速溶于钼,质量分数与温度及氮分压的关系为$\lg\omega_N=0.5\lg p_{N2}-0.08-\frac{4940}{T}$(2000K～熔点),式中:ω为质量分数,%;$T$为温度,K;$p$为分压,kPa

续 表

名 称	反应情况
H_2	不与钼反应，能微量溶于钼，熔解度（原子比）与氢分压（kPa）及温度的关系为 $H_2/Mo=K\sqrt{p_{H_2}}$ 在 300℃及 500℃时，K 分别为 3×10^{-7} 和 $1\times10^{-6}(kPa)^{-\frac{1}{2}}$
F_2	在室温下迅速反应，60℃生成 MoF_6，当有 O_2 存在时生成 Mo_2OF_2 或 $MoOF_4$
Cl_2	在 230℃以下对干燥氯有很强的耐腐蚀性，250℃开始反应，易被湿氯腐蚀
Br_2	在 450℃以下对干燥的溴有很强的耐腐蚀性，湿溴在空气中与钼发生作用
I_2	在 500～800℃开始与钼反应
S	干燥硫蒸气在赤热下开始与钼反应
C	石墨在 1200℃左右与钼作用生成 MoC

表 1-3 钼与某些金属元素的作用

名 称	作用情况
Bi	在液体铋中 1430℃下 2h 钼无明显腐蚀
Li	在液体锂中 1200～1600℃时钼的表观熔解度为 $(9\pm5)\times10^{-6}$
Na	在液体钠中 900～1200℃钼有良好耐腐蚀性，1500℃浸 100h 后发现晶界腐蚀，在含 0.5%O_2 的钠中 700℃钼开始腐蚀
K	在液体钾中 1205℃下钼有耐腐蚀性，含 $15\times10^{-6}O_2$ 的液钾中在温度为 1040K 和 1316K 时钼的质量分数分别为 6×10^{-6} 和 13×10^{-6}，含 $5\times10^{-3}O_2$ 的液钾中 923K 时质量分数为 0.02%
Rb	在液态铷中 1040℃浸 500h 未发现钼被腐蚀
Be	1000℃反应生成 $MoBe_2$，Mo-Be 二元系中存在 $MoBe_2$，$MoBe_{12}$ 等化合物
Pb	在 1098℃下钼有良好的耐腐蚀性
Hg	在 600℃下钼有良好的耐腐蚀性

表 1-4 钼与某些酸碱的作用

名 称	作用情况
盐酸	常温下稳定，5%HCl 在 70℃和沸腾下对钼腐蚀速度分别为每年 1.1×10^{-6}m 和 3.6×10^{-6}m
硫酸	常温下稳定，20%H_2SO_4 在 70℃和 205℃下对钼腐蚀速度分别为每年 0.82×10^{-6}m 和 3.7×10^{-6}m
氢氟酸	常温下稳定，25%HF 在 100℃时对钼腐蚀速度为每年 20×10^{-6}m
硝酸	在 $H_2F_2+HNO_3$ 中钼迅速熔解，在硝酸及王水中常温下钼缓慢熔解，$HNO_3:H_2SO_4:H_2O=5:5:2$(体积)的混合酸迅速与钼反应
碱溶液	在常温及高温下钼稳定，但有氧化剂存在时，钼迅速氧化成钼酸盐

1.2.2 钼化合物的性质

1. 氧化物

钼的主要氧化物及其性质见表1-5。据报道，在Mo-O系中还存在中间化合物Mo_8O_{23}。

表1-5　钼的主要氧化物及其性质

氧化物	性状	结构	熔点/℃	沸点/℃	密度/(g·cm^{-3})
MoO_3	略带浅绿色白色粉末	斜方	795	1155	4.69
Mo_9O_{26}	蓝色至黑色		780℃分解为Mo_4O_{11}加液相		
Mo_4O_{11}	蓝色至紫色		818℃分解为MoO_2加液相		
MoO_2	深棕至紫色	单斜		1000℃和1200℃在N_2中挥发速度约为MoO_3的1/10	6.44

氧化物	ΔH°_{298}/(kJ·mol^{-1})	S°_{298}/(J·mol^{-1})	ΔG°与温度(K)的关系
MoO_3	744.8±0.8	77.7±0.6	$-749400-19.2T\lg T+319.1T$(298～1300K)
MoO_2	587.3±1.6	49.95±1.2	$-587500-19.2T\lg T+237.5T$(298～1300K)

MoO_3在300～700℃下用氢还原将依次经上述各种低价氧化物变为金属钼，MoO_3亦能被铝、钙等活性金属还原成金属钼。

MoO_3易挥发，其蒸气压与温度的关系为

$$\lg p=-12480/T-4.02\lg T+23.72\text{kPa}\ (795\sim1155℃)$$

$$\lg p=-15230/T-4.02\lg T+26.28\text{kPa}\ (298\sim795℃)$$

MoO_3主要为酸性氧化物，但其酸性比WO_3弱，具有某些两性的性质，故能与碱及某些强酸反应。

与碱作用：$2MeOH+MoO_3=Me_2MoO_4+H_2O$（Me代表$K^+$，$Na^+$，$NH_4^+$）。

与酸作用：$MoO_3+H_2SO_4=MoO_2SO_4+H_2O$

$MoO_3+2HCl=MoO_2Cl_2+H_2O$

$MoO_3+HNO_3=MoO_2(NO_3)^++OH^-$

20℃时MoO_3在盐酸、硫酸、硝酸中的熔解度与酸浓度的关系如图1-2所示。由图可知，20℃时MoO_3在盐酸和硫酸中有相当大的熔解度。

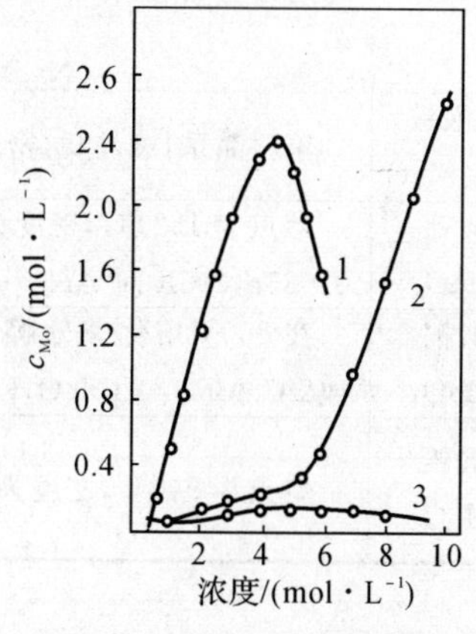

图1-2　MoO_3在3种酸中熔解度与酸浓度的关系(20℃)(B.A.列兹尼琴科)

1—硫酸；2—盐酸；3—硝酸

2. 正钼酸及其盐类

(1)正钼酸。MoO_3与H_2O形成正钼酸H_2MoO_4($MoO_3\cdot H_2O$)，亦存在$MoO_3\cdot 2H_2O$和$MoO_3\cdot\frac{1}{2}H_2O$。$MoO_3\cdot 2H_2O$在33℃以下稳定，高于33℃时分解为$MoO_3\cdot H_2O$，在

120℃时进一步分解为 MoO_3。

钼酸具有两性，以酸性为主，和 MoO_3 一样既可溶于酸，亦可溶于碱。

钼酸在水中的熔解度与温度的关系见表 1-6。

表 1-6　钼酸在水中的熔解度(以 MoO_3 计)

温度/℃	18	30	36.8	45	52	60	70	80
熔解度/(g·L⁻¹)	0.106	0.257	0.328	0.365	0.417	0.421	0.466	0.518
	$MoO_3 \cdot 2H_2O$		$MoO_3 \cdot H_2O$					

钼酸在盐酸中的熔解度与溶液 pH 值的关系见表 1-7。

表 1-7　钼酸在盐酸中的熔解度(以 MoO_3 计)

pH 值	0.265	0.67	1.1	1.72	2.46	3.09	4.73	6.4
熔解度/(g·L^{-1})	4.42	1.68	0.412	0.312	0.66	1.416	1.712	1.64

(2)正钼酸盐。某些正钼酸盐的性质见表 1-8。

表 1-8　某些正钼酸盐的性质

名　称	性　质
正钼酸钠 Na_2MoO_4	熔点为 698℃(转变点 485℃,593℃,642℃),密度为 3.28g·cm^{-3},质量分数与温度关系为 温度/℃：0　4　9　10　15.5　32　51.5　100 质量分数/(%)：30.63　33.85　38.16　39.28　39.27　39.82　41.27　45.57 （30.63～38.16：$Na_2MoO_4 \cdot 10H_2O$；39.28～45.57：$Na_2MoO_4 \cdot 2H_2O$）
正钼酸铵 $(NH_4)_2MoO_4$	单斜晶系,棱柱状,密度 2.27 g·cm^{-3},在空气中放出 NH_3 成多钼酸铵
钼酸钙 $CaMoO_4$	熔点为 1520℃,密度为 4.28 g·cm^{-3},在 20℃和 100℃在 1kg 水中熔解度分别为 0.022g, 0.085g,298K 时 $\Delta H^\circ = -1544.6 \pm 2.6 kJ \cdot mol^{-1}$,$\Delta G^\circ = -1438.7 \pm 2.6 kJ \cdot mol^{-1}$
钼酸铜 $CuMoO_4$	在 850℃熔化并分解,将铜盐加入 Na_2MoO_4 溶液可沉淀出 $CuO \cdot 3CuMoO_4 \cdot 5H_2O$ 或 $2CuMoO_4 \cdot Cu(OH)_2$
钼酸铅 $PbMoO_4$	熔点为 940℃,密度为 6.92 g·cm^{-3},白色,微溶于水

3.钼酸根离子在水溶液中的形态

钼酸根离子在水溶液中的形态较复杂，随其浓度、溶液的 pH 值以及其他阴离子浓度而异，一般在钼浓度小于 10^{-3} mol/L 时，在碱性或酸性介质中均为 MoO_4^{2-} 或 $HMoO^-$。

当钼浓度大于 $10^{-3} mol \cdot L^{-1}$，pH>8 时，主要以 MoO_4^{2-} 形态存在，当 pH 进一步降低，则随 pH 的不同依次聚合成各种同多酸根离子，如 $Mo_2O_7^{2-}$，$Mo_7O_{24}^{6-}$，$Mo_8O_{26}^{4-}$ 等，但与钨的同多酸离子不同处主要在于：钼酸根离子聚合成相似钨同多酸根的 pH 值较钨低，在 WO_4^{2-}，MoO_4^{2-} 浓度同为 $2.5 \times 10^{-3} mol \cdot L^{-1}$ 时，钨聚合成七价离子的 pH 值为 5.63，而钼聚合成类似离子的 pH 值为 4.35，苏联学者亦指出下列聚合反应：

$$7MoO_4^{2-}+8H^+=Mo_7O_{24}^{6-}+4H_2O$$

$$\lg K=58,\quad 平衡\ pH=7.25$$

而反应

$$6WO_4^{2-}+7H^+=W_6O_{20}(OH)^{5-}+3H_2O$$

$$\lg K=61,\quad 平衡\ pH=8.7$$

钼的酸性较钨弱，具有两性，因此在酸性溶液中有形成阳离子的趋向，当 pH＜2 时：$MoO_4^{2-}+4H^+=MoO_2^{2+}+2H_2O$，$MoO_2^{2+}$ 同样可聚合成 $Mo_nO_{3n-1}^{2+}$ 型阳离子：

$$2Mo_3O_8^{2+}\xrightleftharpoons{+2H-6H_2O}3Mo_2O_5^{2+}\xrightleftharpoons{+6H^+-3H_2O}6MoO_2^{2+}$$

这种倾向与溶液中无机酸种类有关，由硫酸→硝酸→盐酸依次增大。

MoO_2^{2+} 可与溶液中无机酸根离子络合，形成相应的络阴离子：

$$MoO_2^{2+}+NL^{m-}=MoO_2L_n^{(2-mn)}$$

例如，MoO_2^{2+} 与 1mol/L 的硫酸反应可形成 $MoO_2(SO_4)_2^{2-}$，$Mo_2O_5(SO_4)_2^{2-}$ 等，此外，还能形成 $MoO_2Cl_n^{(2-n)}$，$MoO_2F_n^{(2-n)}$ 等。

4. 钼的同多酸盐

钼的同多酸盐的通式可用 $n Me_2O \cdot m MoO_3$ 表示，一般将 $n:m=1:2$ 的盐称作重钼酸盐（二钼酸盐），$n:m=3:7$ 及 $5:12$ 的称作仲钼酸盐，$n:m=1:3$ 和 $1:4$ 的称作偏钼酸盐，$n:m=1:10$ 的称作十钼酸盐，$n:m=1:16$ 的称作十六钼酸盐。

(1)钼的同多酸铵盐。25℃和85℃下 $MoO_3-NH_3-H_2O$ 系中，不同条件将析出单钼酸铵（正钼酸铵[$(NH_4)_2MoO_4$]）、二钼酸铵（重钼酸铵）[$(NH_4)_2Mo_2O_7$]、仲钼酸铵[$(NH_4)_6Mo_7O_{24}\cdot 4H_2O$]及八钼酸铵（亦称 8/3 钼酸铵）[$(NH_4)_6Mo_8O_{27}\cdot 3H_2O$]等化合物。仲钼酸铵加热到245℃或将钼酸铵溶液中和到 pH＝2～3，得四钼酸铵（亦称多钼酸铵或无水八钼酸铵）[$(NH_4)_4Mo_8O_{26}$]，测得 $MoO_3-NH_3-H_2O$ 系在25℃和85℃的等温线如图1-3和图1-4所示，相应的饱和溶液的具体成分见表1-9。

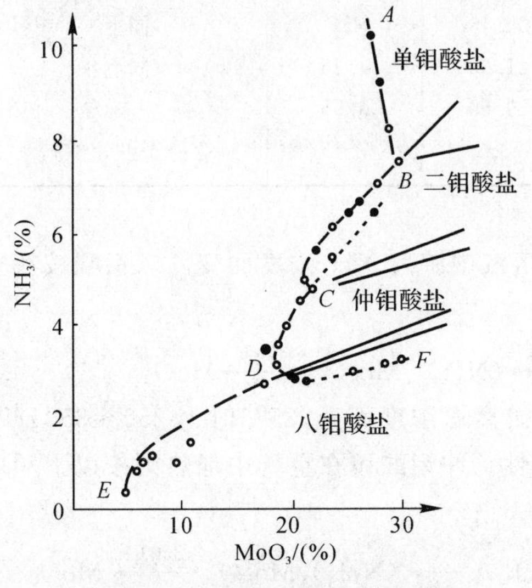

图1-3 $MoO_3-NH_3-H_2O$ 系 85℃的等温线（A. 琴纳德等）

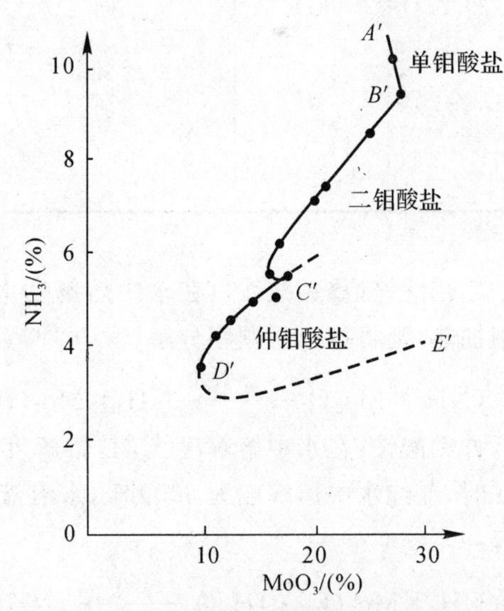

图1-4 $MoO_3-NH_3-H_2O$ 系 25℃的等温线（A. 琴纳德等）

表1-9　$MoO_3-NH_3-H_2O$ 系 25℃和 85℃时平衡固相及饱和溶液成分(A.琴纳德等)

25℃			85℃		
饱和溶液成分/(%)		平衡固相	饱和溶液成分/(%)		平衡固相
MoO_3	NH_3		MoO_3	NH_3	
25.0	15.4	单钼酸盐	17.9	2.65	8/3 钼酸盐
28.2	10.1	同上	7.45	1.4	同上
29.9	8.1	同上	6.1	1.15	同上
30.55	7.4	单价二钼酸盐	7.45	1.2	同上
28.55	6.9	二钼酸盐	6.05	1.1	同上
25.85	6.3	同上	11.1	1.45	同上
22.7	5.45	同上	5.95	0.9	同上
21.65	4.85	同上	4.9	0.45	同上
22.0	4.7	二价仲钼酸盐	9.80	1.05	三钼酸盐
28.1	6.3	仲钼酸盐	37.45	10.2	单钼酸盐
24.2	5.3	同上	38.2	9.4	单价二钼酸盐
21.05	4.4	同上	35.15	8.6	二钼酸盐
19.05	3.56	同上	31.20	7.45	同上
18.95	3.0	同上	30.25	7.15	同上
20.55	2.75	同上	26.70	6.2	同上
21.35	2.75	同上	25.90	5.6	同上
25.9	2.9	同上	25.85	5.5	同上
28.15	3.0	同上	27.65	5.55	二价仲钼酸盐
29.65	3.15	同上	26.35	5.15	仲钼酸盐
30.2	3.1	同上	24.25	5.0	同上
			22.40	4.6	同上
			21.05	4.25	同上
			19.60	3.55	
			73.2	7.45	亚稳态仲钼酸盐

二钼酸铵(重钼酸铵):在水中熔解度大,且随溶液中游离 NH_3 浓度而变。二钼酸铵在空气中加热,则将按以下顺序分解:

$$(NH_4)_2Mo_2O_7 \xrightarrow{\sim 225℃} (NH_4)_2Mo_3O_{10} \xrightarrow{\sim 250℃} (NH_4)_4Mo_8O_{26} \xrightarrow{360℃} MoO_3$$

仲钼酸铵:在水中熔解度大,其熔解度随水中游离氨浓度而异,25℃时为 250~350g/L;85℃时,在纯水中熔解度为 500g/L,水溶液呈弱酸性。仲钼酸铵在空气中加热则按以下顺序分解:

$$(NH_4)_6Mo_7O_{24} \cdot 4H_2O \xrightarrow{\sim 130℃} (NH_4)_4Mo_5O_{17} \xrightarrow{245℃} (NH_4)_4Mo_8O_{26} \xrightarrow{360℃} MoO_3$$

四钼酸铵 $2[(NH_4)_2O \cdot 8MoO_3]$:将仲钼酸铵加热或将钼酸铵溶液中和到 pH=2~3,则产生四钼酸铵沉淀,在 pH=2~3 条件下,四钼酸铵熔解度仅为 0.5~1.0g/L。

八钼酸铵(亦称 8/3 钼酸铵):熔解度小。

(2)钼的同多酸钠盐。二钼酸钠 $Na_2Mo_2O_7 \cdot 6H_2O$、三钼酸钠 $Na_2Mo_3O_{10} \cdot 7H_2O$、四钼酸钠 $Na_2Mo_4O_{13} \cdot 7H_2O$、仲钼酸钠 $Na_6Mo_7O_{24} \cdot 22H_2O$ 等均属钠的同钼酸盐,都易溶于水。24℃时上述4种盐在1kg水中熔解度分别达270g,93g,85g,356g(以 MoO_3 计)。

5.钼的杂多酸及其盐

在酸性溶液中,钼酸或其盐能与中心原子P,As,Si,B,Se等形成杂多酸或其盐,如 $H_3[P(Mo_3O_{10})_4] \cdot nH_2O$,$H_4Si(Mo_3O_{10})_4 \cdot nH_2O$ 等,其杂多酸根离子可用通式表示为

$[X^{+n} \cdot Mo_6O_{24}]^{(12-n)-}$,$[X^{+n}Mo_{12}O_{42}]^{(12-n)-}$(X表示Si,P,As等中心原子)

当有金属阳离子存在时,亦形成相应的杂多酸盐。

钼的杂多酸及其盐广泛用于制取催化剂、缓蚀剂等。

钼酸根亦能与钨形成络合物。该络合物中 W∶Mo=1∶1(mol),当溶液中W(Ⅵ)+Mo(Ⅵ)=0.01mol/L时,在25℃和60℃时其稳定常数分别为 59×10^4 和 4.5×10^4。

6.钼的主要卤化物及氯氧化物的性质

钼的主要卤化物及氯氧化物的性质见表1-10。

表1-10 钼的主要卤化物及氯氧化物的性质

化合物	外观	熔点/℃	沸点(或升华温度)/℃	$-\Delta H^\circ_{298}$/(kJ·mol^{-1})	S°_{298}/(J·mol^{-1}·K^{-1})	其他
$MoCl_5$	黑紫色	194	264	526.9	238.4	易分解成 $MoCl_4$
$MoCl_4$	棕色	317	410	476.7	223.7	高于130℃歧化成 $MoCl_3$+$MoCl_5$
$MoCl_3$	红褐色	1027		393.1		高于530℃歧化成 $MoCl_2$+$MoCl_4$
$MoCl_2$	黄色			288.6		高于730℃歧化成 Mo+$MoCl_4$
MoO_2Cl_2	黄白色	170	156℃升华	632.7	337.5	
$MoOCl_4$	绿色	104	180	641.3		
MoF_6	白色粉状	7.5	35	1557	350.3	易还原,易水解
MoF_5	黄	70	209.9			四面体结晶,165℃左右分解为 MoF_4+MoF_6
MoF_3						真空下低于600℃稳定

7.钼的硫化物

钼有3种硫化物:MoS_3,MoS_2,Mo_2S_3,在自然界主要呈 MoS_2 形态存在。

MoS_2 在高温下不稳定,在高于400℃的空气中易氧化成 MoO_3,隔绝空气、高于1000℃、有CaO存在时则能分别按以下反应得到金属钼:

$$0.5\,MoS_{2(s)} + CaO_{(s)} + H_2 = 0.5\,Mo_{(s)} + CaS_{(s)} + H_2O_{(g)}$$

1200K时,平衡常数 $K=1.4$,热效应 $\Delta H^\circ=39.5$kJ,有 H_2 存在时:

$$0.5\,MoS_{2(s)} + H_2 = 0.5\,Mo_{(s)} + H_2S$$

1200K 时，平衡常数 $K=2.76\times10^{-3}$，热效应 $\Delta H^{\circ}=105.3\text{kJ}$，

$$MoS_2 \rightleftharpoons Mo + S_2$$

2673K 时，S_2 的平衡分压达 100kPa。

8. 钼的硅化物

钼的硅化物主要是指 $MoSi_2$，具有下述化学特性。

$MoSi_2$ 是 Mo，Si 二元合金系中含硅量最高的一种中间相，$MoSi_2$ 存在两种不同的晶体结构（见图 1-5），1900～2030℃之间为不稳定的 C40 型六方晶体结构（即 H-$MoSi_2$），1900℃以下为稳定的 C11b 型四方晶体结构（即 T-$MoSi_2$），其中以 C11b 型 $MoSi_2$ 最引人注目。C11b 型 $MoSi_2$ 具有长程有序结构。这种晶体结构可以看做是由 3 个压扁的体心立方伪晶晶胞沿 C 轴方向经过 3 次重叠而成的，Mo 原子坐落其中心节点及 8 个顶角，Si 原子位于其余节点，从而构成了稍微特殊的体心立方晶体结构（见图 1-6）。

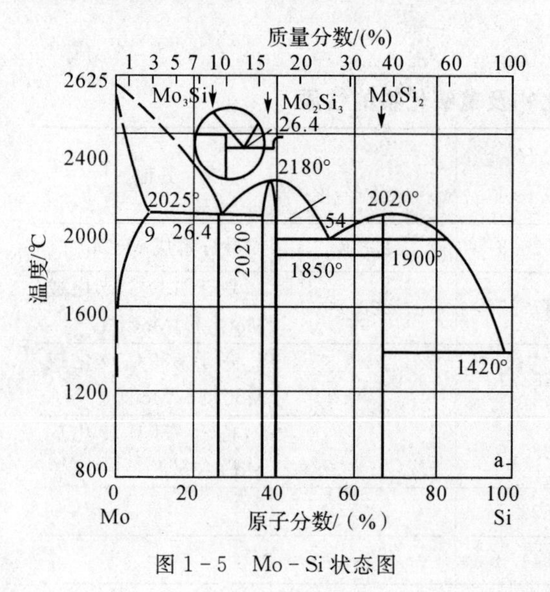

图 1-5 Mo-Si 状态图

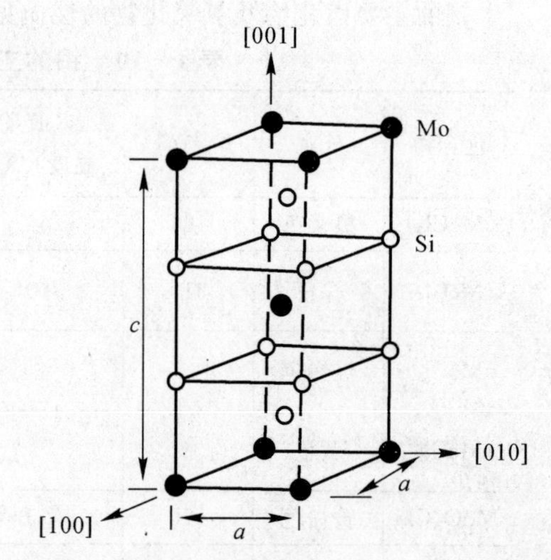

图 1-6 $MoSi_2$ 和 C11b 型四方晶系单位晶胞结构

$a=0.3205\text{nm}$，$c=0.7845\text{nm}$

$MoSi_2$ 的主要优点：①较高的熔点（2030℃）；②极好的高温抗氧化性，其抗氧化温度可达 1600℃以上，特别适于在氧化气氛中使用，这是由于在高温下（>800℃）$MoSi_2$ 表面可以产生一层致密的 SiO_2 保护膜，阻止氧的渗入；③适中的密度（6.24g/cm^3）；④较低的热膨胀系数（$8.1\times10^{-6}\text{K}^{-1}$）；⑤良好的电热传导性（电阻率 $21.50\times10^{-6}\ \Omega\cdot\text{m}$，热传导率 $25\ \text{W}\cdot\text{m}^{-1}\cdot\text{K}^{-1}$），可以进行电火花加工（EDM）；⑥具有 R' 特性，即在较宽的温度范围内强度并不随着温度的升高而下降；⑦同陶瓷增强相具有较好的热力学匹配性以及潜在的同其他高熔点硅化物合金化的性能；⑧原材料价格低廉，无污染和良好的环境友好性。

但是 $MoSi_2$ 的应用仍然存在一定的限制，其中最突出的是它的 3 个本征缺陷：①因为较高比例共价键的影响和独立滑移系少于 5 个，所以 $MoSi_2$ 存在室温脆性，在 $MoSi_2$ 韧脆转变温度（大约 1000℃）以下，断裂模式以穿晶解理为主，室温断裂韧性只有 $2.5\sim3.0\text{MPa}\cdot\text{m}^{1/2}$；②高温时因位错开动和晶界滑移，$MoSi_2$ 的高温强度和蠕变抗力下降（1400℃抗拉强度仅为 50MPa）；③$MoSi_2$ 在 400～700℃，尤其是 500℃，因为 Mo，Si 无选择性氧化所引起的体积效应

以及氧化物中MoO_3较低的挥发性，基体表面不能形成连续致密的SiO_2保护膜，基体发生加速氧化，甚至粉化瘟疫现象，可以使材料在短时间内发生毁灭性整体破坏。

1.3　钼的应用

钼的熔点高，高温强度、高温硬度和刚性都很大，抗热震性能和在各种介质中的抗腐蚀性能很强，导热、导电性能良好。钼合金还能满足某些有特殊要求的工艺性能。钼是钢铁工业不可缺少的极为重要的添加剂。钼的化工产品是石油工业、金属防腐、颜料化工不可缺少的原料。这些特点决定了钼和钼合金以及钼的化工产品在各个工业部门都有广阔的用途。图1-7所示为2012年钼的主要消费领域及所占比例。

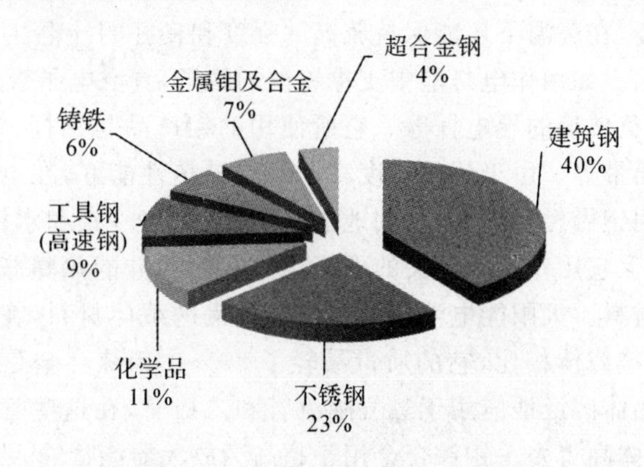

图1-7　2012年钼的主要消费领域

2012年，世界上钼的各种消费量是建筑钢占40%、不锈钢占23%、工具钢(高速钢)占9%、超合金钢占4%、铸铁占6%、化学品占11%、金属钼占7%。钼主要用于钢铁工业，占年消费量的82%，其次钼的化学品、金属钼、钼合金广泛应用于现代技术的很多领域中，其中最主要的行业所用的产品如下：

1.3.1　钢铁工业

钼主要用作钢的添加剂。钢中添加钼可使钢具有均匀的微晶结构，降低共晶分解温度，扩大热处理温度范围和淬火温度范围，并能影响钢的淬火硬化深度，还能提高它的硬度和韧性、抗蠕变性能和耐腐蚀性能。含0.3%的钼钢比含1%的钨钢的高温强度更好。铁中添加钼可使生铁合金化，可使铁的晶粒细化，还可提高它的高温性能、耐磨性能和耐酸性能。钼作为钢铁行业的添加剂，一般可以钼铁和钼酸钙加入；熔炼特殊精密钢时，采用金属钼条加入。钢中含钼量低于1%时，用工业氧化钼块；当钢中钼含量高于1%时，常用钼铁。耐热合金和耐腐蚀合金中都添加了1%～20%的钼，钼含量越高耐腐蚀性越好，做此种添加剂一般使用金属钼。

国内某一钢铁公司已成功将工业氧化钼加入钢中，在某些钢材上取代了钼铁的使用。

1.3.2　金属压力加工行业

钼合金的高温硬度和高温强度都很高，热物理性能很好，这就决定了它用于制作钢或合金热加工的工具材料。钼合金顶头是穿制无缝不锈钢管的重要工具,它的穿管寿命比工具合金钢顶头长100倍以上。添加钼的模具可用于挤压型钢和其他合金型材。钼压铸模和钼芯棒是压铸铜、铝、锌的最好元件,它的造价可能是工具钢的20倍,但它的压铸模消耗成本只有工具钢的1/6。TZM合金芯棒在压铸汽车化油器铝底座十万多模次后,仍然保持原始的形状和满意的洁净表面,TZM芯棒可以避免热裂和铸件黏结有关质量问题。在精炼锌的设备上采用Mo-30W合金制造压铸机的泵、嘴子、活门、搅拌器热电偶管套的零件,具有非常好的稳定性。钼丝是电火花线切割机的电极丝,放电性能稳定,可切割各种钢材和硬质合金,加工形状极为复杂和精度要求很高的零件。

1.3.3 电光源、电真空行业

钼的熔化温度很高,在高温下还能保持较高的强度和良好的导电性,因此在电光源和电真空行业得到广泛的应用。如用作电灯泡中支撑钨丝的钩子,真空电子管的栅极、发射管和二极整流管阴极,封装在石英玻璃的导电杆等。它所使用的钼产品是钼杆、钼丝、高温钼丝、钼板、汽车灯的反光罩和钼箔带等。由于钼的硬度高,导电、导热性能好,在电弧作用下抗烧蚀能力强,价格也很低,因而用钼做触点材料,顺利地取代了铂。此外,钼和水银浸润性能好,与水银不发生反应,因此可确保它用作水银开关的电极。由于钼和硅的热膨胀系数接近,因此,钼是硅整流器托盘的很好材料。太阳能电池用钼箔做硫化镉的载体材料,在载体的塑性和挠性同时增加的情况下,和玻璃载体相比,它的质量减轻了80%。钼铼合金是真空或其他仪表的远景材料。钼铼合金发热体广泛地应用于氢气闸流管和二极管,在这些管子中它的多次断路稳定性比纯钼、纯钨发热体高得多。钼铼合金用于超高频放大器能量输入端材料、各种仪表的扭力元件、拉力元件、弹性悬挂元件,表现出很好的效果。高纯钼(纯度达99.99%以上)用在芯片制造上,Mo-Cu合金用于封装材料上。

1.3.4 表面工程行业

用于真空溅射靶的平面钼靶最大规格现已达到3000mm×2000mm×15mm,单个质量约为918kg;最长规格现为2306mm×206mm×21mm,管状钼靶的最大规格为Φ165mm/Φ135mm×4200mm。溅射靶材主要应用于平面显示、半导体、太阳能电池、机械、汽车、玻璃、装饰、医疗等行业。

高温钼是制作靶材的最好材料,纯度要达到99.99%以上,H.C Starck公司能够生产,它的使用会使TCD更加清晰。

Mo具有良好的导电性与高温制程稳定性,与CIGS形成良好的欧姆接触(Ohmic Contact);此外,Mo作为玻璃与CIGS的接口,与邻近材料相似的热膨胀系数,可以避免高温制程下微结构的匹配问题,大幅减少制程中热应力造成的缺陷。在生产光伏电池过程中,一般采用直流溅镀的方式在基底上沉积一层钼(Mo)当作背电极。Mo在CIGS电池组件中的应用如图1-8所示。

钼溅射靶材在平面显示器行业有着较大的市场份额,而且平面显示器行业要求的钼溅射靶材的尺寸规格也明显大于光伏产业和半导体行业。随着LCD面板生产线玻璃基板尺寸的增大,对钼溅射靶材的规格要求也越来越大。LCD第1代面板生产线其玻璃基板尺寸为300mm×400mm,钼靶材要求的尺寸规格为6mm×560mm×600mm,纯度不小于99.9%。

而第5代面板生产线钼靶材要求的尺寸规格已经达到10mm×1430mm×1700mm，第6代、第7代甚至第10代面板生产线的相应所需的钼溅射靶材的尺寸规格和纯度也在不断地增大。

靶材生产中要用到Mo－Ti，Mo－W，Mo－Na等。Mo－Na靶材是太阳能电池膜层首选背电极材料。

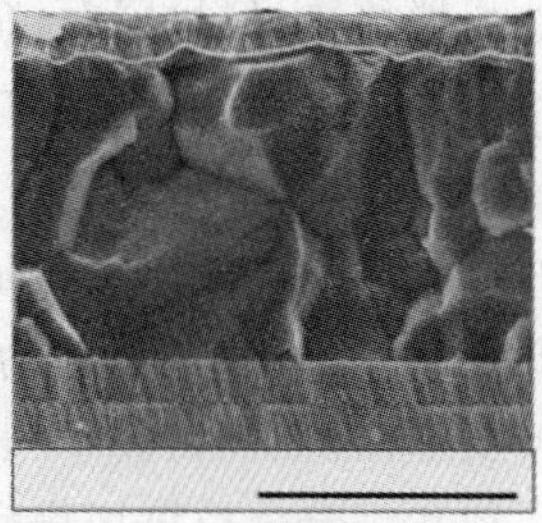

ZnO,ITO
Cds
GIGS
Mo
基体材料
GIGS

图1－8 Mo在CIGS电池组件中的应用

1.3.5 高温炉行业

由于钼在高温下的蒸气压较低，因此广泛应用于高温炉行业。如用作高温炉、真空炉和气氛炉的发热体，支撑架的结构件、隔热屏、底盘、导轨、舟皿和高温器皿，高温炉水冷电极头。钨丝和钼丝配合可做热电偶。所使用的钼产品是钼丝、高温钼丝、TZM结构材料、舟皿、坩埚、热电偶套管、钼板和钼带、硅钼棒等。

钼及钼合金材料是很好的发热体材料，随温度升高，电阻率增大。钼及其合金材料做成的发热材料形状有多种，包括丝材、棒材、片材等，在电阻式炉子中广泛使用。

$MoSi_2$发热元件是在高温下工作的一种电阻发热元件，它具有优异的高温抗氧化性，在空气中加热时其表面生成一层致密的石英玻璃保护膜以保护发热元件不再氧化，一旦因某种原因造成保护膜脱落或破裂，如果继续在氧化气氛中使用，它会“自愈”，即自动地再次生成保护膜。$MoSi_2$发热元件具有独特的电阻性能，其电阻率随温度的升高而迅速增加，使得发热元件在低温时功率较大，可以使炉温升高较快，而高温时功率变小，避免了材料过热的危险。$MoSi_2$发热元件的电阻不随使用时间而变化，也就是不老化，新老元件可以混合使用，从而避免了SiC发热元件老化所带来的问题。在用$MoSi_2$发热元件制成的电炉中可以实现低能耗、快速升温、低维护费用、清洁的环境和稳定的产品的特点。$MoSi_2$发热元件可以做成棒状、U形和W形等形状，通常称作“硅碳棒”。$MoSi_2$发热元件可以在N_2，H_2，NH_3和惰性气氛中使用，不过使用温度相应受到限制。目前$MoSi_2$发热元件已经在大型工业和小型实验室电炉上广泛使用，是冶金、电子、玻璃、陶瓷和磁性材料等行业的主要设备之一。$MoSi_2$发热元件在环保节能灶、家庭及农业取暖器、光缆焊接装置和鼓泡管等行业也得到了应用。

1.3.6 玻璃工业

在玻璃工业中常以钼代铂。钼在熔融的玻璃中抗腐蚀性能特别好，同时钼和熔融玻璃之间的反应产物是无色的。钼电极是生产玻璃纤维、钠钙玻璃和高硼硅玻璃的常用电极，属于玻璃熔炼电极的高端产品，具有熔池温度均匀，玻璃污染小，玻璃无着色、无气泡，使用温度高(可高达2000℃)，表面电流强度大(可达$2A/cm^2$)，单位产出消耗少，使用性能稳定等优点，在整个电极市场中约占有20%的份额。

每个玻璃电熔窑中使用十多根甚至数十根电极，每根电极的直径为30～100mm，长度为1000～2500mm。2008年全球玻璃熔炼用钼电极的消耗量约为200～300t/a，国内钼电极用量约占全球用量的一半。目前，国产钼电极多用于生产中、低端玻璃，国内高端玻璃生产商全部采购国外钼电极以满足生产需要。

随着高端平板玻璃、高透光率玻璃、无着色玻璃、光学玻璃的应用越来越广，玻璃窑炉对钼电极的需求越加旺盛，同时对钼电极的质量要求不断提高。玻璃窑炉中的其他耐高温、耐腐蚀构件如搅拌棒、保护罩对钼制品的要求也越来越高。

1.3.7 机械工业

喷涂钼丝及喷涂钼粉是机械制造业上的表面防腐材料，全世界用量达3000t以上。钼丝主要是以3.175mm直径为主，喷涂钼粉主要是高流速、球形、大粒度的。目前，喷涂钼丝正逐渐被喷涂钼粉所取代。

钼和钼合金也可用作耐磨涂层材料，机械零件上喷镀一层钼后，在高载荷摩擦条件下，可增强它的耐磨性。如用于内燃机汽缸中的活塞环，汽车的齿轮、制动鼓轮、轴承等。另外，还可采用钼喷镀法来修复机床零件。二硫化钼润滑性能优于石墨，它在－45～400℃温度范围内均可正常使用。所使用的钼产品是喷镀钼粉和喷镀钼丝、二硫化钼和二硒化钼等。由于TZM钼合金的弹性模量和屈服强度高，它是在800～1000℃工作中良好的弹簧材料。

1.3.8 耐磨行业

MoS_2是很好的固体润滑材料。由于S－Mo－S层键合的范德华力较小，键能较弱，是很好的填充凹凸不平界面的材料。MoS_2在汽车制造活塞环、齿轮、鼓轮、轴承时等被广泛使用。

纳米MoS_2也是高技术领域的润滑材料，应用于卫星的零件上。

1.3.9 宇航、军事工业

钼用于火箭、导弹部件，如喷嘴、鼻锥等，发动机的燃气轮片，冲压发动机喷管、火焰导向器及燃烧室等。用液体燃烧的火箭发动机上广泛使用金属钼和钼合金（如Mo－0.5Ti－0.08Zr）做燃烧室、喉部管套筒、飞行器前缘、火箭鼻锥、方向舵等。宇宙飞船发射和返回通过大气层时，由于速度非常快，暴露于空气中的部件温度高达1482～1646℃，因而常采用钼做蒙皮、喷管、火焰挡板、翼面及导向叶片等。用高强度细钼丝做高温工作下（如航空喷气发动机零件）的纤维强度复合材料中的加强纤维。钼铜合金还可制作电真空触头、导电散热元件、仪器仪表元件，以及使用温度稍低的火箭、导弹高温部件及其他武器中的零、部件，如增程炮、固体动密封和滑动摩擦的加强肋等。

1.3.10 核工业

钼具有热中子捕获界面较小，有持久强度，对核燃料的性能稳定和可抵抗液体金属的腐蚀等特性，故广泛采用钼舟皿处理核燃料和用作核反应堆的结构材料，如隔热屏等。许多欧洲国家和美国的设计规定，核反应堆应用钼和TZM合金作液体碱金属工作介质中的弹簧材料和燃料包壳元件。

1.3.11 石油化工

三氧化钼、二氧化钼、仲钼酸铵和三硫化钼在化学和石油工业中作催化剂。钼催化剂广泛用于合成氨、石油化工、加氢脱硫、加氢精制、烃类脱氢、烃类的气相氧化、丙烯氨氧化等过程。钼催化剂视用途不同，含钼为6%～9%。从20世纪50年代以来，石油化学工业能获得迅速发展的主要原因之一，就是新型催化剂的研制成功和广泛应用。据统计，现代化学工业中的化学反应，约有80%都与催化剂有关。钼系的催化剂在石油炼制、石油化工、高分子材料合成、合成氨的生产中都起着重要作用。例如,石油炼制中加氢精制是催化重整原料预处理脱硫、氮、氧的重要过程,所用钼系催化剂的质量直接影响催化过程,而催化重整是近代大规模生产优质无铅高辛烷值汽油所必需的。腈纶纤维的主要原料——丙烯腈纶——是用丙烯氨氧化法制成的,该过程使用的都是钼系催化剂。在合成氨工业使用的钴钼系列CO变换催化剂,能耐高含量的H_2S和高的水汽比,不仅活性高,而且活性温度宽,已经广泛应用于生产。

1.3.12 防腐化工

缓蚀剂是指向腐蚀介质中加入微量或少量的溶剂,能使金属材料在该介质中的腐蚀速率降低甚至停止,同时还能保护金属材料原来的物理机械性能和化学性质。工业实际用的缓蚀剂常为两种或两种以上缓蚀剂的复合剂,在复合组分间常具有协同作用。钼酸盐(钠)的缓蚀作用主要与在钢表面形成钝化膜有关,钼的杂多酸盐的效果比钼酸钠还好些。随着工业的发展,钢铁、有色金属及其合金的应用日益广泛。与此同时,大气、海水、土壤以及工业上应用的酸、碱和盐对材料的腐蚀也越来越严重。据统计,全世界每年被腐蚀掉的金属占当年产量的10%。美国1984年因金属腐蚀带来的直接损失达1680亿美元,是1977年(700亿美元)的两倍多。

1.3.13 颜料化工

颜料是一个大宗精细化学产品,有无机的和有机的之分。无机颜料历史悠久,近百年来,钼酸钠是制造颜料色淀的必要原料,每吨色淀用钼盐一般为几十到几百千克。钼橙(铅钼铬红橙),在20世纪20年代就开发为无机合成颜料,20世纪80年代就有3000多个品种,世界总产量达400×10^4t,主要用于塑料、涂料和油墨。由于钼酸盐容易被还原生产钼蓝,所以钼的化合物可以做丝、毛、棉织物及毛皮的染料,因此在染料和清漆生产中广泛使用钼酸钠。简称钼黄的钒钼铋黄颜料,被认为是一种"新奇的樱草型黄颜料",它是一种新型的无机颜料,与铬黄和铬黄颜料相比,具有无毒、无污染等优越性。含钼量为1%～10%的钼黄具有无毒、鲜艳、耐老化的特点,是一种很好的颜料。

除上述彩色颜料外,钼酸盐系防锈颜料还是能防止金属发生腐蚀的一类颜料,是现代无机颜料中的一个重要类别。钼酸盐防锈颜料为白色,具有较好的着色力和遮盖力,不仅常用作底漆,还可用作面漆。这类颜料释放的钼酸根MoO_3离子吸附于钢铁金属表面,跟亚铁离子形成复合物。由于空气中氧的作用,亚铁离子转变为高铁离子,所形成的该复合物是不溶性的,所以在金属表面生成一层保护膜,致使金属钝化,起到防腐作用。

包核钼酸盐防锈颜料是三氧化钼水浆缓缓加入载体粒度为0.2～10μm的碳酸钙水浆中,反应温度为70℃,还可以采用碳酸钙核心,将磷酸盐和钼酸盐共沉淀法,按适当的比例包覆在载体颗粒上制成颜料。

碱式钼酸锌防锈颜料是填充氧化锌的钼酸锌,适用于溶剂涂料,但不适于乳胶漆,其性能完全能达到纯钼酸盐防锈颜料的水平。另一种填充型颜料——碱式钼酸锌防锈颜料,是以碳酸钙为填料的包核颜料,可用于乳胶漆、水性漆、电泳漆和聚氨酯等涂料系列。这些漆都具有无公害的特点。

钼的杂多酸和耐热黏合剂合成的一种钙钛型氧化物新涂料,用于加热灶具(烘烤箱、脱油罩等)的内壁时,可净化煎烤加热时所分散的油污,显示出良好的净化活性。

钼的杂多酸加到多孔的载体上形成一种高效脱臭剂，用来脱除密闭厂房或污水处理厂中有臭味空气中的 NH_3，H_2S 和硫醇等，也可用于铜钼选矿厂 Na_2S，$(NH_4)_2S$ 加药台和添加量大的浮选机给料处。

1.3.14 农业

微量的钼可刺激植物生长，尤其对豆科植物的作用更为显著。施加微量钼肥能使大豆增产 10%～15%，水稻增产 20%～25%。因此，钼的化合物（主要以钼酸铵的形式）也可用于生产化肥。美国肥料监督协会建议，平均每施 1000kg 常用化肥应当加入 0.2kg 硼、0.5kg 锰、0.5kg 铜、1kg 铁和 0.005kg 钼，可以更好地达到提高植物单产的效果。

1.3.15 其他用途

由于钼具有低的热膨胀系数，而且无磁性，钼基合金也用于特殊的仪器和仪表中。

钼的杂多酸制成黄色的颜料用作高速公路或公路的路标、道标，在夜间灯光反射下标志显示发光，十分清晰。

钼杂多酸还用来从放射性原料中回收铯。在 75℃下加热 30min，将反应产物与水混合，加热至沸点过滤可得出钼铯酸溶液，铯回收率为 98.6%。钼杂多酸也可用作离子交换材料的回收。

钼的化合物亦可作为阻燃剂和抑烟剂。钼酸钡主要用于搪瓷产品的密着剂。

钼杂多酸，特别是 12-磷钼酸广泛用作固体燃料电池，这种电池高效节能。钼钨酸可以制成具有传递电子络合物的阴极。银钼钨酸可以制造非晶质电池。

1.4 钼资源和国内发展现状

1.4.1 钼资源分布

钼是分布量较少的一种元素，它在地壳中的丰度为 $3\times10^{-4}\%$（见图 1-9）。据美国地质调查局 USGS，Mineral Commodity Summaries，2008 年 1 月报道 2007 年全球钼储量、储量基础分布情况，见表 1-11。

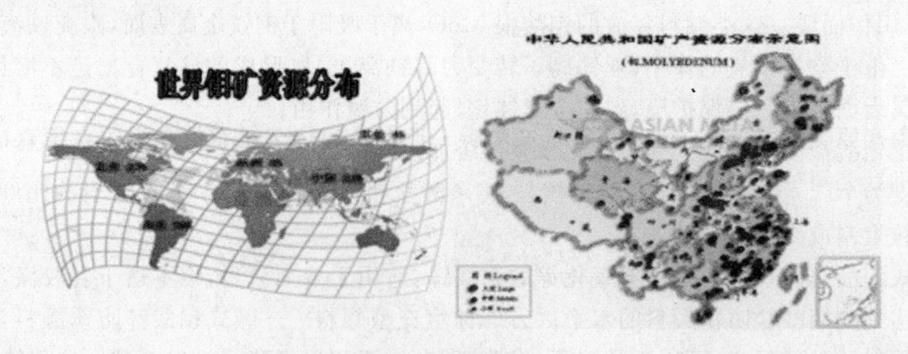

图 1-9 世界钼矿资源分布及我国矿产资源分布情况

表1-11　2007年全球钼储量、储量基础分布情况

国家或地区	金属钼储量/(10^4 t)	金属钼储量基础/(10^4 t)
中国	330	830
美国	270	540
智利	110	250
亚美尼亚	20	40
加拿大	45	91
伊朗	5	14
哈萨克斯坦	13	20
吉尔吉斯斯坦	10	18
墨西哥	13.5	23
蒙古	3	5
秘鲁	14	23
俄罗斯	24	36
乌兹别克斯坦	6	15
全球总计	863.5	1905

全球钼资源80%以上集中在中国、美国和智利。

另据美国地质勘探局统计:2009年全球钼储量为983×10^4 t,主要集中在中国、美国、智利、加拿大等国。中国是世界上最大的钼资源国,其钼资源储量为430×10^4 t,占到全球储量的44%,美国、智利钼资源储量分别占到全球储量的28%和11%。

中国钼矿主要集中在河南、陕西、吉林、辽宁等地,在安徽金寨县也有储量很大的钼矿,内蒙古也发现了大型钼矿。中国钼的生产主要集中在陕西华县金堆镇、河南栾川、辽宁葫芦岛三大区域,其产能占中国总产能的75%,陕西华县金堆镇钼产业规模最大,约占全国钼产品总量的30%。中国钼精矿生产的省份有河南、陕西、河北、内蒙古、辽宁和福建等省区,其产量占全国总产量的92%。

目前,世界上有很大比例的钼产量来自铜矿副产品,铜矿副产品钼主要来自美洲和南美洲。我国钼产量是以原生钼矿为主,来自铜矿副产品的钼产量较少,约占钼产量的3%。作为铜矿副产品回收钼的生产主要分布在智利、北美和南美洲的20多座铜矿。世界较大的副产品钼生产者主要是智利科达尔科公司、美国菲尔普斯·道奇公司、肯尼科特公司等。美国目前仍能维持生产原生钼的仅有3座矿,即菲尔普斯·道奇公司位于科罗拉多州的亨德森矿、汤普森·克里克公司位于爱达荷州的汤普森·克里克矿以及钼公司位于新墨西哥州的奎斯塔矿,其中菲尔普斯·道奇公司的亨德森矿最大。

1.4.2　国内钼消费情况

2009年中国钼消费总量为4.75×10^4 t,同比增长17.57%,占总供应量的56%。2010年中国钼消费量达到6.74×10^4 t,2011年中国钼消费量达到7.62×10^4 t,2012年中国钼消费量达到8×10^4 t以上。

中国钼消费结构基本与国际相同,仍是以钢铁工业为主,其消费量占中国钼消费总量的

75%～80%；钼化工和钼金属行业分别占11%和9%。中国钼消费情况如图1-10所示。

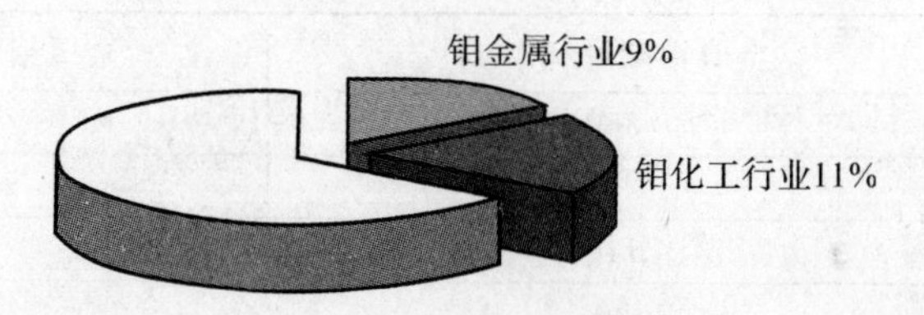

图1-10　中国钼消费情况

由图1-10可以看出，中国钢铁行业，尤其是特钢行业的发展对中国钼消费起着决定性作用。近几年来，钢铁行业特别是不锈钢行业的蓬勃发展，带动了国内钼产品的需求迅速增加。国内钢铁行业钼消费主要集中在宝钢集团、太钢集团、天津钢管公司、武钢集团、中信泰富、东北特钢等用户，其消费量约占全国消费量的65%以上。

1.4.3　国内钼产业技术发展

随着国家对“两高一资”产品监控力度的加强以及受资源开发速度加快的影响，中国钼企业技术升级开始加速，钼精矿品位已经由52%～53%提高至57%左右，金堆城钼业集团有限公司可以大批量稳定生产57%以上钼精矿，用于水洗法生产钼酸铵及二硫化钼润滑剂；国内反射炉钼精矿焙烧技术已被逐步淘汰，内热式回转炉成为普通氧化钼产品生产的主流焙烧设备。河南栾川钼业集团有限公司和金堆城钼业集团有限公司投资兴建的多膛炉焙烧生产线已经投产，使钼精矿焙烧效率、回收率及烟气回收效果显著提高；大型企业加大钼化工和金属加工的技术引进步伐，金堆城钼业集团有限公司引进技术建设了新型钼酸铵生产线，含(NH_4^+-N)废水排放量显著下降；金属方面大型设备设施提升加快，国内最大的Φ2250mm冷等静压机和Φ1800mm的高温中频炉以及大型精锻设备已经投产生产，辊宽800mm及以上的轧机已经在西部材料股份有限公司、洛阳高科钼钨材料有限公司、洛阳栾川钼业集团有限公司等几家企业投入运行，钼片材已经开始供应国际市场。钼金属深加工产品品种、规格和质量稳步提升，低氧和低钾钼粉已经能够批量稳定生产，国内钼靶材产品在光伏材料领域开始使用，相关企业正在加快产品质量升级，逐步研究用于液晶显示屏和半导体领域的钼靶材。此外，钼坯料质量大幅提高，单个质量为200～250kg的钼锭已经可以生产。与此同时，产业工艺研究不断加强，氧压煮生产钼酸铵和高纯三氧化钼技术已经产业化，常温低压氧压煮研究已经取得丰硕成果。国内高温真空分解钼精矿生产钼粉工艺正在进行，即中等规模的生产和产业化前期的技术准备工作，为钼产业短流程生产技术的跨越奠定了基础。

1.4.4　国内钼产业链现状

金堆城钼业集团有限公司作为国内钼行业的龙头企业，拥有采矿、选矿、冶炼、化工和金属深加工上、下游一体化产业链，建有亚洲最大的钼选矿厂、冶炼厂以及先进的钼金属生产线；同时拥有国内钼行业唯一的国家级企业技术中心和博士后科研工作站，是陕西省高新技术企业。

金堆城钼矿是单一的钼金属矿，具有晶型好、含杂低、适合于深加工的特点，与美国Climax公司下属的亨德森矿齐名，属于世界优质矿资源。正因为以这种优势为基础，金堆城钼业集团有限公司钼深加工产品品质优良，深加工产品出口量占国内70%左右。以金堆城钼业集团有限公司为代表的陕西钼产业长期以来非常重视钼资源的储备和开发，通过金堆城矿区周边60km普勘、矿区南开北扩，现有矿区资源储量达到90×10^4t金属量；通过在河南汝阳县收购和探矿，取得了国内大型东沟钼矿的开采权，金属量达到了70×10^4t，从而实现了160余万吨的金属储量，居全国钼金属储量第一。

选矿方面，金堆城钼业集团有限公司可以大批量稳定生产57%以上高品质钼精矿；焙烧方面，采用先进的多膛炉焙烧工艺，使钼精矿焙烧效率、回收率及烟气回收效果显著提高；化工方面，研发了非团聚钼酸铵，合作研发了新型钼酸铵生产技术，建设了节能环保的钼酸铵生产线，产品质量达到国际先进水平，成为国际知名企业的供应商；金属深加工方面，拥有世界上先进的精锻机、国内最大的Φ2250mm冷等静压机、国内最大的Φ1800mm的高温中频炉以及大型连轧设备，可生产单个质量为250～500kg的钼产品，钼靶材、高纯钼电极产品的开发研究已进入产品认证阶段。最早研发了稀土钼产品，成为国内稀土钼产品的最大供应商；低氧、低钾、球化和高纯钼粉等产品各项指标达到了国际先进水平。

1.4.5 国内钼金属加工产业现状

国内钼金属加工主要在高性能钼及钼合金粉末，大规格、高纯度钼制品，高温、高强度合金丝材等方面取得了一定的突破，成功开发了高温(Si－Al－K)钼丝产品并实现了产业化。以普通钼粉为原料，制备了氧含量小于0.04%的LCD靶材专用低氧、大粒度特种钼粉。高纯钼电极研究开发及产业化项目从原料二钼酸铵开始控制杂质，制备出了99.99%的高纯钼粉，采用合适的烧结工艺降低非金属杂质含量，得到高纯度、高密度的钼坯，成功批量生产出了99.995%的高纯钼金属材料，高纯钼电极产品、钼靶材的开发研究已进入产品认证阶段。突破了西方国家稀土钼合金领域的技术壁垒；采用国际先进、国内首创低温氨浸技术，成功研制出高性能钼合金丝、稀土钼合金、低钾钼粉、非团聚二钼酸铵等优质高端产品。

1.4.6 国内钼金属新材料产业面临的挑战

西方发达国家的企业以其资本、技术和装备优势依然占据着钼产品的高端市场，通过技术垄断把中国钼产业定位于原料供应商的目标始终没有改变；而另一方面，国内资本受近年来钼市场高价格诱惑，多地进行钼资源开发，资源的开发必将进一步加剧钼深加工产业的恶性竞争。

钼金属、钼化工和加工部分产品品种较少，生产成本高，市场份额小，技术含量低。二硫化钼粉末粒度较粗，氧化钼、水分和铁的含量高于Climax标准；高纯三氧化钼熔解度较低；钼深加工产品产量较小，不能在更高市场层次上快速形成产销规模；加工部分产品的技术含量不高、附加值低，产品竞争力不强。

钼深加工方面，产品的质量和品种方面与国外相比还存在较大的差距。国内钼深加工企业多达100多家，但大都规模小，产品品种多集中在粗钼丝、线切割丝、钼杆等初级加工产品及少量钼板、部分异形件等。钼粉的粒度上，特别是超细钼粉，国外已经实现了纳米级钼粉的批量生产，而国内钼粉基本可以做到500nm左右。钼金属纯化依然有差距，目前金堆城钼业集团有限公司可以实现4N纯度钼金属的生产，而国外钼金属纯度可以实现4N～6N。合金材料研究上，国外如Plansee能够大量供应钼钨合金、钼铼合金、TZM合金、MHC、钼镧、钼钇、钼镍、钼铜等，近期又根据市场需要推出了钼锆合金。而国内主要以纯钼、钼镧为主，配有少量的

TZM 和硅铝钾合金。

1.5 钼冶金原料

1.5.1 钼的矿物

现已知的钼矿约有 20 余种，原生钼资源有辉钼矿、镍钼矿、铀钼矿（见图 1-11）。具体品种和主要化学成分见表 1-12。

辉钼矿　　镍钼矿　　铀钼矿

图 1-11　原生辉钼矿、镍钼矿、铀钼矿石

表 1-12　钼的矿物品种和主要化学成分

名称	主要化学成分	备注
辉钼矿	MoS_2	
钼酸铁矿	$Fe_2O_3 \cdot 3MoO_3 \cdot 7H_2O$	
硒钼矿	$MoSe_2$	
铁辉钼矿	$FeMo_5S_{11}$	
硫钼铜矿	$CuMo_2S_5$ 或 $CuS \cdot 2MoS_2$	
硫钼锡铜矿	Cu_6SnMoS_8	
钼华	MoO_3	
钼铋矿	Bi_2MoO_6	
斜水钼铀矿	$(UO_2)MoO_4 \cdot 4H_2O$	
褐钼铀矿	$U(MoO_4)_2$	
紫钼铀矿	$UMo_5O_{12}(OH)_{10}$	
铁钼华	$Fe_2(MoO_4)_3 \cdot 8H_2O$	
钼酸铅矿	$PbMoO_4 \cdot 8H_2O$	
钼酸钙矿	$CaMoO_4$	
镁钼铀矿	$MgO \cdot 8UO_2 \cdot 8MoO_4 \cdot 18\sim20H_2O$	
黑钼铀矿	$H_4U(UO_2)_3(MoO_4)_7 \cdot 14H_2O$	
钙钼铀矿	$Ca(UO_2)_3(MoO_4)_3(OH)_2 \cdot 11H_2O$	
黄钼铀矿	$(UO_2)Mo_2O_7 \cdot 3H_2O$	
钠钼铀矿	$Na_2(UO_2)_5(MoO_4)_5(OH)_2 \cdot 8H_20$	
钨钼铅矿	$Pb(W,Mo)O_4$	
胶硫钼矿	MoS_2	

这些钼矿中具有工业价值的矿石只有4种，即辉钼矿、钼酸钙矿、钼酸铁矿和钼酸铅矿。其中又以辉钼矿的工业价值为最高，分布最广，约有99%的钼呈辉钼矿状态存在，它占世界钼开采量的90%以上。钼酸钙和钼酸铁矿是辉钼矿经过长年累月氧化的产物，它们往往分布在辉钼矿的表面层，当发现有钼酸钙矿和钼酸铁矿存在时，便表明在矿体的下部可能有辉钼矿存在。

1.5.2 辉钼矿

辉钼矿是一种质软并带有金属光泽的铅灰色矿物，外观与石墨相似，呈鳞片状或薄板状的晶体，具有层状六角形晶格(见图1-12)。它的密度为4.7～7.8g/cm^3，莫氏硬度为1.0～1.5，在空气中加热到400～500℃时，二硫化钼开始氧化生成三氧化钼(MoO_3)，加热到720℃左右的蒸气压达0.08kPa。在隔绝空气的条件下，加热到1300～1350℃，辉钼矿矿物部分地离解；加热到1650～1700℃开始熔化分解。辉钼矿能被硝酸和王水熔解。

1.5.3 钼酸钙矿

钼酸钙矿的颜色从白到灰，在紫外光照射下发出浅黄色荧光。密度为4.35～4.52g/cm^3，硬度为4.5～5.0。它在自然界常见到的是一种次生矿，即由辉钼矿氧化生成的产物，因此，钼酸钙矿常以薄层形式覆盖在辉钼矿上。钼酸钙矿作为原生矿比较少见，它常含有杂质钨，因为钼酸钙矿和钨酸钙矿会形成类质同相。

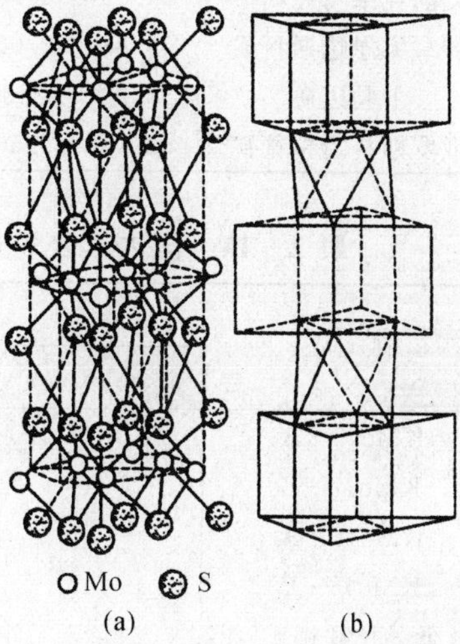

OMo S

(a) (b)

图1-12 辉钼矿晶体的晶格

(a)离子中的排列；

(b)同一晶格多面体坐标形式—三角棱锥晶系

(钼离子在三角锥的中心，硫离子在三角锥项角)

1.5.4 钼酸铅矿

根据钼酸铅矿所含的杂质不同，其颜色有黄色、鲜红色、橄榄绿色或浅灰色。它的密度为6.8g/cm^3，硬度为2.5～3.0。它产于前矿床的氧化带，目前，在工业上的使用价值不大。

1.5.5 钼酸铁矿

钼酸铁矿是辉钼矿风化时生成的一种次生矿，常与辉钼矿一起在辉钼矿矿床氧化带出现。钼酸铁矿矿物成分是变化的，因此有时可以用下列通式表示：$xFe_2O_3 \cdot yMoO_3 \cdot zH_2O$。钼酸铁矿也是提取钼的重要原料。在最大的美国科罗拉多的克莱马克斯矿中约有25%的钼是以钼酸铁状态存在于矿床上部的。

1.5.6 辉钼精矿

辉钼矿主要集中在斑岩型和矽卡岩型钼矿床中，主要伴生矿物有白钨矿、黑钨矿、锡石、黄铁矿、黄铜矿、砷黄铁矿等，在辉钼矿中还有以类质同相形成存在一定数量的铼。铼的含量与矿床性质有关，一般斑岩铜矿中辉钼矿含铼达到0.01%～0.1%，而其他矿床中的辉钼矿含铼仅为0.001%～0.01%。钼矿床中的主要脉石为石英、长石、石榴石、方解石等，矿床中的钼品位对斑岩钼矿而言仅为0.1%～0.4%，对斑岩铜矿而言仅为0.1%～0.01%。工业生产用的辉钼矿是从含千分之几的矿石中经破碎、浮选得来的，原矿通过这样的处理可获得含二硫化钼85%～90%的精矿。辉钼精矿的物理要求：颜色为铅灰色，粒度为80目，化学成分见表1-13、

表1-14和表1-15。

表1-13　国内部分钼矿山生产的钼精矿的化学成分(质量分数)　(单位:%)

钼矿名称	Mo	SiO_2	Cu	Pb	CaO	P	As	Sn	Bi	W
中国1a	46.63	12.5	0.15	0.08	1.40	＜0.01	＜0.01	＜0.01	0.053	
中国1b	51.61	6.38	0.15	0.07	0.57	＜0.01	＜0.01	＜0.01	0.048	
中国1c	54.27	4.20	0.12	0.06	0.27	＜0.01	＜0.01	＜0.01	0.040	
中国2	45.18	10.8	0.20	0.23	3.27	＜0.01	＜0.01	＜0.01		
中国3	47.68	8.94	0.29	0.05	2.40	＜0.01	＜0.01	＜0.01		0.14
中国4	48.81	5.15	0.20	0.60	2.60	0.027	0.06	0.01		
中国5	50.68	6.60	0.13	0.20	0.07	＜0.01	＜0.01	＜0.01		
中国6	45.50	0.0～1.3	0.20	0.026	微	0.02	＜0.01	＜0.013	7.00	0.30
美国克莱马克斯矿	54.00	4.50	0.18	0.04	0.06	＜0.01	＜0.01	＜0.01		
加拿大恩达斯科矿	56.88	2.68	0.15	0.04	0.05	＜0.01	＜0.01	＜0.01		
卡马迈矿	56.23	2.0	0.1～0.3	0.04	0.05	＜0.01	＜0.01	＜0.01		
俄罗斯科翁拉德矿	51.00	6.50	0.30	0.08	1.00	＜0.01	＜0.01	＜0.01		

表1-14　国内某公司规定使用标准的和低品位的辉钼矿具体技术要求

牌　号	化学成分(质量分数)/(%)							
	Mo(≮)	SiO_2	As	Sn	P	Cu	Pb	CaO
KMo53-A	47	11.0	0.04	0.04	0.04	0.25	0.25	2.70
KMo47-B	47	7.50	0.20	0.07	0.05	0.80	0.65	2.40
KMo45-A	45	13.0	0.05	0.05	0.05	0.28	0.30	3.00
KMo45-B	45	8.50	0.22	0.07	0.07	1.20	0.70	2.60
低品位辉钼矿	≥35	≤13.0	≤0.25	≤0.20	≤0.15	≤1.50	≤8.00	≤2.5

注:钼精矿以干矿品位计算,油水含量不大于6%,其中水分含量不大于4%,粒度要求200目标准筛通过量不小于60%,精矿中不得混入外来杂物。

表1-15　辉钼精矿化学成分技术要求(GB3200—89)

牌　号	化学成分(质量分数)/(%)									
	Mo(≮)	SiO_2	As	Sn	P	Cu	Pb	CaO	WO_3	Bi
KMo53-A	53	6.50	0.01	0.01	0.01	0.15	0.15	1.50	0.05	0.05
KMo53-B	53	5.00	0.05	0.05	0.02	0.20	0.30	2.00	0.25	0.10
KMo51-A	51	8.00	0.02	0.02	0.02	0.02	0.18	1.80	0.06	0.06
KMo51-B	51	5.50	0.10	0.06	0.03	0.40	0.40	2.00	0.30	0.15
KMo49-A	49	9.00	0.03	0.03	0.03	0.22	0.20	2.20		
KMo49-B	49	6.50	0.15	0.06	0.04	0.60	0.60	2.00		
KMo47-A	47	11.0	0.04	0.04	0.04	0.25	0.25	2.70		
KMo47-B	47	7.50	0.20	0.07	0.05	0.80	0.65	2.40		
KMo45-A	45	13.0	0.05	0.05	0.05	0.28	0.30	3.00		
KMo45-B	45	8.50	0.22	0.07	0.07	1.20	0.70	2.60		

注:牌号中的“A”表示单一钼矿浮选产品;“B”表示多金属矿综合回收浮选产品。

由于辉钼精矿的产地不同，各公司的生产条件和用途不尽相同，所以对辉钼精矿的要求也有所区别，因此，辉钼精矿也有不同的标准。表1-13是国内部分钼矿山生产的辉钼精矿化学成分标准，表1-14是国内某公司规定使用标准的和低品位的辉钼矿具体技术要求，表1-15是国家标准规定辉钼精矿的化学成分应符合的技术要求。

1.6 钼冶金二次资源

钼是不可再生的资源，随着钼的用途和用量的日益增加，资源日益减少，为了节约钼资源，充分利用钼的二次资源是很必要的。钼的二次资源主要有含钼废酸废水、废催化剂、废钼基合金、金属钼加工废料等。现在，在世界范围内，从二次资源中回收的钼逐年上升，已占到钼总产量的5%以上，特别是西方一些国家，钼的二次资源回收在钼冶金工业中已经占到相当大的比例。据报道，美国回收利用的钼量估计为钼供应量的30%。本节介绍一些从二次资源中回收钼的主要方法和工艺。

1.6.1 含钼废液中回收钼

1.从含钼废酸中回收钼

现代工业中经常会产生一些含钼的废酸溶液，如白炽灯泡厂和电子管生产过程中会产生一些含钼量在40～70g/L，酸性极强（3mol/L硝酸和6mol/L硫酸的混合酸）的酸性废液，钼在这些溶液中以MoO_2^{2+}形态存在。

(1)氨沉法。对于钼含量较高的酸性废水，氨沉法是一种比较成熟的回收这部分钼的工艺方法，工艺流程如图1-13所示。其原理为在搪瓷反应罐中向稀释了的废液加入浓氨水或通氨至pH值为1.5～3的范围内，在70～80℃进行搅拌10～20h后冷却结晶，在沉淀中得到以$2NH_3 \cdot 4MoO_3 \cdot H_2O$为主的混合物，用去离子水洗涤沉淀，洗涤液返回稀释高浓度的酸性废水。滤液中残留的MoO_3约为0.2g/L，钼的回收率大于99%，滤液中的硝酸和硫酸再以硝酸铵和硫酸铵的形态回收。

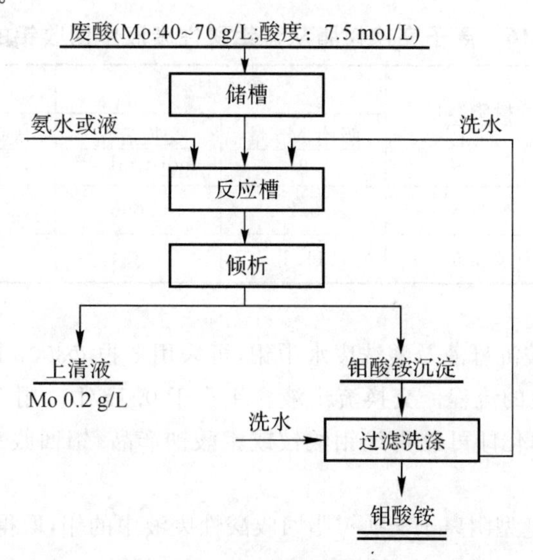

图1-13 氨沉法回收废酸中的钼工艺流程

(2)三氧化钼沉淀法。该方法的基本原理基于 MoO_3 在浓硫酸中的熔解度随着酸浓度的升高而降低，对于含钼和硫酸较高的废酸或酸性废水进行长时间的加热蒸发，溶液中的酸逐渐浓缩，钼将以氧化钼的形式沉淀析出，处理过的废酸经补酸后返回使用，沉淀物经洗涤后煅烧即可得到较纯的 MoO_3 产品。由于废酸一直处于沸腾状态，温度可达 120℃以上，所以采用逆流法回收蒸气中的酸是非常必要的，同时为防止沉淀物黏结在反应釜内壁上，必须加强搅拌。该法最大的缺点在于能耗较高，对设备材质要求很苛刻。

(3)中和法。用石灰水、苛性钠或苏打作为中和剂将废酸液中和接近 pH＝2，加氨水保持 pH 值在 2 左右，钼将以氧化钼的形态沉淀析出。

2. 含钼酸性废水中钼的回收

在采用酸法分解精矿生产钼酸铵及氧化钼的工厂，也会产生一些含钼酸性废水，如金堆城钼业集团有限公司的两家钼酸铵生产厂每年排放钼含量在 0.8～1.5g/L 的酸性废水(pH 值为 0.5～1.5，NH_4NO_3 含量为 180～220g/L)大约 40000m^3。而株洲硬质合金集团公司排放的酸沉母液中钼含量高达 4～5g/L，每年因此流失的钼(以钼酸铵计)在 7t 以上。因此，回收酸性废水中的钼在经济上是有意义的。从含钼酸性废水中回收钼的方法主要有中和沉淀法、离子交换树脂吸附法、萃取法和活性碳吸附法，下面介绍离子交换法和萃取法回收酸性废水中的钼的基本原理及工艺。

(1)离子交换法回收酸性废水中的钼。在 pH 值 2～4 的范围内，钼主要以阴离子形态存在，如 $Mo_7O_{24}^{6-}$ 和 $Mo_8O_{26}^{4-}$，随着 pH 值的降低，将出现钼阳离子 $MoO_2{}^{2+}$。因此，用阴离子交换树脂回收富集溶液中的钼时，控制溶液 pH 值大于 2 是一个重要的条件。根据溶液性质和产品方案的不同，可分别采用强碱性阴离子交换树脂或弱碱性阴离子交换树脂。最常用的方法是用强碱性阴离子交换树脂从酸性溶液中吸附钼。梁宏等人曾进行过强碱性阴离子交换树脂 201×7 和大孔径树脂 D301 从酸性含钼废液中回收钼的研究，原料液为酸沉母液(Mo 含量为 1.7～2.8g/L，pH 值为 2.0～2.5，NH_4NO_3 含量为 180～240g/L)和酸洗废水(Mo 含量为 0.6～1.8g/L，pH 值为 0.5～1.0，NH_4NO_3 含量为 120～180g/L)，树脂的工作交换容量见表 1-16。

表 1-16　离子交换树脂从含钼酸性废液中回收钼的性能

树脂牌号	树脂容量/mL	酸洗废水		酸沉母液	
		吸附 Mo 量/g	交换容量/($mol\cdot mL^{-1}$)	吸附 Mo 量/g	交换容量/($mol\cdot mL^{-1}$)
201×7	346	3.2	0.096	4.6	0.138
D301	346	11.1	0.334	18.3	0.551

用 D301 树脂回收酸沉母液及酸洗废水中钼，可采用 3 根 Φ300mm×4000mm 的交换柱、双柱串联、单柱分段解吸的流程。交换流出液含钼小于 0.1g/L。用 NaOH 或 NH_4OH 溶液作为解吸剂，解吸液经净化即可制得纯钼酸铵或钼酸钠产品，钼回收率大于 95%。解吸液成分见表 1-17。

俄罗斯某企业用羟基型阴离子交换树脂回收酸性废液中的钼，取得了良好的效果。废液成分为 0.3～1.0g/L Mo，10～45g/L H_2SO_4，28～30g/L HCl，0.7～1.3g/L $HClO_3$，0.003g/L

SiO_2,pH=3,1g干树脂对钼的吸附容量达400mg,吸附率98%~99%,负载树脂用氨水解吸得钼含量为60~65g/L的钼酸铵溶液。

表1-17　不同解吸剂解吸液成分

解吸剂	解吸液成分/(g·L⁻¹)			
	Mo	Cu	Si	W
NaOH	97	0.026	0.016	0.054
	113	0.013	0.009	0.042
NH_4OH	104	0.031	0.007	0.006
	118	0.023	0.003	0.057

(2)萃取法回收酸性溶液中的钼。我国某企业采用叔胺萃取回收酸沉母液中的钼,酸沉母液含钼5~6g/L,pH值为2.0~2.5,有机相为20%N235+10%仲辛醇+煤油,采用两级并流萃取,两相接触时间为1.5min,钼萃取率大于95%,萃余液含钼小于0.4g/L。用20% NH_4OH溶液进行反萃5~6min,相比为1/1,反萃液含钼大于100g/L。

1.6.2　从含钼废催化剂中回收钼

1.概述

发达国家从20世纪50年代起就开始注意废催化剂的回收利用,至20世纪70年代废催化剂的回收利用已经成为有关国家经济领域的一个重要方面,其基本特点可归纳为以下几点。

(1)建立起较完善的法律、法规体系,从环保的高度,明确废催化剂为环境污染物,禁止随意倾倒与掩埋,从而促进了废催化剂处理技术的进步与相关产业的形成。

(2)建立了专门的机构协调、管理废催化剂的处理、管理工作,如日本的废催化剂回收协会、美国的废催化剂废弃服务部等。

(3)废催化剂处理回收形成了一个产业,相应地诞生了一批实力雄厚的大公司。如美国的Amax Metal公司、联合催化剂公司、德国的Degussa公司、法国的欧洲催化剂公司(Eurecat)以及国际催化剂回收公司(CRI)与Amlon Metal Inc./Euromet等跨国公司集团。

(4)废催化剂回收已取得了巨大的经济效益,有效地节省了有色金属资源,如美国Amax Metal年处理加氢脱硫催化剂16000t,每年可回收钼1360t、钒130t及14500t三水氧化铝。

钼系催化剂无论从其种类还是钼的用量方面都比钨系催化剂规模大,废钼催化剂的利用比废钨催化剂的利用地位更为重要。例如我国仅炼油催化剂一项每年就消耗钼金属量900t。我国氮肥工业利用Co-Mo变换催化剂,每年催化剂需用量2000t,西欧炼油工业用加氢精制催化剂年耗量达1500t,日本每年报废的脱硫用含钼催化剂约3000t。故西方国家将废钼催化剂列为第四种钼资源。

2.废钼催化剂种类及成分

含钼催化剂主要应用于石油化学工业中的醇脱水或脱氢反应,烯烃的水合或氧化反应,各种分解、聚合、氯化、异构化及加氢脱硫。在氮肥工业中主要用于氨的合成。

钼系催化剂主要以固体形式应用于各种石化过程,而钼的杂多酸盐氧化催化剂则以液相形式应用。固相催化剂的载体主要是Al_2O_3,也有以硅胶为载体的磷钼酸铋催化剂。载体上除了有氧化钼外，还可能有氧化钴、氧化镍、氧化铁、氧化铜、氧化钒、氧化钨、氧化铋中的一种或多种。表1-18为几类钼系废催化剂的组成。

表1-18 废钼催化剂成分

催化剂	Mo	Fe_2O_3	NiO	Co	V_2O_5	Al_2O_3	Cu	Si	P	C+S	其他
钼铁系	5	48	/	/	/	15	1	/	/	30	1
钼镍系	18.5	/	4.0	/	/	52.5	/	4.7	2	/	18
钼钴系	8.14	/	3.2(Ni)	1.94	/	24.3	/	/	/	25.37	37.02

3. 处理废钼催化剂的技术路线分析

根据以上的介绍，可知废钼催化剂一般含硫并吸附有一些碳氢化合物，除了钼之外，有些金属成分是制造催化剂的添加物，而有些成分是在催化过程中沉积在其上的。作为催化剂的骨架如为$\eta-Al_2O_3$，则是既可溶于酸又可溶于碱的两性物质；如为$\alpha-Al_2O_3$，则为难溶于酸碱的物质。

因此，废催化剂处理回收工艺一般包括下述作业。

(1)焙烧。其目的是除去油类物质、积炭及硫，以减轻后续作业的负担。焙烧方法分为氧化焙烧、加碱氧化焙烧、加盐氧化焙烧。

1)氧化焙烧。有低温氧化焙烧及高温氧化焙烧之分，前者的温度一般为200～500℃，主要任务是烧掉石油及其他碳氢化合物，并使某些杂质硫化物也同时烧掉，而高温氧化焙烧温度在550℃以上，除了上述目的之外，更重要的是使MoS_2彻底转化为MoO_3，还有采用更高的温度制度，其目的是使$\eta-Al_2O_3$变为$\alpha-Al_2O_3$，以减少浸出时铝的溶出。

2)加碱氧化焙烧。一般是加Na_2CO_3，大部分情况是将固体Na_2CO_3与催化剂混匀，在高温炉中保持氧气气氛下烧结，使硫化钼直接转变为Na_2MoO_4。为了保证碱混匀，有一种做法是使用一定浓度的Na_2CO_3溶液，例如饱和Na_2CO_3溶液预先浸渍催化剂，使Na_2CO_3分子渗透进催化剂骨架内部，然后再进行高温氧化焙烧。

3)加盐氧化焙烧。在配以Na_2SO_4或NaCl的情况下进行氧化焙烧，这种情况多半是为了使氧化钒转变为钒酸钠。

(2)破碎。固体催化剂一般有规则的形状，为了改善提取过程的动力学条件，有时需有一个破碎作业。最终粒度视工艺要求而定，破碎工序可放在焙烧前也可放在焙烧后，视催化剂含油、含水分量而定。

(3)浸出。浸出工序几乎是所有提取工艺都必须包括的关键工序，浸出剂可以是H_2O，NaOH或Na_2CO_3，NH_4OH与铵盐溶液、硫酸。加碱焙烧产物用水直接浸出，而碱浸、氨浸均使Mo，V变成钼酸盐或钒酸盐进入溶液，而其他有价金属如Ni，Co留在渣中再用酸提取。用硫酸直接浸出焙烧产物时，Mo，V，Ni等均进入溶液，再进行分离。

某些废催化剂含石油、积炭与硫均较少，可以不经过焙烧直接进行浸出。大部分情况均是通过氧化焙烧后再进行浸出的。

(4)浸出液的净化及纯化合物的析出。这一步骤与处理其他含钼物料的工艺几乎没有什么区别，其特征是在每一种工艺中几乎都要考虑铝的分离，析出铝一般用水解法或者使它以铝钒形式沉淀析出。

(5)氯化法处理废催化剂。用氯气氯化使Mo，V的氯化物挥发冷凝回收，氯化残渣为高沸点的Co,Ni氯化物,将其水解,从水浸液中提取Co,Ni。

(6)直接还原熔炼钼铁。对单一的Mo-Fe系催化剂,应用此法简单易行,于焙烧除C,S后熔炼Mo-Fe,此时Al_2O_3完全进入渣相,也可与钼精矿及氧化铁混合熔炼。

4.处理废钼催化剂的工艺实例

由于废催化剂的成分、种类差别太大,处理工艺千差万别,本书仅略举数例介绍之。

(1)氧化-碱浸法处理Mo-Co催化剂。其工艺流程如图1-14所示。

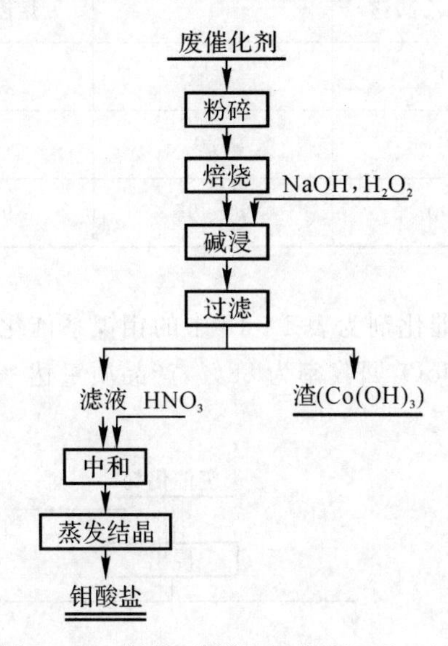

图1-14　氧化-碱浸法回收Mo,Co工艺

废催化剂粉碎过20目,于550℃焙烧4h,105℃下碱浸。加H_2O_2的作用在于使二价钴氧化为三价钴,以减少含钼滤液中之钴损。此工艺已在我国邯郸建立了3000t/a的生产装置。

(2)焙烧-氨浸法处理Mo-Co催化剂。工艺流程如图1-15所示。

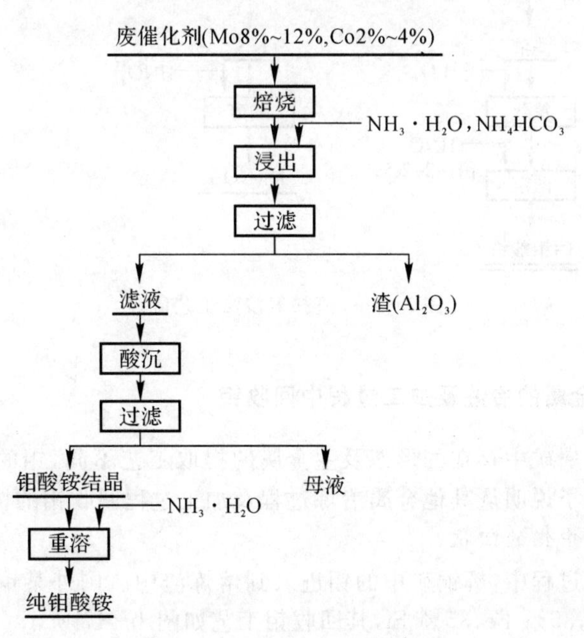

图1-15　焙烧-氨浸法工艺

此工艺与国外专利工艺效果对比情况见表1-19。

表1-19 不同浸出剂效果对比

项目＼专利	USP3563433 USP4343774	昭49-8491	德国 2556247	图1-15工艺
浸出剂	氨水、碳酸钠、四硼酸铵、乙酸铵	氨水、铵盐	NaCl高温熔融后水浸	$NH_3 \cdot H_2O$ NH_4HCO_3
浸出压力/MPa	0.6～0.8	常压	常压	常压
温度/℃	100	120	70～80	70～80
浸出率/(%)	84～90	90～95	92～96	91～93

(3)直接氨浸法。处理废催化剂为表1-18中的钼镍系催化剂，氨水浓度为4mol/L，反应温度为6570℃，$L/T=4:1$，MoO_3回收率为88%，产品质量达一级品要求。

工艺流程如图1-16所示。

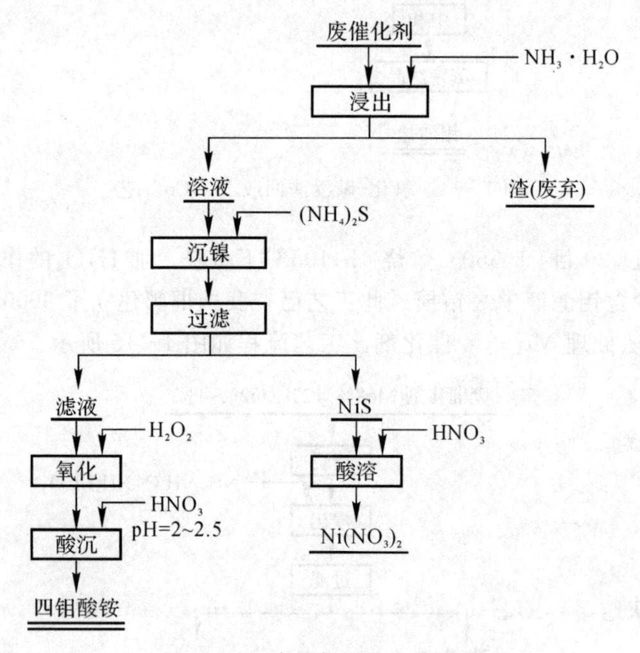

图1-16 直接氨浸法工艺流程

1.6.3 从其他金属的冶炼及加工过程中回收钼

随着钼在其他金属矿中存在的形态及主金属的提取工艺不同，钼的回收工艺也随之而变化。现在仅举几个例子说明从其他金属冶炼过程及加工过程回收钼的情况。

1. 火法炼铜过程中钼的回收

在铜的火法冶炼过程中，辉铜矿中的钼进入到熔炼渣中。国外某铜冶炼厂熔炼渣成分为0.3% Mo，0.3% Cu，35% Fe，35% Si，其回收钼工艺如图1-17所示。熔渣在电炉中加热熔炼，熔炼过程中加入少量铁粉和黄铁矿，熔炼产生的含钼混合物的含钼量达到7%～20%，铁渣丢弃。含钼混合物经过制粒后再彻底氧化、酸浸，使其中的钼、铜氧化物进入浸出酸液中。含铜、钼的酸浸液经过离子交换法分离铜、钼，钼被离子交换树脂吸附。氨水解吸得到钼酸铵溶液用来制取仲钼酸铵或四钼酸铵，交换余液用于回收铜。

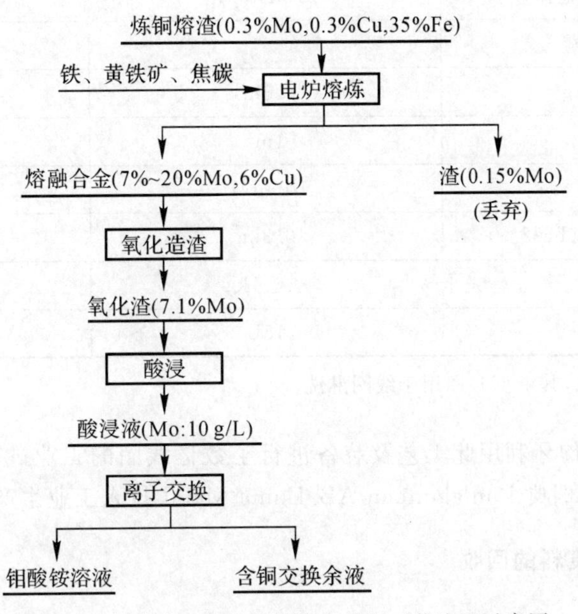

图1-17　熔渣法回收炼铜渣中的钼工艺流程示意图

2. 含钼铀矿提铀过程回收钼

在含钼的铀矿高压碱浸过程中，矿物在150～200℃，(1.86±0.14)MPa下进行高压氧化碱浸(Na_2CO_3)。78%的钼和90%以上的铀、铼进入到浸出液中，浸出液先用烷基磷酸双脂萃取铀，再用胺类萃取剂萃取回收钼、铼。

3. 灯泡工业绕钨丝线圈的钼芯线的回收

细钨丝是绕成螺旋卷形式用作白炽灯的发热体的。绕丝机将很细的钨丝在一根作芯线的钼丝上将钨丝绕成螺旋形。传统的工艺是用硫酸与硝酸混合液选择性熔解钼芯线。这一工艺有很多缺点，如操作不安全，排出有毒的氮氧化合物气体，废液处理很复杂且成本高，等等。

匈牙利的科学家发明了一种新的熔解钼芯线并回收钼的方法，该方法的实质是用铁盐作催化剂，用双氧水快速熔解钼芯线，而钨不与双氧水作用，过程的反应式为

$$Mo + 4H_2O_2 = H_2MoO_5 + 3H_2O$$

之后再蒸发溶液，过氧钼化合物在加热条件下按下式分解为三氧化钼：

$$H_2MoO_5 \rightarrow MoO_3 + H_2O + O_2$$

液固分离后，催化剂大部分在滤液中返回使用。滤饼成分(以干基计)为

MoO_3	70%～80%	Fe_2O_3	3%～10%
H_2O	10%～20%	杂质：	W，0.1%～1%

过程的典型能量及物质消耗见表1-20。

表 1-20 熔解 Mo 芯线的经济数据

		Mo 熔解及线圈淋洗	回收工序
电能	冷却	5.5kW·h	
	其他作业	0.5kW·h	0.5kW·h
蒸汽(3kg)		——	25～35kg
压缩空气(6kg)		<$3m^3$	0.5 m^3
冷却水		1m^3	1 m^3
H_2O_2(35%)		10～14L	——
$Fe_2(SO_4)_3\cdot 6H_2O$(Fe22%)		0.3kg	——
其他组分		<0.1kg	——
去离子水		15L	*

注:* 回收 25L 纯水,其中 15L 回用于线圈淋洗。

1980—1984 年,匈牙利用此工艺及装备进行了数亿线圈的工业试验,并将此专利卖给瑞典,于 1992 年 2 月在瑞典 Lumalampan AB. Luma Metal 投入工业生产。

1.6.4 金属钼废料的回收

1. 含钼合金废料

含钼合金废料主要包括超合金、不锈钢、高速钢、硬质合金和钼铼合金等废料,这部分含钼废料的回收方法包括熔融锌处理法、氧化蒸馏法和氧化-浸出法等工艺。

熔融锌处理法处理含钼硬质合金废料工艺为,将金属锌、含钼硬质合金废料和碳按一定的比例混合,加热至 800～1000℃,生成新的锌合金,再用酸分解锌合金,这时合金中的锌、镍、钴进入溶液分别进行回收,而钨、钼留在酸分解渣中。酸分解渣蒸馏挥发锌后焙烧蒸馏钼,使钨、钼分离并加以回收。该方法钼、钨、钴的回收率分别为 96.2%,98.4%和 97%。

钼铼合金的回收采用氧化蒸馏法,即在 1000℃下对合金废料氧化焙烧,合金中的钼、铼将分别以 MoO_3 和 Re_2O_7 的形态进入气相,经冷凝回收后再在 350～400℃下进行二次蒸馏,Re_2O_7 进入气相从而达到钼、铼分离。

以上的含钼合金废料也可以用氧化焙烧-浸出法进行回收,即先将废料破碎,高温氧化焙烧,使其中的金属全部转化为金属氧化物,再用酸或碱溶液选择性浸出并分别回收。

2. 金属钼加工废料

制灯、电子、电炉(丝)、玻璃等行业经常会产出一些含金属钼的加工废料,这部分含钼废料可用氧化升华法和酸溶法回收。酸溶法即用硝酸(混合酸)浸出回收钼废料,其工艺如下:用 8mol/L 硝酸+0.5mol/L 硫酸的混合酸在不锈钢容器中进行浸出数小时,液固比为5∶1～6∶1,浸出温度控制在 55℃以下,浸出液含钼约 200g/L,钼的浸出率为 99%以上。浸出液用 25%的氨水调节至 pH 值为 1～3,溶液中 93%的钼将以钼酸铵形态结晶析出,该钼酸铵经过 500℃煅烧即可得到纯度为 99.9%的三氧化钼产品。

垂熔钼条的两端切头,实际上是纯度高的多孔钼块。类似于这样的金属钼废料,可通过硫化法将其转化为二硫化钼，生产优质的固体润滑剂。

1.7　我国钼粉末冶金的历史及发展概况

1.7.1　钼粉末冶金的历史

人类发明火以后，逐步懂得了把黏土压成硬块并用火烧制成器皿。粉末冶金法起源于5000年前，古埃及用风箱把氧化铁粉在碳中加热，制成海绵状还原铁，然后把这种多孔隙的铁趁热锻造、锤打成器件。公元前800—公元前600年，铁器就很普及了。重达6t的德里柱，就是在公元前300年用粉末冶金法制造的还原铁。铂的熔点非常高，最早印第安人的祖先就用粉末冶金的方法，以从矿石中用水洗法分离出来的天然铂粒为原料，以低熔点的合金作为黏结剂，做成了铂的器皿。17世纪到19世纪，使用的金、银、铂器皿，主要是使用粉末冶金法制造出来的。1826年就有人先在常温下把铂粉装入铸铁圆筒形模内，用钢制模冲在螺旋加压机中加压，然后再高温下进行烧结，得到了致密的白金块。这种方法成为了后来在粉末冶金中比较明显的3个主要的基本工序，即制粉、成形和烧结。

钼是18世纪后期才被发现的，1778年，瑞典科学家卡尔·威廉·谢勒(Carl Wilhelm Scheele)证实了钼的存在。此后不久，到1782年，彼得·雅各布·耶尔姆(Peter Jacob Hjelm)用碳成功地还原了这种氧化物，获得一种黑色金属粉末，他称这种金属粉末为“钼”。这是最早使用粉末冶金方法获得钼金属粉末。而钼粉末冶金的规模化历史不到百年，最具代表性的Plansee公司最早于1921年开始进行钼粉末冶金制品的生产。我国在1978年以前，由于当时是计划经济，钼金属制品由原株洲硬质合金厂、原宝鸡902厂4车间、原本溪合金厂04车间等单位生产。原电子工业部和原轻工部也兴建了一批钨钼制品厂，当时的杨家杖子矿务局和金堆城钼矿等主要生产钼精矿。改革开放后，尤其是1990年后，金堆城钼业集团有限公司在钼的深加工方面投入很大，在冶炼、钼化工、钼金属制品方面已经成为了全国最大、在世界上很有影响力的钼产业链，从世界发达国家(如德国、美国)引进了钼冶炼多膛炉焙烧、钼酸铵水洗新工艺、Elino还原炉、Y250轧机、精锻机等一系列设备，技术水平得到了大幅度提高。

1.7.2　钼粉末冶金原理及特点

粉末冶金是制备金属粉末或合金粉末，并将金属粉末(或金属粉末和非金属粉末的混合物)按一定的形状进行成形，然后在低于熔点(当包含数种金属粉末时产生局部熔化)的温度下烧结固化，即烧结成金属制品、金属坯材料、复合材料以及各种类型制品的制造工艺技术。粉末冶金法又称为金属陶瓷法。

1. 钼金属粉末的制备

现有的制粉方法大体可分为两类：机械法和物理化学法。而机械法可分为机械粉碎及雾化法；物理化学法又分为电化腐蚀法、还原法、化合法、还原-化合法、气相沉积法、液相沉积法以及电解法。其中应用最为广泛的是机械粉碎和氧化物还原法。机械粉碎是利用球磨或利用动力(如气流或液流)使金属物料碎块间产生碰撞、摩擦获得金属粉末的方法。氧化物还原法是用气体、固体或液体还原剂还原金属氧化物制成粉末的方法。

钼粉的制备就是用氢还原氧化钼制取的，钼合金粉或者超细粉体制备可以用机械高能球磨制取。

尽管钼粉的氢还原工艺已有数十年的发展历史，但直到20世纪90年代后期，在波兰Sloczynski、德国Ressler、Plansee公司Schulmeyer等学者的分析下，才基本明确MoO_3到Mo的还原过程动力学机制，即MoO_3到MoO_2阶段反应过程符合核破裂模型，MoO_2到Mo阶段反应符合核缩减模型；MoO_2到Mo阶段反应有两种方式，低露点气氛时通过假晶转变，高露点气氛时通过化学气相迁移。

目前，对MoO_3到MoO_2阶段的反应方式尚未形成一致看法，Sloczynski认为MoO_3到MoO_2的还原是以Mo_4O_{11}为中间产物的连续反应；Ressler等学者认为在还原过程中，MoO_3首先吸附氢原子[H]生成H_xMoO_3，然后H_xMoO_3释放所吸附的[H]转变为MoO_3和MoO_2两种产物，随着温度上升，MoO_2不断长大，而转变成的MoO_3进一步还原为Mo_4O_{11}，进而还原成MoO_2。

其后，国内尹周澜、刘心宇、潘叶金等在这一领域也进行了研究工作，但未见到较完善的数学模型的报道。

2.钼金属粉末成形

成形的目的是制得一定形状和尺寸的压坯，并使其具有一定的密度和强度。成形的方法基本上分为加压成形和无压成形。加压成形中应用最多的是模压成形。模压成形是将混合均匀的物料，装入压模压制成具有一定形状、尺寸和密度的型坯的过程。钼金属粉末成形方法主要有两种：模压成形和等静压成形。

模压成形常用的方法有两种：一种是常温加压成形，即在机械压力下使粉末颗粒间产生机械啮合力和原子间吸附力，从而形成冷焊结合，制成形坯。其优点是对设备、模具材料无特殊要求，操作简便；缺点是粉末颗粒间结合力较弱，压坯容易损坏，由于压坯是在常温下成形的，因此需要施加较大的压力克服由于粉末颗粒产生塑性变形而造成的加工硬化现象。另外，常温加压成形的压坯密度较低，因此其孔隙度较大。另一种是加热加压成形，即在高温下使粉末颗粒变软，变形抗力减小，用较小的压力就可以获得致密的压坯。

等静压成形的方法也有两种：冷等静压和热等静压。等静压成形是将待压试样置于高压容器中，利用液体介质不可压缩的性质和均匀传递压力的性质从各个方向对试样进行均匀加压，当液体介质通过压力泵注入压力容器时，根据流体力学原理，其压强大小不变且均匀地传递到各个方向。与模压相比，等静压坯体受力均匀，密度分布均一，产品性能有很大提高。

鉴于未来钼制品发展趋势，一般采用较先进的等静压设备。

对于钼的高质量、复杂、精密零部件，还可以采用目前先进的粉末注射成形技术(PIM)。该技术一次成形率高，材料利用率高，表面粗糙度好，生产成本低，完全克服了传统粉末冶金技术难于生产复杂形状零件的缺点，适应于生产体积小、形状复杂、难于切削加工材质等异形零件。正因为该技术具有上述优点，迎合了粉末冶金材料复杂化的发展趋势，自投入生产实践以来，国际上采用该技术生产粉末冶金商品每年以15%的速度增长，成为当今世界粉末冶金行业新技术使用领域增长最快的技术之一。

3.钼金属粉末压坯烧结

烧结是通过焙烧，使压坯颗粒间发生扩散、熔焊、再结晶，粉末颗粒牢固地焊合在一起，孔隙减小，密度增大，最终得到"晶体结合体"，从而获得所需要的具有一定物理及力学性能制品的方法。烧结是粉末冶金工艺中的关键性工序。成形后的压坯通过烧结使其得到所要求的最终物理机械性能。烧结分为单元系烧结和多元系烧结。对于单元系和多元系的固相烧结,烧结温度比所用的金属及合金的熔点低。

钼金属的一般烧结方法是电阻烧结、中频感应烧结,还有松装烧结、熔渗法、热压法等特殊的烧结工艺。随着新材料的不断开发,特别是新材料制备技术的飞速发展,粉末冶金制品越来越多地应用于各行各业中,应用领域不断扩大,粉末冶金新技术层出不穷。但对于钼金属而言,新的烧结技术并不多见。目前,正在研究和开发的钼烧结工艺有等离子烧结和微波烧结。

等离子烧结技术(SPS)——放电等离子烧结技术起源于20世纪30年代美国的"脉冲电流烧结技术"。国内外部分学者对SPS技术相对传统成形-烧结技术做了对比研究,结果表明,SPS是一种时间短、温度低的先进快速烧结法,烧结温度比传统成形-烧结技术低180~500℃,可获得细晶烧结组织。但该方法只能用于小尺寸钼制品烧结,且烧结密度较低。

微波烧结技术——微波通常指波长从1m到1mm(相应频率范围为300MHz~3000MHz)的电磁波。与通常的电磁波相比,微波具有波长短、频率高、穿透能力强、量子特性明显等特点。微波烧结(MS, Microwave Sintering)始于20世纪70年代,是一种利用微波加热来对材料进行烧结的方法。MS利用材料吸收微波能转化为内部分子的动能和热能,使得材料整体均匀加热至一定温度而实现致密化烧结,是快速制备高质量的新材料和制备具有新性能的传统材料的重要技术手段。

1.7.3 我国钼粉末冶金工业发展存在的主要问题及应对策略

我国钼粉末冶金技术是在20世纪五六十年代发展起来的,起步并不算晚,但发展得不够快,不仅在数量上有待提高,在品种和质量上也需要改进,如钼粉末性能有待提高,流动性、化学成分需要改进,品种规格和牌号要进一步丰富,品质一致性相对较差的问题要尽快解决,特别是要在提高生产效率、降低制造成本上下工夫,以适应日趋激烈的国际、国内两个市场的竞争。

1.我国钼粉末冶金工业发展存在的主要问题

产品品种多集中在粗钼丝、线切割丝、钼杆等初级加工产品及少量钼板、部分异形件等。金堆城钼业集团有限公司是全球范围内为数不多的从钼矿山、钼冶炼到钼化工、钼金属及压力加工钼系列产品联合生产企业(长流程生产方式),其涉及的产品及相应的装备、生产工艺技术代表着中国国内钼金属的制造水平和实物水平。河南洛钼集团有限公司是和金堆城钼业集团有限公司相近的钼系列产品的联合生产企业,其起步较晚,但近几年发展势头强劲。另外,厦门虹鹭钨钼工业有限公司、江苏峰峰钨钼制品股份有限公司、成都虹波钼业有限公司、自贡硬质合金集团公司、北京安泰科技股份有限公司、苏州先端稀有金属有限公司等钼金属加工企业(短流程生产方式),其产品专业性相对较强,但大多产量较小,装备水平较低,产品质量波动较大。

虽然我国钼粉末冶金工业取得了长足进展,但与国际先进水平比较起来,还存在着很大的差距,存在不小的技术空白和薄弱环节,具体表现在下述几方面。

(1)粉末冶金钼行业技术基础仍比较薄弱,力量分散,不能满足高科技发展的需要。由于近年来钼价暴涨,因此我国钼的生产遍地开花,有钼矿的地方都在进行选钼的生产,并且大多都以风险性探矿的名义,优先取得开采权,又受当地政府的保护,在合法外衣的保护下,低水平开采宝贵的钼矿资源,使我国钼矿的开采陷入一片混乱。据钼业协会的统计数据,国内钼金属深加工企业多达150家,表现为分散、规模小,生产经营随机性大。

(2)我国还没有形成先进的钼粉末冶金工艺装备制造业,一系列重要且先进工业装置还受制于发达国家。我国还没有专门的钼生产线生产厂家,国内生产的设备大部分控制水平低下,无法生产高品质的钼粉末冶金制品。因此,为面对国际市场,就需要引进国外先进的控制精度较高的钼粉生产线、高温电阻烧结炉、注射成形机、数控工具磨床和深加工需要的锻压、轧制等先进设备。

(3)全国缺乏统一规划,条块分割严重,投资强度低,科研、开发和工业水平尚未形成一个有机整体。由于2004年钼原料价格暴涨,一些钼采选企业扩大钼生产规模,新钼矿点纷纷上马进入采选阶段,导致钼化工、钼深加工业的低水平重复建设,不利我国钼工业的健康发展。因此,对我国钼行业生产的扩建、新建项目应由国家统一控制,以利于国家对钼行业的宏观调控,并适时进行钼行业会议的开展,以利于企业技术水平和研发能力的提高。

2.应对策略

与国际先进钼粉末冶金设备和产品相比,无论是性能或精度,我国钼粉末冶金产品都存在着明显的差距。究其原因,主要是在新产品和市场的开发与投入方面严重不足,以致钼粉末冶金产品仍停滞在附加值不高的低层次传统工业应用上,忽略了以新技术开发新市场,带动产品的开发,提高产品质量和性能。

针对以上存在的问题,为加强我国钼粉末冶金的综合能力和整体水平,必须加大投入,搞好总体规划,加快发展我国钼粉末冶金产业;同时,加强钼粉末冶金科研与开发,组织好研究队伍,做好分工合作,发挥各方面的优势,加强高等学校、研究院所和产业部门的联系,为尽快建立我国强大的、高技术水平的、结构合理的钼粉末冶金产业而努力。发展钼粉末冶金的具体策略有以下两点:

首先是教育问题。目前全国只有中南大学、东北大学、北京科技大学和合肥工业大学等几所高校设有粉末冶金专业,这对于推动和促进一门新兴产业的人才储备是远远不够的。由于原来条块分离的教育体制的影响,原机械行业院校均没有粉末冶金专业,造成机械行业大部分技术骨干不了解粉末冶金技术,影响了粉末冶金制品在机械行业的推广应用。20世纪90年代后期,一些机械类院校才陆续开设了粉末冶金课程,但学时普遍不够,有的课程仅仅是作为知识性介绍。

其二是要走出去、引进来。国内钼粉末冶金行业要加大与国际同行业的交流,以推动国内钼粉末冶金工业的发展。加大对自动化高精度设备研制的投入,采用复合式粉末压机(Hybrid Compacting Presses),改善制品的精度和密度差,利用国内外现有的技术基础,开发高性能、高精度的新产品,同时加强市场开发,多主动向客户提供咨询与服务,使客户对新技术、新产品有更强的信心。克服因循守旧的经营作风,要有效地利用计算机进行模拟、产品设计和快速工装与成形等先进技术,积极利用瞬时交换信息的因特网络进行电子商务、网上图纸及资料交换,从而扩大对市场状况和科技进展的了解,做出快速、有效的反应,与客户共同开发钼粉末冶金的潜在市场,共享高新技术带来的好处。在应用基础研究方面,要大力开展计算机模拟技术的研究开发,特别是对粉末压制和烧结过程的模拟,开发诸如产品设计、生产过程控制与模拟的计算机应用软件和建立数据库。关于新产品的开发,应结合社会需求和工业需要,在关键的高新技术领域采用新的粉末冶金技术,研究开发钼纳米材料、细晶功能材料等。在钼粉末冶金结构零件方面,要积极采用温压、注射成形等先进技术,开发和生产高密度、高性能、高精度的钼粉末冶金制品。

1.8 钼粉制备用原料

生产金属钼粉的主要原料为钼酸铵，钼酸铵分为二钼酸铵（ADM，Ammonium Dimolybdate）、四钼酸铵（ATM，Ammonium Tetramolybdate）和仲钼酸铵（AHM，Ammonium Heptamolybdate）。

国际上一般用二钼酸铵生产金属钼粉，国内除了使用二钼酸铵生产金属钼粉外，也有用四钼酸铵，但七钼酸铵很少使用。

如图1-18所示为钼酸铵制备工艺流程示意图。

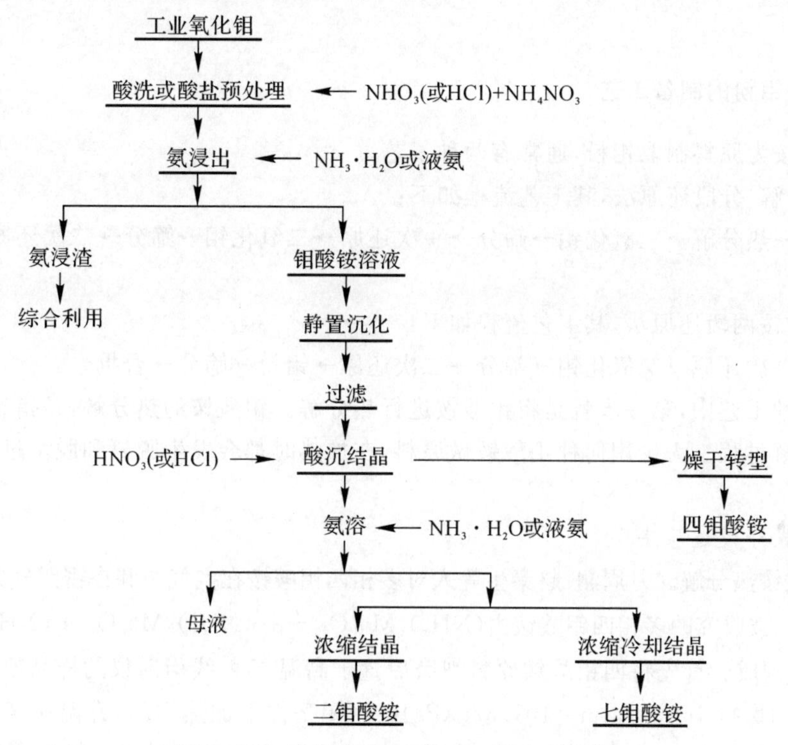

图1-18 经黄法制取钼酸铵工艺流程示意

1.8.1 钼粉生产对原料钼酸铵的要求

由于还原钼粉的纯度取决于钼酸铵的化学成分，而钼酸铵的晶型和物理性状又对钼粉的粒度、粒度分布、粒形等物理和加工性能有决定性影响，因此制备和选择适当的钼酸铵原料，对生产高质量的钼粉至关重要。生产实践证明，对原料钼酸铵的选择和不同原料的搭配，是保证还原钼粉质量的先决条件。如原料来源有变动，则必须通过试验对氢还原工艺做相应调整，才能生产出合格的钼粉。

据有关文献介绍，当用氢还原制备金属钼粉时，在为数众多的钼酸铵中，通常采用四钼酸铵、二钼酸铵和七钼酸铵。从成本上说，一般四钼酸铵较低，二钼酸铵次之，七钼酸铵最高。由于用四钼酸铵做原料可获得高质量的钼粉，所以四钼酸铵一直受到钼粉生产企业的喜爱。

四钼酸铵有两种，即 α 型四钼酸铵和 β 型四钼酸铵。α 型四钼酸铵晶粒粗细不均，热稳定性差，易风化结块。形成这种晶型的主要原因是酸沉过程中溶液浓度过高，加酸速度过快且无规律性，致使热量分布不均匀，局部区域成核快，晶核聚集成团，加之烘干条件差等因素，使得晶体中产生位错、缺陷、裂纹等不完整性。用这种四钼酸铵来生产钼粉，经焙解和还原后筛上物多，制得的钼粉粒度分布范围大，压制和垂熔的钼条成品合格率在 70%以下。

β 型四钼酸铵是理想晶型。这种钼酸铵晶粒粗大均匀，热稳定性好。β 型四钼酸铵经焙解后，三氧化钼的色泽好，粒度均匀，还原后筛上物少，制得的钼粉粒度分布范围狭小，压制和垂熔各工序表现出良好的加工性能，钼条成品合格率达 95%以上。

微粉型四钼酸铵是一种新型的四钼酸铵，可制造高纯氧化钼和高质量钼粉，生产的钼粉适合轧制薄片。

1.8.2 钼粉的制备工艺

以钼酸铵为原料制取钼粉，通常有两种工艺。

(1)热分解-分段还原法，其工艺流程如下：

钼酸铵→热分解→三氧化钼→筛分→一次还原→二氧化钼→筛分→二次还原→钼粉→筛分→合批。

(2)钼酸铵两段还原法，其工艺流程如下：

钼酸铵一次还原→二氧化钼→筛分→二次还原→钼粉→筛分→合批。

在第一种工艺中，第一步就是将钼酸铵进行热分解。钼酸铵的热分解，是指钼酸铵在空气中的加热分解过程。无论用何种钼酸铵做原料，在加热时都会发生脱氨和脱水过程，得到三氧化钼。

1.钼酸铵分段还原法

(1)钼酸铵热分解。尹周澜、赵秦生等人对多相四钼酸铵在空气中和在密闭气氛中的热分解进行了研究。被研究的多相四钼酸铵由$(NH_4)_2Mo_4O_{13}$+β-$(NH_4)_2Mo_4O_{13}$+$(NH_4)_2Mo_4O_{13}\cdot 2H_2O$(少量)构成。首先将四钼酸铵原料细磨后置于高温 X 射线衍射仪的样品架上，分别在直接连通大气和保持 1atm(1atm＝101.325kPa)的密闭条件下加热样品，升温速度为10℃/min，至某待测温度时恒温 2min，使样品达到热平衡。然后启动 3014X 射线衍射仪，在衍射角 2θ 的扫描速度为 4°/min 下对样品进行 X 射线衍射。测得两种不同焙烧条件下四钼酸铵的高温 X 射线衍射图谱，如图 1-19 和图 1-20 所示。图 1-19 和图 1-20 反映了在两种不同焙烧条件下四钼酸铵样品在升温过程中的物相变化，其中出现的新相和残留的少量四钼酸铵相均用相应的标号示于图中。标号 1,2,3,4,5,6 和 7 分别表示$(NH_4)_2Mo_4O_{13}2H_2O$，$(NH_4)_2Mo_4O_{13}$，β-$(NH_4)_2Mo_4O_{13}$，$(NH_4)_2Mo_{14}O_{43}$，$(NH_4)_2Mo_{22}O_{67}$，MoO_3和 MoO_2。

由图 1-19 可见，四钼酸铵在空气中焙烧时，温度升至 200℃未见发生热分解反应，无任何化学变化和物相变化。温度升至 300℃时，出现少量$(NH_4)_2Mo_{14}O_{43}$和 MoO_3新相。由图 1-19所示的四钼酸铵的高温 X 射线衍射图谱，分析得到不同温度下该多相样品的物相组成(见表 1-21)。根据主要衍射峰的相对强度，可以判断各种相的相对含量。表 1-21 中 L,S,T 分别表示混合物中存在大量、少量和微量的某种物相。

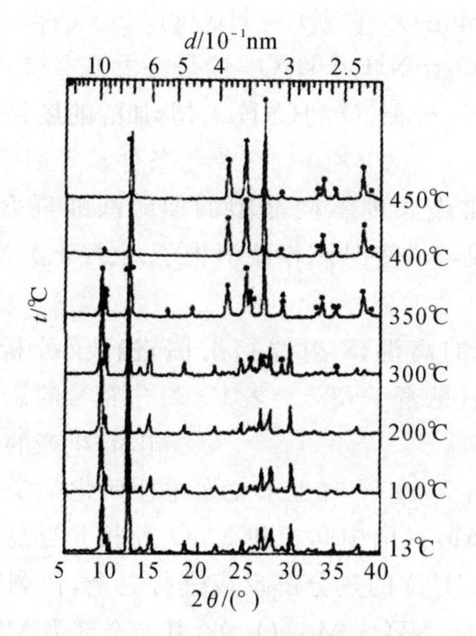

图1-19 空气气氛中四钼酸铵的X射线衍射图

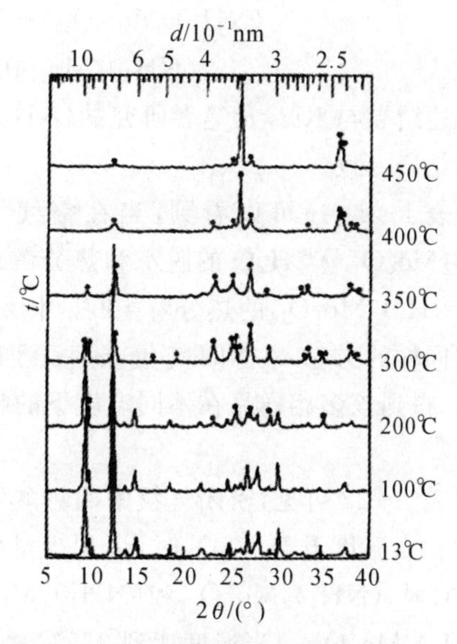

图1-20 密闭气氛中四钼酸铵的X射线衍射图

表1-21 空气气氛中四钼酸铵焙烧过程的物相变化

t/℃	13	100	200	300	350	400	450
$(NH_4)_2Mo_4O_{13}\cdot 2H_2O$	S	S	S	S			
$(NH_4)_2Mo_4O_{13}$	L	L	L	L	T		
β-$(NH_4)_2Mo_4O_{13}$	L	L	L	L	T		
$(NH_4)_2Mo_{14}O_{43}$				S			
$(NH_4)_2Mo_{22}O_{67}$					L	T	
MoO_3				S	L	L	L

由表1-21可见，在300℃时，多相四钼酸铵中的$(NH_4)_2Mo_4O_{13}\cdot 2H_2O$开始发生脱水和热分解反应(见式(1-1)和式(1-2))，$(NH_4)_2Mo_4O_{13}$和β-$(NH_4)_2Mo_4O_{13}$也开始发生热分解反应(见式(1-3)和式(1-4))，生成$(NH_4)_2Mo_{14}O_{43}$中间相和MoO_3。

$$4(NH_4)_4Mo_5O_{17} \rightarrow 5(NH_4)_2Mo_4O_{13} + 6NH_3 + 3H_2O \quad (1-1)$$

$$5(NH_4)_2Mo_4O_{13} \rightarrow 20MoO_3 + 10NH_3 + 5H_2O \quad (1-2)$$

$$(NH_4)_2Mo_4O_{13}\cdot 2H_2O \rightarrow (NH_4)_2Mo_4O_{13} + 2H_2O \quad (1-3)$$

$$(NH_4)_2Mo_4O_{13} \rightarrow 4MoO_3 + 2NH_3 + H_2O \quad (1-4)$$

$$7(NH_4)_2Mo_4O_{13}\text{或}7\beta\text{-}(NH_4)_2Mo_4O_{13} \rightarrow 2(NH_4)_2Mo_{14}O_{43} + 10NH_3 + 5H_2O \quad (1-5)$$

$$7(NH_4)_2Mo_4O_{13}\text{或}7\beta\text{-}(NH_4)_2Mo_4O_{13} \rightarrow 14MoO_3 + 2NH_3 + H_2O \quad (1-6)$$

当温度升高到350℃时，$(NH_4)_2Mo_4O_{13}$消失，另一中间相$(NH_4)_2Mo_{22}O_{67}$出现。这表明$(NH_4)_2Mo_4O_{13}\cdot 2H_2O$，$(NH_4)_2Mo_4O_{13}$和$\beta$-$(NH_4)_2Mo_4O_{13}$按以下步骤发生脱水和热分解反应：

$$(NH_4)_2Mo_4O_{13},\ \beta\text{-}(NH_4)_2Mo_4O_{13})\text{和}(NH_4)_2Mo_4O_{13}\cdot 2H_2O \rightarrow$$
$$(NH_4)_2Mo_{14}O_{43} + NH_3 + H_2O \quad (1-7)$$

$$(NH_4)_2Mo_{14}O_{43} \rightarrow (NH_4)_2Mo_{22}O_{67} + NH_3 + H_2O \quad (1-8)$$

$$(NH_4)_2Mo_{22}O_{67} \rightarrow MoO_3 + NH_3 + H_2O \quad (1-9)$$

上述结果与 Kiss 及笔者研究的$(NH_4)_6Mo_7O_{24} \cdot 4H_2O$和$(NH_4)_4Mo_5O_{17}$的热分解过程时所得结论一致。

由表 1-21 还可以看到，当在空气气氛中加热 3 种不同晶型的四钼酸铵混合物时，$(NH_4)_2Mo_4O_{13} \cdot 2H_2O$的脱水和热分解最先完成，350℃时该相就消失了。$(NH_4)_2Mo_4O_{13}$和$\beta$-$(NH_4)_2Mo_4O_{13}$的热分解 400℃才反应完全。

按同样的方法对密闭气氛条件下四钼酸铵的高温 X 射线衍射图进行了分析（见图 1-20），得到该多相样品在不同温度下的物相组成（见表 1-22）。表 1-22 中符号的意义同表 1-21。

由表 1-22 可见，密闭气氛中四钼酸铵在加热至 200℃时也未见发生任何化学变化和物相变化。当温度升至 300℃时，出现少量$(NH_4)_2Mo_{14}O_{43}$中间相和MoO_3新相。当温度升高到 350℃时，$(NH_4)_2Mo_4O_{13}$和$(NH_4)_2Mo_4O_{13} \cdot 2H_2O$的热分解反应进行完全，仅剩微量的$\beta$-$(NH_4)_2Mo_4O_{13}$。当温度达到 375℃时，除剩微量$(NH_4)_2Mo_{22}O_{67}$外，其余全部为$MoO_3$。

表 1-22　密闭气氛中四钼酸铵焙烧过程的物相变化

t/℃	13	200	300	350	375	400	425
$(NH_4)_2Mo_4O_{13} \cdot 2H_2O$	S	S	S				
$(NH_4)_2Mo_4O_{13}$	L	L	L				
β-$(NH_4)_2Mo_4O_{13}$	L	L	L	T			
$(NH_4)_2Mo_{14}O_{43}$			S				
$(NH_4)_2Mo_{22}O_{67}$				L	T		
MoO_3			S	L	L	S	T
MoO_2						L	L

与在空气气氛中热分解不同的是，在密闭气氛中热分解反应生成的氨会发生如下的气相化学平衡：

$$2NH_3 = 3H_2 + N_2 \quad (1-10)$$

生成具有还原性的气体H_2，H_2可以将MoO_3还原成MoO_2，即

$$MoO_3 + H_2 = MoO_2 + H_2O \quad (1-11)$$

因此在高温下会发生如下MoO_3的还原反应：

$$3MoO_3 + 2NH_3 = 3MoO_2 + 3H_2O + N_2 \quad (1-12)$$

对在密闭气氛中自行还原得到的MoO_2是否适合于制备高质量的钼粉，有待进一步探索。

(2)氧化钼的氢还原。钼酸铵在空气中焙烧得到中间产品三氧化钼，如前所述，一般要通过两次氢还原才能得到合格的金属钼粉。第一阶段的总反应为

$$MoO_3 + H_2 = MoO_2 + H_2O \quad (1-13)$$

第二阶段的反应为

$$MoO_2 + 2H_2 = Mo + 2H_2O \quad (1-14)$$

其实，第一阶段的反应并不如反应式(1－13)所表示的那样简单。

尹周澜、赵秦生等对三氧化钼的氢还原做过较细致的研究。依据他们的研究结果，三氧化钼在氢气中于不同还原温度下的物相组成，见表1－23。

表1－23　三氧化钼在氢气中于不同还原温度下的物相组成

温度 t/℃	400	450	500	550	600	650	700	750	800
MoO_3	L	L	L						
Mo_4O_{11}	T	T	T						
MoO_2	T	S	L	L	L	L	L	L	
Mo							T	L	L

三氧化钼在还原过程中，首先形成$MoO_{2.89}$（表中未示出）和Mo_4O_{11}两个中间相。其中Mo_4O_{11}的含量较高，稳定存在的温度范围较宽。这表明Mo_4O_{11}比$MoO_{2.89}$的稳定性强。由于在500℃时只存在Mo_4O_{11}和MoO_2两个相，而在550℃时全部为MoO_2，表明温度高于550℃时存在如下反应：

$$Mo_4O_{11}+3H_2=4MoO_2+3H_2O \tag{1-15}$$

因此，MoO_3还原成MoO_2的过程不仅存在MoO_3的还原反应，同时还存在中间相$MoO_{2.89}$和Mo_4O_{11}的还原反应。

在第二阶段氢还原中，MoO_2在约高于650℃时就被部分还原成金属钼粉，800℃时就有可能完全还原为钼粉。

2. 钼酸铵一段还原法

魏勇、刘心宇等对钼还原过程相变化进行了研究。他们认为钼酸铵直接氢还原法实质上可以看作是钼酸铵焙解-分段还原法的各阶段直接叠加在一起，不过是在焙解阶段中就通入了氢气进行轻度还原而已。

然而，对于钼酸铵直接通氢还原工艺来说，Mo_4O_{11}的形成及消失温度分别为450℃和550℃，比钼酸铵焙解-分段还原法中该相的形成和消失温度低了50℃。为了研究Mo_4O_{11}相对氢还原的影响，魏勇、刘心宇等专门进行了快速升温和慢速升温的还原试验。其一是还原时将MoO_3缓慢升温到650℃以上再冷却下来；另外是还原时将MoO_3迅速升温至650℃以上，然后冷却下来。对比两组试验的还原产品发现，虽然产品均为金属钼粉，但采用慢速升温所得的粉末颗粒细小、疏松，而采用快速升温所得粉末不但颗粒粗大，而且有严重板结现象。这充分说明了快速升温会导致某种低熔点共晶物的形成。

钼酸铵直接还原具有工艺简单和节省时间的优点，但由于将焙解与还原阶段结为一体，使各个阶段的温度不易按要求设置，得到的钼粉产品的粒度和粒度分布难以精确控制。

林小芹、贺跃辉等对钼酸铵一段还原法作了如下评述：该方法与二次还原法相比，可以部分简化生产工艺，所得钼粉的纯度与二次还原法相当，颗粒形状也没有大的变化，但是，得到的金属钼粉颗粒较粗，造成由其制备的烧结坯块密度较低，故而此方法一般未能在钼丝工业生产中得到应用。

3. 钼酸铵二段还原法

现在有不少企业采用钼酸铵二段还原法。以某企业为例，其钼粉生产工艺如图1－21

所示。

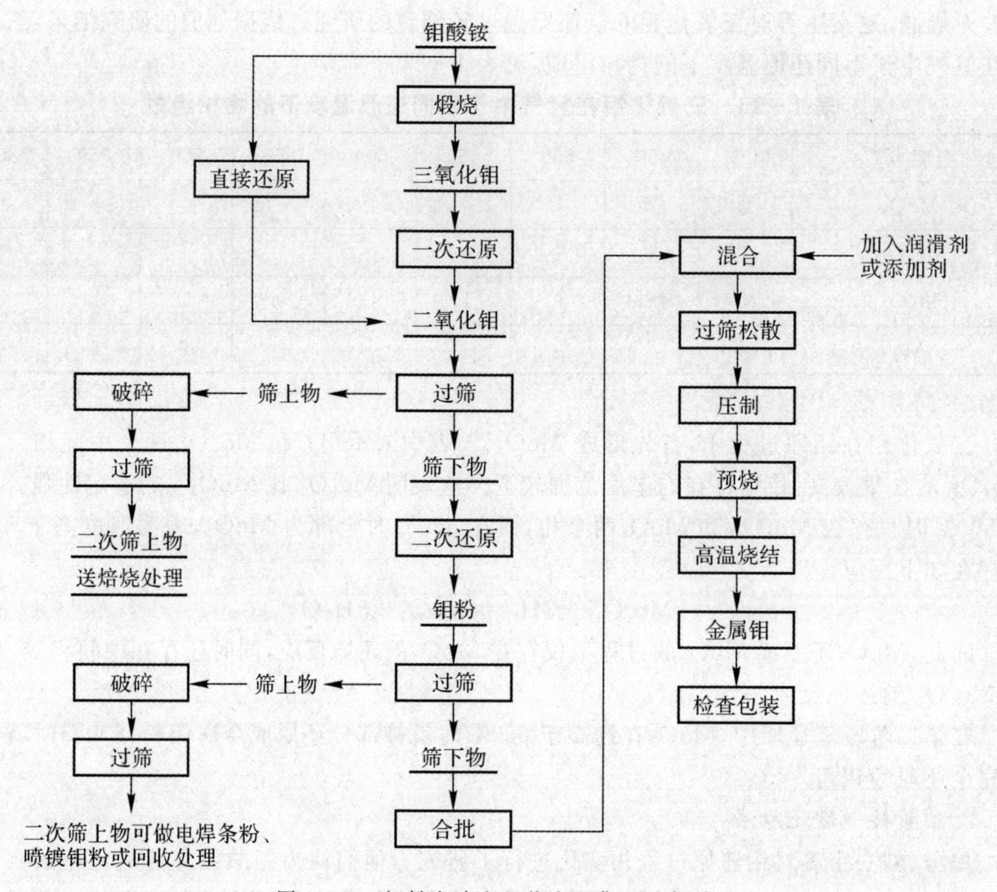

图 1-21　钼粉末冶金工艺流程典型示意图

这一工艺是将钼酸铵煅烧和一次还原合并在一个工序中完成的。钼酸铵的一段还原在回转管电炉中进行。把松装密度为 0.6～1.2g/cm³、含水分不大于 2%的钼酸铵以 30～40kg/h 的加料速度加入回转炉，在 500～550℃的温度下，使钼酸铵氢还原成二氧化钼

$$3(NH_4)_2O \cdot 7MoO_3 \cdot 4H_2O + 7H_2 = 7MoO_2 + 6\ NH_3 + 14H_2O \tag{1-16}$$

一段还原得到的二氧化钼，应为均匀的棕褐色粉末，颗粒松散，无其他氧化物、针状结晶和结块。松装密度为 0.85～1.25g/cm³，平均粒度为 2～6μm。

第二阶段还原在 18 管炉中进行。第一阶段还原得到的二氧化钼经过筛分后，装在舟皿中，在 850～940℃的温度下，令其转化成钼粉

$$MoO_2 + 2H_2 = Mo + 2H_2O - 105.34\text{kJ/mol} \tag{1-17}$$

二次还原得到的钼粉应呈纯灰色，不含结块和机械杂质，含氧量不超过 0.2%。经合批后含氧量不超过 0.25%，否则需返回重新还原。产品钼粉的松装密度为 0.8～1.2g/cm³，平均粒度为 2～3.5μm。

还原用氢气的湿度(或露点)、流量和氧含量，对钼粉质量的影响较大。当氢气含水量高时，在高温还原条件下使钼粉氧化-还原反应反复进行，从而使钼粉的粒度和含氧量增大。

实践表明，第一阶段回转炉还原时氢气宜采用小流量，一般控制在 20～30 m³/h 之间。

第二阶段还原应采用较大的氢气流量，通常控制每根炉管的流量为1～2.5 m^3/h之间。氢气露点一般低于－45℃，含氧量不大于0.15%。

至于说到物料在炉内的还原时间，也必须选择适当。时间过长，会使钼粉粒度长大；时间过短又会造成还原不彻底。实践表明，第一阶段回转炉还原时，物料在炉中的停留时间一般应在1.5h以上。第二阶段18管炉还原时，物料停留时间通常应在5h以上，就能保证物料充分还原。

为了弄清钼酸铵二段还原法的物理化学过程，尹周澜、赵秦生等曾对钼酸铵在氢气气氛中的还原行为进行了较细致的研究。以由$(NH_4)_2Mo_4O_{13}$＋β－$(NH_4)_2Mo_4O_{13}$＋$(NH_4)_2Mo_4O_{13}\cdot 2H_2O$构成的工业四钼酸铵为试料，进行了氢还原研究。发现当加热至300℃时，首先发生热分解反应，生成MoO_3。热分解过程中形成中间相$(NH_4)_2Mo_{14}O_{43}$和$(NH_4)_2Mo_{22}O_{67}$，此时混合物的物相组成与在相同温度下空气气氛中得到的物相组成相同。400℃时，中间相$(NH_4)_2Mo_{22}O_{67}$分解完全，MoO_3量增多。同时，MoO_3开始发生还原反应生成MoO_2，并有$MoO_{2.89}$和Mo_4O_{11}两个中间相形成。450℃时，仍有大量Mo_4O_{11}中间相存在。至550℃时还原反应结束，得到MoO_2。这一系列物理化学变化的历程见表1－24。

表1－24 氢气气氛中不同温度下四钼酸铵的物相组成

温度 t/℃	300	250	400	450	500	550
$(NH_4)_2Mo_4O_{13}\cdot 2H_2O$	S					
$(NH_4)_2Mo_4O_{13}$	L	T				
β－$(NH_4)_2Mo_4O_{13}$	L	T				
$(NH_4)_2Mo_{14}O_{43}$	L					
$(NH_4)_2Mo_{22}O_{67}$		L	T			
MoO_3	S	S	L	T		
$MoO_{2.89}$			S			
Mo_4O_{11}			L	L	S	
MoO_2			L	L	L	L

由表1－24可见，当在氢气气氛中加热钼酸铵时，钼酸铵首先发生热分解，生成MoO_3。当温度继续升高时，MoO_3才开始发生还原反应，生成MoO_2。这就是说，钼酸铵是按以下步骤发生热分解反应和还原反应的：

四钼酸铵→$(NH_4)_2Mo_{14}O_{43}$→$(NH_4)_2Mo_{22}O_{67}$→MoO_3→$MoO_{2.89}$→Mo_4O_{11}→MoO_2

应该指出，不同的钼酸铵在氢气气氛中的反应性能是有差别的，因为不同来源的钼酸铵不仅在相组成上有差别，而且其物理化学性能也不相同。在生产过程中可以观察到，在同一回转窑中，投入不同来源的钼酸铵时，有的使窑内的温度波动较大，有的却使窑内的温度波动较小。这也是有时在生产中必须对不同原料进行合理搭配的原因。

以钼酸铵为原料生产金属钼粉的第二阶段氢还原，与用三氧化钼为原料生产金属钼粉的第二阶段氢还原，在工艺和原理上没有区别，这里不再赘述。

参考文献

[1] 泽列克曼 A H,萨姆索诺夫 O E. 稀有金属冶金学. 北京:冶金工业出版社,1982.
[2] 莫尔吉诺娃 H H,等. 钼合金. 北京:冶金工业出版社,1984.
[3] A H 节里克曼. 钨钼冶金学. 北京:冶金工业出版社,1956.
[4] 李洪桂. 稀有金属冶金学. 北京:冶金工业出版社,1995.
[5] 有色金属提取冶金手册——稀有高熔点金属. 北京:冶金工业出版社,1999.
[6] 向铁根. 钼冶金. 长沙:中南工业大学出版社,2009.
[7] 胡平. 陕西钼金属新材料产业现状及发展前景. 中国钼业,2012,36(6):6-10.
[8] 黄培云. 粉末冶金原理. 北京:冶金工业出版社,2008.
[9] 松山芳治,三谷裕康,凌木寿. 粉末冶金学. 北京:科学出版社,1978.
[10] 徐润泽. 粉末冶金结构材料学. 长沙:中南工业大学出版社,1998.
[11] 彭如清. 2007 年中国钼精矿产量飙升. 中国钼业,2008,32(3):58-59.
[12] 梁宏,等. 离子交换法从含钼酸废液中回收钼. 中国钼业,1999,23(3):43-45.
[13] 杨万军,杨晓美,等. 从含钼废催化剂中回收有价金属钼的探讨与实践. 中国钼业,2005,29(2):35-38.
[14] 杨敏陔. 美国近年来钼工业发展简况. 中国钼业,2004,28(5):10-13.
[15] Gupta C K. Extractive metallurgy of molybdenum. CRE Press. Inc., 1992.
[16] 孙锦宜,刘惠青. 废催化剂回收利用. 北京:北京化学工业出版社,2001.
[17] Sloczynski J. Kinetics and mechanism of molybdenum (VI) oxide reduction. Journal of Solid State Chemistry, 1995, 118(1): 84-92.
[18] Ressler T, Jentoft R E, Wienold J. Formation of bronzes during temperature-programmed reduction of MoO_3 with hydrogen — an in situ XRD and XAFS study. Solid state ionics. 2001, 141(SI): 243-251.
[19] Schulmeyer W V, Ortner H M. Mechanisms of the hydrogen reduction of molybdenum oxides. International Journal of Refractory Metals & Hard Materials, 2002, 20: 261-269.
[20] 邓集斌. 钼粉还原过程及工艺优化研究. 长沙:中南大学,2005.
[21] The editors. PM "cold forming" process eliminates sintering. Metal Powder Report, 1996, 51(7/8): 5.
[22] 林芸. 粉末冶金烧结技术的研究进展. 贵阳金筑大学学报,2004(4):106-108.
[23] Sakamoto T. Sintering of molybdenum powder compacts by spark plasma sintering. Journal of the Japan Society of Powder and Powder Metallurgy, 1997, 44(9): 845-850.
[24] 张久兴,刘科高,王金淑,等. 放电等离子烧结钼的组织和性能. 中国有色金属学报,2001,11(5):796-800.
[25] Madigan J, Gigl P, Agrawal D, et al. Continuous microwave sintering of tungsten carbide products. Sintering / Powder Metallurgy, 2005(9): 109-114.

[26] Osepchuk J M. A history of microwave heating applications. IEEE Transactions on Microwave Theory and Techniques, 1984, MIT－32(9): 1200－1224.

[27] 桂林,等. 钼酸铵酸沉工艺条件控制. 中国钼业,1999,23(2):31－34.

[28] 尹周澜, 赵秦生,等. 钼酸铵在氢气气氛中的还原行为. 中国有色金属学报, 1995,5(1): 42－44.

[29] 王九维, 韩强. 浅析钼粉工艺原理与生产实践. 中国钼业, 2003,27(1):43－45.

[30] 荆春生,等. β型四钼酸铵的研究及生产. 中国钼业, 1998,22(4):86－90.

[31] 吴争平, 尹周澜,等. β型四钼酸铵的制备及结晶过程. 中南工业大学学报, 2001,32(2):135－138.

[32] 吴争平,尹周澜,等. 超声波对四钼酸铵结晶的影响. 中国有色金属学报, 2002,12(1): 196－200.

[33] 岳伟, 尹周澜,等. 单相五钼酸铵的制备及其化学性质. 中南工业大学学报, 1997,28(2), 198－200.

[34] 尹周澜, 赵秦生,等. 钼酸铵和三氧化钼氢还原性质的研究. 稀有金属,1997,21(5): 326－329.

[35] Kiss A. et al. New results concerning the thermal decomposition of ammonium hepta-molybdate tetrahydrate., Acta Chim. (Budapest), 1970, 66 (3): 235.

[36] Yin Z L, Zhao Q S. The thermal decomposition of ammonium molybdate., J. Cent. South Inst. Min. Metall., 1993, 24(4): 541.

[37] 魏勇,刘心宇,等. 钼还原过程相变化研究. 稀有金属与硬质合金,1996,18(3):13－18.

[38] 林小芹, 贺跃辉,等. 钼粉的制备技术及其进展. 中国钼业,2003,27(1):39－42.

第 2 章　钼粉质量优化过程及其相关机理研究

金属钼制品生产方法先期还是采用粉末冶金法，从钼酸铵开始到钼粉末冶金制品，传统生产工艺为，钼酸铵→MoO_3→MoO_2→Mo 粉→压制→烧结→钼粉末冶金制品。从现代观点分析，钼酸铵质量水平、钼粉生产各阶段控制对后续钼粉末冶金制品的质量起着至关重要的作用。

向铁根等研究发现，在高温钼粉的压制成形过程中，粒度较粗的粉末，其压制成形性能优于粒度较细的粉末，粗粉和细粉制取的钼条加工成丝材经退火后，前者比后者的各项性能都略好。

吕忠等在研究钼制品加工性能与原料纯度、颗粒形状、粒度组成的关系时发现，平均粒度为 2～4μm，杂质含量低于 FMo－1 标准的钼粉能够加工成符合玻璃工业用钼电极要求的钼板材，且板坯的室温抗拉强度大于 676MPa，300℃时抗拉强度大于 284 MPa，300℃时延伸率大于 45％。

石明柱研究了钼粉粒度对大规格烧结棒组织的影响，发现在不具备高温烧结的条件下，用细钼粉不一定能得到密度高的烧结棒材，且烧结棒材易出现里外组织不均匀等现象；在低温烧结条件下，采用合适粒度组成的钼粉可生产适于制作钼电极的大规格烧结棒。

吴文进研究了钼粉粒度和松装密度对钼条加工性能的影响，发现钼粉粒度的有效控制是稳定拉丝用钼条产品质量的重要手段，也是一个技术难点，在拉丝用钼条生产中，按小粒度配大松装密度、大粒度配小松装密度的法则，钼粉粒度在 2.8～4.6μm，松装密度在1.4～1.1g/cm^3 的范围内，原则上是适宜的。

李改改研究了钼粉平均粒度对钼丝延伸率的影响，发现钼粉的平均粒度对钼丝的延伸率有一定的影响，把钼粉粒度控制在合适的范围内，钼丝就有一定的延伸率。钼粉粒度过小，比表面积大，粉末活性高，烧结性能好，空隙消失也快，致使坯条表面容易产生早期致密化现象，使杂质元素难于挥发而残留在坯条中形成气孔，在垂熔过程中容易引起坯条鼓泡；钼粉粒度小，比表面积大，活性大，受潮时容易氧化，使粉末含氧量增高，而氧作为一种间隙杂质存在钼粉中，间隙杂质与氧形成固熔区，而超过熔解度界限会生成非金属氧化物，在热变形过程中沿晶界析出非金属化合物，从而使金属变脆，造成加工过程中的脆断、劈裂。

徐志昌等研究了微细钼粉的团聚及其对钼丝加工的影响，对生产细钼丝用微细钼粉的形貌和结构进行了显微分析，发现微细钼粉的团聚结构，其中包括晶粒界面、钼粉颗粒界面和团聚钼粉的表面，不但对钼氧化物的还原速度，而且对钼粉的加工性能产生了重要的影响。微细钼粉的团聚度主要取决于酸度控制技术。为了生产轻微团聚、粒度均匀的微细钼粉以便为细钼丝生产提供优秀原料，应当严格控制生产 β 型四钼酸铵的酸度条件。

2.1　钼粉的制备技术及进展

按用途进行分类，钼粉主要分为三类：供压制用的钼粉、供热喷涂用的球形钼粉和供特殊条件使用的超细钼粉。为了满足不同类型钼粉的需求，必须对制备各种钼粉的技术和工艺进行研究。钼粉的制备技术主要分为三类:传统钼粉的制备方法、超细钼粉的制备方法及纳米钼粉的制备方法。钼粉的传统制备方法是区别于制备超细钼粉、高纯钼粉而言的。目前,传统制备技术生产出的钼粉一般应用于压制钼材,用作制备其他粉末冶金制品的原料等。常见的制备方法有还原法、羟基热分解法及氯化钼热解法等。氢气还原法是使用最为广泛的钼粉生产方法。该方法的优点是成本比较低廉,易进行工业化规模生产,且产出的钼粉纯度较高,其粒径一般在微米级;缺点是该方法的制备工艺周期较长、温度高。该方法是以钼酸铵为原料,氢气为还原剂,通过焙解、还原成钼粉或在钼酸铵焙解的过程中直接通入氢气进行还原而制得钼粉的。在工业生产应用上,钼粉的制备工艺路线有以下 3 种:

$$\text{钼酸铵原料}\xrightarrow{\text{焙解}}MoO_3\xrightarrow{\text{一步氢还原}}MoO_2\xrightarrow{\text{二步氢还原}}Mo$$

$$\text{钼酸铵原料}\xrightarrow{\text{一步氢还原}}MoO_2\xrightarrow{\text{二步氢还原}}Mo$$

$$\text{钼酸铵原料}\xrightarrow{\text{一步氢还原}}Mo$$

近来,美国的 Tuominen S M 和 Carpenter K H 等成功地通过两阶段流化床还原法直接把粒状和块状的 MoO_3 还原成钼粉。还原过程分两步,第一阶段采用氨气做液态化还原剂;第二阶段采用氢气做液态化还原剂。利用羟基法制得的钼粉具有很高的化学纯度和良好的烧结性,而且能用于工业化大规模生产。该方法生产钼粉以羟基钼为原料,在常压和温度为 350~1000℃条件下,在 N_2 气氛中对该羟基钼料进行蒸气热分解处理,它利用了羟基化合物的分解,在气相状态下形核、结晶及晶核长大。因此,制备的粉末较细,粉粒的 60%~70%为表面不光滑且有凸起的尖球形粉粒,其平均粒度为 2~4μm。

氯化钼蒸气法也称氯化钼蒸发氢还原法,是利用 Cl_4-H_2 系的气相反应制备出极细颗粒的钼粉,在 1200℃时单颗粒粒径很小,只有 6~10nm,不过,此方法制备出的钼粉颗粒间会产生连接,使得颗粒长大。氯化钼热解法制备工艺简单,能生产出高纯的钼粉,而且粉末粒度较小,但该方法采用的原材料要求高,使用时还要注意处理好废气排出和回收等问题,不宜进行工业大规模生产。

传统制备钼粉的方法因工艺周期长、温度高,钼粉在制备过程中易发生长大,通常得不到超细钼粉。目前,制备超细钼粉的方法主要有氯化钼蒸气法、蒸发态三氧化钼还原法、等离子还原法和活化还原法。蒸发态三氧化钼还原法在 1300~1500℃之间得到的钼粉为均匀的球形颗粒,粒径一般为 40~70nm,但工艺参数控制比较困难,钼粉的制备是在特定的设备装置下进行的。活化还原法与传统方法相比,还原温度降低了 200~300℃,而且只使用一阶段还原过程(即一阶段还原法),工艺较简单,此方法制备的钼粉,其 BET 平均粒度为 0.1 μm,且粉末具有良好的烧结性能。

制备纳米钼粉的方法有微波等离子法等。微波等离子法利用羟基热解原理制取钼粉,采用了最新研制出的微波等离子装置。该装置利用高频电磁振荡微波击穿反应气体,形成高温微波等离子体,与其他等离子方法相比,它具有恒定的温度场,不会因反应体或原料的引入而发生等离子火焰的淆乱。同时,该装置具有将生成的 CO 立即排走以及使产生的 Mo 迅速冷凝进入到收集装置的优点,因此,较羟基热解法能制备出粒度更小的纳米钼粉。同样地,该方法以羟基钼为原料,$Mo(CO)_6$ 在 N_2 等离子体气氛下热解产生粒度均匀一致的纳米级钼粉,一步就可制得平均粒径在 50nm 以下的钼粉,单颗粒近似球形。同时,该种粉末在常温下空气中的稳定性很好,因而此种纳米钼粉可广泛应用。另外,美国与日本都有人研究了用机械合金化制取催化剂所需的Ni－Mo合金纳米微晶结构粉末，平均粒度小于10nm，这种粉末活性异常高，可大大提高催化剂的催化效果。

随着科技进步，如光伏太阳能薄膜电池用钼溅射靶材等对钼材料的纯度要求提高，高纯钼粉的用量大幅增加。高纯钼粉的制备方法与其他钼粉制备技术原理相同，区别在于制备原料，必须以化学净化法、离子交换精制法、蒸汽分馏精制法等获得的高纯三氧化钼、二氧化钼、钼酸铵、氯化钼为原料，并辅以相应的生产设备和生产工艺。

如金堆城钼业集团有限公司开发出的高纯钼粉是以高品位的钼精矿为原料，进行焙烧、氨浸、水洗、结晶，得到高纯钼酸铵，将高纯钼酸铵再次焙解成高纯 MoO_3，再以这种高纯 MoO_3 为原料，进行还原，其中还原设备的炉管包覆以钼衬，并使用高纯钼舟盛载原料，优化了两段法还原工艺，有效避免了还原过程中的二次污染，最后制备出纯度达到99.99%的高纯钼粉。

日本东京钨公司开发出两种高纯钼粉制备新工艺，第一种是以 MoO_2 为原料进行卤化，随后在500℃下焙烧以挥发掉其中的微量杂质，最后用水解法去除可溶性金属卤化物（如 $CuCl_2$）等，这种方法能够制备高纯级钼粉；第二种则是以 MoO_3 为原料，将其熔解于氨水溶液，与含铁离子的溶液混合生成氢氧化物及U，Th的沉淀物，分离后反复氧化水解和水洗处理，使碱金属、重金属及U，Th含量显著降低。经提纯后所得钼酸铵进行两段氢还原，可制备出高纯钼粉。

而日本东芝公司科研人员则是将钼酸铵在580℃下氢还原3h，再将还原出的钼粉用双氧水熔解成钼酸溶液，然后用阳离子交换树脂除去钼酸中的各种阳离子，将钼酸烘干后得到 MoO_3，再将这种 MoO_3 用高纯钼棒粉碎至10～60μm，再将粉碎后的 MoO_3 放置在包覆有钼内衬的容器中进行还原，即得到高纯钼粉，这种钼粉的纯度达到99.9996%。

2.2　氢气还原法制备钼粉的研究现状

2.2.1　概述

氢气还原法是工业批量生产钼粉的主要方法，工业上生产金属钼粉一般以钼酸铵为原料，制备方法有焙解还原法、二阶段还原法及三阶段还原法。其中二阶段还原法是应用最为普遍的生产方法，三阶段还原法是制备某些特殊用途钼粉而采用的方法。钼粉的质量在很大程度上取决于两个方面：一是原料钼酸铵的结构和性质，二是还原工艺的最优控制。

由于钼酸根离子的特性，使得钼酸铵在不同的工艺条件下形成20余种不同分子组成的钼酸铵，如二钼酸铵、七钼酸铵、四钼酸铵、三钼酸铵、五钼酸铵等，从国内的大多数钼加工企业来看，最常用的钼酸铵原料还主要集中在二钼酸铵和四钼酸铵。钼粉的制备工艺流程一般包括钼酸铵的焙解、焙解产物的还原等步骤。钼酸铵的焙解一般在回转管式炉中进行，第一、第二、第三阶段的还原在马弗炉中进行。在工业生产中一般采用：

$$\text{钼酸铵原料}\xrightarrow{\text{焙解}}MoO_3\xrightarrow{\text{一步氢还原}}MoO_2\xrightarrow{\text{二步氢还原}}Mo$$

其中焙解温度一般在550～650℃之间，第一阶段还原温度区间为450～550℃，第二阶段还原温度为850～950℃之间，氢气流量、氢气露点、推舟速度、料层厚度根据不同的设备、不同的产品要求而不同。

钼酸铵在550～650℃之间焙解一定时间之后，原料全部转化为MoO_3，MoO_3经氢气在450～550℃第一阶段还原后转变为MoO_2，MoO_2在850～950℃经第二阶段还原一定时间后转变最终产物为Mo粉。表2-1、表2-2分别为钼氧化物的结构参数及某些热力学参数。

表2-1　钼氧化物的结构参数

分子式	颜色	晶型	结构参数/Å			β/(°)	密度/$\mathrm{g\cdot cm^{-3}}$	组成范围
			A	b	c			
MoO_2	褐	单斜	5.608	4.842	5.517	119.75	6.34	2.00～2.08
MoO_3	白	菱形	3.9628	13.855	3.6964		4.692	

表2-2　钼氧化物的某些热力学参数

分子式	聚集状态	$-\Delta H^0_{298}/(\mathrm{J\cdot mol^{-1}})$	$S^0_{298}/(\mathrm{J\cdot mol^{-1}\cdot ℃^{-1}})$	$\Delta F^0=f(T)/(\mathrm{J\cdot mol^{-1}})$
MoO_2	晶体	587.5±1.3	49.79±1.3	$-587515-19.2T\times\lg T+237.5T\times(298\sim1300\mathrm{K})$
MoO_3	晶体	744.7+0.8	77.74+0.63	$-749342-19.2T\times\lg T+319.1T\times(298\sim1300\mathrm{K})$
	气体	360.5±20.9	279.8±16.7	

氧化钼氢气还原分为两个阶段：

$$MoO_3+H_2=MoO_2+H_2O$$
$$MoO_2+2H_2=Mo+2H_2O$$

一阶段还原在500～600℃范围的平衡常数和标准自由焓的变化方程为

$$\lg K_P=-\frac{5640}{T}+7.100$$
$$\Delta F^0=107898-135.82T$$

二阶段还原在700～850℃范围内的平衡常数和标准自由焓变化方程为

$$\lg K_P=-\frac{977.040}{T}+0.4675$$
$$\Delta F^0=18698-8.94T$$

2.2.2　氢气还原法制备钼粉的国内外研究进展

在钼粉还原过程及机理研究方面，国外一些先进国家如德国、日本、奥地利等国均投入一定的人力和物力开展研究，Grange P，Shaheen W M，Stampel S R，Bustness J A，Werner V，Sxoczynski J等人围绕钼酸铵热分解机理、氧化钼还原动力学与机理进行了一系列研究工作，在钼的还原机理与钼粉质量控制方面均取得了一定的成绩。其中Werner V在研究氧化钼的两阶段还原时发现，第一阶段通过化学气相迁移方式发生反应$MoO_3\rightarrow Mo_4O_{11}\rightarrow MoO_2$，反应过程符合核破裂模型，第二阶段反应取决于核缩减模型，其反应途径有两种，即低露点时是假晶转变，而高露点时是化学气相迁移。Sxoczynski J在研究氧化钼的还原动力学时发现，MoO_3到MoO_2的还原是连续反应，Mo_4O_{11}是中间产物。Ressler T 等研究了MoO_3的氢气还原过程，发现还原温度不断升高时，MoO_3首先吸附氢原子生成钼青铜 H_xMoO_3，然后H_xMoO_3解除吸附的氢原子同时出现 MoO_3和 MoO_2两种产物，随着温度的升高，MoO_3将被进一步还原成 Mo_4O_{11}，最后还原成 MoO_2，而与 MoO_3同时生成的 MoO_2则不断长大，直到与Mo_4O_{11}转变的 MoO_2结合，至此 MoO_3即全部被还原成 MoO_2。

我国的钨钼工业起步较晚，对于钼粉的生产与研究也相对比较薄弱，中南大学、北京工业大学、北京科技大学、北京钢铁研究总院、西北有色金属研究院等均投入了一定的力量进行研究，尹周澜、朱伯仲、魏勇、李军、朱瑞、潘叶金等在钼酸铵热分解、氧化钼氢还原相变及钼粉质量控制等方面进行了一些有益的探讨。尹周澜等研究了 3 种钼酸铵原料及由这些原料热分解得到的 MoO_3在氢气气氛中的还原行为，指出多相钼酸铵在加热过程中发生一系列热分解反应，放出 NH_3和 H_2O，生成多种钼酸铵中间相，最终产物为 MoO_3；在高温下氢气气氛中钼酸铵首先发生热分解反应，生成 MoO_3，MoO_3再发生还原反应生成 MoO_2，热分解过程形成$(NH_4)_2Mo_{14}O_{43}$和$(NH_4)_2Mo_{22}O_{67}$中间相，还原过程生成 $MoO_{2.8}$和 Mo_4O_{11}中间相，中间产物Mo_4O_{11}在 500℃以上发生还原反应生成 MoO_2。

朱伯仲等研究了钼酸铵的热分解和相转变，指出钼酸铵的热分解和相转变经历 3 个过程：在 80～200℃温区，其热效应归因于脱除部分结晶水，但仍保留钼酸铵结构的主要特征；在200～300℃温区，其热效应与脱除全部结晶水和部分铵根离子的分解相对应，其间生成了一些亚稳中间体；当温度高于 300℃时，剩余的铵根离子全部脱除，发生钼物种向氧化钼(MoO_3)的相转变。

魏勇等采用钼酸铵直接氢还原及钼酸铵先焙解后分段氢还原两种不同的还原方法进行了钼粉还原，指出钼酸铵焙解时在 300～400℃会形成 MoO_3的不稳定相，它们在更高温度下会转化为 MoO_3稳定相，在 $MoO_3 \rightarrow MoO_2$的氢还原过程中，于 500～550℃内有如下反应发生：$MoO_3 + H_2 = MoO_2 + H_2O$，$4MoO_3 + H_2 = Mo_4O_{11} + H_2O$，$Mo_4O_{11} + 3H_2 = 4MoO_2 + 3H_2O$。钼酸铵直接氢还原的各阶段产物、相形成温度区间及相变化规律均与钼酸铵焙解-分段还原的相似，但 Mo_4O_{11}的形成及消失温度均低 50℃左右。

李军等采用钼酸铵直接氢还原及钼酸铵先焙解，然后再分段氢还原等不同的还原方法进行钼粉还原，指出钼酸铵焙解分段还原工艺与钼酸铵直接氢还原工艺的还原各阶段相形成温度、相变化规律极其相似，都经历了如下相变过程：钼酸铵→三氧化钼→钼中间相氧化物及二氧化钼→钼粉。

朱瑞从钼酸铵在回转炉内的动态焙解还原温度和钼酸铵中的 K 含量入手，探讨了这两大因素对钼酸铵动态焙解还原过程的影响，指出焙解还原温度控制在 300～480℃之内，钼酸铵中的 K 含量按制在 0.02%左右的钼酸铵进行动态焙解还原时，钼酸铵焙解还原的效果最好，钼酸铵在回转管式炉内的还原不易出现堵管现象。生产过程中各阶段粉末松散，易下筛，有利于提高二阶段还原后钼粉的成品率。

在生产工艺方面，国内亦有不少研究人员进行过探讨，彭金剑研究了生产工艺对钼粉平均粒径及加工性能的影响，提出了合适的钼酸铵焙解温度及一、二阶段合理的还原工艺，按照该工艺路线能制得平均粒径为 3.3～3.8μm 的钼粉。该钼粉压制性能较好；垂熔坯条结晶均匀，密度较高；垂熔坯条压力加工性能好，最终拉制成的钼丝延伸率也合格。熊自胜等进行了用原料添加法提高钼粉粒度的探讨，提出钼酸铵原料中添加钼粉可改善钼酸铵在动态煅烧还原过程中的分散性和流动性，减轻黏炉结块现象。随添加原料钼粉粒度的减小，所得钼粉的粒度逐渐增大。赵宝华、朱琦研究了钼粉生产过程的质量控制，指出控制好二氧化钼的化学成分和粒度以及控制适宜的工艺参数是决定钼粉粒度和氧含量的关键。潘叶金等采用回归正交设计的试验方法提出了钼粉制备的模型。

在高性能优质钼粉生产方面，国内外差距较大，国外钼粉如德国的 H. C. Starck 公司年生产钼粉 600t 左右，产品全部出口到欧洲或远东。该公司生产的钼粉有两个等级：其一是高纯钼粉，钼粉含 Mo 99.8%，平均粒度为 3～6μm，广泛应用于钼线生产；其二，钼粉含 Mo 大于 99.8%，平均粒度为 2～6μm，主要用于火焰喷涂和等离子喷涂。我国的钼粉是按国家标准 GB/T3461－2006《钼粉》组织生产的，有 FMo－1，FMo－2 两个牌号。目前，国内生产的钼粉普遍存在颗粒不均匀、结块现象，致使钼制品发脆，影响产品质量。

氢气还原法制备钼粉是工业生产钼粉的主要方法，随着科技的不断发展，钼深加工产品的用途越来越广泛，不同的深加工产品对钼粉的性能指标有不同的要求。我国钼粉的生产与一些工业发达国家如德国、日本、奥地利等国还存在着较大的差距，主要表现在大部分生产厂家一直采用传统工艺与落后设备，钼粉生产的基础理论研究跟不上，缺乏对钼粉生产的理论指导，所生产的钼粉难以达到客户要求。为缩小我国钼粉生产与发达国家之间的差距，有必要对传统的钼粉生产工艺进行优化，对钼粉还原过程中的相变、动力学等一系列基础理论问题进行深入研究。

对此，笔者认为应从以下几方面考虑。

(1)研究钼酸铵焙解与钼粉一、二阶段还原的相变规律，并比较不同原料相同试验条件下的相变规律和还原产物形貌的差别，分析钼粉生产过程中的“遗传”现象；

(2)对钼粉一、二阶段还原过程的动力学和机理进行分析，确定控制钼粉各还原阶段的主要步骤，弄清各阶段小颗粒反应物的转变过程；

(3)对还原过程的第二阶段采用通用旋转组合，设计分析各工艺参数对钼粉性能的影响，优化钼粉生产的工艺参数，确定钼粉生产工艺参数的最优区间，指导钼粉的工业生产。

2.3 钼粉还原过程初步研究

从原料钼酸铵到产品钼粉经历了一系列复杂的相变过程。由于 MoO_3 结构、性能的特殊性，导致钼粉的一阶段还原过程中相变较为复杂，魏勇等指出中间相 Mo_4O_{11} 在一定条件下会与 MoO_3 发生反应，生成某种低熔点共晶体，该共晶体在还原过程中易导致产物出现结块现象，国外相关文献对钼氧化物还原的相变过程进行了报道，但结论并不一致。因此，应系统研究钼粉还原过程中的相变规律，以便制定合理的生产工艺，提高钼粉质量。

在钼粉生产实践中，发现不同钼酸铵原料所制得的钼粉外形都存在一定差别，为制定合理的生产工艺，有必要对不同原料在各工艺阶段的相变规律进行对比分析，研究钼酸铵原料、MoO_3 及 MoO_2 的形貌会对最终产物钼粉形貌的影响，即工业生产中通常所说的“遗传”规律。

2.3.1 钼酸铵分析

1. DTA 曲线分析

二钼酸铵和四钼酸铵热分解的 DTA 曲线如图 2－1 所示。

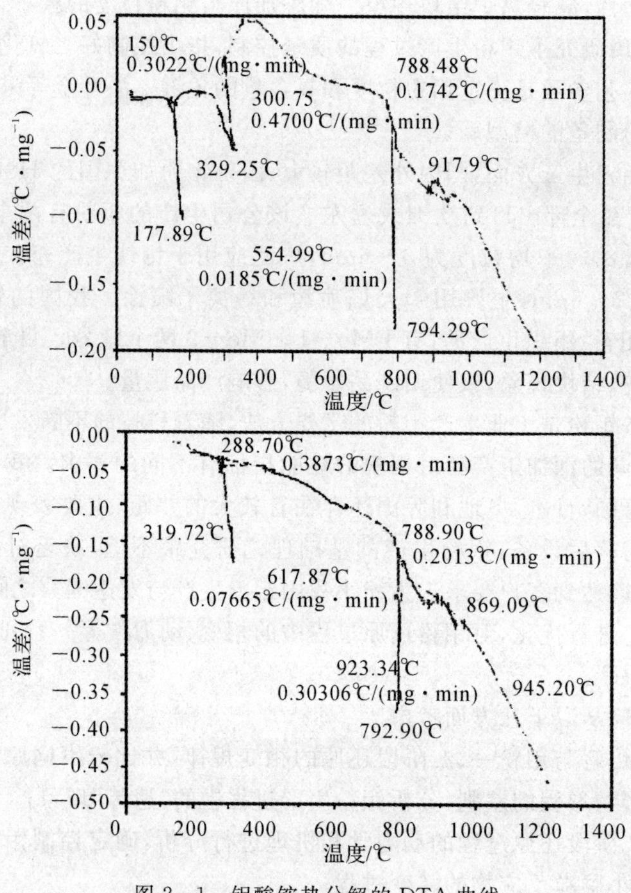

图 2-1　钼酸铵热分解的 DTA 曲线

(a)二钼酸铵；(b)四钼酸铵

从图 2-1 可以看出，二钼酸铵在 178℃，329℃和 794℃出现了 3 个强吸热峰，说明其焙解经历了 3 个热分解过程。四钼酸铵在 320℃和 793℃出现了 2 个强吸热峰，说明其焙解经历 2 个热分解过程，值得一提的是，二者均在 320℃和 793℃左右发生热分解。

2. X 射线衍射分析

图 2-2 所示为二钼酸铵和四钼酸铵原料样品的 XRD 图谱。从图中可以看出，二钼酸铵原料有$(NH_4)_2Mo_3O_{10}\cdot 2H_2O$，$(NH_4)_6Mo_7O_{24}\cdot 4H_2O$，$(NH_4)_2(MoO_4)_2\cdot 2H_2O$，$(NH_4)_6Mo_7O_{24}\cdot H_2O$ 和$(NH_4)_2Mo_2O_7$五个衍射峰，四钼酸铵原料有$(NH_4)_2Mo_3O_{10}\cdot 2H_2O$，$(NH_4)_6Mo_7O_{24}\cdot 4H_2O$，$(NH_4)_2(MoO_4)_2\cdot 2H_2O$ 和 $NH_3(MoO_3)_3$四个衍射峰，二者均不是由单一的二钼酸铵和四钼酸铵相组成的，均有$(NH_4)_2Mo_3O_{10}\cdot 2H_2O$，$(NH_4)_6Mo_7O_{24}\cdot 4H_2O$ 和$(NH_4)_2(MoO_4)_2\cdot 2H_2O$ 衍射峰。

3. 形貌分析

图 2-3 所示为两种不同原料的 SEM 照片显示，原料二钼酸铵与四钼酸铵的形貌存在较大差别，组成四钼酸铵的小颗粒形状不规则，小颗粒之间存在明显的团聚黏连现象；二钼酸铵的颗粒明显大于四钼酸铵颗粒且呈片状。

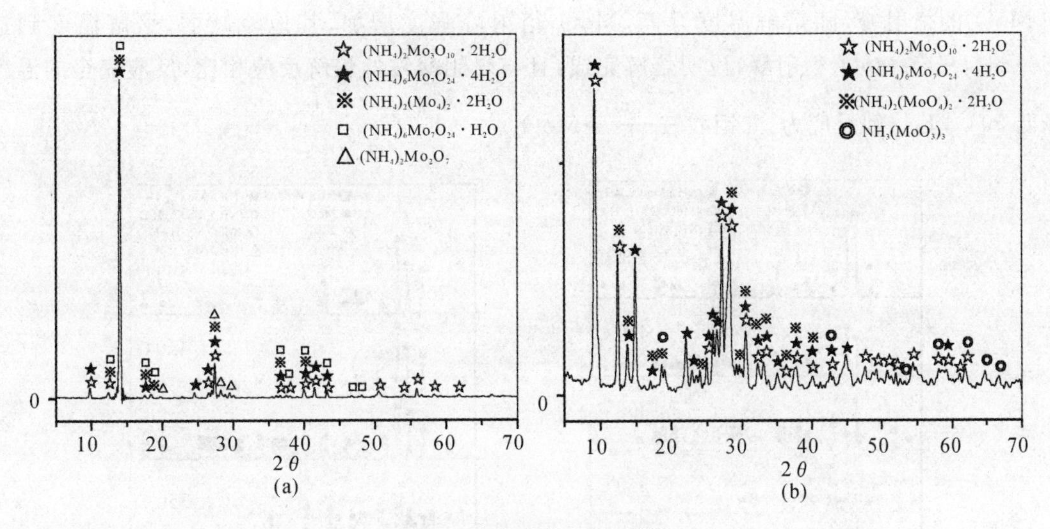

图 2-2　钼酸铵 XRD 图谱

(a)二钼酸铵；(b)四钼酸铵

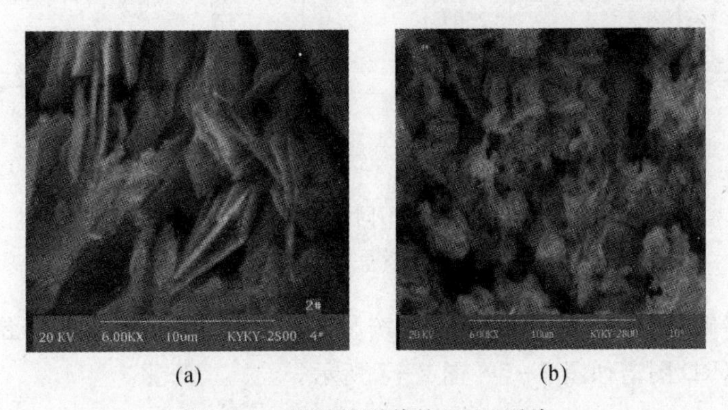

图 2-3　钼酸铵形貌的 SEM 照片

(a)二钼酸铵；(b)四钼酸铵

2.3.2　以钼酸铵为原料分阶段还原制取钼粉

1. 焙解

(1)温度对焙解过程的影响。选取 6 个温度点(250℃，300℃，350℃，400℃，450℃和 500℃)分别焙解二钼酸铵和四钼酸铵 30min，各温度点的焙解产物的 XRD 图谱如图 2-4 所示。

从图 2-4(a)中可以看出，在 250～350℃温度范围内，二钼酸铵的焙解反应比较缓慢，无 MoO_3 衍射峰出现，从 400℃开始，开始出现 $NH_3(MoO_3)_3$ 和 MoO_3 的衍射峰。随焙解温度升高，$NH_3(MoO_3)_3$ 衍射峰强度减弱，MoO_3 衍射峰强度增加，焙解温度到达 500℃时，只有 MoO_3 衍射峰。说明焙解完成，其焙解反应为：二钼酸铵 $\xrightarrow{500℃}$ MoO_3。

从图 2-4(b)中可以看出，在 250～300℃温度范围内，四钼酸铵的焙解反应比较缓慢，无 MoO_3 衍射峰出现，从 350℃开始，开始出现 $(NH_4)_6Mo_7O_{24}\cdot 4H_2O$，$(NH_4)_6Mo_7O_{24}\cdot H_2O$

和 MoO_3 的衍射峰，随焙解温度升高，MoO_3 衍射峰强度增加，其他峰减弱，焙解温度到达450℃时，只有 MoO_3 衍射峰，说明焙解完成，且与二钼酸铵的焙解反应相比，反应完全的温度降低 50℃，其焙解反应为：二钼酸铵 $\xrightarrow{450℃}$ MoO_3。

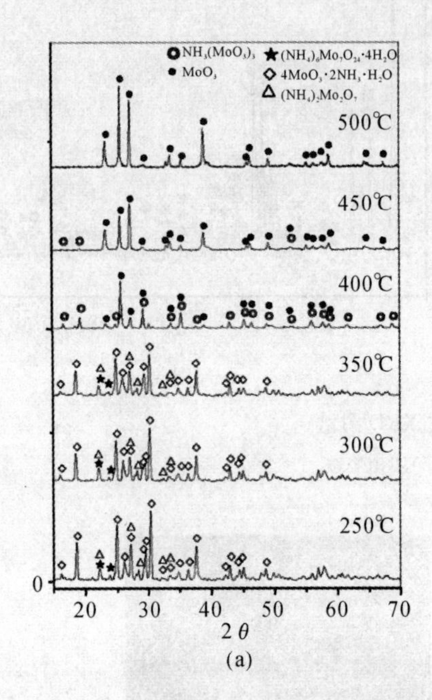

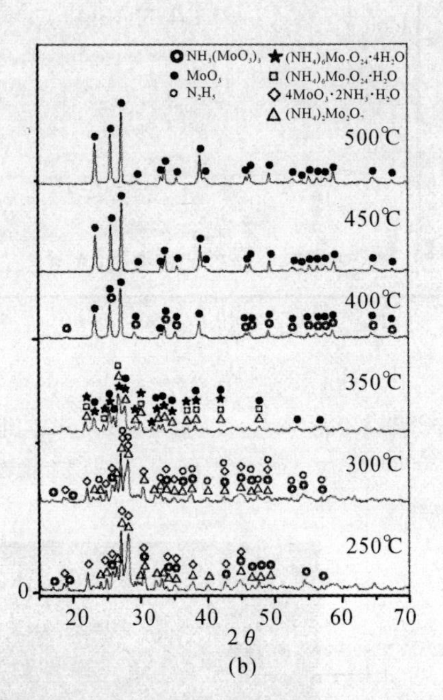

(a) (b)

图 2-4 钼酸铵在不同温度焙解的 XRD 图谱

(a)二钼酸铵；(b)四钼酸铵

(2)时间对焙解过程的影响。以二钼酸铵和四钼酸铵为原料，在不同温度下焙解不同时间，还原产物的 XRD 图谱如图 2-5～图 2-7 所示。

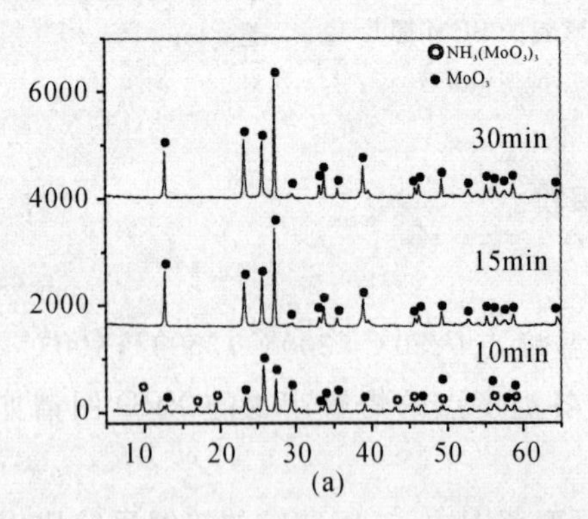

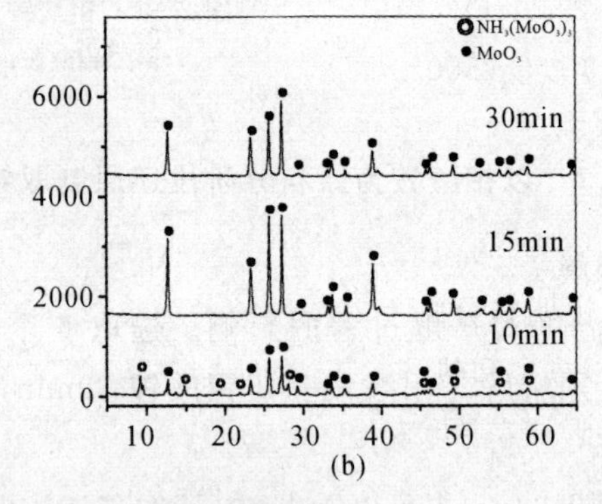

(a) (b)

图 2-5 在 500℃焙解不同时间的 XRD 图谱

(a)二钼酸铵；(b)四钼酸铵

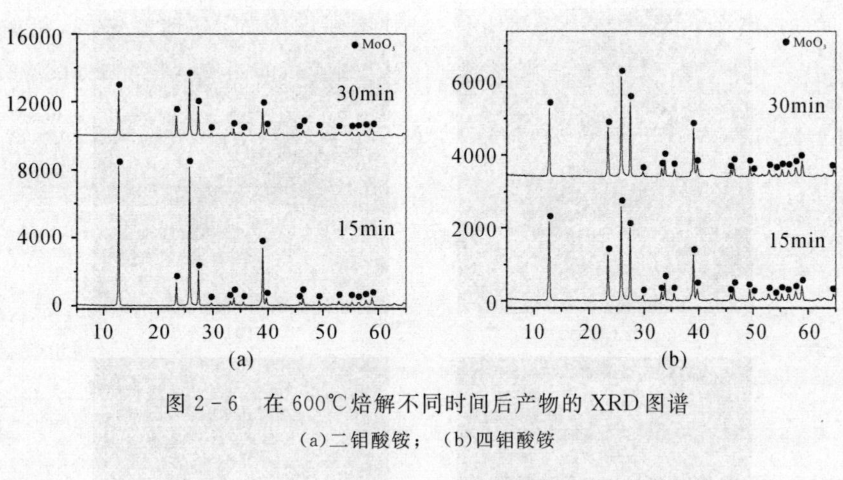

图 2-6　在 600℃焙解不同时间后产物的 XRD 图谱

(a)二钼酸铵；(b)四钼酸铵

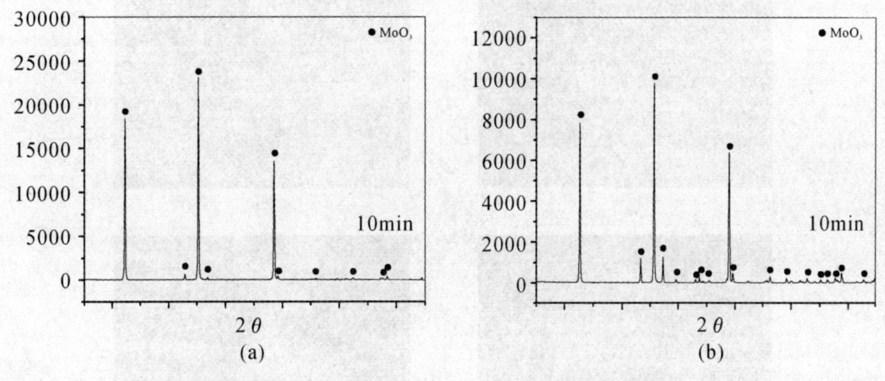

图 2-7　在 700℃焙解 10min 的 XRD 图谱

(a)二钼酸铵；(b)四钼酸铵

由以上 3 图可以看出，在 500℃和 600℃焙解 15min 以上，在 700℃焙解 10min 以上，均能得到单一的 MoO_3，即焙解完全，而在 500℃焙解 10min，却还存在一定的 $NH_3(MoO_3)_3$。因此，在温度较低(500℃)的情况下，焙解时间不应太短(15min 以上)。

对这 3 个温度下焙解不同时间所得产物进行 SEM 观察，其粉末形貌如图 2-8～图 2-10 所示。

由图 2-8 可以看出，二钼酸铵在 500℃焙解 10min，粉末团聚体表面出现裂纹，结合图 2-5(a)，说明热分解反应中产物的形成是原料在热应力作用下发生分裂后原位转变的；焙解 15min 后，热裂和热分解现象更加明显，全部转变为 MoO_3(见图 2-5(a))，且所形成的 MoO_3 以颗粒状形式在原位存在；焙解 30min 后，MoO_3 形貌发生细微的变化，部分颗粒转变成细片状，这是其结构发生重组的结果。

四钼酸铵在 500℃焙解 10min，并没有出现二钼酸铵焙解时出现的裂纹，而是分散得比较均匀，结合图 2-5(b)，说明热分解反应中产物的形成并非是原料在热应力作用下发生分裂后转变而来的，而是有物质间的相互作用和迁移；焙解 15min 后，迁移和重组更加完全，全部转变为 MoO_3(见图 2-5(b))，且所形成的 MoO_3 以较为细小的颗粒形式存在，同样，焙解 30min 后，MoO_3 形貌也没有发生明显变化。

(a) (b)

(c) (d)

(e) (f)

图 2-8 钼酸铵在 500℃焙解不同时间的 SEM 照片

二钼酸铵 (a)10min; (c)15min; (e)30min

四钼酸铵 (b)10min; (d)15min; (f)30min

(a) (b)

图 2-9 钼酸铵在 600℃焙解不同时间的 SEM 照片

二钼酸铵 (a)15min; (c)30min

续图 2－9　钼酸铵在 600℃焙解不同时间的 SEM 照片

四钼酸铵　(b)15min；(d)30min

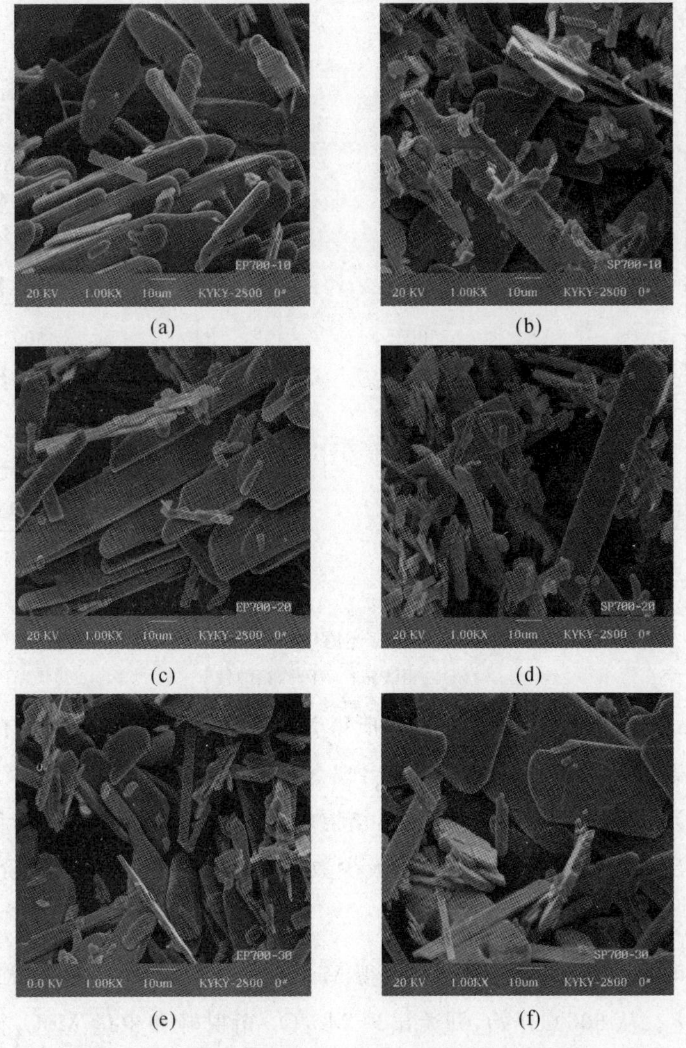

图 2－10　钼酸铵在 700℃焙解不同时间的 SEM 照片

二钼酸铵　(a)10min；(c)20min；(e)30min

四钼酸铵　(b)10min；(d)20min；(f)30min

比较两种原料焙解所得产物，不难发现，以二钼酸铵为原料在500℃焙解得到的MoO_3呈片状，保留了原料的特征，且明显比由四钼酸铵焙解所得MoO_3的颗粒大。

由图2-9可以看出，二钼酸铵和四钼酸铵在600℃焙解不同时间，基本情况与500℃焙解时相似，所不同的是所得到的MoO_3颗粒外形更加清晰。

由图2-10可以看出，二钼酸铵与四钼酸铵在700℃焙解不同时间，所得到的MoO_3产物形貌与500℃和600℃焙解有所不同，二者均为较粗大的片状，且时间的长短对形貌影响不大，其形成机理主要是MoO_3的挥发与沉积。

因此，要想得到颗粒比较细小的MoO_3，焙解温度不能超过700℃，温度是决定焙解的主要因素。

2. *一阶段还原*（$MoO_3 \rightarrow MoO_2$）

将二钼酸铵和四钼酸铵焙解所得MoO_3在450℃，500℃，550℃和600℃氢还原30min，各温度点还原产物的XRD谱如图2-11所示。

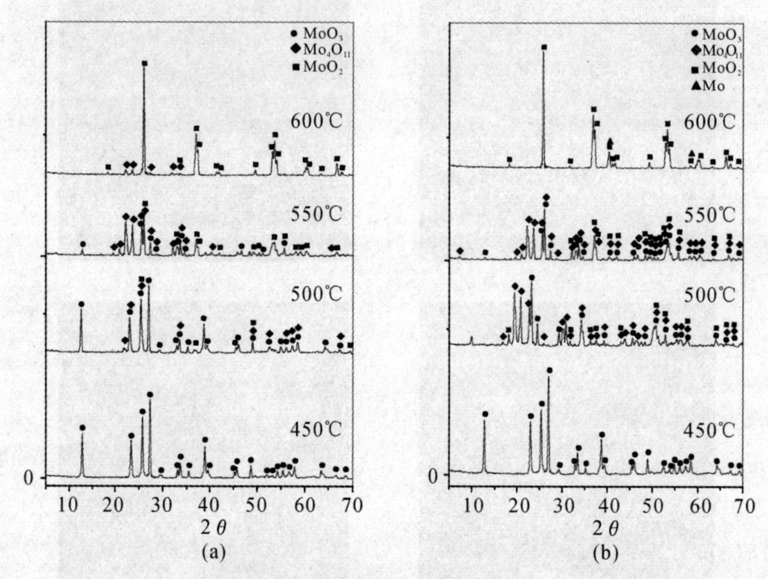

图2-11 一阶段不同温度还原（$MoO_3 \rightarrow MoO_2$）的XRD谱

(a)二钼酸铵； (b)四钼酸铵

由图2-11(a)可以看出，二钼酸铵焙解所得MoO_3在450℃还原时，只有MoO_3衍射峰，说明还原反应还未发生。从500℃开始，开始出现Mo_4O_{11}衍射峰和少量MoO_2衍射峰，随还原温度的升高，MoO_3衍射峰逐渐减弱，Mo_4O_{11}衍射峰先增强后减弱，MoO_2衍射峰增强；还原温度到达600℃时，出现大量MoO_2衍射峰和极少数Mo_4O_{11}衍射峰，说明一阶段还原完成应在600℃以上，即$MoO_3 \xrightarrow{>600℃} MoO_2$。

图2-11(b)可以看出，四钼酸铵焙解所得MoO_3在450℃还原时，只有MoO_3衍射峰，说明还原反应还未发生。从500℃开始，开始出现Mo_4O_{11}衍射峰和少量MoO_2衍射峰，随还原温度的升高，MoO_3衍射峰逐渐减弱，Mo_4O_{11}衍射峰先增强后减弱，MoO_2衍射峰增强；还原温度到达600℃时，出现大量MoO_2衍射峰和极少数Mo衍射峰，说明一阶段还原在600℃完成，与

二钼酸铵一阶段还原反应相比，反应完全的温度降低约50℃，即 $MoO_3 \xrightarrow{600℃} MoO_2$。

图2-12所示为二钼酸铵及四钼酸铵焙解所得 MoO_3 分别经一阶段还原后所得 MoO_2 的颗粒形貌照片，从两种 MoO_2 的SEM照片可以看出，二钼酸铵对应的 MoO_2 颗粒要明显大于四钼酸铵对应的 MoO_2 颗粒，四钼酸铵对应 MoO_2 颗粒团聚现象则不如二钼酸铵对应的 MoO_2 颗粒团聚现象明显。

图2-12　一阶段还原所得 MoO_2 的SEM照片

(a)(b)二钼酸铵；(c)(d)四钼酸铵

3. 二阶段还原($MoO_2 \rightarrow Mo$)

以二钼酸铵和四钼酸铵为起始原料经一阶段还原后所得 MoO_2 在600℃，650℃，700℃，750℃，800℃，850℃和900℃ 7个温度点氢还原30min，各温度点还原产物的XRD谱如图2-13所示。

由图2-13(a)可以看出，采用二钼酸铵为起始原料时，经一阶段还原所得 MoO_2 在600~650℃温度范围还原时，只有 MoO_2 的衍射峰，说明还原反应还未发生；700℃开始出现Mo的衍射峰，且随还原温度的升高，MoO_2 衍射峰逐渐减弱，Mo衍射峰逐渐增强，也未出现其他中间相的衍射峰，还原温度到达900℃时，MoO_2 衍射峰完全消失，只有Mo的衍射峰，说明二阶段还原反应：$MoO_2 \xrightarrow{900℃} Mo$ 完成。

由图2-13(b)可以看出，采用四钼酸铵为起始原料时，经一阶段还原所得 MoO_2 在600~650℃温度范围还原时，只有 MoO_2 的衍射峰，说明还原反应还未发生；700℃开始出现Mo的衍射峰，且随还原温度的升高，MoO_2 衍射峰逐渐减弱，Mo衍射峰逐渐增强，同时也发现有极少数的 MoO_3 衍射峰，说明以四钼酸铵为原料还原所得Mo粉易发生氧化；还原温度到达900℃时，MoO_2 衍射峰完全消失，只有Mo的衍射峰，与二钼酸铵为原料的二阶段还原反应基本相同，说明二阶段还原反应：$MoO_2 \xrightarrow{900℃} Mo$ 完成。

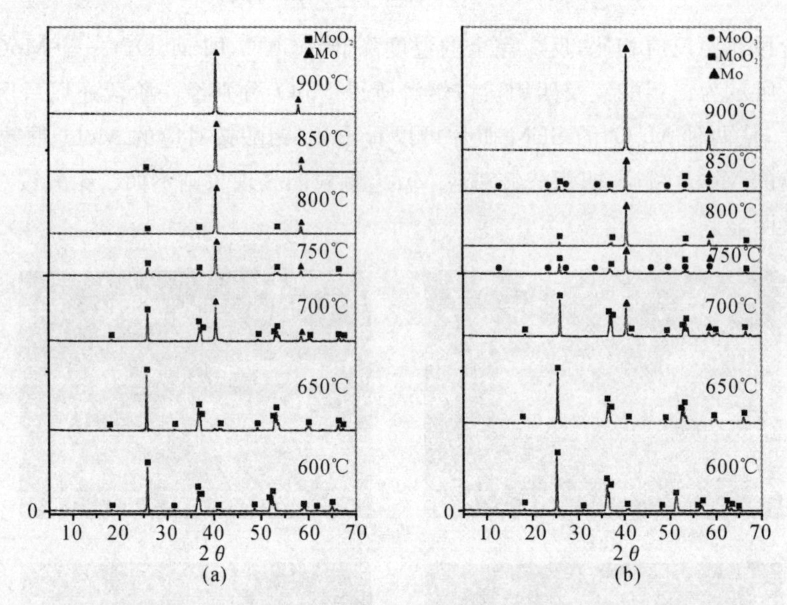

图 2-13　二阶段不同温度还原($MoO_2 \rightarrow Mo$)的 XRD 谱

(a)二钼酸铵；(b)四钼酸铵

图 2-14 所示为二阶段还原所得 Mo 粉的形貌照片，可以看出，两种钼酸铵原料的最终产物——钼粉——形貌存在一定差别，主要表现在二钼酸铵所对应钼粉颗粒要稍大于四钼酸铵所对应的钼粉颗粒，二钼酸铵所对应钼粉中的链状团聚小颗粒要少于四钼酸铵所对应的钼粉。从原料直至最终产物的 SEM 照片分析可知，原料钼酸铵形貌对最终产物形貌的影响不大，原料二钼酸铵颗粒形状呈片状，四钼酸铵颗粒形状不规则，而钼粉颗粒呈现规则的空间多面体形状，原料钼酸铵的颗粒大小对产物钼粉的粗细有“遗传”影响，原料颗粒粗对应产物颗粒粗，原料颗粒细，对应产物颗粒也相应细些。

图 2-14　二阶段还原所得 Mo 粉的 SEM 照片

(a)(b)二钼酸铵；(c)(d)四钼酸铵

2.3.3　以钼酸铵为原料直接焙解氢还原法制取钼粉

1. 以二钼酸铵为原料

选取 14 个温度点(250℃,300℃,350℃,400℃,450℃,500℃,550℃,600℃,650℃,700℃、750℃,800℃,850℃和 900℃)直接焙解氢还原二钼酸铵,各温度点还原产物的 XRD 谱如图 2-15所示。

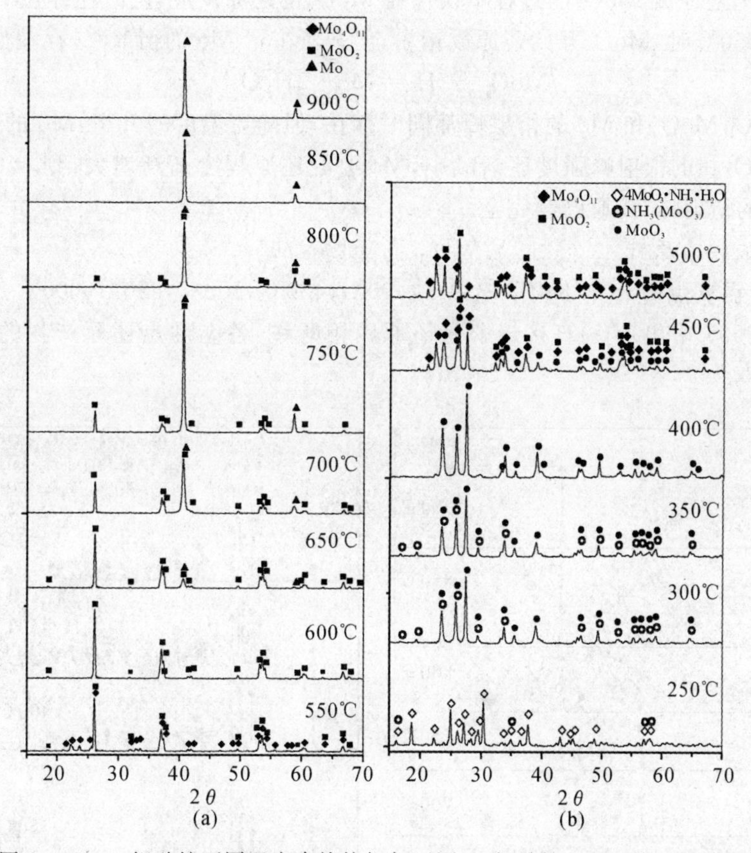

图 2-15　二钼酸铵不同温度直接焙解氢还原(二钼酸铵→Mo)的 XRD 图谱

由图 2-15 可以看出,在氢气气氛中加热时,二钼酸铵首先发生热分解反应(250～400℃),生成 MoO_3,热分解过程形成 $NH_3(MoO_3)_3$ 和 $4MoO_3 \cdot 2NH_3 \cdot H_2O$ 两个中间相,在 250℃时,二钼酸铵已分解并脱除部分结晶水和铵根离子,形成了新相 $NH_3(MoO_3)_3$ 和 $4MoO_3 \cdot 2NH_3 \cdot H_2O$;300℃时,结晶水全部脱离,$4MoO_3 \cdot 2NH_3 \cdot H_2O$ 相消失,$NH_3(MoO_3)_3$ 相衍射峰强度增加,出现了 MoO_3 相;350℃时,仍存在 $NH_3(MoO_3)_3$ 和 MoO_3 相且衍射峰强度变化不大;到 400℃时,脱离了全部的铵根离子,$NH_3(MoO_3)_3$ 相消失,只有 MoO_3 相。

当温度继续升高时,MoO_3 发生还原反应,生成 MoO_2。MoO_3 在还原过程中形成 Mo_4O_{11} 中间相。由图 2-15 可看出,在 450℃时出现了 MoO_2 和 Mo_4O_{11} 两个新相,且 MoO_3 相衍射峰强度下降,可知在温度高于 400℃时应有如下反应:

$$MoO_3 + H_2 = MoO_2 + H_2O\uparrow$$

$$4MoO_3 + H_2 = Mo_4O_{11} + H_2O\uparrow$$

在500℃时衍射图中只存在Mo_4O_{11}和MoO_2两个相的衍射峰，MoO_3相已经消失；550℃时，MoO_2相衍射峰强度增加，而Mo_4O_{11}相衍射峰强度下降；到了600℃时，则全部为MoO_2，表明温度高于500℃时存在如下反应：

$$Mo_4O_{11} + 3H_2 = 4MoO_2 + 3H_2O\uparrow$$

因此，MoO_3还原成MoO_2的过程不仅存在MoO_3的还原反应，同时还存在中间相Mo_4O_{11}的还原反应。650℃时，MoO_2开始还原成钼粉，出现了少量Mo的衍射峰，存在如下反应：

$$MoO_2 + 2H_2 = Mo + 2H_2O\uparrow$$

700～800℃，MoO_2和Mo的衍射峰都同时存在，但随着温度的升高，Mo的衍射峰强度逐渐加大，而MoO_2相的衍射峰强度逐渐减小，MoO_2的还原程度渐渐增大；到850℃以上，衍射图上只有Mo的衍射峰，还原已经完全。

2. 以四钼酸铵为原料

选取14个温度点（250℃，300℃，350℃，400℃，450℃，500℃，550℃，600℃，650℃，700℃，750℃，800℃，850℃和900℃）直接焙解氢还原四钼酸铵，各温度点还原产物的XRD谱如图2-16所示。

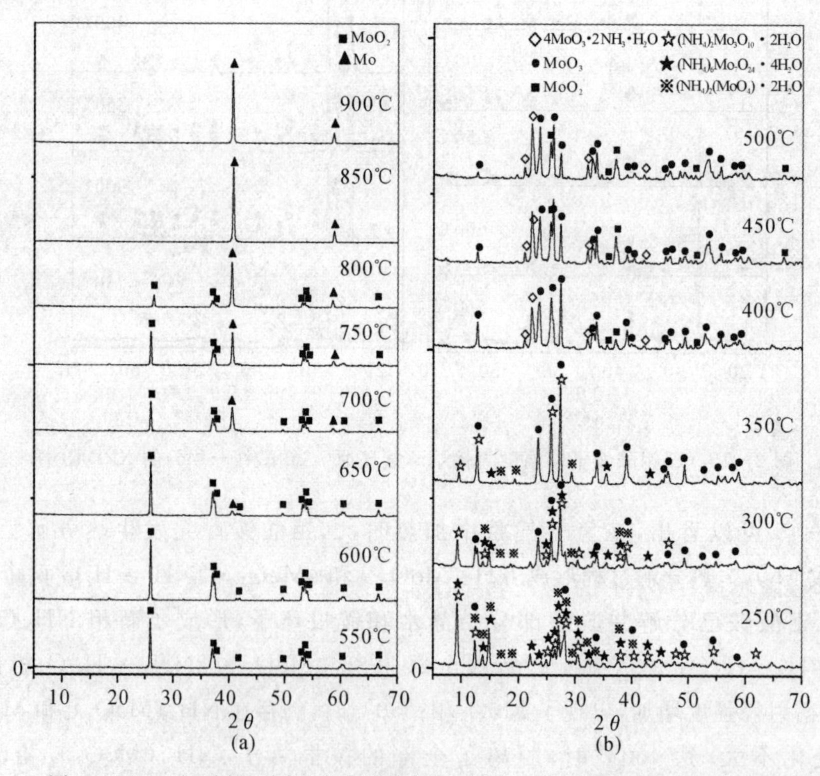

图2-16　四钼酸铵不同温度直接焙解氢还原（四钼酸铵→Mo）的XRD谱

由图2-16可以看出，在250～400℃温度范围内，部分四钼酸铵已分解并脱除部分结晶水和铵根离子，形成了新相$4MoO_3\cdot 2NH_3\cdot H_2O$，部分四钼酸铵热分解完成生成$MoO_3$；400℃时，不存在钼酸盐，但有部分$MoO_3$发生还原反应，生成$MoO_2$。

温度继续升高，MoO_3衍射峰强度下降，MoO_2衍射峰强度增加，在550℃时，衍射图中只存在MoO_2一个相的衍射峰，可知在温度高于550℃时应有如下反应：

$$MoO_3 + H_2 = MoO_2 + H_2O \uparrow$$

700～800℃，MoO_2和Mo的衍射峰都同时存在，但随着温度的升高，Mo的衍射峰强度逐渐加大，而MoO_2相的衍射峰强度逐渐减小，MoO_2的还原程度渐渐增大；到850℃以上，衍射图上只有Mo的衍射峰，还原已经完全。这一温区的反应与二钼酸铵为原料直接焙解氢还原相比，基本上是相同的。

但从整个反应来看，与二钼酸铵为原料直接焙解氢还原相比，反应中没有出现中间相Mo_4O_{11}，反应显得简单一些，这对于采用此法直接制取MoO_2，控制MoO_2的质量有一定的好处。

2.4　氧化钼氢还原动力学及机理研究

氧化钼氢还原成钼是钼粉生产的重要步骤，钼粉的粒度、氧含量、松装密度及杂质分布等主要取决于此阶段。对于氧化钼氢还原动力学及机理的研究，Bustness J A，Werner V，Sxoczynski J，Ressler T等人均进行过有益的探讨，但国内目前尚未见相关报道。研究氧化钼一、二阶段还原的动力学及机理对工业钼粉的生产具有重要的实用价值，对团聚大颗粒钼氧化物及小颗粒钼氧化物的还原动力学研究可结合冶金动力学数学模型进行，进而确定氧化钼一、二阶段还原的主要控制步骤及小颗粒反应物的转化模型。

2.4.1　冶金反应动力学分析

1. 气固反应动力学的描述

Mo粉的一、二阶段还原反应均属冶金反应中的气/固反应类型，在气/固反应动力学中，人们曾建立了多种不同的数学模型。其中最主要、应用范围最为广泛的是未反应核模型，它获得了较为成功和广泛的应用。气/固反应的一般反应表达式为

$$a\mathrm{A(g)} + b\mathrm{B(s)} = g\mathrm{G(g)} + s\mathrm{S(s)}$$

由于数学处理比较简单，在气体与无空隙固体间的反应动力学模型是最早建立的。假设上述反应式中的固体反应物B为球形颗粒，则上述气/固反应可以看作由以下几个步骤组成。

(1)气体反应物A通过气相扩散边界层达到固体反应物表面，称为外扩散。

(2)气体反应物通过多孔的还原产物(S)层，扩散到化学反应界面，称为内扩散，在气体反应物向内扩散的同时，还可能有固态离子通过固体产物层的扩散。

(3)气体反应物A在反应界面与固体反应物B发生化学反应，生成气体产物G和固体产物S。这一步骤称为界面化学反应，由气体反应物的吸附、界面化学反应本身及气体产物的脱附等步骤组成。

(4)气体产物G通过多孔的固体产物(S)层扩散到多孔层的表面。

(5)气体产物通过气相扩散边界层扩散到达气相内。

上述5个步骤中，每一步的发生都会伴随有一定的阻力，在冶金反应过程中，控制气/固反应通常有两种方式：界面化学反应方式和扩散方式。这主要取决于哪个方式的阻力大，若两个

方式的阻力相当，则反应由这两种方式联合控制。

2.气固反应动力学的模型

假设固体产物层是多孔的，则反应是由气/固反应(1)～(5)个步骤串连组成的，在气/固反应中，依控制反应进行的主要步骤来分，可以分为外扩散类型、气体反应物在固体产物中的内扩散类型、界面化学反应类型及内扩散与化学反应联合控制类型。未反应核模型的示意图见图 2-17。

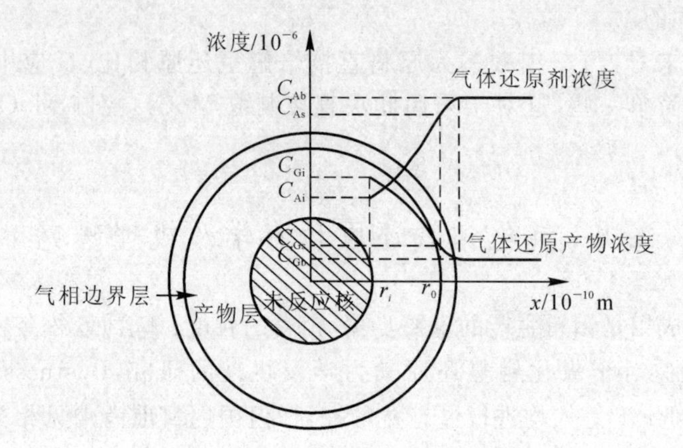

图 2-17　未反应核模型示意图

当冶金反应由外扩散控制时，反应时间与未反应核的关系可以表示为

$$t=\frac{\rho_B r_0}{3bM_B k_g C_{Ab}}\left[1-\left(\frac{r_i}{r_0}\right)^3\right] \tag{2-1}$$

当冶金反应过程由内扩散控制时，反应时间与未反应核的关系可表示为

$$t=\frac{\rho_B r_0^2}{6bD_{eff}M_B C_{Ab}}\left[1-3\left(\frac{r_i}{r_0}\right)^2+2\left(\frac{r_i}{r_0}\right)^3\right] \tag{2-2}$$

当冶金反应过程由界面化学反应控制时，反应时间与未反应核的关系可表示为

$$t=\frac{\rho_B r_0}{bM_B k_{rea} C_{Ab}}\left(1-\frac{r_i}{r_0}\right) \tag{2-3}$$

式(2-1)～式(2-3)中，ρ_B 为反应物 B 的密度；M_B 为 B 的摩尔质量；b 为化学计量系数；k_g 为反应物 A 的外扩散系数；D_{eff} 为有效扩散系数；k_{rea} 为反应速度常数。

其他各参量如图 2-17 所示。假设反应消耗的反应物 B 的量与其原始量之比为反应分数或转化率，并以 X_B 表示，a 表示反应进行完全所需时间，则式(2-1)、式(2-2)、式(2-3)分别可简化为

$$t=aX_B \tag{2-4}$$

$$t=a\left[X_B+(1-X_B)\ln(1-X_B)\right] \tag{2-5}$$

$$t=a\left[1-(1-X_B)^{\frac{1}{3}}\right] \tag{2-6}$$

当反应由内扩散与界面化学反应联合控制时，所需时间可以近似表示为两者单独控制反应所需时间之和。

式(2-1)～式(2-3)均为描述大颗粒团聚反应物的动力学模型，在冶金反应过程中组成团聚大颗粒的微小颗粒在反应过程中又会有不同的转变方式。通常小颗粒的转变方式可用以

下3种数学模型加以描述：

(1)核缩减模型(SCM,Shrinking Core Mode)。核缩减模型可描述为,外界气体通过扩散到达反应物的外表面,并形成活性分子发生反应,随着反应的进行,在反应物的外表面覆盖着一层反应产物,接着气体扩散通过产物层进一步与未反应的反应物发生反应;随着反应的进行,未反应物逐渐减少,核心部分不断缩减,最后反应物全部转化为产物。反应过程可用图2-18表示。

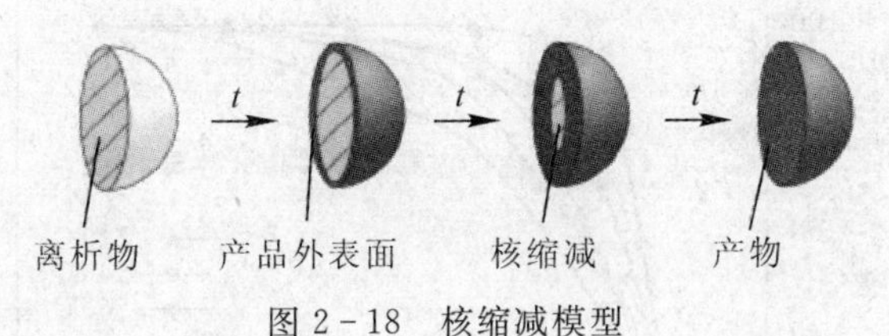

图2-18 核缩减模型

(2)化学气相迁移模型(CVTM, Chemical Vapour Transport Model)。化学气相迁移模型可描述为,在一定的反应条件下,随着反应的进行,反应物的表面会离析出产物微粒,随着反应的进一步进行,析出的产物不断长大,而原来的反应物却不断缩减,最后原来的反应物全部消失,而析出物却长大到一定程度的颗粒。此过程可用图2-19表示。

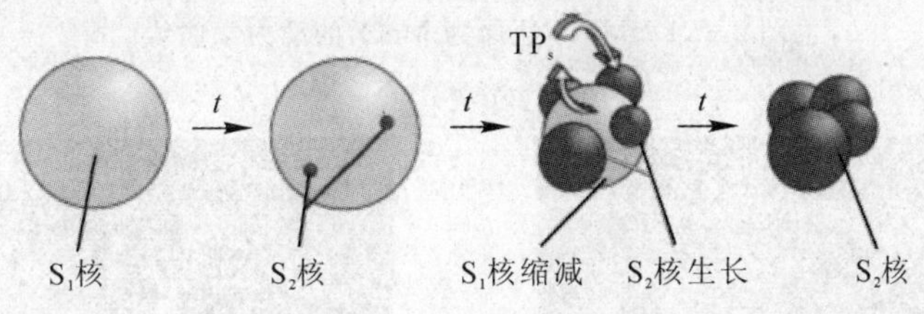

图2-19 化学气相迁移模型

(3)核破裂模型(CCM, Cracking Core Model)。核破裂模型可描述为,反应物的颗粒在反应进行到一定程度时,其表面在反应所造成的应力作用而产生裂纹,随着反应的进一步进行,反应物颗粒发生破裂变成很多小颗粒,而小颗粒在试验条件下再按照SCM模型进行反应,直至最后全部转化为产物。此过程可用图2-20表示。

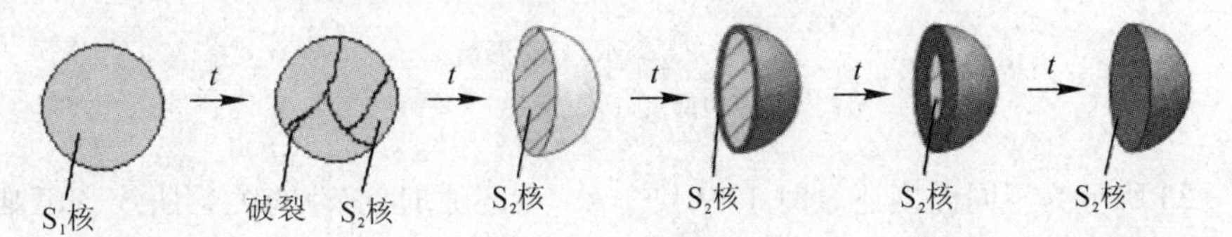

图2-20 核破裂模型

2.4.2 氧化钼氢还原的动力学

1. MoO_3还原为MoO_2的动力学研究

图2-21所示为不同温度下MoO_3还原为MoO_2的动力学曲线,即转化率(x)与还原时间(t)的关系。从图中可以看出,还原温度越高,反应速度越快,转化率达到85%左右时,反应速度变慢,各温度点在此后阶段反应速度相差不大。

图 2－22 所示为 MoO_3的形貌。从图中可以看出，MoO_3颗粒之间较少存在黏连现象，其流动性好，故气体反应物在原料中的扩散过程阻力较小，因此控制该过程的主要因素以界面化学反应的可能性较大。为进一步减小反应过程中的扩散阻力对反应的影响，将 500mg 的原料在瓷舟中平铺成薄层。由冶金反应动力学模型可知，当控制冶金反应的主要步骤为界面化学反应时，$1-(1-x)^{1/3}$ 与反应时间的关系曲线近乎呈直线。

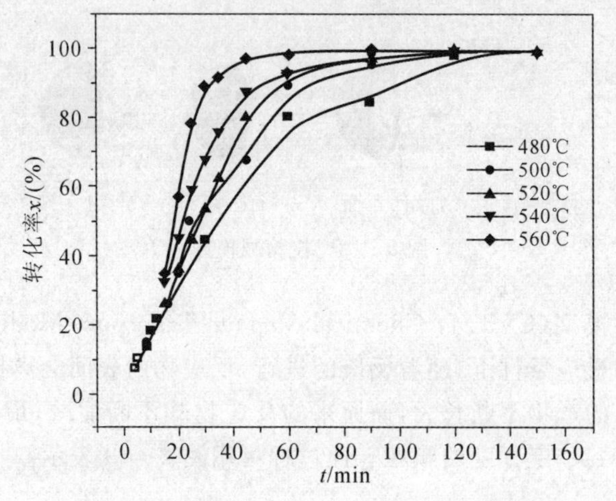

图 2－21　MoO_3还原为 MoO_2的动力学曲线

(a)

(b)

图 2－22　MoO_3的形貌

(a)低倍；(b)高倍

图 2－23 所示为不同温度还原时 $1-(1-x)^{1/3}$ 与还原时间(t)的关系曲线。不难看出，在 MoO_3还原为 MoO_2的过程中，每个温度下的关系曲线均近似呈直线，结合冶金反应过程的未反应核模型中的几种控制类型，可知控制该过程的主要步骤为界面化学反应。

将图 2－23 中所示的各曲线拟合为直线，由各直线的斜率可得对应各相应温度下还原反应的表观速率常数 k，由各温度相应的 k 值可得 Arrhenius 曲线(见图 2－24)，而由 Arrhenius 曲线的斜率，可得到该工艺条件下反应步骤的表观活化能为 58.1kJ/mol。

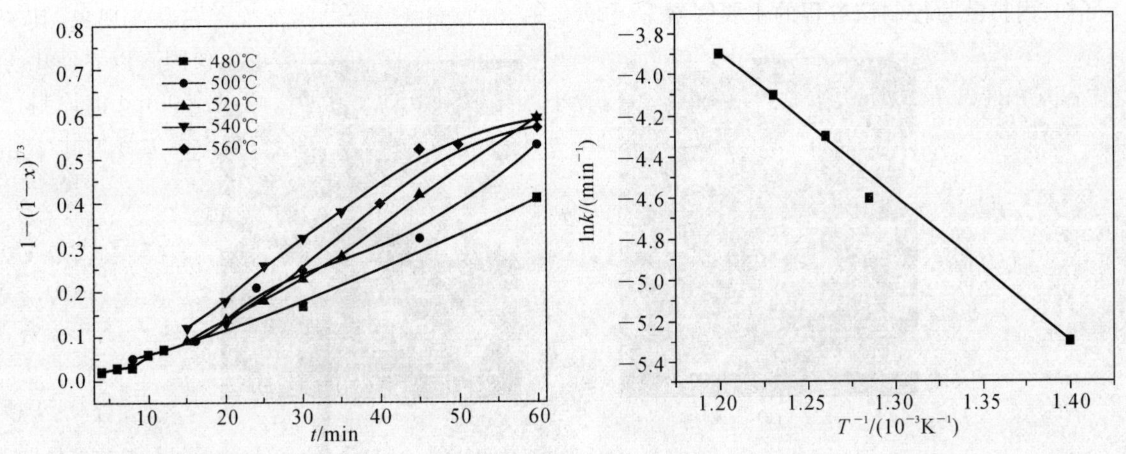

图 2-23　MoO_3 还原为 MoO_2 过程中 $1-(1-x)^{1/3}$ 与 t 的关系曲线

图 2-24　MoO_3 还原为 MoO_2 的 Arrhenius 曲线

2. MoO_2 还原为 Mo 的动力学研究

图 2-25 所示为不同温度下 MoO_2 还原为 Mo 的动力学曲线，即转化率(x)与还原时间(t)的关系。从图中可以看出，在 MoO_2 还原为 Mo 粉的过程中，该过程起始阶段反应速度要大于 MoO_3 还原为 MoO_2 过程起始阶段速度，温度越高反应速度越快，转化率达到 80%后反应速度明显放慢，这是由于反应物及生成物比较致密，导致氢气及反应生成的水蒸气难以扩散、排出所致。

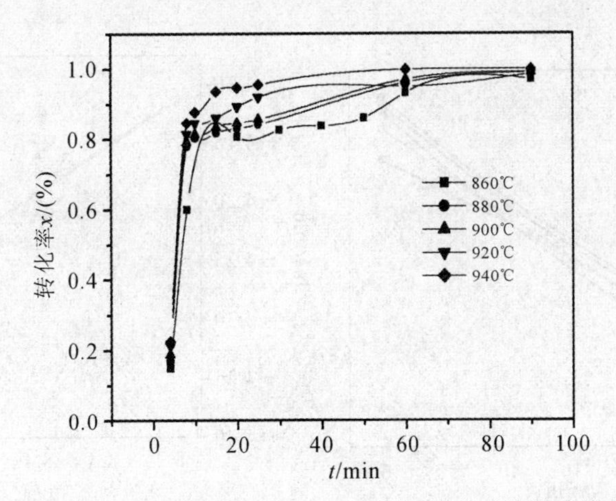

图 2-25　不同温度下 MoO_2 还原为 Mo 的动力学曲线

图 2-26 所示为 MoO_2 的形貌。从图中可以看出，MoO_2 颗粒之间通常有黏连现象，流动性较差，且 MoO_2 的平均粒度大于 MoO_3 颗粒(比较见图 2-22)，表面看不到明显的裂纹与孔隙，因此气体在产物中的扩散较为困难，故扩散过程对该还原过程应存在较大影响。由前面分析可知，当冶金反应过程由内扩散控制时，$[x+(1-x)\ln(1-x)]$与反应时间的关系曲线近乎呈直线。

图 2-27 所示为不同温度还原时$[x+(1-x)\ln(1-x)]$与还原时间(t)的关系曲线。不难看出，在 MoO_2 还原为 Mo 的过程中，每个温度下的关系曲线均近似呈直线，结合冶金动力学

可知，内扩散为控制该过程的主要因素。

(a)

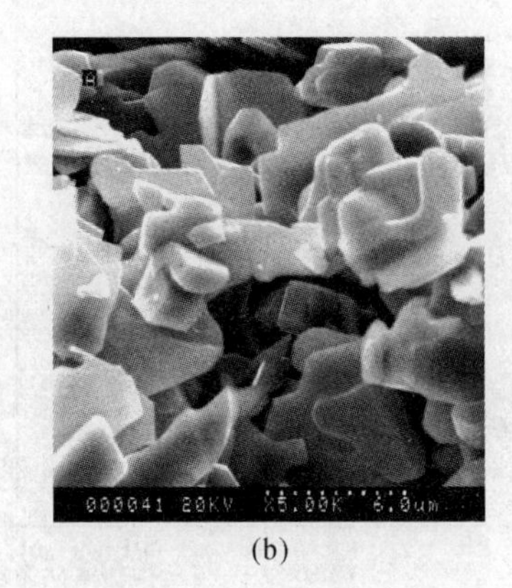

(b)

图 2-26　MoO_2的形貌

(a)低倍；(b)高倍

将图 2-27 中所示的各曲线拟合为直线，由各直线的斜率可得对应各相应温度下还原反应的表观速率常数 k。与 MoO_3 还原成 MoO_2 过程相同，可由各温度相应的 k 值可得 Arrhenius 曲线(见图 2-28)，而由 Arrhenius 曲线的斜率可得到该工艺条件下反应步骤的表观活化能为 30.1kJ/mol，MoO_3还原成 MoO_2过程的表观活化能大于 MoO_2还原成 Mo 过程的表观活化能。通常表观活化能越小反应速度越快，这从二者的转化率(x)-还原时间(t)曲线也可以观察到该规律。

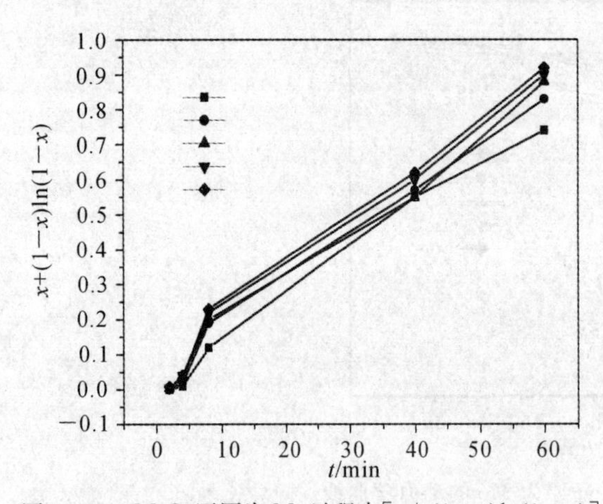

图 2-27　MoO_2还原为 Mo 过程中$[x+(1-x)\ln(1-x)]$与 t 的关系曲线

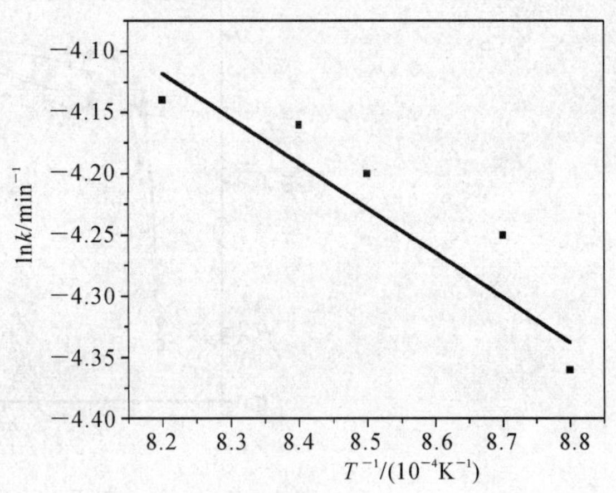

图 2-28　MoO_2还原为 Mo 的 Arrhenius 曲线

2.4.3　氧化钼氢还原的机理

1. MoO_3还原为 MoO_2的机理研究

图 2-29 所示为 MoO_3还原为 MoO_2过程中间产物的 XRD 图谱。结果表明，该中间产物的主要组成为 MoO_3，Mo_4O_{11}及 MoO_2。如图 2-30 所示为 MoO_3还原为 MoO_2过程中间产物的 SEM 照片，照片显示中间产物主要呈颗粒状和片状，对比图 2-22，可以明显看到，还原中

间产物的形貌与MoO_3形貌差别较大，还原中间产物明显大于MoO_3，且还原中间产物中出现很多形状不规则的小颗粒，和MoO_3相比，还原中间产物中的片状物减少。还原中间产物粒度明显大于MoO_3，是由于在反应过程中生成的MoO_2颗粒在反应过程中相互融合兼并长大，或是由于反应过程中生成的共晶融熔体所致。仔细观察还原中间产物可以发现，有些大颗粒表面有凹坑并有微小颗粒附在其表面上，这是由于在反应过程中氢原子与MoO_3晶格上的氧原子结合，在基体MoO_3晶格上的Mo原子与O原子重组后形核析出MoO_2，MoO_2进一步相互兼并长大成小颗粒的原因，该过程与化学气相迁移模型的转化过程吻合。

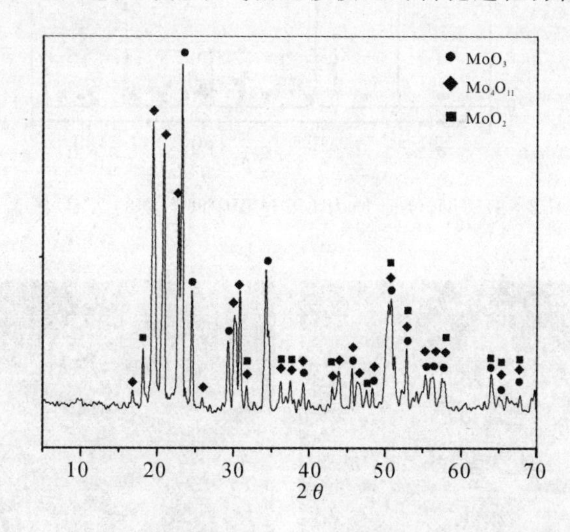

图2-29　MoO_3还原为MoO_2过程中间产物的XRD图谱

(a)　(b)

图2-30　MoO_3还原为MoO_2过程中间产物的形貌

(a)低倍；(b)高倍

2. MoO_2还原为Mo的机理研究

图2-31所示为MoO_2还原为Mo过程中间产物的XRD图谱。结果表明，该中间产物的主要组成为MoO_2及Mo。图2-32所示为MoO_2还原为Mo过程中间产物的SEM照片。图2-33所示为最终产物Mo的SEM照片。

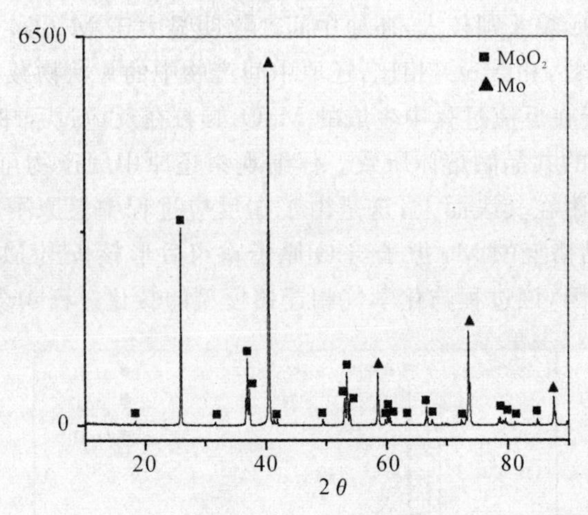

图 2-31　MoO_2还原为 Mo 过程中间产物的 XRD 图谱

(a)　　(b)

图 2-32　MoO_2还原为 Mo 过程中间产物形貌

(a)低倍；(b)高倍

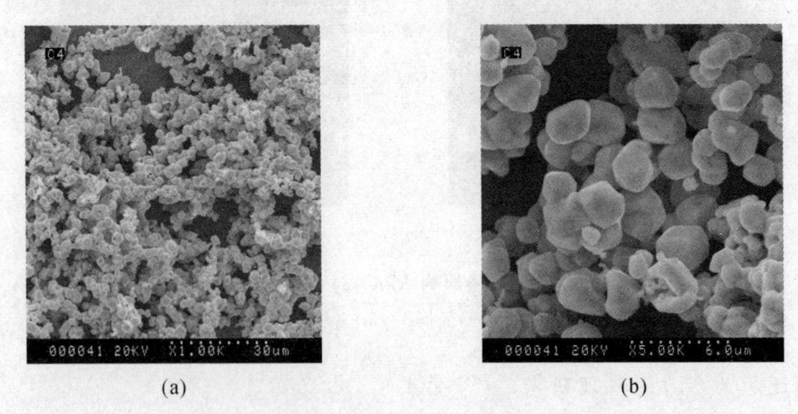

(a)　　(b)

图 2-33　Mo 的形貌

(a)低倍；(b)高倍

对比图 2-26，可以明显看到，MoO_2还原为 Mo 的过程中，中间产物、最终产物与MoO_2形貌差别较大。其中MoO_2的整体形貌表现为形状不规则，而 Mo 的整体形貌表现为形状规则、颗粒大小均匀，单个颗粒呈现规则的空间几何体结构，而中间产物则介于二者之间(见图

2－32)，存在两种不同类型的产物，一种为不规则的大块片状，另一种为空间几何形状规则的小颗粒。结合图2－26、图2－31及图2－33可以判断，不规则的大块状物为未反应完全的MoO_2颗粒，而形状规则的小颗粒则为Mo颗粒。同时，还可以发现，图2－32中MoO_2的块状特征正在消失，且表面出现凹坑并有形状规则的Mo颗粒附着在其表面。因此，可将该过程描述为：随着反应的逐步进行，由于还原剂氢气去掉MoO_2晶格上的氧原子，导致Mo原子在MoO_2基体晶格上形核析出。随着Mo核的不断增多及微小Mo颗粒之间的相互兼并长大，逐步形成大量形状规则的Mo颗粒，而块状MoO_2由于Mo原子的析出而导致其原来形状发生改变；随着反应的进一步进行，Mo核进一步增多，Mo颗粒进一步长大，反应完全时MoO_2晶格上氧原子全部被还原剂氢气脱去，块状特征完全消失，取而代之的是外形规则的钼颗粒。该过程中单个MoO_2颗粒的转变过程与化学气相迁移模型(CVTM)吻合得较好，故单个MoO_2颗粒的转变也遵循化学气相迁移模型。

2.5　钼粉还原的工艺优化研究

影响钼粉质量的因素很多，原料钼酸铵的质量、形貌、杂质含量及焙解还原过程的工艺参数等均会对钼粉质量产生影响。现场生产实践发现，影响钼粉质量最关键的因素是还原温度、料层厚度及推舟速度(还原时间)。在钼粉制备过程中，对钼粉质量影响最大的过程为钼粉的二阶段还原，即由二氧化钼还原为钼粉的过程。在二阶段还原过程中应适当控制还原中的料层厚度、还原温度及推舟速度等工艺条件，才能制备优质钼粉。对于钼粉还原工艺的优化，国内外均做了一些工作，但主要是通过回归正交设计而进行的。基于二次通用旋转组合，设计研究还原温度、推舟速度、料层厚度与钼粉粒度、氧含量、松装密度之间的关系，尚未见文献报道。

为优化钼粉的最佳制备工艺，借助二次通用旋转组合设计试验方法对$MoO_2 \rightarrow Mo$阶段进行研究，从而得到钼粉粒度、氧含量、松装密度与各还原工艺参数的回归方程，并检验回归方程的显著性，借助应用数学软件绘制各单因素及双因素工艺条件与粒度、氧含量之间的函数图像。

2.5.1　影响钼粉质量的工艺因素分析

1.温度对钼粉质量的影响

工业生产中，钼粉的二阶段还原温度一般选取在850～1100℃之间进行，而钼粉在温度高时即容易发生团聚结块甚至“过烧”现象。还原温度高，反应进行快，反应进行完全所需时间短，有利于提高生产率，温度高，产物容易被还原透，反应中产生的水蒸气也易于排出炉外，钼粉的含氧量比较低，但温度过高，钼粉容易发生团聚结块等不利现象，导致钼粉的粒度过大，松装密度过小。

2.推舟速度对钼粉质量的影响

二阶段还原过程中推舟速度对钼粉质量影响较大，推舟速度快有利于提高企业的生产效率，同时推舟速度快还原时间少，所得钼粉由于在高温区所处时间短，团聚结块等现象较少发生，所得产物颗粒均匀，产物松装密度适中；但推舟过快容易导致产物的含氧量超标，甚至出现原料还原不完全的现象。而还原时间过长，企业生产效率不高，且产物容易出现结块“过烧”等现象，产物的松装密度也往往达不到要求。

3.料层厚度对钼粉质量的影响

同温度、还原时间一样，二阶段还原过程中的料层厚度对钼粉质量有着很大的影响。通常料层厚度小，气体容易扩散进入反应物内，反应进行较快，但料层厚度过小也容易造成产物团聚结块等不良现象，且料层厚度小，操作频繁，效率不高。料层厚度过大时氢气难以扩散进入下层原料进行反应，时常会发生上层钼粉已经发生结块甚至“过烧”现象，而下层原料却还没有还原的现象，产物根本达不到质量要求，因此在二阶段（还原阶段）如要制备优质钼粉，应严格控制料层厚度。

由以上分析可知，要提高钼粉性能必须确定合理的工艺参数区间，将还原温度、料层厚度、推舟速度对钼粉还原过程的不利影响降至最低。

2.5.2 工艺优化设计

1.试验设计方法分析

在实际工程问题中，由于变量因子与评定指标之间无确定的函数关系，因此，必须首先建立两者之间的回归方程，为了能在尽量少的试验次数下建立高精度的回归方程，现代试验设计常采用下述3种方法。

(1)回归正交设计。回归正交设计是把回归分析与正交试验法两者有机地结合起来，主动地把试验安排、数据处理和回归方程的精度统一起来加以考虑，从而建立起试验次数少、回归计算方便且精度较高的回归方程。

(2)回归旋转设计。回归通用旋转设计是在回归正交设计的基础上建立起来的。因此，它一方面基本上保留正交设计的许多优点，即试验次数少、计算方便、部分地消除了回归系数的相关性；另一方面，能使二次设计具有旋转性。所谓旋转性是指在与试验中心点距离相等的点上，所预测值的方差是相等的。这就克服了回归正交设计中回归预测值的方差依赖于试验点在因子空间中的位置这个缺点，从而有利于寻优过程的正常进行。另外，如果对设计矩阵适当地安排，还可使它具有通用性，即回归预测方差值在区间 $0<P<1$ 内基本上保持某一常数。

(3)回归D-最优设计。所谓回归D-最优设计就是从所有的试验点出发，在给定点因子区域内（因子活动范围）寻找最优计划，从而获得最优（精度最高）回归方程，使得回归方程各回归系数的实际值与理论值偏差最小。D-最优设计类似于组合设计，就是先通过半直觉的方法给出谱点，然后求出在这些谱点上满足D-最优性的测度，用（G-最优设计与D-最优设计）等价定理进行验证。

为了既得到最大信息，又减少试验次数，达到最佳试验目的，人们越来越倾向于采用组合设计来选择试验点。目前常采用的两种基本方法为回归的正交设计和回归的旋转设计，但前者回归预测值 Y 的方差强烈地依赖于试验点在因子空间的分布，易受误差的干扰。笔者在本研究中采用二次通用旋转组合设计法来安排试验点。

2.二次通用旋转组合设计

二次通用旋转组合设计方法试验次数少，计算简便，消除了回归系数的相关性，回归的预测值 Y 不强烈依赖于试验点在因子空间中的位置，试验者能根据回归值寻找最优区域。通常情况下，三因素的二次通用旋转组合的回归数据结构的一般形式为

$$Y_\alpha=\beta_0+\beta_1x_{\alpha1}+\beta_2x_{\alpha2}+\beta_3x_{\alpha3}+\beta_{12}x_{\alpha1}x_{\alpha2}+\beta_{13}x_{\alpha1}x_{\alpha3}+\beta_{23}x_{\alpha2}x_{\alpha3}+\beta_{11}x_{\alpha1}^2+\beta_{22}x_{\alpha2}^2+\beta_{33}x_{\alpha3}^2+\varepsilon_\alpha$$

为了能获得旋转设计试验方案，选取的试验点必须符合一定的条件，在二次通用旋转设计过程中，设某个问题有P个因子$Z_1, Z_2, \cdots, Z_P$，其中第j个因子的上、下限分别为Z_{2j}，Z_{1j}，先根据式(2-7)、式(2-8)计算零水平和变化区间：

$$Z_{0j} = \frac{Z_{1j} + Z_{2j}}{2} \tag{2-7}$$

$$\Delta_j = \frac{Z_{2j} - Z_{0j}}{\gamma} \tag{2-8}$$

式中，γ根据二次旋转组合设计确定。

因子水平的编码表见表2-3。

表2-3　因子水平的编码表

x_{aj}	因子			
	Z_1	Z_2	…	Z_p
$+\gamma$	Z_{21}	Z_{22}	…	Z_{2P}
$+1$	$Z_{01}+\Delta_1$	$Z_{02}+\Delta_2$	…	$Z_{0P}+\Delta_P$
0	Z_{01}	Z_{02}	…	Z_{0P}
-1	$Z_{01}-\Delta_1$	$Z_{02}-\Delta_2$	…	$Z_{0P}-\Delta_P$
$-\gamma$	Z_{11}	Z_{12}	…	Z_{1P}

3.旋转组合设计优化钼粉二阶段还原工艺的试验设计

在优化二阶段还原工艺参数的过程中，还原温度、推舟速度、料层厚度为要优化的参数，钼粉质量的优劣主要体现在平均粒度、含氧量、松装密度的指标上，因而采用常用的三因素二次通用旋转组合设计试验方案来进行试验。试验过程中采用的工艺参数及试验结果见表2-4。表中X_1, X_2, X_3分别为经过标准化处理后的还原温度、料层厚度、推舟速度，Y_1, Y_2, Y_3分别为钼粉的平均粒度、含氧量、松装密度。表2-4中的X_0全部取$+1$是为计算回归方程的常数项而设定的。钼粉还原因子编码表见表2-5。

表2-4　三因素的二次通用旋转组合设计试验计划及试验结果

序　号	X_0	X_1	X_2	X_3	X_1X_2	X_1X_3	X_2X_3	X_1^2	X_2^2	X_3^2	Y_1	Y_2	Y_3
1	1	1	1	1	1	1	1	1	1	1	4.93	0.069	1.06
2	1	1	1	−1	1	−1	−1	1	1	1	5.03	0.081	1.08
3	1	1	−1	1	−1	1	−1	1	1	1	5.48	0.100	1.16
4	1	1	−1	−1	−1	−1	1	1	1	1	4.97	0.100	1.10
5	1	−1	1	1	−1	−1	1	1	1	1	4.28	0.18	1.11
6	1	−1	1	−1	−1	1	−1	1	1	1	3.41	0.091	1.06
7	1	−1	−1	1	1	−1	−1	1	1	1	3.82	0.094	1.00
8	1	−1	−1	−1	1	1	1	1	1	1	3.58	0.066	1.01
9	1	1.682	0	0	0	0	0	2.828	0	0	3.64	0.095	0.97
10	1	−1.682	0	0	0	0	0	2.828	0	0	5.78	0.079	1.08
11	1	0	1.682	0	0	0	0	0	2.828	0	3.66	0.110	1.22
12	1	0	−1.682	0	0	0	0	0	2.828	0	3.39	0.097	1.11

续表

序号	X_0	X_1	X_2	X_3	X_1X_2	X_1X_3	X_2X_3	$X_1{}^2$	$X_2{}^2$	$X_3{}^2$	Y_1	Y_2	Y_3
13	1	0	0	1.682	0	0	0	0	0	2.828	4.40	0.075	1.14
14	1	0	0	－1.680	0	0	0	0	0	2.828	4.20	0.093	1.06
15	1	0	0	0	0	0	0	0	0	0	4.47	0.081	1.10
16	1	0	0	0	0	0	0	0	0	0	4.91	0.110	1.12
17	1	0	0	0	0	0	0	0	0	0	4.91	0.140	1.10
18	1	0	0	0	0	0	0	0	0	0	4.92	0.064	1.08
19	1	0	0	0	0	0	0	0	0	0	5.08	0.089	1.08
20	1	0	0	0	0	0	0	0	0	0	4.93	0.069	1.10

表 2-5　钼粉还原因子编码表

编码	因子					
	Z_1	T/℃	Z_2	H/cm	Z_3	t/min
1.682	1100		2.0		110	
＋1	1060		1.72		105	
0	1000		1.3		100	
－1	940		0.88		95	
－1.682	900		0.6		90	

试验完成后应对结果进行回归分析，分别得到钼粉平均粒度、含氧量、松装密度与三工艺参数的回归方程；并对回归方程的显著性进行统计检验。用应用数学软件 MATLAB 绘出各单个试验参数及多个试验参数对钼粉质量影响的直观图；对比综合分析各直观图，找出制备优质钼粉的最佳工艺区间，并将最佳工艺区间条件下的产物 SEM 照片与非最佳工艺区间产物的 SEM 照片进行对比。试验操作过程与钼粉一、二阶段还原过程操作相同。

4. 钼粉粒度、含氧量、松装密度与工艺参数的回归方程

根据二次回归分析原理，对三个变量的二次数学模型的构造为

$$Y=b_0+\sum_{j=1}^{3}b_jX_j+\sum_{3}b_{ij}X_iX_j+\sum_{j=1}^{3}b_{jj}X_j^2$$

对试验数据进行处理后，变量 X_1，X_2，X_3，进行回归处理得到钼粉平均粒度 Y_1、含氧量 Y_2、及松装密度 Y_3 与还原温度、料层厚度、推舟速度之间的回归方程。F 检验的结果表明，回归方程是高度显著的，用 t 检验剔除了结果不显著的各项，最后得到结果高度显著的回归方程式(2-9)～式(2-11)。

$$Y_1=4.9052+0.6532X_1-0.1587X_2+0.19X_1X_3-0.3244X_2^2-0.19185X_3^2 \quad (2-9)$$

$$Y_2=0.10042-0.0079X_1+0.0099X_3+0.0076X_1X_2+0.00613X_2X_3-0.0034X_1^2-0.0045X_3^2 \quad (2-10)$$

$$Y_3=1.024+0.0297X_1-0.01062X_2-0.035X_1X_2-0.015X_2X_3-0.029X_1^2+0.02X_2^2 \quad (2-11)$$

2.5.3　回归方程的分析

回归方程式(2-9)表明,还原温度、料层厚度、推舟速度以及还原温度和推舟速度的交互作用是影响钼粉粒度的主要因素;回归方程式(2-10)则表明,影响钼粉氧含量的因素主要是还原温度、推舟速度以及还原温度与料层厚度、料层厚度与推舟速度的交互作用;从回归方程式(2-11)可知,影响钼粉松装密度的主要因素为还原温度、料层厚度、还原温度与料层厚度的交互作用及其料层厚度与推舟速度的交互作用。为进一步分析还原温度、料层厚度、推舟速度对钼粉粒度、氧含量及松装密度的影响,借助数学软件 MATLAB 并结合各回归方程绘出了还原温度、料层厚度、推舟速度分别与钼粉粒度、氧含量、松装密度的关系曲线以及上述 3 参数中任意两者与钼粉粒度、氧含量及松装密度的函数图像,在绘制函数曲线时没有涉及的工艺参数均取零水平值。

1. 单工艺参数对钼粉粒度的影响

图 2-34～图 2-36 所示分别为钼粉粒度与还原温度、推舟速度、料层厚度的关系曲线。可以看出,钼粉粒度与还原温度之间呈线性关系。钼粉粒度随还原温度的升高而增大,钼粉粒度与推舟速度及料层厚度之间均呈抛物线关系,随推舟速度和料层厚度的增加,钼粉粒度表现为先增大后减小,推舟速度约为 100min/舟时钼粉粒度达到最大,料层厚度为 12mm 左右时钼粉粒度最大。

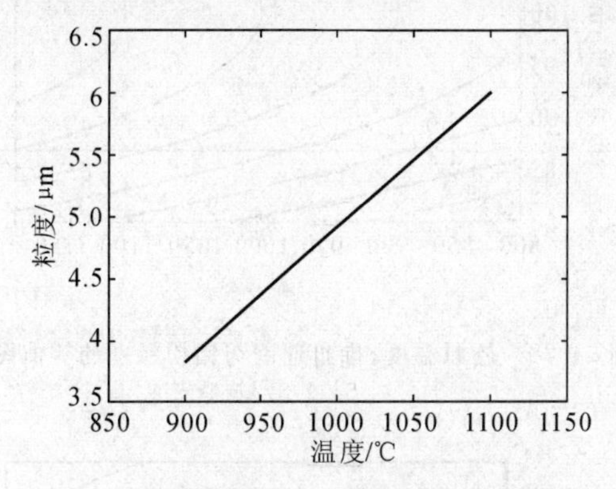

图 2-34　还原温度与粉末粒度的关系曲线

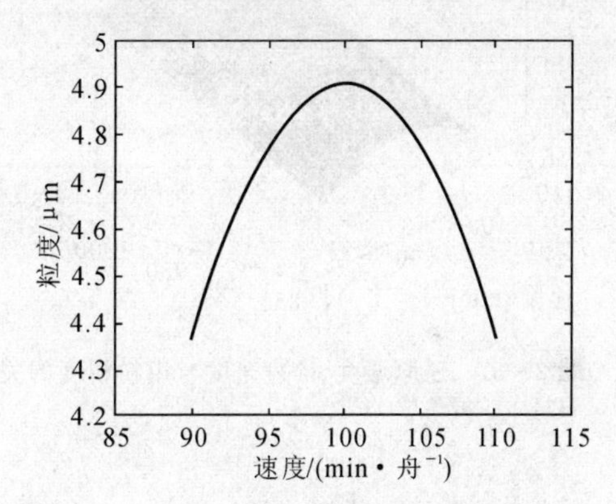

图 2-35　推舟速度与粉末粒度的关系曲线

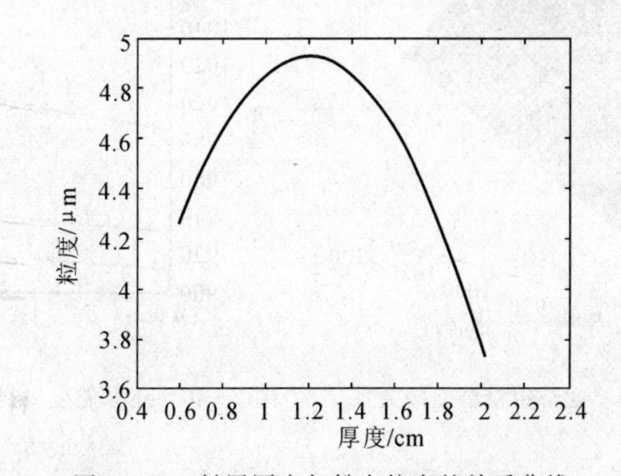

图 2-36　料层厚度与粉末粒度的关系曲线

2. 双工艺参数对钼粉粒度的影响

图 2－37～图 2－42 所示为双因素与钼粉粒度的关系。

由图 2－37、图 2－38 可知，还原温度不变时，随推舟速度的增加，钼粉粒度先增大后减小，当推舟速度在 100min/舟左右时，钼粉的粒度达到最大；推舟速度不变，随还原温度的升高，钼粉粒度逐渐增大，还原温度在 900℃附近，推舟速度为 90min/舟左右时，钼粉粒度最小。由图 2－39、图 2－40 可知，还原温度不变时，随料层厚度的增加，钼粉粒度先增大后减小。当料层厚度为 14mm 时，钼粉粒度达到最大值；当料层厚度不变时，随还原温度的升高，钼粉粒度不断增大，结合生产工艺，推舟速度取零水平时，为使钼粉粒度尽可能小，料层厚度约为 6mm，还原温度约为 900℃。由图 2－41、图 2－42 可知，料层厚度一定时，随推舟速度的增加，钼粉粒度先增大后减小，当推舟速度为 100min/舟时，钼粉粒度达最大值；当推舟速度一定时，随料层厚度的增大，钼粉粒度先增大后减小。当料层厚度为 6mm，20mm 时，钼粉粒度最小，结合生产工艺，还原温度取零水平时，为使钼粉粒度最小，推舟速度约为 90min/舟，料层厚度约为 20mm。

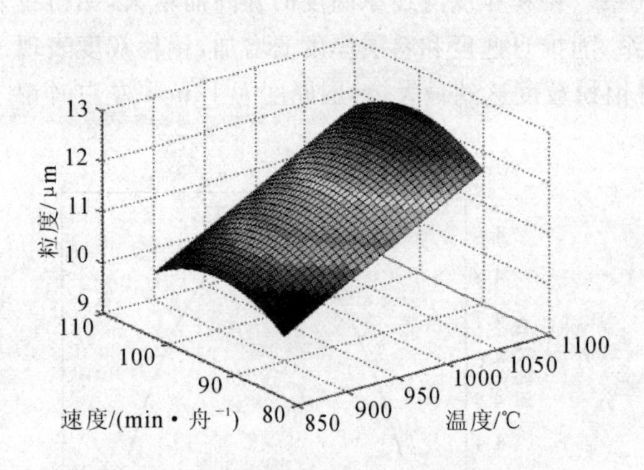

图 2－37　还原温度、推舟速度与钼粉粒度的关系

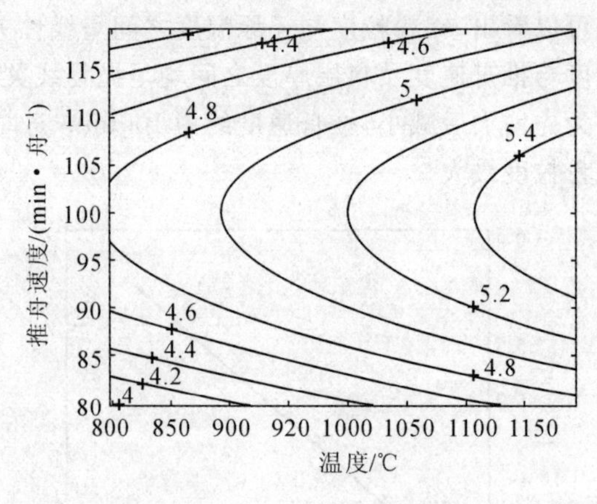

图 2－38　还原温度、推舟速度与钼粉粒度的等值图

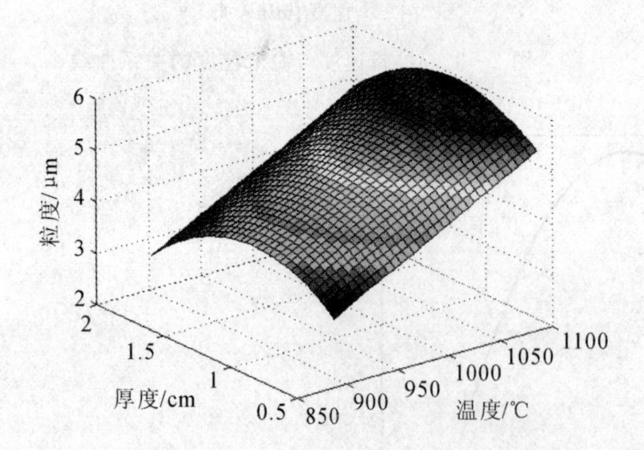

图 2－39　还原温度、料层厚度与钼粉粒度的关系

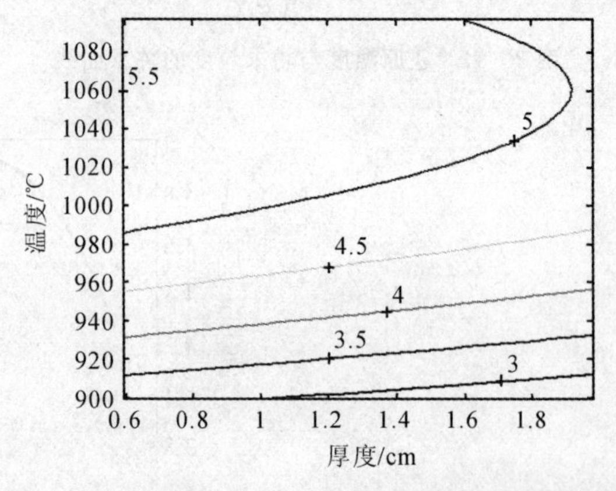

图 2－40　还原温度、料层厚度与钼粉粒度的等值图

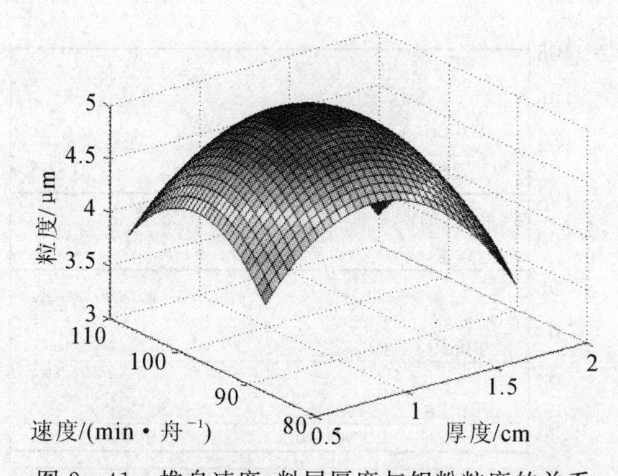

图2-41　推舟速度、料层厚度与钼粉粒度的关系

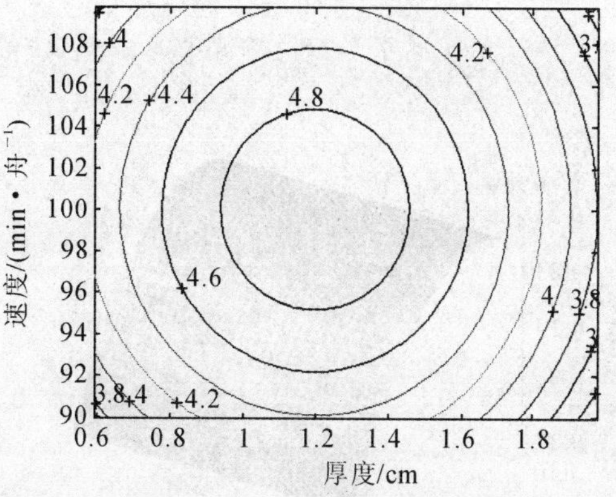

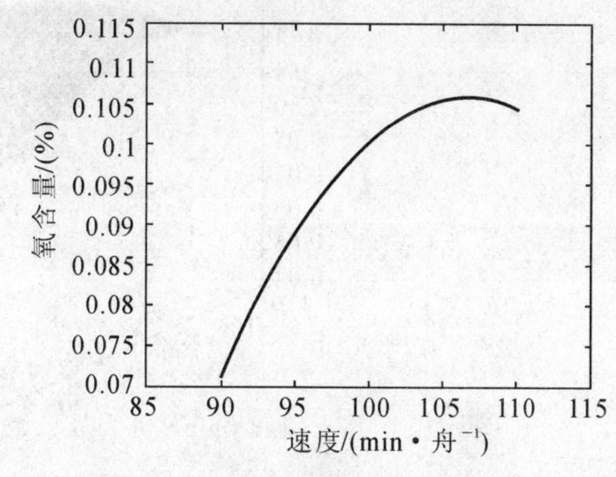

图2-42　推舟速度、料层厚度与钼粉粒度的等值图

3. 单工艺参数对钼粉氧含量的影响

图2-43～图2-44所示分别为还原温度、推舟速度与钼粉氧含量之间的关系。

由图可以知，钼粉氧含量随还原温度的升高先增大后减小，但减小的幅度远大于增大的幅度，在950℃左右时，钼粉氧含量最大；随推舟速度的增大，钼粉氧含量先增加后减小，且增加的幅度大于减小的幅度，在推舟速度约为107min/舟时，钼粉氧含量最大。

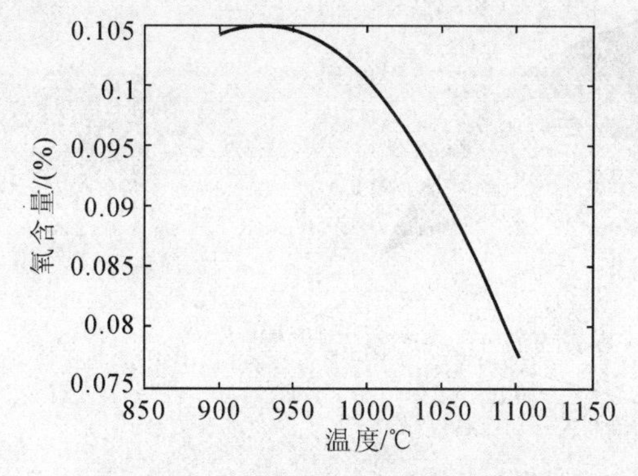

图2-43　还原温度与氧含量的关系

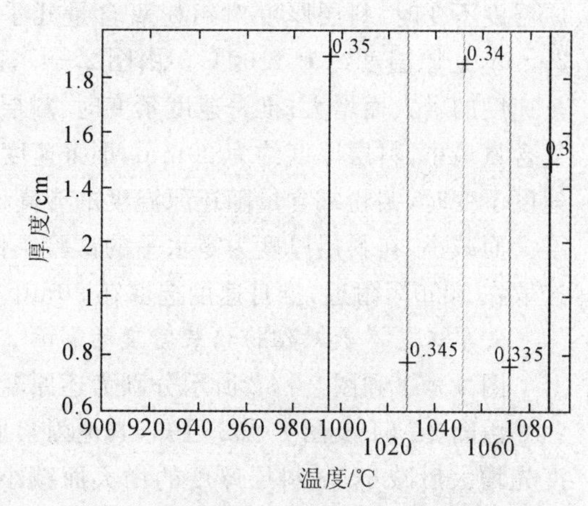

图2-44　推舟速度与氧含量的关系

4. 双工艺参数对钼粉氧含量的影响

图2-45～图2-49所示为双工艺参数与钼粉氧含量的关系。

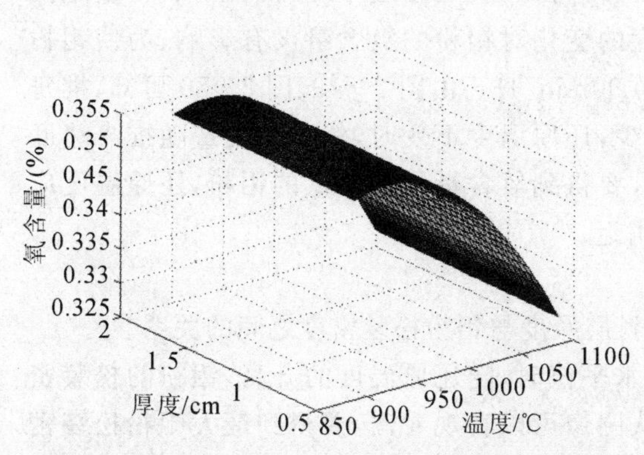

图2-45　还原温度、料层厚度与氧含量的关系

图2-46　还原温度、料层厚度与氧含量的等值图

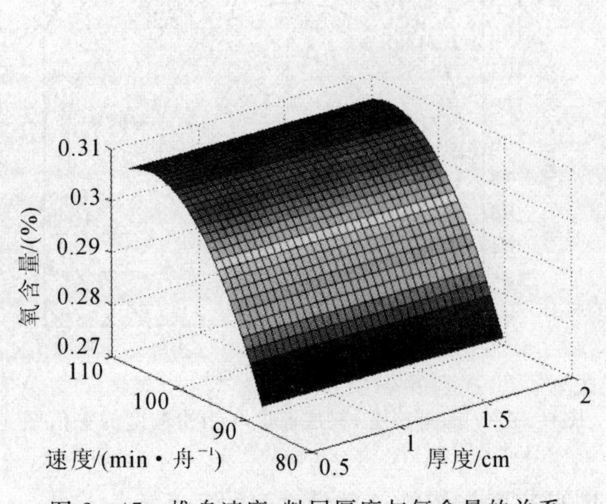

图 2-47　推舟速度、料层厚度与氧含量的关系

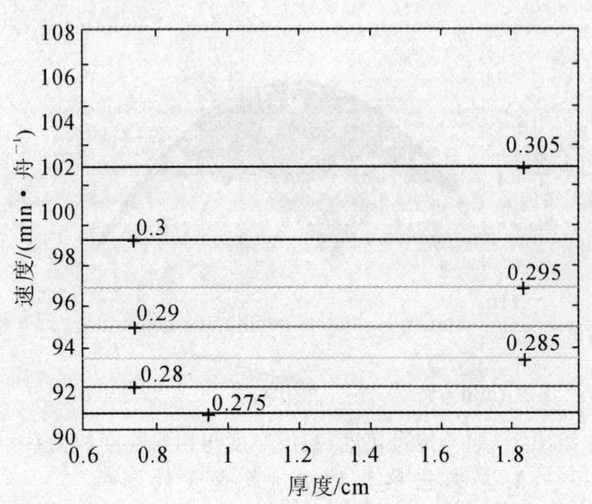

图 2-48　推舟速度、料层厚度与氧含量的等值图

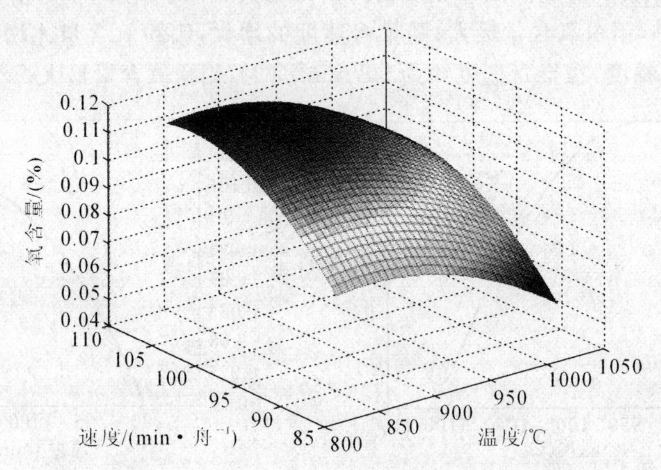

图 2-49　还原温度、推舟速度与氧含量的关系

由图 2-45、图 2-46 可知，当料层厚度不变时，钼粉氧含量随还原温度的升高而减小；还原温度不变时，料层厚度对钼粉氧含量几乎没有影响，为使钼粉氧含量最低，料层厚度约为 20mm，还原温度约为 1100℃。由图 2-47、图 2-48 可知，料层厚度不变时，钼粉氧含量随推舟速度的增大而增大；推舟速度不变时，料层厚度的变化对钼粉的氧含量没有影响，为使钼粉氧含量最小，料层厚度约为 20mm，推舟速度约为 90min/舟。由图 2-49、图 2-50 可知，推舟速度不变时，钼粉氧含量随还原温度的升高而减少，还原温度不变时，钼粉氧含量随推舟速度增大而减小，在料层厚度为零水平的试验条件下，要得到氧含量尽可能低的钼粉，还原温度应选取在 1050℃附近，推舟速度选取在 90min/舟附近。

5. 单工艺参数对钼粉松装密度的影响

图 2-51 和图 2-52 所示分别为还原温度、料层厚度与钼粉松装密度之间的关系。

由图 2-51 及图 2-52 可知，其他因素取零水平值时，随还原温度的升高，钼粉的松装密度先增大后减小，随料层厚度的增大而减小。从图像可以直观看出，要得到最大钼粉松装密度，还原温度区间应为 1000～1050℃，料层厚度区间应为 6～8mm。

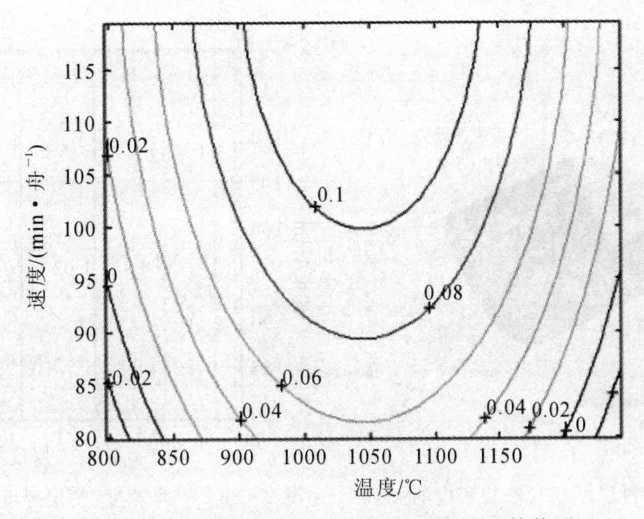

图 2-50　还原温度、推舟速度与氧含量的等值图

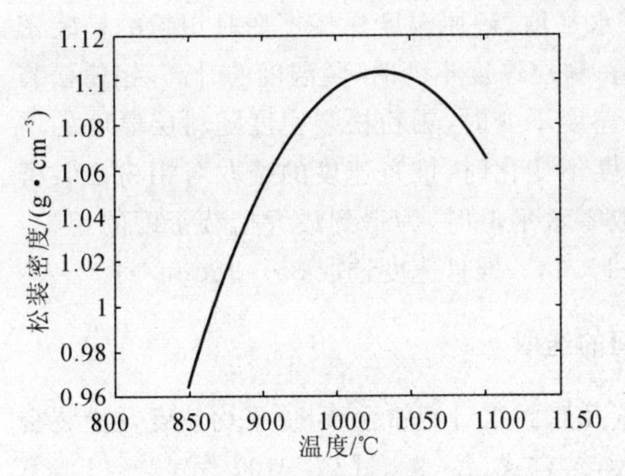

图 2-51　还原温度与粉末松装密度的关系

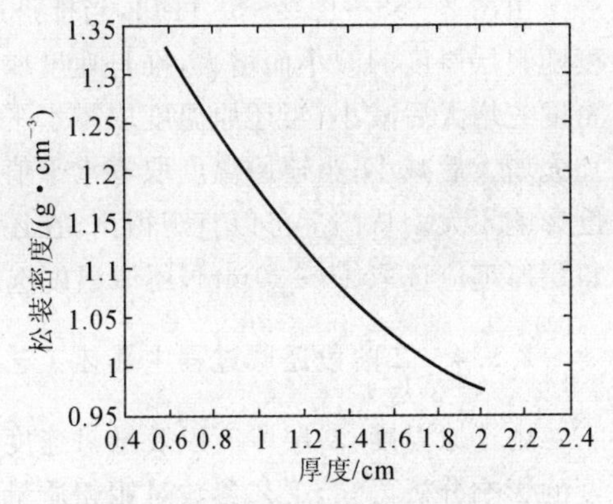

图 2-52　料层厚度与粉末松装密度的关系

6. 双工艺参数对钼粉松装密度的影响

图 2-53～图 2-56 所示分别为还原温度、料层厚度的交互作用对钼粉松装密度的影响及料层厚度、推舟速度的交互作用对钼粉松装密度的影响曲线。

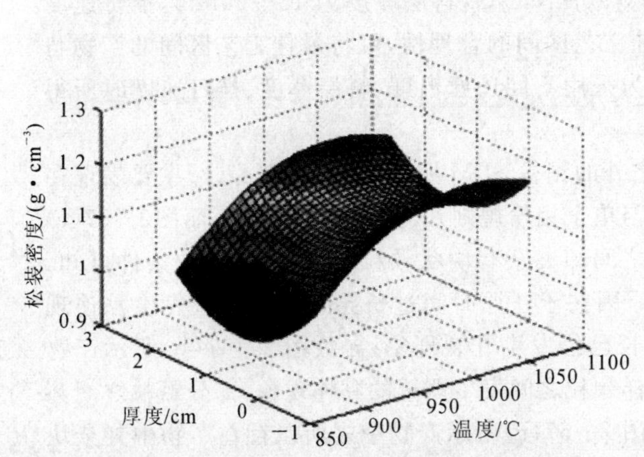

图 2-53　还原温度、料层厚度与松装密度的关系

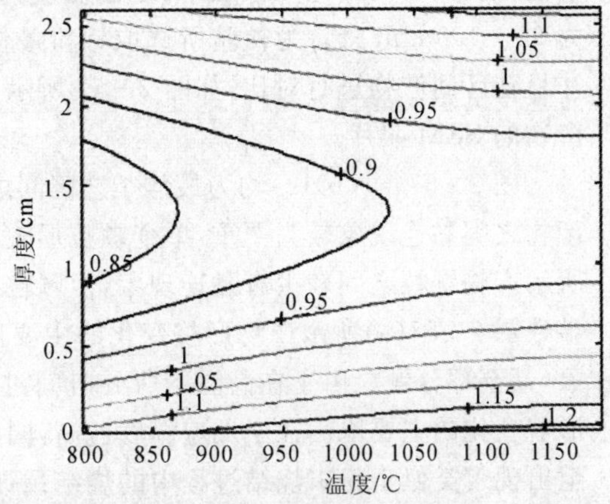

图 2-54　料层厚度、推舟速度与松装密度的等值图

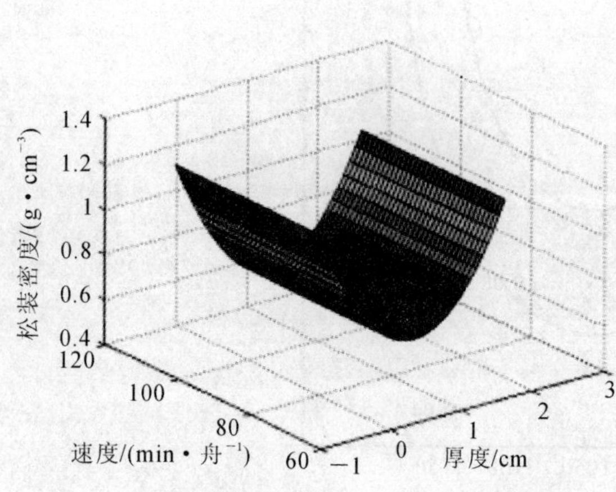

图 2-55　推舟速度、料层厚度与松装密度的关系

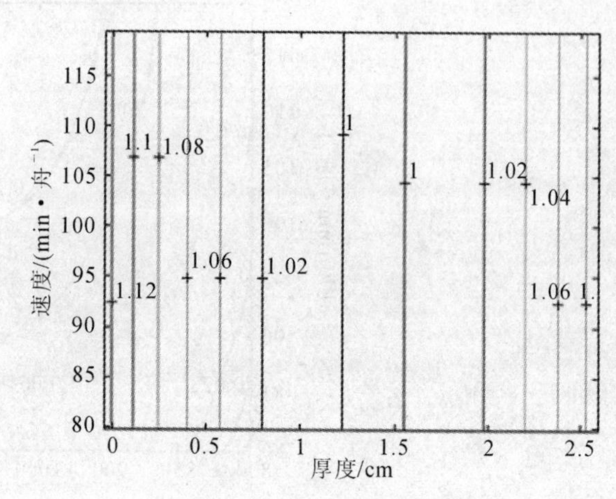

图 2-56　推舟速度、料层厚度与松装密度的等值图

由图 2-53～图 2-56 可知，当推舟速度取零水平值、还原温度保持不变时钼粉的松装密度随料层厚度的减小而增大，推舟速度取零水平值，料层厚度不变时，随温度的升高，钼粉松装密度先增大后减小；当还原温度取零水平值，推舟速度不变时，钼粉松装密度随料层厚度的增加先增大后减小；当还原温度取零水平值，料层厚度不变化时，推舟速度的选取对钼粉松装密度影响不大。从图上可以直观得出，在还原温度取零水平值时，为得到最大松装密度的钼粉，料层厚度应选取 15～20mm，还原温度选取 950～1050℃，推舟速度选取 85～95min/舟。

2.5.4　二阶段还原过程中最佳工艺参数区间的选取

由还原温度、料层厚度以及推舟速度各单因素及双因素对钼粉含氧量、平均粒度及松装密度的影响分析可知，工艺参数对钼粉质量影响很大，结合式(2-9)、式(2-10)、式(2-11)，不难发现，要控制钼粉性能指标，可从调整工艺参数入手，通常情况平均粒度小、松装密度大、含氧量低的钼粉可看作是优质钼粉，但分析各因素对钼粉质量的影响后可知，平均粒度、松装密度、含氧量三者不能同时达到最优。为使钼粉总体性能达到最优，可结合各因素对钼粉质量的影响曲线进行综合分析。综合分析各因素对钼粉质量影响的直观图，在工艺参数范围内获取性能最优钼粉的工艺参数区间：还原温度为 950～1000℃，料层厚度为 18～20mm，推舟速度为 90～100min/舟。为检验所选取钼粉最佳工艺区间的合理性，可将最佳工艺区间的产物与非最佳区间产物进行对比，如图 2-57 所示为采用不同还原温度、料层厚度、推舟速度时所得产物的 SEM 照片。

图 2-57(a)(b)(c)均为最佳工艺区间之外的钼粉 SEM 照片，图 2-57(a)(b)主要表现在产物之间黏连现象较为严重，单个颗粒形貌与单个钼粉规则几何外形相差较远，而图2-57(c)所示产物颗粒之间较少有黏连现象，但颗粒之间却夹杂有块状颗粒，对照三者工艺条件可知，导致图 2-57(a)所示产物形貌变化的主要原因在于还原时间过长导致钼粉颗粒发生黏连现象，甚至部分颗粒由于在高温下所处时间过长已经发生开裂现象；导致图 2-57(b)所示产物形貌变化的主要原因在于反应温度过高，同样颗粒之间发生严重的黏连现象，部分颗粒之间甚至出现了类似于粉末烧结过程中的烧结颈；图 2-57(c)所示产物中之所以存在产物中夹杂块状颗粒的现象，是由于料层厚度过大导致原料还原不透，产物中夹杂有未反应的块状 MoO_3 所

致;图 2-57(d)所示产物所选工艺参数均在最佳工艺参数区间之内,所得产物具有钼粉的典型形貌,外观形貌明显优于区间之外的产物,这说明最佳工艺参数区间的选取是合理的。

图 2-57　不同工艺条件下产物的形貌

(a)还原温度为 1000℃,料层厚度为 18mm,推舟速度为 100min/舟;
(b)还原温度为 1100℃,料层厚度为 18mm,推舟速度为 90min/舟;
(c)还原温度为 1000℃,料层厚度为 22mm,推舟速度为 90min/舟;
(d)还原温度为 1000℃,料层厚度为 18mm,推舟速度为 90min/舟

2.6　对钼粉性能的影响因素分析

钼是一种难熔稀有金属,具有很高的高温强度和高温硬度,弹性模量高,膨胀系数小,具有良好的导热、导电性能以及抗腐蚀性能等特征,被广泛地应用于化工、冶金、电子及航空、航天等工业领域。近年来,随着各行业技术的飞速发展,对钼及合金材料使用性能提出了越来越高的要求。钼粉是生产钼深加工产品的原料,原料性能的优劣在很大程度上影响着后续加工产品,尤其是钼粉粒度、松装密度以及氧含量的不同直接决定后续加工产品质量的不同。因此,有效地控制钼粉质量是目前钼粉生产的关键技术之一。而钼粉质量在很大程度上取决于钼酸铵原料的质量及还原工艺两方面。

2.6.1　钼粉质量的影响因素分析

在钼酸铵氢还原制备钼粉中,一般工业生产的工艺为钼酸铵焙解-分段还原法。而在还原过程中,影响钼粉质量的因素主要有原料钼酸铵质量、还原工艺、料层厚度、氢气质量等多种因素。

2.6.1.1 钼酸铵原料

1. 钼酸铵物理特性对钼粉性能的影响

钼酸铵原料的物理指标见表2-6。

表2-6 钼酸铵原料物理指标

钼酸铵原料编号	费氏粒度/μm	松装密度/(g·cm⁻³)	$D_{0.5}$/μm
1#	≤20	0.8～1.05	≤250
2#	20～25	1.05～1.20	250～280
3#	≥25	1.18～1.30	≥280

由表2-6可以看出，3#钼酸铵粒度、松装密度和$D_{0.5}$值最大，1#钼酸铵粒度、松装密度和$D_{0.5}$值最小。

表2-7 试验还原工艺参数

	Ⅰ～Ⅴ区温度/℃	氢气流量/(m³·h⁻¹)	氢气露点/℃
低温还原炉	400～550	3.0	−30
高温还原炉	900～980	8.0	−30

通过表2-7的还原工艺，得出不同的钼酸铵原料对钼粉粒度、松装密度的影响规律(见图2-58)。

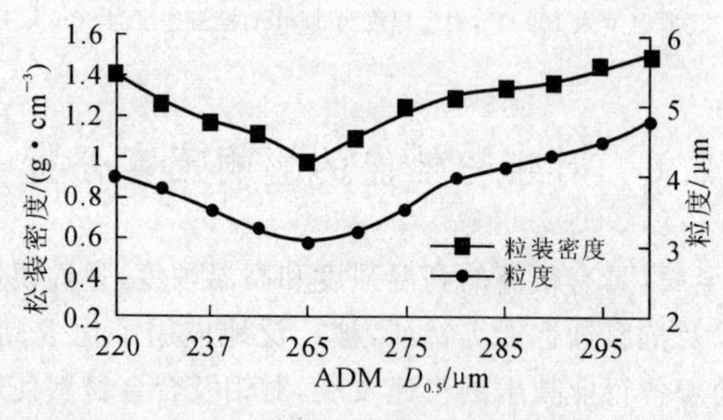

图2-58 钼酸铵对钼粉性能的影响

由图2-58可看出，在相同工艺条件下，通过氢气还原制备的钼粉粒度和松装密度有明显的不同。1#,3#钼酸铵原料制备的钼粉粒度和松装密度较大，2#钼酸铵在该还原条件下制备的钼粉粒度和松装密度较小。

2. 钼酸铵团聚度对钼粉性能的影响

钼酸铵原料的物理指标在钼粉生产中有一定的遗传性，并对钼粉粒度大小有一定的影响。相关研究表明，钼酸铵、三氧化钼、二氧化钼和钼粉在形貌上有很强的遗传性。非团聚钼酸铵单晶体还原获得的钼粉形貌规则，钼粉流动性好，具有产品一致性；聚合体钼酸铵还原获得钼粉团聚严重，颗粒团之间形貌差异大，无流动性，产品形状各异。由此可见，钼粉颗粒的团聚程度、形貌取决于母体钼酸铵是否团聚及其团聚程度。

不同团聚态钼酸铵的物理指标对比表见表2-8。

表2-8　不同团聚态钼酸铵的物理指标对比表

编　号	团聚度	费氏粒度/μm	松装密度/(g·cm^{-3})	$D_{0.5}$/μm
T—1	非团聚	34.0	1.28	320.0
T—2	轻度团聚	21.7	1.12	146.5
T—3	重度团聚	30.2	1.10	210.4

一般粉体总能量(Q)由粉体表面能和体积能两部分组成，即$Q=sq_1+Vq_2$，式中，s表示表面积，V表示体积，q_1，q_2分别表示表面能和体积能。颗粒体积V越小，表面积s就越大，粉末体系能量Q增大。为了粉末体系的稳定，降低体系能量，粉末颗粒，特别是具有高表面能小颗粒之间相互团聚，通过降低体系表面能来实现体系总能量的降低。由此可见，粉末粒度越小，体系能量越高，颗粒团聚趋势越强，团聚度就越高。细小的颗粒由于活性较高，在还原温度下部分颗粒之间已经形成烧结颈，启动了初始烧结过程，这将改变部分颗粒的形貌特征和表面活性，进而对压型和烧结造成不利影响。因此，粉体制备过程对粉末粒度的控制尤为重要。对不同粉末特征应该选择相应的焙解、还原工艺，以保证钼粉性能。

(1)团聚度对ADM焙解、还原过程的影响。钼酸铵焙解和还原反应是由外扩散、反应和内扩散三者共同控制的。在焙解和还原过程中，对于相互团聚的固体颗粒，特别是那些不能在受热条件下热分解的团聚，由于颗粒表面能下降，反应活性降低，反应气体达到各个团聚颗粒的反应界面难度加大，反之亦然，从而影响了反应的外扩散，致使反应速度下降。随着团聚度越高，对焙解和还原滞后作用越大。在相同工艺条件下，三者样品还原产物氧含量和物理指标见表2-9。

表2-9　不同团聚态钼酸铵的物理指标对比表

编　号	氧含量/(mg·kg^{-1})	费氏粒度/μm	松装密度/(g·cm^{-3})	$D_{0.5}$/μm
T—1	650	3.08	1.00	10.78
T—2	700	2.9	1.24	9.924
T—3	820	3.3	1.29	10.473

由表2-9可知，在相同焙解和还原工艺条件下，随着团聚度的提高，钼粉的氧含量逐步提高，T—3(重度团聚)比T—1(非团聚)的含氧量高26.15%，说明了团聚度对钼粉还原滞后作用的存在。从表2-9中的费氏粒度和$D_{0.5}$可以看出，T—3费氏粒度较高，而$D_{0.5}$小，说明前者的粉体团聚度较高。同时，对比表2-8可得，团聚度具有“遗传”现象，前驱粉团聚则钼粉也团聚。

(2)团聚度对钼粉压型的影响。由于团聚粉体形貌不规则，表面粗糙不平，流动性变差，且这一现象随着团聚度的提高不断增加。在压型过程中，粉末体在压应力作用下，产生位移和转动。由于流动性较差，加之表面粗糙更易形成拱桥现象，从而使压应力从外向内的传递衰减较快，致使压坯密度内外梯度加大。

(3)团聚度对钼粉烧结性能的影响。经过同批烧结,3 种样品烧结密度及硬度情况见表 2-10。由表 2-10 可知,不同团聚态下粉体经过充分的烧结,材料相对密度基本达到 97.5% 以上,满足了一般企业烧结坯料的密度要求。但是 T—1 非团聚材料烧结密度相对较高,达到理论密度的 98.13%,而 T—3 密度只有理论密度的 97.5%。这说明团聚态粉末对粉体烧结密度有一定的影响。

表 2-10　不同团聚态粉体物理指标

样品号	密度/(g·cm^{-3})	硬度/HV10	Fe/10^{-6}	C/10^{-6}	O/10^{-6}
T—1	10.01	50.1			
T—2	10.0	50.1	19	40	360
T—3	9.95	48.9	24	50	620

由表 2-10 还可以看出,T—3 烧结制品的氧含量较高而密度低,也就是相对烧结孔数量较多,体积较大。其原因是随着团聚度的提高,压坯内、外密度梯度增大。根据烧结颈形成理论,烧结颈优先产生于高应力形成的位错区,因此压坯的外侧容易优先形成烧结颈启动烧结;无论是辐射式还是中频式烧结,材料从边部到中心依次加热,边部温度优先升高,心部温度落后,形成温度梯度。这种现象对于大尺寸压坯更是如此,这也是不同规格的材料烧结时需要注意的问题。从材料无限小的微区来看,即使在完全相同的工艺环境(如温度、压力)下,由于颗粒团聚表面能下降,烧结活性降低,特别是粉体中存在的紧密型葡萄体颗粒由于表面严重钝化,致使团聚态粉末相对周围颗粒烧结滞后,形成"周围优先烧结"局面。当滞后烧结的团聚态粉体开始启动烧结时,周边已经形成相对致密的"墙",致使挥发杂质气体无法排除,形成较多气孔。气孔的存在不仅降低了材料烧结密度,而且成为低熔点杂质聚集场所。由此可见,随着团聚度的提高,材料的烧结密度下降,杂质含量提高。

根据以上分析,消除团聚的措施有,其一是选择非团聚钼酸铵,如生产非团聚大粒度的钼酸铵;其二是强制分散,利用筛分的方法把过多团聚严重的颗粒筛分出去,或者采用缩小筛孔办法,窄化粉体粒度分布,以保证烧结坯的质量。

2.6.1.2　还原工艺

1.还原温度

工业生产中影响钼粉粒度的主要因素除原料钼酸铵外,还有氢气流量、还原温度、炉管中的气氛等。其中还原温度是影响钼粉粒度、松装密度的主要因素,因此,选择适宜的还原温度尤为重要。

原料选择见表 2-6,调整还原工艺参数(见表 2-11)。该工艺下得到的钼粉粒度和松装密度见表 2-12。

表 2-11　试验还原工艺参数

还原工艺参数	Ⅰ～Ⅴ区温度/℃	氢气流量/(m^3·h^{-1})	氢气露点/℃
低温还原炉	400～510	3.0	－30
高温还原炉	900～950	8.0	－30

表 2-12　调整还原工艺后钼粉检测结果

编　号	费氏粒度/μm	松装密度/(g·cm⁻³)
1#	≥3.5	≥1.25
2#	2.7～3.5	0.95～1.22
3#	≥4.0	≥1.35

由表 2-12 可看出，钼粉的粒度、松装密度均有所下降。当氢气露点、流量、时间和料层厚度等条件不变时，还原的温度高，反应速度加快，反应完全，但会使钼粉颗粒长粗；而温度低则会使还原不彻底，氧含量增高，反应速度减慢，钼粉粒度变小。

还原时间过短，物料还原不彻底或氧含量高，粒度小；还原时间过长，反复地进行氧化-还原的机会增多，粉末粒度变大而使产量降低。

2. 氢气质量

由于 ADM 在还原过程中有水蒸气生成，增加了还原炉管内气氛的水蒸气含量，炉管内蒸气分压增高，钼粉颗粒易于长大，松装密度也增大。因此，如果把高温还原炉还原气体封闭式循环系统改为开放式还原系统，增加氢气循环量，降低炉管内蒸气分压，同时降低还原氢气露点，可以达到降低钼粉粒度、松装密度的目的。还原工艺其他参数见表 2-11，把氢气露点从 -30℃ 调整为 -60℃，钼粉检测结果见表 2-13。

表 2-13　调整氢气露点后的钼粉检测结果

编　号	费氏粒度/μm	松装密度/(g·cm⁻³)
1#	～3.5	～1.09
2#	～2.7	～1.05
3#	～3.1	～1.15

由表 2-13 可看出，氢气露点降低、炉管气氛改善后，钼粉粒度、松装密度均有明显降低。

因此，还原温度高，反应速度加快，反应完全，但容易造成钼粉颗粒长大、长粗；而温度过低，则会使还原不彻底，氧含量增高。通过调整还原温度、降低氢气露点、改善炉管内气氛可达到对钼粉粒度、松装密度的控制和调节。

氢气质量包括氢气纯度和露点的高低、流量和压力的大小等方面。

(1)氢气纯度。氢气中的杂质包括气体杂质和固体的粉尘杂质，在大规模的工业生产中，还原用的氢气量特别大，基本上都是采用回收净化循环使用，因此，尽管原氢是纯度很高的，在回收的氢气中，难免会带来在还原过程中的粉尘甚至带来氨分解的氮(如仲钼酸铵一次还原所产生氨、煅烧不完全的三氧化钼残留氨)，氮在钼还原温度下，虽然不与钼发生反应，但很难避免会有少量的氮吸附在粉末表面，粉末在后续的高温烧结中，氮与钼发生作用，生成氮化钼而影响钼制品的质量。

(2)氢气露点。氢气的露点越高，水蒸气含量也越高。在钼还原过程中，氢气与反应过程中生成的水蒸气分压形成反应的平衡常数，它与还原温度有着密切关系，水蒸气分压越高，反应的温度也需要越高。采用逆氢还原，如果送进来的氢气的露点较高，氧化钼在高温时虽然可还原成钼粉，但在进入冷却后，温度一旦降低，已还原好的钼粉又有可能进入可逆反应而被氧化，增加钼粉的氧含量。

(3)氢气流量。氧化钼在还原过程中，氢和氧化合生成水蒸气后，会增加还原气氛中的水蒸气含量，如果不及时将这些水蒸气排出，将会使粉末的颗粒长粗，甚至造成还原不能进行，因此，还原用的氢气必须有较大的流量来保证还原的进行。但流量过大会吹走炉内的粉末，造成热量损失，使各温区的温度难于控制，反而造成浪费和影响产品质量。

(4)氢气压力。在还原过程中，氢气必须具有一定的压力，既有利于使较厚料层中的氢气渗入和水蒸气逸出，又能防止空气进入炉内影响钼的还原，还能在氢气回收净化循环系统中形成进、出口的压力差而又不产生负压，使循环能够进行。但压力过大，整个系统中难于密封而容易产生泄漏，浪费氢气。系统内的负压和氢气的泄漏都是不安全因素。

在装卸料操作过程中，还原炉内补充氢气的流量是不可忽视的。补充氢气过大，会将炉内的物料吹出炉外，浪费氢气而又不安全。补充氢气过小，空气会进入炉内引起物料氧化甚至与氢气反应发出爆鸣声。特别是多管炉内的补充氢气流量过大，卸料时其他炉管内的氢气会集中从排气管返流，从卸料管冲出，会将排气管处未还原的氧化物随氢气吹到炉内，逐渐降落在已还原好的物料上，并从卸料口吹出炉外，这样不仅造成物料浪费，而且已还原好的钼粉表面，甚至整个舟皿表面都黏满氧化物，影响产品质量。

根据上述氢气对钼粉质量的影响，在还原过程中一定要控制好氢气的纯度、露点、流量、压力。

2.6.1.3 料层厚度

图 2-59 所示为 MoO_2 不同料层厚度(13mm，15mm，17mm，19mm，21mm)下产物的 X 射线衍射谱。从图中可以看出，随料层厚度的降低，产物中 MoO_2 衍射峰逐渐减弱，而 Mo 衍射峰逐渐增强，13 mm 时只存在 Mo 衍射峰，说明还原完全，MoO_2 全部转化为 Mo。

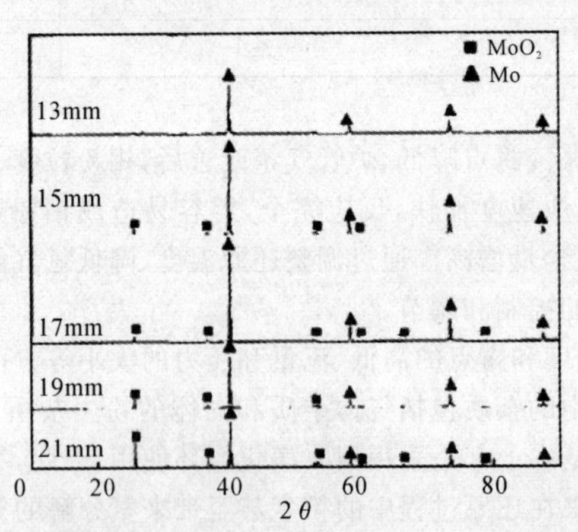

图 2-59　MoO_2 不同料层厚度下产物的 X 射线衍射谱

1. 对松装密度和振实密度的影响

图 2-60 所示为料层厚度与松装密度和振实密度的关系曲线。可以看出，随料层厚度增加，松装密度和振实密度均增加，当料层厚度较低(13～15mm)时，松装密度和振实密度增加较小；当厚度适中(15～17 mm)时，松装密度和振实密度增加较大。

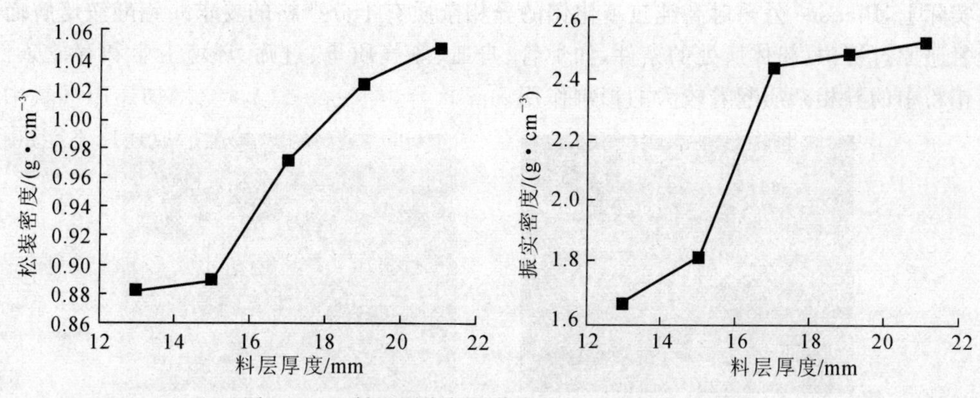

图 2-60　料层厚度与松装密度和振实密度的关系

2. 对氧含量的影响

图 2-61 所示为料层厚度与氧含量的关系曲线。可以看出，随料层厚度增加，氧含量也增加，这与图 2-59 中所示的 X 射线衍射结果是吻合的。其原因在于料层厚度越高，就越不利于还原反应的进行，反应所生成的水蒸气越不容易通过产物层扩散，产物氧化的可能性就越大。当料层厚度较高时，舟中料层过厚，氢气不能顺利地进入料层内部与物料作用，还原速度减慢，来不及还原的 MoO_2 进入高温，导致还原不完全，结果是钼粉含氧量增高。

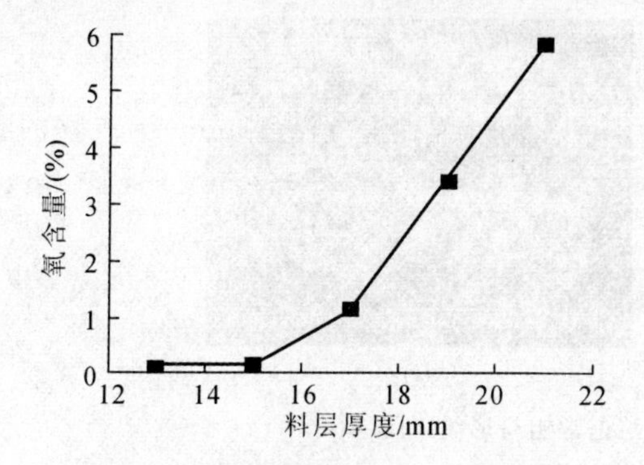

图 2-61　料层厚度与氧含量的关系

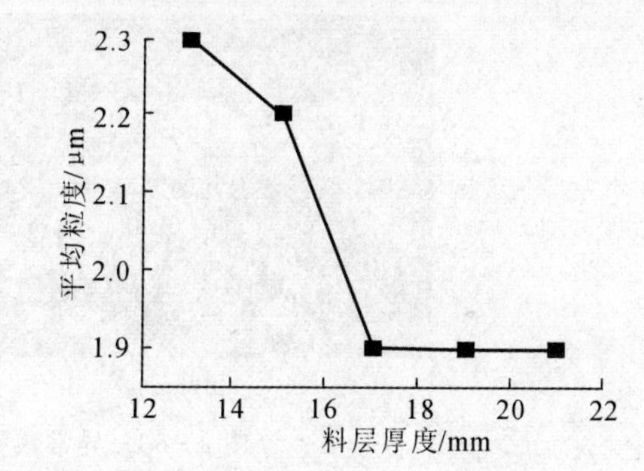

图 2-62　料层厚度与平均粒度的关系曲线

3. 对平均粒度的影响

图 2-62 所示为料层厚度与平均粒度的关系曲线。可以看出，随料层厚度增加，平均粒度下降很快，当料层厚度超过一定值(17 mm)时，平均粒度趋于稳定。其原因在于料层较低时，氢气能顺利地进入料层内部与物料作用，还原速度较快，还原后钼粉有充足的时间长大，而料层厚度较高时，还原速度较慢，MoO_2 来不及充分还原，粉末颗粒也没有充足的时间长大。

这是由于料层厚度较低，还原时间较短，在试验所规定的反应时间之前就已经还原了，在剩余的时间里，钼粉在高温环境下，细小的颗粒之间形成了牢固的烧结颈和紧密聚集的粗大颗粒，因此其费氏粒度大。

2.6.2　钼粉中异相杂质的分析

图 2-63 所示为筛上物的“小白点”形貌。

实际上，Plansee公司对高纯三氧化钼的异相杂质有十分严格的要求。钼酸铵焙解之后的两段氢还原过程中，粉体所处的条件，如炉管、舟皿、氢气质量、过筛、环境卫生和存放条件等，都对钼粉中的异相杂质起着较大的影响作用。

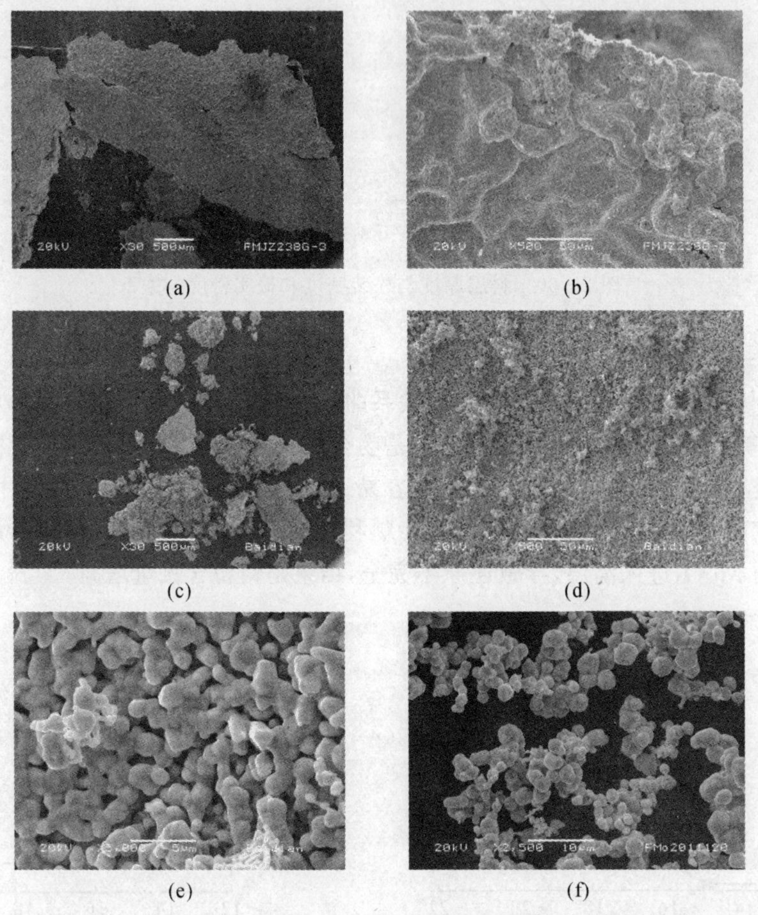

图 2-63　异常颗粒形貌与正常钼粉形貌组图

(a)炉前挥发物形貌(30倍)；(b)炉前挥发物形貌(500倍)；(c)小白点形貌(30倍)；(d)小白点形貌(500倍)；(e)小白点形貌(5000倍)；(f)正常钼粉形貌(5000倍)

钼粉异相杂质是决定钼粉质量的关键因素之一。异相杂质含量较大的钼粉，烧结坯的压力加工难度较大。在钼板轧制过程中，经过磨削和清洗后常会发现表面有"白斑"，放置一段时间后变成"黄斑"和"黑斑"，对这些斑点分析可知，C，O，Mg，Ca，Fe，Mn，Si等元素含量非常高，C，O含量已达60%以上，Ca，Mg含量达14.45%。而丝材的制备难度更大，在拉到Φ0.40mm以下时，就会发生"空穴"断口，尤其是拉到Φ0.18mm，"空穴"断口产生的机会更大。对"空穴"断口的分析结果显示，"空穴"尖头处Fe，Mn，Si的含量较高。

从图2-63中(b)和(d)的形貌分析，两者都是由1μm以下超细颗粒团聚而成的，而组成"挥发物"的颗粒更小些，颗粒之间熔融更严重；从图2-63(e)与(f)形貌分析，筛上物中的"小白点"形貌颗粒大小与正常钼粉颗粒大小接近，但颗粒之间有更加明显的烧结颈，可以断定这是在还原过程中温度分布不均、局部温度过高造成的。分析之后发现其中小白点的组成部分主要是Mo和Fe，Ni，Si的合金相，低熔点杂质含量大。可以认定钼粉中的"小白点"实际上就是异相杂质的集聚区。

实际生产中,表层物料的异常颗粒更多,这种异常颗粒"亮晶"在电子显微镜下与"小白点"颗粒形貌不同,也与正常钼粉颗粒大小形状都不相同(见图 2-64)。

对表层异常颗粒取样分析,图 2-64(a)中异常颗粒的成分含量主要以 C 和 O 为主,两者之和达到 84.39%,图 2-64(b)中异物成分含量以 C,O,Mg 和 Ca 为主,C 和 O 之和达到 66.08%,Mg 和 Ca 之和达到 14.45%(见图 2-65)。由此,可以判定异物为外界杂质污染而引起。

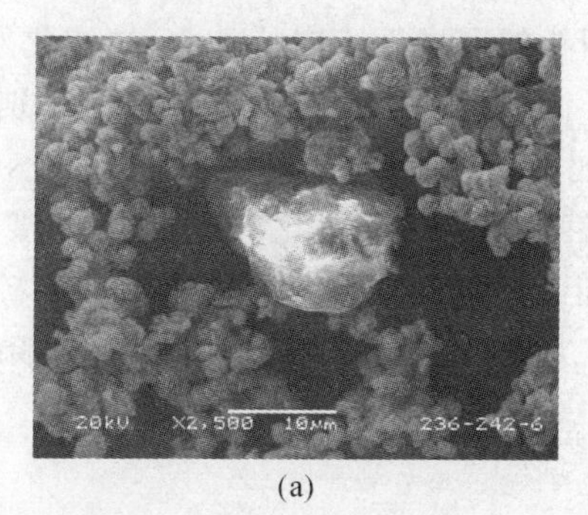

(a)

(b)

图 2-64　表层中形貌异常颗粒

成分	质量分数/(%)	体积分数/(%)
C	38.85	57.73
O	27.23	30.38
Mg	06.33	04.65
Mo	19.47	03.62
Ca	08.12	03.62

图 2-65　钼粉中异物物质及成分分析

为了分离和消除这种杂质,分别采用了过筛和加热,之后再送样检测,电镜显示仍然不能去除这种颗粒,可见它虽然是氧碳化合物,但不是可燃烧和挥发的有机物杂质,而是很难分解的碳酸盐,并且部分颗粒粒径较小,能通过 200 筛网。分析组成和大小可以确定是生产环境中灰尘进入钼粉而造成的影响。

通过分析可知:钼粉中出现的异常颗粒一部分是由于钼粉中的异相杂质在高温条件下经过氧化还原反应和相互扩散形成的。这部分颗粒与钼粉颗粒形貌不同,基本成团聚状,颗粒较大,有些较大颗粒肉眼可见为"小白点",这部分异常颗粒是不容易消除的;还有一部分为"亮晶"状,其形貌颗粒大小、形状、化学成分与灰尘相似,是受到生产中的粉尘或灰尘飘入污染而形成的。这部分异常颗粒通过生产环境的清洁是可以避免的。

在车间内,粉末的输送、装卸、筛分和包装等生产过程均可能成为粉尘产生的来源。特别是在大风干燥天气下,研究表明,在生产条件下,机械作用力、重力和布朗运动对尘粒的影响较小,甚至可以忽略不计,而起决定性影响的是空气流动速度。在处理散状物料时,由于诱导空气的流动,将粉尘从处理物料中带出,污染局部环境。其中主要是一次尘化和二次尘化过程同时连续作用，室内空气的流动和设备的振动所造成的气流，最终造成整个车间粉尘弥漫。

为保证产品质量，粉末生产车间应加强管理，及时覆盖物料和容器，及时清洁容器和工具、设备等；所有人员进入车间应清理身上的粉尘；增加一套自动抽风循环系统，通过抽风机将氢气、烟气、热气、粉尘排出室外，净化系统将过滤后的空气通入，保持车间空气流通，有效地控制粉尘向室内扩散，避免污染作业环境，或在车间安装合适规格的除尘器和风机。

2.6.3 工业生产中钼粉钾含量控制分析

随着钼金属应用领域的不断拓宽，市场对钼粉的需求逐步向特殊化、高纯化发展，企业原有的钼粉规格已不能满足市场的需要。近年来，低钾钼粉逐渐成为市场新宠，特别是在超大型集成电路、高清晰度电视、LCD液晶显示器、靶材等方面需求量不断扩大。因此，低钾钼粉的生产控制成为钼专业人员的研究热点。钼粉中钾的来源主要是生产原料引入，要生产出钾含量较低的钼粉，首先要保证原料钾含量足够低，但由于在生产中往往存在低钾原料供应不足等问题，所以在钼粉生产中必须探索出通过合适工艺条件的选择，实现在既定原料条件下控制钼粉钾含量的目的。

1.基本原理

用氢气高温还原二氧化钼工业生产钼粉过程中，伴随钾的转移大致可以分为3个步骤：①二氧化钼中的钾由固态变成气态；②由固体内部向固体表面扩散；③由固体表面向气相主体扩散。

工业生产钼粉中要获取低的钾含量，就要严格控制生产过程中各影响因素，取最优工艺参数，加速上述钾转移的3个过程，以达到低钾目标。通过对钾含量不同的钼酸铵（因为钼酸铵在转化为二氧化钼的过程是在低温条件下进行的，该阶段钾的挥发不明显，只是随着原料中其他元素含量减小而表现出了一定的降低）在二次还原多管炉生成的钼粉中钾含量的对比，二次还原阶段不同还原温度、料层厚度、还原时间、氢气流量等工艺参数对生产的钼粉钾含量的分析，探索钼粉钾含量与原料及各工艺条件的关系。

2.原料钾含量对钼粉的钾含量的影响

选择多批钾含量不同、其他指标基本一致的钼酸铵作为试验原料，在同一工艺下进行还原试验，并对生产的钼粉做对应钾含量分析，考察原料钾含量与钼粉钾含量的关系（见图2－66）。

从图2－66可以看出，钼粉中的钾含量与生产所用原料钾含量的关系呈现出基本一致的变化规律，即生产所用原料钾含量越低，对应生产出来的钼粉钾含量越低；反之，原料钾含量越高，对应生产出的钼粉钾含量越高。这是因为从钼酸铵到钼粉还原生产过程中原料的性质具有遗传性。

3.还原温度对钼粉钾含量的影响

试验中取同一批次的二氧化钼，分别进行二次还原，通过改变二次还原温度，使还原温度在一定区间内变化，考察二次还原温度的变化对还原钼粉钾含量的变化规律（见图2－67）。

通过分析可以得出，钼粉的钾含量随还原温度的升高而逐渐降低，随着温度达到1000℃以上，还原所得钼粉的钾含量降低的趋势更加明显。温度升高，一方面有利于钾由固态转为气态促进了过程①的进行，另一方面，加速了分子的运动，即加速了气态钾的扩散，促进了过程②和③的进行，因此温度升高有利于物料中钾的扩散转移。故在生产中要获得钾含量较低的钼粉，可选用较高的还原温度，但过高的温度会造成能耗的增加及炉管、料舟老化、变形速度加剧。综合考虑，在进行低钾钼粉生产中，工艺温度相比于正常还原温度提高5%～10%。

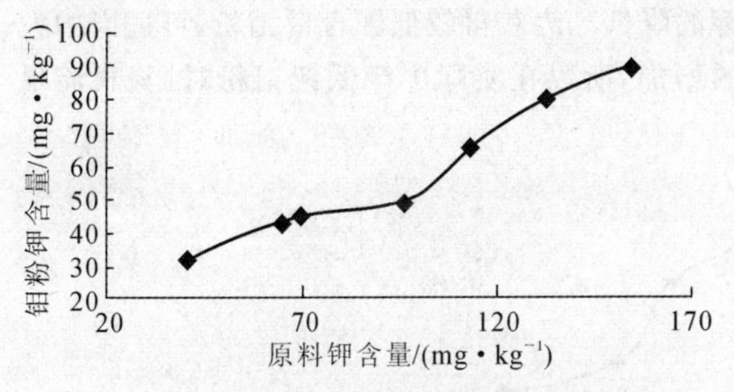

图2-66 钼粉钾含量与原料钾含量的关系

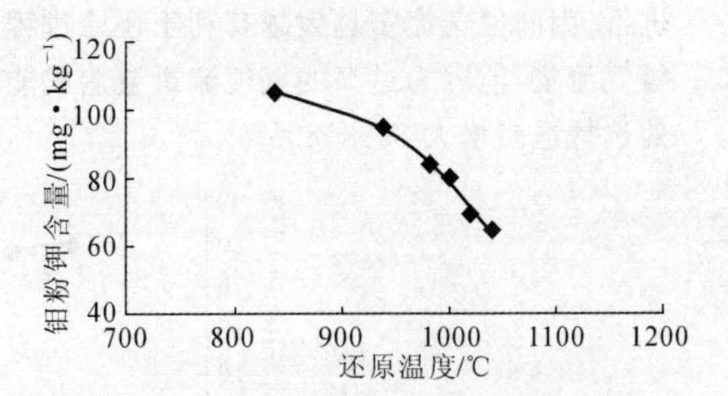

图2-67 钼粉钾含量与还原温度的关系

4.料层厚度对钼粉钾含量的影响

试验中取同一批次的二氧化钼，改变二氧化钼的装舟厚度，使装舟厚度在一定区间内变化，在保持其他工艺相同的条件下，考察料层厚度对钼粉钾含量的影响规律(见图2-68)。

从图2-68可以看出，对于同一批次的二氧化钼在二次还原过程中，在相同的二次还原工艺条件下，钼粉的钾含量随着料层厚度的增加，钼粉的钾含量也在逐步增大。料层的厚度在钾的转移中阻碍过程②的进行，在钾扩散过程中料层厚度越厚，钾从高浓度的料层内部向低浓度表层扩散过程中，所受到的阻力越大，料层厚度越厚越不利于过程②的进行。料层越薄，越有利于物料中钾的挥发，要获得钾含量较低的钼粉，可适当降低装舟厚度，但装舟量过小，会影响产能。综合考虑，在生产低钾钼粉时，料层厚度一般选取比正常还原时料层厚度降低10%～20%。

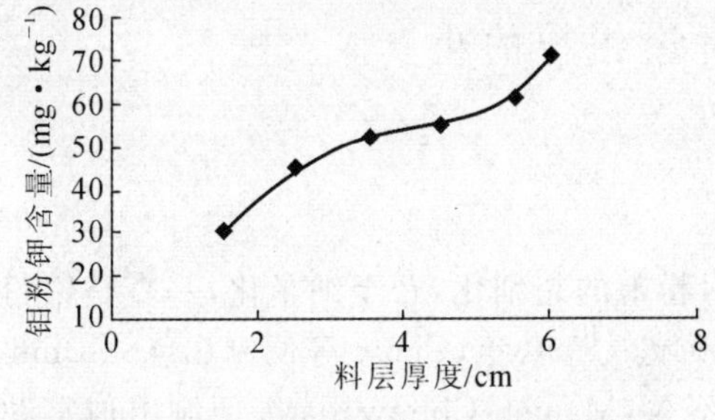

图2-68 钼粉钾含量与料层厚度的关系

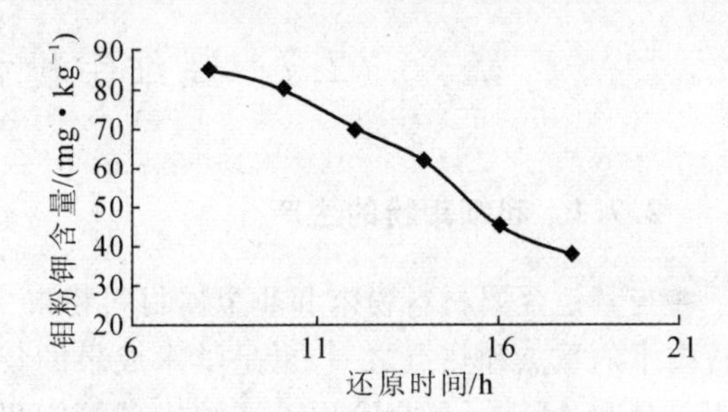

图2-69 钼粉钾含量与还原时间的关系

5.还原时间对钼粉钾含量的影响

取同一批次二氧化钼，在保持工艺条件一致的前提下，通过改变还原时间来研究还原时间对钼粉钾含量的影响(见图2-69)。

从图2-69可以看出，对于同一批次的二氧化钼，随着还原时间的增加，钼粉钾含量逐渐降低。在扩散过程中，时间的增长会使钾的转移过程进行得更彻底，即促使了过程①，②，③的进行，因此时间的增长有利于降低钼粉中的钾含量，即随着时间的增长，钾元素得到了充分的挥发。因此，适当增大还原时间，对除去钼粉中的钾有利，但还原时间的增加，会造成产能相应降低、能耗增加。故此，生产低钾钼粉还原时间可适当延长15%～20%。

6.氢气流量对钼粉钾含量的影响

对同一批次的二氧化钼，在二次还原过程中，在保持其他工艺条件一致的前提下，通过采用不同的氢气流量进行还原，研究钼粉的钾含量与还原所用氢气流量之间的关系(见图2-70)。

从图2-70分析可以看出，钼粉的钾含量随着还原所用氢气流量的逐步增加，钾含量逐渐降低。氢气流量能将扩散出的钾及时带走，形成了较大的钾浓度梯度，即促使了过程②和③的进行，因此氢气流量越大越有利于还原过程中钾的降低。为获得较低钾含量钼粉，可适当增大氢气流量，但因为过高的氢气流量会造成能耗的增加，所以在实际生产低钾钼粉时，氢气流量的选择适当增大 3%～8%。

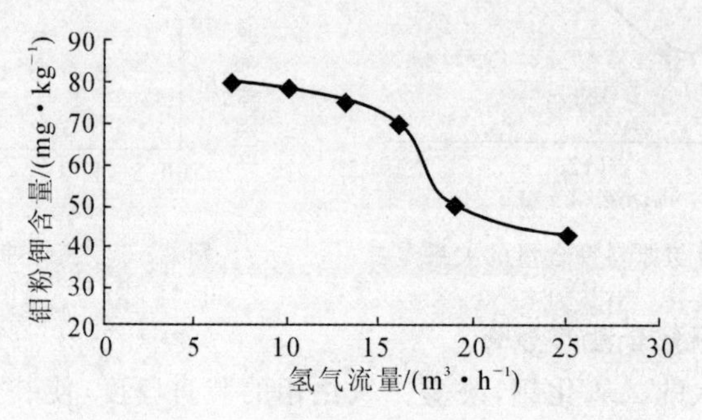

图 2-70　钼粉钾含量与氢气流量的关系

由此可见，工业生产钼粉过程中，原料钾含量、还原温度、还原时间、二氧化钼装舟厚度、氢气流量等变化均会引起钼粉中钾含量的变化。

在工业生产原料确定后，要获得较低钾含量的钼粉，可对常规还原工艺参数作如下优化：还原温度提高 5%～10%，料层厚度降低 10%～20%，还原时间增长 15%～20%，氢气流量增大 3%～8%。这样既能确保较高的生产率，也是确保低钾含量的关键。

2.7　超细钼粉和喷涂钼粉的生产

2.7.1　超细钼粉的生产

与其他金属材料粉末和非金属材料粉末一样，粉末的超细化，乃至纳米化，一直是钼粉制备技术的重点和热点之一，也是学术成果的集中领域。1990 年，Chow 等便制出 4～12nm 的钼单晶和 Al，Mo 复合涂层。在纳米碳管问世后不久，Manish Chhowalla 等便制出似富勒烯二硫化钼纳米管，随后 Rapoport 等也制成笼形二硫化钨和二硫化钼纳米管，两个人的论文均发表在 1997 年和 2000 年英国的《自然》杂志上。与此同时，纳米级三氧化钼、纳米级空心二硫化钼、纳米级钼粉等制备技术相继开发成功。

超细钼粉制备分为物理方法和化学方法两大类。

1. 物理方法

(1)冷气流粉碎法。冷气流粉碎的基本工艺：利用高速、高压的气流带着较粗的颗粒通过喷嘴轰击于击碎室中的靶子上，压力立刻从高压（高达 70kg/cm^2）降到大气压，发生绝热膨胀，使金属靶和击碎室的温度降到室温以下甚至零度以下，冷却了的颗粒就粉碎。这样可以保证金属靶不损坏并防止粉末发生热氧化。该方法生产的粉末颗粒细小（可达微米级和亚微米级）而均匀，制备过程几乎无氧化，但粉末形状不规则。钼粉的制备实践表明，该方法具有一定的局限性。

(2)金属丝电爆炸法。1998 年，俄罗斯 Tepper 等开发出采用金属丝电爆炸制取纳米粉的方法（Elex 法）。其工艺原理：将持续时间仅几微秒的大功率脉冲施于氩气保护的金属丝上，此脉冲将金属丝变成了等离子体，并受到大功率脉冲产生的特殊场的约束。等离子体被加热到 15000K 以上的高温而熔化成溶胶。金属蒸气的高压引起爆炸，产生冲击波，形成的金属气溶胶快速绝热冷却，制得纳米粉末。该方法不仅适合于低熔点金属，也适合于钼、锆、钨及其合金。

(3)机械化学法。1996 年澳大利亚最早提出机械化学法。该方法原理简单，生产成本低廉，可方便地生产出 10～20nm 的陶瓷粉末、惰性金属粉末和金属化合物粉末，但球磨过程氧化严重，无法制备高纯纳米钼粉。

(4)高强度超声波法。1997 年，美国科学家利用声化学技术开发了这种高强度超声波制备纳米金属粉末的方法。声化学是研究液体中高强度超声波产生的小气泡的形成、长大与内向破裂等现象的学科。这些超声波气泡的破裂，产生很强的局部加热而在冷液中形成“热点”，瞬时温度约为 5000℃，压力约为 1GPa，持续时间约为 10^{-10} s(粗略而形象地说，这些数据相当于太阳的表面温度、大洋底部的压力、闪电的时间)。当气泡破裂时，气泡内所含金属的易挥发化合物分解成单个金属原子，后聚集为原子簇。这些原子簇含有几百个原子，直径为 2～3nm，但尚未见到采用这种方法实现纳米钼粉工业化生产的报道。

2. 化学方法

(1)等离子还原法。等离子还原法的原理：采用混合等离子反应装置将高压的直流电弧喷射在高频等离子气流上，从而形成一种混合的等离子气流。然后，利用等离子蒸气还原，初步得到超细钼粉。获得的初始超细钼粉注射在直流弧喷射器上，立即被冷却水冷却成超细粉粒。所得到粉末平均粒径为 30～50nm，适用于热喷涂用的球形粉末。该方法也可用于制备其他难熔金属的超细粉末，如 W，Ta 和 Nb。

与普通还原法制备钼粉的技术相比，该方法一则由于采用了等离子设备等，设备要求高，生产成本大大提高；二则产出率低，尚不能进行工业化生产。

(2)氯化钼蒸气法。氯化钼蒸气法也称氯化钼蒸发氢还原法，其利用 $MoCl_4-H_2$ 系的气相反应法能制备出极细颗粒的钼粉。该方法制备的钼粉颗粒间会产生连接，使得颗粒长大。在反应过程中，1200℃时单颗粒直径很小，只有 6～10nm；当温度大于 1200℃时，颗粒会随着温度升高而长大；在 1300～1500℃间，钼粉颗粒尺寸基本保持不变。该方法所制备的钼粉一般用来生产焊料、蒙乃尔合金、焊料的熔剂及钼合金等。

(3)蒸发态三氧化钼还原法。蒸发态三氧化钼还原法制备超细钼粉是在特定的设备装置下进行的，反应炉管采用的是 α－Al 材料。MoO_3 粉末(纯度达 99.9%)装在一个钼舟上，置于 1300～1500℃的预热炉中蒸发成气态，然后，MoO_3 蒸气在流量为 150mL/min 的 H_2-N_2 混合气体和流量为 400mL/min 的 N_2 的混合气流的夹载下进入反应区，通过还原成为超细钼粉。该方法在 1300～1500℃之间可获得均匀的球形颗粒钼粉，粒径一般为 40～70nm。

但该方法的工艺参数控制比较困难，其中，MoO_3-N_2 和 H_2-N_2 气流的混合温度以及 MoO_3 成分所占的浓度都对粉末粒度的影响很大。

(4)活化还原法。活化还原法以七钼酸铵(APM)为原料，在氯化铵气氛中，通过还原过程制备超细钼粉。其还原过程机理如下：

氯化铵加热分解：

$$NH_4Cl=HCl+NH_3$$

APM 分解成氧化钼：

$$(NH_4)_6Mo_7O_{24} \cdot 4H_2O = 6NH_3 + 7MoO_3 + 7H_2O$$

MoO_3和 HCl 反应：

$$7MoO_3 + 14HCl = 7MoO_2Cl_2 + 7H_2O$$

MoO_2Cl_2被氢气还原为超细钼粉：

$$MoO_2Cl_2 + 21H_2 = 7Mo + 14H_2O + 14HCl$$

由上述内容可知，NH_4Cl起到催化剂的作用，在还原过程中，NH_4Cl完全挥发。因此，总反应式为

$$NH_4Cl + (NH_4)_6Mo_7O_{24} \cdot 4H_2O = HCl + 7NH_3 + 28H_2O + 7Mo$$

该方法与传统方法相比，还原温度降低了 200～300℃，而且只使用一次还原过程（即一次还原法），工艺较简单。此方法制备的钼粉平均粒度为 0.1μm，且粉末具有良好的烧结性能。

韩国岭南大学提出了相似方法，只是所用原料为高纯 MoO_3。

(5)均匀沉淀法。均匀沉淀法制备超细钼粉的基本原理：在一定浓度的钼酸铵溶液里加入氨水，氨水用于调节仲钼酸铵溶液的 pH 值，避免仲钼酸铵离子直接与浓硝酸反应生成大颗粒钼酸。首先，利用草酸的二元电离及异相成核作用，加快形核速率；其次，溶于水的草酸重新析出并被钼酸胶粒吸附，使钼酸颗粒彼此隔离，避免钼酸颗粒长大，从而得到细颗粒钼酸。即以浓硝酸酸沉一定浓度的仲钼酸铵溶液，控制反应条件，使其快速、均匀沉淀，得到胶状的钼酸沉淀，干燥煅烧后进行低温氢气还原，获得超细钼粉。

通过该方法制备的钼粉具有很好的分散性，颗粒细小，呈球状，并且粒径分布比较均匀。通过比表面积的测量值可得出，BET 平均粒径为 66.8nm。

(6)羟基热分解法。羟基法生产钼粉是以羟基钼为原料，在常压和 350～1000℃的温度条件下，在 N_2气氛下，对羟基钼料进行蒸气热分解处理。由于羟基化合物分解后，在气相中状态下形核、结晶及晶核长大，所以制备的钼粉颗粒较细，平均粒度为 2～4μm。

利用羟基法制得的钼粉具有很高的化学纯度和良好的烧结性，且该方法能用于工业化制备钼粉。

(7)微波等离子法。微波等离子法是利用羟基热解的原理制取钼粉的。微波等离子装置利用高频电磁振荡微波击穿反应气体，形成高温微波等离子体。与其他等离子方法相比，它具有恒定的温度场，不会因反应体或原料的引入而发生等离子火焰的淆乱。同时，该装置具有将生成的 CO 立即排走以及使产生的 Mo 迅速冷凝进入到收集装置的优点，因此较羟基热解法能制备出粒度更小的纳米钼粉。同样地，该方法以羟基钼为原料，$Mo(CO)_6$在 N_2等离子体气氛下热解，产生粒度均匀一致的纳米级钼粉，一步就可制得平均粒径在 50nm 以下的钼粉，单颗粒近似球形，在常温下空气中的稳定性很好，因而此种纳米钼粉可广泛应用。

(8)电脉冲法和电子束辐照法。电脉冲放电已成功地应用在纳米粉末的制备上。研究发现，放电过程出现在电流达到的最大值 10kA 左右，脉冲长度约为 20μs，脉冲能约为 80J。在氩气、氧气、氮气中，通过金属脉冲放电可以合成纳米 Mo 粉等金属、金属氧化物、金属氮化物的纳米粉末。这种典型的粉末制备法所得到的粉末粒度范围在 20～70nm 之间。

使用高分辨率透射电子显微镜在室温台上，通过强度为 10^{21} e/($cm^2 \cdot s$)的电子束照射微米级 MoO_3，转变为纳米级亚氧化钼，经过电子束的进一步照射后，亚氧化钼转变为钼。这种现象可能是由于电子束的激发作用和通过“撞击”效应而使原子发生错排引起氧原子分离造成的。

3. 等离子法制取超细钼粉

超细钼粉的制备方法众多,这里只介绍一下工业上应用最多的一种方法:等离子法制取超细钼粉。

该方法的原理是在等离子射流中使钼的物质发生物理或化学变化,得到金属或化合物蒸气,然后进行骤冷,从而得到超细粉末。当气体加热到几千度(K)以上时,气体会形成特殊的物质第四态,也就是所谓等离子体。等离子体分为高温等离子体和低温等离子体,分类特性见表 2-14。

表 2-14　等离子分类及特征

特　性	高温等离子体	低温冷等离子体	低温热等离子体
温度/K	$10^6 \sim 10^7$	室温	$<10^5$
气体压力		133Pa 至数百帕	10^4 Pa
状态	完全电离	非平衡态	热力学平衡态
举例	受控热核反应	日光灯	研究和工业用各种等离子体

等离子技术是一门新兴的科学技术,多用于切割、熔融、喷涂、焊接、分析和制备高纯材料等。等离子冶金是等离子空间技术、等离子机械加工与等离子熔炼等技术得到比较广泛应用之后才发展起来的新技术,是利用等离子体所产生的高温和激发状态下高能粒子来进行化学反应以获得所需产品的冶金过程。

等离子体可通过高频感应器或交、直流电弧等离子发生器获得,如图 2-71 所示为高频感应等离子反应器示意图。

高频感应等离子反应装置的电功效一般为 50%~70%,使用寿命为 2000~3000h,功率为 10~70kW,目前最大功率为 1000kW。高频感应等离子体的优点:可以得到直径大的等离子体;属非电极放电,因此等离子及其中的反应物和生成物不受电极物质污染;可迅速加热各种反应气体。其缺点是需要费用高的高频电源,电能耗损大。

高温等离子体具有超高温的等离子火焰,可得到大量气化的物质粒子,若再加上等离子边缘的温度梯度很大和适当的快速冷却,便会呈现出饱和状态而产生大量的晶核,生成超细粉末。等离子体后所供颗粒的速度分别可达到 500m/s 和 100m/s。颗粒在等离子体中的停留时间只有几毫秒,其颗粒的冷却速度可达 106℃/s,这对制取超细粉末是极为有利的。因此,高频等离子技术也广泛应用于粉末制取工艺。

用高频等离子反应器制备的纳米钼粉如图 2-72 所示。

2.7.2　喷涂钼粉的生产

在表面工程上,钼是很理想的喷涂材料,在汽车、航空、航天、机械等行业得到了广泛应用。喷涂钼粉相比喷涂钼丝,与被喷涂工件的结合强度更高一些,但利用率相对稍低。

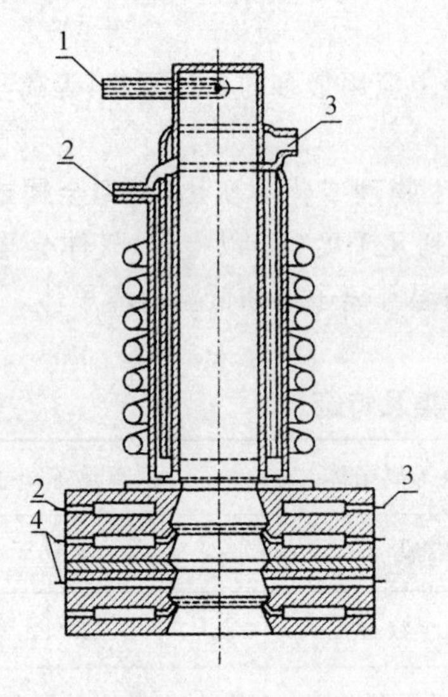

图 2-71　高频感应等离子反应器示意图
1—氩气和氢气入口；　2—冷却水入口；
3—冷却水出口；　4—反应物入口

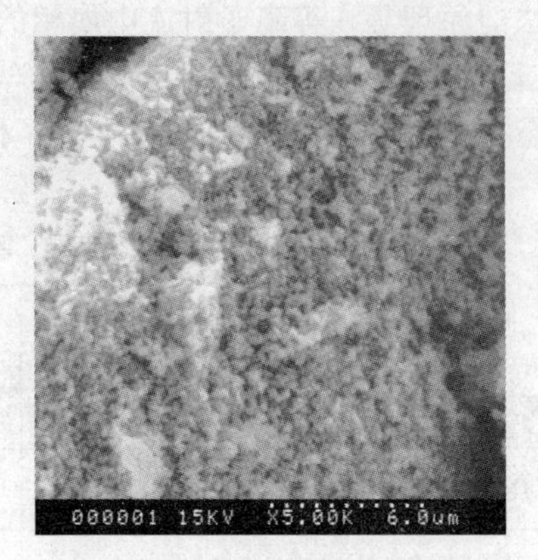

图 2-72　纳米钼粉 SEM 照片

1. 喷涂钼粉的制备方法

喷涂钼粉的制备方法主要有喷雾干燥法、等离子体旋转电极法、等离子球化法以及流化床还原法。

(1)喷雾干燥法。其基本工作原理是将合适的高分子黏结剂适量加入到钼粉的水悬浮液中，得到钼粉均匀悬浮的混合液，然后通过高压喷嘴将这种混合液雾化在一个预热过的料仓。在雾化液滴下落过程中，料仓中的高温气体将其干燥，获得由许多颗粒黏结而成的颗粒团粉末，然后将这些颗粒团粉末脱胶、烧结致密、球磨，从而获得具有一定尺寸和规则外形的大粒度、高流动性钼粉。

这种方法原理简单，但黏结剂要求严格，既要具有足够的黏结强度，又要能够方便地排除，不对钼粉产生污染，因此黏结剂的选择和加入量的确定较困难。

(2)等离子体旋转电极法(PREP 法)。PREP 法的原理如下：高速旋转的电极棒(消耗电极)端部在同轴的等离子体电弧加热源的作用下熔化成液膜，并在离心力作用下向电极端外缘抛出，而液膜的表面张力又阻碍液膜飞离电极棒端部外缘，从而在电极棒端面外缘形成一个环状液膜。随着不断熔化液体的非稳态、射流态至最后汇入到液膜环上的数量的增加，最后形成“蝌蚪状”液滴，此液滴随着自身质量的增加，作用于其上的离心力也加大。当表面张力与离心力相当时，则形成球形液滴。球形液滴以高达 10^6 ℃/s 的速度急剧冷却下降，形成流动性极佳的球形粉末。

由于等离子体中心区温度高达 10^4 ℃，雾化室内真空度稍有降低，都可能造成钼粉氧化；而且由于钼的导热性较好，制备过程需要间断降温，生产效率较低。尚未见到该方法的工业化应用的报道。

(3)等离子球化法。这种方法与 PREP 法原理接近，等离子喷雾法是将普通钼粉加到等离子射流体中，使钼粉颗粒表面(或整体)熔融，形成熔滴。熔滴因表面张力而收缩形成球状，再通过快速冷却，将球形固定下来，从而获得了球形钼粉。

(4)流化床还原法。钼粉的流化床还原法最早由美国 Carpenter 等提出,通过两阶段流化床还原法直接把粒状或粉末状的 MoO_3 还原成金属钼粉。在还原过程中,第一阶段采用氨作流态化还原气体,在 400～650℃把 MoO_3 还原为 MoO_2;第二阶段采用氢气作流态化还原气体,在 700～1400℃下将 MoO_2 还原成金属 Mo。

由于在流化床内,气-固之间能够获得最充分的接触,床内温度最均匀,因而反应速度快,能够有效地实现对钼粉粒度和形状的控制,所以该方法生产出的钼粉颗粒呈等轴状,粉末流动性好,后续烧结致密度高。

(5)溶胶-凝胶法。该方法的基本原理是,钼酸铵溶液经络合剂作用,其中包括柠檬酸、酒石酸、草酸、抗坏血酸、乳酸和水杨酸等,然后加入 $Ni(NO_3)_2$ 和 $Cr(NO_3)_3$ 以及表面活性剂,其中有阳离子型聚丙烯酰胺(C83907)、阴离子 A6045 和非离子型平平加(壬基酚聚醚)等。最后加入氧化硅、硼溶胶包膜后过滤、烘干、焙烧和还原制成球形钼。该工艺条件目前还在实验室阶段。

2. 喷雾造粒法

喷雾造粒是借助于蒸发直接从溶液或浆体中制取细小颗粒的方法。它包括喷雾和干燥两个过程,所制得的颗粒通常为球形,但在某些情况下也会产生苹果状及层片状等颗粒。钼粉通过喷雾造粒来改变其颗粒形貌和团聚方式,使得造粒后的钼粉具有一定的流动性,再通过对其后续的处理,使其具有较大的松装密度和较好的流动性,通过控制制备条件可得到所需形貌和结构的颗粒,使其符合用户的使用要求。常用喷雾造粒设备如图 2-73 所示。

图 2-73　喷雾造粒设备图

在喷雾造粒过程中,浆料的浓度和溶胶的含量对钼粉颗粒形貌有较大的影响。如图2-74所示,颗粒多为空壳状,且破损较多,基本没有流动性,进行后续处理后流动性也较差。产生这种颗粒形貌的原因是溶胶的含量较多,在高的干燥温度下,液滴表面的蒸发速度比溶剂的扩散速度快,在液滴表面的溶剂蒸发后,中心部位溶剂来不及扩散。随着干燥的进行,液滴表面干燥固化,液滴内部的核收缩,颗粒温度上升,蒸发在颗粒的内部进行,致使水蒸气来不及排出,当壳内气压上升到超过壳的局部部位强度时,颗粒就会破碎。

图 2－74　造粒钼粉形貌

如图 2－75 所示为降低浆料和溶胶浓度后的钼粉颗粒形貌。从图中可以看出，颗粒具有较小的流动性，其形貌多为环状或苹果状。

在喷雾干燥过程中，在气流流速的作用下，一定浓度下浆料中的黏性力大于液滴的表面张力，引发液滴形成了圆环状或苹果状，最终干燥后制得圆环状或苹果状颗粒。其形成机理是液滴进入干燥室，由于水的汽化潜热比较高，当少量的水蒸发时，液滴表面的热量被传递给周围的气流，这样导致液滴表面温度梯度的产生。而温度梯度的出现使溶胶颗粒向液滴表面迁移，由于惯性作用，导致液滴变形，从而产生环状或苹果状的颗粒。

图 2－75　降低浆料和溶胶浓度后的造粒钼粉形貌

从图 2－75 中颗粒形貌可以看出，球形钼粉多为空心球体，虽然流动性提高，但颗粒内部结合力较弱，在喷涂过程中，很容易发生破碎，不能均匀喷镀到工件表面。因此，需要继续调整浆料和溶胶的浓度。

把浆料的浓度设定的较低，其进行喷雾干燥后的颗粒形貌如图 2－76 所示。由图 2－76 可知，颗粒多为实心球形，具有一定的流动性。由于浆料浓度较低，喷雾时雾化效果好，所形成的一次颗粒也就越小，微核之间的聚集及雾滴在表面张力的作用下收缩成球形，在干燥室内水分被蒸发掉后，颗粒聚集成球形而保留下来，所以颗粒多为球形。因此，在其他工艺条件不变的情况下，浆料浓度越小，颗粒成球形就越多。但由于受水分蒸发量的限制，浆料的浓度不能太低，有一最小极限值。

因此，通过调整浆料浓度和溶胶浓度，可以获得不同形状的颗粒。浆料浓度越低，雾化效果越好，颗粒越接近于球形，流动性也越好。喷雾压力，喷孔直径及进、出口温度等工艺条件的改变都会影响颗粒的大小和形状。

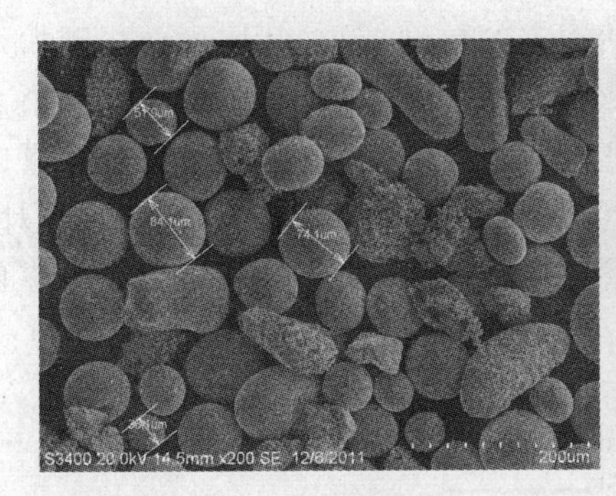

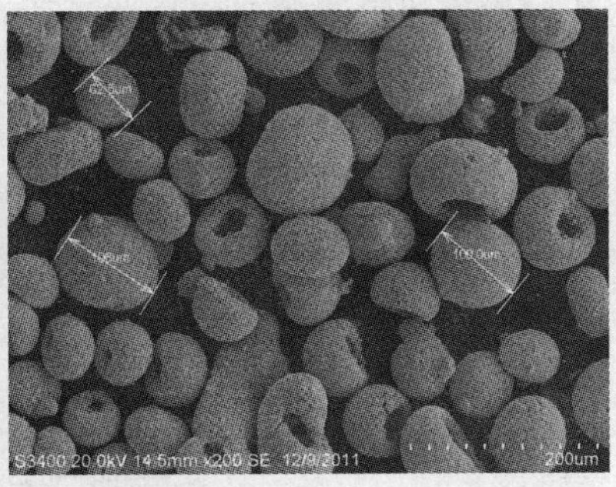

图 2-76　低浓度浆料喷雾造粒形貌

3. 等离子造粒法

球形钼粉具有普通钼粉无法替代的的特殊性能，如良好的流动性和高的松装密度，故在热喷涂、注射成形及凝胶注模成形等领域得到越来越广泛的应用。由于等离子体具有高温、高焓、高的化学反应活性，并对反应气氛及反应温度具有可控性等特点，在粉体材料的合成制备和球化处理方面显示出独特优点，引起人们的关注。

目前，国外的等离子体粉体处理技术已具备相当规模的生产能力。如加拿大的泰克纳(TEKNA)公司应用射频等离子体技术已经实现了 W，Mo，Re，Ta，Ni，Cu 等金属粉末的球化处理。感应等离子体可为金属和陶瓷粉体进行最优处理。等离子体工艺有很多优势，如生产球形粉体，改善粉体流动性，增加粉体密度，合成合金及提高材料的纯度，等等。

国内从 20 世纪 80 年代开始探索利用等离子体对钨粉进行球化研究，但是一直存在所获得的球形钨粉表面有轻微氧化现象的问题，为了制备纯净球形钨粉，还需要对球化处理后的粉末进行氢气还原。因此生产效率低、成本高，难以达到工业化生产要求。

近期，北京科技大学研制了国内首台水冷石英等离子体柜射频等离子体粉体处理系统。该系统采用水冷石英等离子体柜，大大降低了惰性冷却气体的用量，成功避免了金属钨粉在球化处理过程中的氧化问题。他们以不规则形状钨粉为原料，粒度在 5.5～26.5μm 范围，经等离子球化处理后得到了表面光滑、球形度好的粉末，其球化率达到 100%，并且球化后仍为单相钨粉。粒度为 26.5μm 的钨粉球化后的松装密度由球化前的 6.80g/cm^3 提高到 11.5g/cm^3，粉末流动性也明显提高。

射频等离子体球化技术，是将形状不规则的钼粉颗粒由携带气体通过加料枪喷入等离子体柜中，被迅速加热而熔化。熔融的颗粒在表面张力作用下形成球形度很高的液滴，并在极短时间内迅速凝固，从而获得球形的钼粉。球形钼粉制备流程如下：将钼粉原料颗粒用氩气携带，经加料枪喷入等离子体柜；进入等离子体柜的钼粉颗粒在很短的时间内吸收大量的热而迅速熔融，并以极快的速度进入热交换室冷却凝固后，再进入气、固分离室内被收集起来。装置示意图如图 2-77 所示。

研究表明，这种射频等离子体处理方法可以制备出松比较大且流动性好的球形钼粉，不存在粉末氧化问题，生产效率高，成本低，适用于工业化生产的要求。通过研究工艺参数对钼粉的球化的影响，发现合理的给料速率是保证粉末球化率的重要因素。过快的给料速率不能满足过量钼粉的吸热、熔融和球化的需要，同时还会导致部分粉末在等离子体中的运行轨迹偏离等离子体高温区，使粉末吸热不充分，致使处理后的粉末球化率降低。另外，当给料速率一定时，球化率随初始粉末的粒度增大而降低。初始粉末的粒度越小，其比表面积越大，在穿越等离子体时吸收的能量越多，更有利于粉末的球化。一般来说，随着粉末粒度的减小，其熔点也降低，吸收同样的能量更容易球化。因此，相同的工艺参数下，较小粒度的粉末球化率较高。但是，由于较小颗粒的钼粉末也极易在高温下气化，所以收得率会降低。因此，针对等离子球化工艺，需对普通钼粉进行制粒处理。制粒是采用压块、破碎、筛分的方法，获得－40～＋140目的具有良好流动性的钼粉末。

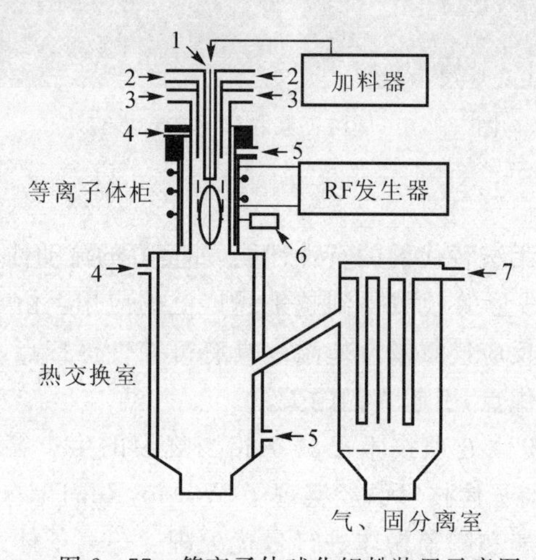

图 2－77　等离子体球化钼粉装置示意图

1—加料枪；　2—中心气；　3—边气；　4—冷却水出口；　5—冷却水入口；　6—线圈；　7—尾气排放

图 2－78 所示为射频等离子体处理所得球形钼粉的照片，由图可以看出，经过等离子高温球化制取的球形钼粉绝大多数呈球形，一小部分球面上的斑纹可能是冷却后粉末相互碰撞摩擦所形成的痕迹；个别球面上有深痕可能是在急剧冷却时表面收缩不均匀形成沿晶面剥落所致；粉末中还有个别呈块状，是由于原始钼粉粒度太粗大，在高温区停留时间太短，来不及熔化就进入了冷却区，所以仍保留原来的形貌。

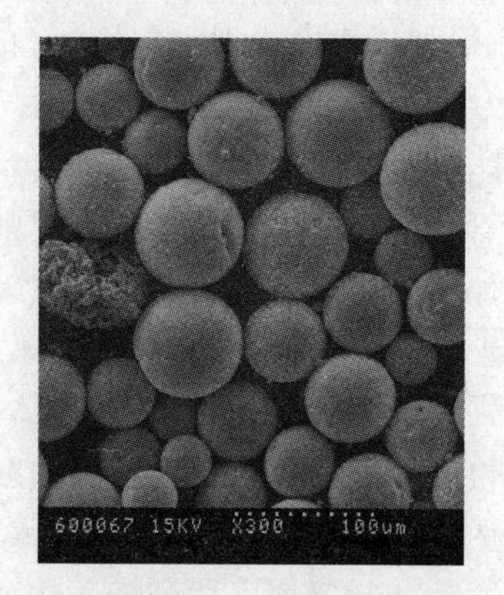

图 2－78　球形钼粉的 SEM 照片

参 考 文 献

[1] 《稀有金属材料加工手册》编写组. 稀有金属材料加工手册. 北京:冶金工业出版社,1984.

[2] 《稀有金属应用》编写组. 稀有金属应用. 北京:冶金工业出版社,1974.

[3] John Wiley, Sons. Kirk-Othmer Encyclopedia of Chemical Technology. Inc.,1967, 13:634.

[4] 曾归余,等. 钼系粉末等离子涂层及其在汽车工艺上的应用. 湖南冶金,2002,1(1):8-14.

[5] 向铁根,等. 不同还原工艺的高温钼粉对钼丝成材率的影响. 稀有金属与硬质合金,1989,5(4):212-215.

[6] 吕忠,邢英华,等. 钼粉对钼深加工的影响. 钼业技术经济,1991,1:37-43.

[7] 石明柱. 钼粉粒度对大规格烧结棒组织密度的影响. 稀有金属材料与工程,1998,21(2):46-50.

[8] 吴文进. 钼粉粒度和松装密度对钼条加工性能的影响. 中国钼业,2002,26(5):24-26.

[9] 李改改. 钼粉平均粒度对钼丝延伸率的影响,中国钼业. 1994,18(1):31-32.

[10] 徐志昌,张萍. 微细钼粉的团聚及其对钼丝加工性能的影响. 中国钼业,2001,25(6):29-33.

[11] 中华人民共和国国家技术监督局(GB3461—82). 中华人民共和国国家标准——量与单位. 北京:中国标准出版社,1982.

[12] 林小芹,贺跃辉,等. 钼粉的制备技术及其进展. 中国钼业,2003,27(1):39-42.

[13] Futaki, Shoji, Shiraishi, et al. Ultrafine Refractory Metal Particles Produced by Hydried Plasma Process. Journal of Japan Insitute of Metals,1992,56(4):64-471.

[14] Shibata, Kaoji, Tsuchida, et al. Preparation of Ultrafine Molybdenum Powder by Vapor Phase Reaction of the M_OO_3-H_2 System. Journal of the less-common Metals, 1990,157:5-10.

[15] Bin Yang, et al. 超细钼粉的活化还原方法. 钨钼材料,1994,2:30-32.

[16] 程起林,等. 微波等离子体法制备纳米钼粉. 华东理工大学学报,1998,24(6):731-735.

[17] De S D, et al. Nickel-Molybdenum Catalysts Fabricated by Mechanical Alloying and Spark Plasma Sintering. Material Science Engineering,2000,276:226-235.

[18] 周美铃. 钨钼制品原料工艺学. 长沙:中南工业大学出版社,1983.

[19] Grange P. Catalytic hydrodesulfurization, Catal Rew — Sci Eng, 1980, 21(1):135-181.

[20] Shaheen W M, Selim M M. Thermal decompositions of pure and mixed manganese carbonate and ammonium molybdate therahydrate. Thermal and Calorimetry,2000, 59:961-970.

[21] Stampel S R, Chen Y, Dumesic J A, et al. Interactions of molybdenum oxide with various oxide supports. J Catal, 1987,105:445-454.

[22] Bustness J A, Sichen D, Seetharaman S. Kinetic studies of the reduction of the oxides

of molybdenum and tungsten by hydrogen. Royal Institute of Technology, Department of Metallurgy, Stockholm, Sweden, 1983.

[23] Werner V S, Hugo M O. Mechanisms of the hydrogen reduction of molybdenum oxides. Inter J Ref Metals & Hard Mater, 2002, 20(7):261 - 269.

[24] Sxoczynski. Kinetics and Mechanism of Molybdenum(VI) Oxide Reduction, J Solid State Chem, 1995,118:84 - 92.

[25] Ressler T,Wienold J,Jentoft R E. Formation of Bronzes Temperature-programmed Reduction of MoO_3 with Hydrogen-An In situ XRD and XAFS Study ,J. Solid State Ionics,2001,141 - 142:243 - 252.

[26] Yin Z L, Li X H, Chen Q Y. Study of the thermal decompositions of ammonium molybdates, Thermochimeca Acta, 2000,352 - 353:107 - 110.

[27] 尹周澜,周桂芝,等.钼酸铵在氢气气氛中的还原行为.中国有色金属学报,1995,5(1):42 - 44.

[28] 朱伯仲,林钰,等.钼酸铵的热分解机理研究.兰州大学学报.自然科学版,1997,33(3):72 - 76.

[29] 魏勇,刘心宇,等.钼还原过程相变化研究.稀有金属与硬质合金,1996,126:13 - 18.

[30] 李军,刘心宇,等.钼还原过程研究.中南工业大学学报,1997,28(4):370 - 372.

[31] 潘叶金,郑贤英.钼粉质量控制的回归方程.中国钼业,1993,17(4):12 - 15.

[32] 潘叶金,叶俊英.钼粉制取工艺模型化.中南矿冶学院学报,1993,24(2):217 - 220.

[33] 彭金剑.生产工艺对钼粉平均粒径及加工性能的影响.中国钼业,1997,21(1):35 - 36.

[34] 熊自胜,朱瑞,等.用原料添加法提高钼粉粒度的探讨.稀有金属材料与工程,1994,23(1):57 - 61.

[35] 易永鹏.钼粉生产过程质量控制.中国钼业,1995,19(3):11 - 12.

[36] 刘建华,张家芸,等.Co_3O_4 的氢还原过程动力学研究.金属学报,2000,36(8):837 - 841.

[37] Dimitur C, et al. Rudodobiv Met. (Sofia),1967,22(9):57.

[38] Wang J. Thermochim Y. Acta,1990,158(1):183.

[39] Mikhailenko E L, et al. Izv Sib Otd Acad Nauk SSSR. Ser Khim Nauk,1982.

[40] Vassilev C, et al. Inst Mining Met Tran Sect C,1968.

[41] 李文超.冶金与材料物理化学.北京:冶金工业出版社,2001.

[42] 莫鼎成.冶金动力学.长沙:中南工业大学出版社,1987.

[43] 邓景发,范康年.物理化学.北京:高等教育出版社,1993.

[44] 茆诗松,丁原,等.回归分析及其试验设计.上海:华东师范大学出版社,1981.

[45] 张涌,等.精通 MATLAB 6.5 版.北京:北京航空航天大学出版社,2003.

第 3 章　钼粉及钼复合材料粉末的压制

压制成形是粉末冶金工艺过程第二道基本工序，钼粉除了控制好杂质含量、粒度、粒度分布、松装密度、颗粒形貌等基本参数外，压制成形也是粉末冶金过程的重要环节。

钼及钼的复合材料的粉末冶金体通过压制，其几何形态、内部组织和各种物理、力学与化学等性能发生相应变化，这些变化构成了钼及钼复合材料粉末冶金技术的基本特征和应用基础。

在压制和烧结过程中，钼及钼复合材料粉末体的孔隙度的变化是基本的。多年来，人们将此作为成形与烧结理论研究的主要方面开展大量研究。但粉末体系及其性质的多样性，对压型和烧结过程的本质的认识不够系统、全面，理论还不成熟。

为了正确制订成形工艺规范，合理设计压模结构，计算压模参数等，就要对这些现象进行详细研究。

3.1　粉末体压制理论

钼及其复合材料压制是粉末冶金重要问题，近年来，粉末冶金技术理论有了迅速的发展。粉末压制工艺研究也很活跃，但有关粉末压制理论的研究与形势需要不相适应。因此，加强对粉末压制问题的探讨有着十分重要的意义。

自从 1923 年 Walker 最先提出在粉末压制时，粉末相对体积与压制压力的对数呈线性关系的经验公式以来，许多材料科学学者对粉末压型问题进行了一系列的研究。若干专著已有系统的介绍。表 3－1 列举了文献上有关主要压型理论研究（包括主要经验公式）的结果，其中尤以 BBB 方程式与 Konopicky 方程式在粉末冶金压型研究中被广泛引用。

表 3－1　粉末体压型方程

理论公式	经验公式	注　释	作　者	提出时间
	$\beta = k_1 - k_2 \lg p$	β 为相对体积 k_1，k_2 为系数 p 为压制压力	E. E. Walker	1923 年
$\frac{dp}{d\beta} = -Lp$ $\ln p_{max} - \lg p = L(\beta - 1) = m\lg\beta$		p_{max} 为对应于压至最紧密状态（$\beta = 1$）时的压力 L 为压制因素 M 为系数	М. Ю. Бальшин	1938 年
$\frac{1-D}{1-D_0} = e^{-Kp}$		D 为压块相对密度 D_0 为压块原始相对密度 K 为系数	I. Shapiro C. Torre	1944 年 1948 年

续 表

理论公式	经验公式	注　释	作　者	提出时间
$\frac{dD}{dp}=k(1-D)$ $p=k\ln\frac{\pi_0}{\pi_p}$		π_0 为 $p=0$ 时的孔隙体积的外推值 π_p 为压制压力为 p 时的孔隙体积	K. Konopicky	1948 年
$\frac{dD}{dp}=k(1-D)$		k 为系数	E. Voce	
	$\gamma=D'+kp^{1/3}$	γ 为压块密度 D' 为粉末松装密度	G. B. Smith	1948 年
	$\gamma=a\lg p+\lg b$	a,b 为系数	Rutkowski	1949 年
	$p=\frac{kx}{1-k}$	x 为模冲行程	C. Ball-hausen	1951 年
	$\gamma=D'+kp^{1/n}$ $\gamma=D''+kp^{1/3}$	D'' 为粉末摇实密度 n 为系数，粉末颗粒为 $5\mu m$，　$n=4$ $200\sim300\mu m$，　$n=3$ $300\mu m\sim1mm$，　$n=2$	C. Agte M. Petrdlik	1951 年
	$\ln\ln n'=kp+\ln n'_0$	n' 为压块孔隙度 n'_0 为粉末松装时的孔隙度 k 为系数，对 Cu-石墨粉末组分 $k=1.34\times10^{-2}$	Т. Н. Зватокова В. И. Лихтман	1954 年
	$\ln p=-m\lg\beta+C$	m 为系数，对于 TiB_2，CrB_2，$(TiCr)B_2$ $m=10.5\sim11.3$ C：$3.02\sim3.24$	В. И. Бабин К. И. Портнои Г. В. Самсонов	1960 年
	$\ln\frac{1}{1-D}=kp+A$	A,k 为常数	R. W. Heckel	1961 年
	$\ln p=\sigma_s CD\ln\frac{D}{1-D}$	C 为系数，σ_s 为粉末金属的屈服极限	А. Н. Николоев	1962 年
	$\lg(p+k)\approx-n\lg\beta+\lg p_k$	k,n 为系数 p_k 为金属最大压密时的临界压力	Г. А. Мееpeoh	1962 年
	$\gamma=\gamma_{max}-\frac{k_0}{a}e^{-ap}$	γ_{max} 为压力无限大时的极限密度 a,k_0 为系数	И. Ф. Кувив Б. Д. Юрценко	1963 年

续 表

理论公式	经验公式	注　释	作　者	提出时间
	$\frac{p}{C^*}=\frac{1}{ab}+\frac{1}{a}p$	C^* 为体积变化程度(压缩体积比) a,b 为常数	川北公夫	1963 年
	$\frac{\mathrm{d}\varepsilon}{\mathrm{d}t}=\left(\frac{\beta}{\varphi}t^k f_1^{\beta'-1}\right)$ $\frac{\mathrm{d}f_1}{\mathrm{d}t}=\left(\frac{k}{\varphi}t^{k-1} f_1^{\beta'-1}\right)f_1$	f_1 为外力 ε 为应变 φ,β',k 为常数	平井西夫	1963 年
	$\mathrm{lgln}\frac{(\rho_m-\rho_0)\rho}{(\rho_m-\rho)\rho_0}=n\mathrm{lg}p-\mathrm{lg}M$ $m\mathrm{lgln}\frac{(\rho_m-\rho_0)\rho}{(\rho_m-\rho)\rho_0}=\mathrm{lg}p-\mathrm{lg}M$	ρ_m 为致密金属密度 ρ_0 为压坯原始密度 ρ 为压坯密度 p 为压制压强 M 为相当于压制模数 n 为相当于硬化指数的倒数 m 为相当于硬化指数	黄培云	1964—1980 年

3.2　钼及钼复合材料粉末压制前预处理

钼粉及复合材料压制前有的要进行预处理，预处理包括粉末退火、混合、筛分、制粒、加润滑剂等。

1. 退火

钼粉及复合材料粉末在压制前有的需要进行退火，这样可使粉末内部的内应力进一步降低，杂质含量降低，提高粉末的纯度，同时还能消除粉末的加工硬化，稳定粉末的晶体结构等。

钼粉及复合材料粉末退火，一般是在氢气保持下进行的，也可采用真空或在惰性气氛中进行。

钼粉的退火温度为钼熔点 $0.2\sim0.4T_{\mathrm{m}}$，复合材料退火温度为含量最低熔点的 $0.5\sim0.6T_{\mathrm{m}}$，如 Mo－Ti 合金退火温度在 400℃。

2. 混合

混合是一种粉末杂质含量均化的过程。在混合难熔金属时，混合设备一般为筒内 S 形大螺旋混合器(见图 3－1)。

采用球磨筒混合钼粉时，应调整和控制好筒体的转速。图 3－2 所示为粉末在混合时筒体转速快慢与粉末混合效果的关系。

在粉末混合中，滑动混合是筒体的转速很慢时，粉末只在筒体底部滑动；如果筒体转速加快，筒体内的粉末就会产生滚动混合；如果筒体转速进一步加快，那么筒体内的粉末就会提升到顶点后自由落体下来，筒体内的粉末就会产生自由落体混合；如果把筒体转速提到最快，这时的粉末就会紧贴在筒壁上，随筒壁作圆周运动而不落下来。滑动混合和临界转速的圆周运动的混合效果很差，自由下落混合的效果最好，滚动混合次之。

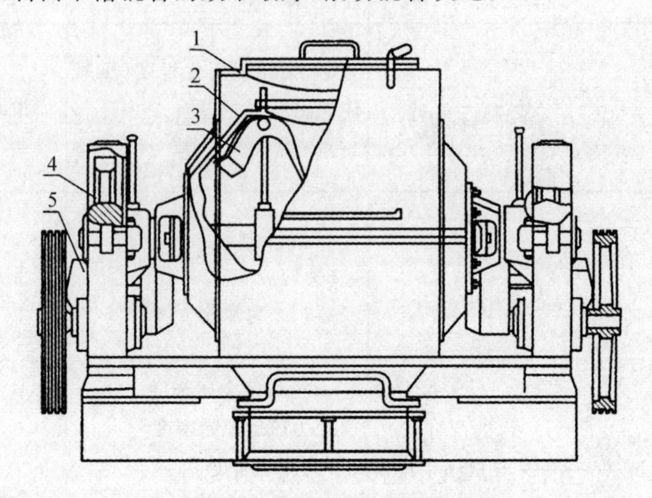

图 3-1　筒内S形大螺旋混合器

1—外壳；2—混合器圆筒；3—螺旋叶片；4—传动齿轮；5—电动机

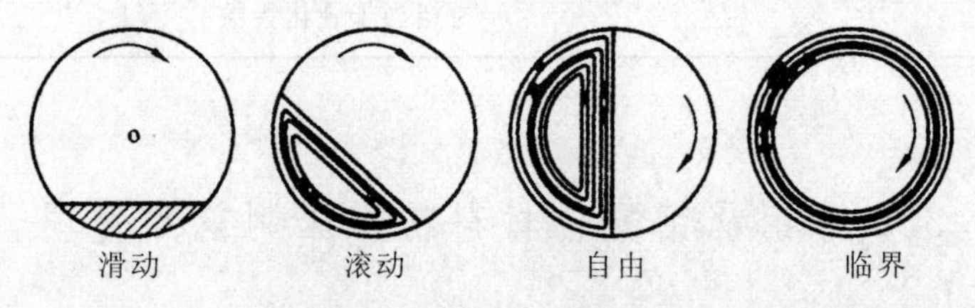

图 3-2　筒体转速由慢到快时，粉末混合效果的示意图

如果把粉末刚刚随筒体一起作圆周运动的转速称为临界转速，则临界转速大小为

$$n_{临界}=\frac{42.4}{\sqrt{D}}$$

式中，D 为圆筒直径，m。

滑动混合和滚动混合转速小于 $0.6n$ 临界点，自由下落混合转速为 $0.7n \sim 0.75n$ 临界点。假如筒体直径为 0.46m，那么临界转速为

$$n_{临界}=\frac{42.4}{\sqrt{0.46}}=62\mathrm{r/min}$$

自由落下转速应为

$$62\mathrm{r/min}\times 0.75=47\mathrm{r/min}$$

3. 筛分

筛分的目的在于把颗粒大小不同的原始粉末进行分级。

通常用标准筛网制成的筛子或震动筛来筛分，而对于难熔金属钼的细粉或超细粉末，则使用空气分级的方法。

4. 制粒

制粒是将小颗粒的粉末制成大颗粒或团粒的工序，常用来改善粉末的流动性。在喷涂钼粉制备过程中，为了提高喷涂效率，使粉末从喷嘴中能顺利、快速喷出，必须先制粒。

能承担制粒任务的设备有圆筒制粒机等，有时也用振动筛来制粒。

目前，较先进的工艺是喷雾干燥制粒。它是将液态物料雾化成细小的液滴，与加热介质（N_2或空气）直接接触后液体快速蒸发而干燥。该套装置如图3-3所示。

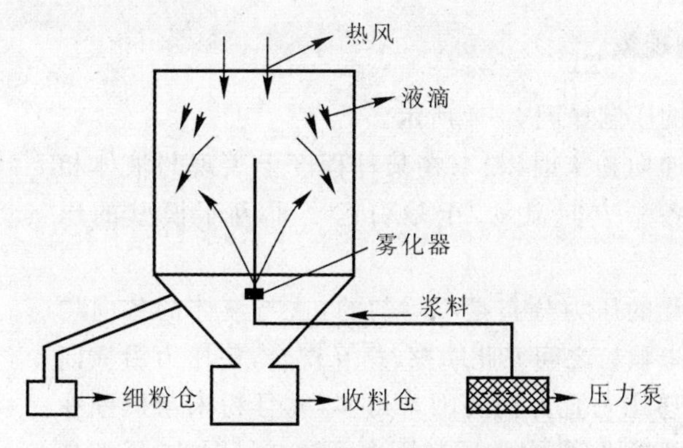

图3-3　喷雾干燥制粒装置示意图

喷雾干燥制粒全过程是在密封系统中完成的，共分为4个阶段：①料浆的雾化；②液滴群与加热介质相接触；③液滴群干燥；④料粒与加入介质分离。这种工艺所制得的料粒形状规则，粒度均匀，流动性好，可减少压制废品的出现。

此外，松装密度低的粉末可经过一次成形（压团）处理，将团块粉碎后再使用。但是，这时由于粉末的加工硬化而往往需要重新退火。

5.加成形剂、润滑剂

在压型前，粉末混合料中常常要添加一些改善压制过程的物质——成形剂，或者添加在烧结中能造成一定孔隙的物质——造孔剂。

另外，为了降低压形时粉末颗粒与模壁和模冲间摩擦、改善压坯的密度分布、减少压模磨损和有利于脱模，常加入一种添加物——润滑剂，如石墨粉、硫磺粉和下述的成形剂物质。

成形剂是为了提高压坯强度或为了防止粉末混合料离析而添加的物质，在烧结前或烧结时该物质被除掉，有时也叫黏结剂，如硬脂酸锌、合成橡胶、石蜡等。

选择成形剂、润滑剂的基本条件：

(1)有较好的黏结性和润滑性能，在混合粉末中容易均匀分散，且不发生化学变化。

(3)软化点较高，混合时不易因温度升高而融化。

(3)混合粉末中不至于因添加这些物质而使其松装密度和流动性明显变差，对烧结体特性也不能产生不利影响。

(4)加热时，从压坯中容易呈气态排除，并且这种气体不影响发热元件、耐火材料的寿命。

钼在钢模压制时一般加入的成形剂、润滑剂为酒精-甘油（$C_2H_5OH \geqslant 99.0\%$，$CH_2OH \cdot CHOH \cdot CH_2OH \geqslant 99.9\%$），比例为酒精∶甘油＝1∶1，加入量为0.3%～0.5%。

成形剂、润滑剂在混料过程与钼粉一起加入混料器内，按工艺要求转动混料器，达到时间后取出。在压制时酒精部分挥发。

3.3 钼粉压制过程

本节主要讨论钼粉在钢模中的压制。

3.3.1 粉末压制现象

钼粉处于钢模中的压制如图 3-4 所示。

压力经上冲模传递向粉末时，粉末在某种程度上表现与液体相近的性质，即力图向各个方向流动，于是引起了垂直于模壁的压力——侧压力。

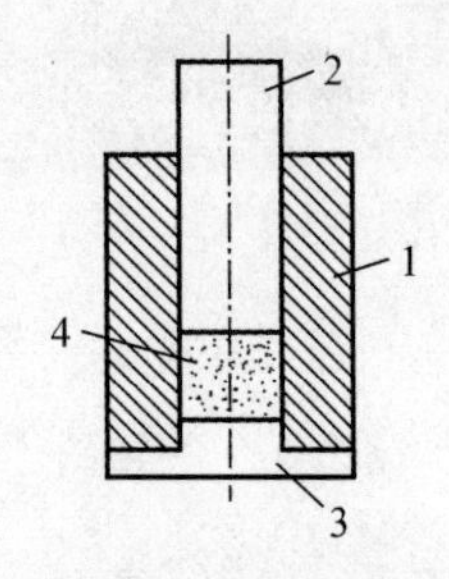

图 3-4 压制示意图
1—阴模； 2—上冲模；
3—下冲模； 4—粉末

粉末在压模内所受的压力分布是不均匀的，这与液体的各向均匀受压不同。因为粉末颗粒之间彼此摩擦，相互楔合，使压力沿横向(垂直于压模壁)的传递比垂直方向要困难得多，并且粉末与模壁在压制过程中也要产生摩擦力，此力随压制压力而增减。因此，压坯高度上出现显著的压力降，接近上冲模端面的压力比远离的部位要大得多。图 3-4 所示单向压制的压力最低面为下冲模的端面。同时，中心部位与边缘部位也存在着压力差，结果使得压坯各个部分的致密化程度也就不同。

在压制过程中，粉末由于受压力而发生弹性变形和塑性变形，压坯内存在很大的内应力，在外压停止作用后，压坯便出现膨胀现象——弹性后效。

3.3.2 钼粉压制时的位移与变形

众所周知，钼粉在压模内经受压力后就变得较密实且具有一定的形状和强度，这是由于在压制过程中，钼粉之间的孔隙度大大降低，彼此的接触显著增加。也就是说，钼粉在压制过程中出现了位移和变形。

1. 钼粉的位移

钼粉在松装堆集时，由于表面不规则，彼此之间有摩擦，颗粒相互搭架形成拱桥型空间——搭桥。

钼粉体具有很高的孔隙度，例如金属钼的理论密度是 10.2g/cm³，而工业上的钼粉松装密度是 0.8～1.5g/cm³。当施加压力时，钼粉末体内的拱桥现象被破坏，钼粉颗粒便彼此填充孔隙，重新排列位置，增加接触，图 3-5 所示为用两个钼粉颗粒来说明这一现象。

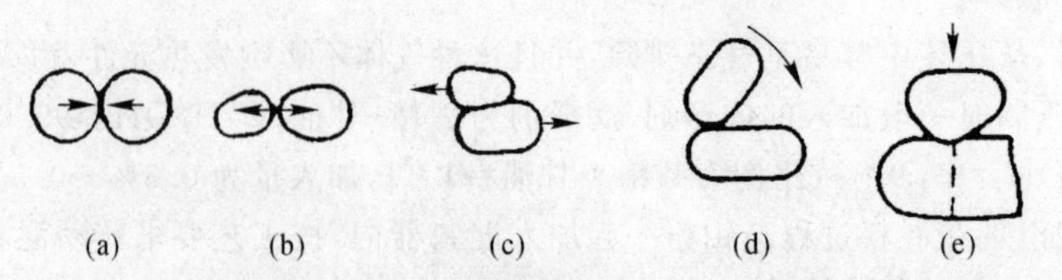

图 3-5 钼粉位移的形式
(a)钼粉颗粒的接近； (b)钼粉颗粒的分离； (c)钼粉颗粒的滑动；
(d)钼粉颗粒的转动； (e)钼粉颗粒因粉碎而产生的移动

2. 钼粉的变形

钼粉体在受压后体积大大减小，这是因为钼粉在受压时，不但发生了位移，而且也发生了变形，钼粉变形可能有3种情况：

(1)弹性变形。外力卸除后粉末形状可以恢复原形。

(2)塑性变形。压制压力超过了钼粉的弹性极限，变形不能恢复原型。钼粉体塑性变形所需的压力依据粉末性质不同而不同，例如，Cu，Al等粉末与Mo粉末所需的塑性变形力相差很大。

(3)脆性断裂。压制压力超过钼粉塑性变形极限时，钼粉颗粒就发生粉碎性的破坏。压制金属Mo及其化合物Mo_2C等脆性粉末时，除少量塑性变形外，主要是脆性变形。

钼粉压制过程的变形模型如图3-6所示。由图可知，压力增大时，钼粉颗粒发生变形，接触面积随之增大，可模拟为由球体变成扁球体，当压力超过球体的变形极限时，钼粉颗粒发生碎裂。

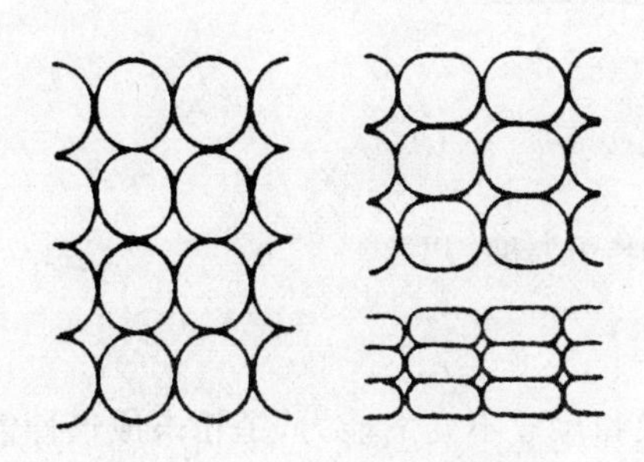

图3-6　压制时粉末的变形

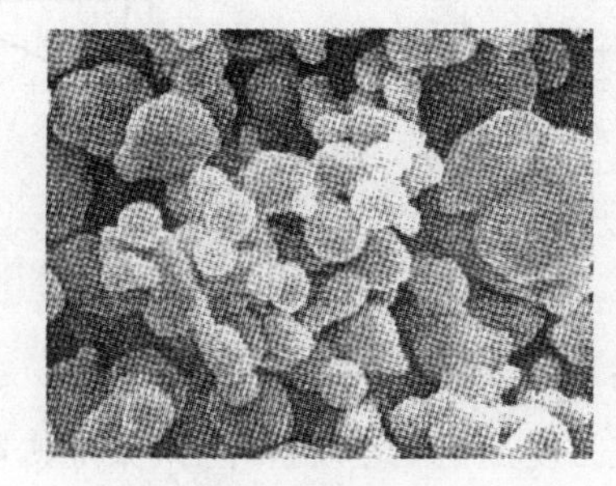

图3-7　钼粉形貌(×3000)

3.3.3　钼粉的压坯强度

在钼粉成形过程中，随着成形压力的增加，孔隙逐渐减少，压坯密度增大，由于钼粉颗粒之间联结力的作用，压坯强度也逐渐增大。

钼粉颗粒间联结力主要分为以下两种。

1. 钼粉颗粒间的机械啮合力

钼粉颗粒外观形貌呈不规则体，如柱状、针状、枝状、多面体等，颗粒表面粗糙不平(见图3-7)。通过压制，粉末颗粒之间由于位移和变形可以相互楔合和钩连，从而形成颗粒之间的机械啮合，这是使压坯强度增大的主要作用之一。钼粉的外观形状越复杂，表面越粗糙，则钼粉颗粒间彼此啮合得越紧，压坯的强度越高。

另外，由于钼粉颗粒的颗粒尺寸差值(颗粒尺寸分布)，颗粒在压坯内部形成搭配，大颗粒间的空隙被小颗粒填充，形成了“胶联”作用，因此，增加了压坯内粉体的机械啮合力。

2. 钼粉颗粒表面原子间的引力

在金属晶格阵序中，金属原子之间因引力和斥力相等处于平衡状态，当原子间的距离小于平衡时的常数值时，原子间产生斥力；反之，便产生引力，这种引力场的范围称为引力区间(见图3-8)。

当金属钼粉处于压制后期时，颗粒受到外力的作用而发生变形，颗粒表面上的原子被压至近距离，当进入到引力区间时，钼粉颗粒便由于引力作用而联结起来，于是，便促进了压坯强度的进一步增大，钼粉的接触区域越大，其压坯强度越高。

从对压坯强度的贡献情况分析，压坯内部颗粒间的机械啮合力是使压坯具有强度的主要联结力。特别需要指出，对加入黏结剂的压制，黏结剂对压坯强度起到了重要作用。

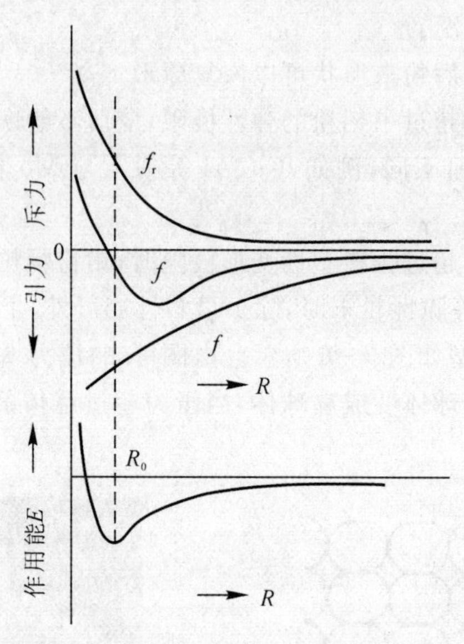

图 3-8　两个原子间的作用力和作用能

3.钼粉压坯强度的测定

压坯强度是指压坯反抗外力，保持其几何形状和尺寸不变的能力，是粉末成形性能重要标志之一。压坯强度测定主要方法：压坯抗弯强度试验方法、测定压坯边角稳定性的转鼓试验法、圆柱状和套筒状压坯沿其直径方向加压测试破坏强度（压溃强度）的方法。

抗弯强度试验采用 ASTM 标准规定的方法。

试样尺寸：31.75mm×12.7mm×6.35mm；

试验设备：万能试验机；

计算方法：

$$\sigma_{bb压坯}=\frac{3PL}{2BH^2}$$

式中，$\sigma_{bb压坯}$ 为压坯抗弯强度，MPa；P 为破断负荷，N；L 为试样指点间距离，ASTM：25.4mm；B 为试样宽度，mm；H 为试样厚度，mm。

计算方法：

$$K=\frac{P(D-T)}{LT^2}$$

式中，K 为压坯径向压溃强度，MPa；P 为压溃负荷，N；T 为试样外径与内径差，mm；D 为试样外径，mm；L 为试样长度，mm。

压溃强度的试验方法如图 3-9 所示。

测定压坯边角稳定性的方法：将直径 $D=12.7$mm，高 $H=6.35$mm 的圆柱状压坯装入 14 目的金属网制鼓筒中，以 87r/min 的转速转动 1000r 后，测定压坯的质量损失率来表征压坯强度。

$$S=\frac{A-B}{A}\times 100\%$$

式中，S 为质量减少率；A 为试样的原始质量，单位：g；B 为试样的最终质量，单位：g。

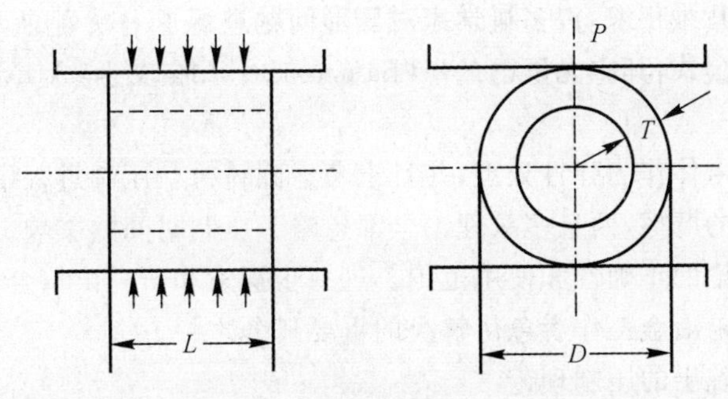

图 3-9　压溃强度测定示意图

3.4　压制压力与压坯密度的关系

3.4.1　钼粉压制

粉末体受压后发生位移和变形，密度随压力的增加而增大。这种变化是有规律的，依据试验数据得出如图 3-10 所示的压坯密度与成形压力间的关系。

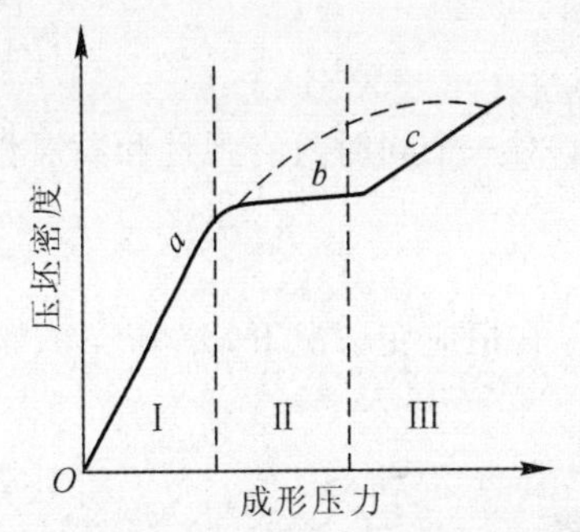

图 3-10　压坯密度与成形压力的关系

第 Ⅰ 阶段：在这阶段内，由于粉末颗粒发生位移，填充孔隙，因此，压制压力与压坯密度线性斜率大，此阶段又称滑动阶段。

第 Ⅱ 阶段：继第 Ⅰ 阶段施压后继续加压时，压坯的密度几乎不变，线性斜率很小。这是由于压坯经过第 Ⅰ 阶段压缩后，其密度已达到一定值，粉末体出现了一定的压缩阻力。在此阶段内，虽然压力加大，但孔隙度不能减少，因此，密度变化不大。

第 Ⅲ 阶段：当压力继续增大超过某一定值时，随着压力的升高，压坯的相对密度又开始增大。因为当成形压力超过粉末的临界压力时，粉末颗粒开始变形，由于位移和变形的作用，所以，压坯密度又开始增加。

上述 3 个阶段是理想状态，实际情况是很复杂的，在第 Ⅰ 阶段虽然以位移为主，但也有少量的变形，同样在第 Ⅲ 阶段虽然以变形为主，但也存在着少量的位移发生。

其次，在第 Ⅱ 阶段的存在情况也是根据粉末种类的不同而有差异的。硬而脆的 Mo 粉末，其第 Ⅱ 阶段较明显，曲线较平坦；而塑性较好的粉末其第 Ⅱ 阶段则不明显，如压制铜、锡、铅等塑性很好的金属粉末时，第 Ⅱ 阶段基本消失。

3.4.2　压制压力与压坯密度关系的解析

在粉末冶金过程中，成形是仅次于烧结的一个主要工序。随着粉末冶金技术的不断发展，对成形工艺的研究也引起了人们的高度重视，尽管如此，有关粉末冶金成形的理论至今仍然众说纷纭，并无定论。

1923 年汪克尔(Walker)根据试验首次提出了粉末体的相对体积与压制压力的对数呈线

性关系的经验公式。几十年来，许多科学家对压形问题进行了一系列的研究，并提出了许多压制的理论公式或经验公式，其中尤以巴二申(Бальшин)、川北、艾西(Athy)和黄培云方程式最为重要。

多数理论都把粉末体作为弹性处理，并且未考虑到粉末在压制过程中的加工硬化，有的作者未考虑到粉末之间的摩擦，而且多数理论全都忽略了压制时间的影响。不言而喻，这些问题都必将影响到压制理论的正确性和使用范围。进一步探索和研究出符合实践并能起指导作用的压制理论是今后粉末冶金工作者急待解决的重要任务之一。

中南大学黄培云院士的压制理论：

1. 黄培云压制理论简介

1964 年，黄培云教授对粉末压形问题进行研究之后，考虑了粉末体的非线性弹滞体的特征与压形时应变大幅度变化这些事实，根据理论推导和试验验证，提出了一种新的压制理论，其内容大致如下。

对于一个理想弹性体，根据胡克定律有关系式

$$\sigma = M\varepsilon \tag{3-1}$$

式中，σ 为应力；ε 为应变；M 为弹性模量。

式(3-1)对时间求导数，得

$$\frac{\mathrm{d}\sigma}{\mathrm{d}t} = M\frac{\mathrm{d}\varepsilon}{\mathrm{d}t} \tag{3-2}$$

对一个同时具有弹性和黏滞性的固体，马克斯威尔(Maxwell)曾指出有如下关系：

$$\frac{\mathrm{d}\sigma}{\mathrm{d}t} = M\frac{\mathrm{d}\varepsilon}{\mathrm{d}t} - \frac{\sigma}{\tau_1} \tag{3-3}$$

在恒应变情况下，$\mathrm{d}\varepsilon/\mathrm{d}t = 0$，则

$$\frac{\mathrm{d}\sigma}{\mathrm{d}t} = -\frac{\sigma}{\tau_1}$$

$$\frac{\mathrm{d}\sigma}{\sigma} = -\frac{1}{\tau_1}\mathrm{d}t$$

积分后，得

$$\sigma = \sigma_0^{-t/\tau_1} \tag{3-4}$$

式中，σ_0 为 $t=0$ 时的应力；τ_1 为应力弛豫时间。

随后凯尔文(Kelvin)等人应用应变弛豫的概念，得出描述同时具有弹性和应变弛豫性质的固体(称为凯尔文固体)的方程为

$$\sigma = M\varepsilon + \eta\frac{\mathrm{d}\varepsilon}{\mathrm{d}t} = M\left(\varepsilon + \tau_2\frac{\mathrm{d}\varepsilon}{\mathrm{d}t}\right) \tag{3-5}$$

式中，η 为黏滞系数，$\eta = M\tau_2$；τ_2 为应变弛豫时间。

后来，阿夫雷(Alfrey)与多特(Doty)等人同时考虑了应力弛豫与应变弛豫的关系，引进标准线性固体的概念，并指出它服从关系式

$$\left(\sigma + \tau_1\frac{\mathrm{d}\sigma}{\mathrm{d}t}\right) = M\left(\varepsilon + \tau_2\frac{\mathrm{d}\varepsilon}{\mathrm{d}t}\right) \tag{3-6}$$

标准线性固体的概念尽管已广泛应用于金属内耗的研究中，但不适用于粉末体的压形研究，因为：① 在应力与应变都已充分弛豫或接近充分弛豫的情况下，标准线性固体的应力与应变呈线性关系，而粉末体则不然。② 粉末体在压形时的变形程度比金属内耗或蠕变时要大得

无可比拟。此时，必然有粉末体的加工硬化，因此，粉末在压制时的应力应变关系不可能维持线性关系，而应有某种非线性弹滞体的特征。据此，粉末体的压制应该有下述关系：

$$\left(\sigma+\tau_1\frac{\mathrm{d}\sigma}{\mathrm{d}t}\right)^n=M\left(\varepsilon+\tau_2\frac{\mathrm{d}\varepsilon}{\mathrm{d}t}\right)\tag{3-7}$$

式中，n 为系数，一般 $n<1$。

在压力为恒应力 σ_0 的情况下，$\frac{\mathrm{d}\sigma}{\mathrm{d}t}=0$，则式(3-7)可简化为

$$\sigma_0=M\left(\varepsilon+\tau_2\frac{\mathrm{d}\varepsilon}{\mathrm{d}t}\right)$$

$$\frac{\mathrm{d}t}{\tau_2}=-\frac{\mathrm{d}\left[\left(\frac{\sigma_0^n}{M}\right)-\varepsilon\right]}{\left[\left(\frac{\sigma_0^n}{M}\right)-\varepsilon\right]}$$

积分后，得

$$\varepsilon=\varepsilon_0\mathrm{e}^{-t/\tau_2}+\left(\frac{\sigma_0^n}{M}\right)\left[1-\mathrm{e}^{-t/\tau_2}\right]\tag{3-8}$$

当粉末压制过程充分弛豫(即 $t\gg\tau_2$)时，$\mathrm{e}^{-t/\tau_2}\rightarrow 0$，则式(3-8)可简化为

$$\varepsilon=\frac{\sigma_0^n}{M}\tag{3-9}$$

$$\lg\varepsilon=n\lg\sigma_0-\lg M\tag{3-10}$$

设粉末体在压制前的体积为 V_0，压坯体积为 V，相当于致密金属所占的体积为 V_m，压制前粉末体中孔隙体积为 V'_0，压坯中孔隙体积为 V'，实际上，粉末体在压制时的体积变化可用 V'_0-V' $(V_0=V'_0-V_m, V'=V-V_m)$ 来表征。致密金属所占的实际体积 V_m 没有变化或变化很小，因此只有孔隙体积发生了改变，可视为粉末体在压制过程中所发生的应变。

应用自然应变的概念，可得

$$\varepsilon=\ln\frac{V'_0}{V'}=\ln\frac{V_0-V_m}{V-V_m}=\ln\frac{(\rho_m-\rho_0)\rho}{(\rho_m-\rho)\rho_0}\tag{3-11}$$

将式(3-11)代入式(3-10)，并用单位压制压力 p 代替恒应力 σ_0，可得

$$\lg\ln\frac{(\rho_m-\rho_0)\rho}{(\rho_m-\rho)\rho_0}=n\lg p-\lg M\tag{3-12}$$

式中，ρ 为压坯密度，g/cm^3；ρ_0 为压坯原始密度(粉末充填密度)，g/cm^3；ρ_m 为致密金属密度，g/cm^3；p 为单位压制压力，Pa；n 为硬化指数的倒数，$n=1$ 时，无硬化出现；M 为压制模量。

1980 年，黄培云对双对数压制理论又做了下述研究。

(1) 对式(3-12)的数学模型进行了量纲分析。

指出 M 的量纲与 p^n 相同，由于不同粉末的 n 值和 M 值各不相同，因而不同粉末的 M 量纲也不相同，很难进行比较。如果改用数学模型：

$$\left(p+\tau_1\frac{\mathrm{d}p}{\mathrm{d}t}\right)=M\left(\varepsilon+\tau_2\frac{\mathrm{d}\varepsilon}{\mathrm{d}t}\right)^m\tag{3-13}$$

在维持恒压力($\frac{\mathrm{d}p}{\mathrm{d}t}=0$)情况下，解以上方程，可得

$$\varepsilon=\varepsilon_0\mathrm{e}^{-t/\tau_2}+\left(\frac{p}{M}\right)^{1/m}\left[1-\mathrm{e}^{-t/\tau_2}\right]\tag{3-14}$$

在充分弛豫情况下，$\mathrm{e}^{-t/\tau_2}\rightarrow 0$，这时

$$\varepsilon=\left(\frac{p}{M}\right)^{1/m} \tag{3-15}$$

对方程两边取对数，并应用自然应变概念后，可得

$$m\lg\ln\frac{(\rho_m-\rho_0)\rho}{(\rho_m-\rho)\rho_0}=\lg p-\lg M \tag{3-16}$$

由于
$$\varepsilon=\ln\frac{(\rho_m-\rho_0)\rho}{(\rho_m-\rho)\rho_0}$$

故得
$$\frac{(\rho_m-\rho_0)\rho}{(\rho_m-\rho)\rho_0}=e^{\varepsilon}$$

$$\rho=\frac{\rho_0\rho_m e^{\varepsilon}}{[\rho_m+(e^{\varepsilon}-1)\rho_0]}$$

这样，$\lg\ln\frac{(\rho_m-\rho_0)\rho}{(\rho_m-\rho)\rho_0}$ 仍然应该与 $\lg p$ 值呈直线关系，如以前者为横坐标，后者为纵坐标，则所得直线的斜率为 m 值，直线与纵轴的截距为 $\lg M$ 值，如图 3-11 所示。

M 的量纲与 p 相同，M 值的大小表征粉末体压制的难易。M 值越大，表示粉体越难压制。m 值的大小表征粉末体压制过程硬化趋势的大小，m 值越大，表示粉体硬化趋势越强。当 $m=1$ 时，表示粉末体压制过程呈线性变化，全无硬化趋势。一般情况下，$m>1$。

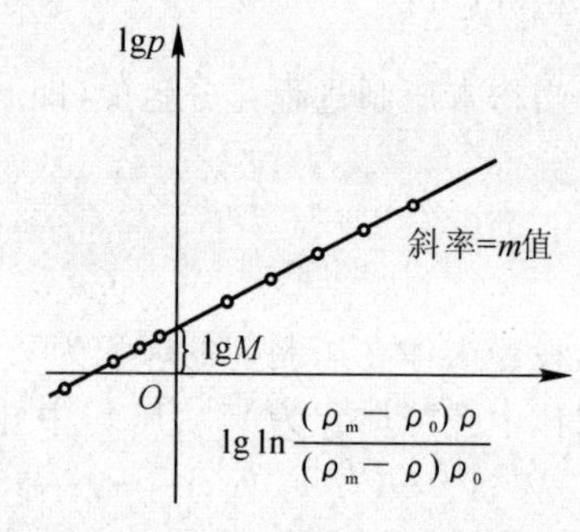

图 3-11　$\lg p$ 与 $\lg\ln\frac{(\rho_m-\rho_0)\rho}{(\rho_m-\rho)\rho_0}$ 的关系

用压坯高度变化表示应变，由于样重 w、压坯密度 ρ、压坯体积 V、压坯高度 h、压模横断面积 A 存在着简单关系：

$$w=\rho V,\quad V=hA,\quad h=\frac{w}{\rho A}$$

$$\left(V_0=h_0A,\ h_0=\frac{w}{\rho_0A},\ V_m=h_mA,\ h_m=\frac{w}{\rho_mA}\right)$$

因此
$$\varepsilon\equiv\ln\frac{V_0-V_m}{V-V_m}\equiv\ln\frac{h_0-h_m}{h-h_m}$$

$$e^{\varepsilon}=\frac{h_0-h_m}{h-h_m},\quad e^{-\varepsilon}=\frac{h-h_m}{h_0-h_m}$$

其中，$h_0-h_m=$（模冲）最大可能压下量；$h-h_m=$ 剩余可能压下量。

设 $s=h_0-h=$（模冲）压下量，则

$$h=e^{-\varepsilon}h_0-e^{-\varepsilon}h_m+h_m=e^{-\varepsilon}h_0+(1-e^{-\varepsilon})h_m$$

$$s=h_0-h=h_0-e^{-\varepsilon}h_0+(1-e^{-\varepsilon})h_m=(h_0-h_m)(1-e^{-\varepsilon})$$

$$h_0-h_m=\frac{w}{A}\left(\frac{\rho_m-\rho_0}{\rho_m\rho_0}\right)$$

$$h=h_m+e^{-\varepsilon}(h_0-h_m)=\frac{w}{A}\left[\frac{1}{\rho_m}+e^{-\varepsilon}\left(\frac{\rho_m-\rho_0}{\rho_0}\right)\right]$$

$1-e^{-\varepsilon}=\frac{h_0-h}{h_0-h_m}\left(=\frac{\text{实际压下量}}{\text{最大可能压下量}}\right)$，可定名为压下比例。

$e^{-\varepsilon}=\frac{h-h_m}{h_0-h_m}\left(=\frac{\text{剩余可能压下量}}{\text{最大可能压下量}}\right)$，定名为剩余（可能）压下比例。

$e^{-\epsilon}$ 可定名为剩余压下比例的倒数。

(2) 对模壁摩擦进行了理论研究。设 $p_{摩}$ 为由于粉末与模壁摩擦作用而损失的压强，则实际作用于粉末坯块的压强 $p_{实}$ 小于压制压强 p，即

$$p_{实}=p-p_{摩} \tag{3-17}$$

$p_{摩}$ 的数值与粉末对模壁的摩擦因数 μ、模壁的高度 h、压模内径 r 有关。

琼斯(W. D. Jones) 曾指出：

$$\frac{p_1}{p_2}=e^{-2\mu kh/r} \tag{3-18}$$

式中，p_1 为任意截面上的压力；p_2 为压制压力；k 为常数。

当 μ,h,r,k 是固定值时，则 p_1/p_2 值为常数，因此，可以认为

$$\frac{p_{摩}}{p}=K'$$

即

$$p_{摩}=K'p$$

$$p_{实}=p-p_{摩}=p(1-K')=Kp \tag{3-19}$$

式中，K' 与 K 都是常数。

因此，当摩擦存在时，真正作用于压坯上的实际压强 $p_{实}$ 小于压制压强 p，故有

$$m\lg\ln\frac{(\rho_m-\rho_0)\rho}{(\rho_m-\rho)\rho_0}=\lg p_{实}-\lg M=\lg K+\lg p-\lg M=\lg p-\lg\frac{M}{K} \tag{3-20}$$

由此可见，不论有无摩擦损失，压制压强(不论是 $p_{实}$ 或 p) 的对数值都将维持与 $\lg\ln\frac{(\rho_m-\rho_0)\rho}{(\rho_m-\rho)\rho_0}$ 值呈直线关系。

如果有模壁摩擦损失，而用 p 代替 $p_{实}$ 代入双对数方程式时，M 值内将包含忽略摩擦所引进的误差，使得 M 值偏大，直线平行上移。

用等静压法对各种软、硬粉末如 Sn,Zn,Cu，黄铜，Fe,Ni,Co,Mo,Cr,W,WC,TiC 等在 $0\sim6t/cm^2$ 范围内进行的压形试验，以及用普通模压法对各种粉末如 Mo,Cu,Fe,W 等进行的压制试验，都证实了上述规律的正确性。

这说明，双对数方程不仅适用于等静压制，也适用于一般单向压制。

(3) 黄培云教授关于动压成形的研究。压制过程中的加压速度不仅影响到粉末颗粒间的摩擦状态和加工硬化程度，而且影响到空气从粉末颗粒间孔隙中的逸出情况，如果加压速度过快，空气逸出就困难。因此，通常的压制过程均是以静压(确切地讲是缓慢加压) 状态进行的。

加压速度很快的压制如冲击成形，属于动压范畴。动压成形的研究已有半个多世纪的历史，压制速度已由几米每秒增加到 200m/s 以上。目前，已经出现了粉末冶金用的冲击压力机，其加压速度相当于锻造速度，为 6.1 ～ 18.3m/s，能压制单个质量为 0.5kg 的铁基零件，密度可达 $6.5g/cm^3$，相对密度为 85% 以上。有人指出，铁粉冲击成形的相对密度可达 97%，铜粉可达 98%，混合粉可达 93% ～ 96%。实践已证明，高速冲击成形所得的压块比用缓慢加压所得的密度分布更加均匀，这是为什么呢?

当压制压力由静压变成动压时，粉末体不仅受到静压力 p 的作用，还将受到动量 mv 的作用，速度 v 越大，动量 mv 也越大，一般静压的速度是零点几米每秒，而落锤冲击的速度是 6.1 ～18.3m/s。冲击成形的时间很短，只需百分之几到千分之几秒。因此，冲击力 $F=mv/t$

便是一个很大的数值，比静压作用在粉末体上的力要大，所以冲击成形的效率远比静压成形高。

在 20 世纪 60 年代中期，黄培云教授对粉末体在动压状态下的成形问题进行了研究，并在世界上首次将拉格朗日(Lagrange) 方程成功地应用在粉末的动压成形上。他的研究结果如下：

根据拉格朗日方程，有

$$\frac{\mathrm{d}\left(\frac{\partial T}{\partial \dot{q}}\right)}{\mathrm{d}t}-\frac{\mathrm{d}L}{\mathrm{d}q}=0,\quad L=\underset{\text{动能}}{T}-\underset{\text{位能}}{V}$$

若忽略位能变化，则

$$\frac{\mathrm{d}\left(\frac{\partial T}{\partial \dot{q}}\right)}{\mathrm{d}t}-\frac{\mathrm{d}L}{\mathrm{d}q}\approx 0\quad \left[\text{附注：}\frac{\partial T}{\partial \dot{q}}=\text{动量},\frac{\partial\ \frac{1}{2}mv^2}{\partial v}=mv\right]$$

$$T=\text{总动能}$$

设落锤质量为 W_{H}，接触上模冲时速度为 v_{H}；设上模冲质量为 W_{P}，锤接触模冲后与上模冲成为整体，则

$$\text{总质量}\ W_{\text{总}}=W_{\mathrm{H}}+W_{\mathrm{P}}$$

并共同以 $v_{\text{总}}$ 速度开始运动。由动量不变原理可知

$$W_{\mathrm{H}}v_{\mathrm{H}}=(W_{\mathrm{H}}+W_{\mathrm{P}})v_{\text{总}}$$

故得

$$v_{\text{总}}=\frac{W_{\mathrm{H}}}{W_{\mathrm{H}}+W_{\mathrm{P}}}v_{\mathrm{H}}$$

$$\text{其总动能}=\frac{1}{2}(W_{\mathrm{H}}+W_{\mathrm{P}})\left(\frac{W_{\mathrm{H}}}{W_{\mathrm{H}}+W_{\mathrm{P}}}v_{\mathrm{H}}\right)^2=\frac{(W_{\mathrm{H}}v_{\mathrm{H}})^2}{2(W_{\mathrm{H}}+W_{\mathrm{P}})}$$

$$\text{其总动量}=W_{\text{总}}\ v_{\text{总}}=(W_{\mathrm{H}}+W_{\mathrm{P}})\left(\frac{W_{\mathrm{H}}}{W_{\mathrm{H}}+W_{\mathrm{P}}}\times v_{\mathrm{H}}\right)=W_{\mathrm{H}}v_{\mathrm{H}}$$

现在就 $\frac{\mathrm{d}T}{\mathrm{d}q}$ 值与 $\frac{\mathrm{d}\left(\frac{\partial T}{\partial \dot{q}}\right)}{\mathrm{d}t}$ 值进行计算对比。

根据拉格朗日方程，动能随距离而变化，相当于动量随时间而变化，都将产生作用力。计算动能随距离而变化，有

$$\text{总作用力}=\frac{\mathrm{d}T}{\mathrm{d}q}=\frac{\text{动能变化}}{\text{距离}}=\frac{\left[\frac{(W_Hv_H)^2}{2(W_H+W_P)}\right]-0}{\Delta s}\left(\text{其中}\ \Delta s=h_0-h=[1-\mathrm{e}^{-\varepsilon}](h_0-h_{\mathrm{m}})\right)$$

开始时总动能为 $\frac{(W_{\mathrm{H}}v_{\mathrm{H}})^2}{2(W_{\mathrm{H}}+W_{\mathrm{P}})}$，经 Δs 后动能为 0，因此

$$\frac{\mathrm{d}T}{\mathrm{d}q}=\frac{(W_{\mathrm{H}}v_{\mathrm{H}})^2}{2(W_{\mathrm{H}}+W_{\mathrm{P}})(1-\mathrm{e}^{-\varepsilon})(h_0-h_{\mathrm{m}})}$$

计算动量随时间而变化：

$$\frac{\mathrm{d}\left(\frac{\partial T}{\partial \dot{q}}\right)}{\mathrm{d}t}=\frac{\mathrm{d}\left[\frac{\partial\left(\frac{1}{2}mv^2\right)}{\partial v}\right]}{\mathrm{d}t}=\frac{\mathrm{d}(mv)}{\mathrm{d}t}=\frac{\Delta\ \text{动量}}{\Delta\ \text{时间}}$$

开始时总动量 $=W_{\mathrm{H}}v_{\mathrm{H}}$，$\Delta t$ 时间后，动量为 0。

先进行作用时间 Δt 的计算(即总动量 $W_H v_H$ 在 s 距离内减小到0的所用时间)。它与减速度(负加速度 a)有关,$s=h_0-h=(1-e^{-\varepsilon})(h_0-h_m)$,由 $v_{总}=\sqrt{2as}$ 可知

$$a=\frac{v_{总}^2}{2s}=\frac{(W_H v_H)^2}{2(W_H+W_P)(1-e^{-\varepsilon})(h_0-h_m)}$$

由 $v=at$ 可知

$$t=\frac{v_{总}}{a}=\frac{\dfrac{W_H v_H}{W_H+W_P}}{\dfrac{(W_H v_H)^2}{2(W_H+W_P)(1-e^{-\varepsilon})(h_0-h_m)}}=\frac{2(W_H+W_P)(1-e^{-\varepsilon})(h_0-h_m)}{W_H v_H}$$

$$\frac{d\left(\dfrac{\partial T}{\partial \dot{q}}\right)}{dt}=\frac{动量变化}{时间变化}=\frac{\dfrac{W_H v_H}{1}}{\dfrac{2(W_H+W_P)(1-e^{-\varepsilon})(h_0-h_m)}{W_H v_H}}=\frac{(W_H v_H)^2}{2(W_H+W_P)(1-e^{-\varepsilon})(h_0-h_m)}$$

可见,正如拉格朗日方程所示

$$作用力=\frac{d\left(\dfrac{\partial T}{\partial \dot{q}}\right)}{dt}=\frac{dT}{d\dot{q}}=\frac{(W_H v_H)^2}{2(W_H+W_P)(1-e^{-\varepsilon})(h_0-h_m)}$$

现在,通过解方程 $\varepsilon^n(1-e^{-\varepsilon})=\dfrac{\rho_m\rho_0\ (W_H v_H)^2}{2MW(\rho_m-\rho_0)(W_H+W_P)}$,求 ε。

由于

$$h_0=\frac{W}{A\rho_0},\quad h_m=\frac{W}{A\rho_m}$$

$$h_0-h_m=\frac{W}{A}\left(\frac{\rho_m-\rho_0}{\rho_0\rho_m}\right)$$

$$作用力=\frac{d\left(\dfrac{\partial T}{\partial \dot{q}}\right)}{dt}=\frac{dT}{d\dot{q}}=\frac{A\ (W_H v_H)^2\rho_0\rho_m}{2W(W_H+W_P)(1-e^{-\varepsilon})(\rho_m-\rho_0)}$$

此作用力将作用于粉末体,使粉末压坯密度按 $p=M\varepsilon^n$ 规律由 ρ_0 压至 ρ(应变则由0至 ε),令 p 代表压强(则 M 也必须使用同样相同单位),即

$$p=\frac{作用力}{面积\ A}$$

因为

$$p=M\varepsilon^n=\frac{A\ (W_H v_H)^2\rho_0\rho_m}{2W(W_H+W_P)(1-e^{-\varepsilon})(\rho_m-\rho_0)}\Big/A$$

消掉 A 并移项

所以

$$\varepsilon^n(1-e^{-\varepsilon})=\frac{(W_H v_H)^2\rho_0\rho_m}{2MW(W_H+W_P)(\rho_m-\rho_0)}=K(常数)$$

由于上述方程中的量均为已知,故可求出未知的 ε。

ε 值的求法有下列4种:

1) 图解法。由于不同的 n 值需作出不同的图形,并且此方法不太准确,一般可精确到小数点后一位数。

2) 查表法。预先做好常用 ε 值的对应 $\varepsilon^n(1-e^{-\varepsilon})$ 值表,由上式等号右边计算所得 K 值,按此表查出 ε 值。此方法的预备工作量很大,不同的 n 值需要做出不同的表格。

3) 反复调试法(Trial and Error)。将等号右边 K 值固定,试估计 ε 值,调算等号左边的 $\varepsilon^n(1-e^{-\varepsilon})$ 值,反复调试 ε 值,使等号左边和右边相等。

4）计算机法。输入已知数据后，通过计算机在瞬时间内自动计算出每次冲压所达到的 ε 值与 ρ 值，其精确程度可达到小数点后 6 位或 7 位。

计算机法还能计算出落锤加模冲的运动总速度与总动能，同时，还可计算出总动能在 $\Delta s = h_0 - h$ 距离内变化为 0 时所产生的作用力，以及模冲的负加速度和模冲由 h_0 降到 h 所经历的时间。

动压对粉末成形时的效果非常明显。黄培云、吕海波、陈振华等教授曾对各种粉末（如较软粉末 Al，Sn，中等软硬粉末 Cu，Fe，Ni，较硬粉末 Al_2O_3，W，Mo 等）进行过试验，效果都非常显著。

根据材料力学关于静动载荷的理论可知，在弹性变形范围内，当一个质量为 Q 的物体自由下落时，动静载荷之间的关系为

$$P_{动} = K_{动} P_{静}$$

式中，$P_{动}$ 为动载荷；$P_{静}$ 为静载荷（数值上等于 Q）；$K_{动}$ 为动荷系数。

而

$$K_{动} = 1 + \sqrt{1 + \frac{2H}{\delta c}}$$

式中，H 为运动的距离；δc 为静负载的变形值。

以 $H = \dfrac{v^2}{2g}$ 代入上式，则得

$$K_{动} = 1 + \sqrt{1 + \frac{v^2}{g\delta c}}$$

式中，v 为冲击开始时的速度；g 为重力加速度。

当 $v \ll 1$ 时，$\dfrac{v^2}{g\delta c} \approx 0$，代入则得

$$K_{动} = 2$$

因此

$$P_{动} = 2P_{静}$$

即当物体突然受到外力作用时，其动载荷至少为静载荷的 2 倍。

当 $v \gg 1$ 时，则

$$K_{动} \approx \sqrt{\frac{c^2}{g\delta c}}$$

因此

$$P_{动} = P_{静}\sqrt{\frac{v^2}{g\delta c}}$$

例如，自由落锤的质量为 5kg，开始冲击时的速度为 10m/s，若压模中的粉末体受到 5kg 静载荷时，压下量为 1mm，代入，则得

$$P_{动} = 5\sqrt{\frac{10^2}{9.8 \times 1 \times 10^{-3}}} \approx 500\text{kgf} \approx 490\text{N}$$

即所受到的冲击力比静载荷 5kg 大 100 倍，实际上，粉末的变形量是相当小的。假设其值为 0.01mm，则此时粉末体所受到的动载荷是 5000kg，即比静载荷大 1000 倍。

有人曾做过这样的试验，用同样的粉末和压模，称取相同质量的粉末，分别在液压机上加 5000kg 的静压力或者用质量为 2kg 的落锤以 4m/s 的速度冲击两次，结果发现两种情况下的

压块密度几乎一样。这就是说，用 5000kg 静压的效果与 2kg 落锤的动压效果基本相同。即冲击成形的效果比静压几乎提高了 2500 倍！

但是形状复杂的制品如加压速度太快，由于最上层粉末瞬时飞散，也可造成密度分布的不均匀。

综上所述，如能将动压成形理论应用于实践，对粉末的压制将产生重大的变革甚至革命。由于动压的作用时间很短，仅为若干毫秒，在阴模模壁上所受到的侧压力非常小，可以采用小吨位压力机和不同于静压时所用压模的材料和尺寸。在今后实践中，还可以采用如下的一些压制方式：高速高能一次成形、低吨位多次累积成形等。

2. 某些压制理论的初步比较

黄培云教授对某些压制理论作了下述评价。

国际上关于粉末压形规律的研究都选用压制压强的某种函数与压坯密度的某种函数间的直线关系，例如：

巴尔申：$\lg p$ 与 $(\beta - 1)$　　（Ⅰ）

艾西-沙皮罗-科诺皮斯基：$\ln \dfrac{1-D}{1-D_0}$ 与 p　　（Ⅱ）

川北公夫：$\dfrac{1}{C}$ 与 $\dfrac{1}{p}$　　（Ⅲ）

黄培云：$\lg\ln \dfrac{(\rho_m - \rho_0)\rho}{(\rho_m - \rho)\rho_0}$ 与 $\lg p$　　（Ⅳ）

过去各学说对于这种直线关系只有定性描述而缺乏定量校验。黄培云用最小二乘法对每组压形试验 n 对数据 $(x_i, y_i; i=1,2,\cdots,n)$ 进行处理所得最佳回归直线，其斜率为 m，y 轴截距为 b，有

$$m = \frac{\sum x_i y_i - \dfrac{\sum x_i \sum y_i}{N}}{\sum x_i^2 - \dfrac{\left(\sum x_i\right)^2}{N}}, \quad b = \frac{\sum y_i - m\sum x_i}{N} \tag{3-21}$$

该回归直线与该组数据的相关系数 $R = m\dfrac{\sigma_x}{\sigma_y}$。

其中

$$\sigma_x = x\text{ 集合的标准差} \equiv \left[\frac{\sum x_i^2 - \dfrac{\left(\sum x_i\right)^2}{N}}{N-1}\right]^{1/2}$$

$$\sigma_y = y\text{ 集合的标准差} \equiv \left[\frac{\sum y_i^2 - \dfrac{\left(\sum y_i\right)^2}{N}}{N-1}\right]^{1/2}$$

吕海波对钼粉模压数据的压制方程进行了计算校验，见表 3-2。

通过以上分析可以看出，在多数情况下，黄培云的双对数方程式不论对软体粉末或硬粉末适用效果都比较好。巴尔申方程用于硬粉末比软粉末效果好。艾西-沙皮罗-科诺皮斯基方程适用于一般粉末。川北公夫方程在压制压力不太大时优越性显著。

表 3-2　吕海波对不同压制方程用钼粉模压数据的计算校验

($\rho_0=1.20\text{g/cm}^3$，$\rho_m=10.22\text{g/cm}^3$)

p/(100MPa)	ρ/(g·cm^{-3})	$\lg p$	$\beta-1$	$\ln\dfrac{1-D}{1-D_0}$	$\dfrac{1}{p}$	$\dfrac{1}{C}$	$\lg\ln\dfrac{(\rho_m-\rho_0)\rho}{(\rho_m-\rho)\rho_0}$
1	4.64	0.000000	1.20259	−0.480256	1.00000	1.34884	0.263079
2	5.37	0.30103	0.903166	−0.620466	0.500000	1.28777	0.326125
3	5.95	0.477121	0.717647	−0.747831	0.333333	1.25263	0.370865
4	6.39	0.60206	0.599374	−0.85658	0.250000	1.23121	0.402948
5	6.67	0.69897	0.532234	−0.932497	0.200000	1.21938	0.422884
6	9.94	0.778151	0.472622	−1.0116	0.166667	1.20926	0.441943
7	7.20	0.845098	0.419445	−1.09419	0.142857	1.20000	0.460288
8	7.33	0.90309	0.39427	−1.13819	0.125000	1.19576	0.469504

R(Ⅰ) = −0.996405　　b(Ⅰ) = 1.17683　　m(Ⅰ) = −0.906155

R(Ⅱ) = −0.988384　　b(Ⅱ) = −0.440128　　m(Ⅱ) = −0.0933495

R(Ⅲ) = 0.982023　　b(Ⅲ) = 1.18356　　m(Ⅲ) = 0.175203

R(Ⅳ) = 0.999399　　b(Ⅳ) = 0.260417　　m(Ⅳ) = 0.233264

3.5　压制过程中力的分析

粉末体在压模内所受应力是不均匀的，除了粉体在力的传递过程中的消耗外，粉体与模壁之间摩擦也是导致这种力的分布不均匀的主要原因之一。前面所说的压制压力都是指的平均压力，实际上作用在压块断面上的力并非都是均等的，同一断面内中间部位和靠近模壁的部位，压坯的上、中、下部位所受的力都是不一致的，压坯内部除轴向应力外，还有侧压力、摩擦力、弹性内应力、脱模压力等，这些力对压坯起到了不同的作用。

3.5.1　应力和应力分布

压制压力作用在粉末体上后分为两部分。一部分是用来使粉末产生位移、变形和克服粉末的内摩擦，这部分力称为净压力，常以 p_1 来表示；另一部分是用来克服粉末颗粒与模壁之间的外摩擦力，这部分力称为压力损失，以 p_2 表示。因此，压制时所用的总压力为净压力和压力损失之和，即

$$p=p_1+p_2$$

压模内模上冲、模壁、底部的应力分布如图 3-12 所示。

由图可知：压模内各部分的应力是不相等的。由于存在着压力损失，上部应力比底部应力大；在接近模冲的上部同一断面，边缘的应力比中心部位大；而在远离模冲的底部，中心部位的应力比边缘应力大。

3.5.2　侧压力和模壁摩擦力

粉末体在压模内受压时，压坯会向外膨涨，模壁就会给压坯一个大小相等、方向相反的反

作用力，压制过程中，由垂直压力引起的模壁施加于压坯侧面压力称为侧压力。由于粉末颗粒之间的内摩擦和粉末颗粒与模壁之间的外摩擦等因素的影响，压力不能均匀地全部传递，传到模壁的压力始终小于压制压力，也就是说，侧压力始终小于压制压力。

为了分析受力的情况，取一个简单立方体压坯来进行研究，如图 3-13 所示。

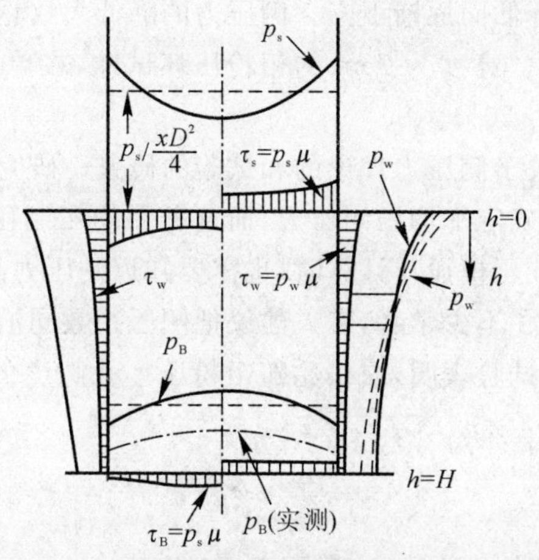

图 3-12　压模内模上冲、模壁和底部的应力分布

p_s— 模冲压力；p_w— 模壁压力；p_B— 底部压力；τ_s— 模冲的剪切压力；τ_w— 模壁的前切应力；τ_B— 底部的剪切应力；h— 两断面间距离；H— 最大距离；μ— 摩擦因数

当压坯受到正压力 p（z 轴方向）作用时，它力图使压块在 Oy 轴方向产生膨胀。从力学可知，此膨胀值 Δl_{y1} 与材料的泊松比 ν 和正压力 p 成正比，与弹性模量 E 成反比，即

$$\Delta l_{y1}=\nu\frac{p}{E} \tag{3-22a}$$

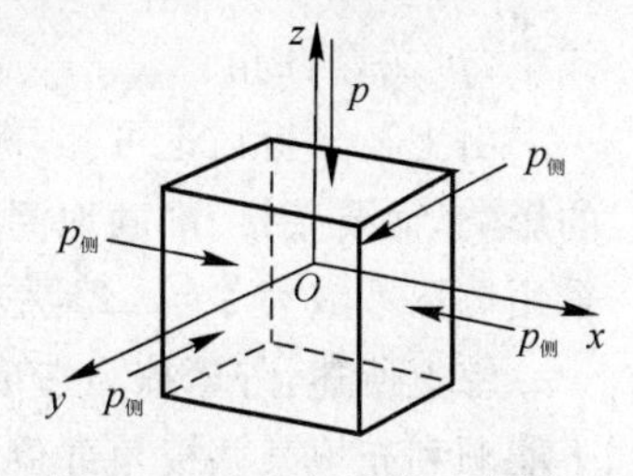

图 3-13　压坯受力示意图

在 Ox 轴方向的侧压力也力图使压坯在 Oy 轴方向膨胀 Δl_{y2}，即

$$\Delta l_{y2}=\nu\frac{p_{侧}}{E} \tag{3-22b}$$

然而，Oy 轴方向的侧压力对压坯作用时使其压缩 Δl_{y3}，即

$$\Delta l_{y3}=\frac{p_{侧}}{E} \tag{3-23}$$

压坯在压模内由于不能侧向膨胀，因此在 Oy 轴方向的膨胀值之和（$\Delta l_{y1}+\Delta l_{y2}$）应等于其压缩值 Δl_{y3}，即

$$\Delta l_{y1}+\Delta l_{y2}=\Delta l_{y3}$$

$$\nu\frac{p}{E}=\nu\frac{p_{侧}}{E}(1-\nu)$$

$$p_{侧}=\frac{\nu}{1-\nu}p \tag{3-24}$$

同理，也可以沿 Ox 轴方向推导出类似的公式。

侧压力的大小受粉末体各种性能及压制工艺的影响，在上述公式的推导中，只是假设在弹性变形范围内有横向变形，既没有考虑粉体的塑性变形，也没有考虑到粉末特性及模壁变形的影响。这样把仅适用于固体物体的胡克定律应用到粉末压坯上来，与实际情况是不尽相符的，因此，按照公式(3-24)计算出来的侧压力只能是一个估计数值。

还应指出，上述侧压力是一种平均值。由于外摩擦力的影响，侧压力在压坯的不同高度上是不一致的，即随着高度的降低而逐渐下降。侧压力的降低大致具有线性的特性，且直线倾斜角随压制压力的增加而增大。高度为 7cm 的钼粉压坯试样，在单向压制时，试样下层的侧压力要比顶层的侧压小 40% ～ 50%。

目前，还需要继续进行关于侧压力理论的和试验的研究。研究这个问题的重要性是，如果没有侧压力的数值就不可能确定平均压制压力，而这种平均压制压力是确定压坯密度变化规律时所必不可少的。此外，在压模设计计算时，也需要知道侧压力的数据。

侧压系数的研究也吸引了不少学者，有人建议把侧压系数同泊松比一样来看待，其值取决于压坯孔隙度的大小。某些试验表明，泊松比随钼粉压坯孔隙度的增加而减少。即粉末体的侧压系数与密度有以下关系：

$$\xi=\frac{p_{侧}}{p_{压}}=\xi_{最大}d \tag{3-25}$$

式中，$\xi_{最大}$ 为达到理论密度的侧压系数；d 为压坯相对密度。

有资料指出，与试验数据最相符的侧压系数公式为

$$\xi=\tan^2\left(45^\circ-\frac{p_i}{2}\right) \tag{3-26}$$

式中，p_i 为摩擦角。

由上述分析讨论可知，侧压力在压制过程中的变化是很复杂的。它对压坯的质量有直接的影响，而要直接、准确地测定又颇为困难。国内外粉末冶金方面的学者在设计压模时，一般采用侧压系数为 $\xi=0.25$ 左右。

综上所述，外摩擦力造成了压力损失，使得压坯的密度分布不均匀，甚至还会产生因粉末不能顺利充填某些棱角部位而出现废品。

为了减少因外摩擦力出现的压力损失，可以采取如下措施：① 添加润滑剂；② 提高模具粗糙度和硬度；③ 改进成形方式，如采用双面压制等。

摩擦力对于压形虽然有不利的一面，但也可以利用它来改进压坯密度的均匀性，如带摩擦芯杆或浮动压模的压制。

3.5.3 脱模压力

使压坯从模具中脱出的压力称为脱模压力。它与压制压力、粉末性能、压坯密度、压模和润滑剂等有关。

脱模压力与压制压力的比例，取决于摩擦因数和泊松比。除去压制压力之后，如果压坯不发生任何变化，则脱模压力都应当等于粉末与模壁的摩擦力损失。然而，压坯在压制压力消除之后要发生弹性膨胀，压坯沿高度伸长，侧压力减小。对于钼及其合金粉末脱模压力一般为压制压力的 0.3 左右，即

$$p_{脱}\approx 0.30p$$

脱模压力随着压坯高度而增加，在中小压制压力(300 ～ 400MPa) 的情况下，脱模压力一

般不超过 $0.3p$。当使用润滑剂且模具质量良好时，脱模压力便会降低。当使用硬脂酸锌作为润滑剂来压制钼粉时，可以将脱模压力降低到 $0.03 \sim 0.05p$。

3.5.4　弹性后效

压制过程中，在除去压制力并把压坯从压模中取出之后，由于内应力的作用，压坯发生弹性膨胀，这种现象称为弹性后效。

弹性后效通常以压块胀大的百分数表示：

$$\delta = \frac{\Delta l}{l_0} \times 100\% = \frac{(l - l_0)}{l_0} \times 100\% \tag{3-27}$$

式中，δ 为沿压坯直径或高度的弹性后效；l_0 为压坯卸压前的直径或高度；l 为压坯卸压后的直径或高度。

弹性膨胀现象的原因：粉末体在压制过程中受到压力作用后，粉末颗粒发生弹性、塑性变形，从而在压坯内部聚集了很大的内应力 —— 弹性内应力，其方向与颗粒所受的外力方向相反，力图阻止颗粒变形。在压力消除后，弹性内应力更要松弛，改变颗粒的外形和颗粒间的接触状态，这就使粉末压坯发生了膨胀。如前所述，压坯的各个方向受力大小不一样，弹性内应力也不相同，因此，压坯的弹性后效比横向的要大一些。压坯在压制方向的尺寸变化可达 5% ～6%，而垂直于压制方向上的变化为 1% ～ 3%。

影响压坯弹性后效的因素很多，如粉末的种类、物理性能、粉末预处理情况、黏结剂及润滑情况、压制方式、压制工艺、模压情况等。

在制作 1kg 钼板坯的过程中可以看出弹性后效。

1kg 钼板坯一般在 YT－500 压力机上进行压制，通用模具是可拆解的，模具内孔长为 400mm，宽为 60mm，一般钼粉的费氏平均粒度为 3.0μm，压制压力为 180MPa。压制出来的小钼板坯脱模后长度为 400.41mm，宽度为 60.17mm。这是因为钼粉压制后，内部粉体之间的范德华力要从压制状态恢复到稳定状态，压制后颗粒体之间畸变能得到释放，所以使得压坯尺寸发生了变化。

3.6　非线性粉体的数学模型

一般粉末体在压型过程中，其应力 σ 与应变 ε 不服从胡克(Hooke)定律已经被所有的粉末压型实践和压型方程式所证实。其实，对于一般粉末体不仅线性 Hooke 弹体(简称 H 体)的 $\sigma = M\varepsilon$ 规律不适用，而且其他线性体规律，例如线性 Newton 黏体(简称 N 体)的 $\sigma = \mu\dot{\varepsilon}$ 规律、线性 Maxwell 体(简称 M 体)的 $\sigma + \tau_1\dot{\sigma} = \mu\dot{\varepsilon}$ 规律、线性 Kelvin 体(简称 K 体)的 $\sigma = M(\varepsilon + \tau_2\dot{\varepsilon})$ 规律和标准线性固体(简称 SLS 体)的 $\sigma + \tau_1\dot{\sigma} = M(\varepsilon + \tau_2\dot{\varepsilon})$ 规律都不适用。

一般粉体在应力、应变行为上表现出明显的非线性变化规律。有关粉末体非线性系统及其数学模型的研究一直不多，尽管近年来在这方面出现了一些较好的文献，但总的来说，人们对与粉体有关的非线性系统缺乏深入、系统的研究，甚至对某些基本定义和基本认识都不统一，因此开展粉末体非线性系统的研究是十分必要的。本书沿用和规定的基本象征符号见表 3-3。

表 3-3　流变模型基本象征符号

名　称	线性弹体	线性(黏)流体	非线性弹体	非线性(黏)流体
象征符号	A	B	C	D
数学模型	$\sigma = M\varepsilon$	$\sigma = \eta\dot{\varepsilon}$	$\sigma = M\varepsilon^m$	$\sigma = M(\dot{\varepsilon})k$

3.6.1　非线性弹体(非线性 H 体)

最单纯的非线性弹体(即非线性 H 体)服从 $\sigma = M\varepsilon^m$ 规律。它可用表 3-3(C) 符号代表。当 $m > 1$ 时,单纯非线性 H 体呈硬化现象,即当 ε 继续增大时,对应所需的 σ 值增大更大。在材料力学中有时称 m 为硬化指数。但是值得指出:当 $m > 1$ 时,这种硬化现象只有在 $\varepsilon > 1$ 后才出现,从方程 $\sigma = M\varepsilon^m$ 看到,当 ε 值很小,即 $\varepsilon \ll 1$ 时,由于高次方的作用,对应所需 σ 值将更小,因而当 $m > 1$,$\varepsilon \ll 1$ 时体系不但出现硬化现象,而且还出现软化现象。实际体系一般不呈现这种先软化后硬化的现象,而呈现先服从线性规律然后逐渐改为服从非线性规律。描述这种变形规律可用一个线性弹体与一个非线性弹体并联所组成的非线性弹体。这种非线性弹体如图 3-14 所示,其中应力-应变关系如下:

$$\varepsilon_T = \varepsilon_1 = \varepsilon_2$$

$$\sigma_T = \sigma_1 + \sigma_2 = M_1\varepsilon_1 + M_2\varepsilon_2^m$$

$$\sigma_T = M_1\varepsilon_T + M_2\varepsilon_T^m$$

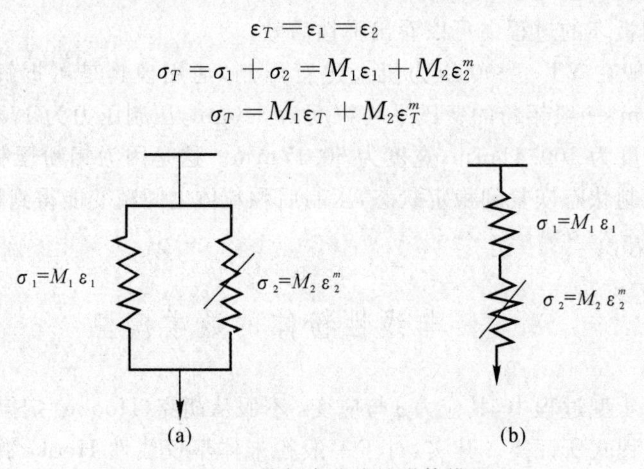

图 3-14　两种复合非线性弹体模型图

当 $m > 1$,$\varepsilon \ll 1$ 时,线性弹体起主要作用,而非线性弹体的作用可以忽略;当 $\varepsilon \gg 1$ 时,非线性弹体起主要作用,而线性弹体的作用可以忽略。由于这种非线性体与为数众多的实际材料比较接近,因此是非常重要的。现在介绍的各种复合非线性体,如果需要克服"先软化,然后硬化"现象,都可在并联结构中用图 3-14(a) 所示模型代替表 3-3(C) 所示模型。

如图 3-14(b) 所示,另一种复合非线性弹体可由一个线性弹体与一个非线性弹体串联组成。其应力-应变关系为

$$\varepsilon_T = \varepsilon_1 + \varepsilon_2$$

$$\sigma_T = \sigma_1 = \sigma_2$$

$$\varepsilon_T = \varepsilon_1 + \varepsilon_2 = \frac{\sigma_1}{M_1} + \left(\frac{\sigma_2}{M_2}\right)^{1/m}$$

$$\varepsilon_T = \frac{\sigma_T}{M_1} + \left(\frac{\sigma_T}{M_2}\right)^{1/m}$$

当 $m > 1$ 时，这种体系先（当 $\varepsilon_2 \ll 1$）呈现非线性软化现象，然后由线性弹体起主要作用。

3.6.2　非线性黏体（非线性 N 体）

最单纯的非线性黏体可用表 3－3(D) 的符号代表，但是有关它的数学模型则有待商榷。非线性黏体的数学模型可选用下列 3 种之一：

$$\sigma = \eta_1 \, (\dot{\varepsilon})^K$$

$$\sigma = \eta_2 \, (\dot{\varepsilon})^K$$

$$\sigma = M \, (\tau\dot{\varepsilon})^K$$

上述 3 种数学模型各有优、缺点。第一种 $\sigma = \eta_1 \, (\dot{\varepsilon})^K$ 模型是由线性模型 $\sigma = \eta\dot{\varepsilon}$ 很自然演变而来的，某些国际文献也已采用，但是由于 $\dot{\varepsilon}$ 是有因次的，其量纲为时间的倒数，因此 $(\dot{\varepsilon})^K$ 的量纲为时间倒数的 K 次方，σ 的量纲式与压强的量纲式相同，应为 $[L^{-1}MT^{-2}]$，η_1 的量纲式只能为 $[L^{-1}MT^{-(2-K)}]$。由于 K 是变化的，因而 η_1 的量纲也是变化的，只有 $K=1$ 时，η_1 的量纲才同物理学中公认的黏性系数量纲 $[L^{-1}MT^{-1}]$ 相同；当 $K \neq 1$ 时，η_1 的量纲是否仍能被接受为一种非线性黏性系数是值得研究的。第二种 $\sigma = \eta_2 \, (\dot{\varepsilon})^K$ 数学模型在 η_2 的量纲上存在着与第一种数学模型类似的困难。η_1 与 η_2 有以下关系：

$$\eta_2 = \eta_1^{1/K}$$

当 K 趋近于 1 时，η_1 与 η_2 都趋近于线性动力黏性系数 η；当 $K=1$ 时，$\eta = \eta_1 = \eta_2$。第三种数学模型 $\sigma = M \, (\tau\dot{\varepsilon})^K$ 是本章采用的数学模型，其中 M 相当于弹性模量，量纲也与弹性模量的量纲相同。τ 相当于弛豫时间，量纲与时间相同。在式中，圆括弧内 $(\tau\dot{\varepsilon})$ 乘积是无因次数，在因次问题上不受 K 次方影响。这样，前两种数学模型存在着的因次量纲问题就可以解决了。

当然，采用此数学模型也带来一些新问题。

(1) 科学上 N 体并不具有确切的弹性模量与弛豫时间。前面称 M 相当于而不是等于弹性模量，τ 相当于而不是等于弛豫时间，就是这个缘故。事实上，只要维持 $M\tau^K$ 积（或 $M^{1/K}\tau$ 积）大小不变，M 值和 τ 值是可以调整的，因此 M 与 τ 在此都只起参比作用或虚拟作用。使用 $\sigma = M(\tau\dot{\varepsilon})^K$ 数学模型时，M 可称为该体的虚拟（或参比）弹性模量，τ 可称为该体的虚拟（或参比）弛豫时间。

(2) 试验上解决两个数值 M 与 τ 的测定问题比试验中只测定一个数值 η 要困难些。

对比 3 个模型可以容易看出

$$\eta_1 = [M\tau^K], \quad \eta_2 = [M^{1/K}\tau]$$

只要记清楚以上转换关系，任选一种模型均可。本章采用第三种数学模型。

$$\sigma = M \, (\tau\dot{\varepsilon})^K$$

非线性 N 体也可由线性 N 体与非线性 N 体组合而成。如图 3－15(a) 所示，一个线性 N 体并联时，形成以下非线性复合 N 体：

$$\sigma_T = \sigma_1 + \sigma_2$$

$$\varepsilon_T = \varepsilon_1 = \varepsilon_2$$

$$\sigma_T = \sigma_1 + \sigma_2 = \eta\dot{\varepsilon}_1 + M_2\ (\tau\dot{\varepsilon}_2)^K$$

$$\sigma_T = \eta\dot{\varepsilon}_T + M_2\ (\tau\dot{\varepsilon}_T)^K$$

一个线性N体与一个非线性N体还可以按图3-15(b)所示串联起来，形成另一种非线性复合N体：

$$\sigma_T = \sigma_1 + \sigma_2$$

$$\varepsilon_T = \varepsilon_1 = \varepsilon_2$$

$$\dot{\varepsilon}_T = \dot{\varepsilon}_1 + \dot{\varepsilon}_2 = \frac{\sigma_1}{\eta} + \left(\frac{\sigma_2}{M_2}\right)^{1/K} / \tau_2$$

$$\dot{\varepsilon}_T = \frac{\sigma_T}{\eta} + \left(\frac{\sigma_T}{M_2}\right)^{1/K} / \tau_2$$

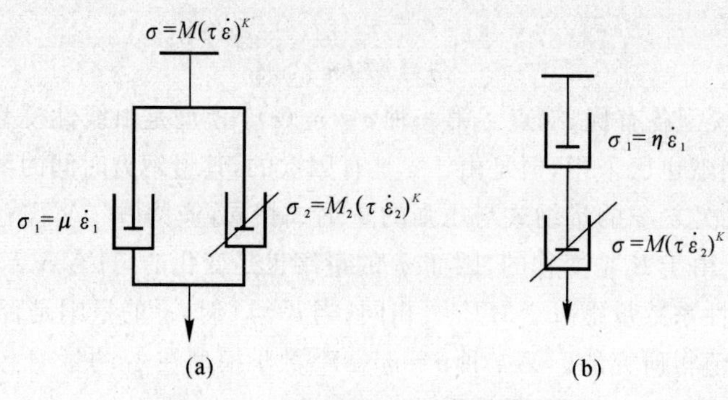

图3-15　两种复合的非线性N体

3.6.3　非线性M体

非线性M体有3种主要可能组合：

(1) 如图3-16(a)所示，非线性弹体与线性N体串联而成。

(2) 如图3-16(b)所示，线性弹体与非线性N体串联而成。

(3) 如图3-16(c)所示，非线性弹体与非线性N体串联而成。

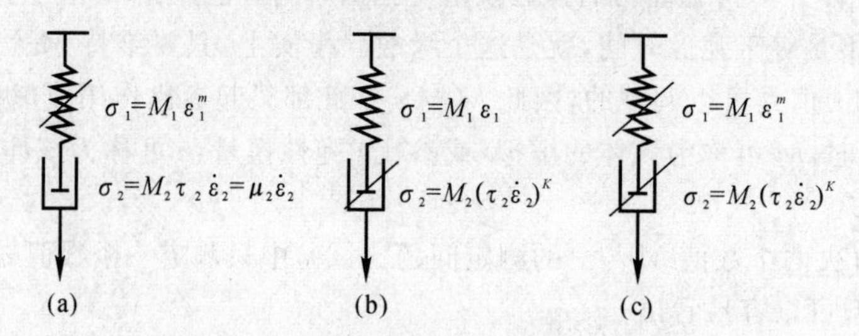

图3-16　3种主要非线性M体模型

第一种情况下，有

$$\sigma_T = \sigma_1 = \sigma_2$$

$$\varepsilon_T = \varepsilon_1 + \varepsilon_2, \dot{\varepsilon}_T = \dot{\varepsilon}_1 + \dot{\varepsilon}_2$$

$$\dot{\varepsilon}_T = \dot{\varepsilon}_1 + \dot{\varepsilon}_2 = \frac{\dot{\sigma}_1}{M_1^{\frac{1}{m}}\ m\sigma_1^{\frac{m-1}{m}}} + \frac{\sigma_2}{M_2\tau_2}$$

$$\dot{\varepsilon}_T=\frac{M_2\tau_2\dot{\sigma}_T+M_1^{\frac{1}{m}}m\sigma_T^{\frac{2m-1}{m}}}{M_1^{\frac{1}{m}}mM_2\tau_2\sigma_T^{\frac{m-1}{m}}}$$

或

$$\dot{\varepsilon}_T=\frac{\mu_2\dot{\sigma}_T+M_1^{\frac{1}{m}}m\sigma_T^{\frac{2m-1}{m}}}{M_1^{\frac{1}{m}}m\mu_2\sigma_T^{\frac{m-1}{m}}}$$

在第二种情况下，有

$$\sigma_T=\sigma_1=\sigma_2,\quad \varepsilon_T=\varepsilon_1=\varepsilon_2$$

$$\dot{\varepsilon}_T=\frac{\dot{\sigma}_1}{M_1}+\left(\frac{\sigma_2}{M_2}\right)^{1/K}/\tau_2$$

$$\dot{\varepsilon}_T=\frac{\dot{\sigma}_T}{M_1}+\frac{\sigma_T^{\frac{1}{K}}}{M_2^{1/K}\tau_2}$$

即

$$\sigma_T^{\frac{1}{K}}+\frac{M_2^{1/K}\tau_2}{M_1}\dot{\sigma}_T=M_2^{1/K}\tau_2\dot{\varepsilon}_T$$

在第三种情况下，有

$$\sigma_T=\sigma_1=\sigma_2,\quad \varepsilon_T=\varepsilon_1+\varepsilon_2$$

$$\dot{\varepsilon}_T=\dot{\varepsilon}_1+\dot{\varepsilon}_2=\frac{\dot{\sigma}_T}{M_1^{\frac{1}{m}}m\sigma_T^{\frac{m-1}{m}}}+\left(\frac{\sigma_T}{M_2}\right)^{\frac{1}{K}}\Big/\tau_2$$

$$\dot{\varepsilon}_T=\frac{M_2^{\frac{1}{K}}\tau_2\dot{\sigma}_T+M_1^{\frac{1}{m}}m\sigma_T^{\left(\frac{2m-1}{m}+1/K\right)}}{M_1^{\frac{1}{m}}mM_2^{\frac{1}{K}}\tau_2\sigma_T^{\frac{m-1}{m}}}$$

显然非线性 M 体比一个线性 H 体与一个非线性 N 体串联组成的非线性体简单。

3.6.4　非线性 K 体

由 H 体与 N 体并联组成的非线性 K 体也至少有 3 种主要可能组合。

(1) 非线性 H 体与线性 N 体并联而成，如图 3-17(a) 所示。

(2) 线性 H 体与非线性 N 体并联而成，如图 3-17(b) 所示。

(3) 非线性 H 体与非线性 N 体并联而成，如图 3-17(c) 所示。

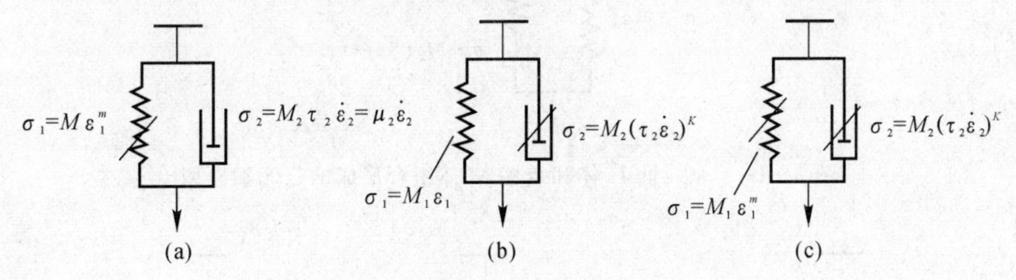

图 3-17　3 种主要的非线性 K 体模型图

在第一种情况下，有

$$\sigma_T=\sigma_1+\sigma_2,\quad \varepsilon_T=\varepsilon_1=\varepsilon_2$$

$$\sigma_T=M_1\varepsilon_T^m+M_2\tau_2\dot{\varepsilon}_T=m_1\varepsilon_T^m+\eta_2\dot{\varepsilon}_T$$

在第二种情况下，有

$$\sigma_T = \sigma_1 + \sigma_2, \quad \varepsilon_T = \varepsilon_1 = \varepsilon_2$$
$$\sigma_T = M_1 \varepsilon_T + M_2 \ (\tau_2 \dot{\varepsilon}_T)^K$$

在第三种情况下，有

$$\sigma_T = \sigma_1 + \sigma_2, \quad \varepsilon_T = \varepsilon_1 = \varepsilon_2$$
$$\sigma_T = M\varepsilon_T^m + M_2 \ (\tau_2 \dot{\varepsilon}_T)^K$$

非线性K体对粉体研究很重要，因为它们比较简单，也比较接近粉体变形实际情况，并且容易进行数学处理。由线性H体与非线性N体并联所组成的一种非线性K体，在充分弛豫下($\dot{\varepsilon} \to 0$)趋近线性H体，这与粉体行为不相符合，因而对粉体作用不大。

3.6.5 "非标准线性固体"

"非标准线性固体(Standard Non-Linear Solid)"简称SNLS体，名称使用了引号是因为本章首次提出这个概念，并使用这个尚未公认的名称。

SNLS体可以有多种组合途径。

(1) 如图3-18所示，由线性H体与非线性M体并联形成的3种模型。

(2) 如图3-19所示，由非线性H体与线性M体并联形成的模型。

(3) 如图3-20所示，由非线性H体与非线性M体并联形成的3种模型。

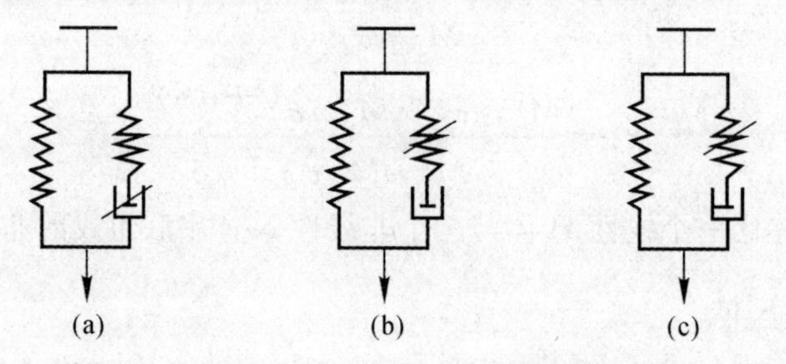

图3-18 非线性M体和线性H体形成的三元素模型

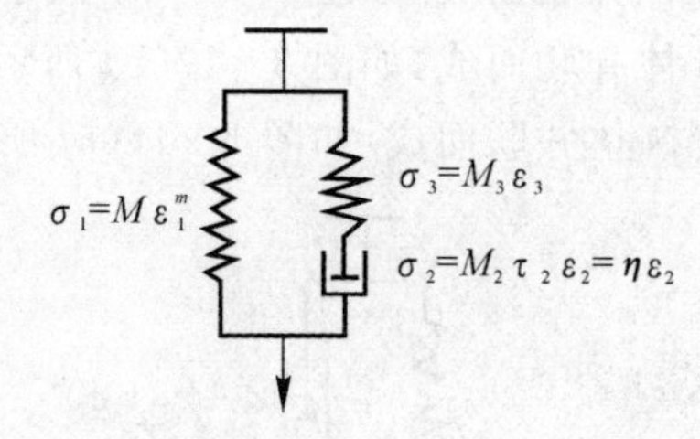

图3-19 非线性H体和线性M体组合形成的三元素模型

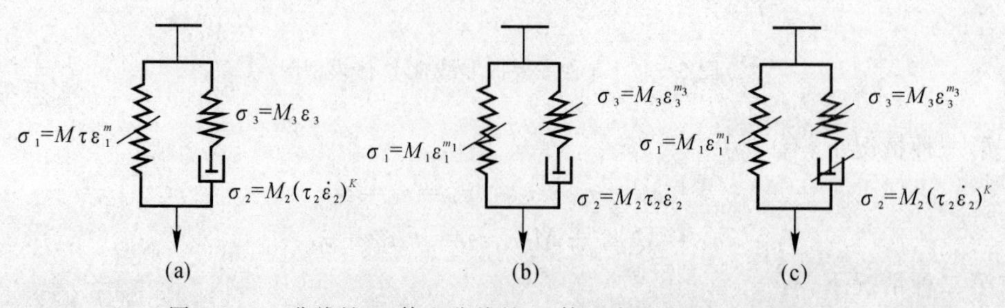

图3-20 非线性M体和非线性H体组合形成的三元素模型

对于图 3-18 所示的 3 种模型，由于它们在充分弛豫下($\dot{\sigma}\rightarrow 0,\dot{\varepsilon}\rightarrow 0$)都将变成线性 H 体，这种行为显然与非线性粉体不相符合，因此不详细推导它们。

对于图 3-19 所示的 SNLS 体，其数学模型导出为

$$\sigma_T=\sigma_1+\sigma_r,\quad \sigma_r=\sigma_2=\sigma_3$$

$$\varepsilon_T=\varepsilon_1=\varepsilon_r,\quad \varepsilon_r=\varepsilon_2+\varepsilon_3$$

$$M_2\tau_2\dot{\varepsilon}_r=\sigma_r+\tau_1\dot{\sigma}_r=[\sigma_T-M\varepsilon_T^m]+\tau_1[\dot{\sigma}_T-M_1 m\varepsilon_T^{m-1}\dot{\varepsilon}_T]$$

$$\sigma_T+\tau_1\dot{\sigma}_T=M_1\varepsilon_T^m+[M\tau_2+M_1\tau_1 m\varepsilon_T^{m-1}]\dot{\varepsilon}_T=M_1\varepsilon_T^m+[\eta+M_1\tau_1 m\varepsilon_T^{m-1}]\dot{\varepsilon}_T$$

这种非线性 SNLS 体与线性 SLS 比较接近，但是在充分弛豫下，由于 $M_1\varepsilon^m$ 项的存在，所以是非线性的，或在充分弛豫下，由于 $M_1\tau_1\varepsilon^{m-1}\dot{\varepsilon}$ 项的存在也是非线性的。

对于图 3-20(a) 所示 SNLS 的数学模型导出为

$$\sigma_T=\sigma_1+\sigma_r,\quad \sigma_r=\sigma_2=\sigma_3,\quad \dot{\sigma}_T=\dot{\sigma}_1+\dot{\sigma}_r$$

$$\varepsilon_T=\varepsilon_1=\varepsilon_r,\quad \varepsilon_r=\varepsilon_2+\varepsilon_3$$

$$\tau_2\dot{\varepsilon}_r=\left(\frac{\sigma_r}{M_2}\right)^{1/K}+\frac{\tau_2}{M_3}\dot{\sigma}_r=\left(\frac{\sigma_T-M_1\varepsilon_T^m}{M_2}\right)^{1/K}+\frac{\tau_2}{M_3}(\dot{\sigma}_T-M_1 m\varepsilon_T^{m-1}\dot{\varepsilon})$$

$$\tau_2\dot{\varepsilon}_T=\left(\frac{\sigma_T-M_1\varepsilon_T^m}{M_2}\right)^{1/K}+\frac{\tau_2}{M_3}(\dot{\sigma}_T-M_1 m\varepsilon_T^{m-1}\dot{\varepsilon}_T)$$

对于图 3-20(b) 所示 SNLS 的数学模型导出为

$$\sigma_T=\sigma_1+\sigma_r,\quad \sigma_r=\sigma_2=\sigma_3,\quad \dot{\sigma}_T=\dot{\sigma}_1+\dot{\sigma}_r$$

$$\varepsilon_T=\varepsilon_1=\varepsilon_r,\quad \varepsilon_r=\varepsilon_2+\varepsilon_3$$

$$\dot{\sigma}_T=\dot{\sigma}_1+\dot{\sigma}_r=M_1 m_1\varepsilon_1^{m-1}\dot{\varepsilon}_1+\dot{\sigma}_r$$

$$\tau_2\dot{\varepsilon}_T=\frac{M_3^{\frac{1}{m_3}}m_3[\sigma_T-M_1\varepsilon_T^{m_1}]^{\frac{2m_3-1}{m_3}}+M_2\tau_2[\dot{\sigma}_T-M_1 m_1\varepsilon_T^{m_1-1}\dot{\varepsilon}_T]}{M_3^{\frac{1}{m_3}}m_3M_2[\sigma_T-M_1\varepsilon_T^{m_1}]^{\frac{m_3-1}{m_3}}}$$

对于图 3-20(c) 所示 SNLS 的数学模型导出为

$$\sigma_T=\sigma_1+\sigma_r,\quad \sigma_r=\sigma_2=\sigma_3,\quad \dot{\sigma}_T=\dot{\sigma}_1+\dot{\sigma}_r$$

$$\varepsilon_T=\varepsilon_1=\varepsilon_r,\quad \varepsilon_r=\varepsilon_2+\varepsilon_3$$

$$\tau_2\dot{\varepsilon}_T=\frac{M_3^{\frac{1}{m_3}}m_3[\sigma_T-M_1\varepsilon_T^{m_1}]^{(\frac{m_3-1}{m_3}+\frac{1}{K})}+M_2^{\frac{1}{K}}\tau_2[\dot{\sigma}_T-M_1 m_1\varepsilon_T^{m_1-1}\dot{\varepsilon}_T]}{M_3^{\frac{1}{m_3}}m_3M_2^{\frac{1}{K}}[\sigma_T-M_1\varepsilon_T^{m_1}]^{\frac{m_3-1}{m_3}}}$$

本节还研究了由非线性 K 体与弹体串联而成的 SNLS 体，这种 SNLS 体的数学模型比较简单。

(4) 如图 3-21 所示，由非线性 K 体与弹体串联形成两种模型。

对于图 3-21(a) 所示的 SNLS 体，数学模型导出为

$$\sigma_T=\sigma_1=\sigma_3,\quad \dot{\varepsilon}_T=\dot{\varepsilon}_1+\dot{\varepsilon}_3,\quad \varepsilon_T=\varepsilon_1+\varepsilon_3$$

$$\sigma_1=M_1\varepsilon_1^m+M_2(\tau\dot{\varepsilon}_1)^K=M_1\left[\varepsilon_T-\frac{\sigma_3}{M_3}\right]^m+M_2\left[\tau\left(\dot{\varepsilon}_T-\frac{\dot{\sigma}_3}{M_3}\right)\right]^K$$

$$\sigma_T=M_1\left[\varepsilon_T-\frac{\sigma_T}{M_3}\right]^m+M_2\left[\tau\dot{\varepsilon}_T-\frac{\tau\dot{\sigma}_T}{M_3}\right]^K$$

对于 3-21(b) 所示的 SNLS 体，数学模型导出为

$$\sigma_T=\sigma_1=\sigma_3,\quad \dot{\varepsilon}_T=\dot{\varepsilon}_1+\dot{\varepsilon}_3,\quad \varepsilon_T=\varepsilon_1+\varepsilon_3$$

$$\sigma_1=M_1\varepsilon_1^m+M_2(\tau\dot{\varepsilon}_1)^K=M_1(\varepsilon_T-\varepsilon_3)^m+M_2[\tau(\dot{\varepsilon}_T-\dot{\varepsilon}_3)]^K$$

$$\sigma_T = M_1 \left[\varepsilon_T - \left(\frac{\sigma_T}{M_3} \right)^{\frac{1}{n}} \right]^m + M_2 \left[\tau \dot{\varepsilon}_T - \frac{\tau \dot{\sigma}_T}{M_2^{\frac{1}{n}} n \sigma_T^{\frac{n-1}{n}}} \right]^K$$

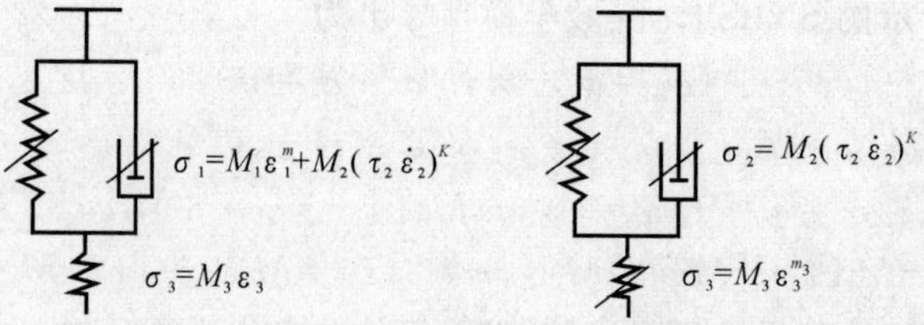

$\sigma_1 = M_1 \varepsilon_1^m + M_2 (\tau_2 \dot{\varepsilon}_2)^K$

$\sigma_3 = M_3 \varepsilon_3$

(a)

$\sigma_2 = M_2 (\tau_2 \dot{\varepsilon}_2)^K$

$\sigma_3 = M_3 \varepsilon_3^{m_3}$

(b)

图 3-21　非线性 K 体和 H 体组合的三元素模型

显然由非线性 K 体与 H 体串联形成的“标准非线性固体”，其数学模型比较简单，特别是图 3-21(a) 所示的 SNLS 体，数学模型简单明了，值得推荐为研究非线性粉体的模型。

综合以上对非线性粉体的考察，模型的选择应考虑粉体的特点和应用要求。如果需要全面地研究非线性粉体的应力-应变、应力弛豫-应变弛豫等流变行为时，必须选用一种具备 σ 项、$\dot{\sigma}$ 项、ε 项和 $\dot{\varepsilon}$ 项的模型。由非线性 K 体和线性 H 体串联而成的 SNLS 体，其数学模型简单，值得推荐采用，即

$$\sigma = M_1 \left[\varepsilon_T - \frac{\sigma}{M_3} \right]^m + M_2 \left[\tau\dot{\varepsilon} - \frac{\tau\dot{\sigma}}{M_3} \right]^K$$

由非线性 M 体与非线性 H 体并联而成的 SNLS 体，如图 3-20(c) 所示，虽然在数学模型上烦琐一些，但是概括性与适应性很强。例如，令 $m_3 = 1$，则该模型转为 3-20(a) 所示模型，如果令 $K = 1$，则该模型同于图 3-19 所示模型。值得考虑在特殊情况下使用。

在适当采取措施下，例如采用恒定压力使 $\dot{\sigma} \to 0$，则非线性粉体接近于非线性 K 体，如图 3-16(c) 所示。其数学模型比较简单，便于应用。笔者曾经对粉体使用过 $\sigma = M[\varepsilon + \tau_2 \dot{\varepsilon}]^m$ 数学模型。两者相比，前者使用两个独立的指数 m 与 K，允许弹性组成部分的非线性程度不一定必须与黏性组成部分的非线性程度一样，因而适应性好些，也更合理些。后者只使用一个指数 m，实际上要求弹性有关部分与黏性有关部分叠加后共用统一的非线性指数 m，因此后者局限性大，并过于强调了叠加作用，不如前者合理。非线性 K 体使用 $\sigma = M_1 \varepsilon^m + M_2 (\tau_2 \dot{\varepsilon})^K$ 数学模型时需测定 M_1，M_2，m，τ_2 和 K 5 个常数值；如果采用 $\sigma = M_1 \varepsilon^m + \eta (\dot{\varepsilon})^K$ 数学模型，只需要测定 M_1，m，η 和 K 4 个常数值。

3.7　压坯密度的分布

模具是按照部件几何尺寸设定的，模具越简单越好。压坯的密度分布在高度方向和横断面上，无论是钢模压制还是等静压制，都是不均匀的。

实践证明，增加压坯的高度会使压坯各部分的密度差增加；而加大直径则会使密度的分布更加均匀。即高径比越大，密度差别越大。为了减小密度差别，降低压坯的高径比是适宜的。因为高度减少之后压力沿高度的差异相对减小了，使密度分布得更加均匀。试验表明，采用模壁粗糙度很高的压模并在模壁上涂润滑油，能够减少外摩擦因数，改善压坯的密度分布。

3.7.1　钢模压制的密度不均匀性

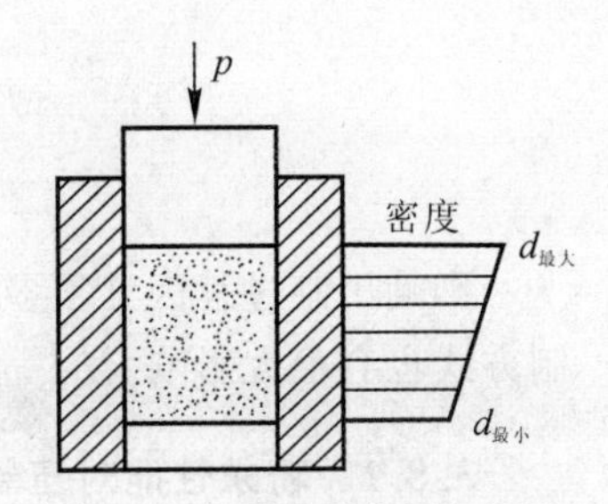

图 3－22　钢模压制密度分布图

钢模压制密度分布如图 3－22 所示。

在压制过程中，钼粉与周边模具模壁之间有摩擦力，颗粒间有摩擦力，因此，压制结束后，沿高度方向上的密度分布见图3－22。

笔者做过这方面的试验，选取坯料为 400mm × 70mm × 30mm，然后把该坯料有序分成体积为 $1cm^3$ 的小正方体，然后测量密度。

沿高度方向按照如图 3－23 所示的取样方法，在不同部位选取几点的密度如下：

$$\rho_{A1}=6.02g/cm^3,\quad \rho_{C1}=6.01g/cm^3,\quad \rho_{B1}=5.99g/cm^3$$
$$\rho_{A2}=6.01g/cm^3,\quad \rho_{C2}=6.00g/cm^3,\quad \rho_{B2}=5.98g/cm^3$$
$$\rho_{E1}=6.12g/cm^3,\quad \rho_{D1}=6.10g/cm^3,\quad \rho_{F1}=5.89g/cm^3$$

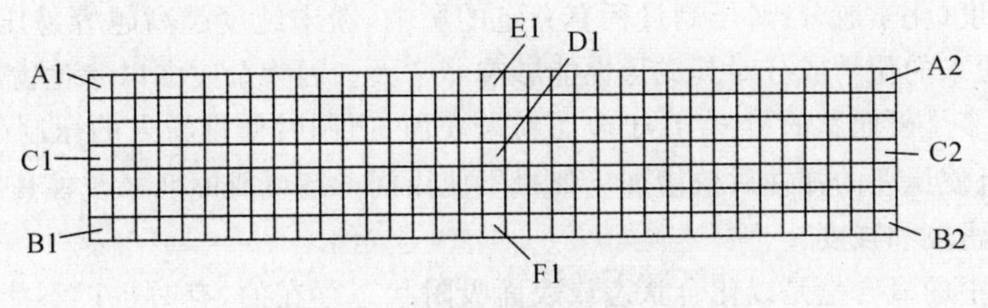

图 3－23　取样方式和取样点示意图

在压制时，上压头运动，下压头不运动。E1 除了钼粉颗粒之间的摩擦力，其他可以忽略不计，而 A1,C1,B1,A2,C2,B2,F1,D1 除了钼粉之间的摩擦力之外，还要考虑到钼粉与模具内表面的摩擦力。这也说明了上压头中心点密度最大，而靠近模具底部边缘部密度最小。

3.7.2　等静压时密度分布

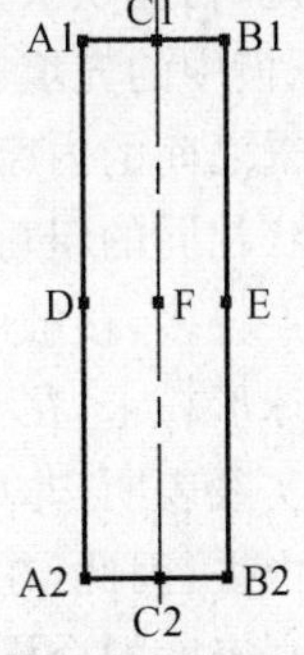

图 3－24　等静压制钼板坯取样点

虽然等静压制时，压制液压力传递在各个部位是均等的，但是由于钼粉之间的摩擦力和压能等降，所以，在压坯内还存在着密度差。

笔者在一根等静压压制好的钼棒分别取了数点进行密度测量。取样点如图 3－24 所示。压力为 190MPa，密度分别如下：

$$\rho_{A1}=6.24g/cm^3,\quad \rho_{C1}=6.31g/cm^3,\quad \rho_{B1}=6.24g/cm^3$$
$$\rho_{A2}=6.24/cm^3,\quad \rho_{C2}=6.30g/cm^3,\quad \rho_{B2}=6.24g/cm^3$$
$$\rho_{E}=6.24g/cm^3,\quad \rho_{D}=6.24/cm^3,\quad \rho_{F}=6.10g/cm^3$$

等静压制虽然压力相同，钼粉与软膜间存在摩擦力，但主要是钼粉之间的内摩擦力，这种摩擦力对等静压机压力也存在压降。

3.8 影响压制过程的因素

影响压制过程因素很多,如压制方式、模具设计、润滑剂和成形剂等,但钼粉自身性质对压制方式也有很大影响。

3.8.1 粉末性能对压制过程的影响

1.钼粉物理性能的影响

(1)钼粉硬度。

(2)钼粉的可塑性。

(3)钼粉的摩擦性。

钼粉生产后多数不需要退火,以上三点要看钼酸铵种类、还原温度高低以及存放时间等。

2.钼粉纯度(主要是含氧量)的影响

粉末的纯度(化学成分)对压制过程有一定的影响,粉末纯度越高越容易压制。当制造高密度零件时,粉末的化学成分对其成形性能影响非常大。因为杂质多以氧化物形态存在,而金属氧化物粉末多是硬而脆的,且存在于金属粉末表面,压制时使得粉末的压制阻力增加,压制性能变坏,并且使压坯的弹性后效增加。如果不使用润滑剂或成形剂来改善其压制性能,结果必然降低压坯密度和强度。

金属粉末中的氧含量是以化合状态或表面吸附状态存在的,有时也以不能还原的杂质形态存在。当粉末还原不完全或还原后放置时间太长时,含氧量都会增加,压制性能变坏。如钼粉的含氧量超过1%,压坯就会出现裂纹等缺陷,压坯的孔隙度也很大。

3.钼粉粒度及粒度组成的影响

粉末的粒度及粒度组成不同时,在压制过程中的行为是不一致的。一般来说,粉末越细,流动性越差,在充填狭窄而深长的模腔时越困难,越容易形成搭桥。由于粉末细,其松装密度就低,在压模中的充填容积大,此时必须有较大的模腔尺寸。这样,在压制过程中模冲的运动距离和粉末之间的内摩擦力都会增加,压力损失随之加大,影响压坯密度的均匀分布。

与形状相同的粗粉末相比较,细粉末的压缩性较差,而成形性较好,这是由于细粉末颗粒间的接触点较多,接触面积增加之故。

对于球形粉末,在中等或大压力范围内,粉末颗粒大小对密度几乎没有什么影响。

生产实践表明,非单一粒度组成的粉末压制性较好,因为这时小颗粒容易填充到大颗粒之间的孔隙中去,因此,在压制非单一粒度组成的粉末时,压坯密度和强度增加,弹性后效减少,易于得到高密度的合格压坯。

4.粉末形状的影响

粉末形状对压制过程及压坯质量都有一定的影响,具体反映在装填性能、压制性等方面。

粉末形状对装填模腔的影响最大,表面平滑、规则的接近球形的粉末流动性好,易于充填模腔,使压坯的密度分布均匀;而形状复杂的粉末充填困难,容易产生搭桥现象,使得压坯由于装粉不均匀而出现密度不均匀。这对于自动压制尤其重要,生产中所使用的粉末多是不规则形状的,为了改善粉末混合料的流动性,往往需要进行制粒处理。

粉末的形状对压制性能也有影响,不规则形状的粉末在压制过程中其接触面积比规则形状粉末大，压坯强度高，因此成形性好。

粉末形状对模具的磨损没有特别的影响关系。

5. 粉末松装密度的影响

粉末的松装密度是设计模具尺寸时所必须考虑的重要因素。

当松装密度小时，模具的高度及模冲的长度必须大，在压制高密度压坯时，如果压坯尺寸长，密度分布容易不均匀。但是，当松装密度小时，压制过程中粉末接触面积增大，压坯的强度高却是其优点。

当松装密度大时，模具的高度及模冲的长度可以缩短，在压模的制作上较方便，亦可节省原材料，并且，对于制造高密度压坯或长而大的制品有利。在实践中究竟使用多大的松装密度为宜，需视具体情况来定。

钼粉费氏粒度为 2.5～3.5μm 时，松装密度一般为 1～1.3g/cm³，但近年来一些用户需要松装密度在 1.6～1.7g/cm³，金堆城钼业集团有限公司采用了气流磨后，松装密度可以达到这一要求，但压制性能变差。因此生产高松装密度的钼粉还要从钼酸铵原料着手，提高二次还原温度到 1050℃，这样也可以得到高松装密度且不影响压制性能的钼粉。

3.8.2　润滑剂和成形剂对压制过程的影响

金属粉末在压制时由于模壁和粉末之间、粉末和粉末之间产生摩擦，出现压力损失，造成压力和密度分布不均匀，为了得到所需要的压坯密度，必然要使用更大的压力。因此，无论是从压坯的质量或是从设备的经济性来看，都希望尽量减少这种摩擦。

压制过程中减少摩擦的方法大致有两种：一种是采用高粗糙度的模具或用硬质合金模代替钢模；另一种就是使用成形剂或润滑剂。成形剂是为了改善粉末成形性能而添加的物质，可以增加压坯的强度。润滑剂是降低粉末颗粒与模壁和模冲间摩擦、改善密度分布、减少压模磨损和有利于脱模的一种添加物。

不同的金属粉末必须选用不同的物质作润滑剂或成形剂。粉末冶金用的润滑剂或成形剂一般应满足以下要求。

(1)具有适当的黏性和良好的润滑性，且易于和粉末料均匀混合。

(2)与粉末物料不发生化学反应，预烧或烧结时易于排除且不残留有害杂质，所放出的气体对操作人员、炉子的发热元件和筑炉材料等没有损害作用。

(3)对混合后的粉末松装密度和流动性影响不大，除特殊情况(如挤压等)外，其软化点应当高，以防止由于混料过程中温度升高而熔化。

(4)烧结后对产品性能和外观等没有不良影响。钼制品经常使用的润滑剂和成形剂有酒精、酒精和甘油的混合物、硬脂酸锌、聚乙二醇等，其加入量一般在 0.3%～0.5%。

国际和国内对润滑剂和成形剂的加入方面的认识是一致的，多数是尽可能避免添加的，因为这些添加剂不仅会对钼产品产生污染，恶化加工性能，同时其挥发物或多或少对工作人员、厂房、设备等有污染作用。

3.8.3　压制方式对压制过程的影响

1. 压制形式的影响

目前，钨、钼等难熔企业技术水平发展很快，钢模压制除了小板坯还用钢模外，一般的压制均采用等静压，冷等静压使用最多。金堆城钼业集团有限公司已采用内孔可达 2250mm 的冷等静压机。

冷等静压机被广泛地应用于钼和其他难熔金属的压制上，采用静压技术对大规格、复杂件等钼及钼合金材料技术有新的飞跃。

2. 加压时间的影响

钼粉及其合金在压制过程中，如果在特定条件下保持一定时间，尤其是达到最大压力时，往往可得到非常好的效果。

YT－500 四柱液压机在达到最高压力时，可保持 0.5～1min，钼块强度可得到大大提高。

等静压机在达到最大压力时，保持 10min 左右，然后再降压。在压制太阳能靶材的毛坯时，等静压工艺如图 3－25 所示。

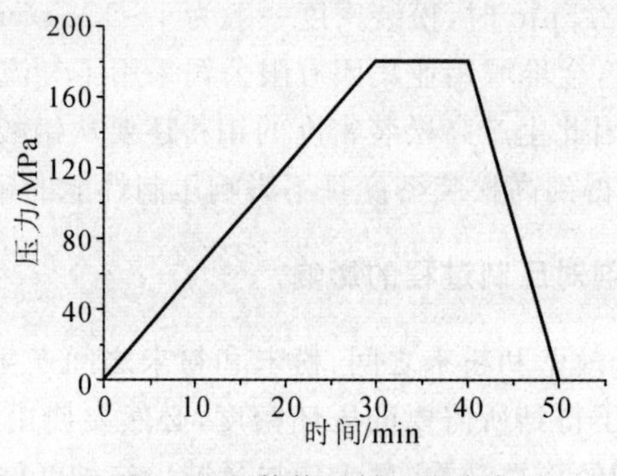

图 3－25　等静压制工艺路线

在压制过程中，需增加保压时间的理由是：

(1)当钼粉达到最高压力时，增加保压时间会使钼粉内应力得到消除，同时内应力的传递更加充分。

(2)压力传递充分，有利于压坯各部的密度均匀分布。

(3)在压制中钼粉孔隙中的空气有充足时间通过连通通道的缝隙逸出。

(4)给钼粉之间的机械啮合和变形以时间，有利于应变弛豫的进行。

是否要保压，要保压多久，应根据具体情况确定。形状较简单、体积小的制品无需保压。

3.8.4　振动压制影响

压制时从外界对压坯施以一定的振动对致密化有良好的作用。振动压制是近年来广泛使用的一种压制方式。

笔者做过关于振动对密度影响的探讨。在钢模装料后，进入压制操作，在振动频率 2000 次/min、振幅在 0.3mm 的情况下，仅需要 50MPa 的压力就可以达到静压 190MPa 的压坯密度，而且各个部位密度差别比较小。按资料介绍可能还要更低，钼的弹性模量为 33.37×10^4 MPa，采用以上参数的振动压制仅需要 13.9MPa，钼压坯密度就可以达到 6.0g/cm^3，压力为静压力的 1/118。

振动压制具有一系列优点，其应用范围将日益扩大。然而，振动压制也有其缺点：噪声很大，对操作者的身体有害；由于设备经常处在高速振动状态，所以对设备的设计和材质等要求较高。

3.8.5 加热压制

在压制过程中,对钼粉及其他粉末进行加热,粉体在热态下加压,粉体的塑性增大,更加有利于压制的顺利进行。

钢模压制对钼粉加热有以下几种方式。

(1)阴模整体加热。

(2)电流通过钼粉加热。

(3)电火花烧结。

笔者在1984年进行过热压法试验,进行的方法如下:

加热温度:900℃;

加热方式:阴模加热;

压机型号:YT－500;

压制粉末:WC－Co,Mo;

压制方式:加料,将模具推向压制区,对阴模进行中频加热,5min后,开始压制,到最高压制压力时保持2min,然后卸压。

压制结果:加热加压压制后的毛坯强度比在1200℃烧结1h后的高。

热压压制同压制-烧结道理很接近,也是一种强化烧结,加热压制最大特点是可以大大降低成形压力,可降低压力1/4;另外,可以制取密度极高和晶粒细小的坯料。但加热压制也存在着一些缺点,主要是:

(1)模具材料要求高,难以选择。

(2)压具寿命短,耗费大。

(3)成本很大,效率低。

(4)不能批量生产,只能单件生产。

(5)电能和模具消耗大,制品成本高。

(6)制品表面粗糙,精度低,制品仍需要后续机械加工。

3.9 等静压制

近年来,等静压制应用快速发展,等静压技术的采用可生产大型件以及复杂异形件。

金堆城钼业集团有限公司已经采用了直径为Φ 2250mm的大型冷等静压机,可生产钼棒坯料直径达到1500mm的钼异形件。

3.9.1 等静压制的基本原理

等静压是伴随现代粉末冶金技术发展起来的成形方法。通常,等静压分为冷等静压和热等静压两种,冷等静压设备已经得到普及,只有安泰科技、西北研究院、有色研究总院等少数单位拥有热等静压设备。

冷等静压机常用水或油作为压力介质,热等静压机用气体(如氩气)作为压力介质。

等静压法比钢模压制法有以下优点:

(1)能够压制凹形、空心、带底盒状、弯曲等复杂形状压件。

(2)压制时,粉体与弹性模具的相对移动很小,因此摩擦损耗也小,单位压力较钢模压制法低。

(3)能够压制各种金属粉末和非金属粉末,压坯密度分布均匀,对钼及其合金效果明显。

(4)压坯强度高,便于毛坯的运输和机械加工。

(5)模具材料可以是橡胶或塑料,成本低廉。

(6)对热等静压机在较低温度下可制得完全致密化材料。

但等静压法也具有以下缺点:

(1)压坯尺寸精度的控制和压坯表面粗糙度要比钢模压制低。

(2)等静压法生产效率低于钢模压制。

(3)模具寿命短。

等静压制过程可由几个工序构成:借助于高压泵的作用把流体介质(气体或液体)压入耐高压的钢质密封容器内,高压流体的静压力直接作用在弹性模套内的粉末上;粉末体在同一时间内在各个方向上均衡地受压,而获得密度分布均匀和强度较高的压坯。按照上述次序,分别讨论压力与密度分布及密度的关系。

1.压力分布和摩擦力对压坯密度分布的影响

根据流体力学的原理,压力泵压入钢筒密闭容器内的流体介质,其压强大小不变并均匀地向各个方向传递。无疑,在该密闭容器内放置的物体同样经受输入流体介质的压缩,其力的大小在各方向是一致的。

众所周知,摩擦力是在相互接触的物体间作相对运动或有相对运动的趋向时产生的。摩擦力的方向总是沿着接触面的切线方向而跟物体相对运动的方向相反,阻碍物体间的相对运动。在一定的外力作用下,相互接触的物体之间呈现相对运动的趋势,但又保持相对的静止状态,此时物体接触面上产生的摩擦力称静摩擦力。当外力超过了静摩擦力时,物体间的相对静止状态被打破,发生了相对运动,力图抗衡这种运动的阻力称为滑动摩擦力。

粉末体在压制时,粉末颗粒之间、粉末与压模模壁之间发生了相对运动,产生了滑动摩擦力。一般把粉末颗粒之间的滑动摩擦力称为内摩擦力,粉末对模壁或压模装置的滑动摩擦力称为外摩擦力。内、外摩擦力都受以下三方面因素的影响。

(1)粉末颗粒的特征。粉末种类、颗粒直径的大小、粒度分布、颗粒形状及颗粒表面状态。

(2)压制装备的特征。压制的方法、压模的材料、模具的表面粗糙度、压制气氛、压型的温度。

(3)润滑剂的特征。润滑剂的种类和添加量、润滑的方法(润滑粉末还是润滑模壁)。

在钢模压制过程中,无论是单向压制还是双向压制都会出现压块密度分布不均匀的现象。图 3-26 所示为单向和双向压制的压坯密度分布示意图。产生压坯密度不均匀现象的主要原因是粉末颗粒与钢模壁之间摩擦引起压制压力沿压制方向的下降(即压力损失)。可是在等静压制过程中则恰好相反,流体介质传递压力是各向相等的,弹性模套本身受压缩的变形与粉末颗粒受的压缩大体上是一致的。自然,弹性模套与接触粉末之间不会产生明显的相对运动,实际上它们之间的摩擦力是很小的。压制时,由于各方压力相等,静摩擦力在压件的纵断面上任一点都应相等。毫无疑问,压坯的密度分布沿纵断面是均匀的。但是沿压坯同一横向断面上,由于粉末颗粒间的内摩擦的影响,压坯的密度从外往内逐渐降低,但变化不大。

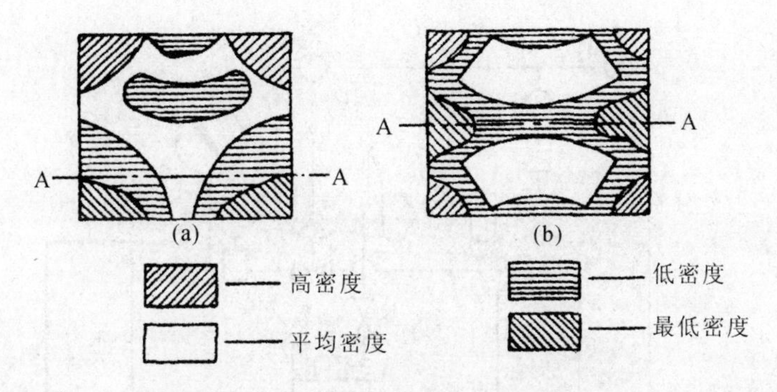

图 3－26　单、双向压制的压坯密度分布图

2. 压制压力与压块密度的关系

通常，粉末体在钢模压制时常用如图 3－27 所示曲线定性地描述压制压力与压坯密度的关系。粉末体在等静压力压制时，压制压力与压坯密度的变化关系可用黄培云的压制双对数方程来描述。例如用钨、钼等金属粉末在试验型冷等静压机上进行压制，试验结果同理论推导的压制双对数方程的计算相吻合。这表明黄培云的压制双对数方程对钨、钼等硬金属粉末有较大的适应性。如图 3－28 所示为等静压力压制钨粉的理论计算值与试验验证数据。

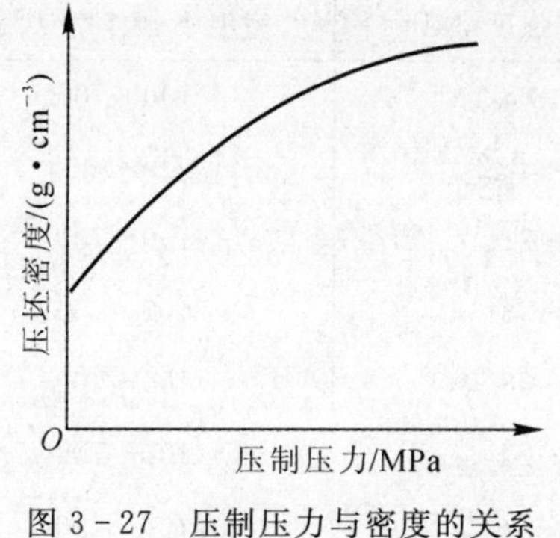

图 3－27　压制压力与密度的关系

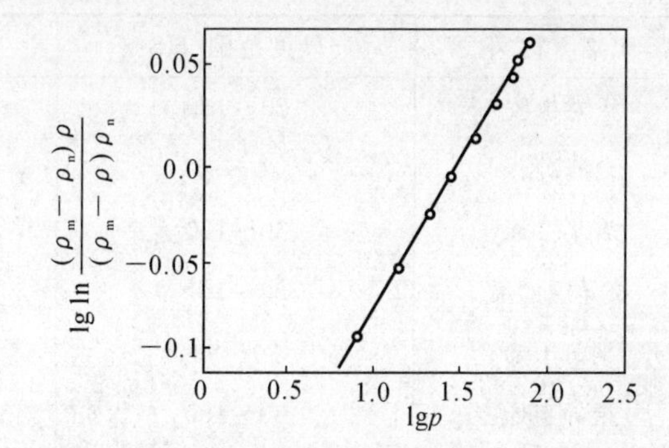

图 3－28　钨粉等静压数据的双对数方程图

3.9.2　框架式冷等静压机的工作原理

1. 工作原理

目前，大部分企业使用的都是框架式冷等静压机，一般是川西机械制造有限公司的产品，均为自动控制。

冷等静压机主要由高压容器和流体加压泵组成，配有流体储罐、压力表、输运流体的高压管道、高压阀门等，冷等静压的工作系统原理如图 3－29 所示。

物料装入弹性模具内并外装护套，放入高压容器中，压力泵将过滤后的流体注入压力容器内使弹性模具受压，施加压力达到所要求数值后，启动回流阀门使流体返回储罐内备用。

2. 橡胶模具制作

加工模具所采用的弹性物有天然橡胶或合成橡胶（如氯丁橡胶、硅氯丁橡胶、聚氯乙烯、聚丙烯、聚氨基甲酸脂等）。这些材料中，天然橡胶和氯丁橡胶被广泛用于加工成湿袋压制模具，而聚氨甲酸脂、聚氯乙烯适于加工成干袋压制模具。某些弹性材料的性质见表 3－4。

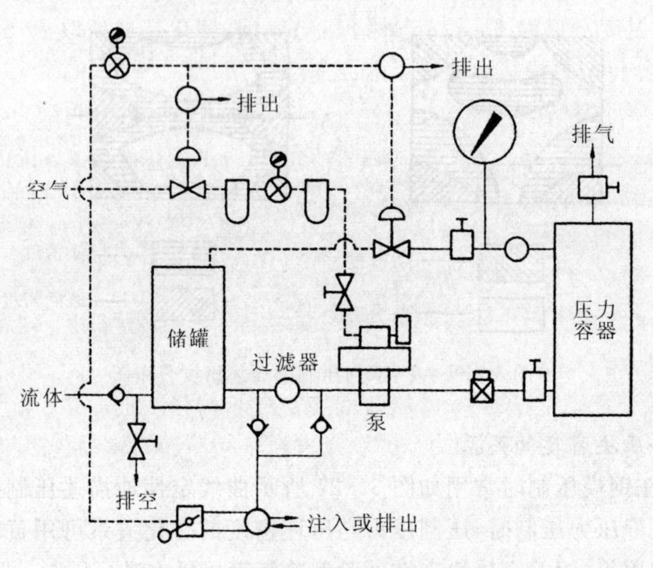

图 3-29 等静压机工作系统示意图

表 3-4 某些弹性材料的性质

名 称	硬度范围/HS	室温拉伸强度/MPa	室温下延伸率/(%)
天然橡胶	20～100	7～28	100～700
硅橡胶	20～95	3.4～8.2	50～800
聚丁二烯	30～100	7～21	100～700
聚异戊二烯	20～100	7～28	100～750
聚氯丁烯	20～90	7～28	100～700
聚异丁烯	30～100	7～22	100～700
聚氨基甲酸酯	62～95	7～57	100～700
聚氯乙烯	65～72	12～18	270

应当指出：用橡胶制作模具工艺繁长，特别是制作形状比较复杂的模具时困难更大，且成本较高；此外，橡胶与矿物油类接触后会变形，使压块表面产生皱皮。因此，近年来渐为塑料所取代。热塑性软性树脂是目前制作模具的主要材料。对模具软、硬程度的要求可通过调节增塑剂的成分及其含量来确定。国内目前通用的一个典型配方是，聚氯乙烯树脂 100 份（质量）；苯二甲酸二辛脂（或苯二甲酸二丁脂）100 份；三盐基硫酸铅 3～5 份；硬脂酸 0.3 份。

软模制作的工艺程序如下：先将三盐基硫酸铅、硬脂酸、聚氯乙烯树脂等粉末混合均匀，然后将混合料倒入苯二甲酸二辛脂（或苯二甲酸二丁脂）的溶液中搅拌成料浆，再将金属阴模或阳模置于电烘箱中预热至 140～170℃。根据阴模（或阳模）的尺寸来确定预热时间，一般小型模具的预热恒温时间为 3～5min，大件的预热恒温时间可扩大到 20～30min。然后，把料浆倒入阴模芯中或把阳模浸入料浆中进行搪塑或浸渍至所需要的厚度。若塑料层太薄，可把金属模再放入电烘箱中热至 160℃，进行第二次浸渍。随后，将黏附了料浆的金属模芯放入电烘箱内，在160～180℃温度下保温1～1.5h进行塑化处理，塑化完成后取出，放入冷水中冷却，冷后随即从水中取出，将塑料模从金属模上剥下来供使用。

3. 冷等静压机操作注意事项

(1)钼及其他粉末的准备。钼粉或其他粉末纯度要求是很主要的，例如，按照用于溅射的钼靶对钼粉要求达到99.99%以上，因此，要求操作人员随时注意工具和模具的清洁。

钼粉的工艺性能如流动性、松装密度、粒度、粒度分布等要根据最终产品要求合理选择。流动性、松装密度、粒度以及粒度分布等都会直接影响压制过程和压坯质量。其中以粉末的流动性影响最大，流动性好的钼粉能够均匀填充到软膜内，在压力作用下使钼粉被均匀压缩，制得密度均匀的生坯。

(2)装料和密封抽气。粉末装入的均匀程度直接影响压块的质量。钼粉或其他粉末一定要分次装入到软膜内，用料铲将粉末夯实，以除去粉末表面的气体，如振动装料方式，通常在第一次装粉后，振动30s后就可以边振边装，直到装满为止。

软膜的密封一般采用钢架或8# 钢丝，主要是防止在压制过程中发生渗液。

装粉时伴随粉料带入的空气，在压制过程中一般很难从模袋内逸出，只能随粉料一起被压缩，阻碍粉末被压紧。因此，在压制大型件时，为了使空气排出，可采用注射器插入软膜内用真空泵抽出。为了防止针头孔眼被粉末堵塞，装粉袋的上部即橡皮塞与粉末接界面处，可放置一层棉花或其他过滤物，这些东西在脱模后除去。

(3)压制过程和脱模。密封(抽真空)装料模袋要套上多孔金属管，放置在等静压机的高压容器内；把容器上端的活塞和压紧螺帽装好，旋松放气孔的螺钉，旋紧回油阀门(卸压阀)，开动压力泵把液体介质压入容器，直至充满并从放气孔冒出为止；随即旋紧放气孔的螺钉，开动高压泵使压力升到所需要的成形压力为止。

升压的速度要掌握适当，升压太快，压坯易出现软心。对钼粉要进行适当的保压，使留在模具中的气体排出。卸压也不宜太快，否则残留在压坯中的受压缩的气体，由于外压降低，会迅速膨胀，容易造成压坯开裂。特别是大型制件降压时更要缓慢，通常卸压速度以5MPa/min为宜。

3.9.3　热等静压制

1. 热等静压机工作原理及应用

热等静压过去在钼及其合金上应用很少，但随着技术的进步，热等静压技术已开始大量使用。笔者在制作医疗器械钨钼合金靶材时用过热等静压。

把粉末压坯或把装入特制容器内的粉末体(称粉末包套)置入热等静压机高压容器中，如图3-30所示，施以高温和高压，使这些粉末体被压制和烧结成致密的零件或材料的过程称为粉末热等静压制。粉末体(粉末压坯或包套内的粉末)在等静压高压容器内同一时间经受高温和高压的联合作用，强化了压制与烧结过程，降低了制品的烧结温度，改善了制品的晶粒结构，消除了材料内部颗粒间的缺陷和孔隙，提高了材料的致密度和强度。

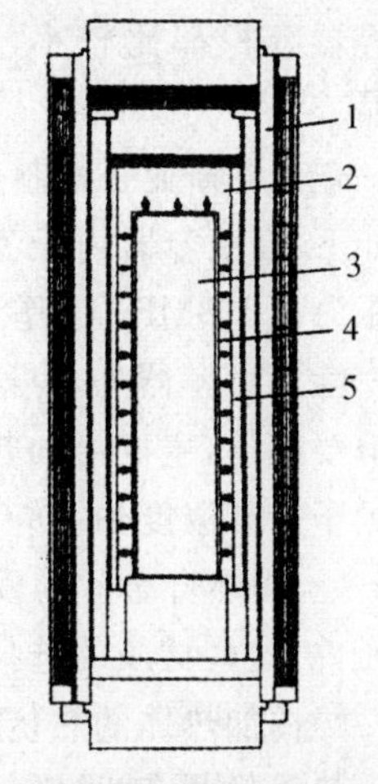

图3-30　热等静压制原理
1—压力容器；2—气体；
3—压力介质；4—压坯；
5—包套

热等静压法是消除制品内部残存微量孔隙和提高制品相对密度的有效方法。目前，已有许多金属粉末或非金属粉末采用热等静压法压得接近理论密度值的制品和材料。

热等静压法制取的制品密度相对较高，尤其在压制难熔金属如钨、钼时，效果更为明显。采用此方法，钼在 1350℃，压制压力 100MPa 下，可得到相对密度达 99.9%以上的钼坯；钨在 1450～1600℃，压制压力 100MPa 下，可以制得相对密度达 99.0%以上的钨制品。

从 20 世纪 50 年代以来，已采用热等静压技术制取了核燃料棒、钨喷嘴、陶瓷及金属的复合材料。当今热等静压技术在制取金属陶瓷硬质合金、难熔金属制品及其化合物、粉末金属制品、有毒物质及放射性废料的处理等方面都得到了广泛应用。热等静压技术已成为提高粉末冶金制品性能及压制大型复杂形状零件的先进技术。

2. 热等静压设备

热等静压设备通常是由装备有加热炉体的压力容器和高压介质输送装置及电气设备组成的。近年来，为了提高热等静压机的工作效率，除上述设备外，还配备了冷等静压机和加热冷压工件的预热炉。配套的冷等静压机的作用是提高压制工件的密度和单重。预热炉的作用是将冷压制工件加热到预定的热等静压制温度，以便及时转入压力容器压制。这样可以缩短热等静压机压力容器内加热炉的升温时间，缩短压制周期。

热等静压制技术发展中一个值得重视的动向是用预热炉作为热等静压机体外加热工件炉，省去压力容器内的加热炉体，这将会提高压机容器的有效容积，消除了由于容器内炉体装接电极柱造成密封的困难，成倍地提高热等静压机的工作效率。

压力容器是用高强度钢制成的空心圆筒体，直径为 150～1500mm，高 500～3500mm，工件的体积在 0.028～2m^3。通常压力范围为 7～200MPa。同冷等静压机的压力容器一样，热等静压机的压力容器也有两种密封形式，即螺纹式及框架式。

螺纹式密封的示意图如图 3－31 所示。从图可以看出，筒体上下端采用螺纹弹性密封。热等静压机压力容器的螺纹密封与冷等静压机压力容器的螺纹密封的特点相同，因此，螺纹式密封的热等静压机的压力容器容积都比较小，只适于在实验室内压制小型制品。

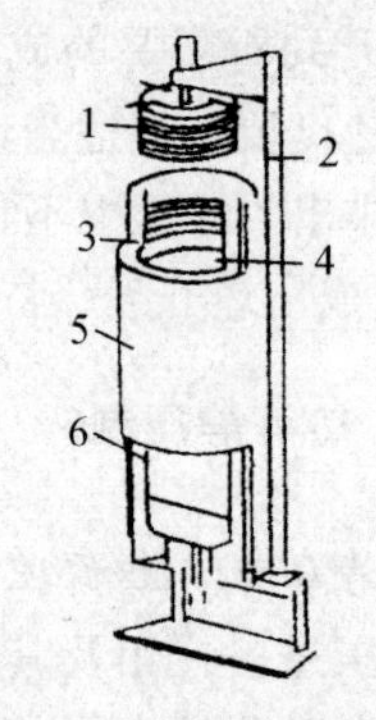

图 3－31　螺纹式密封热等静压压力容器

1－弹性压盖；　2－压盖提伸器；　3－密封圈；

4－炉子；　5－筒体；　6－炉体脚架

瑞典艾斯亚公司制造的框架式热等静压设备的数据如下：高压容器内径为 1270mm，内高为 3500mm，工作压力为 138MPa，工作温度为 1200～1400℃。

除压力容器外，容器内的加热炉是热等静压设备的重要部件，主要由加热元件、热电偶与隔热屏组成。当炉子设计温度为 1000～1200℃时，可选择 Fe－Cr－Al－Co 耐热合金丝为发热元件；当温度在 1700℃以上时，可选择 Mo 丝、石墨、W 丝等作为发热元件，这些材质的选择需要在保护气氛或惰性气氛中工作。

炉内加热体的热传递方式有 3 种形式：多带辐射，单级自然对流，单级强迫对流。

热等静压制时常选用惰性气体如氩气或氦气作为压力介质。由于氩气的热导率（0.158kW·(m·K)$^{-1}$）比氦气的热导率（1.38kW·(m·K)$^{-1}$）低，用氦气作压力介质时能够使工作区炉温很快地达到所要求温度并能保持温度分布均匀。此外，氩气的成本比氦气低。

3.10　粉末锻造

3.10.1　粉末锻造工艺

粉末锻造在铁基系列中应用很多，特别是无镍粉末锻钢，如锰钼钢、铜钼钢等。粉末锻造在难熔金属应用很早，在 1910 年用粉末锻造法可锻钨。

粉末锻造是粉末烧结的预成形坯加热后在闭式模中锻造成产品的工艺。粉末锻造是将传统的粉末冶金和精密模锻结合起来的一种新工艺。它兼有粉末冶金和精密模锻两者的优点，可以制取相对密度在 98%以上的粉末锻件，克服了普通粉末冶金零件密度低的缺点；可获得较均匀的细晶粒组织，并可显著提高强度和韧性，使粉末锻件的物理机械性能接近、达到甚至超过普通锻件水平。同时，它又保持了普通粉末冶金少、无切屑工艺的优点，通过合理设计预成形坯和实行少、无飞边锻造，具有成形精确、材料利用率高、锻造能量低、模具寿命高和成本低等特点。

粉末锻造为制取高密度、高强度、高韧性粉末冶金零件开辟了广阔的前景，尤其对钼这种成本相对较高的产品提供了新的方法，成为现代粉末冶金技术重要的发展之一。

粉末锻造的目的是为了把粉末预成形坯锻成致密无裂纹的符合规定尺寸形状的坯料。粉末锻造方法有粉末热锻和粉末冷锻；而粉末热锻又分为粉末锻造、烧结锻造和锻造烧结 3 种，其基本工艺过程如图 3－32 所示。

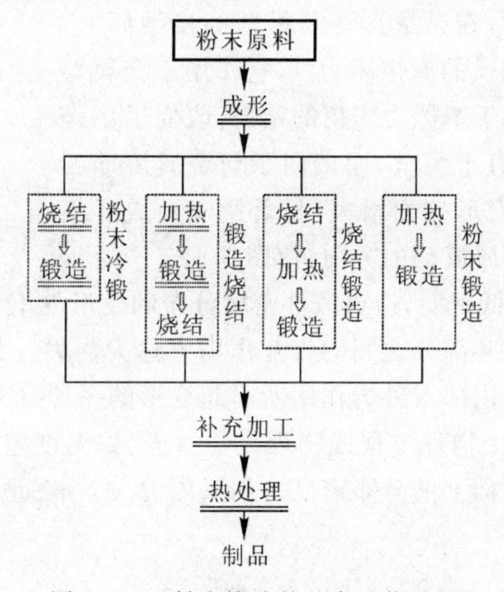

图 3－32　粉末锻造的基本工艺过程

美国、德国、日本等国的粉末锻造开展较早，在铁基粉末冶金方面进展很快。从 20 世纪 60 年代起，美国通用汽车用铁粉锻造成连杆，又研制成功了汽车差速行星齿轮，与辛辛那提公司合作建成了粉末热锻生产线，并在第三届国际粉末冶金会议上发表了许多论文。

美国、德国、日本在粉末锻造方面的产品很多，钼及其他难熔金属粉末锻造技术也一直被笔者重视。

3.10.2 粉末锻造过程的塑性理论

1. 粉末锻造过程3种基本变形和致密方式

在模锻过程中，多孔预成形坯受到外力和内力的作用产生变形而致密，如图3-33所示。

作用在预成形坯上的外力通常有3种：作用力(F)、反作用力(N_1，N_2)的摩擦力(f)。作用力是由锻压机械的机械动作产生的，并通过模冲传递给预成形坯的冲击力。冲击力的大小由预成形坯锻造所需的能量确定，对于一定的锻压设备来说，其大小与它的吨位及打击状态有关。对于动压设备(如摩擦压机、高能高速锤等)来说，有

$$M\mathrm{d}v = F\mathrm{d}t$$

式中，M为锻锤的质量；v为锻锤向下运动的速度；t为锻造打击力作用在预成形坯上的时间；F为作用在预成形坯上的冲力，等于即时单位压力$p(t)$和横断面积A的乘积，即

$$F = p(t)A$$

由上式可知，增大锻锤质量M或提高打击速度v，都能使作用力增大，即打击能量增大。但是，在粉末锻造时，增大锻锤质量比增大打击速度更易于控制。

锻造时，当预成形坯受到作用力F后，由于下模冲和模壁的阻碍所产生的反作用力N_1和N_2，阻止预成形坯向下运动和横向流动，从而造成闭式模锻的条件。其反作用力与预成形坯作用于下模冲和模壁的力大小相等、方向相反，且垂直于下模冲和模壁。

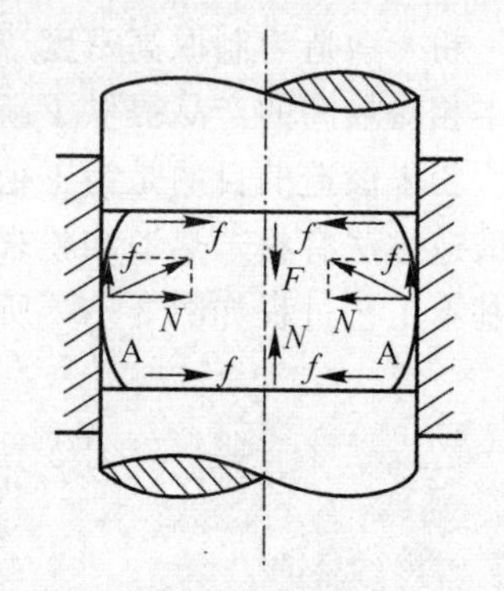

图3-33　预成形坯在模锻过程中的受力状态

当预成形坯产生流动时，在预成形坯与模壁的接触面上，产生一个与金属流动方向相反的摩擦阻力f，它作用于金属与模壁接触面的切线方向。由于摩擦力作用的结果，改变了反作用力的方向，其合力不再垂直于模壁，而偏向于与金属流动相反的方向，并使预成形坯的变形抗力增大，显著影响预成形坯的变形和致密过程。改变金属流动的方向，使图3-33中所示的A部位产生拉应力，出现低密度，造成锻件密度分布和变形的不均匀性，甚至引起开裂。

由外力引起同一物体内各部分之间的相互作用力称为内力。外力使物体变形，内力阻止物体变形。因此内力是金属内部对外力作用所引起变形的一种抗力。内力可能为了平衡外部机械作用而产生，也可能由于物理过程或物理化学过程(如温度差、组织变化等)相互平衡而产生。应力是内力在其作用面上的分布密度。如果内力(ΔF)在预成形坯中是均匀分布的，就可用平均应力$\sigma_{平}$表示为

$$\sigma_{平} = \frac{\Delta F}{\Delta A}$$

当面积ΔA趋近于零时，比值$\frac{\Delta F}{\Delta A}$的极限值称为该面上的应力。即

$$\sigma = \lim_{\Delta A \to 0} \frac{\Delta F}{\Delta A} = \frac{\mathrm{d}F}{\mathrm{d}A}$$

当截面上各处的应力相等时，应力σ等于单位截面上的内力。但是应该注意，应力与单位压力是两个不同的概念，应力是度量内力强弱的，而单位压力是度量外力强弱的。当外力增大时，物体的变形增大，这时内力也随之增大。

工程应变(又叫条件应变)为

$$\varepsilon' = \frac{l - l_0}{l_0}$$

式中,l_0 为试样应变前的长度;l 为试样应变后的长度。

上式只适应于应变量很小的条件,可是粉末锻造的体积应变和高度应变是很大的,如果采用微小应变的关系式来计算,误差很大。因此采用真实应变(又叫自然应变或对数应变),即

$$\varepsilon = \int_{l_0}^{l} \frac{\mathrm{d}l}{l} = \ln \frac{l}{l_0}$$

这样,其真实体应变为 3 个真实主应变之和,即

$$\varepsilon_v = \varepsilon_1 + \varepsilon_2 + \varepsilon_3 \tag{3-28}$$

式中,ε_v 为真实体应变;ε_1,ε_2,ε_3 分别为 3 个真实主应变。

在粉末模锻过程中,多孔预成形坯的变形和致密有 3 种基本方式:单轴压缩、平面应变压缩和复压(见图 3-34)。

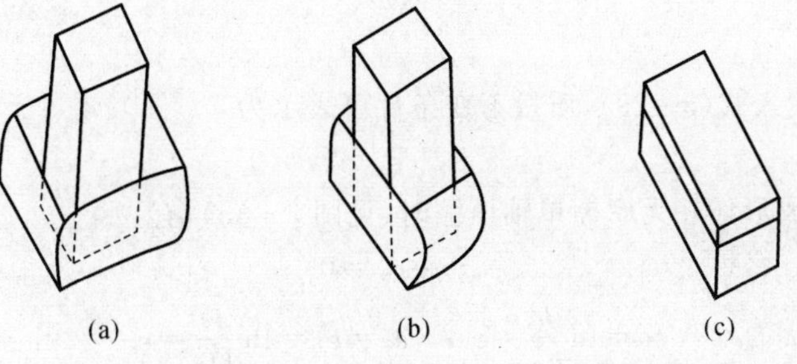

图 3-34　在粉末锻造过程中,多孔预成形坯变形和致密的 3 种基本方式

(a) 单轴压缩;(b) 平面应变压缩;(c) 复压

(1) 单轴压缩。这是在无摩擦平板模镦粗时所发生的变形方式。闭式模锻变形的第一阶段,在预成形坯与模壁接触以前,所发生的无摩擦镦粗变形也属于单轴压缩。因此,这是一种无侧向约束的压缩变形。

(2) 平面应变压缩。在平板模镦粗长条预成形坯时,在长条坯的中心截面上产生平面应变压缩。在闭式模锻变形的第二阶锻,当预成形坯开始同模壁接触时,在预成形坯的横向流动部分受阻情况下所发生的变形,也属于平面应变压缩。因此,这是一种在一个侧向上有约束的压缩变形。

(3) 复压。复压是发生在热复压过程中的一种变形。在闭式模锻变形的最后阶段,在预成形坯填满模腔后所发生的变形,也属于复压。这是一种全约束的压缩变形。

在粉末锻造过程中,上述 3 种基本变形和致密方式进行的情况,取决于预成形坯的形状尺寸和锻模结构的设计。应该指出,在复压阶段,预成形坯的各个部位都处于三向压应力状态。在单轴压缩和平面应变压缩阶段,在预成形坯内各个部位存在着不同的应力状态。例如,镦粗时,预成形坯的中心部位受到最大的三向压应力;在预成形坯与上、下模冲接触部位,由于外摩擦的影响,在接触面的中间部位也处于三向压应力状态;而在预成形坯侧面的鼓形表面,则处于两向压、拉应力状态。同时,各种应力状态是相互联系的,也是可彼此转换的,在预成形坯内同一部位,在不同变形阶段其应力状态可以转换。例如,在闭式模锻过程中,在变形第一阶段鼓形表面所产生的两向压、拉应力状态,到变形第二阶段和最后阶段则变为三向压应力状态。

因此，在锻造过程中，预成形坯内各个部位所处的应力状态，与预成形坯的变形方式有关，也就是与预成形坯的形状、尺寸和锻模结构有关；其应力状态将严重影响预成形坯的可锻性。对于低拉伸塑性的多孔预成形坯来说，应力状态是一个重要控制因素。

2. 锻造过程多孔预成形坯的变形特性

多孔预成形坯的变形特性是研究粉末锻造过程塑性理论的基础。锻造时，与致密金属坯的塑性变形相比，多孔预成形坯具有下列变形特性。

(1) 质量不变条件。致密体在塑性变形过程中遵循着体积不变条件，而多孔体在锻造时遵循着质量不变条件。由于质量 M 不变，所以体积 V 与密度 ρ 成反比：

$$\rho_0 V_0 = \rho V$$

式中，ρ_0，ρ 分别为变形前、后的密度；V_0，V 分别为变形前、后的体积。

$$\ln\left(\frac{\rho V}{\rho_0 V_0}\right) = \ln\frac{\rho}{\rho_0} + \ln\frac{V}{V_0} = 0$$

如果定义 $\ln\frac{\rho}{\rho_0} = \varepsilon_d$（真实密度应变），$\ln\frac{V}{V_0} = \varepsilon_V$（真实体应变），则

$$\varepsilon_d + \varepsilon_V = 0 \tag{3-29}$$

将式(3-28)代入式(3-29)，质量不变条件可表示为

$$\varepsilon_d + \varepsilon_1 + \varepsilon_2 + \varepsilon_3 = 0 \tag{3-30}$$

圆柱体多孔预成形坯在无摩擦单轴压缩时(见图 3-35)，有

$$\sigma_2 = \sigma_3 = 0$$

$$\varepsilon_1 = \ln\frac{h}{h_0} = \varepsilon_h, \quad \varepsilon_2 = \varepsilon_3 = \ln\frac{D}{D_0} = \varepsilon_r$$

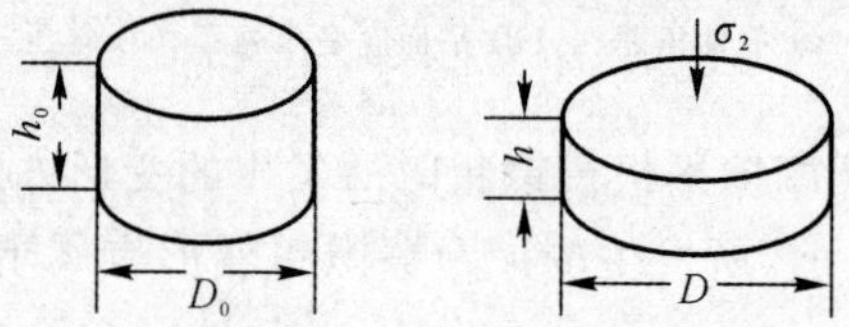

图 3-35　圆柱体多孔预成形坯的无摩擦单轴压缩试验

泊松比
$$v_p = -\frac{\varepsilon_r}{\varepsilon_h}$$

因此
$$\varepsilon_2 = \varepsilon_3 = -v_p\varepsilon_h$$

代入式(3-30)得

$$-\varepsilon_d = (1 - 2v_p)\varepsilon_h \tag{3-31}$$

由式(3-31)可知：当 $v_p = 0.5$ 时，则 $\varepsilon_d = 0$，$\varepsilon_1 + \varepsilon_2 + \varepsilon_3 = 0$，即密度和体积都不变，这属于致密坯的纯塑性变形，这时质量不变条件就是塑性变形中的体积不变条件。当 $v_p \to 0$ 时，则 $-\varepsilon_d = \varepsilon_h$，即高度应变全部转变为多孔坯的致密化，没有横向应变，这属于多孔坯的纯压实过程，热复压属于这种情况。当 $0 < v_p < 0.5$ 时，则 $-\varepsilon_d = \varepsilon_1 + \varepsilon_2 + \varepsilon_3$，即多孔坯同时发生塑性变形和致密化两种过程，多孔坯的锻造属于这种情况。由此可见，致密坯塑性变形时的体积不变条件只是多孔坯变形 — 致密时质量不变条件的一个特例。质量不变条件是描述变形 — 致密的一种更普遍的规律，既适合于多孔坯的锻造和粉末体的压实，又适合于致密体的塑性变形。因此，用质量不变条件可概括多孔坯锻造时塑性变形和致密化的双重特性。

(2) 低屈服强度和低拉伸塑性。许多材料方面的学者研究了铁粉预成形坯无润滑平面应变热锻时，锻造压力与高度真实应变及相对密度的关系(见图 3-36 和图 3-37)。

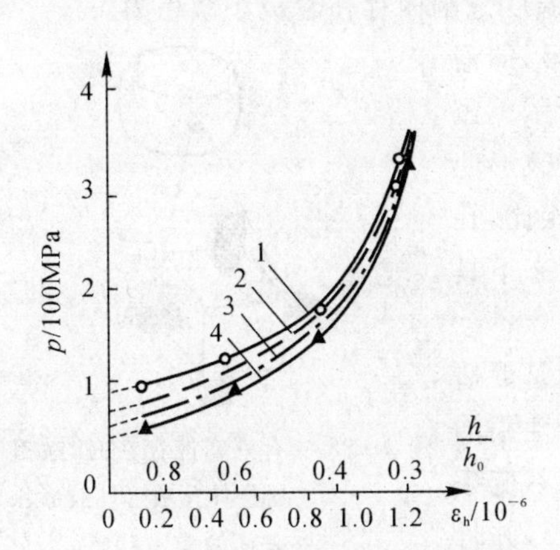

图 3-36　对还原铁粉预成形坯进行平面应变热锻时，平均单位锻造压力 p 与高度真实应变 ε_h 的关系

预成形坯孔隙度：1—19.8%；2—25.7%；3—32.7%；4—37.4%；锻造温度为 1160℃

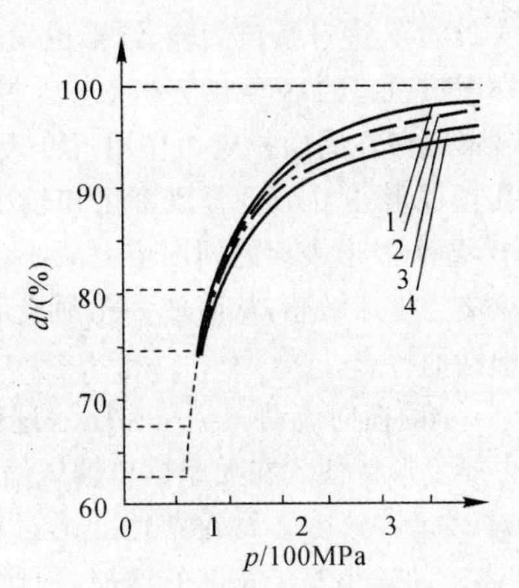

图 3-37　在无润滑平面应变条件下，预成形坯平均相对密度 d 与平均单位锻造压力 p 的关系

预成形坯孔隙度：1—19.8%；2—25.7%；3—32.7%；4—37.4%；锻造温度为 1160℃

由图 3-36 可以看出，曲线开始部分($\varepsilon < 0.5$) 服从关系式：

$$\sigma_p = \sigma_s + K_p \varepsilon n_p \tag{3-32}$$

式中，σ_p 为多孔坯的屈服强度；σ_s 为相应致密金属的屈服强度；K_p 为多孔坯的强化系数；ε 为多孔坯的真实应变；n_p 为多孔坯的加工硬化指数，当 $\varepsilon < 0.5$ 时，可视为常数；当 $\varepsilon \geqslant 0.5$ 时，n_p 随应变增大而增加。

曲线的后面部分($\varepsilon \geqslant 0.5$)，由于外摩擦和加工硬化的影响，应力-应变曲线与式(3-32) 所示关系产生了偏离。如果把曲线外推到应变 $\varepsilon = 0$ 时，可以测得具有不同孔隙度的预成形坯的屈服强度。

无论由锻造压力与高度真实应变的关系曲线，还是由锻造压力与相对密度的关系曲线得到的屈服强度，均随着预成形坯孔隙度的增大而减小；当应力低于多孔坯的屈服强度 σ_p 时，由图 3-37 中所示的曲线外推到较低相对密度时，可以测得具有不同孔隙度的预成形坯的屈服强度，且所得屈服强度值服从于经验公式：

$$\sigma_p = 1.15(\sigma_s - K\theta^{2/3}) \tag{3-33}$$

式中，θ 为多孔预成形坯的孔隙度；K 为常数，按照密悉司(Mises) 平面应变条件推导出来的系数。

预成形坯不发生变形，因而不产生致密作用。由于预成形坯密度较低，在较小的锻造压力下就开始了塑性变形。当预成形坯相对密度达 95% ~ 98% 以后，由于基体材料产生显著塑性变形，材料对进一步致密化的变形抗力很大，必须用很高的锻造压力才能接近全致密。不过，当所需锻造压力较低时，锻件的最终形状就基本上形成了；当所需锻造压力很高时，锻件的大部分精细外形已经成形。锻造的最后阶段几乎是一种纯复压，只产生轻微的塑性流动。因此，在相同锻造压力下，粉末锻造能达到更精确的形状。

同时，随着锻造温度的升高，材料塑性变形的两个重要指标 —— 变形抗力和塑性 —— 均会发生变化。多纳契厄(S. J. Donachie)等对6种钢粉预成形坯于649～982℃进行锻造试验的结果指出,流动应力的极小值出现在$\alpha+\gamma$两相区。对水雾化铁粉和还原铁粉预成形坯于700～1150℃进行镦粗试验,结果也发现在$\alpha\leftrightarrow\gamma$相变温度范围内存在着极小镦粗力。

外摩擦引起的不均匀应力状态会造成一种严重后果,即锻件的鼓形表面在周向拉应力作用下开裂,如图3-38所示。虽然多孔预成形坯由于显著致密化和较小横向流动而使鼓形曲率减小,导致鼓形表面的周向应力减小,但是与致密坯相比,孔隙对拉应力更加敏感,从而使多孔预成形坯在拉应力状态下具有低塑性的特点。

图3-38　有外摩擦存在时,镦粗圆柱体预成形坯鼓形表面的应力状态

(3)小的横向流动。金属在压缩过程中的横向流动是锻造时的主要变形特性。在无摩擦单轴压缩过程中,这一特性用泊松比v_p表示。致密金属在塑性变形过程中,遵循体积不变条件,其高度的减小等于宽度的增加,因此泊松比$v_p=0.5$,并且在整个塑性变形过程中,v_p值是不变的。多孔预成形坯在锻造过程中同时产生变形和致密化,遵循着质量不变条件,但其体积是不断减小的。由于锻造时消耗了部分能量来减少预成形坯的孔隙,所以多孔预成形坯同致密坯相比,具有较小的横向流动,其泊松比$v_p<0.5$,并且在整个塑性变形和致密化过程中,v_p值是变化的。因此,较小的横向流动是多孔预成形坯锻造时最突出的变形特性之一。

为了确定预成形坯的泊松比与孔隙度的关系,通过试验得到如图3-39所示关系。图中曲线的斜率就是所求的塑性泊松比v_p。图中曲线所测得的多孔预成形坯的泊松比v_p值见表3-5。

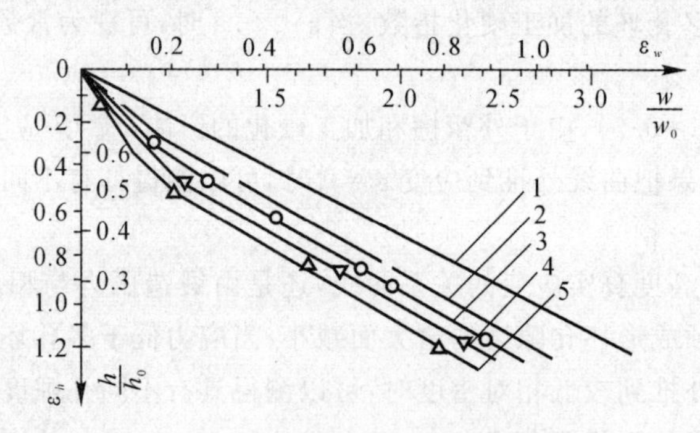

图3-39　镦粗还原铁粉预成形坯时,于无润滑平面应变条件下,高度真实应变ε_h与横向真实应变ε_w的关系

预成形坯孔隙度:1—0;　2—19.8%;　3—25.7%;　4—32.7%;　5—37.4%

表3-5　图3-39所示的预成形坯的泊松比

项目名称 \ 预成形坯孔隙度/(%)	37.4	32.7	25.7	19.8	0
开始时($\varepsilon=0$)v_p	0.13	0.16	0.20	0.25	0.50
图3-39中直线段v_p	0.43	0.43	0.45	0.45	0.50
直线段高度真实应变ε_h	0.55	0.5	0.40	0.35	—
直线段相对密度d	84%	86%	89%	89%	—

由图 3-39 和表 3-5 可以看出，在锻造变形初期，泊松比强烈地依赖于预成形坯的孔隙度。预成形坯的孔隙度越大，v_p 越小（即曲线斜率越小），当预成形坯孔隙度为 37.4% 时，$v_p = 0.13$。这说明锻造初期的变形主要是高度压缩，横向流动非常小，致密化速度很快。只有当相对密度为 85%～95% 时，才显示出泊松比 $v_p \to 0.5$ 的横向流动特性。预成形坯锻造初期横向流动小这一特性，在闭式模锻中将减少预成形坯与模壁的过早接触，从而减小模壁的摩擦阻力，有利于预成形坯的致密化。多孔预成形坯这种主要沿高度方向变形的特性，对于无飞边锻造的锻模设计来说，是一个突出的优点，也是预成形坯设计时“把变形量主要放在高度方向”的理论依据。但是，它也给预成形坯设计带来困难，使预成形坯横向充填模腔的能力变差，因此横断面形状复杂的锻件，要求预成形坯形状与锻件形状相似。并且在锻件顶部和底部的边缘可能存在不易填满的部位；模腔的棱角和尖端部位，由于具有大的局部表面积和体积之比，将产生高的摩擦力和不均匀的冷硬，所以这些部位成形需要很高的压力，往往到锻造后期才能充填满。因此，通过设计展开面较小的预成形坯，可以改善其充填模腔的情况。同时，还可以看出，在高度应变量相同时，孔隙度低的预成形坯比孔隙度高的横向流动大些。所以提高预成形坯密度也可增大横向流动，使预成形坯易于充填模腔。图中直线段表明，在较高应变量下，横向应变几乎变得和高度应变相同；并且在横向应变达到最高值以前，预成形坯的孔隙度已减少了一半以上。

格雷菲斯(T. J. Griffiths)等由上述试验数据得出，在平面应变压缩条件下，泊松比 v_p 与相对密度 d 的经验公式：

$$v_p = 0.5d^3$$

并且通过推导和计算，得到了与图 3-39 所示试验曲线相似的理论曲线。应该指出，上述试验是在无润滑条件下进行的，如果润滑模壁，减少摩擦，将减弱预成形坯孔隙度对横向流动的影响。

库恩(H. A. Kuhn) 对还原铁粉预成形坯于室温下进行无摩擦压缩试验(用聚四氟乙烯薄膜衬于预成形坯与模壁之间，可基本上消除摩擦)得出了泊松比 v_p 与相对密度 d 的关系(见图 3-40)，并且用最小二乘法得到了 v_p 与 d 之间的试验曲线和经验公式：

$$v_p = 0.5d^{1.92} \tag{3-34}$$

同时，对烧结铝合金(201ABA1，601ABA1)、烧结铜和雾化铁粉预成形坯，在室温下进行无摩擦压缩试验，也得到了同样的规律。对烧结 601ABA1 合金预成形坯，在 371℃ 进行了无摩擦热锻试验，得到经验公式：

$$v_p = 0.5d^2 \tag{3-35}$$

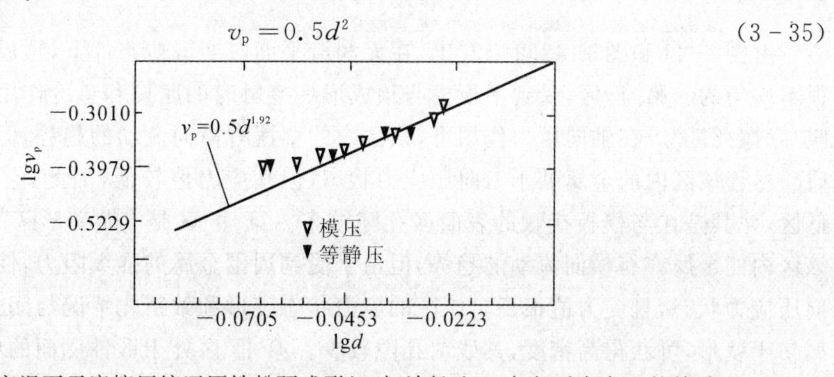

图 3-40　在室温下无摩擦压缩还原铁粉预成形坯时，泊松比 v_p 与相对密度 d 的关系

比较公式(3-34)和式(3-35)可以知道,在预成形坯密度相同的情况下,热锻比冷压缩的泊松比稍低些。这是由于铝合金预成形坯的加工硬化指数 n_p 在室温变形时为 0.20 ~ 0.32,而在高温变形时,由于回复和再结晶的作用使 n_p 变得很小。所以在预成形坯密度相同的情况下,高温变形比室温变形的 n_p 小得多,使得整个预成形坯基体内的变形比较均匀,产生较大的压缩应变和较好的致密程度,从而使泊松比降低。这也就是较低的加工硬化指数导致较小的泊松比的原因。

(4) 变形和致密的不均匀性。在粉末锻造过程中,由于外摩擦的存在,使预成形坯内的应力分布不均匀,应力状态不同,导致预成形坯变形和致密的不均匀性。库恩对预成形坯变形和致密的不均匀性进行了研究。在平板模镦粗还原铁粉长条坯时,使坯中心区成为无润滑平面应变条件,从粉末锻棒中心区切取纵截面,测定各部位的布氏硬度值,并显示出各部位的孔隙度分布照片,如图 3-41 所示。在该条件下相应的变形场如图 3-42 所示。

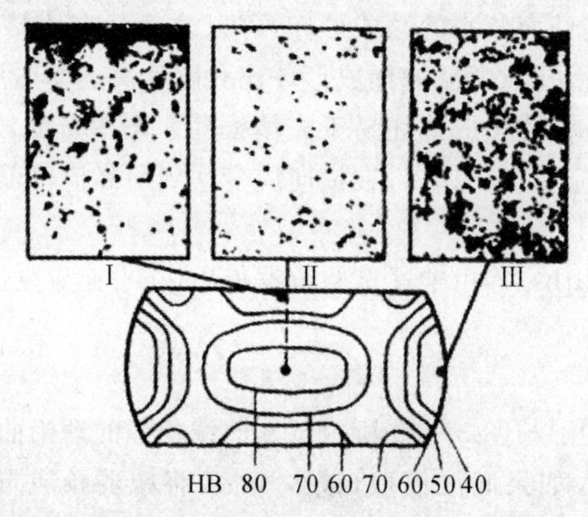

图 3-41　在无润滑平面应变条件下,粉末锻件纵截面上硬度和孔隙分布(镦粗到 $\varepsilon = 0.85$ 时)

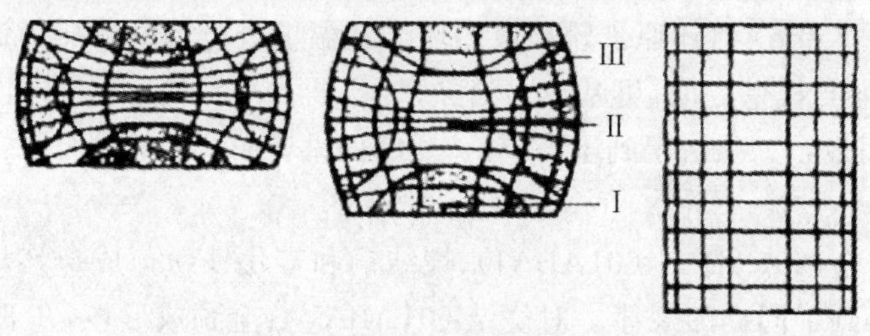

图 3-42　无润滑平面应变锻造时的变形场

由图3-41和图3-42可以看出,在无润滑平面应变锻造条件下,预成形坯的变形和致密是很不均匀的。第 Ⅰ 区,受到平板模与预成形坯接触时的摩擦和急冷作用,成为“难变形区”,又叫“摩擦死区”。在轴向压力作用下,该区内的金属有横向流动的趋势,但受到模板摩擦力的阻碍。尽管该区内的金属处于三向压应力状态,但其应力值较低,因此,它是粉末锻件内密度较低区,尤其是在与模板接触的表面区孔隙较多。第 Ⅱ 区是“易变形区”,在轴向压力作用下,该区内的金属亦有横向流动的趋势,但由于受到周围金属的强大阻力,使该区内的金属处于三向压应力状态,且应力值很高。该区的应力状态变形和致密化情况与闭式模锻相似。因此,金属易于变形,可获得高密度,其残留孔隙较少。第 Ⅲ 区处于锻件侧面的中间位置,是最低密度区。在轴向压力作用下,预成形坯内各部位的金属都有横向流动的趋势。根据最小阻力定律,变形物体各质点在向不同方向自由移动时，一定向阻力最小的方向移动。如果接触面上的质点有两个可能的移动方向，则该点应该是在此点到物体周边最短的法线距离上移动。因此镦粗时，预成形坯侧面的中间部位的横向流动阻力最小，横向流动最大，因而形成鼓形。由图 3－42 可以看出，在鼓形区产生了周向拉应力，使之成为最低密度区，存在很多孔隙，并且容易导致锻件开裂。

应该指出，采用闭式模锻，可以提高鼓形区的密度。在图 3－43 中将镦粗时锻件中心区的密度与闭式模锻时锻件的平均密度作了比较，证实了镦粗时锻件中心区的致密化比其他部位快得多，但与闭式模锻相比，仍然要慢些。这种差别是由于镦粗时的横向约束力仅仅是外摩擦力，而在闭式模锻中还存在强有力的模壁约束作用。

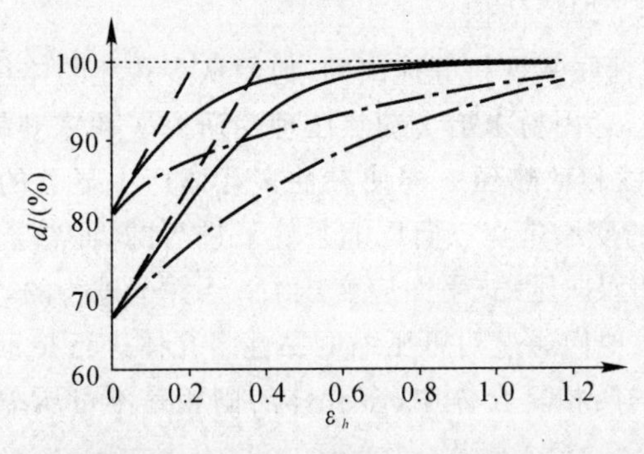

图 3－43　镦粗时锻件中心区相对密度、平均相对密度和闭式模锻件的平均相对密度同高度真实应变 ε_h 的关系，锻造温度为 1160℃

——— 闭式模锻时锻件的平均相对密度；-------- 镦粗时锻件中心区的相对密度；—·— 镦粗时锻件的平均相对密度

润滑模壁可以减少外摩擦力，改善锻件密度分布的不均匀性。如图 3－44 所示为粉末 601ABA1 合金圆柱体预成形坯于 371℃ 锻造时，锻件密度沿半径方向的变化。

试验结果指出，如果采用剪切变形的锻造方式，则在剪切变形的中心将出现最低密度区。这种情况类似剪切金属板时大的剪缝之间所遇到的情况。这样在锻棒中心区可能形成横向裂纹。

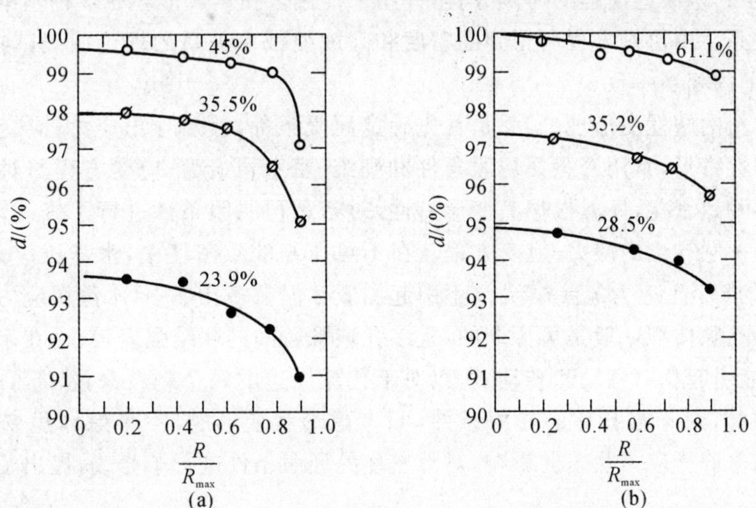

图 3－44　601ABA1 合金圆柱体预成形坯于 371℃ 锻造时，在两种摩擦条件(润滑与无润滑)下，锻件密度沿半径方向的变化(图中曲线上的百分数为锻造时的高度缩减率)

(a) 无润滑；(b) 用 MoS_2 润滑

3.粉末锻造过程的塑性理论

致密金属的塑性理论是建立在连续介质力学基础上的，有关金属压力加工的塑性理论只适用于连续介质。而多孔预成形坯是一种松散的非连续介质，最多也不过是一种半连续介质，因此，不宜把建立在连续介质基础上的塑性理论硬搬过来，这样给粉末锻造过程塑性理论的研究带来很大困难。近年来，粉末锻造过程的塑性理论主要有以下3种。

第一种塑性理论是由库恩等提出来的。它是对密悉司屈服条件和勒维-密悉司(Levy-Mises)应力-应变方程所表达的塑性理论进行了修改，提出了多孔预成形坯锻造的塑性理论，并建立了多孔体屈服条件和应力-应变方程。通过推导和试验，找出了在3种基本变形和致密方式下，应力、应变和密度的关系；并且研究了多孔预成形坯锻造过程的断裂极限，为粉末预成形坯的设计提供了理论依据。

第二种塑性理论是由柯瓦尔钦科等提出的，他们从多孔坯的体积黏性理论出发，把粉末预成形坯看作是牛顿黏性体，运用粉末冶金动热压理论研究了粉末热锻时黏性多孔体的致密化问题。他们指出，粉末热锻和动热压一样使黏性多孔体产生显著的致密化；但又与动热压不同，动热压时黏性多孔体的变形是在三向压缩条件下进行的，而粉末热锻开始阶段，黏性多孔体是在单向压缩(镦粗)和双向压缩(平面应变压缩)条件下进行的，到锻造最后阶段才在三向压缩(复压)条件下进行。他们通过对可压缩的黏性多孔体进行热锻时致密化的研究指出，在固相(基体金属)和孔隙的两相复合体中，多孔体的固相是不可压缩的，且服从于流动的非线性规律：

$$\dot{\varepsilon}\infty\sigma^{n}$$

式中，$\dot{\varepsilon}$为变形速度；σ为应力；n为多孔体固相的非线性黏性流动方程的参数。

他们从动量原理出发，得到了密度变化与打击参数及多孔体固相流动之间的关系式，提出了粉末热锻时改善致密化条件的途径。

第3种塑性理论是由格雷菲斯等提出的。根据粉末锻造过程的3种变形和致密方式，利用多孔预成形坯的泊松比与相对密度的经验公式，考虑到在闭式模锻中侧向约束对致密化速率的影响，建立了粉末锻造过程的协调方程，并用来描述多孔预成形坯在3种基本变形和致密方式中的几何关系。由协调方程所得到的密度和高度缩减率关系的理论曲线，与试验曲线比较，在较宽的范围内相当一致。

任何一种材料的塑性变形理论，总是首先确定屈服条件，然后导出应力-应变方程的。例如致密材料的塑性变形，常用密悉司屈服条件和勒维-密悉司应力-应变方程。对于多孔坯锻造时的塑性变形和致密化，库恩根据其变形特性，对密悉司屈服条件进行了修改，提出了多孔坯的屈服条件和由它导出的应力-应变方程。在不可压缩的致密坯中，水静压应力状态(即球形应力状态，它的3个主应力$\sigma_1=\sigma_2=\sigma_3$)不引起屈服。但在多孔坯中，水静压应力状态会引起屈服。这是由于孔隙体积一般是可压缩的，且多孔坯颗粒间的联结强度较小，在水静压应力状态下，颗粒间可能引起相对移动和转动，所以对于孔隙周边的每个颗粒来说，不一定保持水静压应力状态。因此，对于多孔坯的屈服条件，只考虑形状变形能，不考虑体积变形能就不行了。库恩考虑到水静压应力状态的影响，对致密坯的屈服条件进行了修改，提出了多孔坯的屈服条件为

$$f=\left[\frac{(\sigma_1-\sigma_2)+(\sigma_2-\sigma_3)+(\sigma_3-\sigma_1)^2}{2}+(1-2v_p)(\sigma_1\sigma_2+\sigma_2\sigma_3+\sigma_3\sigma_1)\right]^{1/2} \quad (3-36)$$

式中，f 为屈服函数；σ_1，σ_2，σ_3 分别为三个方向的主应力。

从式(3-36)可以看出，多孔坯的屈服条件反映了密度变化的影响，当多孔坯相对密度接近 100% 时，泊松比 $v_p \to 0.5$，方括号中反映水静压应力状态影响的第二项消失，与不可压缩的致密体的屈服条件完全相同。

同致密体的塑性理论一样，通过对屈服函数式(3-36)的微分，可得到应变增量-应力方程为

$$\left.\begin{aligned} d\varepsilon_1 &= \frac{d\lambda}{f}[\sigma_1 - \nu_p(\sigma_2+\sigma_3)] \\ d\varepsilon_2 &= \frac{d\lambda}{f}[\sigma_2 - \nu_p(\sigma_3+\sigma_1)] \\ d\varepsilon_3 &= \frac{d\lambda}{f}[\sigma_3 - \nu_p(\sigma_1+\sigma_2)] \end{aligned}\right\} \tag{3-37}$$

式中，$d\varepsilon_1$，$d\varepsilon_2$，$d\varepsilon_3$ 分别表示在给定方向上的应变增量；$d\lambda$ 为与材料先前的应变总量有关的比例系数。

方程式(3-36)和式(3-37)构成了粉末多孔坯的塑性理论。在普通加工硬化致密材料中，屈服应力随着有效应变($\varepsilon_{有效} = \frac{\sqrt{2}}{3}\sqrt{(\varepsilon_1-\varepsilon_2)^2+(\varepsilon_2-\varepsilon_3)^2+(\varepsilon_3-\varepsilon_1)^2}$)而增长，并从简单拉伸试验中确定：$f=Y(\varepsilon_{有效})$。在多孔材料中，屈服应力不仅与基体材料的应变硬化有关，而且还与变形时的致密化有关。因此，多孔坯的屈服应力是密度和加工硬化的函数：$f=Y(d,\varepsilon_{有效})$。但在方程式(3-36)和式(3-37)中，没有考虑加工硬化的影响，屈服应力仅仅是作为密度的函数 $f=Y(d)$ 来处理的。当在平面应变压缩和复压条件下应用这些方程(室温)时，在低密度下能精确地推算成形压力；但达到较高密度时，其精确度就降低了。这是由于基体材料的加工硬化增大了，所以，用有效应变来表示。将由方程式(3-37)得到的主应力值代入方程式(3-36)中解出 $d\lambda$，得到有效应变增量 $d\varepsilon_{有效}$ 的关系式：

$$d\lambda^2 = d\varepsilon_{有效}^2 = \frac{(d\varepsilon_1-d\varepsilon_2)^2+(d\varepsilon_2-d\varepsilon_3)^2+(d\varepsilon_3-d\varepsilon_1)^2}{2(1+\nu_p)^2} + \frac{\dfrac{v_p(2-\nu_p)[(d\varepsilon_1-d\varepsilon_2)^2+(d\varepsilon_2-d\varepsilon_3)^2+(d\varepsilon_3-d\varepsilon_1)^2]}{2(1+\nu_p)^2}+(d\varepsilon_1 d\varepsilon_2+d\varepsilon_2 d\varepsilon_3+d\varepsilon_3 d\varepsilon_1)}{(1-2\nu_p)} \tag{3-38}$$

由方程式(3-38)可以看出，当应变增量为 $d\varepsilon_1$，横向应变增量为 $d\varepsilon_2 = d\varepsilon_3 = -v_p d\varepsilon_1$ 时，则方程式(3-38)可简化为 $d\varepsilon_{有效} = d\varepsilon_1$，即同致密体的塑性理论一样。多孔材料的有效应变增量等于简单镦粗试验中的高度应变增量。

同时，根据质量不变条件，密度变化与应变之间的关系为

$$-\frac{dd}{d} = d\varepsilon_1 + d\varepsilon_2 + d\varepsilon_3 \tag{3-39}$$

因此，方程式(3-36)、式(3-37)、式(3-38)、式(3-39)和式(3-34)或式(3-35)构成了一套完整的方程组，可用来确定粉末锻造过程中的成形应力与密度、应力与应变、应变与密度之间的关系。上述方程组在 3 种基本变形和致密方式中应用时，得到了令人满意的结果。

(1) 单轴压缩。无摩擦单轴压缩试验中施加的应力为 σ_1，径向应力 σ_2 和周向应力 σ_3 均为 0($\sigma_2=\sigma_3=0$)，由方程式(3-36)得到 $f=Y(d)=\sigma_1$。试验中的施加应变增量为 $d\varepsilon_1$，$v_p = -\frac{d\varepsilon_2}{d\varepsilon_1}$，

所以径向应变增量 $d\varepsilon_2$ 和周向应变增量 $d\varepsilon_3$ 为 $d\varepsilon_2 = d\varepsilon_3 = -v_p d\varepsilon_1$。因此，由方程式(3－38)得到 $d\varepsilon_{有效} = d\varepsilon_1$。

在无摩擦单轴压缩条件下，相对密度变化可由方程式(3－39)，得

$$-\frac{dd}{d} = (1 - 2v_p)d\varepsilon_1 \tag{3-40}$$

将式(3－34)式代入式(3－40)得到

$$-\frac{dd}{d(1-d^{1.92})} = d\varepsilon_1 \tag{3-41a}$$

由方程式(3－40)可知，在无摩擦单轴压缩条件下，如果要达到完全致密，则需要无穷大的高度压应变。换句话说，多孔预成形坯在无摩擦单轴压缩条件下是不可能达到完全致密的。

将式(3－40)积分，可得到无摩擦单轴压缩条件下，相对密度 d 与高度压应变 ε_1 的关系式。如图 3－45 所示为两种不同预成形坯密度的积分结果及其与雾化铁粉、1020 和 4620 钢粉烧结预成形坯的冷压缩试验结果的比较。可以看出，理论计算值稍低于 4620 钢粉坯的数据。这可能是由于 4620 钢粉坯的加工硬化较严重，所以需要修正 v_p 与 ρ 的经验关系。库恩的塑性理论在单轴压缩中应用结果较好的实例，是菲奇梅斯特(H. F. Fischmeister)等所提供的海绵铁粉坯的热锻数据。由于采用粉末热锻，所以用式(3－35)代入式(3－40)中得到类似于式(3－41a)的公式

$$-\frac{dd}{d(1-d^2)} = d\varepsilon_1 \tag{3-41b}$$

它的积分结果见图 3－46。图中结果表明，方程式(3－41b)的计算值与试验结果一致。

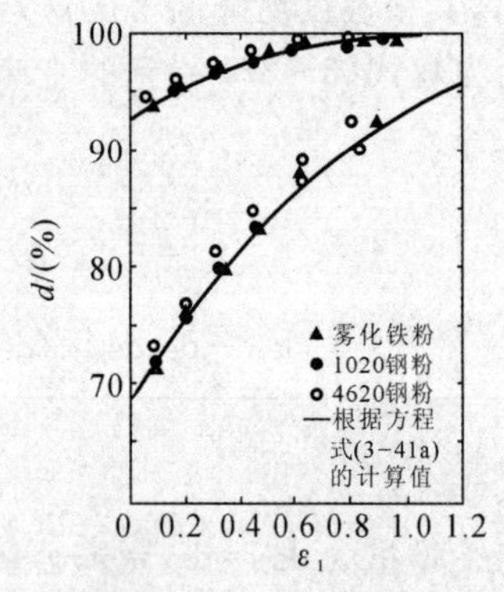

图 3－45　单轴压缩时，相对密度 d 与高度真实应变 ε_1 的关系(Antas 的试验数据)

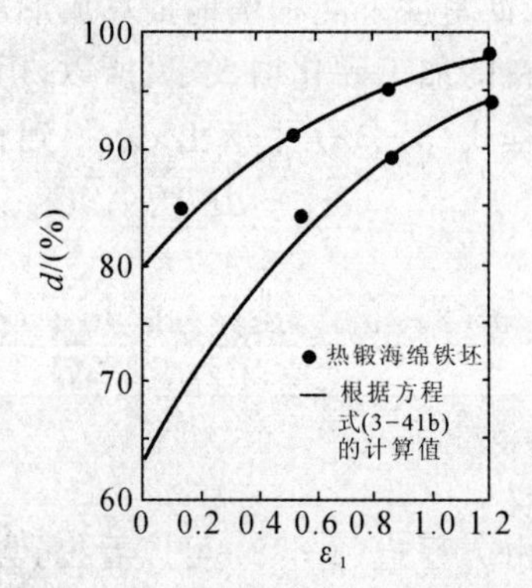

图 3－46　单轴压缩时，相对密度 d 与高度真实应变 ε_1 的关系

(2) 平面应变压缩。平面应变压缩时的应力状态如图 3－47 所示。试验中的应力为 σ_1，且 $\sigma_3 = 0$。由于 $d\varepsilon_2 = 0$，将 $\sigma_1, \sigma_3 = 0$ 代入方程式(3－37)的第二式中，可得到 $\sigma_2 = v_p(\sigma_1 + \sigma_3) = v_p\sigma_1$，又将 3 个主应力值代入方程式(3－36)，得

$$f = Y(d) = \sigma_1(1 - v_p^2)^{1/2} \tag{3-42}$$

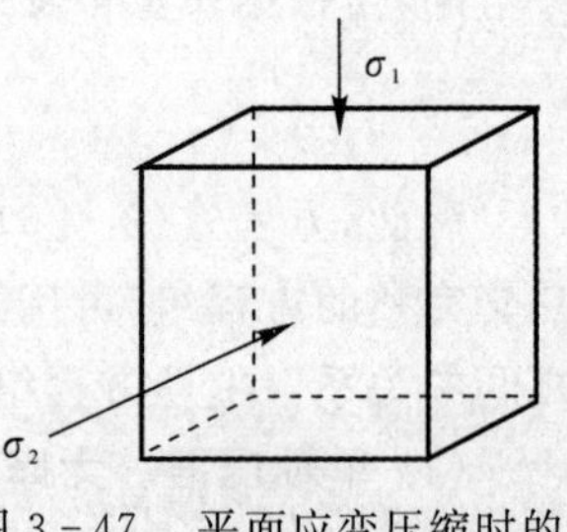

图 3－47　平面应变压缩时的主应力图

由式(3－42)可知，当 $v_p = 0.5$ 时，$\sigma_1 = \frac{2\sqrt{3}}{3}Y(d)$。也就是说，当预成形坯达到完全致密时，它与不可压缩的致密材料塑性理论

的结果一致。$Y(d)$ 仍由无摩擦均匀压缩试验确定。

在平面应变压缩中，施加应变增量为 $d\varepsilon_1$，而 $d\varepsilon_2=0$，将 $\sigma_1,\sigma_3=0,\sigma_2=v_p\sigma_1$ 代入方程式(3-37)的第一、三式中得到

$$\frac{d\varepsilon_3}{d\varepsilon_1}=\frac{\dfrac{d\lambda}{f}[-v_p(\sigma_1+\sigma_2)]}{\dfrac{d\lambda}{f}[\sigma_1-v_p\sigma_2]}=\frac{-v_p}{1-v_p}$$

又将 $d\varepsilon_1, d\varepsilon_2=0$ 代入式(3-39)得到

$$-\frac{dd}{d}=\frac{1-2v_p}{1-v_p}d\varepsilon_1 \tag{3-43}$$

用式(3-34)代入式(3-43)得到

$$-\frac{dd(1-0.5\rho^{1.92})}{d(1-d^{1.92})}=d\varepsilon_1 \tag{3-44}$$

同样，屈服条件由方程式(3-36)给出

$$\sigma_1=\frac{Y(\varepsilon_{有效})}{(1-v_p^2)^{1/2}} \tag{3-45}$$

有效应变增量由方程式(3-38)给出

$$d\varepsilon_{有效}=\frac{d\varepsilon_1}{(1-v_p^2)^{1/2}} \tag{3-46}$$

通过积分式(3-44)，得到在平面应变压缩条件下的 d 与 ε_1 的关系，其计算结果如图 3-48 所示，图中还有安特斯(H. W. Antes)由平面应变压缩所得到的试验数据。由图可以看出，两者相当一致，说明了库恩的塑性理论在平面应变压缩条件下的正确性。同时，对于海绵铁粉和 4600 钢粉，由方程式(3-45)计算得到的平面应变压缩应力 σ_1；由相同材料的应力-应变曲线确定 $Y(\varepsilon_{有效})$，再从方程式(3-46)计算得到 $\varepsilon_{有效}$，结果如图 3-49 所示，说明了计算结果与试验结果的一致性。以前在高密度下所出现的大偏差，由于改进了确定 $Y(\varepsilon_{有效})$ 的方法而消除。

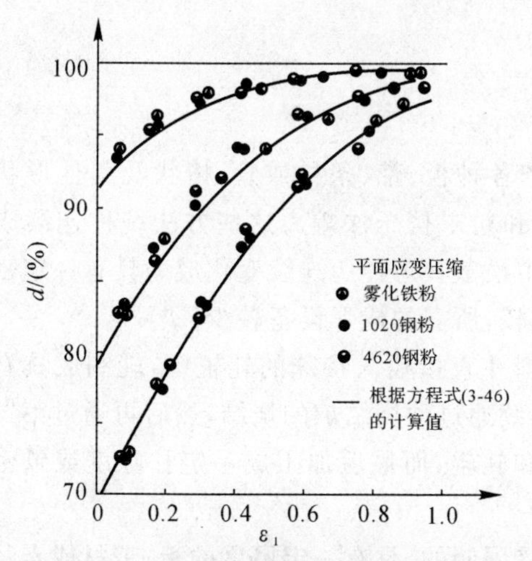

图 3-48　在室温平面应变压缩条件下，铁粉和钢粉预成形坯致密化的理论计算数据与试验结果的比较

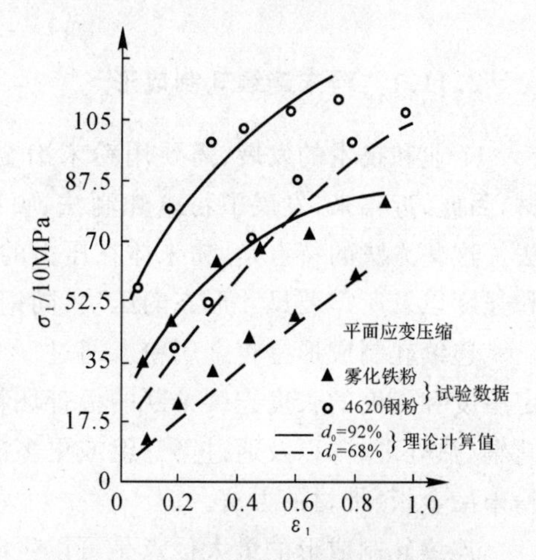

图 3-49　在室温平面应变压缩条件下，由方程式(3-45)和式(3-46)计算的应力、应变值与试验结果的比较

(3) 复压。复压时的应力状态如图3-50所示。施加应力为σ_1,将横向应变$d\varepsilon_2=d\varepsilon_3=0$代入方程式(3-37)中的第二、三式,得

$$\sigma_2-v_p(\sigma_3+\sigma_1)=0$$
$$\sigma_3-v_p(\sigma_1+\sigma_2)=0$$

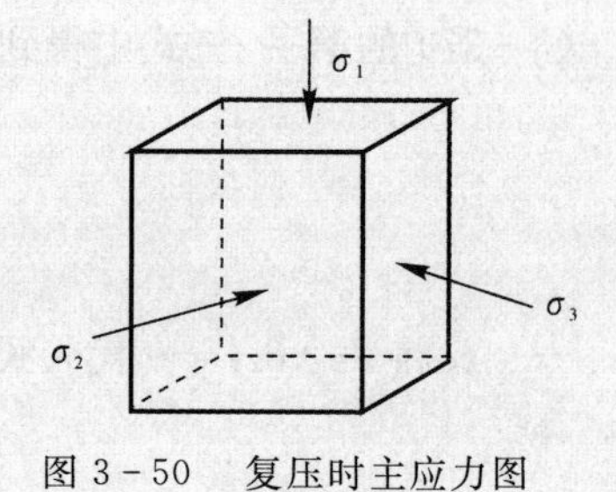

图3-50 复压时主应力图

解此联立方程,得

$$\sigma_2=\sigma_3=\frac{v_p}{1-v_p}\sigma_1=\xi\sigma_1 \tag{3-47}$$

$$f=Y(d)=\left[\frac{(1-2v_p)(1+v_p)}{1-v_p}\right]\sigma_1 \tag{3-48}$$

复压时的施加应变增量为$d\varepsilon_1$,而$d\varepsilon_2=d\varepsilon_3=0$,代入式(3-39),得

$$-\frac{dd}{d}=d\varepsilon_1 \tag{3-49}$$

同样,屈服条件由方程式(3-36)给出

$$\sigma_1=Y(\varepsilon_{有效})\frac{1}{\left[\frac{(1-2v_p)(1+v_p)}{1-v_p}\right]^{1/2}} \tag{3-50}$$

有效应变增量由方程式(3-38)给出

$$d\varepsilon_{有效}=d\varepsilon_1\frac{1}{\left[\frac{(1-2v_p)(1+v_p)}{1-v_p}\right]^{1/2}} \tag{3-51}$$

由式(3-47)可知,在多孔坯复压中,用塑性力学推导出来的侧压系数ξ,与在粉末体的钢模压制中由弹性力学推导出来的侧压系数的表达式相同。因此,无论是多孔预成形坯的复压还是粉末体的钢模压制,均可由方程式(3-47)来计算横向应力。

3.11 其他成形方式

3.11.1 粉末连续轧制成形

工业和技术的发展,需要用粉末冶金方法生产各种板、带、条材或管、棒状及其他形状型材,因此,近年来,发展了粉末轧制法、喷射成形法和粉末挤压法等。这些方法统称连续成形法。这些方法的特点是,粉末体在压力的作用下,由松散状态经历连续变化成为具有一定密度和强度以及所需要尺寸形态的压块,同钢模压制比较,所需的成形设备较少。

连续轧制成形是将金属粉末通过一个特制的料斗直接喂入特殊的轧辊中,轧制成具有一定厚度和强度的长度连续不断的板带坯料,接着连续通过预烧结炉的烧结,然后再通过第二组轧辊、热处理炉,以及通过第三组或更多次数加热和轧辊,而最后加工成一定孔隙度或致密的粉末冶金板、带材的方法。

连续轧制成形的最大优点是可以生产长度不受限制的、具有一定厚度的板、带材或直径在一定范围内的丝材。

金属粉末连续轧制的工艺过程可分为粉末喂料、轧制成形、轧制板带坯烧结等主要工序。

粉末喂料是将粉末连续而均匀地输入到轧辊内,假如出现不连续或不均匀的现象都会导

致轧制中断或使坯料质量下降，因此，粉末喂料质量对板带材质量起着重要作用。喂料方向按轧制方向分为水平方向喂料和垂直方向喂料两种，水平方向喂料又分为自然流入喂料和螺旋送料强迫喂料两种方式，由于强迫喂料输入设备较为复杂，垂直方向强迫喂料很少采用。垂直方向自然流入喂料方式已在生产中广泛应用，但这种方式又分为单一粉末喂入、双层粉末喂入和多层粉末喂入3种方式。双层喂料和多层喂料方式对生产复合材料是一种极为有利的生产方式，并已投入到实际生产中。

金属粉末轧制成形与一般致密金属的轧制成形不同，它的特点是，粉末体的体积显著减小；粉末颗粒发生弹性和塑性变形，粉末的成形靠粉末颗粒间的机械啮合或添加有机黏结剂的黏结；冷轧后未经烧结的带坯强度很低；要提高带坯的强度，必须把粉末加热压制成形。

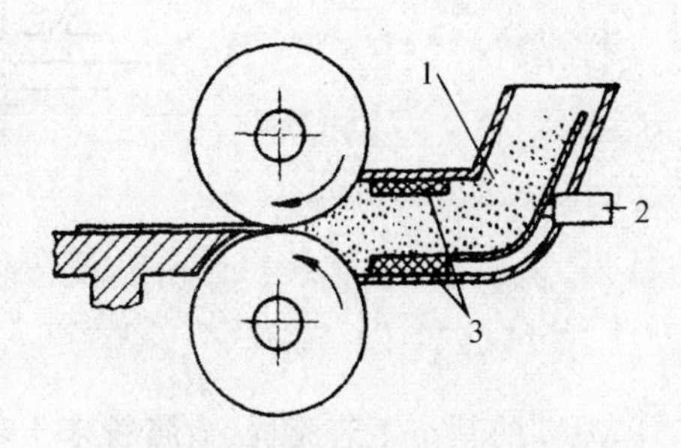

图3-51　粉末直接加热轧制示意图

1—装料漏斗；　2—振动器；　3—低频加热器

粉末加热轧制成形的加热分为直接加热和间接加热两种方式，如图3-51所示为粉末直接加热轧制示意图，它是振动器将漏斗内的粉末振动摇实，粉末靠低频加热器加热。

图3-52所示为粉末间接加热轧制示意图，它是一种在保护气氛下用电炉间接加热的粉末轧制方式。图3-53所示为粉末冷轧、带坯烧结和热轧联合轧制示意图，它是粉末通过漏斗均匀地流入冷轧机轧辊缝隙间，轧出的带坯连续不断地进入有保护性气氛的或真空的烧结炉内烧结，并随之进行热轧。

3.11.2　金属注射成形

金属注射成形(MIM)是一种制造小型精密零件的制造方法，而这些小型零件用其他方法制造费用很贵。MIM是传统粉末冶金工艺的发展，是粉末冶金技术的一个分支。所谓“传统的粉末冶金工艺”就是在钢性模内用轴向力压制加入润滑剂的混合粉末，压坯脱出后，进行烧结。烧结过程是在还原性的气氛中加热压坯到接近其中主要成分熔点的温度，使相邻颗粒互相扩散并黏结牢固，从而提高压坯的力学性能。用此方法，能制造形状十分复杂的压坯，该方法已应用于大批量生产。但此方法对压坯的形状却有重大限制，由于压坯必须脱出模腔，因此，具有与压制方向垂直的沟槽与凸台的零件将无法进行直接制造。

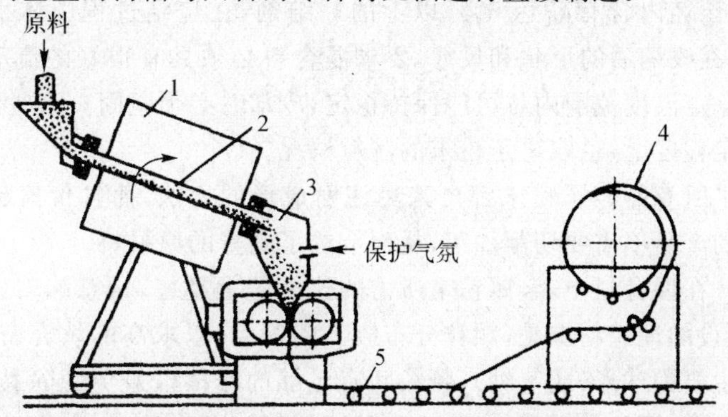

图3-52　粉末间接加热轧制示意图

1—回转炉管；　2—闸口；　3—粉末；　4—滚筒；　5—中间容器

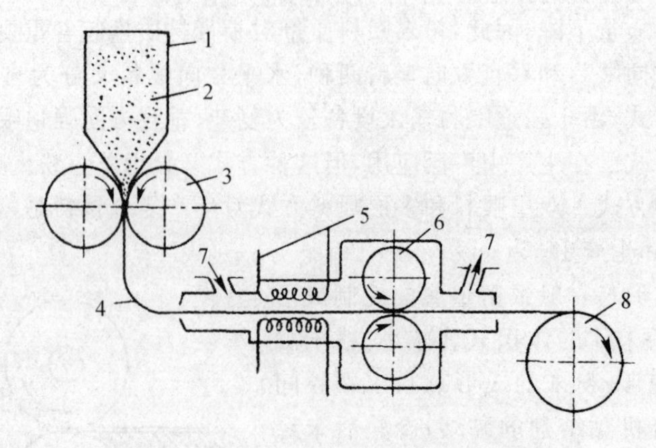

图 3-53　粉末冷热联合轧制工艺流程

1—漏斗；　2—粉料；　3—冷轧机；　4—冷轧带坯；　5—电热体；　6—热轧机；　7—保护气体；　8—卷绕带机

MIM 的基本工艺流程：金属粉末＋聚合物黏结剂→混合→制粒→注射成形→排除黏结剂→烧结，工艺流程如图 3-54 所示。

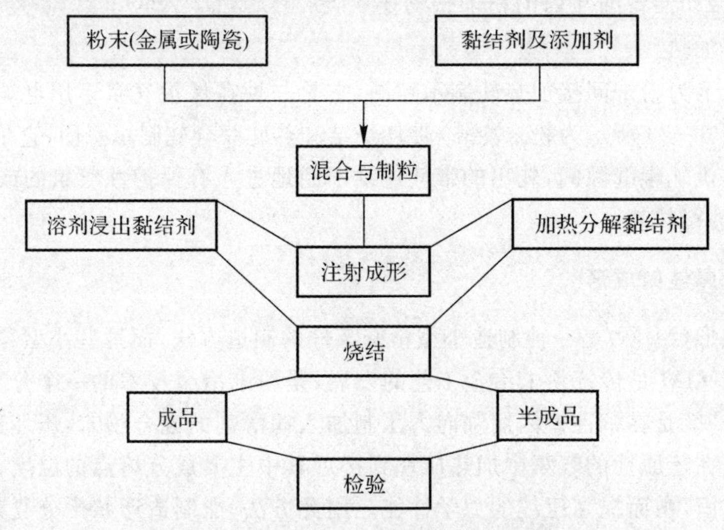

图 3-54　粉末注射成形工艺流程图

注射成形后的压坯内含有高达 50％以上的黏结剂，在烧结过程中体积要产生很大的收缩。为了保证产品在收缩后的形状和尺寸，要求混合料必须具有很好的流动性并不产生任何偏析，而且黏度在一定温度范围内尽可能保持稳定，冷却时必须坚固。这些要求取决于所用黏结剂的特性，在一定程度上，也取决于粉末的制粒情况。

除铝以外，几乎所有的金属粉末都可采用注射成形的方法，而且价值越贵的粉末越有前途，由于注射成形的产品不需要切削加工，从而节约了贵重的原材料。

(1)粉末要求。在混合料中，金属粉末所占的比例越大越好，这意味着压坯中的金属密度较高。注射成形假设的理想粉末是，颗粒分布应专门配制，以求高的填充密度与低成本；不结块成团；颗粒形状主要为球形(或等轴)；颗粒间有足够的摩擦以避免脱除黏结剂后坯件变形；颗粒致密，无内部空隙；颗粒表面清洁，防止与黏结剂互相影响。

(2)黏结剂。黏结剂是影响粉末注射成形的关键因素。在一定程度上，确切的成分和过程仍是秘密。大部分黏结剂是有机化合物的混合料，其主要成分是天然石蜡与合成聚合物，其余添加剂物质用于改善性能。MIM现用的主要黏结体系见表3-6。对黏结剂的要求是，在工艺过程中不影响产品质量；容易从成形工件中除去；可返回造粒工艺以重新使用。

表3-6　黏结剂体系

黏结剂性质	主要成分	聚合物成分	添加剂成分
热塑性黏结剂	石蜡、植物油、苯	PE，PP，PA	硬脂酸、钛酸酯
热固性黏结剂	环氧树脂、呋喃树脂		蜡，表面活性剂
胶化黏结剂	水	甲基纤维、琼脂	甘油、硼酸
冻结-干燥黏结剂			水、苯胺、石蜡
聚合物黏结剂	聚甲醛		专利

(3)混料。混料应控制在温度升高到黏结剂变为液体时进行。在此状态下，黏结剂润湿粉末颗粒，使混合均匀，不产生颗粒聚集，黏结剂加入量应尽可能少。MIM混料需要剪切作用。有几种形式的混料机可以使用，例如，Z形叶片混料器和行星混料器，其主要目的是使每个颗粒表面完全包覆上黏结剂，但在黏结剂与金属之间不应发生化学反应。

(4)成形。MIM通常要求把混合料通过制粒的过程制为固体小球，这些小球可按要求储入料斗并注入成形机。混合料由加热的螺旋进料机挤入模腔，喷嘴温度严格控制，以保证状态一致。阴模温度应控制足够低，以保证压坯的坚固。

(5)脱除黏结剂。由生坯中脱除黏结剂是MIM工艺的关键步骤，它包括以下两个基本方法：

第一种是加热“生坯”使黏结剂熔化、分解或蒸发。此操作必须非常小心，以防止已成形的零件的开裂。因此，采用多种成分的黏结剂，使之在不同的温度分解和蒸发，是非常有利的措施。

第二种脱除黏结剂工艺仅用于特定的黏结剂体系，它是用合适的溶剂如三氯乙烷将黏结剂熔解掉。常规加热作为最后步骤，通过蒸发彻底去掉黏结剂。

(6)烧结。烧结过程中是使分离的颗粒烧结在一起，使最终产品具有足够的强度。此过程在控制气氛炉内进行(有时是真空炉)，烧结温度低于金属熔点。因为要避免金属氧化，所以气氛通常是还原性的，除了保护金属，这种气氛还具有还原粉末颗粒表面氧化物的作用。

(7)MIM使用的全连续式工作炉。它是一种连续脱除黏结剂炉和连续烧结炉完美结合而成的工作炉，炉子由黏结剂脱除部分和高温烧结部分组成。舟皿从脱除黏结剂位置进入炉子，在通过预加热脱除黏结剂后，舟皿通过横向传送带到达高温烧结炉进料端。推进装置将舟皿推入炉内，烧结完毕后通过冷却带和横向传送带将舟皿推到卸料口。整个炉子内的舟皿从进炉一直到出炉，都在密封形态中自动运转，无需人工退料(见图3-55)。

现已开发出一种新颖的工艺——“无黏结剂”MIM工艺。通过将粉末和含化学添加剂的液体介质的均匀混合料注入模具，使其混合固化，脱模后，零件在真空中处理1～2d，将液体(大约为零件质量的1%)蒸发，时间的长短根据零件厚度、粉末尺寸和粉末量而定，质量达800g，厚度大于20mm的全密零件已由这种方法制取。

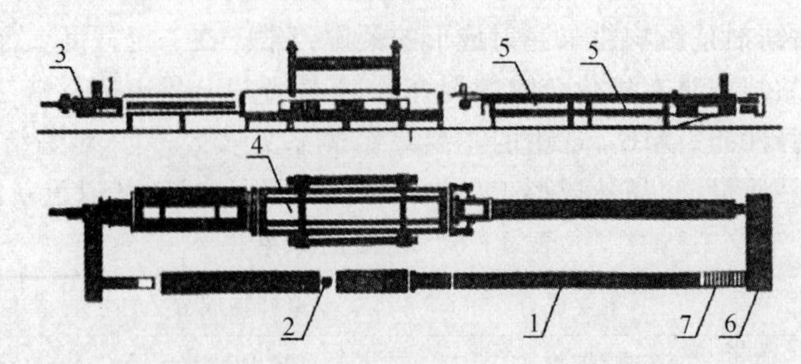

图 3-55　MIM 使用的全连续式工作炉示意图

1—进料口；2—预加热带；3—推进装置；4—烧结炉高温带；5—冷却带；6—横向传送带；7—卸料口

3.11.3　粉浆浇注成形法

粉浆浇注是陶瓷工业中采用了 200 多年的成形技术。1936 年，Siemens 等人首先报道了对金属粉末及碳化物、氮化物和硼化物采用粉浆浇注工艺成形的方法。随后从 1940 年至 1954 年先后有用粉浆浇注成形硬质合金、钨钼坩埚和 TiC，TiN，ZrN 等硬脆材料的报道。1956 年出现用粉浆浇注法成形不锈钢的报道，这一方法已被公认为制取复杂形状大件粉末冶金制品的有效方法。我国在 20 世纪 60 年代中期曾用粉浆浇注法生产了大型含油铁基机床导轨，质量达 745kg 的钨喷管衬套也是粉浆浇注法生产的。

随着热等静压制技术的发展，可以结合粉浆浇注法制取某些新型特殊性能的材料。例如涡轮喷气发动机上用的高温合金，就可用钨合金纤维做骨架，然后浇注镍基高温合金粉浆经热等静压制，制成高密度的（相对密度为 99%）钨合金纤维镍基高温合金复合材料。

应当指出，虽然粉浆浇注法具有上述的许多特点，而且生产过程所用设备简单，不用压力机，只用石膏模具，生产费用低，但生产周期长，生产率低。因此，粉浆浇注技术的发展不是代替普通的粉末压制技术，实际上是扩大粉末冶金成形技术。

粉浆浇注工艺原理如图 3-56 所示，其基本过程是将粉末与水（或其他液体如甘油、酒精）制成一定浓度的悬浮粉浆，注入具有所需形状的石膏模中。多孔的石膏吸收粉浆中的水分（或液体），从而使粉浆物料在模内得以致密，并形成与模具形面相应的成形铸件。待石膏模将粉浆中液体吸干后，拆开模具便可取出铸件。

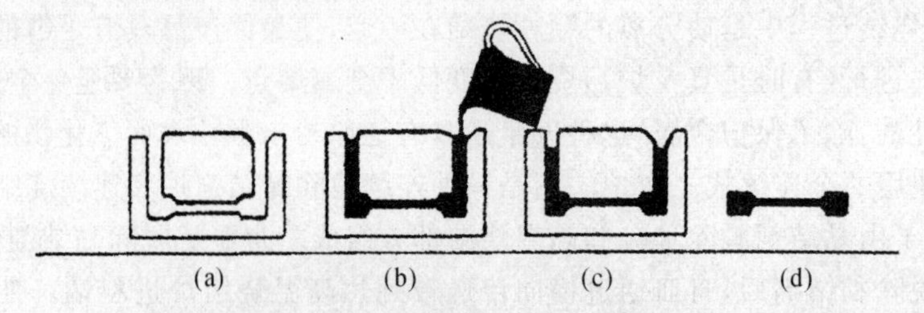

图 3-56　粉浆浇注工艺原理图

（a）组合石膏模；（b）粉浆浇注入模；（c）吸收粉浆水分；（d）成形铸件

粉浆浇注的工艺流程如图 3-57 所示。

1. 粉浆的制取

粉浆是由金属粉末（或金属纤维）与母液构成的。母液通常是加入各种添加剂的水。添加剂有黏结剂、分散剂、悬浮剂（或称稳定剂）、除气剂和滴定剂等。烧结剂的作用是把粉末体在固化干燥时黏结起来。生产上常用的黏结剂有藻肮酸钠、聚乙烯醇等。分散剂与悬浮剂的作用在于防止颗粒聚集，制成稳定的悬浮液，改善粉末与母液的润湿条件，并且控制粉末的沉降速度。水是一种极佳的分散剂，但易使金属粉末氧化而难于获得稳定的悬浮液，故常需再加入一定数量的某些悬浮剂。常用悬浮剂有氢氧化铵、盐酸、氯化铁、硅酸钠等。藻肮酸钠也是一种优良的分散悬浮剂。除气剂的作用是促使黏附在粉末表面上的气体排除，常用的除气剂有正辛醇。滴定剂的作用是控制粉浆的酸碱度，调节粉浆的黏度。常用的滴定剂有苛性钠、氨水、盐酸等。

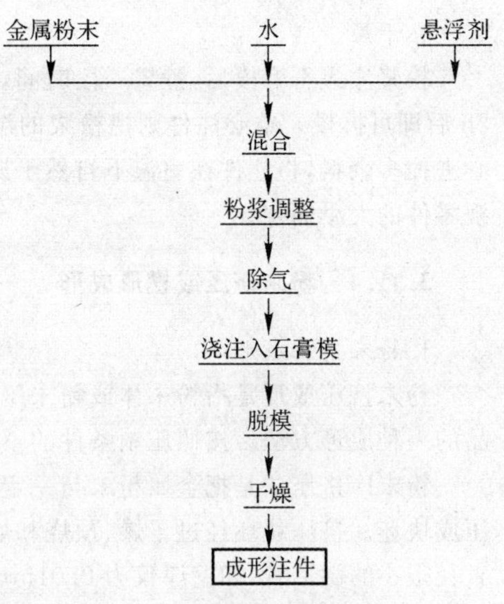

图 3－57　粉浆浇注工艺流程图

粉浆的制取是将金属粉末与母液同时倒入容器内不断搅拌，直至获得均匀无聚集颗粒的悬浮液为止。悬浮粉浆需要除去吸附粉末表面上的气体。

2. 石膏模具的制造

一般可按通常的石膏模制造工艺来制造，但应当重视石膏粉的粒度及其组成。石膏粉的粒度与制成的模具的吸水率有如图 3－58 所示的关系。从图 3－58 可以看出，提高石膏粉末的分散度有助于提高模具的吸水能力。

石膏模的制造程序是，先将石膏粉与水按 1.5：1 的比例混合并加入 1％尿素拌合均匀浇入型箱中，待石膏稍干即可取出型芯，再将石膏模在 40～50℃干燥。干燥好了的石膏模轻轻敲击时可发出清脆的声音。

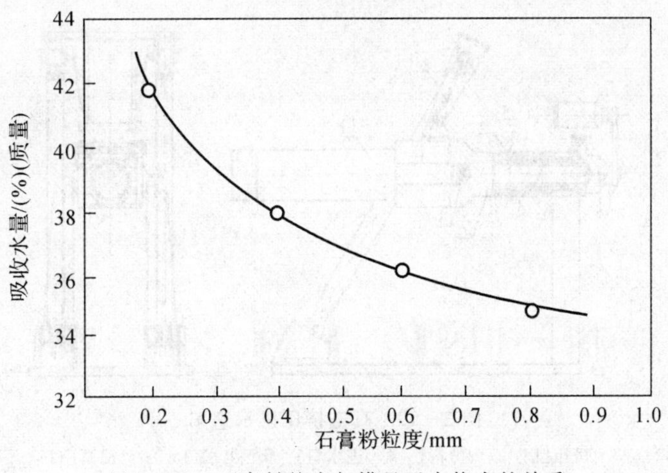

图 3－58　石膏粉粒度与模具吸水能力的关系

3. 浇注

为了防止浇注物黏结在石膏模上，浇注前应将涂料喷涂到石膏模壁上，这种涂料通常称为离型剂，常用的离型剂为硅油。此外，还可以在石膏模壁上涂一薄层肥皂水以防止粉末与模壁直接接触。同时，肥皂膜还可以控制石膏吸收水分的速度，防止注件因收缩过快而产生裂纹。

4. 干燥

粉浆注入石膏模后，静置一段时间，石膏模即可吸去粉浆中的液体。实心注件在浇注 1～2h 后即可拆模。空心注件则视粉浆的沉降速度和所需要厚度确定静置时间。注件取出后小心去掉多余料，将注件在室温下自然干燥或在可调节干燥速度的装置中进行干燥，其时间长短视零件的大小而定。

3.11.4 粉末挤压或楔形成形

1. 粉末挤压成形

粉末挤压成形是指粉末体或粉末压坯在压力的作用下，通过规定的压模嘴挤成坯块或制品的一种成形方法。按照压制条件的不同，可分为冷挤压法和热挤压法两种。

粉末冷挤压法是把金属粉末与一定量的有机黏结剂混合，在较低的温度下(40～200℃)挤压成块坯。挤压块坯经过干燥、预烧和烧结便制成粉末冶金产品。该方法能挤压出壁厚很薄、直径很小的微形管，如壁厚仅为 0.01mm，直径为 1.0mm 的粉末冶金制品；能挤压形状复杂、物理机械性能优良的致密粉末材料，如烧结铝合金及高温合金；在挤压过程中压坯横断面不变，因此在一定的挤压速度下，制品的纵向密度均匀，在合理地控制挤压比时，制品的横向密度也是较均匀的；挤压制品的长度几乎不受压制设备的限制，生产过程中具有高度的连续性；挤压不同形状制品有较大的灵活性，在挤压比不变的情况下可以更换挤压嘴；增塑粉末混合料的挤压返回料可以继续使用；但适用这种方法的产品形状，限于与挤压方向垂直的断面尺寸不变的产品。这种方法在粉末冶金初期用于做 Os，W 及 Ta 丝，它适应于制取细长的杆材和厚度小于 2mm 的带材。它所用的糊状黏结剂主要有淀粉、阿拉伯胶或树脂等有机物，但这些有机物在挤压时容易产生气孔，但可采用真空挤压的方法消除气孔的缺陷，该方法又称为增塑粉末挤压成形方法，如图 3-59 所示为一种高效能真空挤压机工作示意图。

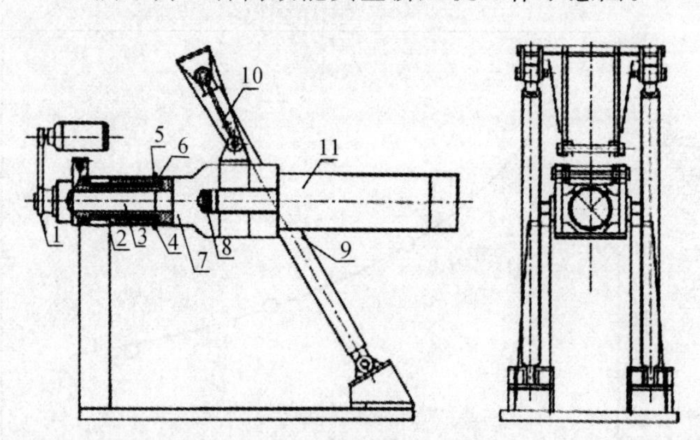

图 3-59 真空挤压机示意图

1—出料口； 2—挤压缸； 3—物料； 4—进水口； 5—出水口； 6—抽真空口； 7—床身； 8—挤压头； 9—升降缸； 10—吊架； 11—推料油缸

粉末热挤压法是指金属粉末或粉末压坯装入包套内加热到较高温度下进行挤压。该方法是把成形与烧结、热加工处理在一起，从而直接获得形状复杂、物理机械性能较好的制品；能准确地控制制品的成分和合金内部组织。

工业实例：挤压法生产钼制品。

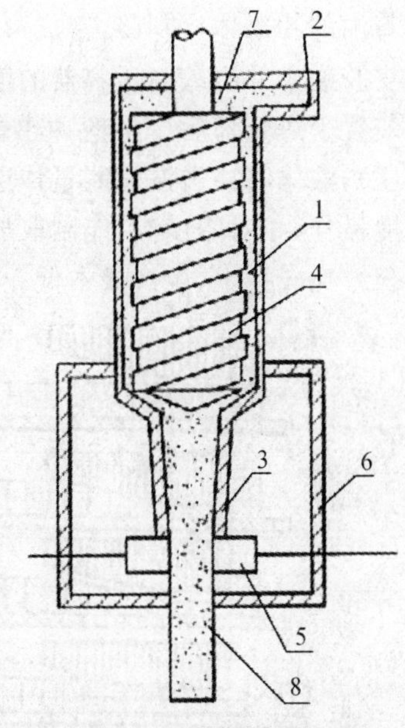

图3-60　钼粉挤压烧结示意图
1—模子；2—粉末供给口；
3—输出口；4—丝杠；
5—电极；6—密封室；
7—金属粉末；8—烧结体

钼粉Fsss粒度小于3.0μm时，烧结出来的钼制品切削性能很差；Fsss粒度大于3.5μm时，成形时很难将空气抽出，因为成形体上有裂缝，容易进入空气。用Fsss粒度为3.0～3.5μm的钼粉，并加入用2%丙烯树脂，0.5%可塑剂(TBT)，其余为挥发性溶剂(三氯乙烯)制成有机质黏结剂溶液，然后按金属粉末质量的0.5%添加到钼粉中，在常温下用混合机搅拌均匀，送入造粒机中，从D=0.8mm孔径的多孔模压出后进行过筛，粒径为D=0.8mm，长0.8mm为好，再经压制成形后，压坯在1400℃加热1.5h脱脂后，在烧结炉内的氢气气氛下，用1830～1860℃烧结3.5h，就可以得到没有裂纹、切削性能优良的金属钼制品。用这种方法也可以生产钼的小制品，如大量应用于电子零件上的环状钼制品。

挤压法是对供给模子的粉末加压，使其从模子口连续推出，形成长尺寸的压制粉体，并使压制粉体在推出同时从电极之间通过，进行通电烧结。这种集成形和烧结于一体的设备如图3-60所示。其具体过程是，金属粉末从供给口进入模子内，受电动机带动丝杠转动，使进入模子的金属粉末向输出方向流动，在移动过程中，粉末被丝杠加压，被压后向输出口的粉末呈锥形通过输出口，在前端开口受压成形为棒状压坯，连续顺次向外推出的压坯从前方的电极之间通过，如果连接形成一个闭合的回路，那么在压坯上就通过了电流。当压坯从电极之间通过时就被通电烧结为烧结体。为了防止在烧结时产生氧化，在密封室内必须保持还原性气氛。烧结体的密度由流经电极的电流而定。这样，在不搬动压坯的情况下，就可以连续制取细长的棒材。

2.楔形压制成形

粉末通过漏斗均匀地装入阴模内，挡头放置一模板以阻止粉末向前移动，随之冲头下降压制粉末，冲头上升时压坯随底垫导板一起向前移动，周而复始地循环压制过程，图3-61所示为楔形压制装置示意图，图3-62所示为楔形压制过程示意图。该方法需要的压力机吨位不大(一般为600～1000kN)，模具结构简单，操作方便，压制厚度可达0～30mm，宽度可达0～50mm，长度不受压力机吨位和工作台尺寸的限制，密度分布较为均匀。

3.11.5　爆炸成形和离心力成形

1.爆炸成形

高能成形法也可称为高压成形法或爆炸成形法。这种方法是利用火药的爆炸力作为压力，在加压成形的粉末周围均匀地围绕火药，并在水中爆炸进行压制成形。它利用在炸药爆炸极短时间内(几微秒)所产生的达106MPa(相当于1000万个大气压力)冲击压力，将金属粉末或非金属粉末致密化成形的复杂过程。爆炸成形装置按照爆炸时产生的压力作用于粉末体的方式可分为直接加压式和间接加压式两种。图3-63所示为直接加压式爆炸成形装置示意图，粉末装入圆薄钢管内，钢管两端用钢垫密封，上端钢垫用木塞(或粘土塞)隔开，炸药做成层状包扎于管外，最外层用硬纸壳包扎实。当引爆炸药时，瞬时产生巨大的压力和冲击波压缩钢管内的粉末体，使其致密成形。图 3-64 所示为间接加压式爆炸成形装置示意图，粉末装入橡皮胶袋中并沉入高压容器的液体中，液体面上放置加压钢冲头，炸药放置在冲头上端，在点火装置引爆炸药后产生的冲击能以及高速度推动钢冲头对容器内的液体施加压力（类似等静压），液体将冲击波的能量传递给橡皮胶袋内的粉末，使粉末体压制成形。爆炸成形的压坯强度极佳，相对密度高，能制取形状复杂的零件，压坯经过烧结后能获得更高的强度和延性，尺寸公差比较稳定，生产成本低。

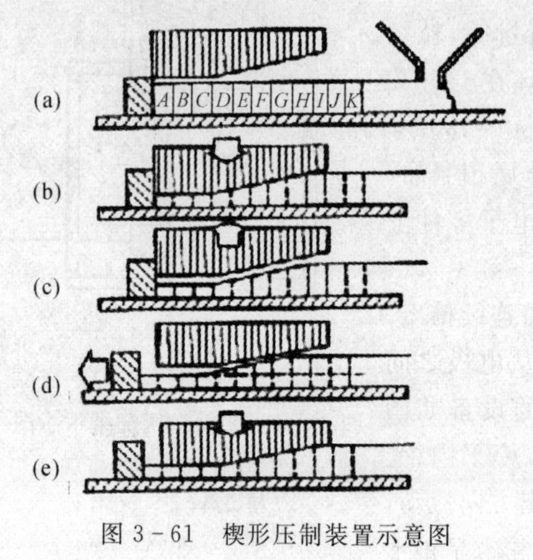

图 3-61　楔形压制装置示意图

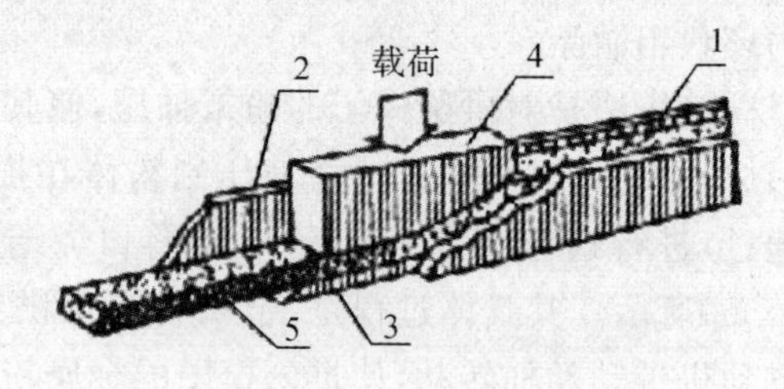

图 3-62　楔形压制过程示意图

1—粉末； 2—夹板； 3—底板；
4—楔形冲头； 5—条坯

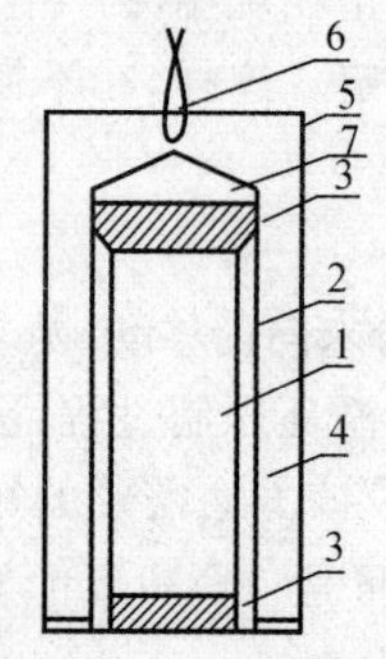

图 3-63　直接加压式爆炸成形装置示意图

1—粉末； 2—钢管； 3—钢垫； 4—炸药；
5—硬纸壳； 6—爆炸器； 7—木塞

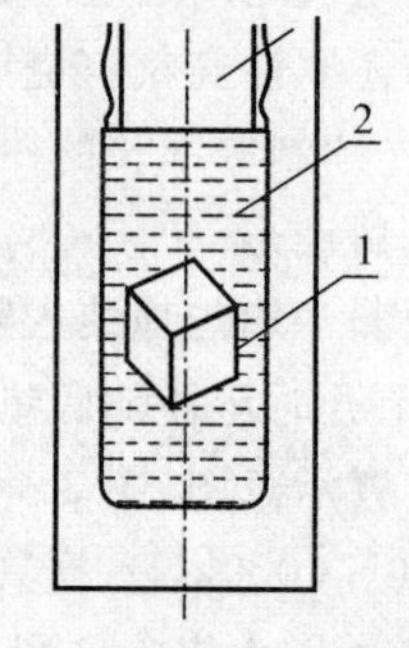

图 3-64　间接加压式爆炸成形装置示意图

1—粉末； 2—液体

2. 离心力成形

将粉末装入模具内，并安装在高速旋转体上，利用由中心向外侧的离心力进行成形的方法。离心力成形虽然是单向压力，但因压力直接作用在各个粉末粒子上，因此，能比上述的压力机法得到更均匀的密度。这种方法与压力机法相比，难于用压力机成形的零件可以用此方法成形，但这种高速旋转要特别注意安全，它的压力最高限于 300kg/cm^2 内，断面直径小于 6mm 的小制品不宜用此方法。由于离心力与质量成正比，所以粉末密度越大，采用这种方法就越有效。

参 考 文 献

[1] Федорченко и др. Основы Порошковоч Металлургии，ИздВо АН. У ССРКиев，1961,155.

[2] Jone W D. Fundamental Principals of Powder Metallurgy. London：Edward Arnld Ltd,1960.

[3] 艾贞柯尔勃 Ф. 粉末冶金. 韩风鳞，译. 北京：中国工业出版社，1963.

[4] Бавшив Порошковое Металловедение М Ю. Металлургиэдат. Москва，1948.

[5] Maxwell J C，phil. Mag.，(Ⅳ)35(1868)，134，Scientific Papers 11,30

[6] Бавшин М Ю，Vestnik Metalloprom，1938，18(3)：124－137.

[7] Torre C и др，Huttenmanische Monatsheflte，1948，3：62－67.

[8] Smith G B. Metal Industry，1948，72(4)：427.

[9] Rutkowski W，et al.，Prace Glow Met.，1949，3(s1)：11－25.

[10] Ballhausen C. Arch. Eisenhuttenwesen 22. 1951，3：185－196.

[11] Agte C. et al.，B. Co Kursparskve Metallurgie，Praha，1951，2：113.

[12] Знатокова Т Н. и др.，Д АН СССР96.，1954，3：577.

[13] Бабин В N. Металловедение и Термическая Обработка Металлов，1960，1：31－35.

[14] Heckel R W. Progress in powder metallurgy，Proceedings of the seventeenth annual technical meeting of the metal powder industries federation. New York，1961，66－81.

[15] Николаев А Н. Порошковая Металлургия，1962，3：3－9.

[16] Меереон Г А. Порошковая. 1962，3：3－14.

[17] 川北公夫. 粉体およひ粉末冶金. 1963，10(2)：71－75.

[18] 平井西夫. 粉体およひ粉末冶金. 1963，10(5)：181－188.

[19] 原隆一ら. 粉体工学会志. 1982，19：3135.

第4章 钼和钼复合材料烧结

4.1 概 述

4.1.1 烧结在粉末冶金生产过程中的重要性

钼及钼复合材料烧结是钼粉末冶金过程中最基本的工序之一。钼及其他难熔金属的制备大多采用粉末冶金法，钼的粉末冶金法是由制粉、成形、烧结这三道基本工序组成的，烧结工序是钼粉及钼复合材料变成粉末制品的最后一道工序。

钼及钼复合材料烧结过程是钼粉末冶金过程的最后一道工序，对最终粉末冶金制品的性能起着决定性的作用。笔者当时和原中南矿冶学院（中南大学前身）一起进行钼坯条密度与收率试验，压制钼条单个质量为1kg，预烧结后进行垂熔烧结，钼条的密度为9.25g/cm^3。进行B203开坯时，产生大量裂纹，到Φ6.0mm时，基本断裂了。因此烧结实际上对粉末冶金制品质量起着“把关”作用。

烧结是高温操作，而且一般要经过较长时间，钼及钼复合材料烧结需要适当的保护气氛，因此，从经济角度考虑，烧结工序的消耗是构成产品成本的重要部分。在烧结工序上，改进操作和设备，减少物质与能量消耗，如降低烧结温度、缩短烧结时间等，在经济上意义是很大的。

孙院军博士对中频炉烧结在降低时间和能耗上进行了攻关，烧结时间可降低25%，能耗也随之降低。

钼及钼复合材料烧结设备一般是中频炉和电阻炉。国内一般多数采用中频炉，国外一般采用电阻炉。

4.1.2 烧结的概念和分类

烧结是粉末或粉末压坯，在适当的温度和气氛条件下加热所发生的现象或过程。烧结的结果是颗粒之间发生黏结，烧结体的强度增加，而且多数情况下，烧结体的密度也提高。如果烧结条件得当，烧结体的密度和其他物理、机械性能可以接近或达到相同成分的致密材料。从工艺上看，烧结常被看作是一种热处理，即把粉末或粉末压坯加热到低于其中主要组分的熔点的温度下保温，然后冷却到室温。在这个过程中，发生一系列物料和化学的变化，粉末颗粒的集聚体变成晶粒的集结体，从而获得具有所需物理、机械性能的粉末冶金制品。

粉末烧结可以制得各种纯金属、合金、化合物及复合材料。烧结体系按粉末原料的组成可以分成由纯金属、化合物或固熔体组成的单相系，由纯金属、金属-金属、金属-非金属、金属-化合物组成的多相系。但是，为了反映烧结的主要构成和机构的特点，通常按烧结过程有无明显的液相出现和烧结系统的组成进行分类：

(1)单元系烧结。纯金属（如难熔金属和纯铁软磁材料）或化合物（Al_2O_3，B_4C，BeO，$MoSi_2$等），在其熔点以下的温度进行固相烧结过程。

(2)多元系固相烧结。由两种或两种以上的组分构成的烧结体系,在其中低熔组分的熔点温度以下进行的固相烧结过程。粉末烧结合金有许多属于这一类。根据系统的组元之间在烧结温度下有无固相熔解存在,又分为:

1)无限固溶系。在合金状态图中有无限固溶区的系统,如 Mo-W,Cu-Ni,Fe-Ni,Cu-Au,Ag-Au 等。

2)有限固溶系。在合金状态图中有有限固溶区的系统,如 Fe-C,Fe-Cu,W-Ni 等。

(3)多元系液相烧结。以超过系统中低熔组分熔点的温度进行的烧结过程。由于低熔组分同难熔固相之间互相熔解或形成合金的性质不同,液相可能消失或始终存在于全过程,故又分为:

1)稳定液相烧结系统。如 Mo-Cu,WC-Co,TiC-Ni,W-Cu-Ni,W-Cu 等;

2)瞬时液相烧结系统。如 Cu-Sn,Cu-Pb,Fe-Ni-Al,Fe-Cu 等合金。

熔浸是液相烧结的特例,这时,多孔骨架的固相烧结和低熔金属浸透骨架后的液相烧结同时存在。

对烧结过程的分类,目前并不统一。盖彻尔(Goetzel)把金属粉的烧结分为:①单相粉末(纯金属、固熔体或金属化合物)烧结;②多相(金属-金属或金属-非金属)固相烧结;③多相粉末液相烧结;④熔浸。他把固熔体和金属化合物这类合金粉末的烧结看为单相烧结,认为在烧结时组分之间无再熔解,故不同于组元间有熔解反应的一般多元系固相烧结。

4.1.3 烧结理论的发展

对于难熔金属钼,压坯或松装粉末体的强度和密度都是很低的。为了提高压坯或松装粉末体的强度,需要在适当的条件下进行热处理。这就是把压坯或松装粉末体加热到其基本组元熔点以下的温度,并在此温度下保温,从而使粉末颗粒相互结合起来,改善其性能,这种热处理就叫烧结。即烧结是指粉末或压坯在一定的外界条件和低于主要组元熔点的烧结温度下,所发生粉末颗粒表面减少、孔隙体积降低的过程。烧结对粉末冶金材料和制品的性能有着决定性的作用。烧结的结果是粉末颗粒之间发生黏结,烧结体的强度增加,而且在大多数情况下,其密度也提高。在烧结过程中,压坯要经历一系列的物理、化学变化,开始是水分或有机物的蒸发或挥发,吸附气体的排除,应力的消除,粉末颗粒表面氧化物的还原,继之是原子之间扩散,黏性流动和塑性流动,颗粒间的接触面增大,发生再结晶,晶粒长大等。

烧结的应用比近代粉末冶金的诞生年代早得多。由于当时对粉末烧结的本质和规律认识不多,在很长一个时期,烧结工艺几乎全凭经验。工业和技术的进步推动了烧结理论的建立和发展。最早的烧结理论仅研究氧化物陶瓷的烧结现象,以后才涉及金属和化合物粉末的烧结。在粉末冶金学科内,烧结理论大致在20世纪20年代初产生,即近代粉末冶金诞生之后,而且同陶瓷烧结的理论研究紧密联系在一起,这反映在当时的许多研究成果总是发表在陶瓷学科的刊物上,直到今天也不例外。

粉末冶金烧结理论研究的先驱是绍尔瓦德(Sauerwald),他从1922年起,发表了一系列研究报告或论文,并在1943年对烧结理论作了总结性的评述。同时代的许提(Huttig)也发表了许多十分有价值的研究报告。他们是在20世纪20年代至40年代烧结理论研究方面最有成就的代表。稍后,巴尔申、达维尔(Dawill)和赫德瓦尔(Hedvall)也陆续发表了许多理论述评和专著。这个时期烧结理论的发展,已由琼斯、施瓦茨柯 (Schwarzkopt)、基费尔·霍托普

(Kiffer Hotop)、斯考彼(Skaupy)、巴尔申、盖彻尔等人系统地总结在他们的许多著作中。

在1945年以前,烧结理论偏重于对烧结现象本质的解释,主要研究性能、成形和烧结工艺参数对烧结体性能的影响,也涉及烧结过程中起重要作用的原子迁移问题。这个时期烧结理论处于萌芽状态,但对烧结工艺和技术发展的贡献是重大的,并为建立后来的系统烧结学说积累了丰富的感性知识和大量的试验资料。

1945年费仑克尔(Френкель)发表黏性流动烧结理论的著名论文,这标志着烧结进入一个新的发展时期。他与库钦斯基(Kuczynski)创立的烧结模型研究方法,开辟了定量研究的新道路,对于烧结机构的各种学说的建立起着推动作用。从20世纪50年代开始,库钦斯基在烧结理论研究的领域内,长期占据着重要地位。这个时期,无论就试验研究的范围,还是理论探索的深度,均是全盛的时代。但是,对于建立在单元系烧结基础上的烧结机构(黏性或塑性流动,蒸发与凝聚,表面或体积扩散)的研究,尽管获得了许多可喜的成就,但仍难以应用于实际粉末的烧结。

到20世纪60年代,开始大量研究复杂的烧结过程和机构,如关于粉末压坯烧结的收缩动力学,多种烧结机构的联合或综合作用的烧结动力学等。对烧结过程中晶界的行为、压力下的固相与液相烧结、热压、活化烧结、多元系的固相和液相烧结、电火花烧结等方面都开展了大量的试验和理论的研究。而且,烧结锻造、热等静压制、冲击烧结和微波烧结等新工艺和新技术的研究和应用,也给烧结理论提供了许多新的研究课题,从而推动了烧结理论向更深的方向发展。

回顾烧结理论的发展过程,可以看到烧结的研究总是围绕着两个最基本的问题:一是烧结为什么会发生?也就是所谓烧结的驱动力或热力学问题;二是烧结是怎样进行的?即烧结的机构和动力学问题。

在烧结理论发展的早期,对烧结的热力学原理就已形成比较明确和统一的看法,但是定量的研究结果仍不多;而对于烧结机构问题,尽管研究的人和发表的论文很多,但是观点分歧,争论很激烈,而且延续了很长的时间。因为,烧结过程无论就材料或影响的因素来说,都是千变万化的,而且烧结过程的阶段性强,机构也复杂多变,因此,各派观点往往都不能以某一种机构或动力学方程式去说明烧结的全过程或考虑到所有的材料或工艺方面的因素。可以认为,目前的烧结理论的发展同粉末冶金技术本身的进步相比,仍然是落后的、欠成熟的。

4.2 烧结过程的热力学基础

钼和钼复合材料烧结和其他粉末冶金过程一致,烧结是粉末有自动黏结或成团的倾向,钼的纳米粉即便在室温下,颗粒之间也会发生黏结。在室温下,经过相当时间也会逐渐聚结,在高温下,结块更是明显,粉末受热后颗粒之间发生黏结,这就是烧结现象。

4.2.1 烧结的基本过程

粉末烧结后,烧结体的强度增加,首先是颗粒间的联结强度增大,即联结面上原子间的引力增大。在粉末或粉末压坯内,颗粒间接触面上能达到原子引力作用范围的原子数目有限。但是在高温下,由于原子振动的振幅加大,发生扩散,接触面上才有更多的原子进入原子作用力的范围,形成黏结面,并且随着黏结面的扩大,烧结体的强度也增加。黏结面扩大进而形成烧结颈，使原来的颗粒界面形成晶粒界面，而且随着烧结的继续进行，晶界可以向颗粒内部移动，导致晶粒长大。

烧结体的强度增大反映在孔隙体积和孔隙总数的减少以及孔隙的形状变化上，如图 4-1 所示，用球形颗粒的模型表示孔隙形状的变化。由于烧结颈长大，颗粒间原来相互连通的孔隙逐渐收缩成闭孔，然后逐渐变圆。在孔隙性质和形状发生变化的同时，孔隙的大小和数量也在改变，即孔隙个数减少，而平均孔隙尺寸增大，此时小孔隙比大孔隙更容易缩小和消失。

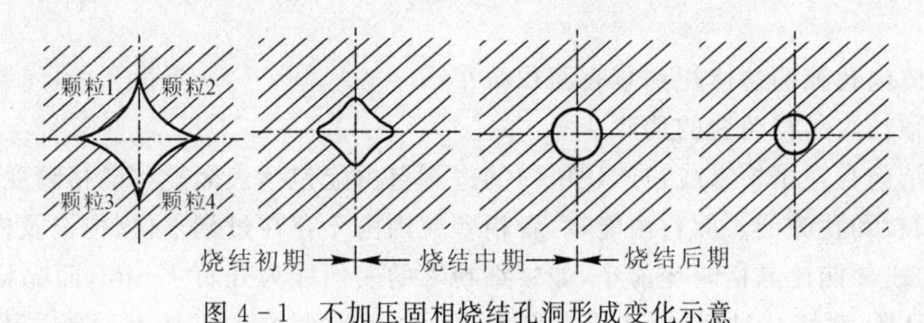

图 4-1　不加压固相烧结孔洞形成变化示意

颗粒黏结面的形成，通常不会导致烧结体的收缩，因而致密化并不标志烧结过程的开始，而只有烧结体的强度增大才是烧结发生的明显标志。随着烧结颈长大，总孔隙体积减少，颗粒间距离缩短，烧结体的致密化过程才真正开始。因此，粉末的等温烧结过程，按时间大致可以划分为 3 个界限不十分明显的阶段。

(1)黏结阶段。烧结初期，颗粒间的原始接触点或面转变成晶体结合，即通过成核、结晶长大等原子过程形成烧结颈。在这一阶段中，颗粒内的晶粒不发生变化，颗粒外形也基本未变，整个烧结体不发生收缩，密度增加也极微，但是烧结体的强度和导电性由于颗粒结合面增大而有明显增加。

(2)烧结颈长大阶段。原子向颗粒结合面的大量迁移使烧结颈扩大，颗粒间距离缩小，形成连续的孔隙网络；同时由于晶粒长大，晶界越过孔隙移动，而被晶界扫过的地方，孔隙大量消失。烧结体收缩，密度和强度增加是这个阶段的主要特征。

(3)闭孔隙球化和缩小阶段。在烧结体相对密度达到 90%以后，多数孔隙被完全分隔，闭孔数量大为增加，孔隙形状趋近球形并不断缩小。在这个阶段，整个烧结体仍可缓慢收缩，但主要是靠小孔的消失和孔隙数量的减少来实现的。这一阶段可以延续很长时间，但是仍残留少量的隔离小孔隙不能消除。

等温烧结 3 个阶段的相对长短主要由烧结温度决定：温度低，可能仅出现第一阶段；在生产条件下，至少应保证第二阶段接近完成；温度越高，出现第二甚至第三阶段就越早。在连续烧结时，第一阶段可能在升温过程中就完成。

将烧结过程划分为上述 3 个阶段，并未包括烧结中所有可能出现的现象，例如粉末表面气体或水分的挥发、氧化物的还原和离解、颗粒内应力的消除、金属的回复和再结晶以及聚晶长大等。

4.2.2　烧结的热力学问题

烧结过程有自发的趋势。从热力学的观点看，粉末烧结是系统自由能减小的过程，即烧结体相对于粉末体在一定条件下处于能量较低的状态。

不论是单元系或是多元系烧结，也不论是固相或是液相烧结，同凝聚相发生的所有化学反应一样，都遵循普遍的热力学定律。单元系烧结可看作是固态下的简单反应，物质不发生改变，仅由烧结前后体系的能量状态所决定；而多元系烧结过程还取决于合金化的热力学。但是，两种烧结过程总伴随有系统自由能的降低。

烧结系统自由能的降低，是烧结过程的驱动力，包括下述几方面。

(1)由于颗粒结合面(烧结颈)的增大和颗粒表面的平直化，粉末体的总比表面积和总表面自由能减小。

(2)烧结体内孔隙的总体积和总表面积减小。

(3)粉末颗粒内晶格畸变的消除。

总之，烧结前存在于粉末或粉末坯块内的过剩自由能包括表面能和晶格畸变能，前者指同气氛接触的颗粒和孔隙的表面自由能，后者指颗粒内由于存在过剩空位、位错及内应力所造成的能量增高。表面能比晶格畸变能小，如极细粉末的表面能为几百 J/mol，而晶格畸变能高达几千 J/mol，但是，对烧结过程，特别是早期阶段，作用较大的主要是表面能。因为从理论上讲，烧结后的低能位状态至多是对应单晶体的平衡缺陷浓度，而实际上烧结体总是具有更多热平衡缺陷的多晶体，因此，烧结过程中晶格畸变能减少的绝对值，相对于表面能的降低仍然是次要的，烧结体内总保留一定数量的热平衡空位、空位团和位错网。

当烧结温度为 T 时，烧结体的自由能、焓和熵的变化如分别用 ΔZ，ΔH 和 ΔS 表示，那么根据热力学公式，有

$$\Delta Z = \Delta H - T\Delta S$$

如果烧结反应前、后物质不发生相变，比热变化忽略不计(单元系烧结时不发生物质变化)，ΔS 就趋于零，因此 $\Delta Z \approx \Delta H(\approx \Delta U)$，$\Delta U$ 为系统内能的变化。因此，根据烧结前、后焓或内能的变化可以估计烧结的驱动力。用电化学方法测定电动势或测定比表面均可计算自由能的变化。例如粒度为 $1\mu m$ 和 $0.1\mu m$ 的金粉的表面能(即比致密金高出的自由能) 分别为 155J/mol 和 1550J/mol，即粉末越细，表面能越高。

烧结后颗粒的界面转变为晶界面，由于晶界能更低，故总的能量仍是降低的。随着烧结的进行，烧结颈处的晶界可以向两边的颗粒内移动，而且颗粒内原来的晶界也可能通过再结晶或聚晶长大发生移动并减少。因此晶界能进一步降低就成为烧结颈形成与长大后烧结继续进行的主要动力，这时烧结颗粒的连接强度进一步增加，烧结体密度等性能进一步提高。

在烧结过程中，不管是否使总孔隙度减低，孔隙的总表面积总是减小的。隔离孔隙形成后，在孔隙体积不变的情况下，表面积减小主要靠孔隙的球化，而球形孔隙继续收缩和消失也能使总表面积进一步减小。因此，不论在烧结的第二或第三阶段，孔隙表面自由能的降低，始终是烧结过程的驱动力。

4.2.3 烧结驱动力的计算

上文定性地说明了烧结驱动力。由于烧结系统和烧结条件的复杂性，欲从热力学计算它的具体数值几乎是不可能的。下面应用库钦斯基的简化模型，推导烧结驱动力的计算公式。

根据理想的两球模型，将烧结颈放大，如图 4-2 所示。从颈表面取单元曲面 $ABCD$，使得两个曲率半径 ρ 和 x 形成相同的张角 θ(处于两个互相垂直的平面内)。设指向球体内的曲率半径 x 为正号，则曲率半径 ρ 为负号。表面张力所产生的力 $\boldsymbol{F}_x$ 和 $\boldsymbol{F}_\rho$ 系作用在单元曲面上并与

曲面相切，故由表面张力的定义不难计算得

$$\begin{cases} \boldsymbol{F}_x = \boldsymbol{\gamma}\,\overline{AD} = \boldsymbol{\gamma}\,\overline{BC} \\ \boldsymbol{F}_\rho = \boldsymbol{\gamma}\,\overline{AB} = \boldsymbol{\gamma}\,\overline{DC} \end{cases},\quad \boldsymbol{\gamma}\ \text{为表面张力}$$

而

$$\begin{cases} \overline{AD} = \rho\sin\theta \\ \overline{AB} = x\sin\theta \end{cases}$$

但由于 θ 很小，$\sin\theta \approx \theta$，可得

$$\begin{cases} \boldsymbol{F}_x = \boldsymbol{\gamma}\rho\theta \\ \boldsymbol{F}_\rho = -\boldsymbol{\gamma}x\theta \end{cases}$$

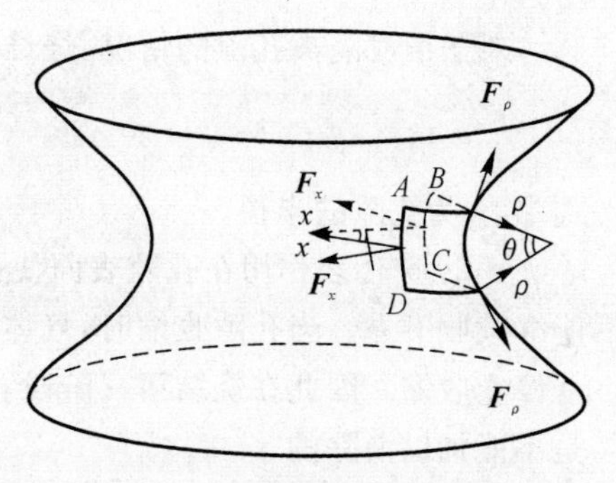

图 4-2　烧结颈处力的分布

故垂直作用于 $ABCD$ 曲面上的合力为

$$\boldsymbol{F} = 2(\boldsymbol{F}_x + \boldsymbol{F}_\rho) = 2(\boldsymbol{F}_x\sin\theta/2 + \boldsymbol{F}_\rho\sin\theta/2) = \boldsymbol{\gamma}\theta^2(\rho - x)$$

而作用在面积 $ABCD = x\rho\theta^2$ 上的应力为

$$\boldsymbol{\sigma} = \frac{\boldsymbol{F}}{x\rho\theta^2} = \frac{\boldsymbol{\gamma}\theta^2(\rho - x)}{x\rho\theta^2} = \boldsymbol{\gamma}\left(\frac{1}{x} - \frac{1}{\rho}\right) \tag{4-1}$$

由于烧结颈半径 x 比曲率半径 ρ 大得多，$x \gg \rho$，故

$$\boldsymbol{\sigma} = -\frac{\boldsymbol{\gamma}}{\rho} \tag{4-2}$$

负号表示作用在曲颈面上的应力 $\boldsymbol{\sigma}$ 是张力，方向朝颈外（见图 4-3），其效果是使烧结颈扩大。随着烧结颈（$2x$）的扩大，负曲率半径（$-\rho$）的绝对值亦增大，说明烧结的动力也减小。

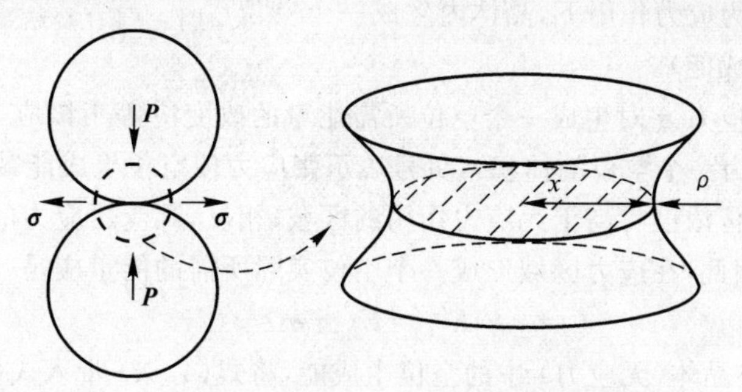

图 4-3　两球形颗粒接触颈部主曲率半径示意图

为估计表面应力 $\boldsymbol{\sigma}$ 的大小，假定颗粒半径 $a = 2\mu\text{m}$，颈半径 $x \approx 0.2\mu\text{m}$，则 ρ 不超过 $10^{-8} \sim 10^{-9}\,\text{m}$；已知表面张力 $\boldsymbol{\gamma}$ 的数量级为 J/m^2（对表面张力不大的非金属的估计值），那么烧结动力 $\boldsymbol{\sigma}$ 的数量级约为 10MPa，是很可观的。

式（4-1）或式（4-2）表示的烧结动力是表面张力造成的一种机械力，它垂直地作用于烧结颈曲面上，使颈向外扩大，而最终形成孔隙网。这时孔隙中的气体会阻止孔隙收缩和烧结颈进一步长大，因此孔隙中气体的压力与表面张应力之差才是孔隙网生成后对烧结起推动作用的有效力，即

$$\boldsymbol{p}_s = \boldsymbol{p}_v - \frac{\boldsymbol{\gamma}}{\rho}$$

显然仅是表面张应力（$-\boldsymbol{\gamma}/\rho$）中的一部分，因为气体压力 $\boldsymbol{p}_v$ 与表面张应力的符号相反。当孔隙与颗粒表面连通，即开孔时，$\boldsymbol{p}_v$ 可取为 1atm（$\approx$ 0.1MPa），这样，只有当烧结颈 ρ 增大，表面张应力减小到与 $\boldsymbol{p}_v$ 平衡时，烧结的收缩过程才停止。

对于形成隔离孔隙的情况，烧结收缩的动力可用方程描述为

$$\boldsymbol{p}_s = \boldsymbol{p}_v - \frac{2\boldsymbol{\gamma}}{\rho}$$

式中，$\boldsymbol{\gamma}$ 为孔隙的半径。

$-2\boldsymbol{\gamma}/r$ 代表作用在孔隙表面使孔隙缩小的张应力。如果张应力大于气体压力 $\boldsymbol{p}_v$，孔隙就能继续收下去。当孔隙收缩时，气体如果来不及扩散出去，$\boldsymbol{p}_v$ 大到超过表面张应力，隔离孔隙就停止收缩。因此在烧结第三阶段，烧结体内总会残留少部分隔离的闭孔，仅靠延长烧结时间是不能加以消除的。

在以后讨论烧结机构时将会知道，除表面张力引起烧结颈处的物质向孔隙发生宏观流动外，晶体粉末烧结时，还存在靠原子扩散的物质迁移。按照近代的晶体缺陷理论，物质扩散是由空位浓度梯度造成化学位的差别所引起的。现在讨论用理想球体的模型，计算烧结体系内引起扩散的空位浓度差。

由式(4-2)计算的张应力 $-\boldsymbol{\gamma}/\rho$ 作用在图4-4所示的烧结颈曲面上，局部地改变了烧结球内原来的空位浓度分布，因为应力使空位的生成能改变。

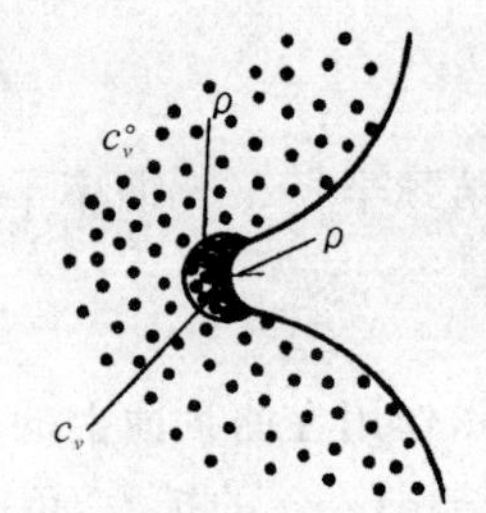

图4-4　烧结颈曲面下空位浓度分布

按统计热力学计算，晶体内的空位热平衡浓度为

$$c_v = \exp(S_f/k) \times \exp(-E'_f/kT) \qquad (4-3)$$

式中，S_f 为生成一个空位引起周围原子振动改变的熵值(振动熵)增大；E'_f 为应力作用下，晶体内生成一个空位所需的能量(空位生成能)。

由式(4-2)，张应力 $\boldsymbol{\sigma}$ 对生成一个空位所需能量的改变应等于该应力对空位体积所做的功 $\boldsymbol{\sigma}\Omega = -\boldsymbol{\gamma}\Omega/\rho$($\Omega$ 为一个空位的体积)，负号表示张应力使空位生成能减小。因此，晶体内凡受张应力的区域，空位浓度将高于无应力作用的区域；相反，凡受压应力的区域，空位浓度将低于无应力的区域。因此，在应力区域形成一个空位实际所需的能量应是

$$E'_f = E_f \pm \boldsymbol{\sigma}\Omega \qquad (4-4)$$

式中，E_f 为理想完整晶体(无应力)中的空位生成能，将式(4-4)带入式(4-3)得到受张应力 $\boldsymbol{\sigma}$ 区域的空位浓度为

$$c_v = \exp(S_f/k) \cdot \exp(-E_f/kT) \times \exp(\boldsymbol{\sigma}\Omega/kT)$$

因为无应力区域的平衡空位浓度 $c^{\circ}_v = \exp(S_f/k) \cdot \exp(-E_f/kT)$，所以

$$c_v = c^{\circ}_v \exp(\sigma\Omega/kT)$$

同样可得到受压应力 $\boldsymbol{\sigma}$ 区域的空位浓度为

$$c'_v = c^{\circ}_v \exp(-\boldsymbol{\sigma}\Omega/kT)$$

因为 $\boldsymbol{\sigma}\Omega/kT \ll 1$，$\exp(\pm\boldsymbol{\sigma}\Omega/kT) \approx 1 \pm \boldsymbol{\sigma}\Omega/kT$，因此上两式可写成

$$\left.\begin{aligned} c_v &= c^{\circ}_v(1 + \boldsymbol{\sigma}\Omega/kT) \\ c'_v &= c^{\circ}_v(1 - \boldsymbol{\sigma}\Omega/kT) \end{aligned}\right\} \qquad (4-5)$$

参阅图4-4，在无应力作用的球体积内的平衡空位浓度为 c°_v，如果烧结颈的应力仅由表面张力产生，则按式(4-5)可以计算两处的平衡空位的浓度差——过剩空位浓度：

$$\Delta c_v = c_v - c^{\circ}_v = c^{\circ}_v(\boldsymbol{\sigma}\Omega/kT)$$

以式(4-2)代入，则得

$$\Delta c_v = c^{\circ}_v(\gamma\Omega/kT\rho) \tag{4-6}$$

假定具有过剩空位浓度的区域仅在烧结颈表面下以 ρ 为半径的圆内,故当发生空位扩散时,过剩空位浓度的梯度就是

$$\Delta c_v/\rho = c^{\circ}_v(\gamma\Omega/kT\rho^2) \tag{4-7}$$

式(4-7)表明:过剩空位浓度梯度将引起烧结颈表面下微小区域内的空位向球体内扩散,从而造成原子朝相反方向迁移,使颈得以长大。因此式(4-7)是研究烧结机构所需应用的基本公式。

烧结过程中还可能发生物质由颗粒表面向空间蒸发的现象,同样对烧结的致密化和孔隙的变化产生直接的影响。因此,烧结动力也可以从物质蒸发的角度来研究,即用饱和蒸气压的差表示烧结动力。曲面的饱和蒸气压与平面的饱和蒸气压之差,可用吉布斯-凯尔文(Gibbs-Kelvin)方程计算:

$$\Delta p = p_0\gamma\Omega/kTr \tag{4-8}$$

式中,r 为曲面的曲率半径;p_0 为平面的饱和蒸气压。

根据图4-2,颈曲面的曲率半径 r 按下式计算:

$$\frac{1}{r} = \frac{1}{x} - \frac{1}{\rho} \tag{4-9}$$

因为 $\rho \ll x$,故 $1/r \approx -1/\rho$,代入式(4-9),得

$$\Delta p_{颈} = -p_0\gamma\Omega/kT\rho \tag{4-10}$$

同样,对于球表面,曲率 $1/r = 2/a$,(a 为球半径),代入式(4-8),得

$$\Delta p_{球} = p_0 2\gamma\Omega/kTra \tag{4-11}$$

从式(4-10)与式(4-11)可知:烧结颈表面(凹面)的蒸气压应低于平面的饱和蒸气压,其差由式(4-10)计算;颗粒表面(凸面)与烧结颈表面之间将存在更大的蒸气压力差,用式(4-11)减去式(4-10)计算,将导致物质向烧结颈迁移。因此,烧结体系内,各处的蒸气压力差就成为烧结通过物质蒸发转移的驱动力。

4.3 烧结机构

在烧结过程中,颗粒黏结面上发生的量与质的变化以及烧结体内孔隙的球化与缩小等过程都是以物质的迁移为前提的。烧结机构就是研究烧结过程中各种可能的物质迁移方式及速率的。

烧结时物质迁移各种可能的过程见表4-1。

烧结初期颗粒间的黏结具有范德华力的性质,不需要原子作明显的位移,只涉及颗粒接触面上部分原子排列的改变或位置的调整,过程所需的激活能是很低的。因而,即使在温度较低、时间较短的条件下,黏结也能发生,这是烧结早期的主要特征,此时烧结体的收缩不明显。

它的物质迁移形式,如扩散、蒸发与凝聚、流动等,因原子移动的距离较长,过程的激活能较大,只有在足够高的温度或外力的作用下才能发生。它们将引起烧结体的收缩,使性能发生明显的变化,这是烧结主要过程的基本特征。

值得指出,烧结体内虽然可能存在回复和再结晶,但只有在晶格畸变严重的粉末烧结时才容易发生。这时,随着致密化出现晶粒长大。回复和再结晶首先使压坯中颗粒接触面的应力

得以消除,因而促进烧结颈的形成。由于粉末中的杂质和孔隙阻止再结晶过程,所以粉末烧结时的再结晶晶粒长大现象不像致密金属那样明显。

表 4-1 物质迁移的过程

Ⅰ	不发生物质迁移	黏结
Ⅱ	发生物质迁移,并且原子移动较长的距离	表面扩散 晶格扩散(空位机制) 晶格扩散(间隙机制) 晶界扩散 蒸发与凝聚 } 组成晶体的空位或原子的移动 塑性流动 晶界滑移 } 小块晶体的移动
Ⅲ	发生物质迁移,但原子移动较短的距离	回复或再结晶

在运用模型方法以后,烧结的物质迁移机构才有可能作定量的计算。这时,选择各种材料做成均匀的小球、细丝,与相同材料的平板、小球或圆棒组成简单的烧结系统,然后在严格的烧结条件下观测烧结颈尺寸随时间的变化。根据一定的几何模型,并假定某一物质迁移机构,用数学解析方法推导烧结颈长大的速度方程,再由模拟烧结试验去验算,最后判定是何种材料,在什么烧结条件(温度、时间)以哪种机构发生物质迁移。到目前为止,模型研究及试验主要用简单的单元系,而且推导的动力学方程主要适用于烧结的早期阶段。

由理论上推导烧结速度方程,可采用如图4-5所示两种基本几何模型:假定两个同质的均匀小球半径为a,颈曲面的曲率半径为ρ,如图4-5(a)所示为两球相切,球中心距不变,代表烧结时不发生收缩;如图4-5(b)所示为两球相贯穿,球中心距减小$2h$,表示烧结时有收缩出现。由图示几何关系不难证明,在烧结的任一时刻,颈曲半径与颈半径的关系是:图4-5(a)$\rho=x^2/2a$;图4-5(b)$\rho=x^2/4a$。现在分别按各种可能的物质迁移机构,找出烧结过程的特征速度方程式,并最后对综合作用烧结理论作简单的介绍。

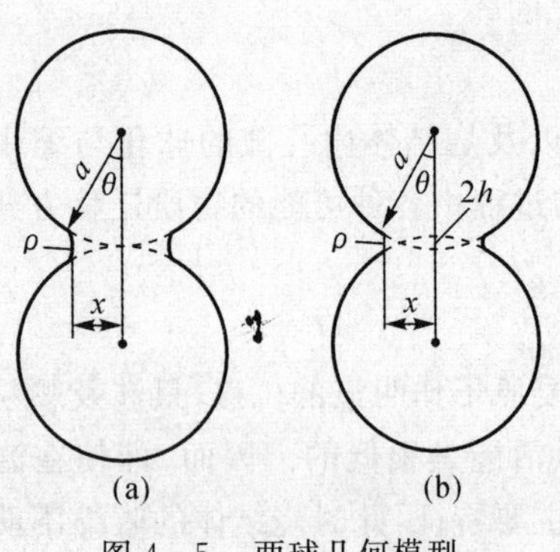

图 4-5 两球几何模型

(a)$\rho=x^2/2a$; (b)$\rho=x^2/4a$

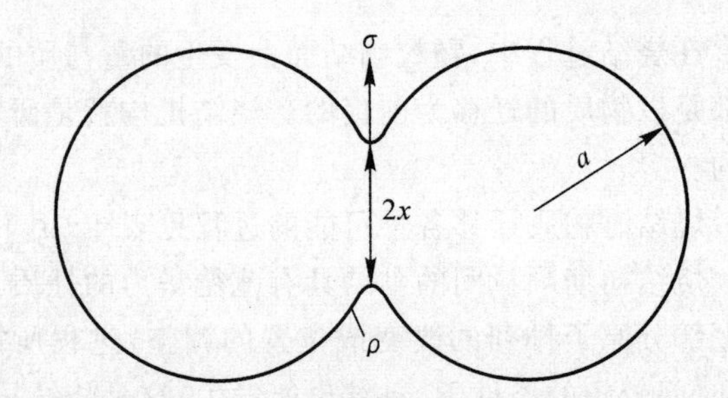

图 4-6 弗仑克尔球-球模型

4.3.1 黏性流动

1945年,弗仑克尔最早提出一种称为黏性流动的烧结模型(见图4-6),并模拟了两个晶体粉末颗粒烧结早期的黏结过程。他把烧结过程分为两个阶段：第一阶段，相邻颗粒间的接触表面增大，直到孔隙封闭；到第二阶段，这些残留闭孔逐渐缩小。

第一阶段，类似两个液滴从开始的点接触，发展到互相"聚合"，形成一个半径为 x 的圆面接触。为简单起见，假定液滴仍保持球形，其半径为 a。晶体粉末烧结早期的黏结，即烧结颈长大，可看作在表面张力 γ 作用下，颗粒发生类似黏性液体的流动，结果使系统的总表面积减小，表面张力所做的功转换成黏性流动对外散失的能量。弗仑克尔由此导出烧结颈半径 x 匀速长大的速度方程为

$$x^2/a=(3/2)\gamma/\eta t \tag{4-12}$$

式中，γ 为粉末材料的表面张力；η 为黏性系数。

库钦斯基采用同质材料的小球在平板上的烧结模型（见图 4-7），用试验证实弗仑克尔的黏性流动速度方程，并且在 1961 年的论文中，由纯黏性体的流动方程出发，推导出本质上相同的烧结颈长大的动力学方程。

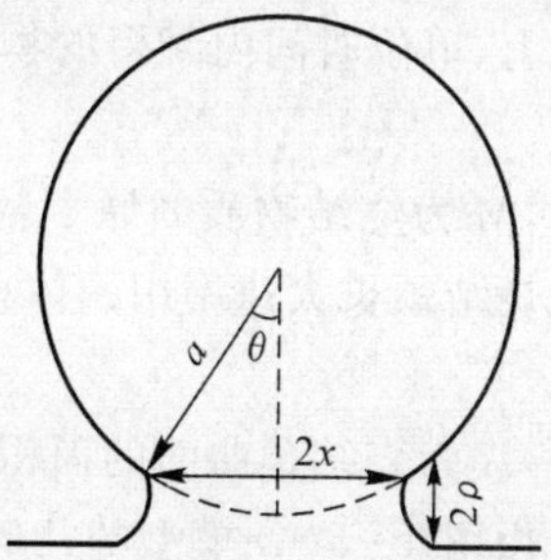

纯黏性流动方程 $\tau=\eta \mathrm{d}\varepsilon/\mathrm{d}t$ 中的剪切变形速率 $\mathrm{d}\varepsilon/\mathrm{d}t$ 与烧结颈半径的长大速率 $\mathrm{d}x/\mathrm{d}t$ 成正比，而剪切应力 τ 与颗粒的表面应力 σ 成正比，因此式(4-12) 变为

$$\sigma=K'\eta \mathrm{d}\varepsilon/\mathrm{d}t=K'\eta \mathrm{d}x/\mathrm{d}t \tag{4-13}$$

图 4-7　库钦斯基烧结球-平板模型

由式(4-2)，$\sigma=-\gamma/\rho$ 并根据图 4-5(a)，$\rho=x^2/2a$，代入式(4-13) 积分后，可得

$$x^2/a=K\gamma/\eta t \tag{4-14}$$

系数 K 由式(4-13) 中的比例系数 K' 决定，在确定适当的 K' 值以后，$K=3/2$，因而式(4-14) 变为

$$x^2/a=(3/2)\gamma/\eta t \tag{4-14'}$$

该式与弗仑克尔方程式(4-12) 的形式完全相同。

弗仑克尔认为晶体的黏性流动是靠体内空位的自扩散来完成的，黏性系数 η 与自扩散系数 D 之间的关系为

$$1/\eta=D\delta/kT$$

式中，δ 为晶格常数。

后来证明，弗仑克尔的黏性流动实际上只适用于非晶体物质。皮涅斯（Б Я Пинес）由金属的扩散蠕变理论证明，对于晶体物质，上面的关系式应修正为

$$1/\eta=D\delta^3/kTL^3$$

式中，L 为晶粒或晶块的尺寸。

弗仑克尔由黏性流动出发，计算了由于表面张力 γ 的作用，球形孔隙随烧结时间减小的速度为

$$\mathrm{d}r/\mathrm{d}t=-(3/4)\gamma/\eta$$

可见，孔隙半径 r 是以恒定速度缩小的，而孔隙封闭所需的时间将由下式决定：

$$t=(4/3)(\eta r_0/\gamma)$$

式中，r_0 为孔隙的原始半径。

4.3.2 蒸发与凝聚

由式(4-10)知,烧结颈对平面饱和蒸气压的差$\Delta p = -p_0\gamma\Omega/kT\rho$,当球的半径$a$比颈曲率半径$\rho$大得多时,可认为球表面蒸气压$p_a$对平面蒸气压的差$\Delta p' = p_a - p_0$比$\Delta p$小得可以忽略不计,因此,球表面的蒸气压与颈表面(凹面)蒸气压的差可近似地写成

$$\Delta p = p_a\gamma\Omega/kT\rho \tag{4-15}$$

蒸气压差Δp_a使原子从球的表面蒸发,重新在烧结颈凹面上凝聚下来,这就是蒸发与凝聚物质迁移的模型,由此引起烧结颈长大的烧结机构称为蒸发与凝聚。烧结颈长大的速率随Δp_a而增大,当ρ与蒸气相中原子的平均自由程相比很小时,物质转移即凝聚的速率可用单位面积上、单位时间内凝聚的物质量m表示,近似地应用南格缪尔公式计算:

$$m = \Delta p_a\,(M/2\pi RT)^{1/2} \tag{4-16}$$

式中,M为烧结物质的原子量;R为气体常数。

烧结颈长大速率用颈体积V的增大速率表示时,有连续方程式成立:

$$\mathrm{d}V/\mathrm{d}t = (m/d)A \tag{4-17}$$

式中,A为烧结颈曲面的面积;d为粉末的理论密度。

由图4-5(a)模型的几何关系$\rho = x^2/2a$,$A = 4\pi x\rho$,$V = \pi x^2\rho = \pi x^4/a$,代入式(4-17),得

$$(x^2/a)(\mathrm{d}x/\mathrm{d}t) = (m/d)\rho$$

再以式(4-15)与式(4-16)代入,并注意到$\Delta p = p_a\gamma\Omega/kT\rho$,$k = R/N_A$和$N\Omega d = M$($N_A$为阿伏伽德罗常数),则积分后,得

$$\frac{x^3}{a} = 3M\gamma\left(\frac{M}{2\pi RT}\right)^{1/2}\frac{p_a}{d^2RT}t \tag{4-18}$$

将所有常数合并为K',则式(4-18)简化为

$$x^3/a = K't \tag{4-18'}$$

上两式说明,蒸发与凝聚机构的特征速度方程是烧结颈半径x的3次方,与烧结时间t成线性关系。

只有那些在接近熔点时具有较高蒸气压的物质才可能发生蒸发与凝聚的物质迁移过程,如NaCl和TiO_2,ZrO_2等氧化物。对于大多数金属,除Zn与Cd外,在烧结温度下的蒸气压都很低,蒸发与凝聚不可能成为主要的烧结机构;但是某些金属粉末,在活性介质的气氛或表面有氧化膜存在时进行活化烧结,这种机构也起作用。费多尔钦科(Федорченко)证明,表面氧化物通过挥发,在气相中被还原,重新凝聚在颗粒凹下处,对烧结过程有明显促进作用。气相中添加卤化物与金属形成挥发性卤化物,增大蒸气压,从而加快通过气相的物质迁移,将有利于颗粒间金属接触的增长和促进孔隙的球化。蒸发与凝聚对烧结后期孔隙的球化也起作用。

4.3.3 体积扩散

在研究粉末烧结的物质迁移机构时,人们早就注意和重视扩散所起的作用,许多研究工作详细阐述了烧结的扩散过程,并应用扩散方程导出烧结的动力学方程。扩散学说在烧结理论的发展史上长时间处于领先地位。

弗仑克尔把黏性流动的宏观过程最终归结为原子在应力作用下的自扩散。其基本观点是,晶体内存在着超过该温度下平衡浓度的过剩空位,空位浓度梯度就是导致空位或原子定向

移动的动力。

皮涅斯进而认为，在颗粒接触面上空位浓度高，原子与空位交换位置，不断地向接触面迁移，使烧结颈长大；而且烧结后期，在闭孔周围的物质内，表面应力使空位的浓度增大，不断向烧结体外扩散，引起孔隙收缩。皮涅斯用空位的体积扩散机构描绘了烧结颈长大和闭孔收缩这两种不同的致密化过程。

如式(4－2)所述，烧结颈的凹曲面上，由于表面张力产生垂直于曲颈向外的张应力$\sigma=-\gamma/\rho$，使曲颈下的平衡空位浓度高于颗粒的其他部位。

实际上，空位源远不只是烧结颈表面，还有小孔隙表面、凹面及位错，相应地，可成为空位阱的还有晶界、平面、凸面、大孔隙表面、位错等。颗粒表面相对于内孔隙或烧结颈表面、大孔隙相对于小孔隙都可成为空位阱，因此，当空位由内孔隙向颗粒表面扩散以及空位由小孔隙向大孔隙扩散时，烧结体就发生收缩，小孔隙不断消失和平均孔隙尺寸增大。

现在用模型推导体积扩散烧结机构的动力学方程式：应用图4－5(a)所示模型，空位由烧结颈表面向邻近的球表面发生体积扩散，即物质沿相反途径向颈迁移。因此单位时间内物质的转移量应等于烧结颈的体积增大量，即有连续方程式

$$\mathrm{d}V/\mathrm{d}t=J_vA\Omega \tag{4-19}$$

式中，J_v为单位时间单位面积通过颈上流出的空位个数；A为扩散断面积；Ω为一个空位(或原子)的体积，$\Omega=\delta^3$(δ为原子直径)。

根据扩散第一定律，有

$$J_v=D'_v\nabla c_v=D'_v(\Delta c_v/\rho)$$

式中，D'_v为空位自扩散系数；Δc_v为空位浓度差；∇c_v为颈表面与球面的空位浓度梯度，$\nabla c_v=(\Delta c_v/\rho)$。

因而式(4－19)变为

$$\mathrm{d}V/\mathrm{d}t=AD'_v\Omega(\Delta c_v/\rho) \tag{4-20}$$

体积表示的原子自扩散系数$D_v=D'_vc^\circ_v\Omega$，由图4－5(a)的几何关系：$\rho=x^2/2a$，$A=(2\pi x)(2\rho)=2\pi x^3/a$，$V=\pi x^2\rho=\pi x^4/2a$，故$\mathrm{d}V/\mathrm{d}x=2\pi x^3/a$。又根据式(4－7)，$\Delta c_v/\rho=c^\circ_v(\gamma\Omega/kT\rho^2)$。将所有上述关系代入式(4－20)，化简后可得

$$\mathrm{d}x/\mathrm{d}t=(D_v\gamma\Omega/kT)(4a^4/x^4)$$

积分后，得

$$x^5/a^2=(20D_v\gamma\Omega/kT)t \tag{4-21}$$

金捷里-柏格基于图4－5(b)，认为空位是由烧结颈表面向颗粒接触面上的晶界扩散的，单位时间和单位长度上扩散的空位流$J_v=4D'_v\Delta c_v$。由几何关系$\rho=x^2/4a$得$V=2\pi x^2\rho$，故将这些关系式一并代入连续方程式(4－19)，可得到$\mathrm{d}V/\mathrm{d}t=2\pi xJ_v\Omega$，积分后得

$$x^5/a^2=(80D_v\gamma\Omega/kT)t \tag{4-22}$$

将式(4－22)与式(4－21)比较，仅系数相差4倍，形式完全相同。因此，按照体积扩散机构，烧结颈长大应服从x^5/a^2-t的直线关系。

由空位体积扩散机构可以推导烧结后期球形孔隙收缩的动力学。因为孔隙收缩速率取决于孔隙表面的过剩空位向邻近晶界的扩散速率，而孔隙表面的过剩空位浓度应为$\gamma\Omega c^\circ_v/kTr$($r$为孔隙半径)，孔隙表面至晶界的平均距离取为$r$，则空位浓度梯度应为$\gamma\Omega c^\circ_v/kTr^2$。故孔隙收缩($\mathrm{d}r<0$)速率可由扩散第一定律计算：

$$dr/dt = -D'_v \nabla c_v = -D_v\gamma\Omega/kTr^2 \quad (D_v = D'_v c^\circ_v)$$

移项后

$$r^2 dr/dt = -D_v\gamma\Omega/kT$$

定积分后得到孔隙体积收缩公式为

$$r_0^3 - r^3 = (3\gamma\Omega/kT)D_v t \tag{4-23}$$

4.3.4 表面扩散

蒸发与凝聚机构要以粉末在高温时具有较大饱和蒸气压为先决条件，然而通过颗粒表面层原子的扩散来完成物质迁移，却可以在低得多的温度下发生。事实上，烧结过程中颗粒的相互联结，首先是在颗粒表面上进行的，由于表面原子的扩散，颗粒黏结面扩大，颗粒表面的凹处逐渐被填平。粉末极大的表面积和高的表面能，是粉末烧结的一切表面现象（包括表面原子扩散）的热力学本质。塞斯（Seith）研究纯金属粉固相烧结时发现，表面自扩散导致颗粒间产生"桥接"和烧结颈长大。邵尔瓦德也认为，在烧结体内未完全形成隔离闭孔之前，表面扩散对物质的迁移具有特别重要的作用。费多尔钦科根据测定金属粉末在烧结过程中比表面积的变化，计算表面扩散的数据，并证明比表面积减小的速度与烧结的温度和时间有关，由比表面积随时间的变化关系可以计算一定烧结温度下的表面积扩散系数，而由其温度关系又可以计算表面扩散的激活能。他由此得出结论：烧结粉末比表面积的变化服从一般的扩散规律，例如铁粉烧结的激活能测定为 67kJ/mol，正好等于用不同方式将铁从结晶面分开所消耗的功。苗勒尔（Muller）更借助电镜研究了钨粉烧结的表面扩散现象，测定激活能为 126～445kJ/mol，取决于钨的不同结晶面。

多数学者认为，在较低和中等烧结温度下，表面扩散的作用十分显著，而在更高温度时，逐渐被体积扩散所取代。烧结的早期，有大量的连通孔存在，表面扩散使小孔不断缩小与消失，而大孔隙增大，其结果好似小孔被大孔所吸收，因此总的孔隙数量和体积减少，同时有明显收缩出现；然而在烧结后期，形成隔离闭孔后，表面扩散只能促进孔隙表面光滑，孔隙球化，而对孔隙的消失和烧结体的收缩不产生影响。

原子沿着颗粒或孔隙的表面扩散，按照近代的扩散理论，空位机制是最主要的，空位扩散比间隙式或换位式扩散所需的激活能低得多。因位于不同曲率表面上原子的空位浓度或化学位不同，所以空位将从凹面向凸面或从烧结颈的负曲率表面向颗粒的正曲率表面迁移，而与此相应地，原子朝相反方向移动，填补凹面和烧结颈。

金属粉末表面有少量氧化物、氢氧化物，也能起到促进表面扩散的作用。

库钦斯基根据图 4-5(a) 模型，推导了表面扩散的速度方程式。烧结颈表面的过剩空位浓度梯度，按式(4-7)为 $\Delta c_v/\rho = c^\circ_v(\gamma\Omega/kT\rho^2)$。假定表面扩散是在烧结颈一个原子厚的表层中进行的，则扩散断面积 $A = 2\pi x\delta$，又 $V = \pi x^4/2a$，$\rho = x^2/2a$，原子表面扩散系数 $D_s = D'_s c^\circ_v \Omega$（$D'_s$ 为空位表面扩散系数）。将上述关系式一并代入连续方程式，得

$$dV/dt = (2A\Delta c_v/\rho)D'_s\Omega$$

得

$$(x^6/a^3)dx = (8\gamma\delta^4/kT)D_s dt$$

积分后，得

$$x^7/a^3 = (56D_s\gamma\delta^4/kT)t$$

该式表示烧结颈半径的 7 次方与烧结时间成正比。

粉末越细，比表面积越大，表面的活性原子数越多，表面扩散就越容易进行。当温度较低时，实际的扩散系数偏高，这说明低温烧结时，除体积扩散外，还有表面扩散起作用。

4.3.5　晶界扩散

前已述及，空位扩散时，晶界可作为空位“阱”，晶界扩散在许多反应或过程中起着重要的作用。晶界对烧结的重要性有两方面：① 烧结时，在颗粒接触面上容易形成稳定的晶界，特别是细粉末烧结后形成许多的网状晶界与孔隙互相交错，使烧结颈边缘和细孔隙表面的过剩空位容易通过邻接的晶界进行扩散或被它吸收；② 晶界扩散的激活能只有体积扩散的一半，而扩散系数大1000倍，而且随着温度降低，这种差别增大。

霍恩斯彻拉(Hornstra)发现，烧结材料中晶界也能发生弯曲，并且当弯曲的晶界向曲率中心方向移动时，大量的空位将被吸收。伯克(Burke)在研究 Al_2O_3 烧结时发现，在孔隙浓度、收缩及晶界移动这三者之间存在密切的关系：分布在晶界附近的孔隙总是最先消失，而隔离闭孔却长大并可能超过原始粉末的大小，这证明在发生体积扩散时，原子是从晶界向孔隙扩散的。

晶界对烧结颈长大和烧结体收缩所起的作用可用图4-8来说明。如果颗粒接触面上未形成晶界，空位只能从烧结颈通过颗粒内向表面扩散，即原子由颗粒表面填补烧结颈区。如果有晶界存在，烧结颈边缘的过剩空位将扩散到晶界上消失，结果是颗粒间距缩短，收缩发生。

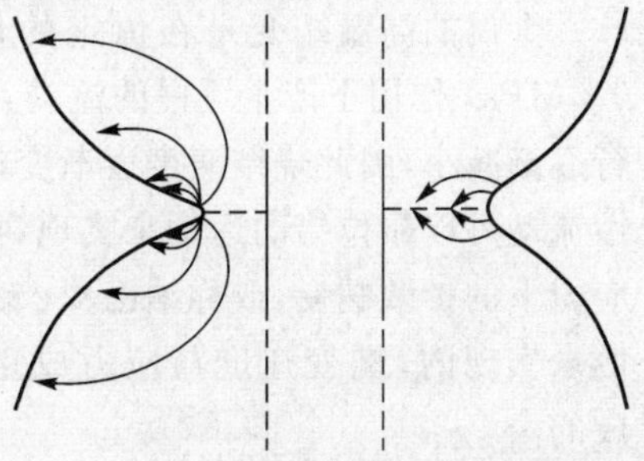

图4-8　空位从颗粒接触面向颗粒表面或晶界扩散的模型
(a) 无晶界；(b) 有晶界

库钦斯基的试验证明了晶界在空位自扩散中的作用：颗粒黏结面上有无晶界存在对体积扩散特征方程 (x^5/a^2-t) 中 t 前面的系数影响很大，有晶界比无晶界时增大两倍。

根据两球模型，假定在烧结颈边缘上的空位向接触面晶界扩散并被吸收，采用与体积扩散相似的方法，可以导出晶界扩散的特征方程为

$$x^6/a^2=(960D_b\gamma\delta^4/kT)t \tag{4-24}$$

如果用半径为 a 的金属线平行排列制成烧结模型，这时扩散层假定为一个原子厚度，式(4-24)为5个原子厚度，则晶界扩散的速度方程为

$$x^6/a^2=(48D_b\gamma\delta^4/kT)t \tag{4-25}$$

库钦斯基由球平板模型推导的晶界扩散方程为

$$x^6/a^2=(12D_b\gamma\delta^4/kT)t \tag{4-26}$$

式中，D_b 为晶界扩散系数。

由两球模型导出的收缩动力学方程为

$$\Delta L/L_0=(3D_b\gamma\delta^4/kT)^{1/3}t^{1/3}$$

式中，$\Delta L/L_0$ 是用两球中心距靠拢代表的线收缩率。

4.3.6　塑性流动

烧结颈形成和长大可看成是金属粉末在表面张力作用下发生塑性变形的结果。这一观点最早是由谢勒(Shaler)和乌尔弗(Wulff)提出的。他们与同时代的弗仑克尔、克拉克怀特(Clark-White)、麦肯济(Mackenizie)、舒特耳沃思(Shuttleworth)和犹丁(Udin)等人，成为流动学派的代表。

塑性流动与黏性流动不同,外应力 σ 必须超过塑性材料的屈服应力 σ_y 才能发生。塑性流动(又称宾哈姆(Bingham)流动)的特征方程为

$$\eta \mathrm{d}\varepsilon/\mathrm{d}t = \sigma - \sigma_y \tag{4-27}$$

与纯黏性流动(又称牛顿黏性流动)的特征方程 $\eta \mathrm{d}\varepsilon/\mathrm{d}t = \sigma$ 比较,仅差一项代表塑性流动阻力的 σ_y。

麦肯济-舒特耳沃思和克拉克-怀特等人用宾哈姆体模型,分别导出代表塑性流动的致密化方程,作为研究烧结后期形成闭孔的收缩和热压致密化过程的理论基础。

塑性流动理论的最新发展是将高温微蠕变理论应用于烧结过程。皮涅斯最早提出烧结同金属的扩散蠕变过程相似的观点,并根据扩散蠕变与应力作用下空位扩散的关系,找出代表塑性流动阻力的黏性系数与自扩散系数的关系式 $1/\eta = D\delta^3/kTL^2$。20世纪60年代末期,勒尼尔(Lenel)和安塞尔(Ansel)用蠕变理论定量研究了粉末烧结的机构,总结出相应的烧结动力学方程式。

金属的高温蠕变是在恒定的低应力下发生的微变形过程,而粉末在表面应力(0.2～0.3MPa)作用下产生缓慢的流动,同微蠕变极为相似,所不同的只是表面张力随着烧结的进行逐渐减小,因此烧结速度逐渐变慢。勒尼尔和安塞尔认为在烧结的早期,表面张力较大,塑性流动可以靠位错的运动来实现,类似蠕变的位错机构;而烧结后期,以扩散流动为主,类似低应力下的扩散蠕变,或称纳巴罗-赫仑(Nabbarro-Herring)微蠕变。扩散蠕变是靠空位自扩散来实现的,蠕变速度与应力成正比;而高应力下发生的蠕变是以位错的滑移或攀移来完成的。

以上讨论的烧结物质迁移机构可以用一个动力学方程通式描述,即

$$x^m/a^n = F(T)t$$

式中,$F(T)$ 仅仅是温度的函数,但在不同烧结机构中,包含不同的物理常数,例如扩散系数(D_v, D_s, D_b)、饱和蒸气压 p_0、黏性系数 η 以及许多方程共有的比表面积能 γ,这些常数均与温度有关。各种烧结机构特征方程的区别主要反映在指数 m 与 n 的不同搭配上(见表4-2)。

表4-2　$x^m/a^n = F(T)t$ 的不同表达式

机构	研究人	m	n	$m-n$
蒸发与凝聚	库钦斯基	3	1	2
	金捷里-柏格	3	1	2
	皮涅斯	7	3	4
	霍布斯-梅森	5	2	3
表面扩散	库钦斯基	7	3	4
	卡布勒拉	5	2	3
	皮涅斯	6	2	4
	罗克兰	7	3	4
体积扩散	库钦斯基	5	2	3
	卡布勒拉	5	2	3
	皮涅斯	4	1	3
	罗克兰	5	2	3
晶界扩散	库钦斯基、罗克兰	6	2	4
黏性流动	弗仑克尔、库钦斯基	2	1	1

用两球模型推导烧结收缩的动力学方程式见表 4－3。

表 4－3　　烧结收缩方程表达式

作　者	科布尔(Coble)	库钦斯基与艾奇诺斯(Ichinose)	金捷里-柏格
晶界作为空位阱	$\Delta L/L_0 = -\left(2\dfrac{\gamma D_v\Omega}{RTa^3}\right)^{1/3} t^{1/2}$	$\Delta L/L_0 = -\left(\dfrac{\pi r D_v\Omega}{3\sqrt{2}RTa^3}\right)^{2/5} t^{2/5}$	$\Delta L/L_0 = -\left(10\sqrt{2}\dfrac{\gamma D_v\Omega}{RTa^3}\right)^{2/5} t^{2/5}$
颗粒表面作为空位阱		$\Delta L/L_0 = 0$	$\Delta L/L_0 = -\dfrac{n}{8}\left(40\dfrac{\gamma D_v\Omega}{RTa^3}\right)^{4/5} t^{4/5}$ (n 为每个颗粒的接触点数)

4.3.7　综合作用烧结理论

烧结机构的探讨丰富了对烧结物理本质的认识，利用模型方法研究烧结这一复杂的微观过程，具有科学的抽象化和典型化的特点。但是实际的烧结过程比模型研究的条件复杂得多，上述各种机构可能同时或交替地出现在某一烧结过程中。如果在特定的条件下一种机构占优势，限制着整个烧结过程的速度，那么它的动力学方程就可作为实际烧结过程的近似描述。

1. 关于烧结机构理论的应用

烧结理论目前只指出了烧结过程中各种可能出现的物质迁移机构及其相应的动力学规律，而后者只有当某一种机构占优势时，才能够应用。不同的粉末、不同的粒度、不同的烧结温度或等温烧结的不同阶段以及不同的烧结气氛、方式(如外应力）等都可能改变烧结的实际机构和动力学规律。

蒸气压高的粉末的烧结以及通过气氛活化的烧结中，蒸发与凝聚不失为重要的机构；在较低温度或极细粉末的烧结中，表面扩散和晶界扩散可能是主要的；对于等温烧结过程，表面扩散只在早期阶段对烧结颈的形成与长大以及在后期对孔隙的球化才有明显的作用。但是仅靠表面扩散不能引起烧结体的收缩。晶界扩散一般不是作为孤立的机构影响烧结过程，总是伴随着体积扩散出现，而且对烧结过程起催化作用。晶界对致密化过程最为重要，明显的收缩发生在烧结颈的晶界向颗粒内移动和晶粒发生再结晶或聚晶长大的时候。曾有人计算过，烧结致密化过程的激活能大约等于晶粒长大的激活能，说明这两个过程是同时发生并互相促进的。

大多数金属与化合物的晶体粉末，在较高的烧结温度，特别是等温烧结的后期，以晶界或表面为物质源的体积扩散总是占优势的。按最新的观点，体积扩散是纳巴罗-赫仑扩散蠕变，即受空位扩散限制的位错攀移机构。烧结的明显收缩是体积扩散的直接结果，而晶界、位错与扩散空位之间的交互作用引起收缩、晶粒大小和内部组织等一系列复杂的变化。

弗仑克尔黏性流动只适用于非晶体物质，某些晶态物质，如 ThO_2，ThO_2－CaO 固熔体，ThO_2 的烧结也大致服从黏性流动的规律。塑性流动(宾哈姆流动）理论是对黏性流动理论的发展和补充，故在特征方程中亦出现黏性系数，但是近代金属理论已将黏性系数与自扩散系数联系起来。因此塑性流动理论已建立在金属微蠕变的现代理论基础上，重新获得了发展的生命力。

烧结机构的模型研究不仅是发展烧结理论的科学方法，而且对研究金属理论中的许多问题，如扩散、晶体缺陷、晶界、再结晶和相变等过程均有贡献。将烧结机构的特征方程同模型烧结试验结合起来，可测定物质的许多物理常数，如黏性系数、扩散系数、扩散激活能、饱和蒸气压等。

2. 烧结速度方程的限制

由理想几何模型导出的早期烧结过程的速度方程，虽然用一定的模拟试验可以验证和判断烧结的物质迁移机构，然而在更多情况下，其应用受到限制。这可以从下面三点得到说明：

(1) 从模拟烧结试验作出 $\ln(x/a)$ 对 $\ln t$ 的坐标图，再由直线的斜率确定方程中 x 的指数并不总是准确地符合体积扩散 5、表面扩散 7、黏性流动 2、蒸发与凝聚 3，而是介于某两种数字之间的小数。这说明烧结过程可能同时有两种或两种以上机构起作用。例如库钦斯基试验证明，4μm 铜粉烧结的指数为 6.5，比粗铜粉(50μm) 的 5 要高，只能说明体积与表面扩散同时存在于细粉末的烧结过程。尼霍斯(Nichols) 引述了罗克兰的试验，对于某些粗粉末，测得指数是 5.5，故应是体积扩散与晶界扩散同时起作用。

(2) 对同一机构，不同人根据相同或不同的模型导出的速度方程的指数关系也不一致(见表 4-2)，主要原因是试验的对象(粉末种类和粒度) 以及条件不相同，有次要的机构干扰烧结的主要机构。

(3) 从理论上说，表面扩散机构不引起收缩，但有时在表面扩散占优势的试验条件下，如细粉末的低温烧结，仍发现有明显的收缩出现，这只能认为体积扩散或晶界扩散在上述条件下同时起作用。

鉴于上述原因，从 20 世纪 60 年代起，已有许多研究者注意到烧结是一种复杂过程，通常是两种或两种以上的机构同时存在，现在选出几种代表学说和速度方程加以说明。

3. 关于综合作用的烧结学说

应用罗克兰的体积扩散方程

$$x^5/a^2=(20D_v\gamma\delta^3/kT)t \tag{4-28}$$

和表面扩散方程

$$x^7/a^3=(34D_s\gamma\delta^4/kT)t \tag{4-29}$$

当体积扩散与表面扩散同时存在时，烧结的速度方程应为

$$(\mathrm{d}x/\mathrm{d}t)_{v+s}=(\mathrm{d}x/\mathrm{d}t)_v+(\mathrm{d}x/\mathrm{d}t)_s \tag{4-30}$$

将罗克兰的两个方程微分代入式(4-30)，得

$$(\mathrm{d}x/\mathrm{d}t)_{v+s}=(4D_v\gamma\delta^3/kT)(a^2/x^4)+(4.85D_s\gamma\delta^4/kT)(a^3/x^6) \tag{4-31}$$

令 $K_1=(4D_v\gamma\delta^3a^2/kT),K_2=(1.21\delta aD_s/D_v)$

则对式(4-31) 积分，得

$$\frac{x^5}{5}-\frac{K_2x_3}{3}+K_2^2x-K_2^{5/2}\arctan\left(\frac{x}{K_2^{1/2}}\right)=K_1t \tag{4-32}$$

这就是体积与表面扩散同时作用的烧结颈长大动力学方程式。

关于非单一烧结机构问题有许多的研究和评述。约翰逊(Johnson) 研究了用 78 ~ 50μm 的球形银粉在氩气中于接近熔点的温度下烧结，证明是体积-晶界扩散的联合机构，而威尔逊-肖蒙(Wilson-Shewmon) 测定了 144μm 的球形铜粉的烧结颈长大规律，证明是表面扩散占优

势，同时有体积-晶界扩散参加。

约翰逊等人提出的体积扩散与晶界扩散的混合扩散机构是有一定代表性的学说。他运用了模型的几何关系，进行详细的数学推导，得到表示均匀球形粉末压坯烧结时的线收缩率公式：

$$\left(\frac{\Delta L}{L_0}\right)^{2.1}\frac{\mathrm{d}(\Delta L/L_0)}{\mathrm{d}t}=\frac{2\gamma\Omega D_v}{kTr^3}\left(\frac{\Delta L}{L_0}\right)+\frac{\gamma\Omega D_b}{2kTr^4}$$

式中，$\Delta L/L_0$ 为压坯相对线收缩率，L_0 为压坯原始长度；r 为粉末球半径；D_v，D_b 为体积与晶界扩散系数。

上式右边第一项代表体积扩散引起的收缩，第二项代表晶界扩散对收缩的影响。他们用膨胀仪测量压坯的烧结收缩值，应用上式计算银的扩散系数：800℃ 时，$D_v=4.8\times 10^{-10}\mathrm{cm}^2/\mathrm{s}$，$D_b=1.4\times10^{-13}\mathrm{cm}^2/\mathrm{s}$，与放射性示踪原子法测定的数据十分接近。

我国学者黄培云自 1958 年开始研究烧结理论，在 1961 年 10 月的沈阳金属物理学术会议上发表了综合作用烧结理论。他总结和回顾了关于烧结机构的各种学派的论点和争论后，提出烧结是扩散，流动及物理，化学反应（蒸发凝聚、熔解沉积、吸附解吸、化学反应）等的综合作用的观点。由扩散、流动、物理化学反应这三个基本过程引起烧结物质浓度的变化，用数理方程表达，分别为

扩散　$$\partial c/\partial t=D\partial^2 c/\partial x^2 \tag{4-33}$$

流动　$$\partial c/\partial t=-v\partial c/\partial x \tag{4-34}$$

物理化学反应　$$\partial c/\partial t=-Kc \tag{4-35}$$

不难看出，以上三式分别是扩散第二方程、流动方程和一级化学反应方程，其中 D，v 和 K 分别为扩散系数（不随浓度 c 改变）、流动速度和反应速度常数。由于扩散、流动和物理化学反应综合作用的结果，烧结物质的浓度随时间的改变率 $\partial c/\partial t$ 应是以上 3 种过程引起的浓度变化的总和，即

$$\partial c/\partial t=D\partial^2 c/\partial x^2-v\partial c/\partial x-Kc \tag{4-36}$$

4.4　单元系烧结

钼烧结是单元系烧结。

单元系烧结是指纯金属或有固定化学成分的化合物或均匀固熔体的粉末在固态下的烧结。这个过程中不出现新的组成物或新相，也不发生凝聚状态的改变（不出现液相），故也称为单相烧结。

单元系烧结过程，除黏结、致密化及纯金属的组织变化之外，不存在组元间的熔解，也不形成化合物，钼和其他难熔金属烧结是单元系烧结，对它的研究很主要。因此，最早的烧结理论和模型都是研究纯金属和金属与其他氧化物材料。

4.4.1　烧结温度与烧结时间

在这里以纯钼烧结过程来看单元系烧结过程。单元系烧结的主要机构是扩散和流动，它们与烧结温度和时间的关系极为重要。

莱因斯（Rhines）用如图 4-9 所示的模型描述粉末烧结时二维颗粒接触面和孔隙的变

化。图4-9(a)表示粉末压坯中，颗粒间原始的点接触。图4-9(b)表示在较低温度下烧结，颗粒表面原子的扩散和表面张力所产生的应力，使物质向接触点流动，接触逐渐扩大为面，孔隙相应缩小。图4-9(c)表示高温烧结后，接触面更加长大，孔隙继续缩小并趋近球形。

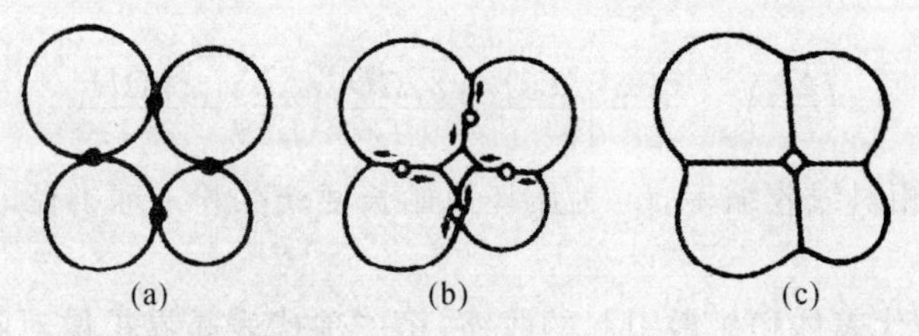

图4-9　烧结过程接触面和孔隙形状、尺寸的变化模型

单元系烧结无论是流动，还是扩散，在温度升高后过程均加快进行。因单元系烧结是原子自扩散，当温度低于再结晶温度时，扩散很慢，原子移动的距离也不大，因此颗粒接触面的扩大很有限。当烧结温度超过再结晶温度时，自扩散加快后烧结才会明显地进行。

琼斯根据金属烧结同焊接机构相似的观点，认为引起烧结的力就是决定材料理论强度的联结力，而该力总是随温度升高而降低的。但是，阻碍烧结的一切因素也随温度升高而更迅速地减弱，因此颗粒间的联结强度总是随温度升高而增大。这些阻碍因素包括：颗粒表面的气体和氧化膜；颗粒表面的不完全接触；化学反应或易挥发物析出的气体产物；颗粒本身的塑性较差。

增大压制压力改善金属颗粒间的接触；气体或杂质(包括氧化物)的挥发还原或熔解等反应使颗粒间的金属接触增加；温度升高使颗粒塑性大大提高，这些均是对金属粉末烧结过程有利的。但是氧化物粉末一般在接近熔点的温度时才能充分烧结，金属粉末则可在较宽的温度范围烧结。对塑性差的粉末，可采用合适的粒度组成，通过压制尽可能获得高的密度，改善颗粒的接触，使烧结时接触面上有更多的原子形成联结力。

达维尔用不同温度时的咬入性来判断烧结的起始温度，发现各种金属的 α 值在0.43～0.50，即比金属的再结晶温度稍高一些。

实际的烧结过程都是连续烧结，温度逐渐升高达到烧结温度保温，因此各种烧结反应和现象也是逐渐出现和完成的。大致上可以把单元系烧结划分成3个温度阶段。

(1) 低温预烧阶段($\alpha \leqslant 0.25$)。这一阶段主要是吸附气体和水分的挥发，压坯内成形剂的分解和排除。由于回复消除了压制时的残余弹性应力，颗粒接触反而相对减少，加上挥发物的排除，故压坯体积收缩不明显。在这一阶段，密度基本维持不变，但因颗粒间金属接触增加，导电性有所改善。

(2) 中温升温烧结阶段($\alpha=0.4\sim0.55$)。开始出现再结晶，首先在颗粒内，变形的晶粒得以回复，改组为新晶粒；同时颗粒表面氧化物被完全还原，颗粒界面形成烧结颈。故电阻率进一步降低，强度迅速提高，相对而言，密度增加较缓慢。

(3) 高温保温完成烧结阶段($\alpha=0.5\sim0.85$)。这一阶段充分进行并接近完成烧结，形成大量闭孔，并继续缩小，使得孔隙尺寸和孔隙总数均有减少，烧结体密度明显增加。保温足够长时间后，所有性能均达到稳定值而不再变化。长时间烧结使聚晶得以长大，这对强度影响不大，但可能降低韧性和延伸率。

以纯钼烧结为例，对烧结过程的3个阶段做一详细说明。

纯钼的烧结工艺制度见表 4-4。

表 4-4　纯钼烧结工艺制度

纯钼烧结阶段	温度/℃	升温时间/h	保温时间/h
1	室温～600	1	1
2	600～800	1	1
3	800～1200	1	2
4	1200～1500	2	2
5	1500～1700	2	3
6	1700～1850	2	6

第一阶段为从室温到 600℃，这一阶段最高温度为 600℃，$\alpha_1=600/2622=0.229$。在这一阶段中压坯没有收缩，主要是颗粒内应力的回复，在等静压中油污污染排除及粉末颗粒表面污染物排除，对中频炉观察这一阶段挥发物大量排除。

中温升温烧结阶段，这一阶段对钼的烧结十分重要，对钼烧结温度为 1200～1600℃，$\alpha_2=0.457\sim0.61$，这一值虽然同达维尔数值上限有误差，但道理是符合的，压坯内部晶体出现新晶粒，同时颗粒表面被氢气还原，颗粒界面形成烧结颈。在这一阶段打开断面可以很明显地发现有“耀亮点”，收缩率横向达 10.51%～11.0%，纵向达 9.5%～10.1%，密度为 8.5～9.0g/cm^3。

高温保温阶段，对钼及钼复合材料定为 1700～1850℃，$\alpha_3=0.65\sim0.71$，这一阶段主要是扩散和流动。这一阶段比中温阶段收缩率要小，横向为 5%～6%，纵向为 5.5%～6.5%，密度可达 9.7g/cm^3 以上。这一阶段孔隙数量和孔隙总数减少，保温一定时间后，粉末冶金体系性能达到稳定值而不再变化。

通常说的烧结温度是指最高烧结温度，即保温时的温度，一般是熔点绝对温度的 2/3～4/5，温度指数 $\alpha=0.67\sim0.80$，其底限略高于再结晶温度，其上限主要从技术及经济上考虑，而且与烧结时间同时选择。

烧结时间指保温时间、温度一定时，烧结时间越长，烧结体性能也越高。但时间的影响不如温度大，仅在烧结保温的初期，密度随时间变化较快，从图 4-10 可看到这一点。但随着时间增加，这种变化越来越慢。

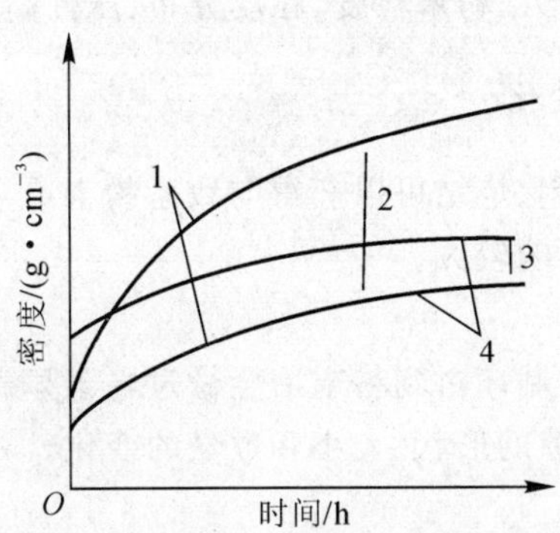

图 4-10　烧结密度-时间关系示意图

1—相同压坯密度；2—升高烧结温度；3—提高压坯密度；4—相同烧结温度

试验表明，烧结温度提高 50℃ 所提高的密度，需要延长烧结时间几十或几百倍才能获得。因此，仅靠延长烧结时间是难以达到完全致密的，延长烧结时间的工艺来保证产品的性能会降低生产率。再说如果温度达不到，即使再延长烧结时间也很难达到提高密度，故要提高温度，并尽可能缩短时间来保证产品的性能。过高地提高温度不仅使晶粒长大，也会给生产设备和操作带来困难。

4.4.2　钼烧结密度与尺寸的变化

控制粉末冶金制品的密度和尺寸，对粉末冶金制品成品率及后期压力加工均很重要，在某种意义上来说，控制尺寸比提高密度要困难。尺寸控制不仅同粉末粒度和粒度组成、化学成分等有关，而且还和压制毛坯的密度也相关。

笔者做过纯钼收缩方面的试验：横向方向 ——R；纵向(平行压制方向)——A。

还是用表 4-4 纯钼烧结工艺，取 $R=40\text{mm}$，$A=40\text{mm}$ 压坯进行烧结。钼烧结组织如图 4-11 所示。

烧结后得到：密度 9.75g/cm^3；晶粒度：2850 个 /mm^2；各个方向收缩率为

$$R_{收缩率}=\left(1-\frac{40-5.8}{40}\right)\times 100\%=14.5\%$$

$$A_{收缩率}=\left(1-\frac{40-6}{40}\right)\times 100\%=14.0\%$$

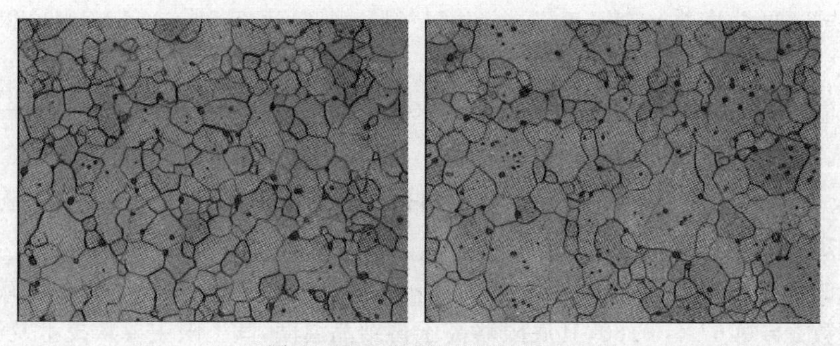

图 4-11　金相组织(×200)

为表示压坯各方向收缩率的不一致，收缩比可采用横向 R 同纵向 A(平行压制方向) 的收缩值之比表示，$R/A=1$ 的情况不多，一般是 $R/A>1$ 或 $R/A<1$，R/A 偏差 1 越大，收缩越不均匀。影响 R/A 的因素有压制力、粉末粒度、粒度分布、压件高径比等。

4.4.3　烧结体内部组织变化

钼粉在适宜的条件下经压制、烧结可以获得与致密粉末冶金体接近的性能，但是孔隙的形状、大小和数量的改变对性能影响较大。

1. 孔隙变化

笔者做过钨和钼试验，从压制坯料到粉末冶金做过电子显微镜扫描，如图 4-12 所示为钼粉末冶金制品在不同温度下孔隙的形状、大小和数量的变化。

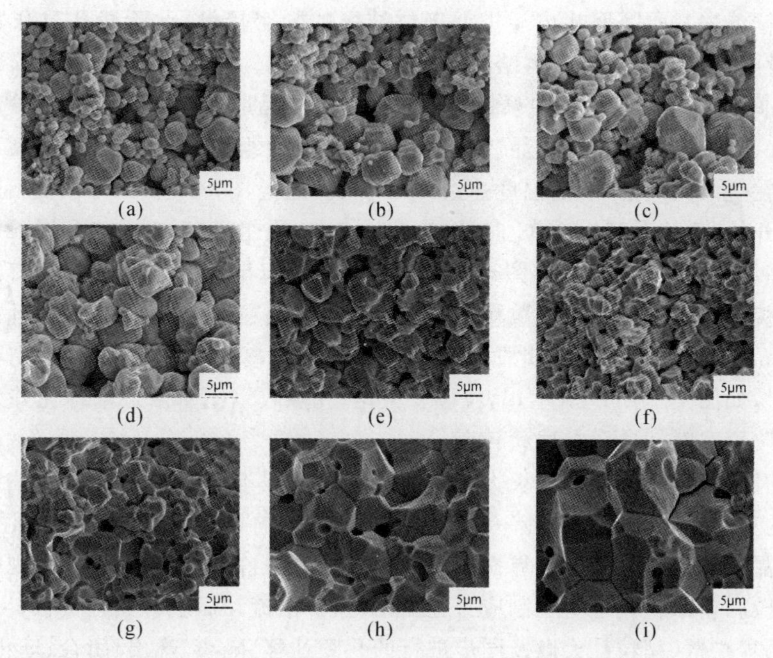

图 4－12　纯钼坯在不同温度阶段烧结试样断口形貌

(a)1000℃；(b)1100℃；(c)1200℃；(d)1300℃；(e)1400℃；(f)1500℃；(g)1600℃；(h)1700℃；(i)1800℃

从图 4－12 中可以看出，在钼的烧结过程中，随温度变化，孔隙随时都在变化。从压制毛坯中可以看到，由孔隙网络逐渐形成隔离的闭孔，孔隙球化收缩，少数闭孔长大。连通孔隙的不断消失与隔离闭孔的收缩是贯穿烧结全过程中组织变化的特征。前者主要靠体积扩散和塑性流动，表面扩散和蒸发凝聚也起一定作用；闭孔生成后，表面扩散和蒸发凝聚只对孔隙球化有作用，但不影响收缩，塑性流动和体积扩散才对孔隙收缩起作用。空位通过扩散在晶界上聚集，形成所谓"空位团"或"空位片"，一旦它们长大到一定程度，就会"塌陷"，而被许多新的原子层所取代。空位在晶界上移动十分缓慢，空位聚集成孔隙使移动的晶界铆住，因此，除非有再结晶发生，否则小孔隙在晶界上是稳定的，只有借助于塑性流动才能消除。

2. 再结晶与晶粒长大

粉末冶金制品经压制后烧结，同样发生回复、再结晶长大等组织变化。回复使弹性内应力消除，主要发生在颗粒接触面上，不受孔隙的影响，在烧结保温阶段之前，回复就已基本完成。

再结晶与烧结的主要阶段即致密化过程同时发生，这时原子重新排列、改组，形成新晶核并长大，或者借助晶界移动使晶粒合并，总之是以新的晶粒代替旧的晶粒，并常伴随晶粒长大的现象。粉末冶金烧结的再结晶有下述两种基本方式。

(1) 颗粒内再结晶。经冷压制后变形的钼粉颗粒，在超过再结晶温度时，烧结可发生再结晶，转变为新的等轴晶粒。从图 4－12 可以看到钼粉的压制变形。但由于颗粒变形的不均匀性，颗粒间接触表面的变形最大，再结晶成核也最容易，因此，再结晶具有从接触面向颗粒内扩展的特点。只有压制压力很高、颗粒变形程度极大时，整个颗粒内才可能同时进行再结晶。

从图 4－12(a) 和图 4－12(b) 可以看出，用 200MPa 的单位压力压制钼粉时，形成的钼坯在 1000～1100℃ 烧结阶段钼颗粒形貌和与钼粉形貌几乎没有差别，整个颗粒的外形仍未起变化。当到达 1200～1300 ℃ 时，烧结阶段钼颗粒之间出现再结晶，如图 4－12(c) 和图 4－12(d)

所示,细小颗粒首先开始团聚并出现类似于烧结颈的紧密接触,此阶段孔隙开始迁移并被隔离。这一阶段主要是发生颗粒内再结晶。

(2) 颗粒间聚集再结晶。烧结颗粒间界面通过再结晶形成晶界,而且向两边颗粒内移动,这时颗粒合并,称为颗粒聚集再结晶。当粉末由单晶颗粒组成时,聚集再结晶就通过颗粒的合并而发生,如在烧结钼坯条中,当温度达到1300℃时,通过图4-12(d)可以看出颗粒发生聚合再结晶,颗粒开始“桥接”;到1400℃时,颗粒开始合并、重组,这时颗粒内和颗粒间的原始界面都变成新的晶界。1600℃以后,如图4-12(g)和图4-12(h)所示,晶界明显出现,再结晶进程加快,断口形貌已不同于钼粉的松散状态。此阶段后期晶粒迅速长大,粗略估计晶粒尺寸从初始平均3.5μm增大至约15μm。此阶段孔隙收缩后被隔离形成网状的结构,主要以通孔形式存在。1800℃,如图4-12(i)所示,晶粒显著粗化,孔隙收缩闭合后逐渐球化并残留在晶界或晶粒内部,此阶段孔隙从通孔向球状转变。

钼烧结的回复、再结晶与晶粒长大的动力同烧结过程本身的动力是完全一致的。因为内应力和晶界的界面能与孔隙表面能一样,构成烧结系统的过剩自由能,因而回复使内应力消除,再结晶与晶粒长大使晶界面及界面能减小,也使系统自由能降低。钼坯微观组织变化的本质是随温度升高,粉末颗粒之间压制应力逐渐回复、扩散流动后颗粒紧密接触、出现烧结颈,再结晶过程中晶界扩散、晶粒长大以及同步进行的孔隙迁移、隔离、逸出、闭合、球化收缩等过程,最终形成均匀细化的致密组织,从而使坯料获得了与致密金属接近的物理性能。

实际上,晶粒长大常常受到阻碍,这些阻碍包括第二相、杂质和孔隙等。下面用钼-氧化镧来说明孔隙和第二相的影响。

图4-13所示为稀土钼烧结样品的TEM照片。图4-13(a)所示为烧结试样的TEM图片,图中白色区域为钼基体,黑色颗粒的衍射花样(见图4-13(b))经标定后,判断这些颗粒均为La_2O_3。烧结后钼主要以纯钼的形态存在,镧以氧化物的形式存在于钼金属中,而且钼金属中只存在La_2O_3。从图中可以看出,La_2O_3粒子大小一致,分散比较均匀,形状为球形。

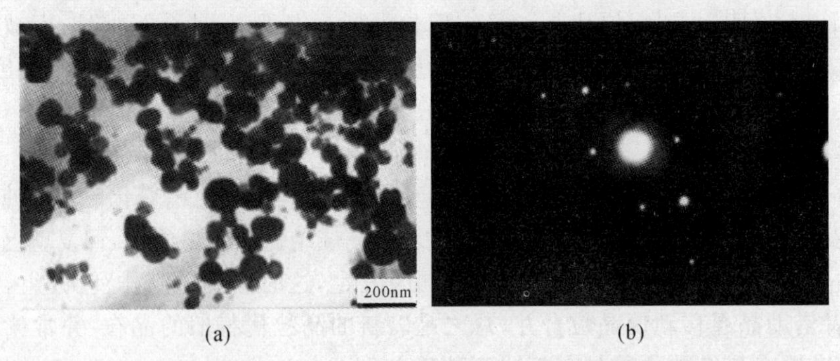

图4-13 烧结$Mo-0.3\%La_2O_3$的TEM照片

(a) 烧结坯的TEM照片; (b) 基体中La_2O_3衍射花样

1) 孔隙的影响。孔隙是阻碍晶界移动和晶粒长大的主要因素。图4-14表示晶界上如有孔隙,晶界长度(实际为晶界表面积)减小,晶界要移动到无孔的新位置去,就要增加晶界面和界面自由能,因此晶界移动困难。特别是大孔隙,靠扩散很难消失,常常残留在烧结后的晶界上,造成对晶界的钉扎作用。

但是,晶界一般是弯曲的,曲率越大,晶界总长度也越大。晶界就像崩紧的弦一样,力图伸展变直，以求降低晶界总能量，造成晶界向曲率中心方向移动的趋势。因此，某些曲率较大的晶界，有可能挣脱孔隙的束缚而移动，使晶界曲率减小，晶界总能量降低，在很高温度下，孔隙也会消除，再结晶晶界移动更容易。

由于孔隙对晶界移动的阻碍作用，烧结时晶粒长大总是发生在烧结的后期，对纯钼来说，烧结在1600℃以后，这时孔隙数量和大小明显减小。

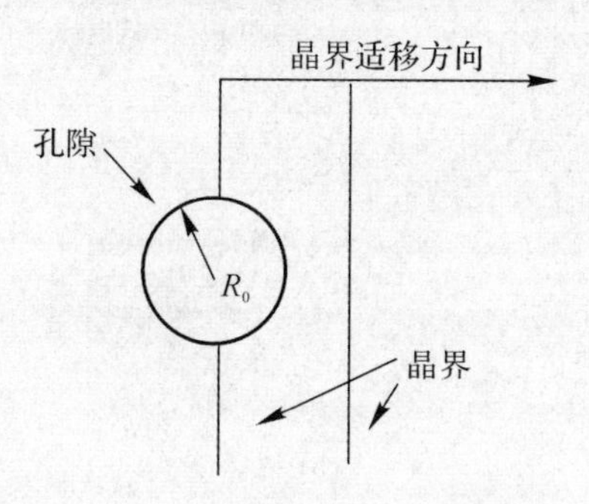

图4-14　孔隙对晶界迁移的影响

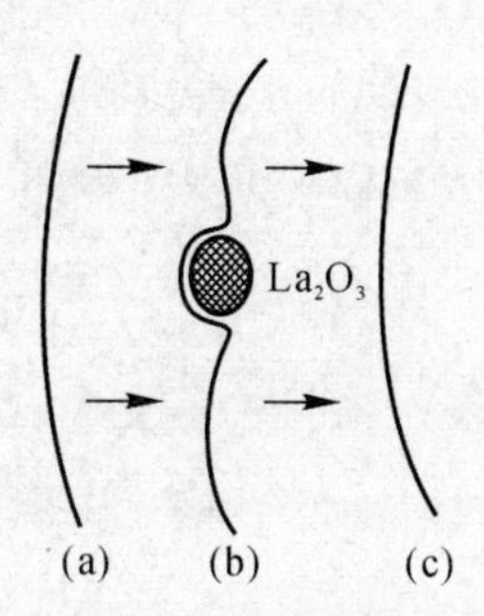

图4-15　晶界移动通过第二相质点

2）第二相作用。如图4-15所示，当原始晶界（见图4-15(a)）移动碰到第二相质点La_2O_3时，晶界首先弯曲，晶界线拉长（见图4-15(b)），但这时La_2O_3相的原始界面的一部分也变成了晶界，使系统的相界面和能量仍维持不变。但是，如果晶界继续移动，越过La_2O_3相（见图4-15(c)），基体与La_2O_3相的那部分界面就得到恢复，系统又需增加一部分能量，因此晶界是不易挣脱La_2O_3质点的障碍向前移动的。当晶界的曲率不大，晶界变直所减小的能量不足以抵销这部分能量的增加时，La_2O_3质点对晶界的钉扎作用就强，只有弯曲度大的晶界才能越过La_2O_3移动。

因此，在La_2O_3粒子存在的情况下，再结晶过程受到了很大的影响。首先，再结晶核心的形成与位错的运动密切相关，但由于位错的运动又受到了La_2O_3粒子强烈的阻碍作用，所以再结晶核心的形成就会被推迟，再结晶的开始温度就要被提高；其次，在再结晶晶粒长大的阶段，La_2O_3粒子又起到了阻碍其长大的作用，其机制可通过图4-15说明。

第二相的体积百分数越大，对再结晶和晶粒长大的阻力就越强，最后得到的晶粒就越细。图4-16所示为纯钼与Mo-La_2O_3经过中频烧结后金相显微组织。可以看出，第二相的加入，明显地细化了晶粒。稀土氧化物以弥散小质点分布于晶界、烧结孔周围以及晶粒中，主要存在于晶内及晶界处。随着La_2O_3含量的增加，合金的晶粒尺寸逐渐减小。分析研究认为，在烧结过程中，钼晶粒原始晶界形核和长大时移动并碰到La_2O_3第二相质点，晶界以绕过或者包围第二相质点的方式继续移动，因此La_2O_3质点的存在起到了阻碍晶界移动达到细化晶粒的效果。随着La_2O_3含量增加，对晶粒长大的阻力就越强，烧结后的晶粒也就越细。

如果La_2O_3质点体积百分数不变，La_2O_3质点尺寸越大，对再结晶总的阻力相对减弱，因而晶粒也越大。

再结晶后晶粒的大小可以按下式计算：

$$d_f = \frac{d}{f}$$

式中，d_f为晶粒直径；d为第二相质点的平均直径；f为第二相体积百分数。

上式也可用来估计孔隙度对再结晶晶粒大小的影响，即计算能防止晶粒长大的最低孔隙

度。假定晶粒完全不长大，即新晶粒与原始晶粒 d_0 相等，而孔隙尺寸通常为 $d=d_0/10$，则有

$$d/d_0=f=0.1$$

上式表示烧结后，当剩余孔隙度降低到 10% 以下时，晶粒才能开始长大，证明晶粒长大基本上只发生在烧结的后期。

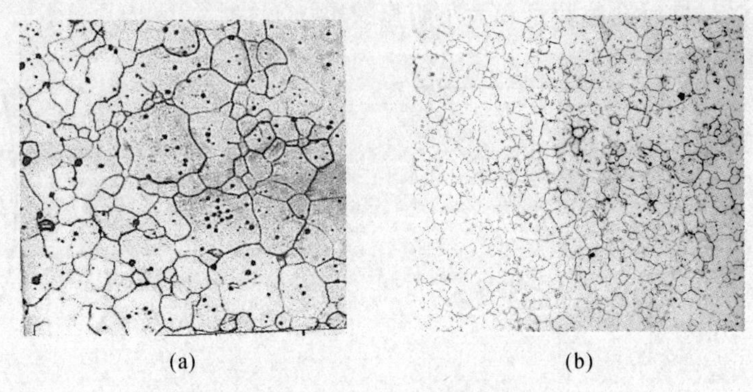

(a)　　　　(b)

图 4-16　烧结坯条金相显微组织

(a)PMo；　(b)Mo-0.3%La_2O_3

钼粉末烧结材料的再结晶有以下特点。

钼烧结材料中如有较多的氧化物、孔隙及其他杂质，则聚晶长大受阻碍，故组织的晶粒较细；相反，钼粉纯度越高，晶粒长大趋势也越大。

钼烧结制品中晶粒显著长大的温度较高，仅当钼粉压制采用极高压力时，才明显降低。当单位压制压力为 120MPa 时，用金相方法测定的晶粒长大温度为 1227℃，而将单位压制压力提高到 500MPa 时，晶粒长大温度降为 927℃。

钼粉粒度影响聚晶长大。因为孔隙尺寸随粉末粒度增大而增大，对晶界移动的阻力也增加，故聚晶长大趋势减小。

钼烧结制品在临界变形程度下，再结晶后晶粒显著长大的现象不明显，而且晶粒没有明显的取向性。钼粉末冶金烧结体内部组织为等轴状。

4.4.4　影响钼烧结过程的因素

钼粉的烧结性可以用烧结体的密度、强度、延性、电导率以及其他性能的变化来衡量，反过来，也可根据这些变化来研究各种因素对烧结的影响。

对粉末冶金纯钼制品来说，上述性能见表 4-5。

表 4-5　粉末冶金钼制品性能

材料	密度 /($g\cdot cm^{-3}$)	硬度 /HB	电阻率 /($\Omega\cdot cm$)	比热 /($w\cdot g^{-1}\cdot K^{-1}$)	热膨胀系数 /K
钼粉冶制品	9.85	50	5.71(27℃)	0.245	5.3×10^{-6}(20℃)

对烧结起促进或阻碍作用，或者对物质迁移起加速或延缓作用的各种因素，是通过下面的一种或几种方式起作用的：

(1) 改变颗粒间的接触面积或接触状态。

(2) 改变物质迁移过程的激活能。

(3) 改变参与物质迁移过程的原子数目。

(4) 改变物质迁移的方式或途径。

1. 结晶构造

钼金属晶格是体心立方体晶系，体心立方金属可发现烧结起始温度(以温度指数 α 代表)是随点阵对称性的降低而增高的。钼的晶格常数为 0.3147，铜的晶格常数为 0.36，因此钼的烧结温度要比铜高。

2. 粉末活性

粉末活性包括颗粒的表面活性与晶格活性两方面，前者取决于粉末的粒度、粒形(即粉末的比表面大小)，后者由晶粒大小、晶格缺陷、内应力等决定。在其他条件相同时，粉末越细，两种活性同时增高。

对钼条进行试验，粗钼粉末和细钼粉末在不同温度下烧结的收缩率如图 4-17 所示。

颗粒内晶粒大小对烧结过程也有相当大的影响。晶粒细，晶界面就多，对扩散过程有利，因此由单晶颗粒组成的粉末烧结时，晶粒长大的趋势小；而多晶颗粒则晶粒长大的倾向大。

粉末晶体的非平衡状态由过剩空位、位错及内应力等所决定，与制取粉末的方法关系很密切。钼粉如果进行球磨，活性提高，因为球磨会造成颗粒内大量的晶格缺陷。对常规钼粉经 4h 球磨后，最高烧结温度可降低 50℃，就可以达到钼制品的基本性能要求。

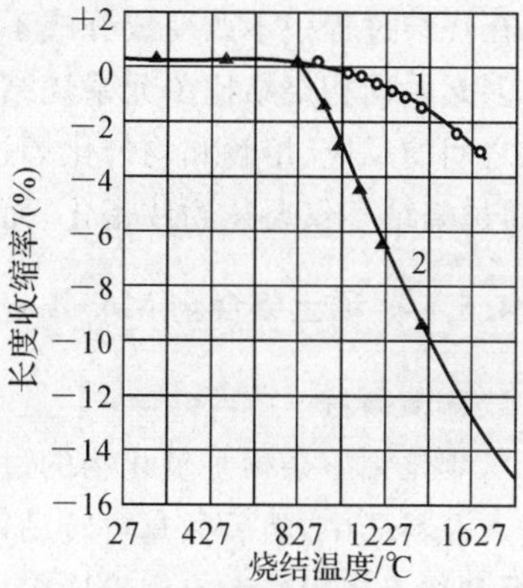

图 4-17　压制钼块在不同温度烧结的收缩率变化规律

1—粗粉末；　2—细粉末

3. 外来物质

在这里主要讨论粉末表面的氧化物和烧结气氛的影响。

钼在空气中存放一定时间后(不超过 15d)，在钼粉颗粒表面有一层氧化膜，对烧结有一定的促进作用，尤其在氢气中烧结，氧化膜在氢气中被还原。被还原的新的钼原子活性很高，但氧化膜太厚，氧化膜还原不彻底，反而阻碍烧结过程，成为了扩散的阻碍层。

为了充分认识烧结气氛的影响，笔者做过钼在真空气氛下烧结和在氢气中烧结，然后去看粉末冶金表面及其他参数。通过试验说明，用真空烧结出来的钼粉末坯件，表面质量一般，线收缩率仅达到 13.5%，密度为 9.65g/cm^3(在 1850℃ 氢气气氛下，保温 10h)。在 1850℃ 保温 10h 后烧结的钼压坯，表面质量良好，线收缩率达到 14.5%，密度为 9.85g/cm^3。

在氢气条件下进行烧结，晶粒内部的氧化物被还原，有利于烧结向正方向进行。虽然真空烧结对杂质的挥发有利，但真空烧结需要更高的温度，且金属挥发的损失增大。

4. 压制压力

压制工艺影响在前面已经介绍很多了，压制工艺主要表现在压制密度、压制残余应力、颗粒表面氧化膜的变形或破坏，以及压坯孔隙中气体等的作用上。

一般地，随着压制压力的增加，强度和密度相应增加，这不仅是因为颗粒间发生位移而使孔隙率减少，而且在压力增加到一定程度后，颗粒接触处可发生弹性变形，进而发生塑性变形或脆性断裂，此变形的结果是颗粒进一步被挤紧，密度和强度增加。

由于钼粉具有较高的硬度和脆性，压制模量大，因而钼粉往往在很窄的压力范围内就能完成颗粒的刚性咬合；若增大压制压力，超过此范围，由于钼粉的塑性变形能力较差，压坯的内应力急剧增加，从而导致压坯开裂。

对于常规钼粉，其压坯相对密度范围为 60% ~ 70%。对于塑性较差的钼粉，压制压力难以达到使颗粒发生塑性变形或脆性断裂的程度，其孔隙率只能降至 30% ~ 40% 左右。当压制压力过大时，压坯内应力增加，脱模时由于弹性后效而在压坯内产生分层或断裂。

4.5 多元系固相烧结

多数粉末冶金材料是由几种组分(元素或化合物)的粉末烧结而成的。在烧结过程不出现液相的称为多元系固相烧结，包括组分间不互溶和互溶的两类。单相或多相均匀合金粉末，如果在烧结过程中不改变成分或不发生相变，也可与纯金属粉末一样看作是单元系烧结。

多元系固相烧结比单元系烧结复杂得多，除了同组元或异组元颗粒间的黏结外，还发生异组元之间的反应、熔解和均匀化等过程，而这些都是靠组元在固态下的互相扩散来实现的，因此，通过烧结不仅要达到致密化，而且要获得所要求的相或组织组成物。

4.5.1 稀土钼合金 $Mo-La_2O_3$

1. 稀土钼粉

二氧化钼掺杂稀土氧化物的过程，即把二氧化钼加入真空双锥混料机中，把 $La(NO_3)_3$ 溶液喷入混料器中，然后抽真空转动，将 $La(NO_3)_3$ 喷入物料，并加热，物料烘干后，进行二次还原，得到稀土钼粉。稀土钼粉形貌如图 4-18 所示，稀土钼分布情况见表 4-6。

图 4-18 稀土钼粉形貌

表 4-6 稀土钼分布情况

编 号	取样数(20g)	La_2O_3 标准含量/(%)	La_2O_3 含量/(%)
1	20	0.33	0.325
2	20	0.33	0.310
3	20	0.33	0.321
4	20	0.33	0.330
5	20	0.33	0.340
6	20	0.33	0.315

稀土钼掺杂偏差计算公式为

$$\delta=\frac{\Delta_{最大}-\Delta_{最小}}{\Delta_{标准}}\times 100\%$$

式中，δ 为整体误差；$\Delta_{最大}$ 为取样最大含量；$\Delta_{最小}$ 为取样最小含量；$\Delta_{标准}$ 为标准加入量。

$$\delta=\frac{34\%-31\%}{33\%}\times 100\%=9.01\%$$

与某些公司规定的稀土钼粉加入量偏差在 15% 以内相符。

在掺杂过程中，不同杂质元素对晶界也有阻碍作用，第一类为碱金属，如 Na，K 等，在二次还原过程中为氧的载体，形成 Na_2O，K_2O；第二类是 Ca，Mg，Si；第三类为 Al 形成 Al_2O_3，Al_2O_3 薄膜是阻碍晶界移动的主要阻碍层。

2. 一般规律

在进行 Mo 和 La_2O_3 粉末压制烧结时，不同成分的颗粒间发生了扩散和合金均匀化过程，取决于合金热力学和扩散动力学。将 La_2O_3 加入钼后，除了钼的衍射高峰外，还存在 La_2O_3 的衍射峰(见图 4-19(a))。

从图 4-19(a) 中可以看出，Mo-0.3La_2O_3 样品中除了 Mo 衍射峰外，还存在 La_2O_3 的衍射峰。

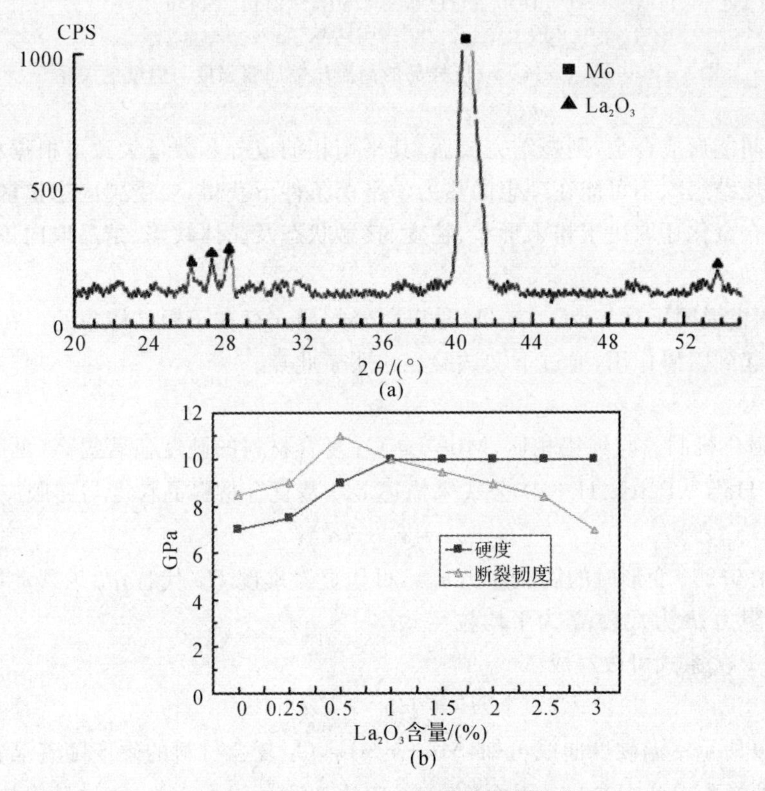

图 4-19　Mo 和 La_2O_3 粉末压制烧结

(a) Mo-0.3%La_2O_3 样品的 XRD 图谱；　(b) Mo-x%La_2O_3 样品的室温硬度、断裂韧性与成分含量的关系

从图 4-19(b) 中可以看到，在一定范围内，随着 La_2O_3 含量增加，Mo-x%La_2O_3 复合材料的室温硬度、断裂韧性值均逐渐增加，当 La_2O_3 含量为 0.8%，0.4% 时分别达到其最大值

10.85 GPa 和 7.25 MPa・$m^{1/2}$，此后又有不同程度的下降。其中，当 La_2O_3 含量在0.8%～3.0% 范围内时，样品的室温硬度趋于稳定(保持在 10GPa 左右)，而室温断裂韧性的下降趋势则相对较大。即样品的室温硬度、断裂韧性随 La_2O_3 含量的增加呈先增后减的规律。因此，在钼材料中加入适量的 La_2O_3 起到了室温强韧化的作用。

由图 4-20 可知，在选定的温度范围内，两种材料的高温屈服强度随温度的升高而逐渐下降。温度相同时，Mo-0.8%La_2O_3 复合材料的高温强度比纯 Mo-0.6%La_2O_3 大约提高了 120MPa，因而，La_2O_3 的加入对钼材料起到了一定的高温强化作用。

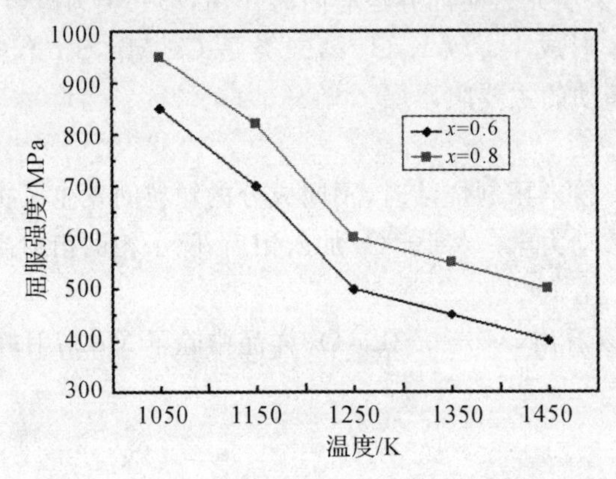

图 4-20　Mo-x%La_2O_3 样品的高温压缩屈服强度与温度的关系

如果组元间能形成合金，则烧结完成后，其平衡相的成分和数量大致可根据相应的相图来确定。但由于烧结组织不可能在理想的热力学平衡条件下获得，要受到固态扩散动力学限制，而且粉末烧结合金化还取决于粉末形状、粒度、接触状态及晶体缺陷、结晶取向等因素，也难以获得平衡组织。

钼-氧化镧也说明了这一点。La_2O_3 是以团聚的形式存在于钼晶体中的。在钼晶体内，它们对晶界移动起到阻碍作用，通过下文试验也说明了此点。

3. 强化机制

(1) 室温强化机制。与纯钼相比，Mo-La_2O_3 复合材料的硬度显著提高(见图 4-19)。引用金属学中的 Hall-Petch(H-P) 公式来描述 Mo 基复合材料晶粒度与屈服应力的关系：

$$\sigma_y = \sigma_0 + kd^m$$

式中，σ_y 为产生 0.2% 变形时的屈服应力 $\sigma_{0.2}$，可用显微硬度 Hv 代替；σ_0 为移动单个位错时产生的晶格摩擦阻力；k 为常数；d 为平均粒径。

因此，H-P 关系式可改写成

$$Hv = Hv_0 + k'd^m$$

从图 4-19 所示室温硬度曲线可知，Mo-x%La_2O_3 复合材料的硬度随着晶粒尺寸的减小而增加，即上述关系式是成立的。因而，在 Mo 中添加适量的 La_2O_3，使材料的晶粒细化，从而使材料达到室温强化的目的。

(2) 高温强化机制。Mo-0.3%La_2O_3 复合材料经 1473 K 高温压缩变形后的断口分析结果如图 4-21 所示。

由图 4-21(a) 可知，在纯钼的断面上，晶粒表面比较光滑，有玻璃相存在。当玻璃相存在于晶界时，使得晶界先于位错运动而滑动，成为主要的变形机制。随着温度的升高，玻璃相的黏度下降，晶界滑动增加，从而使样品的强度降低。由图 4-21(b) 可知，在 Mo-0.3% La_2O_3 复合材料的断面上未发现玻璃相，即在钼材料中添加适量的 La_2O_3，可阻止高温变形时有害玻璃相的形成，从而提高 Mo 基材料的高温强度(见图 4-20)。

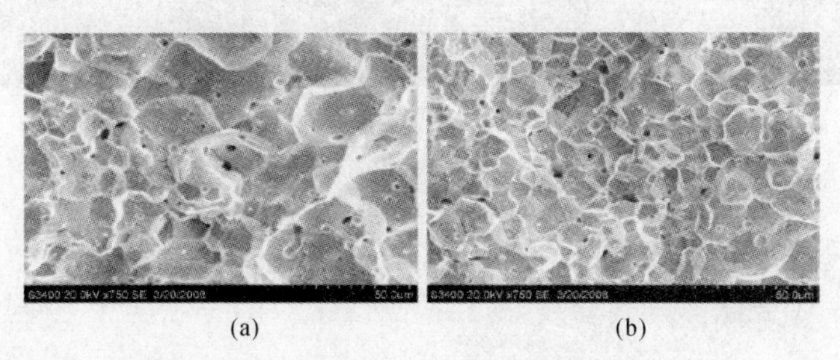

图 4-21　样品经 1473K 压缩后的 SEM 照片

(a) 纯钼；　(b) Mo-0.3% La_2O_3

4. 韧化机制

(1) 细晶韧化机制。由图 4-22 可知，在 Mo 中加入 La_2O_3 可使其晶粒明显细化。细化晶粒，可增大相邻晶粒之间的约束，使晶粒内的形变立即传递给周围相邻的晶粒而产生均匀形变，不容易产生应力集中，不容易形成裂纹。

另外，相对于两侧的晶粒而言，晶界是点阵畸变区，起着抑制裂纹扩展的势垒作用，晶粒越细，裂纹失稳扩展所消耗的能量越大。判别裂纹是否失稳扩展的判别式为

$$(\sigma_0 d^{1/2} + k_y)k'_y \geqslant \beta\mu r$$

式中，σ_0 为位错的摩擦阻力；d 为晶粒度；k_y，k'_y，β 为常数；μ 为切变模量；r 为比表面积。

由上式可知，减小晶粒尺寸，可使裂纹不容易发生失稳扩展。因此，La_2O_3 的加入可使钼材料的晶粒细化，阻碍裂纹的形成和失稳扩展，从而有效地提高材料的韧性。

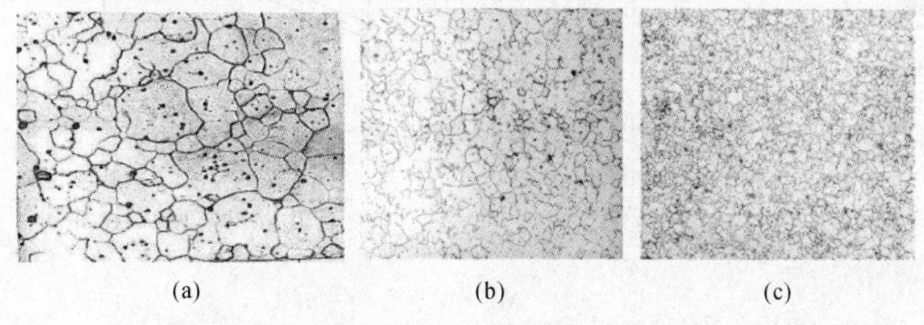

图 4-22　Mo-x% La_2O_3 复合材料的金相显微组织

(a) $x = 0.1$；　(b) $x = 0.8$；　(c) $x = 3.0$

(2) 裂纹的偏转、微桥接和弯曲增韧机制。由图 4-23 可知，在钼材料中加入适量的 La_2O_3 后，在变形过程中，裂纹扩展时会发生偏转、微桥接和弯曲。这是由于在 La_2O_3 粒子与 Mo 基体间存在着弹性模量和膨胀系数的差异，造成材料内部产生径向张应力和切向压应力，这种应力的存在和外力相互作用，使裂纹前进的方向发生偏转、微桥接和弯曲，从而提高材料的抗断裂能力，增加韧性。

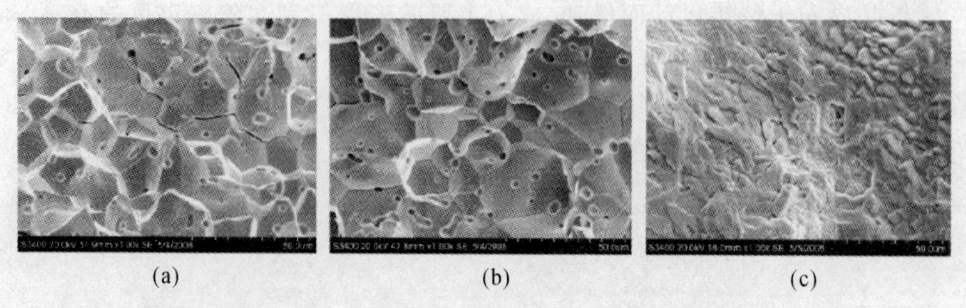

(a) (b) (c)

图 4-23 Mo-0.8%La_2O_3 复合材料中压痕裂纹的 SEM 照片

(a) 裂纹的偏转；(b) 裂纹的微桥接；(c) 裂纹的弯曲

4.5.2 Mo-W 合金

1. Mo-W 合金粉末

钨和钼是同族元素，原子半径相同(3.16Å)，同属于体心立方晶格，晶格常数相差无几(3.1549Å 和 3.1410Å)。它们在各种成分下都能形成均匀的固熔体，如图 4-24 所示。从 Mo-W 合金的相图(见图 4-24)可以得知，二元合金系具有无限互溶的特点。但由于钨和钼的密度差异大，其松装密度差异也较大，因此，要混合均匀比较困难。

一般地，生产中采用二步混料法：先将钨粉和钼粉大致混合均匀，再装入混料机中混合。这样，在混料机中混合的总时间只需 24～28h，而成分误差不大于±0.2%，从而改善了合金的压坯性能和烧结性能。

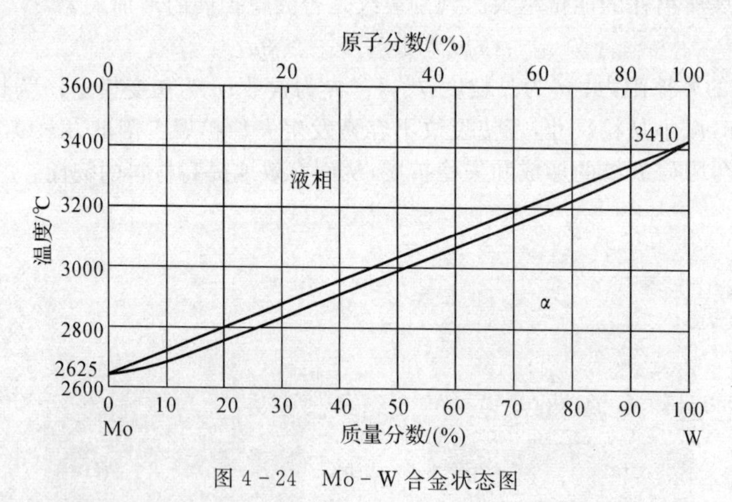

图 4-24 Mo-W 合金状态图

2. Mo-W 合金组织

笔者曾经探讨过钼钨合金的烧结工艺。对于常用 Mo-50W 合金，选取烧结最高温度 2200℃，按照如图 4-25 所示烧结工艺制度，制备出了相对密度在 96% 以上且组织均匀的钼钨合金。

在该工艺下测量钼钨合金烧结密度为 12.93g/cm^3，根据理论密度的计算公式，该烧结工艺下 Mo-50W 的相对密度(Mo-50W 理论密度为 13.33g/cm^3) 高达 98.5%。

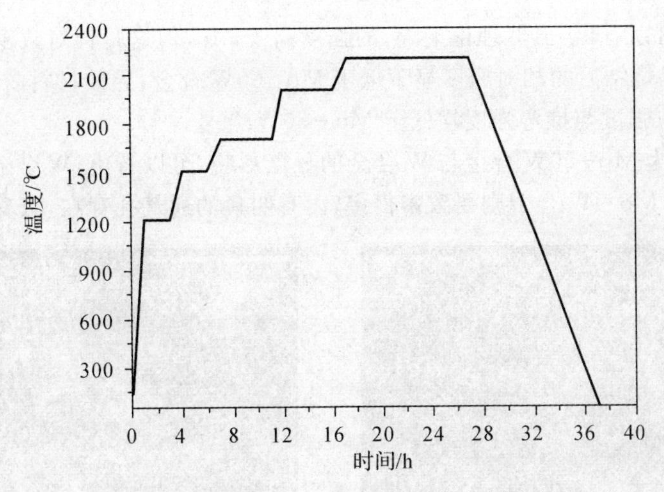

图 4-25　Mo-50W 烧结工艺示意图

理论密度的计算公式为

$$\rho_{理论} = \frac{1}{\sum \frac{X_i}{\rho_i}}$$

式中，$\rho_{理论}$ 为合金理论密度，g/cm^3；X_i 为合金成分元素的质量百分比，%；ρ_i 为合金成分元素的理论密度，g/cm^3。

Mo-50W 烧结组织如图 4-26 所示，可以看出，烧结组织的晶粒大小均匀，形貌规整。这主要是前期原料选择采用的是粒度分布窄、分散性好的粉末，由于颗粒大小均匀，团聚少，烧结过程中，颗粒烧结所需能量基本一致，因而烧结组织中的颗粒也大小均匀。

3. Mo-W 合金室温性能

为了确定 Mo-50W 合金的性能，与工业生产钨合金性能做了对比。分别检测两种材质的抗拉强度和抗弯强度，结果见表 4-7。

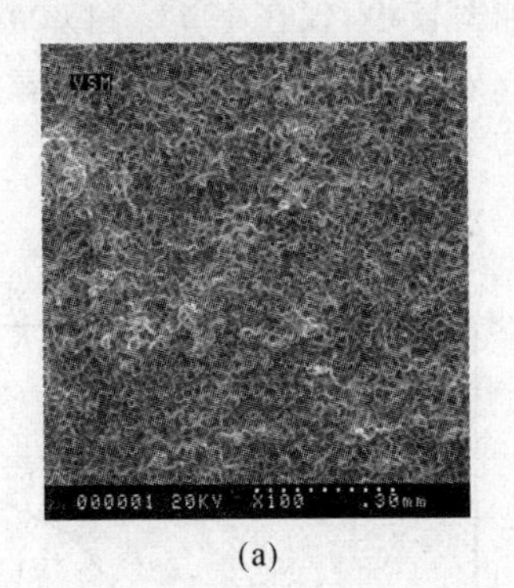

(a)

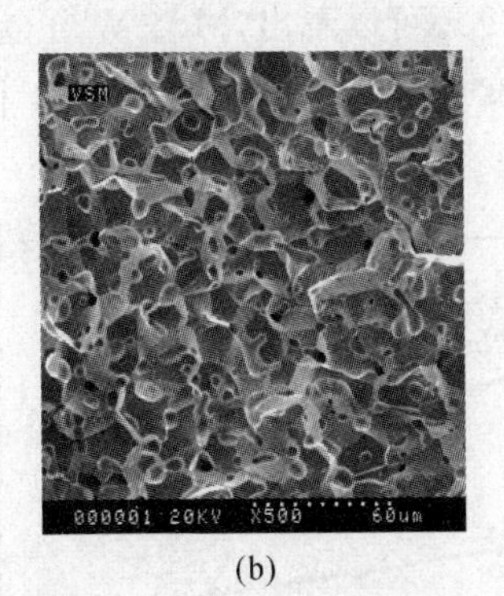

(b)

图 4-26　Mo-50W 烧结组织

表 4-7　烧结态钼钨合金与钨合金室温性能比较

材　料	相对密度 /(%)	抗拉强度 /MPa	抗弯强度 /MPa
Mo-50W	98.5	130	149
钨合金	91.4	夹持过程全部脆断，未测得抗拉强度	116

从表 4-7 中可以看出，虽然理论上 W 的强度高于 Mo，但这是针对致密态金属强度的对比。实际生产中 W 烧结后的相对密度显著低于 Mo-50W 合金，导致材料内部孔隙率高，缺陷多，因而表现出抗拉强度与抗弯强度均低于 Mo-50W 合金。

图 4-27 所示为 Mo-50W 合金与 W 合金的显微形貌，可以看出，W 合金中有较大的孔隙存在，晶粒较大；而 Mo-W 合金则要致密得多，没有明显的通气孔存在，只有一些凹坑。

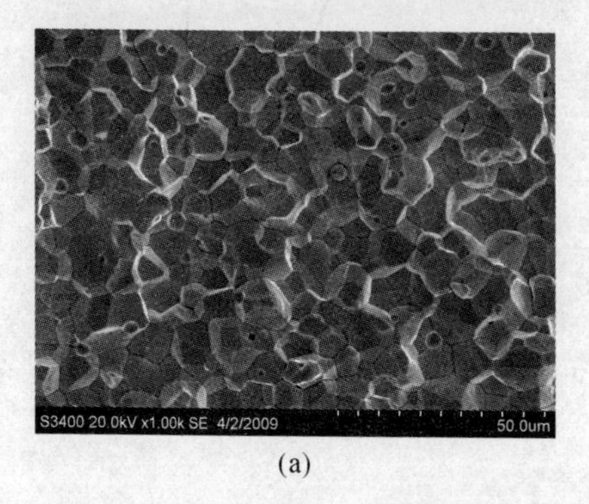

(a)

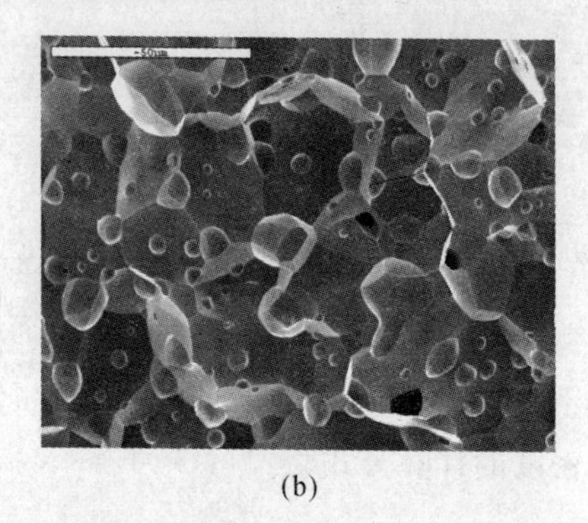

(b)

图 4-27　Mo-50W 合金及钨合金显微结构

(a) Mo-50W 合金；(b) 钨合金

Mo-50W 合金具有比钼合金更高的耐热强度和使用温度，具有比钨合金更高的致密度和强度，因此，该合金兼有两者的优点，有着较为广阔的发展前景。

4. Mo-W 力学性能

一般而言，金属材料的弹性模量随温度上升而缓慢下降。由图 4-28 可见，Mo-W 合金的杨氏模量(E)符合这种规律，均随温度上升而缓慢下降，E 值变化范围为 291～357GPa。屈服强度 $\sigma_{0.2}$ 表征材料发生塑性变形的临界应力。Mo-W 合金的屈服强度 $\sigma_{0.2}$ 随温度的升高而明显降低。Mo-W 合金的 σ_b 值在试验温度小于 600℃ 时基本保持不变，而 600℃ 以上时则显著下降。由图 4-29 还可以看出，Mo-W 合金的延伸率较小，仅在 400℃ 和 600℃ 试验温度条件下，其延伸率有较明显的升高，这可能是由于 Mo-W 合金的延伸率受钼钨颗粒和黏结相变形共同影响的结果。

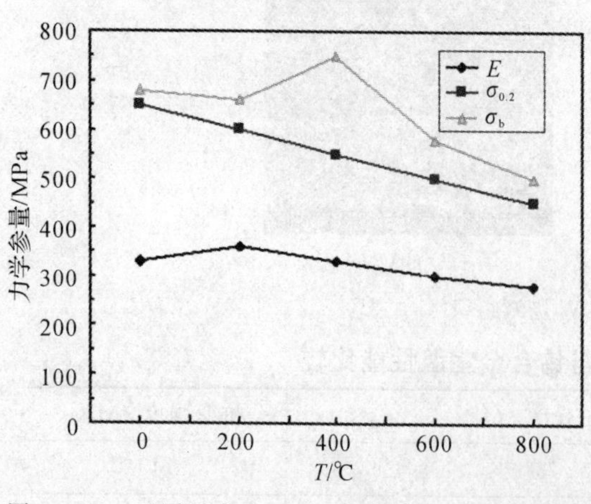

图 4-28　不同温度下 Mo-W 合金力学参量的变化

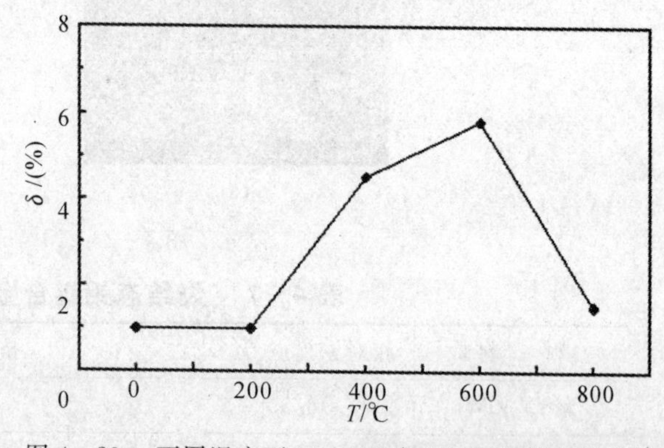

图 4-29　不同温度下 Mo-W 合金材料延伸率的变化

5. 多元系烧结理论分析

根据反应过程中生成的焓变 ΔH^{S} 随成分的变化，可以预测非晶的形成能力。比较成熟的是 Bakker 等提出基于 Miedema 理论的非晶形成能力的预言。对于一个系统，非晶是由固溶和非晶态的热焓的形式决定的，固溶系统的热焓为

$$\Delta H^{S}=\Delta H^{Ch}+\Delta H^{El}+\Delta H^{Str} \tag{4-37}$$

其中，ΔH^{Ch} 是化学相互作用能，ΔH^{El} 是弹性能，ΔH^{Str} 是结构失配的贡献。它们分别由下式决定：

$$\Delta H^{Ch}=\frac{2Pf(C_{A}^{S},C_{B}^{S})}{(n_{WS}^{A})^{-1/3}+(n_{WS}^{B})^{-1/3}}\left[-(\Delta\phi^{*})^{2}+\frac{Q}{P}(\Delta n_{WS}^{1/3})^{2}\right] \tag{4-38}$$

式中，P，Q 是比例常数，由 Miedema 理论决定；$\Delta\phi^{*}$，n_{WS} 分别是化学势（是电负性的量度）和 Winner - Size 元胞边界上的电子密度；C_{A}^{S}，C_{B}^{S} 分别是 A 原子和 B 原子的表面浓度；$f(C_{A}^{S},C_{B}^{S})$ 是 A 原子被 B 原子包围的角度，对于有序的金属间化合物，它由下式决定：

$$f(C_{A}^{S},C_{B}^{S})=C_{B}^{S}(1+8C_{A}^{S}C_{B}^{S}) \tag{4-39}$$

但 A. W. Weeber 认为对于非晶，它应该是

$$f(C_{A}^{S},C_{B}^{S})=C_{B}^{S}(1+5C_{A}^{S}C_{B}^{S}) \tag{4-40}$$

弹性能的贡献由

$$\Delta H^{El}=x_{A}x_{B}[x_{A}\Delta H^{El}(\mathrm{Bin A})+x_{B}\Delta H^{El}(\mathrm{AinB})] \tag{4-41}$$

和

$$\Delta H^{El}(\mathrm{AinB})=\frac{2K_{A}G_{B}(V_{A}-V_{B})}{4G_{B}V_{A}+3K_{A}V_{B}} \tag{4-42}$$

给出。其中，K，G 和 V 分别是体积模量、剪切模量和原子体积。结构失配引起的弹性变化对热焓的贡献可用

$$\Delta H^{Str}=x_{A}x_{B}[x_{A}\Delta H^{Str}(\mathrm{AinB})+x_{B}\Delta H^{Str}(\mathrm{Bin A})] \tag{4-43}$$

表示，其中 $\Delta H^{Str}(\mathrm{AinB})$ 和 $\Delta H^{Str}(\mathrm{Bin A})$ 由 Miedema 理论给出。

至于非晶，结构失配和弹性能的贡献是可以忽略的。然而除去焓中的化学相互作用项，还要加上在非晶态中的拓扑无序附加项，Miedema 理论估值为 $3.5\langle T_{m}\rangle$，其中 $\langle T_{m}\rangle$ 是平均熔化温度，则有

$$\Delta H^{Amor}=\Delta H^{Ch}+3.5\langle T_{m}\rangle \tag{4-44}$$

由式(4-37)～式(4-44)计算了 Mo-W 系统的非晶形成能力，结果如图 4-30 所示。从图中可以看到，理论计算的结果表明，Mo-W 体系在整个成分范围内，其非晶态能量比相应的晶态能量要高，因此 Mo 和 W 不能形成非晶，与试验结果一致。

对 $Mo_{100-x}W_{x}$ ($x=25,40,60,75$) 进行机械合金化的研究，结果表明，Mo-W 系统通过机械合金化只能形成连续固熔体，不能形成新的合金相，用 Miedema 理论对其非晶形成能力的计算也说明该系统不能形成非晶，理论与试验结果相符。费歇尔-鲁德曼（Rudman）和黑克尔（Heckel）等人应用“同心球”模型（见图 4-31）研究形成单相固熔体的二元系粉末在固相烧结时的合金化过程。该模型假定A组元的颗粒为球形，被B组元的球壳所完全包围，而且无孔隙存在，这与密度极高的粉末压坯的烧结情况是接近的。用稳定扩散条件下的菲克第二定律进行理论计算所得到的结果与试验资料符合得比较好。按同心球模型计算并由扩散系数及其与温度的关系可以制成算图，借助图算法能方便地分析各种单相互溶合金系统的均匀化过程和求出均匀化所需的时间。

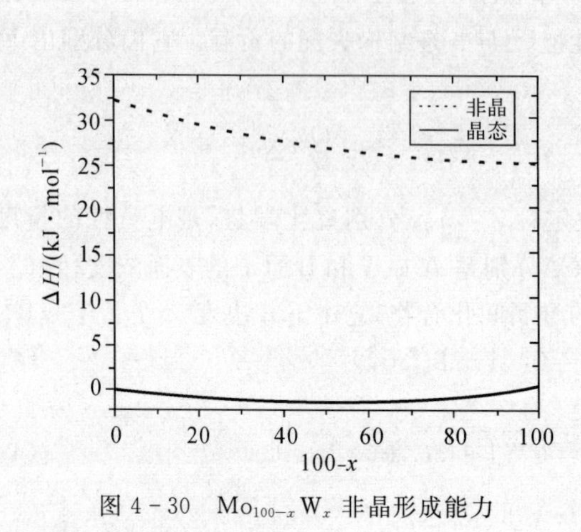

图 4-30　$Mo_{100-x}W_x$ 非晶形成能力

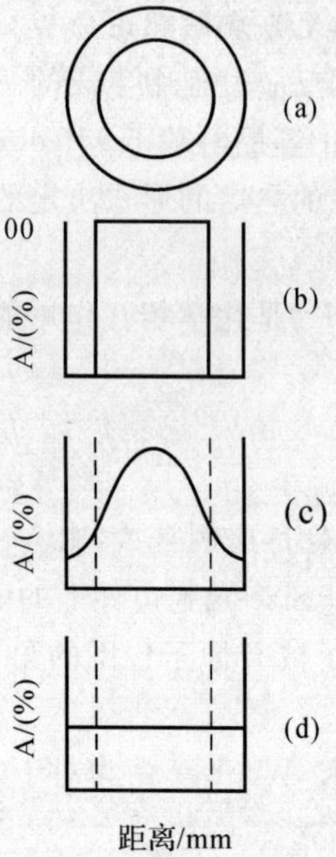

图 4-31　烧结合金化模型

(a) 同心球模型横断面；(b)$t=0$ 时浓度分布；(c)t 时刻浓度分布；(d)$t=\infty$ 时浓度分布

描述合金化程度，可采用所谓均匀化程度因数

$$F=m_t/m_\infty$$

式中，m_t 为在时间 t 内，通过界面的物质迁移量；m_∞ 为当时间无限长时，通过界面的物质迁移量。

F 值在 0～1 之间变化，$F=1$ 相当于完全均匀化。合金化过程的影响因素有：

(1) 烧结温度。烧结温度是影响合金化最重要的因素。因为原子互扩散系数是随温度的升高而显著增大的。

(2) 烧结时间。在相同温度下，烧结时间越长，扩散越充分，合金化程度就越高，但时间的影响没有温度大。

(3) 粉末粒度。合金化的速度随着粒度减小而增加。因为当其他条件相同时，减小粉末粒度意味着增加颗粒间的扩散界面并且缩短扩散路程，从而增加单位时间内扩散原子的数量。

(4) 压坯密度。增大压制压力，将使粉末颗粒间接触面增大，扩散界面增大，加快合金化过程，但作用并不十分显著，如压力提高 20 倍，F 值仅增加 40%。

(5) 粉末原料。采用一定数量的预合金粉或复合粉同完全使用混合粉比较，达到相同的均匀化程度所需的时间将缩短，因为这时扩散路程缩短，并可减少要迁移的原子数量。

(6) 杂质。杂质阻碍合金化，因为存在于粉末表面的杂质会在烧结过程阻碍颗粒间的扩散进行。

4.6　液相烧结

粉末压坯仅通过固相烧结难以获得很高的密度，如果在烧结温度下，低熔组元熔化或形成低熔共晶物，那么由液相引起的物质迁移比固相扩散快，而且最终液相将填满烧结体内的孔隙，因此可获得密度高、性能好的烧结产品。液相烧结的应用极为广泛，如制造各种烧结合金零件、电触头材料、硬质合金及金属陶瓷材料等。

液相烧结可得到具有多相组织的合金或复合材料，即由烧结过程中一直保持固相的难熔组分的颗粒和提供液相(一般体积分数占 13% ～ 15%) 的黏结相所构成。固相在液相中不熔解或熔解度很小时，称为互不溶系液相烧结，如假合金、氧化物-金属陶瓷材料。另一类是固相在液相有一定熔解度，如 Cu－Pb，W－Cu－Ni，WC－Co，TiC－Ni 等，但烧结过程仍自始至终有液相存在。特殊情况下，通过液相烧结也可获得单相合金，这时，液相量有限，又大量熔解于固相形成固熔体或化合物，因而烧结保温的后期液相消失，如 Fe－Cu(Cu $<$ 8%)，Fe－Ni－Al，Ag－Ni，Cu－Sn 等合金，称瞬时液相烧结。

4.6.1　液相烧结的条件

液相烧结能否顺利完成(致密化进行彻底)，取决于同液相性质有关的 3 个基本条件：润湿性、熔解度和液相数量。

1. 润湿性

液相对固相颗粒的表面润湿性好是液相烧结的重要条件之一，对致密化、合金组织与性能的影响极大。润湿性由固相、液相的表面张力(比表面能)γ_S，γ_L 以及两相的界面张力(界面能)γ_{SL} 所决定。如图 4－32 所示，当液相润湿固相时，在接触点 A 用杨氏方程表示平衡的热力学条件为

$$\gamma_S = \gamma_{SL} + \gamma_L \cos\theta \tag{4-45}$$

式中，θ 为湿润角或接触角。

完全润湿时 $\theta = 0$，式(4－45) 变为 $\gamma_S = \gamma_{SL} + \gamma_L$；完全不润湿时 $\theta > 90°$，则 $\gamma_{SL} \geqslant \gamma_S + \gamma_L$。如图 4－32 所示为介于前两者之间部分润湿的状态，$0° < \theta < 90°$。

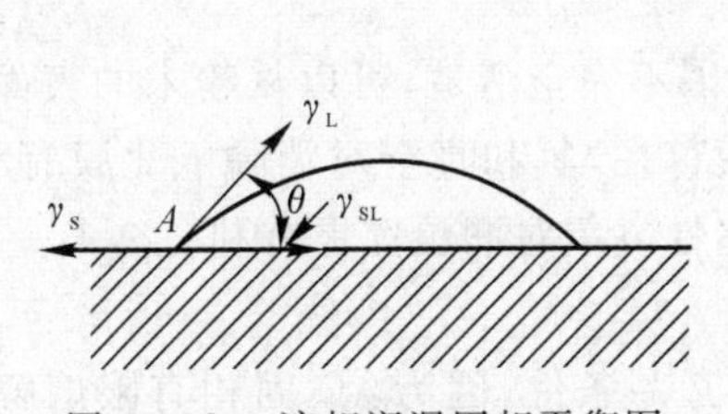

图 4－32　液相润湿固相平衡图

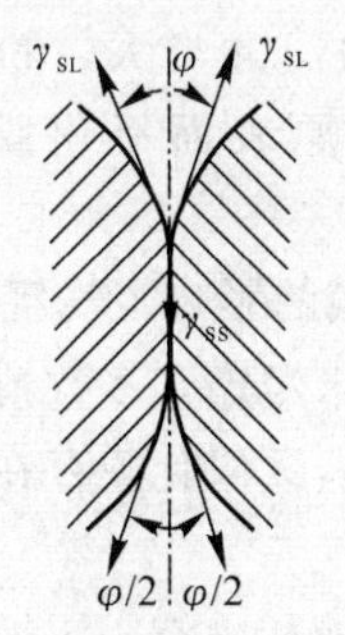

图 4－33　与液相接触的二面角形成

液相烧结需满足的润湿条件就是润湿角 $\theta < 90°$；如果 $\theta > 90°$，烧结开始时液相既使生成，也会很快跑出烧结体外，称为渗出。这样，烧结合金中的低熔组分将大部分损失掉，使烧结致密化过程不能顺利完成。液相只有具备完全或部分润湿的条件，才能渗入颗粒的微孔和裂隙甚至晶粒间界，形成如图 4－33 所示的状态。此时，固相界面张力 γ_{SS} 取决于液相对固相的润湿。平衡时，$\gamma_{SS} = 2\gamma_{SL}\cos(\varphi/2)$，$\varphi$ 称二面角。可见，二面角越小时，液相渗进固相界面越深。当 $\varphi = 0°$ 时，$2\gamma_{SL} = \gamma_{SS}$，表示液相将固相界面完全隔离，液相完全包裹固相。如果 $\gamma_{SL} > 1/2(\gamma_{SS})$，则 $\varphi > 0°$；如果 $\gamma_{SL} = \gamma_{SS}$，则 $\varphi = 120°$，这时液相不能浸入固相界面，只产生固相颗粒间的烧结。实际上，只有液相与固相的界面张力 γ_{SL} 越小，也就是液相润湿固相越好时，二面

角才越小,才愈容易烧结。

影响润湿性的因素是复杂的。根据热力学的分析,润湿过程是由所谓黏着功决定的,可表示为

$$W_{SL}=\gamma_S+\gamma_L-\gamma_{SL}$$

将式(4-45)代入上式,得

$$W_{SL}=\gamma_L(1+\cos\theta)$$

说明只有当固相与液相表面能之和($\gamma_S+\gamma_L$)大于固液界面能(γ_{SL})时,也就是黏着功$W_{SL}>0$时,液相才能润湿固相表面。因此,减小γ_{SL}或减小θ将使W_{SL}增大,对润湿有利。往液相内加入表面活性物质或改变温度可影响γ_{SL}的大小,但固、液本身的表面能γ_S和γ_L不能直接影响W_{SL},因为它们的变化也引起γ_{SL}改变,所以增大γ_S并不能改善润湿性。试验也证明,随着γ_S增大,γ_{SL}和θ也同时增大。

(1) 温度与时间的影响。升高温度或延长液-固接触时间均能减小θ角,但时间的作用是有限的。基于界面化学反应的润湿热力学理论,升高温度有利于界面反应,从而改善润湿性。金属对氧化物润湿时,界面反应是吸热的,升高温度对系统自由能降低有利,故γ_{SL}降低,而温度对γ_S和γ_L的影响却不大。在金属-金属体系内,温度升高也能降低润湿角。根据这一理论,延长时间有利于通过界面反应建立平衡。

(2) 粉末表面状态的影响。粉末表面吸附气体、杂质或有氧化膜、油污存在,均将降低液体对粉末的润湿性。固相表面吸附了其他物质后的表面能γ_S总是低于真空时的γ_0,因为吸附本身就降低了表面自由能。两者的差$\gamma_S-\gamma_0$称为吸附膜的"铺展压",用π表示(见图4-34)。因此,考虑固相表面存在吸附膜的影响后,式(4-45)就变成

$$\cos\theta=[(\gamma_0-\pi)-\gamma_{SL}]/\gamma_L$$

因π与γ_0方向相反,其趋势将是使已铺展的液体推回,液滴收缩,θ角增大。粉末烧结前用干氢还原,除去水分和还原表面氧化膜,可以改善液相烧结的效果。

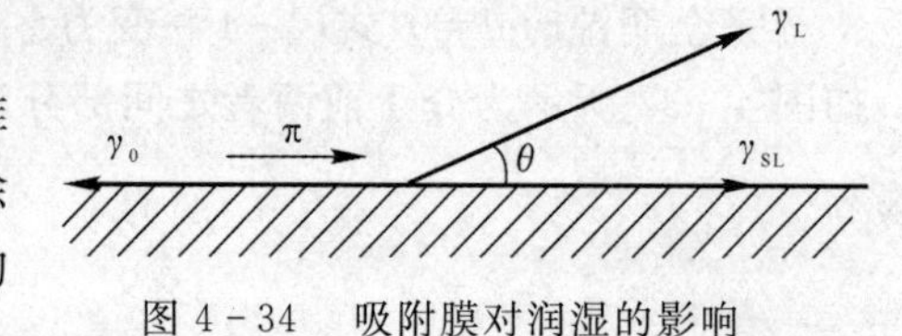

图4-34 吸附膜对润湿的影响

(3) 气氛的影响。气氛会影响θ的大小,原因不完全清楚,可以从粉末的表面状态因气氛不同而变化来考虑。多数情况下,粉末有氧化膜存在,氢和真空对消除氧化膜有利,故可改善润湿性;但是,无氧化膜存在时,真空不一定比惰性气氛对润湿性更有利。

2. 熔解度

固相在液相中有一定熔解度是液相烧结的又一条件,因为:① 固相有限熔解于液相可改善润湿性;② 固相溶于液相后,液相数量相对增加;③ 固相溶于液相,可借助液相进行物质迁移;④ 溶在液相中的组分,冷却时如能再析出,可填补固相颗粒表面的缺陷和颗粒间隙,从而增大固相颗粒分布的均匀性。

但是,熔解度过大会使液相数量太多,也对烧结过程不利。例如形成无限互溶固熔体的合金,液相烧结因烧结体解体而根本无法进行。另外,当固相熔解对液相冷却后的性能有不好的影响(如变脆)时,也不宜于采用液相烧结。

3. 液相数量

液相烧结应以液相填满固相颗粒的间隙为限度。烧结开始,颗粒间孔隙较多,经过一段液相烧结后,颗粒重新排列并且有一部分小颗粒熔解,使孔隙被增加的液相所填充,孔隙相对减

小。一般认为,液相量以不超过烧结体体积的 35% 为宜。超过时不能保证产品的形状和尺寸;过少时,烧结体内将残留一部分不被液相填充的小孔,而且固相颗粒也将因直接接触而过分烧结长大。

4.6.2　液相烧结过程和机构

液相烧结的动力是液相表面张力和固-液界面张力。液相烧结的过程和机构,在勒尼尔和古蓝德-诺顿(Gurland - Norton)的早期著作中已有详细记载,金捷里在一系列论文中也系统地论述了这个问题。

1. 烧结过程

液相烧结过程大致上可划分为 3 个界线不十分明显的阶段。

(1) 液相流动与颗粒重排阶段。固相烧结时,不可能发生颗粒的相对移动,但在有液相存在时,颗粒在液相内近似悬浮状态,受液相表面张力的推动发生位移,因而液相对固相颗粒润湿和有足够的液相存在是颗粒移动的重要前提。颗粒间孔隙中液相所形成的毛细管力以及液相本身的黏性流动,使颗粒调整位置、重新分布,以达到最紧密的排布。在这个阶段,烧结体密度迅速增大。

(2) 固相熔解和再析出阶段。固相颗粒表面的原子逐渐熔解于液相,熔解度随温度和颗粒的形状、大小而变。液相对于小颗粒有较大的饱和熔解度,小颗粒先熔解,颗粒表面的棱角和凸起部位(具有较大曲率)也优先熔解,因此,小颗粒趋向减小,颗粒表面趋向平整光滑。相反,大颗粒的饱和熔解度较低,使液相中一部分过饱和的原子在大颗粒表面沉析出来,使大颗粒趋于长大。这就是固相熔解和再析出,即通过液相的物质迁移过程,与第一阶段相比,致密化速度减慢。

(3) 固相烧结阶段。经过前面两个阶段,颗粒之间靠拢,在颗粒接触表面同时产生固相烧结,使颗粒彼此黏合,形成坚固的固相骨架。这时,剩余液相充填于骨架的间隙。这个阶段以固相烧结为主,致密化已显著减慢。

2. 烧结机构

(1) 颗粒重排机构。液相受毛细管力驱使流动,使颗粒重新排列以获得最紧密的堆砌和最小的孔隙总表面积。因为液相润湿固相并渗进颗粒间隙必须满足 $\gamma_S > \gamma_L > \gamma_{SS} > 2\gamma_{SL}$ 的热力学条件,所以固-气界面逐渐消失,液相完全包围固相颗粒,这时在液相内仍留下大大小小的气孔。由于液相作用在气孔上的应力 $\sigma = -2\gamma_L/r$(r 为气孔半径)随孔径大小而异,故作用在大小气孔上的压力差将驱使液相在这些气孔之间流动,这称为液相黏性流动。另外,如图 4 - 35 所示,渗进颗粒间隙的液相由于毛细管张力 γ/ρ 而产生使颗粒相互靠拢的分力(如箭头所示)。由于固相颗粒在大小和表面形状上的差异,毛细管内液相凹面的曲率半径(ρ) 不相同,使作用于每一颗粒及各方向上的毛细管力及其分力不相等,使得颗粒在液相内漂动,颗粒重排得以顺利完成。

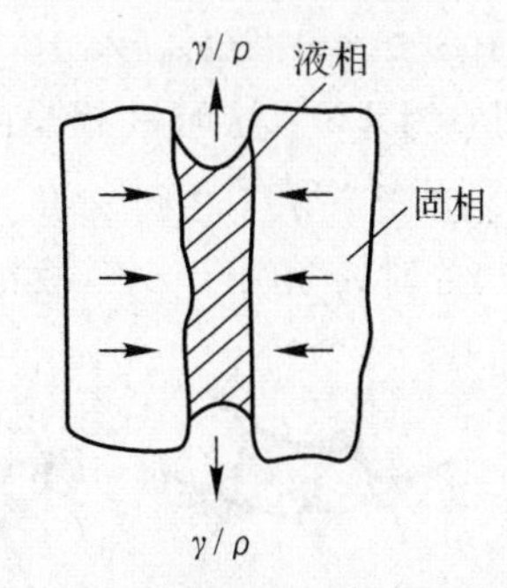

图 4 - 35　液相烧结颗粒靠拢机构

基于以上两种机构,颗粒重排和气孔收缩的过程进行得很迅速,致密化很快完成。但是,由于颗粒靠拢到一定程度后形成搭桥,对液相黏性流动的阻力增大,因此,颗粒重排阶段不可能达到完全致密，还需通过下面两个过程才能完全致密化。

(2) 熔解-再析出机构。因颗粒大小不同、表面形状不规整，各部位的曲率不相同造成饱和熔解度不相等，引起颗粒之间或颗粒不同部位之间的物质通过液相迁移时，小颗粒或颗粒表面曲率大的部位熔解较多。相反地，熔解物质又在大颗粒表面或具有负曲率的部位析出。同饱和蒸气压的计算一样，具有曲率半径 r 的颗粒，它的饱和熔解度与平面($r \to \infty$)上的平衡浓度之差为

$$\Delta L = L_r - L_\infty = \frac{2r_{SL}\delta^3}{kT}\ \frac{1}{r}L_\infty$$

即 ΔL 与 r 成反比，因而小颗粒先于大颗粒熔解。熔解和再析出过程使得颗粒外形逐渐趋于球形，小颗粒减小或消失，大颗粒更加长大。同时，颗粒依靠形状适应而达到更紧密堆积，促进烧结体收缩。

在这一阶段，致密化过程已明显减慢，因为这时气孔已基本上消失，而颗粒间距离更缩小，使液相流进孔隙变得更加困难。

(3) 骨架烧结机构。液相烧结有时还出现第三阶段：颗粒互相接触、黏结并形成连续骨架。当液相不完全润湿固相或液相数量较少时，这一阶段表现得非常明显，结果是大量颗粒直接接触，不被液相所包裹。这阶段满足 $\gamma_{SS}/2 < \gamma_{SL}$ 或二面角 $\varphi > 0$ 的条件。骨架形成后的烧结过程与固相烧结相似。

3. 烧结合金的组织

液相烧结合金的组织，即固相颗粒的形状以及分布状态，取决于固相物质的结晶学特征、液相的润湿性或二面角的大小。

当固相在液相中有较大的熔解度时，液相烧结合金通过熔解和再析出，固相颗粒发生重结晶长大，冷却后的颗粒多呈卵形，紧密地排列在黏结相内，如合金(Mo-Cu)组织具有这种明显的特征。

根据液相对固相的润湿理论，二面角是由固-固界面张力 γ_{SS} 和固-液界面张力之比决定的：$\cos(\varphi/2) = 1/2(\gamma_{SS}/\gamma_{SL})$。当 $\gamma_{SS}/\gamma_{SL} = 1$ 时 $\varphi = 120°$；当 $\gamma_{SS}/\gamma_{SL} = \sqrt{3}$ 时 $\varphi = 60°$；如 $\gamma_{SL} > \gamma_{SS}$，则 $\varphi > 120°$，这时液相呈隔离的滴状分布在固相界面的交汇点上(见图 4-36(b))；如 γ_{SS}/γ_{SL} 介于1与$\sqrt{3}$之间，φ 角为 $60° \sim 120°$，液相能渗进固相间的界面；当 γ_{SS}/γ_{SL} 值大于$\sqrt{3}$ 即 $\gamma_{SL} \ll \gamma_{SS}$ 时，φ 角小于 $60°$，液相就沿固相界面散开，完全覆盖固相颗粒表面(见图 4-36(a))。

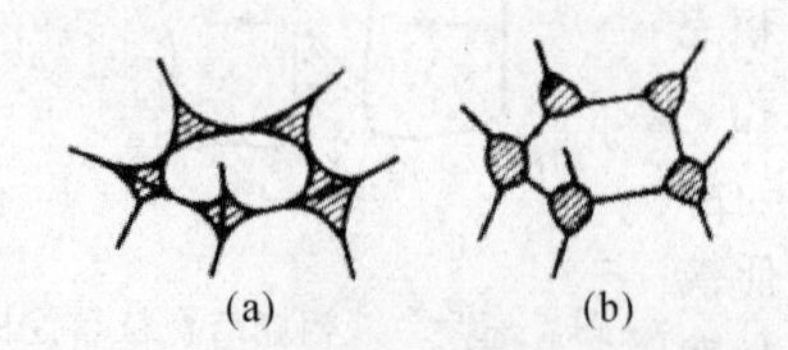

图 4-36　液相在固相界面上的分布状态

(a)$\varphi < 60°$；(b)$\varphi = 135°$

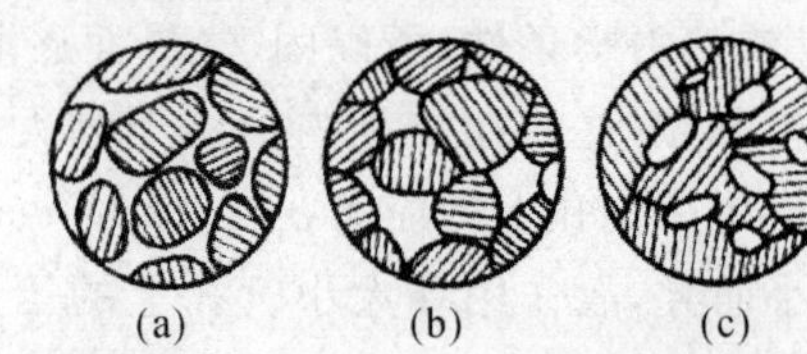

图 4-37　合金组织与二面角的关系

(a)$\varphi = 0°$；(b)$0° < \varphi < 120°$；(c)$\varphi > 120°$

图 4-37 所示进一步描述了液相烧结合金的组织特征，这是当液相数量足够填充颗粒所有间隙而且没有气孔存在的理想状况下得到的：如图 4-37(a) 所示，当 $\varphi = 0°$ 时，烧结初期，液相浸入固相颗粒间隙，引起晶粒细化，再经过熔解-析出颗粒长大阶段，固相联成大的颗粒，被液相分隔成孤立的小岛；如图 4-37(b) 所示，当 $0 < \varphi < 120°$ 时，液相不能浸蚀固相晶界，固相颗

粒黏结成骨架，成为不被液相完全分隔的状态；如图 4－37(c) 所示，当 $\varphi > 120°$ 时，固相充分长大，使液相被分割成孤立的小块嵌镶在骨架的间隙内。

以上是从热力学的观点讨论液相烧结合金的显微组织的形成和特点，实际上，前述烧结 3 个阶段的相对快慢(动力学问题) 也影响合金的最终组织。科特内(Courtney) 研究了液相烧结过程中颗粒合并长大的动力学及对合金组织的影响，他认为固相颗粒在液相内发生类似分子布朗运动的位移和重排，因而造成颗粒之间的直接接触，同时在颗粒间发生黏结，融合成更大的颗粒。如果颗粒合并的速度快，就形成彼此隔离的分布；相反，当颗粒互相接触的速度较高，则形成连续的骨架。同时，固相的体积比越大，则越容易生成隔离组织；固相数量减少，趋向于形成连续骨架。

4. 致密化规律

液相烧结的典型致密化过程如图 4－38 所示，由液相流动、熔解和析出、固相烧结等 3 个阶段组成，它们相继并彼此重叠地出现。致密化系数为

$$\alpha = \frac{\text{烧结体密度} - \text{压坯密度}}{\text{理论密度} - \text{压坯密度}} \times 100\%$$

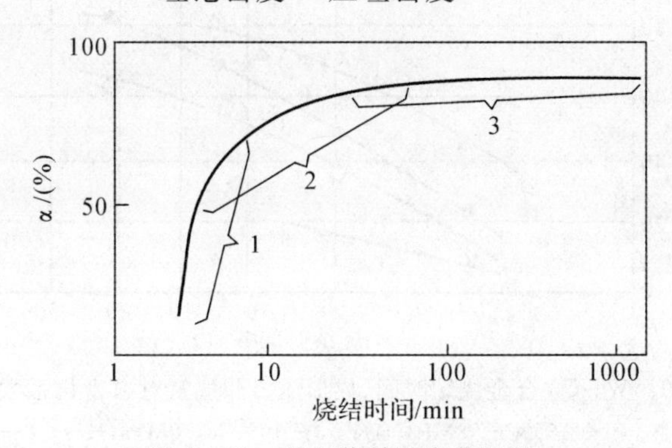

图 4－38　液相烧结致密化过程

1—液相流动；　2—熔解析出；　3—固相烧结

首先定量描述了致密化过程的是金捷里。他根据液相黏性流动使颗粒紧密排列的致密化机构，提出第一阶段收缩动力学方程为

$$\Delta L/L_0 = 1/3(\Delta V/V_0) = Kr^{-1}t^{1+x} \qquad (4-46)$$

式中，$\Delta L/L_0$ 为线收缩率；$\Delta V/V_0$ 为体积收缩率；r 为原始颗粒半径。

式(4－46) 表明：由颗粒重排引起的致密化速率与颗粒大小成反比。当 $x \ll 1$，即 $1 + x \approx 1$ 时，与烧结时间的一次方成正比。收缩与时间近似成线性函数关系是这一阶段的特点。随着孔隙的收缩，作用于孔隙的表面应力 $\sigma = -2\gamma_L/r$ 也增大，应当使液相流动和孔隙收缩加快，但由于颗粒不断靠拢对液相流动的阻力也增大，收缩维持一恒定速度。因此，这一阶段的烧结动力虽与颗粒大小成反比，但是液相流动或颗粒重排的速率却与颗粒的绝对尺寸无关。

金捷里描述第二阶段的动力学方程式为

$$\Delta L/L_0 = 1/3(\Delta V/V_0) = K'r^{-3/4}t^{1/3} \qquad (4-47)$$

该式是在假定颗粒为球形，过程被原子在液相中的扩散所限制的条件下导出的。直线转折处对应烧结由初期过渡到中期。转折前，收缩与时间的 1.3 ～ 1.4 次方成正比；转折后，收缩与时间的 1/3 次方成正比，从而由试验证明了式(4－46) 与式(4－47) 的正确性。

尚未有人对第三阶段提出动力学方程，不过这一阶段相对于前两个阶段，致密化的速率已很低，只存在晶粒长大和体积扩散。液相烧结有闭孔出现时，不可能达到 100% 的致密度，残余孔隙度为

$$\theta_r = (p_0 r_0 / 2\gamma_L)^{3/2} \theta_0$$

式中，θ_0 为原始孔隙度；p_0 为闭孔中的气体压力；r_0 为原始孔隙半径。

5. 影响液相烧结过程的因素

前面讨论液相烧结的 3 个基本条件实际上也是基本影响因素，此外，压坯密度、颗粒大小、粉末混合的均匀程度、烧结温度、时间、气氛等也是基本因素。

图 4-39 所示为 W-Cu 合金在 1310℃ 液相烧结时，单位压制压力和气氛对致密化的影响。压力大，致密化系数反而低。因为压坯密度高，颗粒的原始接触面大，妨碍液相流动，在致密化曲线上看不到流动引起的高致密化速率阶段，相反，固相烧结的特征显著。真空烧结有利于气体排除和孔隙收缩，因而致密化系数较高。

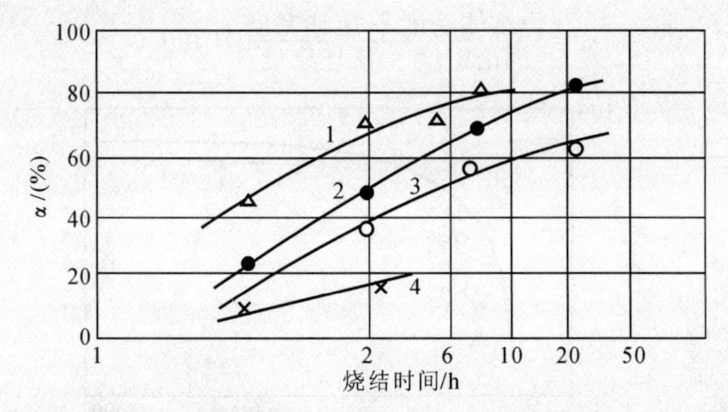

图 4-39　W-Cu 合金烧结时间、成形压力和气氛对致密化系数的影响

1—10%Cu，78MPa，真空；　2—15%Cu，78MPa，H_2；　3—10%Cu，78MPa，H_2；　4—15%Cu，156MPa，真空

4.6.3　液相烧结实例（以钼-铜为例）

1. 熔浸工艺

将粉末坯块与液体金属接触或浸在液体金属内，让坯块内孔隙为金属液填充，冷却下来就得到致密材料或零件，这种工艺称为熔浸。在粉末冶金零件生产中，熔浸可看成是一种烧结后处理，而当熔浸与烧结合为一道工序完成时，又称为熔浸烧结。

熔浸过程依靠外部金属液润湿粉末多孔体，在毛细管力作用下，液体金属沿着颗粒间孔隙或颗粒内孔隙流动，直到完全填充孔隙为止。因此，从本质上来说，它是液相烧结的一种特殊情况。所不同的只是致密化主要靠易熔成分从外面去填满孔隙，而不是靠压坯本身的收缩，因此，熔浸的零件基本上不产生收缩，烧结所需时间也短。

熔浸作为工艺方法主要用于生产 Mo-Cu 复合材料。

熔浸所必须具备的基本条件：① 骨架材料与熔浸金属的熔点相差较大，不致造成零件变形；② 熔浸金属应能很好地润湿骨架材料，同液相烧结一样，应满足 $\gamma_S - \gamma_{SL} > 0$ 或 $\gamma_L \cos\theta > 0$，由于总是 $\gamma_L > 0$，故 $\cos\theta > 0$ 即 $\theta < 90°$；③ 骨架与熔浸金属之间不互溶或熔解度不大，因为如果反应生成熔点高的化合物或固熔体，液相将消失；④ 熔浸金属的量应以填满孔隙为限度，过少或过多均不利。

熔浸理论研究内容之一是计算熔浸速率。莱因斯和塞拉克(Semlak)详细推导了金属液的毛细上升高度与时间的关系。假定毛细管是平行的，则一根毛细管内液体的上升速率可代表整个坯块的熔浸速率，对于直毛细管有

$$h=\left[\frac{R_c\gamma\cos\theta}{2\eta}t\right]^{1/2}$$

式中，h 为液柱上升高度；R_c 为毛细管半径；θ 为润湿角；η 为液体黏度；t 为熔浸时间。

由于压坯的毛细管实际上是弯曲的，故必须对上式进行修正。如假定毛细管是半圆形的链状，对于高度为 h 的坯块，平均毛细管长度就是 $\pi/2h$，因此，金属液上升的动力学方程为

$$h=\frac{2}{\pi}\left[\frac{R_c\gamma\cos\theta}{2\eta}t\right]^{1/2} \tag{4-48}$$

或

$$h=Kt^{1/2}$$

上式表示：液柱上升高与熔浸时间呈抛物线关系($h\infty t^{1/2}$)。但要指出，式中 R_c 是毛细管的有效半径，并不代表孔隙的实际大小，最理想的是用颗粒表面间的平均自由长度的1/4作为 R_c。

熔浸液柱上升的最大高度按下式计算：

$$h_{\infty}=2\gamma\cos\theta/R_c\rho g$$

式中，ρ 为液体金属密度；g 为重力加速度。

在考虑了坯块总孔隙度及透过率(代表连通孔隙率的多少)以后，渡边侊尚提出熔浸动力学方程为

$$V=KS\phi^{1/4}\theta_r^{3/4}\left[\gamma\cos\theta/\eta\right]^{1/2}t^{1/2} \tag{4-49}$$

式中，V 为熔浸金属液的体积，cm^3；S 为熔浸断面积，cm^2；ϕ 为骨架透过率，%；θ_r 为骨架孔隙度；γ 为金属液表面张力，N/cm；K 为系数。

因为式(4-49)中 $V/S=h$(坯块高度)，故与式(4-48)形式基本一样，只是考虑了孔隙度对熔浸过程有很大影响。温度的影响，要看 $\gamma\cos\theta/\eta$ 项是如何变化的。

熔浸如图4-40所示有3种工艺。最简便的是接触法(见图4-40(c))，即把金属压坯或碎块放在被浸零件的上面或下面，送入高温炉，这时需根据压坯孔隙度计算熔浸金属量。

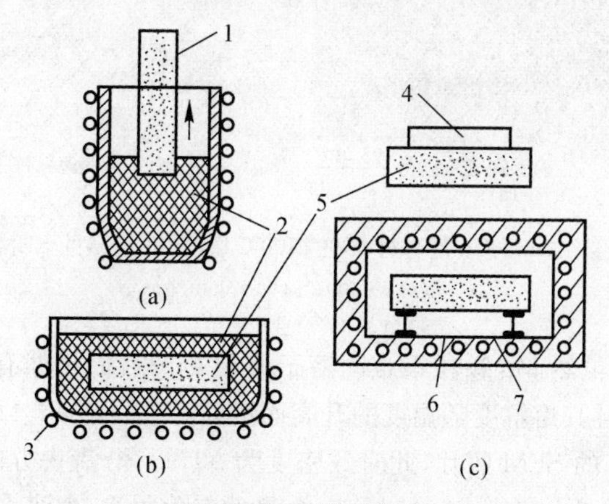

图 4-40　熔浸方式

(a) 部分熔浸法；(b) 全部熔浸法；(c) 接触法

1,5—多孔体；2—熔融金属；3—加热体；4—固体金属；6—加热炉；7—烧结体

2. Mo - Cu 合金液相烧结

现代科学技术的发展在极大地促进新材料的开发和应用的同时，对材料的性能也提出了更高的要求，以适应各种严峻、苛刻的使用环境的需求。Mo - Cu 复合材料具有良好的导热、导电性能和可调节的膨胀系数，是目前国内外受到广泛关注和研究的一种新型高性能电触头材料和电子封装材料。

由于 Mo - Cu 复合材料是一种假合金，很难采用熔炼法来制备，采用常规的粉末冶金法制备的 Mo - Cu 复合材料，在致密度、微结构、成分及形状和尺寸控制等方面都难以满足现代高科技对 Mo - Cu 复合材料高导电导热性、低的相匹配热膨胀系数、极高的气密性、高的强度等较为苛刻的要求。因此需要采用液相烧结的方法获得高致密的 Mo - Cu 复合材料。

当烧结温度升高到 1083℃ 以上时，铜颗粒开始熔化为液相，试样的烧结进入了液相烧结阶段。按照烧结理论，液相烧结 Mo - Cu 复合材料的整个过程大致上划分为 3 个界限不十分明显的阶段。

(1)颗粒重排。当固相烧结时，不可能发生较大范围的颗粒相对移动，但在 Cu 颗粒熔化为液相时，Mo 颗粒在液相内处于近似悬浮的状态，受液相表面张力的推动发生位移，因而液相 Cu 对固相 Mo 有较好的润湿。Mo 颗粒间孔隙中液相所形成的毛细管力以及液相本身的黏性流动使 Mo 颗粒调整位置、重新分布以达到最紧密的排布，如图 4 - 41(a)所示，在这个阶段烧结体的相对密度迅速增大，由 70%增大到 99%。

由于液相的流动与颗粒重排过程以及晶界扩散的进行，使 Mo 颗粒上尖角状或菱形的部分变小甚至消失，使 Mo 颗粒周围变得圆滑。这在宏观上表现为烧结颈的长大和孔洞的迁移、合并、消失，如图 4 - 41(b)所示。孔洞数量明显减少，组织更加致密，这正是该阶段孔洞迁移、消失、合并作用的结果。

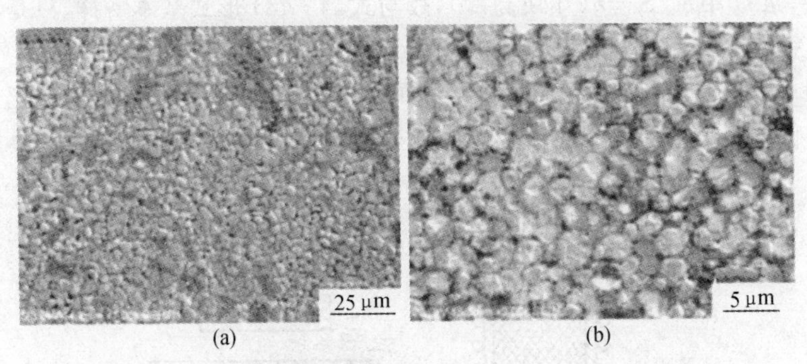

图 4 - 41　Mo - Cu 复合材料在 1300℃保温 2h 烧结的 SEM 照片

(a)×1000；　(b)×3000

(2)熔解和再析出。虽然 Mo 颗粒很难固溶于液相 Cu 相，但仍然有少量的 Mo 颗粒表面原子逐渐熔解于 Cu 相，并且其熔解度随温度的升高而逐渐升高。图 4 - 42(a)所示为 Mo - Cu 复合材料在 1300℃下保温 2h 的 SEM 照片，此时致密度为 99%。沿箭头方向对其做线扫描，线扫描结果如图 4 - 42(b)所示，图中实线表示的是 Cu 含量的变化曲线，虚线表示 Mo 含量的变化规律。从图 4 - 42(b)中可以看出，在 Mo,Cu 相界两侧小于 0.5μm 的区域内存在 Mo,Cu 相互熔解的区域，浓度(质量分数)达到了 20%左右。在液相烧结过程中，粒径较小的 Mo 颗粒以及颗粒表面有棱角和凸起的部位先熔解，当固相在液相中的浓度过饱和时，在大颗粒表面重新析出。如图 4 -

43 所示，图中带阴影线的为 Mo 颗粒，黑色边界代表 Cu 液相，白色区域代表孔隙。因此，小颗粒趋向减小，颗粒表面趋向平整光滑。相反，大颗粒趋于长大。在液相烧结这一阶段中，固相 Mo 发生熔解和再析出，少量的 Mo 相通过液相的流动来进行物质迁移。

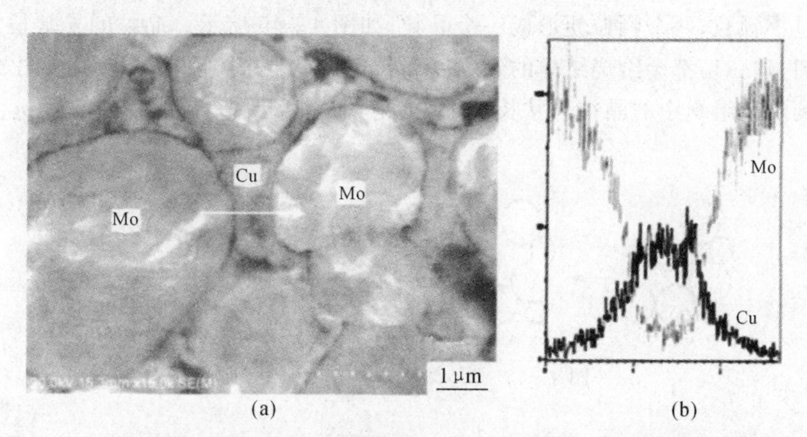

图 4-42　Mo-Cu 复合材料在 1300℃保温 2h 的 SEM 照片

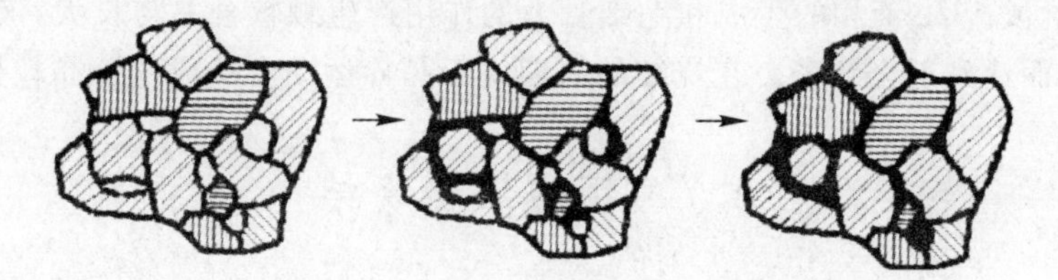

图 4-43　Mo 颗粒在 Cu 液相中的熔解再析出示意图

(3)Mo 颗粒的固相烧结。首先要说明的是，这里的固相烧结并不是指铜相处于固态，而是因为经过前面两个阶段，由固态铜阻隔的 Mo 颗粒发生靠拢，当 Mo 颗粒在毛细管力等作用下形成烧结颈时，烧结体这时的烧结特征就和固相烧结的一样，如图 4-44(a)所示。这时 Mo 颗粒彼此黏结，形成坚固的 Mo 相骨架，而液相 Cu 则填充于 Mo 颗粒之间。所以，该阶段以 Mo 颗粒的固相烧结为主，此时的致密度大于 99%，接近最大值。在烧结的这个阶段，Mo 颗粒相互接触、黏结形成连续的骨架。在这个阶段表现得非常明显，结果是有的 Mo 颗粒通过烧结颈直接接触，不被液相所包裹。大量的液相在毛细管力的作用下继续渗入 Mo 颗粒骨架中。最后，Mo 骨架形成以后的烧结过程与固相烧结过程是基本一致的。

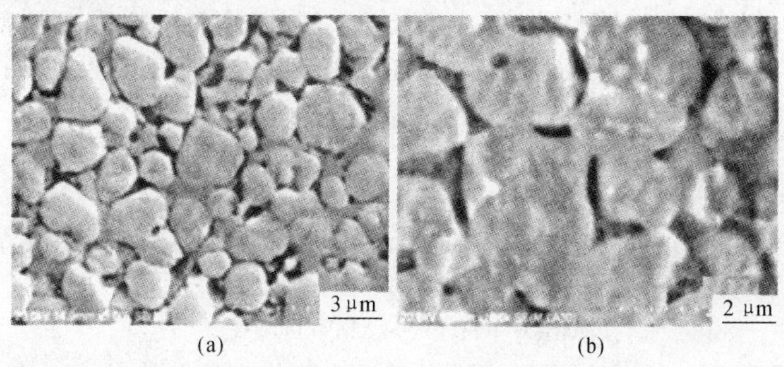

图 4-44　Mo 颗粒的固相烧结 SEM 照片

(a)×1000；　(b)×3000

对 Mo－Cu 复合材料，在烧结的后期，会出现部分晶粒异常长大，即某些晶粒长得异常的粗大，而其余晶粒保持相对小的均匀尺寸。晶粒异常长大是由于晶界运动造成的。晶粒的形成首先由颗粒的烧结颈开始。当颈部区形成晶界，且宽度长大到相当于小颗粒的尺寸时，晶界将迅速地扫过小颗粒，两个颗粒便形成一个晶粒，如图 4－45 所示。晶粒的异常长大不但使晶粒粒度不均匀，这一切都会给烧结体的致密度和物理性能带来不良的影响。从图 4－44(b)中可以明显看到烧结组织中的晶粒异常长大现象，尤其是该图中间部分的晶粒远远大于四周部位的晶粒。

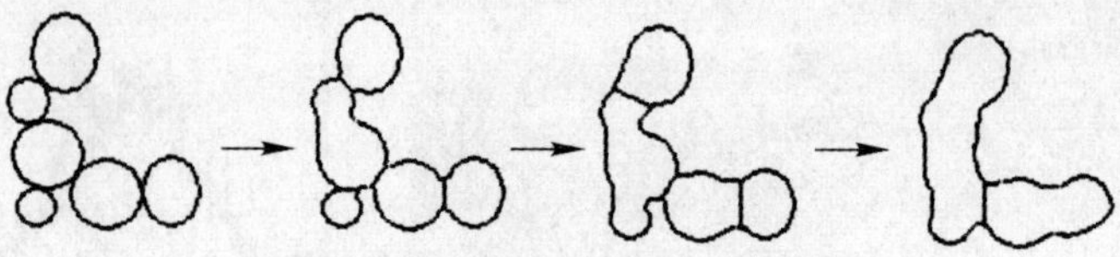

图 4－45　Mo 颗粒异常长大示意图

因此，液相烧结 Mo－Cu 复合材料的整个过程分为颗粒重排、熔解和再析出及 Mo 颗粒的固相烧结三个阶段。Cu 液相的生成和毛细管力的作用产生颗粒合并与长大，液相渗入 Mo 骨架，孔隙被填充而达到近全致密。在烧结的后期由于晶界运动会造成部分晶粒异常长大。

4.7　钼的活化烧结

对于钨来说，钨的活化烧结是向钨粉中加入一定量的镍，可以生产大密度合金，像 W－Ni－Fe，W－Ni－Cu 等。对于钼粉来讲也有活化的方法，方法有预氧化烧结法、湿氢烧结、气氛中添加活化剂烧结、粉末中加入微量活化元素烧结和物理活化烧结等方法。

4.7.1　预氧化烧结

在烧结过程中同时还原一定量的氧化物对金属烧结有良好的作用。

$$Mo+O_2=MoO_2 \quad MoO_2+H_2=Mo+H_2O$$

$$2MoO_2+O_2=2MoO_3 \quad MoO_3+H_2=Mo+H_2O$$

先使压坯在低氧下预氧化，然后在高温下用氢气还原进行烧结，可以提高钼粉末冶金件的强度和密度。预氧化对钨、钼、铜的烧结都能起到好的效果，但是粉末中如存在难还原的活性金属氧化物，对烧结仍起不到活化作用。氧化钼在氢气中很容易被还原，在还原过程中产生大量的活性特别高的“Mo”原子，从而加速了颗粒间形成金属结合过程，加快了闭孔过程，也加快了烧结体内孔隙的球化过程。

4.7.2　湿氢烧结

这一点和预氧化烧结可以说道理很相近。水蒸气在高温下(1500～1700℃)和钼发生化学反应，其反应式为

$$MoO_2+H_2O \rightarrow Mo+H_2+O_2$$

这一反应是可逆的，这时被氢气还原出的钼活性增大，扩散加快，从而也较易得到非常致密的金属钼坯。因此可能在远远低于钼的熔点温度下引起足够的收缩，完成致密化过程。烧

结温度降低至 1700℃就可以致密，密度可达 10.0g/cm³。

工艺方法：采用钼丝炉温度在 1700℃时将氢气通过一定温度的水箱，在氢气中烧结 3～4h，即可得到密度为 9.75g/cm³ 的钼件。

在 Mo 中加入 Ni 来活化 Mo 的烧结，跟 W 的作用比较起来没有太多用途，W 中加入 Ni，Fe，Cu 均可形成高密度合金，用途很大。就 Mo 而言，在 Mo 粉中加 Ni 也是在高温后润湿液体引起大的表面张力，当孔隙收缩时，导致晶粒急剧粗化，这种效果最终是有害的。

4.7.3　钼的加镍、加钯、加铂活化烧结

对钼的烧结而言，烧结越完全，其金属特性就越好。较好的烧结要求有较小的粒度和较高的烧结温度。为了更快速地烧结、获得更高的密度和降低烧结温度，可以采用在钼中添加第二相掺杂剂的方法。掺杂烧结应用于钼粉，采用液相烧结和固态活化烧结两种方法，可以极大地提高其烧结动力学特性。例如将镍添加到钼粉中以两种方式起作用，它取决于掺杂量和温度。在液相烧结期间，由于润湿液体引起大的表面张力，钼粒之间产生了重新排列和加速结合，在孔隙消除同时，上述过程也导致了晶粒急剧粗化，这往往对于最终特性是有害的。活化固态烧结除了没有颗粒重新排列这一阶段外，其他过程都与液相烧结相似。第二相存在扩散通量大大有助于致密化。

在钼中添加镍、钯和铂作为扩散活化剂，可以降低钼的烧结温度，在 1050～1150℃的范围内得到了显著地增加密度的效果。增加密度的起因是晶粒边界的非均相扩散过程，杂质效应引起增加密度速率的差异。根据强化扩散，对难熔金属有高熔性而在难熔金属中却低熔性的第二相添加剂是有效的活化剂。在钼中添加第二相金属，如 Ni，Pd，Pt，Fe，Co 和 Rn 后，向粒间晶界偏析提供了短的扩散捷径，晶界上的活化层中快速扩散，于是发生收缩。

在钼的生产和应用中，强化烧结主要是熔解度、偏析和扩散的综合特性起作用。结合熔解度、偏析和扩散三个因素，得出钼的强化烧结组织的典型二元相图（见图 4－46）。图中 B 是基体金属钼，A 是典型过渡的金属元素添加剂，如钯、镍或钴，典型二元相图示出了为达到提高固态或液态烧结所必要的性能特征。

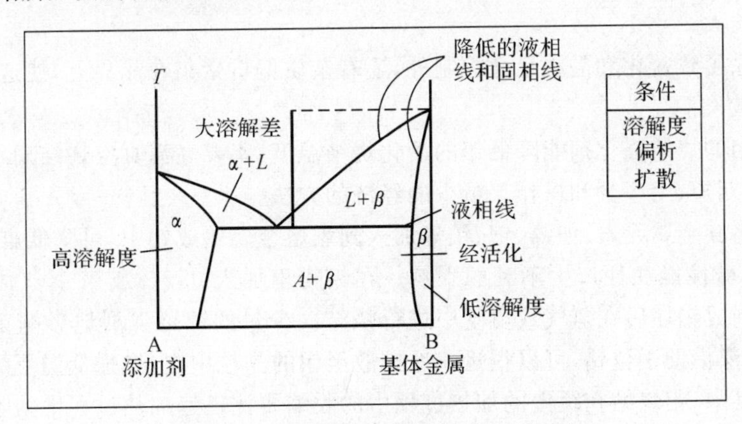

图 4－46　强化烧结组织典型二元相图

（1）熔解度。随着钼的熔解度增加，添加剂的效应也增加。钼中添加剂的熔解度应低到避免产生孔隙和瞬时强化效应。总的正确熔解度相互关系如图 4－46 所示，只是添加剂层提供

扩散通量。

(2)偏析。在钼中的添加剂量应控制在能为钼晶界提供一种熔解扩散通道为宜,由于粒子接触,钼不断扩散到孔隙,从而导致钼坯条致密化和强化。第二相粒子间的接触,使钼中添加剂的低熔解度增加,致使钼的添加剂合金化,从而降低了钼液相线和固相线,此时,过量的添加剂会产生偏析。如图4-46所示,钼的液相线和固相线的降低是钼的一些强化烧结组织所特有的特征。

(3)扩散。在钼中添加剂的熔解度和偏析条件既定之下,那么添加剂的效应取决于钼的扩散影响。粒子间的添加层为钼提供短程扩散通道,这对于固态活化烧结和液相烧结两种都是适用的。当钼在第二相的扩散性比钼自身的扩散性大得多时,则有利于快速烧结。显然在液相烧结期间,这个条件是适宜的,因为在金属熔体内形成高的迁移率。在第二相层中,钼的扩散数据往往是测不到的,在这种情况下,熔体特性对扩散活化能首先是一种可靠的判断。低的液相线温度或低的熔融相表明一种较低的结合能,因此,能更快速地扩散(假定钼在液体中是可溶的),故而,具有低熔点组分的相图是有利的。

对于烧结材料,影响其强度和延性的决定性因素是烧结密度,此外还有孔隙大小、间距和形状。活化烧结是使钼达到快速致密化的一种有效方法,使机械性能获得了部分改善,但也伴随着晶粒长大现象,晶粒的长大反而又限制了金属致密化,导致了钼合金机械性能下降。钼的烧结体即使全致密化,由于晶粒长大失控而形成大的晶粒,也会导致脆化。由于杂质偏析到晶界上,所以晶界脆裂是典型的现象。由于杂质在晶界上的积聚,所以晶粒长大时对区域提纯材料会产生很大的影响,这对机械性能是十分有害的。

为了将显微结构的破坏减少到最低限度,并改善机械性能,在烧结期间要降低晶粒的长大速度。并且,烧结时细晶粒增加了迁移通道的数量,减少了孔隙的尺寸和缩短了扩散的距离,这三个因素均改善了烧结性能。

钼中添加约0.33%的镍,在1000℃烧结时,可使钼的收缩率增加10倍。向钼中添加1400×10^{-6}的二氧化硅,可使粒间晶界上的弥散收缩率进一步提高67%。将弥散体添加到钼中,使钼烧结体获得高的密度和细晶是可能的,因为弥散体在移动的晶界上产生了抗力,从而减慢了晶粒的长大。

在烧结中除了致密化和晶粒尺寸控制外,还有杂质偏析聚集在晶界上,使这些晶界产生脆性断裂。

用镍作为钼的烧结强化剂能降低钼的活化烧结温度,不要高温真空烧结期,这是一种需要设备少、生产周期短、工序少和操作人员少的经济的方法。

将少量第Ⅷ族金属元素,如镍、钯、铂等加入到难熔金属钨或钼中,可降低难熔金属的烧结温度,但对其机械性能往往产生不利的影响。在钼粉里加入0.5%或1.0%(质量分数)的镍粉,经混合、压制成钼坯后在氢气或氩气中进行烧结。少量的镍可强烈地影响钼的收缩特性,在烧结过程中,镍借助于位错,可以很迅速地扩散至钼的晶粒中去,增强低温下的再结晶过程。

在氢气气氛中,钼烧结在缓慢的加热过程中的收缩要比迅速加热过程中的收缩较早发生,且更为显著。

镍并非是唯一的影响收缩特性的掺杂剂,在氢气气氛中,初始氧含量高的粉末压坯的收缩要比初始氧含量低的粉末压坯的高些,钼粉的氧含量强烈地改变着纯钼和Mo-Ni合金致密化特性。纯钼和钼-镍合金坯块致密化开始时的温度都随着氧含量的增加而降低,直至氧含量达到 0.6%。假如钼粉中的氧含量为 0,钼-镍合金的压坯的烧结温度要达到 1400～1600℃才会发生收缩;初始氧含量高的钼-镍粉末压坯在慢速升温到烧结温度 960℃就产生了收缩,当温度达到 1300℃时的收缩量达到 17%。

当烧结是在流动的氢气中进行时,钼表面的氧化层就被还原。由于钼和氧化层具有不同的晶格参数,从而引起不吻合的位错,于是很有可能在晶界表面出现高度的缺陷聚集,这将加速钼和镍之间的扩散。而在氩气中进行烧结时,表面氧化物层没有被还原,则试样产生的收缩效果就小得多。

鉴于钼压坯在氢气气氛与氩气气氛中的烧结温度和收缩特性的明显差别,证实了氧化还原过程在烧结中起着重要作用。

钼镍合金的致密化是通过钼的晶粒长大而完成的。在烧结过程中改变气氛或温度可导致合金最终晶粒尺寸不同。如可以延长氢气中烧结时间,促使晶粒长大;而在氩气中烧结,抑制了回复和再结晶过程(钼颗粒的晶粒大小没有变化)。因此再结晶和晶粒长大仅仅在氢气发挥作用的温度下才发生。

采用钼-镍压坯活化烧结工艺时,粉末中的氧含量为 0.3%～0.6%(质量分数),不影响烧结界面的结合力;镍虽然活化了钼的烧结,但晶界强度急剧下降,其密度的改善不足以弥补晶界的脆变,其原因是镍添加到钼中导致晶粒的明显长大,因而使钼发生脆变。即使采用热等静压,使钼的密度几乎接近 100%的理论密度,但由于晶粒长大,使强度降低。只有采用在 1250～1470℃于氢气中以 3℃/min 速率加热的纯钼或等静压钼-镍合金才具有最佳的机械性能。

笔者在 20 世纪 90 年代做过向钼中加入铜、钯二组试验,都对机械性能产生了很坏的影响,特别脆。

4.8　钼的熔炼

由于钼的熔点很高,熔点在 2622℃,所以钼的生产通常是粉末冶金。但近年来由于靶材发展的很快及高纯钼已经开始大量使用,可采用电弧熔炼法、电子束熔炼法、区域熔炼法对粉末冶金钼条进行再熔炼。熔炼后的钼含量可达 99.99%以上,钼在熔炼过程中可除去钼中低熔点的杂质和气体杂质。钼的熔炼由于成本较高,因此企业中很少有熔炼设备,一般只有在科研院所才有熔炼设备。

4.8.1　钼的电弧熔炼

粉末冶金生产出的钼制品,一般纯度达 99.95%左右,再将钼制品提纯很困难,要达到纯度为 99.99%,需要进行熔炼。电弧熔炼法是用粉末冶金的钼条为原料,用它做成自耗电极,然后在真空中进行熔化,熔融的钼金属液流入冷铜坩埚(锭模)冷却成锭。融化金属使用直流电,自耗电极为阴极,熔融金属为阳极。在电弧炉中,常用粉末冶金钼条对焊至 1～2.5m 长,然后再将好的单根钼条根据铜结晶器尺寸大小,由 4～16 根或更多钼条结成束做成自耗电极。电弧炉如图 4 - 47 所示。

在熔化过程中,升降电极和向电极供电都是靠固定电极的夹持机构或滑轮供料装置来实现的。真空自耗电弧炉有普通固定的水冷铜坩埚和活动降低引锭式水冷坩埚两种。活动降低引锭式水冷坩埚的电弧区始终是在结晶器上部,能保证较好地将熔化过程中析出的气体抽走。

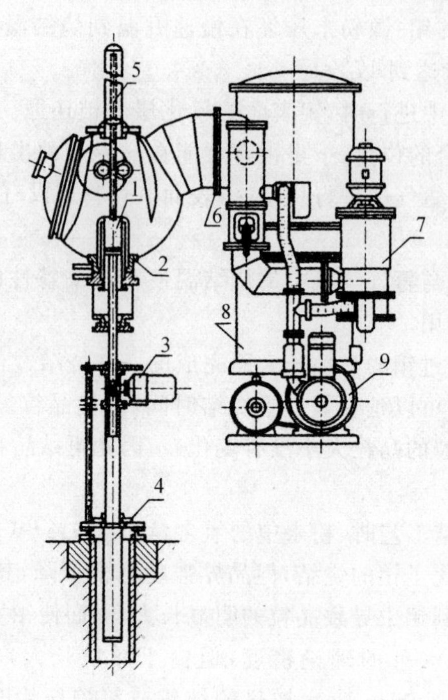

图 4-47　具有降低引锭式水冷结晶器和滑轮式升降电极装置的电弧炉示意图

1—铸锭；2—水冷铜结晶器；3—降低引锭结构；4—从结晶器中取出铸锭的结构；5—自耗电极；6—真空系统接口；7—增压泵；8—扩散泵；9—旋转泵

熔化前在结晶器底部上放置一块钼圆盘,炉内形成真空(0.13～0.013Pa)后,下降电极引弧。电极之间的距离(电弧长度)需自动调节,以便保持电弧电压(30～40V)的稳定。根据不同的熔炼制度,电弧长短变化在 10～25mm 之间。为控制电弧形状和防止在坩埚壁与电极产生电弧,在结晶器周围装一个与它同轴的磁线圈,使它形成磁场,同时还能搅拌金属。

生产具有可锻性的金属钼,最重要的是使钼在熔化过程中最大限度地脱氧,熔炼时可用碳、锆、钛作脱氧剂,钼锭中氧含量不得超过 0.002%(质量分数),合金添加剂可直接加入到自耗电极成分中,也可以加到电弧区域里。为了得到成分均匀化的合金,一般都要进行二次重熔。熔化速度取决于自耗电极的截面积和电流强度、磁线圈安培匝数、电弧电压。

由于是在真空中熔化,再加上采取有效的脱氧措施,所以钼和钼合金中的气体杂质含量(质量分数)可降到极限值,如氧为 $1\times10^{-6}\sim3\times10^{-6}$、氢为 $0.1\times10^{-6}\sim0.2\times10^{-6}$、氮为 $1\times10^{-6}\sim10\times10^{-6}$。熔铸的钼锭具有粗晶结构,晶粒的粒度为 0.05～0.1mm,这种结构的钼锭最合适的加工方法是采取挤压开坯的方式,再结合其他加工手段进行加工。

在制造质量大于 50 kg 的钼锭时,大多是用交流或直流自电极真空电弧熔炼来致密化(将粉末固结成块状)。对直径超过 200mm 的钼锭,采用挤压法来破坏其粗晶铸造结构。像烧结的情况那样,高纯度钼的金属杂质含量看来不因电弧熔炼而大大降低(见表 4-8),可是各种气体杂质的含量(质量分数)都会降低到 $1\times10^{-6}\sim10\times10^{-6}$ 的范围内。

从表 4-8 中可以看出,即使在这种低含量的水平下,对氧和氮的控制还是重要的,实际上,由 2×10^{-6} 的氧产生的氧化物能在晶界处看到,而从锻造性能的要求出发,已确定氧含量

(质量分数)最大值为50×10^{-6}。当在惰气室内制造直径为300mm的钼锭时,独眼巨人宇宙工业有限公司对自耗电极材料规定氧含量的最大值为$150\times10^{-6}\sim300\times10^{-6}$。虽然残余碳对锻造延性有害,但碳是必要的脱氧剂,可用来除去更有害的氧。该公司也规定烧结电极坯料中硅含量(质量分数)为$\leqslant250\times10^{-6}$,铁为$\leqslant100\times10^{-6}$,其他金属杂质各为$\leqslant10\times10^{-6}\sim40\times10^{-6}$。

表4-8　烧结电极、自耗电极真空熔炼钼锭及电子束精炼材料中除钼以外所含有的化学成分

(单位:10^{-6})

杂质	$D=40$mm,经三次电弧熔炼的钼锭	加碳脱氧电弧熔炼的钼锭	电弧熔炼的钼锭				
			原料烧结电极	一次熔炼$D=400$mm的钼锭	一次熔炼$D=300$mm的钼锭	二次熔炼$D=300$mm的钼锭	$D=37$mm,经三次电子束精炼的材料
C	20	150～300	90～280	100～300	180～470	210～660	20～170
O	1.9	3	29～50	10～26	10～25	10～21	2～8
N	0.9	1	12～24	12～36	13～25	23～35	—
H	0.2	0.2	1.5～3.9	1.5～2.5	2.0～4.2	1.0～1.6	<1～1.8
Al	<10	—	4	4～7	7～10	8～10	8
Bi	<5	—	—	—	—	—	—
Ca	—	—	—	—	—	—	2
Cr	<5	—	1	<1～3	<1	<1	<1
Co	—	—	5	<5	<5	<5	<5
Cu	5	—	11	<1～3	<1	<1	<1
Fe	50	—	7	4～45	1～75	<2～100	1
Pb	<10	—	—	—	—	—	<10
Mg	20	—	5	7～18	<1	3	8
Mn	<5	—	<1	<1	<1	1	1
Ni	<5	—	6	<1～20	<1～10	<1	<1
S	5	—	—	—	—	—	—
Si	20	—	24	33～50	6～8	7～8	30
Sn	—	—	25	<10	<10	<10	<10
Ti	<10	—	—	<1～3	<1	<1	<1
W	—	—	—	—	—	—	<100
Zr	—	—	—	—	—	—	<1

从表中还可以看出,电子束熔炼本身并不能使钼充分脱氧,因为发现氧化物是存在晶界处的。但是,该方法提供了需要较少残余碳来脱氧的优点。由于使用经过熔炼和加工的给料来代替压制并烧结的给料,所得到的钼锭的杂质含量不曾受到影响。

4.8.2 钼的电子束熔炼

用电子束加热和熔化金属的基本原理：当流动的电子与金属表面撞击时，电子的部分动能转化为热能，然而电子与被加热的金属表面撞击时，有一部分被反射，但是大部分电子被金属吸收转变为热能和辐射能以及撞出新电子(二次发射电子)做功所消耗的能量。

电子束炉由产生可控电子束的电子枪、熔化室、高真空系统和高压直流电源组成，如图4-48所示为电子束炉示意图。

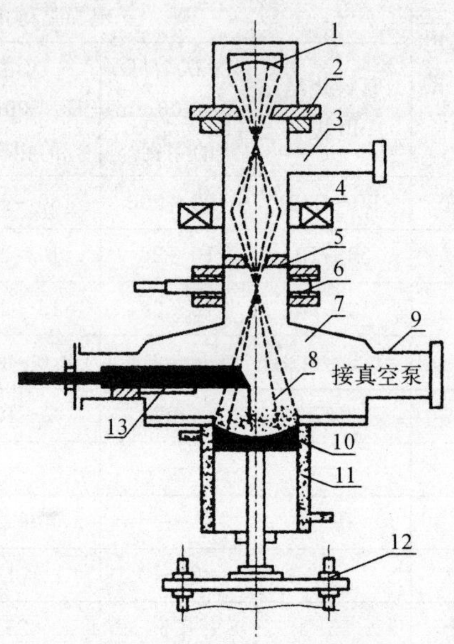

图 4-48　电子束炉示意图

1—电子枪阴极；2—电子枪阳极；3—连接真空系统；4—电磁线圈；5—隔板；6—闸门；7—熔化室；8—电子束；9—连接真空系统；10—钼锭；11—结晶器；12—金属锭出料机构；13—钼条

电子束炉的启动电压一般不要超过 30 kV，因为高出 30 kV 会造成能量损失和辐射增加而影响操作人员的健康，大部分情况下启动的电压采用 20 kV。电子束熔炼都是在高真空(0.1～0.001Pa)中进行的，电子束在通往被加热的物体途中尽量少与气体原子或分子碰撞而避免损失能量；另外，在高真空中熔炼金属，有利于从熔融金属中更彻底地清除蒸发出来的杂质。

电子束熔炼与电弧熔炼不同的是，电子束熔炼可使液态金属适当地(有条件)过热，使金属在规定的时间内一直保持液体状态。这一有利条件再加上熔炼在高真空中进行，因此电子束熔炼从金属中除气体条件比电弧熔炼更有利。电子束熔炼的另一特点是能熔炼任意形状的金属，如金属条、粉、屑等。

电子枪的强电子束是由阴极、阳极、聚焦电磁线圈(放大镜)和隔板组成的。一般都用可靠性好的间接加热钨或钽金属盘作阴极，也可用钨螺旋线代替。阴极通以负高压，发射出来的电子束通过空心的加速(接地)阳极和聚焦电磁放大系统，再通过复杂的隔板进入熔炼室。隔板能形成相当的电动阻力，因而电子枪的真空度比仅由真空系统抽气的熔化室更高，隔板还可以防止熔炼过程中从金属析出的气体落在电子枪上。熔炼大型铸锭的大功率电子束炉，同时使用几支(三支、四支或更多支)的电子枪。不同直径钼锭所用的的电子束工艺见表4-9。钼条或钼锭经电子束熔炼提纯后的效果见表4-10。

表4-9　熔化不同直径钼锭所需的电子束功率

原料状态	设备型号/kW	坩埚直径/mm	熔炼次数	真空度/Pa		熔炼功率/kW	熔炼速度/(kg·h^{-1})	冷却时间/min	成锭率/%
				熔炼前	熔炼中				
烧结条	200	80	1	6.67×10^{-3}	6.67×10^{-2}	150	21.5		90.2～93.3
D80一次锭	200	135	2	6.67×10^{-3}	6.67×10^{-2}	200	25.0		8.7～8.9
烧结条	200	60	1	6.67×10^{-3}	0.133	110	13.5		
D60一次锭	200	90	2	6.67×10^{-3}	0.133	160	20.0		
烧结条	200	86	1	6.67×10^{-3}	0.133	160	20.0		
D86一次锭	200	135	2	6.67×10^{-3}	0.133	200	25.0		
烧结条	120	55	1	6.67×10^{-3}	2.66×10^{-2}	60～65	18～20	60	91
D55一次锭	120	70	2	6.67×10^{-3}	1.07×10^{-2}	70～75	22～28	90	95
烧结条	120	70	1	6.67×10^{-3}	2.66×10^{-2}	70～75	25～30	90	91
D70一次锭	120	92	2	6.67×10^{-3}	1.07×10^{-2}	90～95	28～32	90	95
烧结条	200	70	1	6.67×10^{-3}	0.107	100～110	25～30	90	90
烧结条	200	80	1	6.67×10^{-3}	0.107	100～120	25～30	90	90
D70一次锭	200	110	2	6.67×10^{-3}	1.33×10^{-2}	170～180	30～35	150	95
D80一次锭	200	130	2	6.67×10^{-3}	1.33×10^{-2}	190～200	30～35	80	95

表 4-10　电子束熔炼钼的提纯效果

原料状态	坩埚直径/mm	熔炼速度/$(kg \cdot h^{-1})$	熔炼功率/kW	熔炼真空度/Pa(mmHg)	杂质含量(质量分数)/10^{-6}				挥发损失率/(%)
					H	C	O	N	
预烧结钼					2	170	810	51	
一次熔炼锭	40～60	6～8	50～90	$1.3 \sim 2.7 \times 10^{-2}(1 \sim 2 \times 10^{-4})$	1	64	105	15	
二次熔炼锭	60～80	8～10	70～100	$6.7 \sim 10^{-3}(5 \times 10^{-5})$	1	25	6	3	6

在电子束熔炼过程中，温度应保持在 2900～3000℃、压力为 10mmHg（1mmHg＝133.322Pa），那些比钼蒸气压高（特别如 O，N，C，Fe，Cu，Ni，Co 等）的杂质都可以从液态金属中除去。在 2800～3000℃时，只有铼、钨、钽的蒸气压比钼低，这几种金属杂质是不能除去的。由于 O，N，C 杂质含量降至金属钼中熔解度的极限值，因此在晶界上基本不存在析出的氧化物、氮化物、碳化物，从而使钼的塑脆温度降至室温。

无坩埚区熔单晶也是由电子束加热的，但钼单晶经压力加工制成丝材、带材或其他制品后，便失去了原有的单晶结构，不过由于在晶界上没有氧化夹杂物和脆性夹杂物，因此金属钼在较低的温度下仍保持良好的塑性和在高温、高真空的条件下能长期有效地工作，由于钼有这一特性，使它在电子器件的生产或其他有关的技术领域中的应用非常有价值。

4.8.3　钼的区域熔炼

钼的区域熔炼又称“区域熔化”“区域精炼”“区域提纯”。区域熔炼技术出现于 20 世纪 50 年代初。这种基于简单物理提纯原理——杂质的分凝效应和蒸发效应的新技术——一出现，就被迅速地应用于材料的提纯。稀有金属提纯是该技术应用的重要领域之一，区域熔炼不仅能获得高纯的稀有金属单晶，还可获得许多稀有金属化合物。

区域熔炼设备因金属不同而不同。钼一般采用电子束真空悬浮区域熔炼装置进行精炼、提纯或制成钼单晶，只能适应于小批量的生产。稀有金属电子束悬浮区熔装置示意图如图 4-49所示。

钼采用电子束悬浮区域装置进行精炼提纯的熔化功率与试样截面积关系如图 4-50 所示。

区域熔炼提纯原理是在二元系中，将溶质均匀分布的金属熔化后再凝固。当固、液两相处于平衡状态时，则在固、液两相中的溶质浓度是不同的，继续将熔体慢慢凝固，则在凝固的固体中先后凝固的各部分溶质含量也不同，这种现象称为分凝效应。

在区熔速度不变的情况下，钼的电阻率比 ，即产品的纯度随区熔的次数增加而提高，钼的损失也越多。钼区熔中纯度和损失与区熔次数的关系见表 4-11，钼的区熔后除杂效果见表4-12。

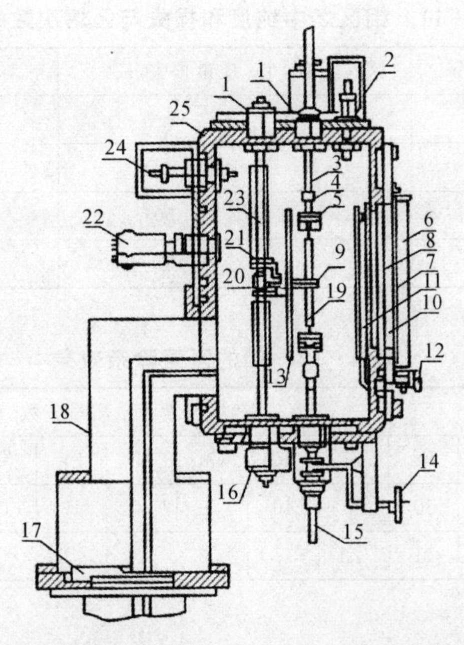

图 4-49　稀有金属电子束悬浮区熔装置示意图

1—威尔逊接头； 2—高压发生器接头； 3—石英绝缘子； 4—钼固定块； 5—料棒夹头支架； 6—金属网屏；
7—有色玻璃屏； 8—硅玻璃窗； 9—阴极网屏； 10—可动石英玻璃； 11—可动屏； 12—可动屏操作钮；
13—保护屏； 14—料棒下部垂直移动控制器； 15—料棒支架； 16—无级调速齿轮箱； 17—真空阀；
18—真空管道； 19—料棒； 20—聚束极； 21—阴极支架； 22—真空规； 23—无级调速螺旋；
24—电流绝缘导线； 25—水循环槽

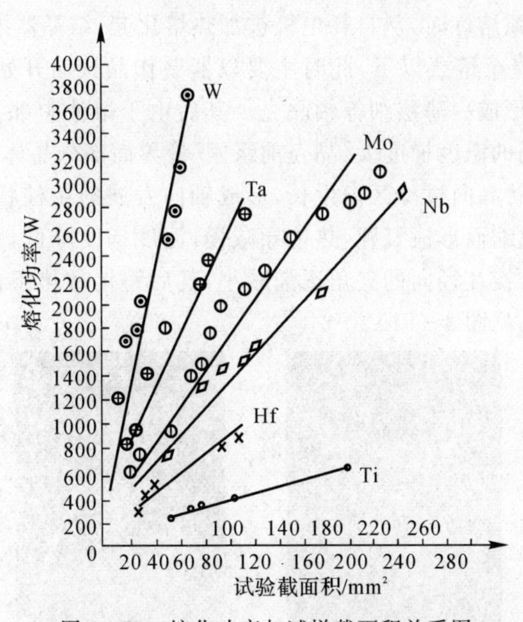

图 4-50　熔化功率与试样截面积关系图

表 4-11　钼区熔中纯度和损失与区熔次数的关系

材　料	试样直径 D/mm	区熔次数	质量损失/(%)	电阻比值 $\delta(R_{298K}:R_{4.2K})$
钼原料	8	—	—	50
区熔钼棒	8	1	15	60
区熔钼棒	8	3	50	740
区熔钼棒	8	5	63	3000

表 4-12　钼的区熔除杂效果

产品状态	杂质元素含量质量分数/10^{-6}											
	W	Fe	Si	K	Cu	Ni	Ca	Na	C	O	N	H
工业纯钼	200	30	20	40	5	20	10	10	30	50	10	10
区熔钼棒	100	<10	<1	<10	<1	<1	<1	<2	<20	<10	<1	<1

4.8.4　铸锭结晶组织及缺陷

金属由液态转变为固态的相变过程称为结晶或凝固。该过程包括形核和晶体长大，动量、热量和物质传输过程，铸锭结构和缺陷形成过程。可见铸锭的凝固过程是个较为复杂的物理化学过程。

1. 铸锭的结晶组织

在真空自耗电极电弧熔炼时，从自耗电极被加热熔化起，结晶器内金属熔体受水冷器壁的强烈冷却，温度很快就降至熔点以下，此时主要以器壁作晶核而开始结晶。由于熔体过冷度大，晶核多，很快沿器壁形成一薄层细等轴晶壳。其后由于熔池中部及上部温度高，器壁及晶壳温度低，器壁和熔体间的温度梯度大，晶壳前缘固-液界面部分晶体尖端被熔化而停止生长，仅部分有利于散热的柱状晶向过冷区内生长，形成轴向发展的粗柱状晶区。随着凝固过程的进行，固体晶壳的体积收缩而形成气隙，热传导减慢，温度梯度降低，在锭坯达到一定长度时，柱状晶逐渐改变方向，与锭坯径向的夹角逐渐减小，其后铸锭散热条件和温度梯度缓慢下降，柱状晶几乎与径向平行(见图 4-51)。

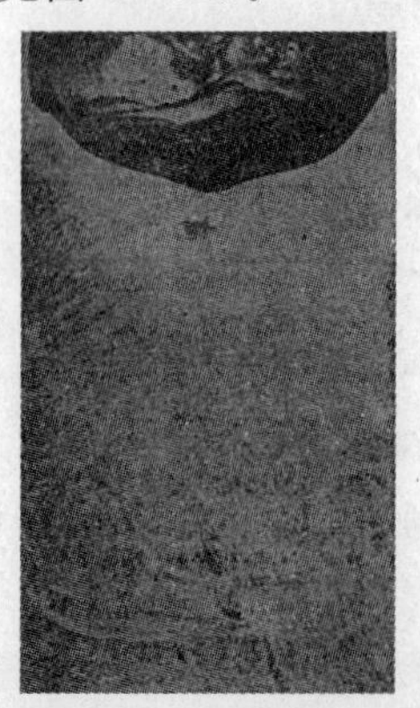

图 4-51　真空自耗电极电弧熔铸 Mo 锭坯的宏观结晶组织(包括夹渣和气孔)照片

在电弧稳定燃烧的自耗电极连续熔化过程中，始终存在电极、熔池和锭坯三者的动态平衡，铸锭凝固过程与大气下锭模铸锭稍有不同。在真空条件下，铸锭的冷却强度主要受水冷结晶器的限制，在正常熔炼工艺条件下，铸锭断面的温度梯度比锭模铸锭时大且基本稳定，对柱状晶顺序凝固更有利，因而锭坯中柱状晶长得粗大，多从锭坯边部或底部沿轴向伸展。在真空电子束炉熔炼时，熔池温度高，过热度和温度梯度更大，熔体维持液态时间比真空自耗电极电弧熔炼时间更长，故锭坯内的柱状晶结构发达，晶粒特别粗大，纯 W，Mo 锭坯断面的结晶组织基本上是由粗大柱状晶体所组成的，如图 4－52 所示。W，Mo 锭坯中柱状晶体生长方向和结构状态，与熔炼方法及其工艺条件有关。这种柱状晶结构往往有少量杂质偏聚于晶界或枝晶臂之间，对随后的热开坯加工不利，一般仅能用挤压法进行开坯。这种粗大结晶组织，通过加入少量 B，Co 等晶粒细化剂，或对熔池施以超声波振荡，利用装置在结晶器外的线圈电磁场搅拌熔池，并适当调整熔铸工艺参数，均有一定的细化作用。

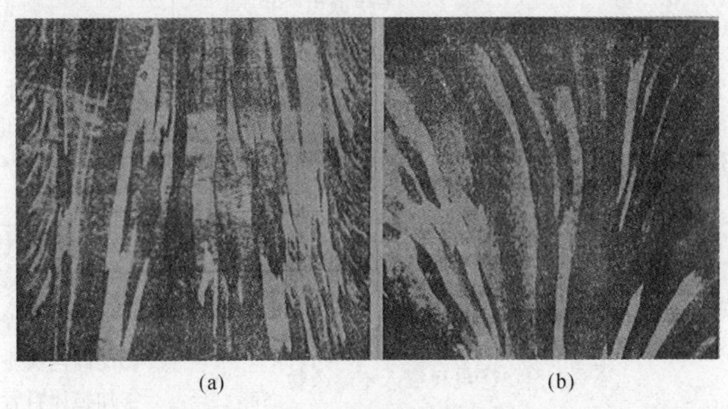

(a)　　(b)

图 4－52　W，Mo 锭坯低倍结晶组织照片

(a) 电子束熔炼 Mo 锭纵断面；(b) 自耗电极熔炼 W 锭底部纵断面

2. 缺陷及杂质

锭坯在开坯加工之前须经过表面和内部组织缺陷和杂质或成分检验，扒皮除去表面缺陷，切除顶部锭冠、缩孔及夹渣等。W，Mo 锭坯中常见的缺陷有十多种。电子束及自耗电极电弧熔炼锭坯常见缺陷分别列于表 4－13 及表 4－14。其产生原因及防止措施也分别列在表中。

表 4－13　电子束熔铸锭坯中常见缺陷

缺陷名称	现　象	产生原因	防止措施
表面横裂纹	一般宽 1～2mm，深 1～3mm，严重者甚至断裂	①拉锭速度过快或一次拉锭距离太长 ②熔池温度分布不均 ③结晶器内表面不光滑	①采用勤拉、小拉和顶-拉的拉锭操作方式 ②调整电子束聚焦和扫描，均热熔池 ③注意清理结晶器内表面
生料夹杂	未熔化的料棒成块地嵌在锭中	①料棒捆扎，焊接不牢 ②进料速度过快 ③功率过小	①提高料棒质量 ②控制进料速度 ③合理提高功率

续表

缺陷名称	现 象	产生原因	防止措施
表面缺陷	铸锭表面有规律性的凸凹、呈螺线状分散，或一侧有冷隔和气孔	①功率小、熔池不到锭坯边缘 ②拉锭速度不均 ③阴影效应	①适当提高功率 ②改进拉锭操作 ③旋转拉锭
顶部缩孔	顶部以下存在缩孔及缩松	熔池凝固时的体收缩	在熔炼完毕前逐渐降低功率并补缩

注：① 在锭表面自外而内、自上而下凝固过程中，因受到少量氧化物的阻隔和熔池表面的波动，以致形成横向折叠式表面皱纹，称之为冷隔。② 阴影效应见本节的最后一段。

表 4-14 真空自耗电弧熔铸锭坯内常见缺陷

缺陷名称	现 象	产生原因	防止措施
皮下及内部气孔	形状为圆滑孔，多分布于铸锭表皮里层或分散于内部	①原料含气量或挥发性杂质多 ②冷却过于强烈 ③电流小，熔池过浅 ④结晶器下部渗水	①严格控制原料质量 ②控制冷却水流量 ③适当提高电流（对纯钼尤其重要） ④加强检漏
夹杂	不熔块或氧化物被嵌入锭中	①高熔点组元料未熔化 ②较大块的氧化物 ③熔炼中电极掉块 ④电极混入不熔杂物	①采用中间合金配料，原料颗粒要细密 ②加强电极焊接时的防护 ③提高电极质量 ④加强原料管理
锭冠过高、过厚	锭冠未经平整处理时焊接困难	①填充比小 ②电流大，电压低喷溅严重 ③磁场搅拌过强 ④原料含气量大，粉末料电极密度低	①适当提高填充比 ②适当调整电流、电压值 ③选定合理的搅拌参数 ④控制原料品级，粉末料须预制成电极，经脱气处理
表面夹层	在铸锭表面覆有一层金属和挥发物覆盖层	①电弧过长 ②填充比过小 ③电流小	①短弧操作 ②合理选用填充比 ③适当提高电流
表面结疤及冷隔	常有夹渣或氧化皮	①电流小 ②磁场搅拌太强 ③填充比过小，熔池不到结晶器边缘 ④实际熔炼中断	①适当提高电流 ②合理选取磁场强度 ③提高填充比 ④提高真空度和加强监视，防止起弧和辉光放电产生
缩孔部位过深	缩孔部位至顶端距离大	①没进行补缩或补缩不好 ②补缩中电极掉入熔池	①改进补缩工艺 ②改进电极与辅助电极的焊接质量

续表

缺陷名称	现　象	产生原因	防止措施
底部孔洞和冷隔		①起弧料过多或含气量过大 ②起弧后电流提升慢 ③电极末端偏离结晶器中心	①起弧料不宜过多，保证干燥、洁净 ②改进起弧后的熔炼工艺 ③保证电极安装质量
黏铜	锭底边部可见粘着铜或铜色痕迹	①熔炼难熔金属时填充比过大 ②熔炼时未放底垫① ③结晶器壁沉积水垢，导热不良 ④边弧熔损结晶器壁	①适当降低难熔金属的填充比 ②熔炼W，Ta，Mo，Nb时应放置底垫 ③定期清除水垢，控制冷却水硬度 ④保证电极安装质量

注：①由于结晶器是紫铜或铜合金做的，熔炼开始起弧时，一般宜在结晶器底部放置少许与电极原料相同的废屑作为起弧料，并用于防止锭坯底面黏铜。

锭坯中的杂质元素及合金锭坯中合金元素的含量及分布不匀等问题未列于表中，特作如下分析。在真空自耗电极电弧熔炼时，除氢以外，其他气体和杂质元素的除去一般较差。如混料不匀或焊接电极时保护不好，会使氧含量及氧化物夹渣增加。控制杂质含量的主要措施是严格选料，混料均匀，严控炉子漏气率，等等。

用真空电子束熔铸合金锭坯时，合金成分控制是个主要问题。由于熔炼温度、组元的蒸气压和熔池维持液态时间不同，常有较大波动。保证合金成分含量且分布均一的措施是，须先根据各组元在该熔炼条件下挥发损失率不同确定配料成分，在熔炼中要严格按预定熔炼工艺参数进行操作，当低配料比能满足对合金元素含量的要求时，就不必采用高配料比。

真空熔铸的合金锭坯上，常出现组元的偏析。易挥发组元的偏析如Mn，其挥发物一部分被真空机组抽走，大部分常富集在锭坯周边和顶端，经两次重熔的锭坯表层，含Mn量可高达中部的十多倍。含有高蒸气压、低熔点元素Sn的Mo合金，如Mo-0.5Ti-0.1Zr，会出现一种无规律的局部Sn偏析(偏析是指合金元素含量在锭坯上、下横纵断面分布不均匀的现象，此种成分分布不均匀现象出现锭坯的局部便称之为区域偏析)。在棒料或电极中含有高熔点和大密度合金元素时，有时部分棒料掉入熔池，使熔池的过热度降低甚至不能全熔化，不能充分进行合金化，以致造成沿锭轴线附近富集，以不熔金属夹杂出现。含W，Mo量较高的Ti合金，曾出现此类夹杂缺陷，与采用高熔点纯金属直接配料有关。消除此类金属夹杂的主要措施是，采用细粒度中间合金配料，混料均匀。

区域偏析也常出现在真空熔铸的锭坯中，其分布规律与组元的分配系数有关。分配系数小于1且降低合金熔点的组元，在锭坯底部横断面的平均含量低于配料量，而在锭坯不同高度横断面上的分布有所不同：在锭坯顶端横断面上的平均含量高于配料量；但其周边的含量接近计算值。分配系数大于1且熔点高的组元，在Ti合金锭坯不同高度横断面上含量的分布规律完全相反。不同分配系数的组元在锭坯上的分布情况不全相同，还与组元本性及真空下的熔铸工艺条件有关。

在电子束熔炼中，当棒料处于结晶器口上方时，棒料会挡住部分电子束，使其下面的熔池不能直接接受电子束的轰击能量，该处熔池的温度较低，用单枪横向进料的炉子时尤为明显。

这对提纯、合金化及组元的分布、锭坯质量会造成不良影响,称之为阴影效应。当拉锭机械中设置旋转装置及结晶器外有电磁搅拌熔池时,可在一定程度上改善此种状况。

参考文献

[1] Goetzel G G. Treatise on Powder Metallurgy V. 1. Interscience,1949.
[2] 费多尔钦科 И М,等. 粉末冶金原理(中译本). 北京:冶金工业出版社,1974.
[3] Jones W D. Principle of Powder Metallurgy. Edward Arnold,1960.
[4] 曾德麟. 中南矿业学院学报. 1979,2:102-115.
[5] Hirechnorn J S. Introduction to Powder Metallurgy. APMI,1969.
[6] Thummer F, et al. Metals & materials and Met Rev,1967,1(6):69-108.
[7] Kuzynski G C. Powder Met. Proc Intern Conf. Academic,1961.
[8] Roman Pampuch. Ceramic Materials. Elsevier,1976,130-136.
[9] 丸善. 金属便览. 日本金属协会. 1971.
[10] Kuzynski G C. Acta Met,1956,4:58.
[11] Kingery W D, et al. J Appl Physics,1955,26(10):1205-1212.
[12] Kuzynski G C, et al. J Amer Ceram. Soc . 1962,45(2):92.
[13] Федорченко И М. Порош Мет,1961,1:9.
[14] Rockland J G R. Acta Met,1967,15(2):277-285.
[15] Alexander B H, et al. Acta Met,1957,5(11):666-667.
[16] Burke J E, J Amer. Ceram Soc,1957,40:80.
[17] Shaler A J, et al. J Phys Rev,1947,72:79.
[18] Shaler A J. J Metals,1949,18:796.
[19] Clark P W, et al. J Metals,1949,18:786.
[20] Machenizie J K, et al. Proc Phys Soc,1949,13(62):883.
[21] Udin H, et al. Trans AIME,1949,185:186.
[22] 松山芳治,等. 粉末冶金学(中译本). 北京:科学出版社,1978.
[23] 黄培云. 烧结理论研究之一,综合作用理论. 沈阳金属物理学术会议文件,1961.
[24] Kingaton W E, et al. The Physics of Powder Metallurgy,1951.
[25] Lenel F V. The Physics of P/M,McGraw-Hill,1951,238.
[26] Lenel F V, et al. Plansee Proc,1953,106.
[27] Gurland J, et al. Tran AIME,1952,149:1051.
[28] Kingery W D. Kinetics of High Temp. Processes,1959,187.
[29] Kingery W D. J Appl Physics,1959,300:301.
[30] Kingery W D, et al. J Amer Ceram Soc,1961,44:29.
[31] Parikh U M, et al. J Amer Ceram Soc,1957,40:315.
[32] Semlak K A, et al. Trans AIME,1957,209:63;1958,2122:35.
[33] 渡边倘尚. 粉末およひ粉末冶金,1970,16(8):351.
[34] 罗振中. 钼的应用及其发展. 中国钼业,2003,27(2):7-11.

[35]　曾建辉. 稀土金属冶炼用新型钨钼材料的研制. 稀土,1999,20(5):19－21.
[36]　葛启录. 高性能难熔材料在尖端领域的应用与发展趋势. 材料科学与工程学报,2000,1:123－128.
[37]　赵文娟. 顶插电极在玻璃电熔炉中的应用. 玻璃与搪瓷,2008,36(1):30－33.
[38]　向铁根:钼冶金. 长沙:中南大学出版社,2002.
[39]　Deborah Blaine. Master Sintering Curve Concepts as Applied to the Sintering Molybdenum, Metallurgical and Materials Transactions A,2006,37:715－720.
[40]　Kim S H. Sintering Kinetics Analysis of Molybdenum Nanopowder in a Non－Isothermal Process. Metals and Materials International,2011,17(1):63－66.
[41]　Pranav Garg. Effect of die compaction pressure on densification behavior of molybdenum powders. Randall M German. International Journal of Refractory Metals & Hard Materials,2007,25:16－24.
[42]　Riedel H. On Physico-Chemical Mechanisms in Desoxidation and Sintering of Molybdenum, Proceedings of the 17th International plansee seminar, 2009, 3: WS5/1～5/12.
[43]　Youngmoo Kim. Consolidation Behavior and Hardness of P/M Molybdenum. Powder Technology,2008,186:213－217.
[44]　殷劲松,等. 钼和钼合金. 中国有色金属学会第 7 届全国难熔金属学术交流会文集. 西安:陕西科学技术出版社,1991,206－207.
[45]　Motomu E. 稀土元素对掺杂钼丝的影响. 第 12 届国际普兰西会议论文译文选集. 中南工业大学出版社,1991,162－165.
[46]　Haertle S. 氧化物弥散强化钨和钼的生产及其性质. 第 12 届国际普兰西会议论文译文选集,中南工业大学出版社,1991:154－156.
[47]　Xiao Jimei. The Toughness and toughening of metal(金属的韧性与韧化). 上海:上海科学出版社,1983:156.
[48]　John L Johnson. Processing of Mo－Cu for thermal management applications. The International Journal of Powder Metallurgy,1999,35(8):39.
[49]　吉洪亮. Mo－Cu 粉末的机械合金化及烧结特性研究. 北京:国防科技大学,2002.
[50]　黄培云. 粉末冶金原理. 北京:冶金工业出版社,2004.
[51]　李晓红. 液相烧结 Mo－Cu 合金的研究. 新技术新工艺,1996,(1):35.
[52]　果世驹. 粉末烧结理论. 北京:冶金工业出版社,2002.
[53]　川北公夫. 粉体および粉末冶金,1956,3(6):236－246.
[54]　若村隆夫. 粉体および粉末冶金,1963,10(3):83－87.
[55]　《稀有金属材料加工手册编写组》编. 稀有金属材料加工手册. 北京:冶金工业出版社,1984.
[56]　陈存中. 有色金属熔炼与铸锭. 北京:冶金工业出版社,2003.
[57]　戴永年,等. 有色金属材料的真空冶金. 北京:冶金工业出版社,2000.
[58]　《有色金属提取冶金手册编委会》编. 有色金属提取冶金手册——稀有高熔点金属. 北京:冶金工业出版社,1999.

第5章 钼的合金化原理及其与介质的相互作用

5.1 钼与周期表中各族元素相互作用的一般规律

元素之间互相作用有许多共同规律。元素之间的原子直径(尺寸因子),元素之间的电负性的差异(电化学因子)以及元素的化合价和晶体结构都是决定合金组元之间互溶度的最重要因素。只是当元素的晶体结构相同(或相似)时,电化学因子和尺寸因子都有利,元素之间才可能形成连续式固熔体,或固熔体区的范围才可能宽。

5.1.1 尺寸因子

它是表征溶质原子直径与溶剂原子直径的差与溶剂原子直径的比。这个因子是形成置换固熔体的基本判据。根据现有的二元系方面的资料分析,当尺寸因子大于±15%时,熔解度一般不超过5%(原子分数)。当尺寸因子的绝对值比较小,而其他因子又很有利时,就有可能形成连续式固熔体,或者固熔区的范围较宽。

当计算尺寸因子时,在配位数为12的密排情况下,取晶格内原子之间的最小距离为原子直径。但是,许多元素形成固熔体时改变了本身的离子状态,Hume-Pothery等提出对这类元素应采用指定的原子直径的相应修正值。

5.1.2 电化学因子

它是表征元素之间形成稳定的中间化合物的倾向。元素电负性差别越大,形成稳定的化合物(而不是固熔体)的倾向就越大,即使在尺寸因子很有利时也是这样。

在一些文献中考虑了电化学因子和尺寸因子的共同作用,提出了预测元素在各种金属中熔解度的方法。当应用这种方法时,初步确定互溶性最大的那些原子直径差小于±8%的元素,根据Gordy－W公式计算负电性差值不大于±0.2。当这些差值大于±15%和±0.4负电单位时,熔解度应当很小或基本不溶。但是,Hume－Pothery等指出应用这种方法没有根据。因为在许多金属系统中,尽管电负性差别很大,而固熔体的形成范围仍然很宽。此外,定量地说明电化学因子有很多困难,特别对过渡族元素困难更大。

位于有关周期中的副族元素,在一价金属(Cu,Ag,Au)中的熔解度随着这些元素原子价的升高而下降。同时,各元素在Cu,Ag,Au中的最大熔解度相应于接近恒定的电子浓度,电子浓度由下式确定:

$$n_e = \frac{f_A V_A + f_B V_B}{f_A + f_B}$$

式中,f_A,f_B为组元A,B的摩尔分数;V_A,V_B为这些组元的原子价。

后来指出,这种关系对过渡族金属的某些固熔体也是正确的。这是由于过渡族金属的原子价不固定,在计算电子浓度时采用的原子价相应于周期系中元素的族号。

5.1.3　钼二元系的尺寸因子和电化学因子

表5-1列出了各种元素与钼组成二元系的基本资料，列举了这些元素的尺寸因子和电化学因子的数值。表5-2列举了二元钼化合物的稳定温度范围、均相区、晶格常数、晶体结构和成分。

钼与周期表中的V_B，VI_B族难熔金属(V，Nb，Ta，Cr，W)形成连续固熔体。这些金属相对与钼的尺寸因子和电化学因子都很有利，并均为体心立方结构。

在IV_B族金属中，钛在885℃以上(即在钛的体心立方晶格同素异构体存在的范围内)形成连续固熔体，钼-锆和钼-铪系统中的熔解度有限，有共晶反应和包晶反应，形成Laves相。

VII_B族金属在钼中的熔解度很大，特别是Re和Tc的熔解度更大[>35%(原子)]，系统能形成σ-相。此外，Re和Mo还形成χ-相(具有α-Mn型的立方结构)，Tc与Mo形成具有β-W型晶格的δ-相。

Ⅷ族是过渡族金属，特别是铂族金属的尺寸因子很有利，但是，由于电子结构和结晶结构方面有本质的区别，除Ru以外，它们在钼中的熔解度最大不超过20%(原子分数)。每个周期中的金属在钼中的熔解度随着金属和钼的电子结构差别的增加而减小。和钼一起分布在第二长周期中的金属的熔解度最大(Ru，Rh，Pd)。钼与Ⅷ族金属的二元系具有共晶反应(除Mo-Fe系以外)和一个或几个包晶反应(除Mo-Ru系外)。在这些系统中形成各种金属间化合物。具有密排六方结构的铂族金属(Ru，Os)和钼形成在低温下稳定的σ-相，可是具有面心立方结构的金属(Rh，Ir，Pd，Pt)形成具有六角密排结构的ε-相。在与第三长周期的金属(Os，Ir，Pt)形成的系统中有β-W型结构的相。

表5-1　钼的二元系的一些特性

族　号	元　素	晶体结构	相对于钼的尺寸因子/(%)	相对于钼的电负性差	在钼中的熔解度 温度/℃	熔解度 原子分数 %	熔解度 质量分数 %	共晶反应	包晶反应	化合物
I_B	Cu	面心立方	−8.7	+1.07	950	2.2(<2.2)	1.5(<0.14)	—	—	—
	Ag	面心立方	+3.2	+1.13	—	没发现	没发现	—	—	—
	Au	面心立方	+3.0	+1.12	—	没发现	没发现	1	—	—
II_A	Be	密排六方	−19.4	+0.63	1850	0.53	0.05	1	—	5
					1300	0.11	0.01			
III_B	Sc	密排六方 体心立方	+17.2	+0.78	1625	<0.0002	<0.0001	—	—	—
	Y	密排六方	+28.6	+0.85	1585	<0.0001	<0.0001	1	—	—
	Gd	密排六方	+28.6	+0.85	2400	0.68	1.1	—	—	—
					1600	0.09	0.15			

续 表

族号	元素	晶体结构	相对于钼的尺寸因子/(%)	相对于钼的电负性差	在钼中的熔解度			共晶反应	包晶反应	化合物
					温度/℃	熔解度				
						原子分数%	质量分数%			
ⅢA	B	四角形	−30	+0.14	2200	<1.0	<0.11	3	3	6
					1100	0.035	0.004			
	Al	面心立方	+2.3	+0.57	2150	19	6.3	2	6	8
					1300	6.5	1.9			
ⅣB	Ti	密排六方 体心立方	+4.4	+0.43	>885	100	100	—	—	—
	Zr	密排六方 体心立方	+14.3	+0.57	1900	≈10.5	≈10	1	1	1
					1300	≈5.3	≈5.0			
	Hf	密排六方 体心立方	+12.9	+0.57	1960	≈22.5	≈35	1	1	1
					1200	9.5	16.0			
	Th	面心立方	+28.4	+0.69	任何温度	没发现	没发现	1	—	—
ⅣA	C(石墨)	六角	−34.5	−0.49	约 2200	<1.0	<0.12	2	—	3
					1500	<0.08	<0.01			
	Si	钻石立方型	−5.8	+0.23	2070	5.5(9.3)	1.65(2.9)	3	2	4
					1315	0.92	0.27			
	Gc	同上	−2.2	+0.28	1750	5	3.8	—	4	4
ⅤB	V	体心立方	−3.8	+0.2	任何温度	100	100	—	—	—
	Nb	体心立方	+4.9	+0.28	同上	100	100	—	—	—
	Ta	体心立方	+4.8	+0.28	同上	100	100	—	—	—
ⅥB	Cr	体心立方	+8.4	+0.05	任何温度	100	100	—	—	—
	W	体心立方	+0.06	0	同上	100	100	—	—	—
	U	体心立方	+11.4	+0.06	1280	≈2	≈4.8	≥1	≥1	1
ⅦB	Mn	立方和四角	−9.7	−0.17	1800	≈30	≈20	—	—	1
	Tc	密排六方	−2.8	−0.05	1800	50	48	—	—	2
					1200	36	37			
	Re	密排六方	−1.8	−0.03	≈2500	42	58	−(1)	2(1)	3
					1000	30	45			

续 表

族　号	元　素	晶体结构	相对于钼的尺寸因子/(%)	相对于钼的电负性差	在钼中的熔解度			共晶反应	包晶反应	化合物
					温度/℃	熔解度				
						原子分数 %	质量分数 %			
Ⅷ	Fe	体心立方 面心立方	−9.0	−0.16	1500	16.5	10.5	—	3	4
					1100	4.5	2.7			
	Co	密排六方 面心立方	−10.6	−0.21	1620	11.5	7.4	1	2	4
					1100	0.95	0.60			
Ⅷ	Ni	面心立方	−11.0	−0.19	1360	1.8	1.1	1	1	3
					900	0.1	0.06			
	Ru	密排六方	−4.4	−0.07	1945	≈30.5	≈32	1	—	1
					1500	≈13	≈13.6			
	Rh	面心立方	−3.9	−0.07	1940	≈20	≈21.5	1	1	2
					1000	≈3	≈3.2			
	Pd	面心立方	−1.7	−0.03	1755	6.5(15.5)	7.1(17)	1	1	1
					1400	≈3(11)	≈3.3(12)			
	Os	密排六方	−3.4	−0.0.5	2380	19.5	34	1	1	2
					1000	7	13			
	Ir	面心立方	−3.1	−0.05	2100	16	29.5	1	3	4
					1500	<5	<2.5			
	Pt	面心立方	−0.1	−0.02	2080	12	20.8	1	1	4
					1000	2	1			

注:系统有可能生成中间物;括号内的数值可能性很小,与其他文献得到的数值出入很大。

$\mathrm{I_B}$-$\mathrm{IV_B}$ 族和 $\mathrm{I_A}$-$\mathrm{IV_A}$ 族元素在钼中的熔解度很小,除具有稍高熔解度的铝以外,实际上熔解度都趋近于零。$\mathrm{III_A}$-$\mathrm{IV_A}$ 族非金属元素照例和钼形成各种化学化合物(硼化物、碳化物、氮化物、氧化物、硅化物等等)。Be,Al 系有许多中间金属化合物。Mo－Sc,Mo－Y 和钼-稀土金属系中没有中间化合物。

表 5-2 二元钼合金系统中形成的化合物

族号	合金元素	化合物	均相区范围 原子分数/(%)	稳定的温度范围/℃	晶体结构	晶格常数 Å		
						a	*c*	其他
II_A	Be	Mo_3Be	—	>1000	立方	—	—	—
		$MoBe_2$	—	到 1840	六角 $MgZn_2$ 型	4.433	7.341	—
		$MoBe_{12}$	—	到 1700	体心四方 $ThMn_{12}$ 型	7.286	7.242	—
		$MoBe_{20}$	—	>1000	面心立方	—	—	—
		$MoBe_{28}$	—	>1000	面心立方	—	—	—
II_B	Zn	$MoZn_{\sim 2}$	—	—	直菱形	6.510	9.205	b=10.633
		$MoZn_6$	—	到 550	面心立方	7.72		
III_A	B	Mo_2B	很窄	到 2270①	六方 $CuAl_2$ 型	5.547	4.740	—
		MoB(α)	窄	到 1900～2200	六方	3.103	16.95	—
		MoB(β)	窄	2000～2250③	直角 CrB 型	3.151	3.082	b=8.470
		MoB_2	窄	1500～2350①	六角型 AlB_2	3.037	3.058	—
		Mo_2B_5	27～31	到 2200①	菱形	3.009	20.92	—
		$MoB_{\sim 12}$	窄	到 2100③	六方	3.004	3.147	—
	Al	Mo_3Al	≈73～78	到 2150①	立方 β-W 型	4.95	—	—
		$MoAl(\xi_1)$	—	1470～1750③	体心立方	3.089～3.098	—	—
		$Mo_{37}Al_{63}(\xi_1)$	很窄	1490～1570①	—	—	—	—
		Mo_3Al_3	窄	到 1570③	单斜	9.208	10.065	b=3.6378
		$MoAl_4$	—	—	—	—	—	β=100°47′
		$MoAl_5$						
		$MoAl_6$						
		$MoAl_{12}$						
	Ga	Mo_3Ga	—	—	立方 β-W 型	4.943	—	—

续表

族号	合金元素	化合物	均相区范围原子分数/(%)	稳定的温度范围/℃	晶体结构	晶格常数 Å		
						a	c	其他
Ⅳ B	Zr	Mo_2Zr	≈65～70	到 1990	立方 $MgCu_2$ 型	7.53	—	—
	Hf	$Mo_2Hf(\varepsilon)$	32.5～36.5	到 900，和 1800～1960[1]	六角 $MgZn_2$ 型	—	—	—
		$Mo_2Hf(\eta)$	32.5～35.5	900～1800	面心立方 $MgCu_2$ 型	7.555	—	—
Ⅳ A	C	$Mo_2C(\alpha)$	67.4～68.0(1000℃)	到 1430	直菱形	4.733	5.202	$B=6.042$ 含钼 67.5%(原子分数)
		$Mo_2C(\beta)$	65.9～69.0(1700℃)	1190～2522[3]	密排六方	—	—	—
		$MoC_{1-x}(\eta)$	60.3～62.8(2500℃)	1655～2550[3]	六方	3.010	14.64	—
		$MoC_{1-x}(\alpha)$	60.3～57.3(2500℃)	1960～2600[3]	立方	4.266～4.274	—	—
	Si	Mo_3Si	很窄	到 2025[1]	立方 β－W 型	4.889	—	—
		Mo_5Si_3	59.6～63	到 2180[3]	四方型 W_5Si_3	9.648	4.910	—
		$MoSi_2(\alpha)$	很窄	到 1850～1900	四方	3.202	7.843	
		$MoSi_2(\beta)$	很窄	从 1850～1900 到 2020[3]	六方型 $CrSi_2$	4.642	6.529	
	Ge	Mo_3Ge	很窄	到 1750[1]	立方 β－W 型	4.932	—	—
		Mo_5Ge_3	很窄	到 1730[1]	四方型 W_5Si_3	9.837	4.973	—
		Mo_2Ge_3	很窄	到 1520[1]	—	—	—	—
		$MoGe_2$	很窄	到 1100[1]	—	—	—	—

续表

族号	合金元素	化合物	均相区范围 原子分数/(%)	稳定的温度范围/℃	晶体结构	晶格常数 Å		
						a	*c*	其他
V_A	P	Mo_3P	—	—	Fe_3P 型体心四方	9.729	4.923	—
		MoP	—	到 1700	六方 WC 型	3.230	3.207	—
	As	Mo_5As_4	—	—	四角 Ti_5Te_4 型	9.6005	3.2781	—
		Mo_2As_3	—	—	单 Mo_2As_3 斜型	13.331	9.643	$b=3.2349$ $\beta=124.7°$
		$MoAs_2$	—	—	单斜 $NbAs_2$ 型	9.071	7.719	$b=3.2994$ $\beta=119.37°$
	Sb	Mo_3Sb_7	—	—	—	9.5688	—	—
$Ⅵ_B$	U	$MoU_2(\delta)$	—	到 595	体心四角	3.427	9.854	—
$Ⅵ_A$	S	Mo_2S_3	—	—	单斜系	8.633	6.902	$B=3.208$ $\beta=102°43'$
		MoS_2	—	到 2370;1185?	菱形;六面体	—	—	—
	Sc	$MoSc_2$	—	—	六面	3.29	12.9	—
	Tc	$MoTc_2$	—	约到 1200	六面	3.5182	13.9736	—
$Ⅶ_B$	Mn	$MoMn_2(\delta)$	在 36 附近窄区	1115 以上	四方	9.10	4.74	—
	Tc	$MoTc(\delta)$	在 45 附近窄区	—	立方 β-W 型	4.943	—	—
		$MoTc_{\sim 2}(\sigma)$	26～35 1200℃	—	四方			
	Re	Mo_3Re	—	—	立方 Cr_3O(β-W)型	5.018	—	在 22.3%(原子分数)Re 时
		$Mo_2Re_3(\sigma)$	32.5～47.5	1150? ～2570①	四方	9.54	4.95	—
		$MoRe_4(X)$	17～22.3	到 1850②	立方 α-Mn	9.55	—	—

续表

族号	合金元素	化合物	均相区范围 原子分数/(%)	稳定的温度范围/℃	晶体结构	晶格常数 Å		
						a	c	其他
Ⅷ	Fe	MoFe(σ)	42～50　1480℃	1180～1540①	四方	—	—	—
		Mo_2Fe_3(σ)	39～40	到1480①	斜方六面体 W_6Fe_7 型	9.001	—	a=30.62°
		R	37～37.5	1245～1490①	斜方六面体	9.016	—	a=74.46°
		$MoFe_2$(λ)	—	到950②	六面体 $MgZn_2$ 型	4.745	7.734	—
	Co	Mo_3Co_2(σ)	62～63	1250～1620①	四方	9.278	4.870	—
		Mo_6Co_7	45～50	到1510	斜方六面体	4.675	25.65	—
		$MoCo_3$(K)	在24附近窄区	到1020②	密排六方 $MgCd_3$ 型	5.13	4.119	—
		Mo_3Co_4(θ)	在18附近窄区	1020～1200②	密排六方	2.5973	1.6250	—
	Ni	MoNi(δ)	52～54	到1362①	四方	9.107	8.852	
		$MoNi_3$(γ)	24～26	到910②	正菱形	5.064	4.449	b=4.223
		$MoNi_4$(β)	19～19.5	到875②	四方	5.683	3.592	—
	Ru	Mo_5Ru_3(σ)	62～64	到1920②	四方	9.5575	4.9346	—
	Rh	MoRh	狭窄	到1200	直菱形 MgCd 型	2.745	4.413	b=4.785
		$MoRh_3$(ε)	18～55	到2075③	密排六方 $MgCd_3$ 型	5.456	4.350	—
	Pd	MoPd(δ)	在48附近窄区	1425～1755①	密排六方 $MgCd_3$ 型	—	—	—
	Os	Mo_3Os(β)	74.5～76	到2210②	立方β-W型	4.9693	—	25%(原子分数)的Os
		Mo_2Os(σ)	61～70 1000℃	到2430①	四方σ-FeCr型	9.613～9.632	4.934～4.950	62.5%～70%(原子分数)的Mo

续表

族号	合金元素	化合物	均相区范围原子分数/(%)	稳定的温度范围/℃	晶体结构	晶格常数 Å		
						a	*c*	其他
Ⅷ	Ir	$Mo_3Ir(\beta)$	75～78	到 2110①	立方 β－W 型	4.968～4.979	—	—
		$Mo_3Ir_3(\sigma)$	在 71 附近窄区	1975～2095①	四方 σ－FeCr 型	9.64	4.96	—
		(ε)	23～56 1400℃	到 2300①	密排六方	—	—	—
		MoIr(ε)	48～52	到 1610	正菱形 MgCd 型	2.752	4.429	*b*=4.804
		$MoIr_3$	34～42 1420℃	1600～2270①	密排六方 $MgCd_3$ 型	5.487	4.385	—
	Pt	$Mo_6Pt(\beta)$	80～83	1300～1800②	立方 β－W 型	—	—	—
		$Mo_3Pt_2(\varepsilon)$	48～62	1500～2180③	密排六方	2.786～2.808	4.486～4.500	—
		$Mo_3Pt_2(\varepsilon')$	57～65 800℃	到 1600	六面体 Mg_3Cd 型	5.615	4.489	—
		MoPt(δ)	47～55 800℃	到 1300③	正菱形 MgCd 型	5.484	4.480	*b*=4.903
		$MoPt_2(\eta)$	32～38 800℃	到 1800	正菱形	2.758	3.94	*b*=8.27

注:①包晶反应形成的化合物;②包析反应形成的化合物;③共晶化合物。

5.2　钼的二元系合金状态

本节主要介绍钼和周期表中的各族元素组成的二元状态。

5.2.1　$\mathrm{I_B}$ 族金属系

Mo 和铜、银、金这些金属相互作用的资料很有限，特别是富 Mo 合金的资料更少。液体 Cu 和 Mo 相互不溶。电阻的测量结果发现，在 900℃时 Mo 在 Cu 中的熔解度特别低。钼在 950℃约熔解 Cu2.2%(原子分数)[1.5%(质量分数)]。

在 1600℃的液体 Ag 中 Mo 的熔解度不小于 5.6%(原子分数)(5%质量分数)，但是钼在固体银中的熔解度很低。

Mo－Au 合金的研究表明，在 1054℃形成共晶体，没有中间相。在 200℃和 1054℃，钼在 Au 中的熔解度相应为 0.7%(原子分数)和 1.25%(原子分数)。Au 在固态钼中不溶。

5.2.2　$\mathrm{II_A}$ 族金属二元系

铍：在 Mo－Be 系中，Mo 和化合物 MoBe 约在 1850℃形成共晶，共晶成分约为 6.5%Be(质量分数)。Be 在钼中的熔解度由共晶温度下的 0.05%(质量分数)降到 1300℃的 0.01%(质量分数)。化合物 $MoBe_2$ 具有 $MgZn_2$ 型的六方结构。除 $MoBe_2$ 以外，在低温下还有 $MoBe_{12}$，它是体心四方结构，单位晶包括 26 个原子，还发现有化合物 Mo_3Be，$MoBe_{20}$ 或 $MoBe_{28}$，这些化合物在 1000℃以下似乎发生了分解。

镁：钼和镁不发生合金化反应，用电弧熔炼含镁添加剂的钼合金时，在合金中只发现有痕量镁。

5.2.3　$\mathrm{II_B}$ 族金属二元系

锌：Mo 与 Zn 在 1350℃以下不合金化。在用烧结法制取的合金中发现有中间金属化合物，根据它们的成分推测，与结构为体心立方的 $MoZn_6$ 相符。Mo 在 Zn 中的熔解度于 Zn 的熔点处为 0.0025%(原子分数)，在 550℃升高到 0.015%(原子分数)。近期的文献报道有化合物 $MoZn_2$ 存在，其晶体结构为正菱形晶格。把 $MoCl_5$ 与 Ar 气混合物通过液态锌可以得到这种化合物。

汞：汞在室温下熔解 2×10^{-5}%(质量分数)的钼。Mo－Hg 系没有汞化合物形成。

5.2.4　$\mathrm{III_B}$ 族金属二元系

Mo－Y 系中没有中间化合物，在 1498℃形成含钇 11%(原子分数)的共晶体。

用金相法和质谱分析研究 Y 和 Sc 在钼中的熔解度。由于试图用真空电弧炉使 Mo 和 Y 发生合金化而未获成功，因此，为获得合金，把电子束熔炼出的钼放在装有纯度分别为 99.9% 和 99.5%(质量分数)的液态 Y 和 Sc 的炉管中长时间加热，加热温度相应为 1585℃和 1625℃。在该温度下，Sc 和 Y 在 Mo 中的熔解度小于 0.0001%(质量分数)。显微组织研究表明，Mo－Y 系有共晶体，Mo－Sc 系没有共晶体。

Mo－Ce 系没有形成中间相。在 1300℃时，钼在铈中的熔解度小于 0.3%(原子分数)

[0.2%(质量分数)],Mo-La系和Mo-Ce系相似。

在2400℃,2200℃和1600℃时,Gd在Mo中的熔解度分别为1.1%,0.4%和0.15%(质量分数)。在系统中没有中间相。在2457℃形成Mo-Gd[1.4%~80%(质量分数)]共晶,共晶点约为15%Gd(质量分数)。

镝经X射线分析法确定,Mo-Dy系没有中间相。

5.2.5 $Ⅲ_A$族金属二元系

在1100℃,1800℃,2000℃时,B在Mo中的熔解度分别为0.004%,0.009%和0.015%(质量分数)。在2270℃发生包晶反应,形成硼化物Mo_2B,在2200℃形成共晶体$Mo+Mo_2B$,共晶点的硼含量为22%(原子分数)。成分不确定的MoB相有α和β两个同素异构体,在富硼端α↔β的转变温度是1900℃,贫硼端为2000℃。大约在2350℃和2200℃按包晶反应分别形成MoB_2和Mo_2B_5。MoB_2相大约在1500℃分解成Mo_2B_5和α-MoB。

F. Sperner建立了完整的铝系统状态图,但近期在1400℃以上、Mo含量为25%~100%(原子分数)时系统的相平衡研究问题中,发现了两个新相(用ξ_1和ξ_2表示),使得状态图发生了很大变化。

铝在钼中的熔解度随着温度的下降而减少,温度从2150℃降到1300℃,熔解度由大约19%减少到5.5%(原子分数)。大约在2150℃按包晶反应形成具有β-W型立方结构的Mo_3Al相,其均相区大约从73%Mo到78%Mo(原子分数)。

在1570℃和约1720℃按包晶反应形成$\xi_1(Mo_{37}Al_{63})$和ξ_2(MoAl)相,它们相应在1490℃和1470℃发生共析分解。MoAl是体心立方结构,$Mo_{37}Al_{63}$相的晶体结构尚未确定。Mo_3Al_8相是单斜系结构,而以前曾认为它的成分是$MoAl_3$,具有四面体晶格。

MoAl状态图的富铝端(0~25%Mo),发现了化合物$MoAl_{12}$,$MoAl_6$,$MoAl_5$和$MoAl_4$。

镓已经确定系统有β-W型结构的化合物Mo_3Gd,它的超导转变温度为9.8K。

5.2.6 $Ⅳ_B$族金属二元系

钼和体心立方结构的β-Ti形成连续固熔体。在500~600℃之间,六方结构的α-Ti熔解钼0.3%~0.5%(质量分数),在750℃熔解0.3%~0.4%(质量分数)。随着Ti含量的提高,β-相的晶格常数增加,表明与Vegard规律有很大的负偏差。

Mo-Zr系统中有$MgCu_2$型立方结构的Laves相Mo_2Zr,这个相在1900℃有包晶反应生成,它没有多晶型转变。钼的浓度在65%~70%(质量分数)范围内,Mo_2Zr的晶格常数有变化,这就表明这个相有均相区。含Mo68%(质量分数)的合金在1350℃退火150h以后,Mo_2Zr相的晶格常数$a=7.53Å$,可是铸造合金的晶格常数$a=7.59Å$。以β-Zr为基体的固熔体和Mo_2Zr在1540℃结晶成含37%Mo(质量分数)的共晶体。在630℃发生β→α+ε的共析反应,但据文献提供的共析转变温度是780℃;在钼中的极限熔解度约为10%(质量分数),1350℃的熔解度约为5%(质量分数)。

化合物Mo_2Hf是Laves相,该相是在1960℃发生包晶反应的产物,它的均相区很窄,有两个多晶型转变。在900~1800℃之间,$MgCu_2$型面心立方晶格的同素异构体相是稳定的,如温度更高或更低一些,则$MgZn_2$型六面体晶格的ε相同素异构体稳定。Hf在Mo中的熔解度随着温度的下降而减少,温度由1960℃降到1200℃时,熔解度由35%(原子分数)降到9.5%

(原子分数)。

已经确定钍在固态钼中不溶,系统中没有中间相。在1325℃时,Mo在Th中的熔解度为0.05%(质量分数),低温下降到零。在1380℃时,形成含Mo15.4%(原子分数)[7%(质量分数)]的共晶体。Mo含量小于0.1%(质量分数)时,发生共析转变。

5.2.7　ⅣA族元素二元系

人们对Mo-C系的相平衡、C在Mo中的熔解度以及Mo_2C的结构进行过许多研究工作,曾用显微结构分析法、X射线分析和热分析法,系统、仔细地研究了含碳50%(原子分数)的合金,他们建立的状态图比W. P. Sykes从前提出的状态图更完善,也更正确。

系统形成3个碳化物相,Mo_2C,η-MoC_{1-x}和α-MoC_{1-x},它们相应的熔点为2522℃,2550℃和2660℃。发现Mo_2C有β→α转变,这种转变与碳原子的有序化过程有关。β-Mo_2C的结构特点是金属原子排成密排六方晶格,碳原子位置没有长程有序。这个相的均相区与温度有非常密切的关系,在1700℃由31%的碳扩展到34.1%(原子分数),在2200℃由26%扩展到34.5%碳(原子分数)。碳原子有序排列的α-Mo_2C低温同素异构体的结构是正菱形晶格。

在碳化物Mo_2C中,碳含量相当理论组成或低于理论组成时,约在1400℃发生β→X转变,其转变速度像均匀化一样快。碳含量高于理论组成时,β-Mo_2C在1190℃缓慢地共析分解,形成α—Mo_2C和石墨。在2200℃ Mo_2C和Mo形成含碳17%(原子分数)的共晶体。

具有六面体结构的η-MoC_{1-x}相和具有六方结构的α-MoC_{1-x}相只有在高温下才处于稳定状态。含碳40.4%(原子分数)的α-MoC_{1-x}在1960℃共析分解成石墨和η-MoC_{1-x},含碳39%(原子分数)的η-MoC_{1-x}在1655℃发生共析分解,产生石墨和β-MoC_{1-x}。

许多研究确定了碳在钼中的熔解度。大约在1500℃,熔解度基本上处于0.005%~0.010%(质量分数)范围内。研究还表明,在共晶温度下得到的极限熔解度都很接近,其值为0.12%~0.14%(质量分数)。

在钼硅系统中,当温度升高时Si在Mo中的熔解度增加,由1820℃升高到2025℃(共晶温度),熔解度由不到1%增到2.9%(质量分数)。在1315℃到共晶点之间,硅的熔解度由1%(质量分数)增加到1.65%(质量分数)。系统里形成的化合物有Mo_3Si,Mo_5Si_3和$MoSi_2$。$MoSi_2$有两个同素异构体,和$MoSi_2$化学当量成分相比,富Mo合金在1850℃形成低温同素异构体,富硅合金在1900℃形成低温异构体β—$MoSi_2$。

Ge和Mo大约在1750℃,1730℃,1520℃和1100℃,系统按包晶反应形成相应的化合物Mo_3Ge,Mo_5Ge_3,Mo_2Ge和MoGe。$MoGe_2$化合物的结晶结构尚未确定。

钼在1750℃熔解5%(原子分数)的锗。

钼在1200℃液态铅中的熔解度小于0.011%(原子分数)。

5.2.8　ⅤB族金属二元系

用99%纯度的钼和用铝热法制取的99.5%纯度的钒通过电弧熔炼制备合金。含钼为10%~60%的合金在900℃退火170h以后,发现有少量的第二相析出。但是,含Mo为40%的合金作同样退火以后,以及含Mo为50%的合金在600℃长期退火以后都没有发现第二相。

H. Buckle进行的Mo-Nb合金晶格常数的测量结果表明,该系统的组元可无限熔解。

后来合金的物理性能测量和金相分析的结果证实了这些。在1100℃保持有无限熔解状态。固相线和液相线大约在2350℃、含量为30%附近有极小值。测定了体心立方晶格固熔体的晶格常数和成分的关系。

X射线分析法、金相分析法和合金的热电势测量都表明Mo－Ta形成连续式固熔体。随着Ta含量的增加，晶格常数的扩大和Vegard规律出现微弱的负偏差。试验点相应于固相线和液相线中间的温度值，测量精度为±50℃。

5.2.9 $\mathrm{V_A}$族元素二元系

(1)氮：在900℃以上和一个大气压条件下钼吸收氮。氮在钼中里面的熔解度数据非常分散。一些研究中得到的结果是相当一致的。

在900～2600℃之间，随着温度升高，氮在钼中的熔解度由2×10^{-4}%(质量分数)升到2×10^{-2}%(质量分数)[大约由0.01%升到0.1%(原子分数)]。在15～400mmHg压力下得到了氮的熔解度方程式为

$$C_{\mathrm{N}}=\sqrt{P_{\mathrm{N_2}}}\times0.3\exp\left(-\frac{22600}{RT}\right)$$

氮在固态钼中的极限熔解度为

$$C_{\mathrm{Nmax}}=3.1\times10^{3}\exp\left(-\frac{36200}{RT}\right)$$

式中，C_{N}和C_{Nmax}为熔解度(原子分数)；$P_{\mathrm{N_2}}$为氮气压力，mmHg；T为温度，K；R为气体常数。

在400～750℃，NH_3中氮化的钼粉，经X射线分析，发现有三个氧化物相，它们的成分为Mo_3N，Mo_2N和MoN。Mo_3N是面心四角晶格(a=4.18Å，c=4.02Å)，只有在600℃以上它才是稳定的。MoN是立方结构(a=4.169Å)。用电子衍射发现，在MoN成分附近有两个六角相MoN(Ⅰ)－P3ml空间群(a=5.72Å，c=5.60Å)和MoN(Ⅱ)(a=5.665Å，c=5.52Å)，还有Mo_5N_4相。

致密钼在NH_3中加热到1500℃以上看到有氮化物组成，甚至在1100℃以上就已经生成了氮化物。

含有少量Ti，Zr添加剂的钼合金在氮气或氨气中加热时，在1100℃～1500℃合金中的氮达到饱和并组成弥散的氮化物TiN和ZrN，它们的生成自由能比Mo_2N低得多。

氮化钛是等轴型，氮化锆是片状析出物，它的金相学取向是两个互相垂直的方向，还有更细小的方形析出物，它的取向平行于片状析出物的方向。此外，可以在晶界上看到较粗大的ZrN片状质点。在分解NH_3介质中，氮化速度比在纯氮中快一些，析出氮化物的尺寸随着氮化温度的升高而扩大。氮化物的稳定性很高，因此在1000～1400℃工作温度下，为了弥散强化钼合金可以用氮化物。

(2)磷：许多研究都确定有磷化物Mo_3P，MoP和MoP_2。大约在1650℃组成含磷29.7%(原子分数)的Mo+MoP共晶体。化合物Mo_3P和MoP相应有Fe_3P型体心四方结构和WC型六方晶格结构。

(3)砷、锑、铋：Mo－As，Mo－Sb系统中元素的互溶性，以及Bi在Mo中的熔解度都未发现。钼在锑中的熔解度800℃时为0.0004%(质量分数)[0.001%(原子分数)]，大约到

1030℃，熔解度低于所用的分析方法的灵敏度，小于0.0001%（质量分数）。已经确定Mo-As，Mo-Sb系统有Mo_5As_4，Mo_2As_3，$MoAs_2$和Mo_3Sb_7。Mo-Bi没有中间相。

5.2.10　$Ⅵ_B$族金属二元系

（1）铬：尽管Mo-Cr系有大量的研究报道，但不能认为它的状态图是最终研究结果。在整个温度范围内，Mo和Cr形成连续式固熔体。固相线和液相线在20%～22%（原子分数）Mo附近有1820℃或1860℃两个不明显的极小值。

Mo-Cr合金在600～1600℃之间长期退火以后，没有发现固熔体的分解。研究表明，存在一个带有极大值的互不相溶的封闭区域，极大值在700℃和30%钼附近。

用热扩散法研究Mo-Cr系统时确定，合金形成具有四方和六方结构的第二相。霍尔效应与浓度关系测定的结果断定，在合金成分符合Cr_5Mo，Cr_3Mo，Cr_3Mo_2和Cr_2Mo_5关系式的条件下，这个系统有化学相互作用。

用显微结构分析法、X射线和热分析法、显微硬度和电阻的测量来研究富铬合金时，结果发现有4个双相区。这些双相区开始于100%铬端的温度坐标上的铬的多晶型转变点，随着合金Mo中含量的增加逐渐降低到室温。

（2）钨：X射线、金相分析法和电阻测量的结果断定，W和Mo互相无限固溶。塞克司根据资料所建立的状态图见图5-1。

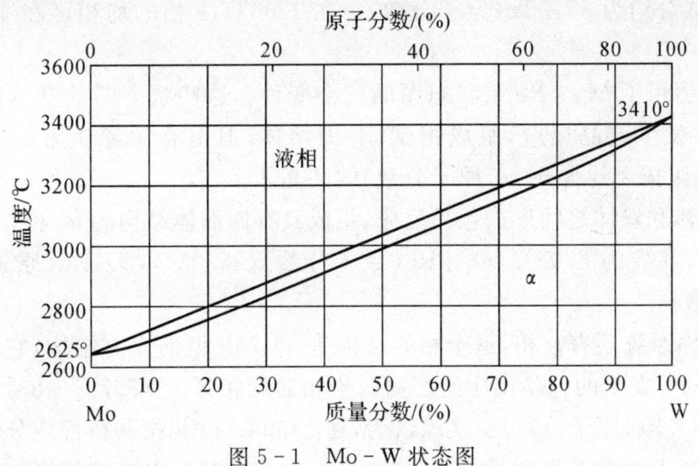

图5-1　Mo-W状态图

固相线和液相线非常靠近是这个状态图的特点，两条线之间的距离不超过20℃，实际上它们有直线的特征。合金的晶格常数与成分有直线关系。研究及测量了0～100%W（质量分数）合金的霍尔系数和浓度的关系，在浓度曲线上的50%W（原子分数）处具有奇点。

（3）铀：许多学者都研究过这个系统与铀毗连的状态图的富铀端，而富钼端的资料有限。

U与Mo约在1280℃系统发生包晶反应。在包晶温度下，铀在Mo里的熔解度极限是2%（原子分数）。钼在α-U中的最大熔解度为0.18%（原子分数）或者低于0.1%（原子分数）。β-U熔解1.4%的Mo（原子分数）。大约在600℃形成具有体心四面体结构、含钼32%（原子分数）的$δ_2$相。

5.2.11 ⅥA族元素二元系

(1)硫：Mo_2S_3，MoS_2，Mo_2S_5，MoS_3和MoS_4这些硫化物都是用各种化学方法制备的。MoS_2有菱形或六面体结晶晶格。Mo_2S_3是单斜系晶格，MoS_3的成分可变，加热时转变成MoS_2。纯MoS_2的熔点约为2370℃。

(2)硒：Mo_2Se_3，MoSe，Mo_2Se_5和$MoSe_3$都是通过化学方法制取的。Mo粉和化学当量成分的Se混合，在700℃烧结，得到具有六面体结构的$MoSe_2$。

(3)碲：化合物组成为Mo_2Te_3，$MoTe_2$。$MoTe_2$是六面体结构。

5.2.12 ⅦB族金属二元系

(1)锰：Mn在Mo中的熔解度强烈地依赖于温度。合金从1800℃快速冷却(600℃/min)以后，固熔体里Mn的含量是30%(原子分数)，而缓慢冷至室温以后仅含Mn16%(原子分数)。用氩气保护电弧炉炼出的含0.33%(质量分数)Mn合金的结构是单相的。Mo的晶格常数随含量的增加而减小。有学者发现，Mo-Mn合金有σ相。在随后的研究中指出，σ相只在1115℃以上才存在，在64%(原子分数)Mn附近有一个狭窄的均相区。

(2)锝：用X射线方法研究Mo-Tc合金时，除固熔体以外，还发现有β-W型立方晶格的β-相和四面体的σ-相。在1200℃和1800℃，Tc在Mo里的熔解度相应为36%和50%(原子分数)。β-相的成分约为55%Tc(原子分数)。在1200℃，σ相的均相区在65%～72%(原子分数)Tc之间。

(3)铼：文献引用了Mo-Re系状态图的三个变种。这些状态图的基本区别在于，σ相和熔融体在2500℃发生包晶反应，组成钼基α-固熔体，但也有学者认为，α-Mo和σ-相在2440℃或2505℃组成大约含50%(原子分数)的共晶体。

在铼基固熔体和融体之间形成包晶反应，组成具有四面体结构的σ-相。不同研究给出的包晶反应点不同，相应为2507℃，68%Re(原子分数)；2520℃，72%Re(原子分数)；2645℃，68%Re(原子分数)。

除σ-相以外，系统还有χ-相，这个相的结构是α-Mn型的立方结构，它是Re基β-固熔体和σ-相在1850℃发生的包晶反应的产物。χ-相的均相区为77.7%～83%Re(原子分数)，或者是76%～79%Re(原子分数)。文献认为，在1150℃ σ-相按共析反应分解成α+χ。

钼基固熔体的晶格常数随铼含量的增加而下降。钼在铼中的熔解度值差别很大。根据E.M.萨维茨基等人的研究，在2570℃，2100℃，1500℃和1100℃铼熔解的钼相应为12.0%，8.0%，4.0%，2.0%(原子分数)。

5.2.13 Ⅷ族金属二元系

(1)铁：Fe在钼中的熔解度随温度下降而减小，在1500℃和1100℃，Fe在钼中的熔解度相应为10.5%和2.7%(质量分数)。

由1180℃到1540℃系统有σ-相FeMo，其均相区范围为42%～50%Mo(原子分数)。在40%Mo(原子分数)附近的很狭小的区域内组成ε-相，此相的成分符合Mo_2Fe_3，但按照结晶结构属于μ-相化合物Mo_6Fe_7。在这个系统中存在有Laves相，它是在950℃，33.3%Mo(原子分数)处按包析反应生成的产物。Mo-Fe状态(见图5-2)中还发现一个化合物(R-相)，该相是在1490℃，含Mo量约为37.4%(原子分数)时发生的包晶反应产物，并且在1245℃它分解成ε和α-Fe相。用扩散法研究时也证实了R-相的存在。

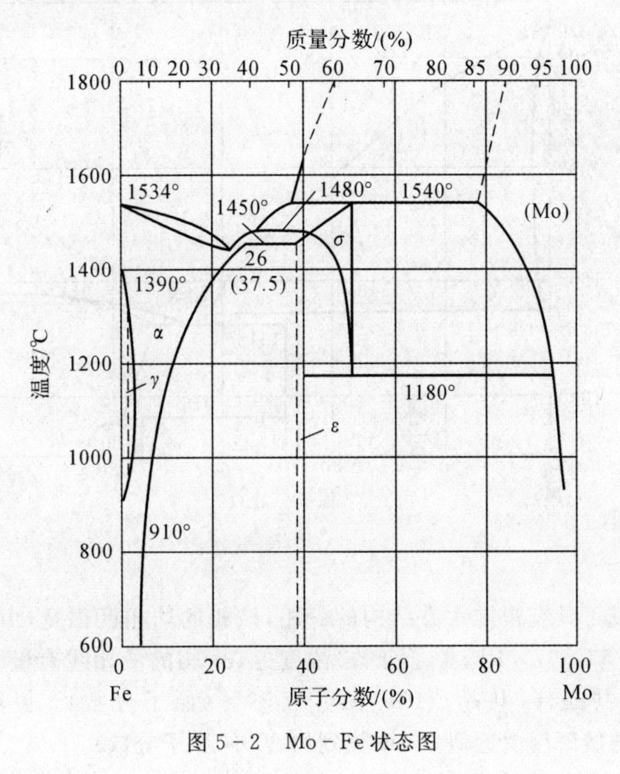

图5-2　Mo-Fe状态图

(2)钴：T.J.Quin等人研究了Mo-Co系的相平衡。系统有四个中间相，在1620℃按包晶反应组成σ-相(Co_2Mo_3)，在1240℃和1280℃之间，σ-相共析分解成α-Mo和具有菱形结构的ε-相(Mo_6Co_7)，ε-相的均相区在55%～60%(原子分数)Co浓度之间。

在包晶温度下，Co在Mo中的熔解度是11.5%(原子分数)，在1100℃为0.95%(原子分数)。

(3)镍：Casselton等人得到了Mo-Ni系统的最完整的相平衡资料(见图5-3)，他们在从前的状态图上加了许多确切的说明。根据晶格常数测量确定的Ni在Mo中的熔解度由共晶温度(1362℃)的1.8%(原子分数)降到900℃的0.1%(原子分数)。在系统中发现有3个中间相。1362℃的包晶反应形成δ-相(MoNi)，该相的结构还没有最终确定，但是它接近σ-相的结构。在910℃发生包析反应组成γ-相，相的成分为$MoNi_3$，它的均相区很狭窄，结构为$TiCu_3$同素异构体型的正菱形晶格。具有三面体结构的β-相，它含Ni为80.5%～81%(原子分数)。

(4)钌：E.Raub提供了1600℃以下Mo-Ru合金的显微组织和X射线的研究结果，并发现Ru在Mo中的熔解度不大，系统中有Mo_5Ru_3化合物。Bloom指出，该化合物有σ-相结构。在1945℃，Mo和Ru形成含Ru41.6%(原子分数)的共晶体。Ru在Mo中的熔解度随着温度的下降由1495℃的30.5%减少到1500℃的13%(原子分数)。从1900℃缓冷到1150℃的合金保留有在1900℃按包析反应形成的σ-相(Mo_5Ru_3)，相的均相区是(37±1)%(原子分数)Ru浓度。

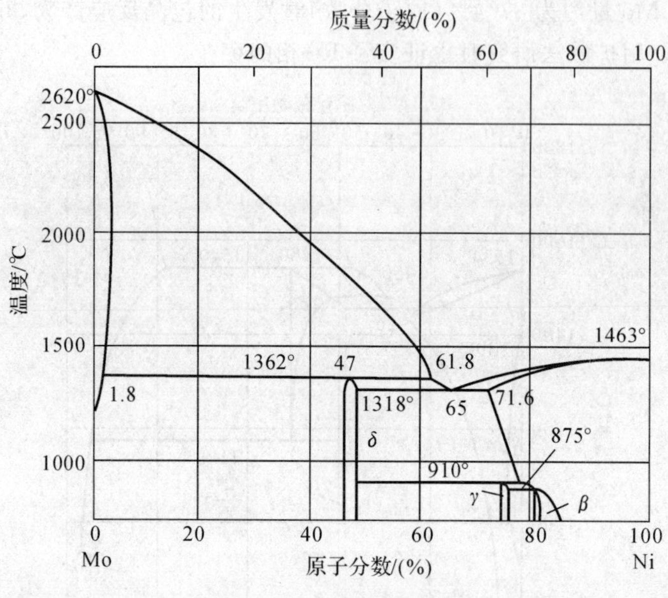

图 5-3　Mo-Ni 状态图

(5)铑:系统生成了具有密排六方结构的ε-相,该相的均相区很宽,由 45%Rh 到 85%Rh(原子分数)。在 2075℃,67%Rh(原子分数)浓度处,ε-相的液相线有极大值,ε-相在 1940℃与 Mo 固熔体形成共晶体,共晶点 Rh 含量为 39%(原子分数)。温度由 1000℃提高到 1940℃,Rh 在钼中的熔解度由近似 3%增加到约 20%(原子分数)。

含铑 50%(原子分数)的合金在 950℃退火以后,发现有正菱形结构的 MoRh 相。1200℃退火以后,在合金里没有看到有序结构。

(6)钯:Pd 在 1755℃和 1400℃于钼中的熔解度相应为 6.5%和 3%(质量分数),或者 15.5%和 11%(质量分数)。已经发现该系统有一个密排六方结构的ε-相型的化合物,均相区很狭窄。该化合物是在 1755℃按包晶反应方式形成的,大约在 1425℃分解。

(7)锇:在共晶温度(2380℃)熔解了 19.5%(原子分数)锇,到 1000℃熔解度降低到 7%(原子分数)。系统形成了 Mo_3Os 和 Mo_2Os 化合物,Mo_3Os 的结构是β-W 型的立方结构,均相区很狭窄。在 1100℃ Mo_2Os(σ-相)均相区范围在 30%~39%(原子分数)锇之间。

(8)铱:根据含 Ir 47.5%,62.5%,75%(原子分数)合金的金相和 X 射线的研究结果所得到的数据。

铱在钼中的熔解度由 2110℃的最大值 16%(原子分数)降到 1500℃时的小于 5%(原子分数)。系统在 2110℃,2095℃和 2300℃相应地按包晶反应方式形成 3 个中间相,即β-Mo_3Ir,σ-和ε-相。具有β-W 型结构的 Mo_3Ir 化合物存在的区域是 22%~25%Ir(原子分数),四面体结构的σ-相在 1975℃分解,随即形成β-相和ε-相。ε-相是 Mo,Ir 原子无序排列的密排六方结构,它的均相区很宽。在 1650℃以下组成 MoIr,大约在 2270℃按包晶反应方式形成 $MoIr_3$。

(9)铂:这个系统的状态图很复杂,相图有 7 个单相区,Mo-α 和 Pt(γ)为基体的固熔体,具有β-W 型结构的 Mo_6Pt 相(β)密排六角结构的无序相(ε)、Mg_3Cd 型有序结构的 Mo_3Pt_2 相(ε′)和正菱形结构的 MoPt(δ)相、MoPt(η)相。在 2080℃,α+ε形成共晶合金,共晶点 Pt 浓度为28%(原子分数)。

铂在2080℃的钼中最大熔解度大约为12%(原子分数),1000℃降到2%(原子分数)。在1800℃按包析反应形成Mo_6Pt相,它在1300℃分解成相α-Mo和ε′相。

5.3　钼的三元系合金状态

5.3.1　钼-钨-ⅣB～Ⅶ族金属系

(1)钼-钨-钛:A.M.扎哈罗夫等研究并建立了Mo-W-Ti三元系的许多等温和变温截面,以及系统浓度三角形的平面投影。Ti在Mo+W的固熔体中的熔解度相当高,温度下降时略有减少。在1820～1880℃的范围内,含有大约17%Mo(质量分数)和70%W(质量分数)的合金中,W基α固熔体和融体之间发生包晶反应,结果形成富Ti的β固熔体。在温度低于1820℃的情况下,系统的β固熔体区间和α+β双向区都很宽。在Mo含量大于25%(质量分数)的情况下,形成连续式β固熔体。

(2)钼-钨-锆:E.M.萨维茨基和A.M.扎哈罗夫等人研究过Mo-W-Zr三元状态图。1500℃和1000℃等温截面上的α+$(Mo,W)_2Zr$和β+$(Mo,W)_2Zr$的双相区范围很宽,单α,β相区的区域很狭窄。此处,α是W基或Mo基固熔体,β是Zr基固熔体。化合物Mo_2Zr和W_2Zr之间形成连续式固熔体$(Mo,W)_2Zr$,α-固熔体中Zr的含量随温度下降而减少。对于W∶Mo=1∶1的合金来说,在1800℃和1000℃的熔解度相应大于3.5%～4%或小于0.5%(质量分数)。

(3)钼-钨-铪:P.A.阿尔芬采娃等人研究了Mo-W-Hf三元系中Mo-W-W_2Hf-Mo_2Hf范围内的部分状态图。Mo_2Hf和W_2Hf化合物形成连续固熔体(η相);随着含量的提高,Hf在Mo中的熔解度下降。

(4)钼-钨-钽:Mo-W-Ta三元系组成连续固熔体。

(5)钼-钨-铬:Mo-W-Cr系合金的射线研究表明,在温度高于1800℃的情况下,形成三元连续固熔体。在较低的温度下,α-固熔体分解成具有体心立方晶格$α_1$,$α_2$的三元固熔体。

(6)钼-钨-铼:在M.A.蒂尔基娜等人的研究中探讨过Mo-W-Re状态图靠近钼和钨基固熔体一侧的一些区域。如同Mo-Re,W-Re二元系一样,在三元系里也形成σ相和χ相。C.T.Sims等得到了类似的结果。E.M.萨维茨基等人得到了Mo-W-Re三元系的状态图的铼角。

(7)钼-钨-锇:2375℃截面的位置低于Mo-Os二元系的共晶转变温度,此截面上的α-W,α-Mo基固熔体,θ-Os基固熔体和σ相的区域很宽。温度低于Mo-Os二元系形成Mo_3Os(β)化合物的温度时(2210℃),在三元系的等温截面上出现了α+β+σ的三相区。α-固熔体,θ固熔体的区域随着温度下降而缩小。

5.3.2　钼-铬-ⅣB～Ⅷ族金属系

(1)钼-铬-钛:H.B.格鲁姆等人所进行的1200℃和900℃的Mo-Cr-Ti系统的相平衡研究表明,系统有3个区域,体心立方晶格为基体的β-固熔体、β+$TiCr_2$双相区、$TiCr_2$化合物的有限均相区。温度低于Ti的多晶型转变温度时,除上述所指的3个区域以外,还看到有四相区，它包括以 α - Ti 六角结构晶格为基体的固熔体，正如从系统 600℃等温截面上所见到的那样。这些材料与早期的研究结果是符合的，早期研究建立了 550～1300℃之间的一族等温截面，研究所用合金的含量为 65%～100%(质量分数)。

(2)钼-铬-锆：它们的特点是具有 3 个单相区，$MgCu_2$ 型立方结构的中间金属化合物 Mo_2Zr和 Cr_2Zr 基的γ-固熔体，Zr 基 β-固熔体，锆在 Mo 和 Cr 中的 α-固熔体。

(3)钼-铬-铌：在 1550℃，由于合金的成分不同，它可以处于三相状态，α，β，α+β，此处 α 三元固熔体为体心立方晶格，β-固熔体是 Laves 相 $NbCr_2$ 的低温同素异构体为基体的固熔体。温度低于 1370℃时，α-固熔体分解，并形成富 Cr 的 α_1 固熔体和富 Mo 或富 Nb 的 α_2 固熔体的双相区。当温度进一步降低时，$\alpha_1+\alpha_2$ 双相区扩大。

(4)钼-铬-铁：在许多研究中都研究过 Mo - Cr - Fe 系统，建立了电弧熔炼合金的 1300℃，1100℃，900℃的等温截面，得到了粉末冶金合金的 650℃等温截面。这些研究都没有发现有三元化合物。

Goldschmidt 建立了系统的 620℃等温截面并发现有成分接近 50%Fe - 10%Cr - 40%Mo(质量分数)的 N-相。该相的 X 射线研究表明，它与 Mo - Cr - Co 系统中发现的 R-相相同。研究 Cr 角时确定有 α - Mn 型晶格的三元化合物，命名为χ-相，按成分它接近 Fe_3CrMo。确定了三元状态图的 α+σ 和 σ 相的分界线，早期进行的研究证实形成了χ-相，但没有发现 N-相。在研究系统 Cr 角的三元合金时，发现有两个双相区和 3 个单相区，这些区域都是以 Cr 的各种同素异构体为基体的固熔体的存在范围。

(5)钼-铬-钴(镍)：Mo - Cr - Co 系统中发现有三元 R-相，它分布在 σ 和 μ 相中间很狭长的浓度区间内，在 Mo - Cr - Ni 系中还有ρ-相，它分布在 σ 相和 δ 相之间。

Mo - Cr - Ni 系统的 1200℃，1250℃等温截面，除与 Ni - Cr 毗邻的区域以外，彼此非常一致。在 900～1200℃之间所进行的 Mo - XH70Ю(Ni - Cr 基合金)互扩散作用的研究结果也证实了ρ-相的存在。用 1100℃退火 100h，1000h 的试样，通过显微 X 射线光谱法决定的ρ-相成分相应为(14.5%～16.5%)Cr -(54%～59.5%)Mo，余量为 Ni。在系统的 Cr 角上有 3 个双相区和以 Cr 的各向同素异构体为基体的四个单向固熔体区域。

5.3.3 钼-铀-ⅣB～ⅥB 族金属系

Mo - U 加其他金属的三元系的特点一般都很复杂。有关文献上载有 Mo - U - Zr，Mo - U - V，Mo - U - Nb，Mo - U - Cr 三元系的资料。

5.3.4 钼-ⅤB 族金属-ⅣB，ⅤB，Ⅷ族金属系

(1)钼-钽-钒：涅费多夫等人指出，在 Mo - Ta - V 系统中，钼含量大于 30%(原子分数)时，该系统形成连续固熔体。和 Ta - V 边相毗邻的是狭窄的以 TaV_2 为基体的固熔体区[29%～34%Ta(原子分数)]和 TaV_2 相同的 Ta 基固熔体，或与 V 基固熔体形成很宽的[9%～60%(原子分数)Ta]环形双相区。

(2)钼-钽-铌：Buckle 确定本系统有连续固熔体。

(3)钼-钽-镍：具有体心立方晶格的 Mo 基和 Ta 基固熔体似乎能含 8%Ni(原子分数)，并与(Mo，Ta)Ni_3，($TiCu_3$型)，Ta(Ni，Mo)$_2$($MoSi_2$型)，Ta(Ni，Mo)(μ 相)，Ta_2Ni($CuAl_2$型)和 $Mo_{53}Ni_{47}$(δ 相)这几个相处于平衡状态。由 α 固熔体和(Mo，Ta)Ni_3 化合物形成的很宽的双

相区基本上占据了系统的 Mo 角，和双相区相邻的是顺着 Mo－Ni 边的很窄 $\alpha+(Mo,Ta)Ni_3+\delta$ 的三相区。但是这个区域中的 δ－相的数量不多，Ta 在 δ－相中的熔解度不超过 1%（原子分数）。$MoNi_3$ 相和 $TaNi_3$ 相形成连续固熔体。

(4)钼-铌-锆：在 B. H. 斯维奇尼科夫等人大量的研究工作中，研究了系统在 600～1800℃之间的相平衡。在 1600℃和 1100℃的等温截面上有以 β－Zr，Mo 或 Nb 为基体的，具有体心立方结构的三元 β－固熔体或γ-固熔体的单相区，有以 Mo_2Zr 为基的狭窄的ε-相区和 $\beta(\gamma)+\varepsilon$ 的双相区。β(γ)三元固熔体和双相区的分界线由 Nb－Zr 边向含 Mo 量更高的方向移动。在 600℃和 800℃的等温截面上看到有附加的相区，这些相区的组成取决于 β(γ)-固熔体的分解和 α－Zr 为基的 α－相的出现。大约在 550℃系统发生 $\beta\rightarrow\alpha+\gamma+\varepsilon$ 的共析转变。

(5)钼-铌-铪：斯维奇尼科夫等人研究了 Mo－Nb－Hf 系统的合金。向 Mo－Hf 二元系中加 Nb，缩小了 Laves 相(Mo_2Hf)的存在区域，甚至能使 Laves 相完全消除，加铌还降低了合金的硬度。

(6)钼-铌-钒：E. M. 萨维茨基等人确定 Mo－Nb－V 系统中存在连续固熔体。

(7)钼-铌-镍：Mo－Nb－Ni 系统的相平衡和 Mo－Ta－Ni 相似，但本系统没有 $MoSi_2$ 型和 $CuAl_2$ 型相。

(8)钼-钒-钛(锆)：科尔尼洛夫等人研究了 Mo－V－Ti 状态图，含 Mo 大于 30%的(质量分数)三元合金形成体心立方结构的连续固熔体，还研究了含钼到 40%(质量分数)的 Mo－V－Zr 系统的 Zr 角。

5.3.5　钼-$Ⅳ_B$ 族金属-$Ⅳ_B$，$Ⅶ_B$，Ⅷ族金属系

(1)钼-钛-锆：普洛科什金等人仔细地研究了 Mo－Ti－Zr 系统，系统的 Mo 角是狭窄的 Mo 基 β_1-固熔体的单相区及 $\beta_1+\delta$ 双相区，此 δ 为以化合物 Mo_2Zr 为基的固熔体。随着温度的升高，三元 β－固熔体的范围扩大，在 1200℃，它占据了浓度三角形的大部分面积。随着钛含量的提高，Ti，Zr 在钼中的相互熔解度升高。δ－相的均相区实际上没有。

(2)钼-钛-锰(镍)：已发表的资料只有 Mo－Ti－Mn 系统的 Ti 角和系统的 Mo－Ti－Ni 角。用惰性气体保护的电弧熔炼法试图制备含钼最高的合金，由于 Mn 的蒸发温度很低，熔炼困难很大。

(3)钼-锆-铁(钴、镍)：在 Mo－Zr－Fe 系统中只研究了钼含量到 25%合金状态图 Zr 角的构成。在系统中发现有 $MgZn_2$ 型结构的三元相 λ_1，其成分符合 $Mo_{1.5\sim0.5}Co_{0.5\sim1.5}$，以及具有六角结构的ω-相，其成分符合 Zr_4CoMo。此外，在 800℃还发现有六角结构的三元κ-相(接近 $Zr_{14}Mo_3Co$)。

如同 Mo－Ta－Ni，Mo－Nb－Ni 一样，δ－相熔解的 Zr 不超过 1%～2%(原子分数)，除了在相应的二元系中形成的各种相，以及以这些相为基体的固熔体以外，在 Mo－Zr－Ni 系统中还发现具有 $MgCu_2$ 型结构的三元化合物，其成分接近 $Zr_{30.3}Mo_3Ni_{66.7}$。此外，在 Zr_2Mo 成分附近，电子衍射研究发现有三元φ相，其成分符合公式 $Zr_{66.7}Mo_{28.3}Ni_3$，但是，这个相似乎只有在具有一定杂质时才稳定。

(4)钼-铪-铼：A. Taylor 等人研究并建立了 Mo－Hf－Re 系统的 1600℃，2000℃，2400℃的等温截面，确定了许多不同相的存在区域。含 Re 小于 30%(原子分数)和约 17%Hf 的合金在 1600℃是钼基三元 α－固熔体。随着温度下降，α－固熔体的区域缩小。在齐加洛瓦等人的

研究中,建立了 Mo-Hf-Re 系统 Mo 角的熔化状态图,并详细地确定了 Hf,Re 在 Mo 中的熔解度边界线,还研究了 Mo-Hf-Re 三元合金的一些物理性能和机械性能。

5.3.6 钼-Ⅶ$_B$,Ⅷ族金属-Ⅶ$_B$,Ⅷ族金属系

(1)钼-锰-铁(钴):B. N. Das 等人研究过 Mo-Mn-Co 系统,为了得到含 50%(原子分数)Mo 的合金,采用感应熔炼法,为了得到含钼量更高的合金,采用粉末冶金方法。除了在相应的二元系中形成的各种相以外,还确定有三元 R-相,在 1240℃也发现有很窄的三元ρ-相区。和 Mo-Mn-Co 系相比,在 Mo-Mn-Fe 类似的截面上的 μ-相区很窄,R-相区很大。

(2)钼-镍-铂:在文献上建立了 Mo-Re-Pt 系统的 1050℃,1600℃和 1800℃等温截面的钼角,并研究了合金的超导性。在钼基三元合金中只发现了在 Mo-Re,Mo-Pt 二元系中形成的那几个相,体心立方晶格的 Mo 基 α-固熔体,密排六方结构的ε-相,以 β-W 型立方结构的化合物 Mo_6Pt 为基体的 σ 相,在所研究的温度范围内,Re 使 β-相更稳定。含 Re 接近 30%(原子分数)合金的超导转变温度最高(约 11K)。当 Re 含量不变时,三元合金中 Pt 含量的增加,导致超导转变温度升高。

(3)钼-铁-钴,钼-铁-镍,钼-钴-镍:Das 等人研究了 Mo-Fe-Ni,Mo-Fe-Co,Mo-Co-Ni三元系。在他们的研究中建立了上述三个系统的 1200℃,Mo 含量小于 60%(质量分数)的等温截面。分布在 α-相区中虚线左边的 Mo-Fe-Co 系合金,在淬火时发生局部或全部的转变,形成体心立方晶格。在 Mo-Fe-Ni 系中确定有 60%Mo-10%Fe-28%(质量分数)Ni 的三元ρ-相,它是 Mo-Cr-Ni 系统中形成的ρ-相的变种。在其他三元系中没有发现有三元化合物。

5.3.7 钼-Ⅳ$_B$~Ⅷ族金属-铝系

(1)钼-钛(锆)-铝:曾研究过 Mo-Ti-Al 系和 Mo-Zr-Al 系状态图的富 Ti,和富 Zr 合金区域。

(2)钼-钒(铌,镍)-铝系:Mo-V-Al,Mo-Nb-Al,Mo-Ni-Al 系形成了大量的以 Mo,V,Ni,Nb 同 Al 化合的各种二元化合物为基体的相。

此外,Mo-V-Al,Mo-Nb-Al 系统中发现有成分接近 Mo_3Al 的三元相。但是,在研究 Mo-Ni-Al 系的相似相的形成时指出,这些相是以二元化合物 Mo_3Al_8 为基体的固熔体。Mo-Ni-Al 系统中确定有 $TiAl_3$ 型结构的三元化合物 Mo(Ni,Al),并预言在 Mo-Nb-Al 系统的铸造合金中也形成类似的化合物。在 Mo-Ni-Al 系统中,发现了 $MgZn_2$ 型结构的三元 ψ-相(Laves 相)。根据有关资料,三元合金含有少量杂质是 ψ-相生成的先决条件。在研究中发现有三元化合物 $MoNi_4Al_{15}$。

5.3.8 加入非金属的三元系和四元系

(1)钼-钛-(锆,铪)-碳:在 E. M. 萨维茨基等人的研究工作中详细地研究了 Mo-Hf-C,Mo-Zr-C,Mo-Ti-C 三元系相角的合金相平衡。在 2100℃的等温截面上,Mo_2C 和以 TiC,ZrC,或 HfC 为基体的 δ-固熔体,γ-固熔体或 β-固熔体与 α-钼基固熔体处于平衡状态。在 1200℃和 1250℃的等温截面上,除上述几个相以外,在 Mo-Zr-C 系统中还有 Mo_2Zr 相。

由于从 α-固熔体中析出相应碳化物的结果,形成了 α+Mo_2C+HfC(β),α+Mo_2C

$+ZrC(\gamma)$和$\alpha+Mo_2C+TiC(\delta)$三相区。$\alpha+Mo_2C$双相区的组成不但是由于α-固熔体分解的结果，而且还有Ж(液)→$\alpha+Mo_2C$共晶反应的产物。正如从Ti，Zr含量不变的三元系变温截面上所看到的那样，随着温度的下降，α和$\alpha+Mo_2C$的区域缩小，而$\alpha+Mo_2C+TiC(\delta)$，$\alpha+Mo_2C+ZrC(\gamma)$和$\alpha+Mo_2C+HfC(\beta)$三相区扩大。三元系还有Mo-TiC，Mo-ZrC和Mo-HfC伪二元截面的特点，这些截面是HfC，TiC，ZrC在Mo中熔解度可变的共晶型状态图。形成$\alpha+TiC$的共晶温度为2290℃。$\alpha+ZrC$共晶熔化温度为2260℃。$\alpha+HfC$共晶点等于2350℃或2310℃。

在共晶温度下，TiC，ZrC在Mo中的熔解度约等于3%(质量分数)，在1200℃约降到0.3%(质量分数)。在共晶温度和1250℃，HfC在钼里面的熔解度相应是3.3%和0.5%(质量分数)。当提高合金中的Ti，Zr，Hf的含量时，起初碳的熔解度增高，而后下降。在2100℃，1800℃，1500℃，1200℃，碳在Mo-Ti合金中的最大熔解度相应为0.31%，0.22%，0.12%，0.06%(质量分数)，相应的Mo-Ti合金中Ti含量为0.7%，0.5%，0.25%，0.1%(质量分数)。这些数值是碳在纯钼中熔解度的5～10倍。Ti含量进一步提高到6%(质量分数)，碳在1800～2100℃的熔解度降到0.04%～0.05%(质量分数)，在1200～1500℃降到0.02%～0.03%(质量分数)。

B. H. 叶列缅科等人研究了Mo-Ti-C系统完整的状态图，建立了Mo-Zr-C，Mo-Hf-C系统的某些截面。文献还列举了Mo-Ti-C，Mo-Zr-C，Mo-Hf-C系统形成的相的晶格常数。

他们研究了Mo-Ti-Zr-C四元系四面体富Mo区相平衡，并给出了Mo-Ti-Zr-C四面体原始截面的一些等温线。含碳为0.06%，Ti，Zr含量小于0.5%(质量分数)和0.7%(质量分数)的合金在2100℃是单相α-固熔体结构。在Ti，Zr含量更高的合金中有第二相(Ti，Zr)C-TiC和ZrC的固熔体。随着温度下降，α-固熔体区域缩小，1200℃时完全消失，$\alpha+$(Ti，Zr)C双相区扩大，并且出现新的双相区$\alpha+Mo_2C$，然后是$\alpha+Mo_2C+$(Ti，Zr)C三相区。含0.12%碳(质量分数)的四元合金在温度降低时也观察到相似相的成分变化。

(2)钼-钨-碳：少量W添加剂严重地降低了碳在钼中的熔解度。钨含量增加到1%(原子分数)[2%(质量分数)]，碳在2000℃的熔解度由0.59%(原子分数)[0.07%(质量分数)]降到0.16%(原子)[0.017%(质量分数)]，再进一步提高W含量，对碳的熔解度实际上没有影响。在1800℃和1000℃，碳的熔解度与W含量没有什么关系。

(3)钼-铁(钴，镍)-碳：研究了Mo-Ni-C，Mo-Fe-C系统Mo角的合金，Mo_2C和液态相同α-固熔体，在1800℃处于平衡状态。MoFe(σ-相)和MoNi(δ-相)化合物为基体的固熔体在1200℃时Mo_2C与α-固熔体平衡。用Fe和Ni合金化Mo，当温度升高时，明显地提高了碳在Mo里面的熔解度。变温截面的研究指出，少量Fe，Ni添加剂扩大了Mo-C合金的结晶范围，同时明显地降低了固相线的温度。

5.4　钼基耐热合金的合金化原理

5.4.1　钼为耐热合金的基体

根据近代理论，应当认为合金基体金属的特性，即金属原子间的键合强度，是决定合金热强度的主要因素之一。按照近代概念,金属原子间的键合力取决于晶格中原子之间的电子分布。用专门的X射线学方法,如离子发射光谱法、测定电子密度的共振法等都能确定原子间的键合力。根据物理特性(熔点、弹性模量、特征温度、线膨胀系数等)间接地估计原子间键合力的特点是更容易和更通用的方法。

表5-3列举了上述元素的一些物理特性,这些特性表明,在采用难熔金属作为耐热合金基体时,可以期望在耐热强度方面发生质的飞跃。为了直接比较耐热合金基体的几种主要金属的强度,曾确定了-196~2400℃范围内机械性能与温度的关系。

表5-3 耐热合金基体金属的一些物理性能

性能 \ 元素	Fe	Ni	Cr	Nb	Mo	W
熔点/℃	1589	1455	19.3	2468	2625	3410
沸点/℃	2740	2730	2469	3300	4800	5930
弹性模量/(10^6kg·mm^{-2})	2.16	2.1	2.9	1.6	3.3	4.15
室温线膨胀系数/(10^{-6}℃$^{-1}$)	11.7	12.8	6.2	7.1	5.0	4.45
密度/(g·cm^{-3})	7.87	8.9	7.2	8.57	10.2	19.3

采用的试验方法和设备允许在-196~2400℃范围内,用同种形式试样(工作部分直径为4mm),在同一种加载条件下(加载速度为3000kg/s)进行一组机械性能试验。两个难熔金属钼和铌的强度最高。

评价强度与温度关系在多大程度上取决于原子间的键合强度是很有意义的。在试验温度高于$0.6T_{熔点}$的情况下,三种金属都是等强的。在温度高于60%~80%熔点的情况下,金属强度仅取决于试验温度和被试金属熔点的差值,因此可以把强度看作是和原子间键合力直接有关的物理特性。这可能是由于在高温下,引起金属破坏的塑性变形主要是通过自扩散常数控制的位错交叉滑移过程来实现的。实际上,高温变形激活能和自扩散过程激活能的值是接近的。

但是,在温度低于$0.6T_{熔点}$的情况下,金属的强度不仅是金属熔点的函数,也是一系列其他因素的函数。在$0.3\sim0.6T_{熔点}$范围内,组织结构因素是其中的主要因素。这个温度范围特点是强度与温度的关系不甚密切(往往强度不是单调地下降),这可用位错理论来说明。

在这个温度范围内,位错在临界应力作用下沿滑移面的运动决定了塑性变形。临界滑移应力的大小在各向同性的介质中(即在结构完善的晶格内)与柏氏矢量、剪切模量、位错源长度有关,它们都是与热激活关系不大的数值。在实际金属中,晶格的许多其他不完善性,诸如杂质原子的集聚、第二相质点、其他位错、孔洞、晶界等,都阻碍位错运动。所有这一切都使临界剪切应力增高。

因此,在中温($0.3\sim0.6T_{熔点}$)范围内,试验中清楚地显示了纯金属的杂质含量对温度的影响。在这个温度范围内,合金化、加工硬化、热处理在很大程度上改变了金属的细微结构和显微组织,因而能大大提高塑性变形抗力和抗破断能力。因此,耐热合金的工作温度通常在合金基体金属熔点的30%~70%温度范围内并不是偶然的。

这样，铁、镍基耐热合金可确保在500～1000℃范围内工作。理论上的论证表明，为了确保有更高的工作温度，应当采用更难熔的金属作为耐热合金的基体。在1000～2000℃范围内工作，钼和铌是难熔金属中最有前途的金属（铬的熔点不够高，钨太重、脆，且加工工艺复杂，钽是稀贵金属），铌作为耐热合金基体的优点是塑性潜力很大，并可得到可焊接合金。但是铌的价格较高，而钼在各种介质中工作时有某些独特的特性，从而在许多情况下用钼比用铌更好一些。

金属纯度对钼绝对强度的影响程度比对铌、钽要小得多。钼的纯度对塑-脆性转变温度有最强烈的影响。

真空电弧重熔的再结晶态工业纯钼（0.01%C）机械性能与温度关系的特性曲线如图5-4所示。可以看出，纯钼的强度不高，20℃时的σ_b为36～40kg/mm²，1000℃时为7kg/mm²，2000℃时为1.2kg/mm²。

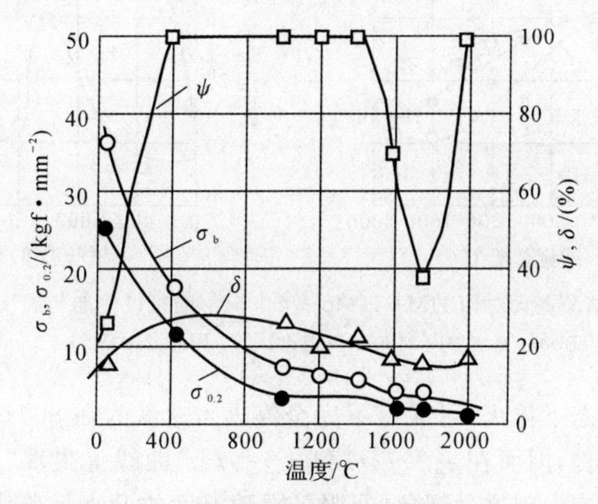

图5-4 钼的机械性能与试验温度的关系，真空熔炼用碳脱氧（含C0.006%）的钼锭，轧成Φ8mm的棒试样，在真空炉内退火，2100℃/h，在真空中试验，加载速度为2mm/min

当温度由室温升高到400℃时，金属强度急剧下降，塑性显著提高。这种性能变化与金属在这个温度范围内由脆性状态过渡到塑性状态有关。所有体心立方金属都具有这种脆性转变的特征。钼的脆性转变温度在室温附近，而铌的脆性转变温度很低（约－100℃），钨的转变温度很高（约600℃）。

在塑性性能（δ和ψ）与温度的关系曲线上有塑性值急剧下降的第二个温度范围（1650～1750℃），这种现象称为“热脆性”。

在钼及其合金实际应用过程中，钼的脆性转变问题有特别重要的意义，并将在有关章节中讨论。应当指出，由于真空熔炼工业纯钼是碳在钼中的过饱和固熔体，因而它的机械性能可能随固熔体的分解程度发生某些变化。例：①2100℃/h退火＋真空冷却；②2100℃/h＋1600℃/h二次退火，这两种处理状态的真空电弧熔炼钼的机械性能与试验温度的关系曲线如图5-5所示。

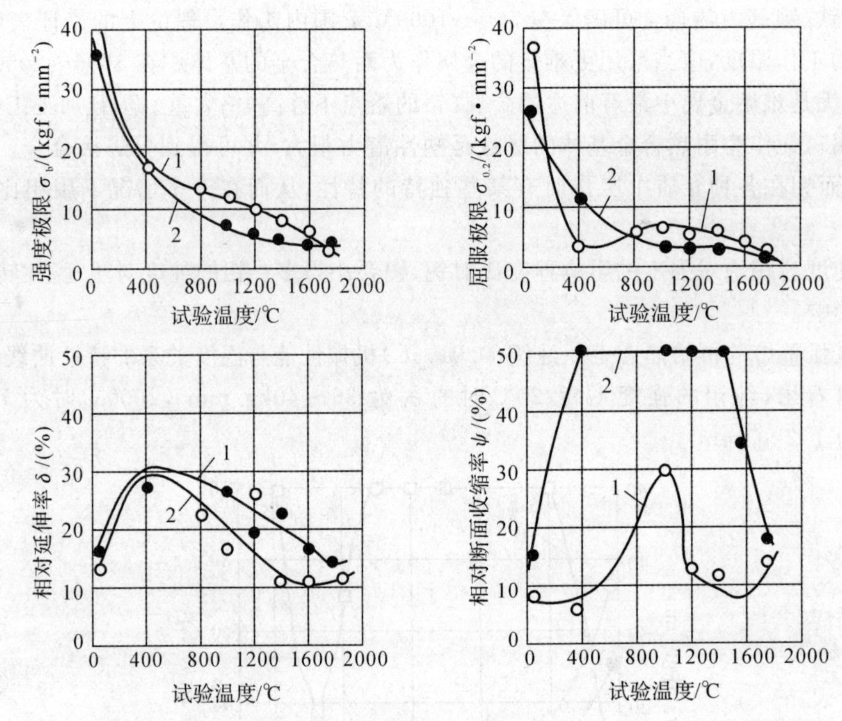

图 5-5 再结晶退火对钼 ЦМ-1(Mo-0.006%)的机械性能与温度关系的影响

1—在 TBB-4 真空炉内 2100℃/h 退火； 2—同前，2100℃/h+1600℃/h

将金属在第一种状态下淬火(可能是不完全淬火)，这就为在 800～1600℃试验过程中发生钼的弥散化创造了条件，因而在 $\sigma_b=f(t)$ 和 $\sigma_{0.2}=f(t)$ 曲线上出现“驼峰”。按第二种规范(时效规范)退火的金属未发现这种现象，屈服极限随温度的升高呈单调下降。尽管这时强度性能的试验值变化并不很大，可是在弥散硬化温度范围内，淬火态金属的塑性比回火的低得多(淬火态 ψ=20%～60%，回火态 $\psi\approx$100%)。

固熔体分解程度也有规律地影响铸态金属的性能。由于熔炼制度、结晶器直径、试样从铸锭中切取的位置(中心、外围)不同，机械性能会有些波动。这种波动和金属的冷却速度不同引起的固熔体的分解程度不同有关。试验结果表明，性能差异范围两端的最大值和最小值分别是淬火态的性能和完全回火态的性能。因此，对于铸态钼，20℃时的 σ_b=35～40kg/mm^2，$\sigma_{0.2}$=28～38kg/mm^2，δ=10%～14%，ψ=12%～50%(δ 和 ψ 沿铸锭轴向)，σ_b=35～40kg/mm^2。

钼的机械性能与晶体学位向有关，用单晶钼研究过这种现象，数据列于表 5-4，它表明，[100]方向键合力最大。

在 E. M. 萨维茨基等人的专著中比较详细地叙述了单晶钼的性能，作者特别指出，在 0.5～0.76$T_{熔点}$范围内，具有[110]位向的单晶钼在蠕变过程中沿两个晶体学系统：(112)[111]和(110)[111]发生滑移。在高温试验时，多晶钼试样破坏过程中沿晶界预先生成楔形裂纹和孔穴，而单晶钼试样破坏时无此现象，只产生表征韧性断裂的刃形断口。

表 5－4　20℃拉伸时钼单晶的机械性能

单晶轴的位向	$\frac{\sigma_b}{kg/mm^2}$	$\frac{\sigma_{0.2}}{kg/mm^2}$	$\frac{\delta}{\%}$	$\frac{\psi}{\%}$	$\frac{\tau_{临界}}{kg/mm^2}$
[100]	47	16	17	70	6.5
[110]	32	18	22	100	7.3
[111]	32	20	20	100	5.5

单晶性能取决于金属中杂质的含量和单晶生长条件，正是因为这些因素决定单晶中非金属夹杂物的存在、亚晶粒的数量和位向差程度以及位错密度。有趣的是，甚至当碳含量为0.001％时，在单晶钼中也能看到某些 Mo_2C 质点。随着碳含量的增长，不仅碳化物尺寸和数量增加，而且位错密度也增加，例如，碳含量为 0.008％时，腐蚀坑的密度是 $1\times10^5/cm^2$，而碳含量为 0.03％时，腐蚀坑的密度是$(1\sim2)\times10^6/cm^2$。

如同多晶一样，随着单晶体的杂质含量下降，它的塑性升高，冷脆转变温度降低。

冷塑性变形可以显著地提高钼的强度，例如在变形量为 90％～95％的情况下，钼的室温瞬时强度为 100～118kg/mm²。

但是这种强化随温度升高而自然下降，在再结晶温度以上，下降得特别剧烈。在变形量为90％～95％时，工业纯钼的再结晶温度为 900～1000℃，而单晶钼为 750℃。

因此在再结晶温度以下，变形钼的强度取决于变形量。例如，如果铸态纯钼或再结晶钼的室温强度极限为 30～40kg/mm²，那么厚 0.5mm 的冷轧带（变形量 99％）的强度极限就达到115kg/mm²。

钼的塑性变形特点是变形量直到 90％～95％时，其塑性并不下降，变形量大约达 80％时，塑性甚至升高。产生这种现象的原因是在变形时，金属的亚结构和结构发生了很大变化，造成冷脆转变温度移向更低的温度，最后它低于室温。

当温度大大超过再结晶温度时（>1600℃），预变形赋予金属的加工硬化效果实际上对机械性能没有影响。

当温度接近再结晶温度时（900～1400℃），金属强度不仅取决于预先的加工硬化程度，而且还取决于软化过程。这种软化过程与再结晶起始时间有关，并随着时间的延长而发展。在持久强度试验时，这种影响特别重要。

表 5－5 列举了钼的 100h 持久强度的试验数据。

表 5－5　钼的持久强度实验数据

试验温度/℃	$\sigma_{100}/(kg\cdot mm^{-2})$		试验温度/℃	$\sigma_{100}/(kg\cdot mm^{-2})$	
	变形态	再结晶态		变形态	再结晶态
870	22	11.5	1000	22	4①
980～1000	13～15	7～10	1200	3.5	2.8①
1093	9～10	6～8	1500	1.5	1.5①

①2100℃/h 再结晶退火

在870℃和980℃,变形态和再结晶态之间的区别较大,而在1093℃和1200℃时区别很小。应当指出,在1100～1200℃进行试验有困难,这是由于某些试样加热到指定温度所用的时间不一致,以及引起受检金属结构产生变化的其他因素都有可能发生变化,造成了试验点的分散性很大。

钼纯度越高,它在再结晶状态下的强度越低,塑性越高。以绝对值来讲,纯钼的室温强度和高温强度不高。

钼同其他金属一样,合金化可显著提高它的高温强度,同时,已研究过的,用来提高其他金属高温强度的所有主要手段对钼都适用。在合金基体金属熔点温度的40%～70%范围内,在足够高的应力下,塑性变形受交叉滑移控制,交叉滑移激活能和蠕变激活能的值很近似就证明了这一点。同时,金属发生的过程与各种组织的变化(再结晶、多边形化、第二相的析出或熔解等)有关。因此,对预定在$0.4 \sim 0.7T_{熔点}$温度下工作的金属进行合金化时,保证金属获得最佳强化组织的稳定是主要任务。众所周知,为实现组织强化,第一是强化固熔体;第二(为主要方式)是生成弥散分布的强化第二相。

为了提高金属的使用温度,即在研制高于$0.7 \sim 0.8T_{熔点}$温度下工作的合金时,必须考虑到蠕变机理发生了根本变化,即位错攀移变成了控制过程,这时,蠕变激活能与自扩散激活能很接近。因此,对预定在约高于$0.7T_{熔点}$温度下工作的金属进行合金化时,提高晶体晶格原子间键合力,从而阻止自扩散过程是合金化的基本目的。

因此,在研制耐热合金时,钼合金化追求3个目标:强化固熔体、产生两相组织、提高固熔体晶体晶格的键合力。

笔者根据这3个目标分别探讨钼合金研究的某些成果,以便对钼合金化的可能性作出总的估计。

5.4.2 钼和其他元素的相互作用及开发合金的可能性

在研制钼基合金时,必须预计用其他元素对钼进行合金化的可能性,这里不讨论钼和其他元素相互作用的特点,仅指出在研制钼基合金时一些重要的普遍规律。

钼合金的共晶和包晶生成温度比钼的熔点低得多。例如,在Mo-Ni系中为1350℃,在Mo-Fe系中为1540℃,在Mo-Zr系中为1880℃,等等。

元素在钼中的熔解度与温度有密切关系,例如,在共晶温度下,铪在钼中的熔解度为28%,而在1000℃时仅为5%;在共晶温度下和1000℃时,铁在钼中的熔解度分别为11%和4%;硅在钼中的熔解度分别为1.65%和0.2%。铼是例外,它的包晶温度是2570℃,而1000℃时的熔解度保持在40%左右。

合金中存在的低温共晶体或包晶体都会降低钼的热强度,并妨碍金属的变形。在寻求热强变形合金时,如合金中第二元素含量超过它在钼中的熔解度,则此合金只具有次要的意义,因而本章就不探讨了。

用第二元素使钼合金化的可能性实际上取决于合金的热变形能力,而这种合金化的合理性取决于强化效果的大小。合金热塑性损失的原因可能是加入的脱氧元素的数量不足,或者合金元素过剩。

如果加入的元素是脱氧剂,它的加入量不足,则会使铸态钼晶界上的低熔点氧化钼保留下来。合金元素过剩,基体金属晶格能产生很大的应力,或者生成低熔点的金属间化合物的结构组分。

合金元素在钼中的极限熔解度用一系列合金的可变形性试验来确定。M. 谢姆奇申对真空电弧熔炼的钼合金作了大量研究工作。他把直径为 177mm 的坯料在 1260～1430℃下挤压变形的可能性作为可变形性的判据。对用粉末冶金方法制取的钼合金也进行了同样的工作。用粉末冶金制取的合金，照例，由于晶粒细小，在保持可变形性的前提下，合金元素含量可能的范围比真空熔炼的合金高得多。除晶粒度的影响以外，合金元素含量范围与铸锭的冶金质量、其他杂质(特别是碳)含量、所选择的可变形性判据等有关，因此，这种研究结果常常是相对的。

主要的结论是在保持金属可变形性的条件下，钼合金化的可能性极其有限，加入元素的数量通常不应超过 1%(见表 5-6)。钨和铼例外，钨可加入 30%，铼可加入 47%。

表 5-6　在保持铸锭满意的可变形性前提下，钼中元素的极限含量　(单位：%)

元　素	Be	Al	Ti	Zr	Hf	Si	V	Nb	Ta	Cr	W	Fe	Co	Ni
Mo 中的极限含量	—	0.81	2.09	0.11	0.2	—	1.25	0.75	—	—	10.0	—	0.11	—

在附加脱氧剂(如碳)的条件下进行变形。

用少量的合金元素 Be，Al，Ti，Zr 和 Hf(它们同时也是良好的脱氧剂)，可以对钼的固熔体进行合金化。为方便熔炼，在钼中最好加入 Ti，Zr 和 Hf(Be，Al 的熔点与钼差别太大)。只有在同时使用某种脱氧剂时，才允许加入其他合金元素，加大量的钨和钽也不能例外。此外，应当着重指出，可同时加入置换元素和碳来使钼合金化，因为碳是脱氧剂，并能生成碳化物。

因此，从分析状态图出发，在金属保持可变形性的条件下，可以确定钼合金化的基本原理：

(1)用少量(不超过 1%)形成置换固熔体的元素，才可能使钼的固熔体合金化；

(2)可用某些金属元素和碳一起使钼合金化，碳除了是脱氧剂外，还可以与其他元素形成碳化物(这时由于生成第二相，达到了强化效果)；

(3)可用大量的钨(到 30%)和铼(到 47%)使钼的固熔体合金化。

5.4.3　少量使固熔体合金化的添加元素对钼性能的影响

合金元素在室温下对钼的强化效果影响的顺序和高温下不同。当在评价合金元素对热强化性能影响效果时，应当侧重于提高高温硬度的元素，首先是铪和锆。

锆、铪、钛是提高再结晶温度幅度最大的元素。870℃和 980℃，100h 的持久强度试验、强度极限试验也都证实了这几种元素影响程度最大。在研究一组不同钛含量的合金时确定，钛的最佳含量约为 0.5%。如此少量的钛会提高钼的强度和再结晶温度，并且效果最好，它的作用机理不能用通常的固熔体强化机理，即熔质原子引起基体金属晶格的畸变来解释。

为了比较固熔体强化的效果，研究了真空电弧熔炼的 Mo-Ti-Zr 合金，其中钛含量为 0.4%～1.0%、锆含量为 0.1%～0.4%，碳含量小于 0.004%。铸锭变形量达 90%后得到了直径为 16mm 的棒材。用这种棒材测定再结晶温度、20～1200℃的机械性能、持久强度和晶格常数。结果表明，添加少量锆大大地强化了钼，效果比钛高得多。例如，加入 0.1%～0.2%锆，钼的再结晶温度由 1000℃提高到 1300℃，1200℃时的强度极限由 12kg/mm^2 约提高到 30kg/mm^2(变形态)。

耐热强度的提高不仅是由于再结晶温度的提高，要知道，在 1200℃下再结晶态的合金也提高了强度。

如果 Mo-0.2%Zr 合金中加入第三元素(钛到1%)进一步合金化,那么强度不发生变化。在 Mo-0.1%Zr 合金中加入钛,只在最初添加 0.1%～0.2%钛的时候,才提高金属的强度。这时,达到的极限耐热强度实际上等于 Mo-0.2%Zr 合金的耐热强度。

因此,第一批加入的锆(到 0.2%)显著提高钼的耐热强度;进一步提高锆含量超过 0.2%,或者再添加钛,已达到的耐热强度极限值基本上不变。

当加入 0.1%和 0.2%锆时,钼的晶格常数变化不大(相应从 3.1418Å 变到 3.1420Å 和 3.1426Å),因而不能一概用晶格畸变来解释耐热强度发生如此巨大的变化。

少量锆添加剂的影响往往解释为生成了难熔的 ZrC,ZrO_2 和 ZrN 质点,它们阻碍再结晶晶核的长大。但是,真空电弧熔炼的工业纯钼,其所含碳、氧、氮量均约是 0.003%,甚至在电子显微镜放大倍数下,在 Mo-Zr 合金中也极少观察到上述化合物质点。根据耐热强度的一般理论,只有在第二相质点大量存在的情况下,这些质点对耐热强度才有显著影响。

这样,钼中加入锆可能由于生成了由难熔氧化物、碳化物、氮化物组成的第二相质点,从而使耐热强度和再结晶温度有所提高,但这种机理没有完全说明锆对钼性能影响的特点,因为锆大部分处在固熔体里面。

人们早已知道当金属加入少量第二种合金元素时,能提高其再结晶温度。对于很多金属来说,再结晶温度和加入固熔体中的第二合金元素数量之间的关系曲线并不呈单调的变化,照例有两个极大值,第一个极大值处于低浓度范围,第二个极大值在熔解度极限附近。第二个极大值和第二相的出现有关,这在理论上很容易说明。处于低浓度固熔体范围内的第一个极大值很难加以说明。

C.C.戈列利克从位错概念出发最有根据地探讨了这个问题,他用位错和杂质原子相互作用的特点说明了在加入少量添加剂时再结晶温度升高的现象。这种相互作用取决于在位错和杂质原子周围具有的弹性应力场。相互作用指向降低总弹性应力的方向。这就说明比熔剂原子直径更大,从而形成放射状压缩场的杂质原子应当力图处于位错周围形成的拉应力区内,反之亦然。当加入少量熔质元素时,其原子分布在基体中最大的位错堆积区内,从而降低了晶格中这些区域内的弹性不完善性。

注意到,在变形基体中生成新的再结晶晶核的先决条件是位错大量重新排列并形成大角度位向差的晶界。为此,需要一定的能量,以破坏位错堆积的弹性平衡。

在含有少量杂质原子的金属中,由于杂质原子和位错相互作用降低了晶格的弹性不完善性,所以内能比纯金属的低。因此,破坏这种系统弹性平衡所需的能量应当比纯金属的大。此外,在位错周围形成的外来原子的堆积,阻碍了位错运动,因为,为使位错开始运动所必需的能垒提高了。由于这些过程是热激活的,因而这种规律就体现为再结晶温度的提高。

上述一般概念可以解释在加入少量添加剂时所有经常发生的现象。例如,外来金属杂质原子具有有效的影响,但其直径却大大超过金属基本的原子直径,这可以认为是单个原子周围的场强越大,则位错和杂质原子之间弹性相互作用力也越大。

在低浓度范围内,固熔体的再结晶温度具有的极大值与杂质原子分布的特性有关。当熔质元素浓度增加并超过最佳值时,会促使该元素原子更均匀地分布在基体金属中,这就降低了熔质原子沿位错选择分布的效应,因而,在位错附近区域不发生弹性能的“湮没”。这时,随着合金元素的增加,再结晶温度不再升高,可能还会降低。

在钼中加入少量Ⅳ族元素添加剂时，所有表现出的各种特性均有代表性。所得到的资料表面，晶体晶格内能的改变不仅提高了再结晶温度，而且也提高了高温塑性变形抗力。在用少量Ⅳ族元素对钼进行合金化时，总的效果反映为钼的耐热强度大大提高，特别是锆，效果更为突出，因为它是原子直径最大的元素。钼出现这些规律性的主要先决条件是固熔体中杂质原子锆的不均匀分布。

用钼中加入锆的放射性同位素和摄制自放射照片的方法，研究了锆在钼中的分布特点。文献指出，锆分布不均匀，沿晶包边界优先分布，这些晶包边界很可能是一些多边形边界的位错堆积。特别重要的是，变形以后随即再结晶，锆分布的不均匀性仍保持不变。这种情况会造成系统内能的下降，这是由于多边形化边界上的位错和杂质原子弹性应力场作用引起的。

引用的实验资料表明，把某些少量合金元素添加到钼的固熔体里面去是提高耐热强度的有效手段。

根据上述钼的合金化原理，研制了一系列工业性和试验性的低合金化程度的钼合金，这些合金中碳的含量≤0.004%，锆和铪是强化固熔体的主要合金元素，例如，Mo-0.1%Zr-0.1%Ti和Mo-0.1%Zr-0.002%B合金均属于这类合金。对碳含量稍高一些的合金(限于≤0.01%)，固熔体强化的这种原理也部分适用，Mo-0.5%Zr，Mo-0.1%Ti-0.05%La，Mo-0.15%Zr-0.2%Ti将在后面提供这些合金更详细的性能。这里还必须指出，根据上述强化原理，加入少量锆的这些合金，其耐热强度的提高幅度最大，铪和钛的提高程度次之。在保持满意的可变形性条件下，钼中添加0.2%锆，合金耐热强度达到极限值。

用少量合金元素强化钼的原理可确保变形材料具有下列热强性能：再结晶温度1300℃，1000℃/100h的持久强度为25kg/mm^2，1200℃时为12kg/mm^2，而纯钼，再结晶温度为1000℃，1000℃/100h的持久强度是20kg/mm^2，1200℃时是4kg/mm^2。

当钼中的碳含量保持在≤0.004%的情况下时，进一步提高Ⅳ族合金元素的含量是不合适的，因为没有显著提高钼的耐热强度，而其变形性能却明显恶化。为保证钼合金耐热强度的进一步提高，应当使用其他的强化方法。

5.4.4　用形成双相组织的方法强化钼

众所周知，在固熔体强化达到接近极限水平以后，为进一步大幅度提高耐热强度，应获得具有弥散分布第二相的双相组织，第二相应有所需的特性。耐热合金的研制历史，都是和研究双相组织的行为、相的熔解和析出规律、选择最佳合金化连在一起的。热强性能最高的铁基、镍基、镍-铬基合金都是双相合金。一般采用碳化物(或碳氮化物)和各种金属间化合物作为第二相。第二相的热强度不应小于基体金属，这在任何时候都是很重要的。

钼作为耐热合金基体的特点是钼的熔点高于几乎所有的合金元素，这实际上决定了钼的所有金属间化合物的熔点都比钼低很多。因此，从显著提高耐热强度的观点出发，用钼合金中的金属间化合物进行强化可能没有什么前途，在高温条件下更是如此。

用难熔氧化物、氮化物、碳化物进行强化很有前途。用难熔碳化物强化钼的规律性研究得最多，用氧化物、氮化物强化却研究得很少，这可能是在熔炼钼时，加氧化物困难(它们不是分解就是凝聚)。氮化物的强化效果比碳化物小。

由这些数据可以看出，碳化物强化效果比氮化物更大。在比较含有碳化铪和氮化铪以及碳化钛和氮化钛的合金时，也得到了类似的结果。

在用$\mathrm{IV_B}$族三个元素的碳化物和氮化物强化的合金进行时效处理时，铪提高硬度的效果最大，锆次之，钛最小。Mo－0.18%Hf－0.08%C 合金在 1200℃回火 40h 后，室温硬度 HV 增长到 $320kg/mm^2$，而淬火态合金硬度 HV 为 $240kg/mm^2$（用铸态试样进行试验）。

文献中用两组合金对比地研究了$\mathrm{IV_B}$族元素（Ti，Zr，Hf）对钼的耐热强度的影响，相应的合金元素添加量为 0.25%和 0.5%（原子），以及等量的碳。所研究的两组合金的成分（质量分数）如下：①Mo－0.04%C；Mo－0.03%C－0.1%Ti；Mo－0.0027%C－0.18%Zr；Mo－0.03%C－0.5%Hf；②Mo－0.06%C；Mo－0.06%C－0.32%Ti；Mo－0.66%C－0.6%Zr；Mo－0.6%C－1.0%Hf。

根据再结晶（2000℃/h）试样在 1400℃时的持久强度，以及再结晶温度试验结果衡量了合金化的作用。提供的数据表明，在 Mo－C 系统中，当碳含量由 0.25%提高到 0.5%（原子分数）时，未发现耐热强度有提高，而 Mo－Ti－C 系统的持久强度增高了。在 Mo－Hf－C 和 Mo－Zr－C 系统中，当锆或铪含量增加，并有等量碳的情况下，耐热强度的提高幅度最大，如再添加 0.25%（原子分数）合金元素时，锆最有效（合金开始再结晶温度 T_P＝1400℃），而添加 0.5%（原子）合金元素时，铪最有效（T_P＝1800℃），然后是锆（T_P＝1600℃）。而纯钼的再结晶温度为 1000℃，含少量 Zr，Ti，Hf 的合金，在碳含量≤0.004%时，再结晶温度不超过 1300℃。这些主要由下列两种途径产生：强化固熔体；形成弥散的碳化物相。在这种情况下，合金元素及它们的碳化物的各种物理特性得到体现。

被研究的合金元素熔解度及原子直径的数据，以及这些元素碳化物的一些资料见表5－7。

表 5－7　Mo，Zr，Ti，Hf 及其碳化物的某些物理性能

元　素	元素 Mo 中的极限熔解度（质量分数）/（%）	元素的原子直径 Å	碳化物	碳化物特性		
				熔点/℃	晶格类型	晶格常数/Å
Mo	—	2.80	Mo_2C	2687	立方	3.03，4.74
Ti	100	2.96	TiC	3140	立方	4.324
Zr	10（1900℃）	3.22	ZrC	3530	立方	4.688
Hf	35（1960℃）	3.17	HfC	3887	立方	4.635

分析所提供的特性表明，根据原子直径的数值，合金元素锆与基体钼区别最大，然后是铪、钛最小。因而，在固熔强化的时候，根据作用效果的大小，元素分布顺序为锆-铪-钛。

在被研究的合金中都有碳是第二种强化机理，即形成弥散的碳化物相的先决条件。同时，形成的碳化物相的各种特性在强化方面起着重要的作用。这些特性本身也影响碳化物相的分布和析出特点及其数量。例如，碳化物的晶格常数和类型、熔点等能影响质点的数量、析出温度范围和它们的分布。

比较表 5－7 中所列举数据可以假设，当碳和合金元素的含量很高时，即碳化物相开始影响到金属的高温行为时，那么，HfC 相应当是最有效的，ZrC 次之。TiC 由于其熔点明显降低，可能很快聚集，组织变粗，因而没有明显的强化效果。

这样，得到的族元素 Zr，Hf，Ti 对含碳钼合金耐热强度影响的相对试验资料是完全符合规律的。确定耐热合金中的碳和$\mathrm{IV_B}$族元素之间什么样的配比为最好是很重要的。为此目的，研究了以下两组合金：

Mo－0.2％Zr，含碳 0.003％；0.02％；0.025％；0.075％。

Mo－0.1％Zr，含碳 0.004％；0.015％；0.10％。

在含 0.1％和 0.2％锆的合金中，C/Zr 的比值为 1 时，相当于 ZrC 的理论化学组成。但是，如试验所指出的那样，在这类合金中，由于热处理规范的不同，形成的碳化物相的数量不同，碳化物的成分也不一样。

B.X.陈和 W.H.张首先研究了 Mo－Zr－Ti－C 四元系统合金中相转变的规律。随后的研究充分证实了 B.X.陈和 W.H.张的关于碳含量大于 0.01％，并加入了$Ⅳ_B$族元素的钼合金中有关碳化物相行为的基本原理。

开始先详细探讨三元系钼合金中组织变化的基本规律。首先应当指出，在 Mo－Zr－C 型合金中能够存在两种碳化物：六方结构的 Mo_2C 和立方晶格的 ZrC。虽然 Mo_2C 过量使钼的加工性能恶化，但它不是钼的强化相。ZrC（TiC，HfC）相的存在导致钼有很大的强化效果。由于温度高低不同，钼的这两个碳化物相会重新分布，因而能发生组织的变化。在高温区（1600～2100℃）有 Mo_2C 相，在 1100～1700℃范围内主要生成 ZrC 相。

用 Mo－Zr－C 三元合金作例子，详细地研究显微组织变化与热处理的关系。研究了Mo－0.4％Zr－0.05％C 合金试样的显微组织，样品用变形棒材制备，并预先经过 2100℃/h 真空再结晶退火。由于切断真空炉的发热体电源以后就立刻冷却，试样冷却速度约为 800℃/min，因此可以认为这种热处理是不完全淬火。随后试样由 1200℃加热到 1800℃应当认为是回火，在回火过程中，从过饱和固熔体中析出第二相质点。像在其他金属中一样，这个过程取决于在高温及较低温度下合金元素在钼中熔解度的区别。淬火后沿晶界产生几乎连续的链状碳化物的粗晶粒组织，同时在晶内生成单个粗大夹杂物。对这些质点的相分析及电子衍射图指出，第二相是 Mo_2C。

随后在 1200℃回火对显微组织没有什么影响，只在电子显微镜下才看到在位错上有析出的起始阶段，在特殊的图形上观察到在固熔体中存在弹性扭曲，而在 1400℃发展了时效过程，在 1500～1600℃回火后，晶界几乎变得很干净而没有夹杂物，时效过程在晶内的发展程度最大。

借助电子显微镜成功地确定了这些夹杂物呈针状或片状，其平均长度为 0.5μm，电子衍射图表明，它们有 ZrC 结构，相分析证实具有大量的 ZrC 相和痕量 Mo_2C。

1800℃回火也引起晶界上的 Mo_2C 局部熔解，同时在晶内析出 ZrC 质点，其尺寸比 1600℃回火后大得多。

这些数据表明，在 1600℃，回火 1h 后，在时效过程中，所有合金的电阻率都急剧下降。在 Mo－C 合金中，在测量电阻时几乎没有记录到时效过程。由于固熔体中合金元素的脱熔而发生电阻率下降，Mo－Zr－C 合金最为急剧，其次为 Mo－Hf－C 合金，而 Mo－Ti－C 合金降低得很少。在 1200～1400℃时效温度范围内电阻率增加，可能是由于析出的质点具有相干键合造成了固熔体的内应力升高。当时效过程发展到质点和基体相干键合消失的阶段，电阻率又重新急剧下降（1400～1600℃）。

增加合金元素的数量会提高时效效果。若和纯钼 Mo－0.04％C 相比，Mo－0.03％C－0.25％Zr合金的强化效果增高，而 Mo－0.05％C－0.4％Zr 提高得更多。自然，得到的时效过程的规律性，应当在不同温度下经历长时间试验的检验。

在1500℃下保温50h后，时效过程达到了最大程度，保温时间延长到100h，时效过程并没有进一步发展。在1200℃，仅仅根据电阻率的变化才成功地记录到经历100h退火的时效过程，而硬度实际上没有变化。1800℃激发了时效过程，以致于相的析出在5～10h内就结束了，而随后硬度下降和电阻率增高表明开始了相反的过程——质点的凝聚和熔解。

研究Mo-Ti-C，Mo-Zr-C和Mo-Hf-C系合金时效过程时指出，在1200℃，时效40～60h以及1500℃、时效1h，时效过程均达到最大程度。

在时效过程开始时，发生相干相质点的成核和长大一直到硬度相应达到最大值为止，在此以后出现过时效，表现为相干性消失、质点停止长大，发生质点的凝聚和熔解。

应着重指出，在1500℃随保温时间的增长，与第二相质点析出的同时，晶粒度下降。在碳化物相析出过程中，系统内能的变化可能造成在大角度晶粒晶界上形成小角度亚晶粒晶界。

这个过程的机理和它的动力，迄今还不够清楚。

Mo-Zr-C型合金在时效过程中发生明显的组织变化，这必将影响金属的性能。淬火态合金的特点是，1400℃时的强度极限有最大值。如果淬火试样在机械性能试验以前预先回火，那么，这个最大值随着预先时效过程的加深而消失，例如，在1600℃回火以后，最大值几乎完全消失。同样在这个试验温度范围内(1200～1600℃)出现所谓热脆性引起塑性下降。对淬火态这种塑性下降的幅度最大(1600℃时$\delta=3\%\sim5\%$，$\psi=4\%$)；在试样预先时效热处理时，随着第二相的析出，在热脆性区域内金属的塑性增高，1300℃回火后，$\delta=4\%$，$\psi=50\%$，而在1600℃回火时，$\delta=12\%$，$\psi=35\%$。

淬火试样在1200～1600℃试验时，出现机械性能的极大值是由于温度和塑性变形的共同作用，在试验过程中析出第二相质点引起的变形因素使得机械性能极大值所处的温度(1400℃)，比只在温度作用下发生最大时效过程的温度(1500～1600℃)低。由于预先退火降低了固熔体的不平衡性，即析出第二相的能力下降，因而在$\sigma_B=f(t)$曲线上随着第二相的析出产生极值的峰顶就会降低。

因此，Mo-Zr-C型合金机械性能的温度关系曲线上出现极值是由于不平衡状态引起的。把同一合金铸态下的强度极限的温度关系和上述已得到的关系进行比较表明，铸态金属处于不完全淬火状态，在1200～1600℃范围内，碳化物相的析出过程只是局部地进行。

金属在热变形时，即在1200～1600℃多次加热和塑性变形联合作用过程中创造了时效条件，变形金属在随后的回火过程中电阻率变化很少就证实了这一点。

经过长期研究后，B. X. 陈得出的结论是在这类合金中，为保证塑性和热强性能的稳定性，应当避免生成Mo_2C。在某些情况下，Zr(Ti)/C=1的合金只有在经过最佳热处理制度处理后，才能获得所需要的性能。在另一些情况下，当碳不和锆、钛化合，而和钼化合时，不能保证合金具有高性能。因此，为了在任何条件下不生成Mo_2C，Zr+Ti/C之比应为2∶1～6∶1。成分符合这个条件的合金有很高的热强性能。例如，Mo-1.6%Ti-0.6%Zr-0.13%C合金(Ti+Zr/C=3.7)，在1650℃时的$\sigma_B=22kg/mm^2$，$\delta=29\%$，再结晶温度是1650～1790℃。

钼的合金除了一般采用的IV_B族元素外，在一些碳化物强化的合金中，也采用了铌和其他元素。

这样，分析碳化物强化的钼合金组织的转变，以及它们对金属强度性能的影响表明，这些合金的热强性能首先取决于合金元素的数量和性能；其次取决于金属的状态（铸态、变形态、再结晶态）；第三取决于决定时效程度的热处理。在比较合金（其中包括均匀固熔体合金）时应当记住，它的热强性能取决于前两个因素。碳化物强化的钼合金的时效倾向，其中包括在高温长期试验过程中的时效，引起持久强度性能本身发生变化。如，对碳含量限制在 0.004% 的均匀固熔体合金来说，变形态的合金总是比再结晶态的强度高。对于用碳化物强化的合金，则可能不是这样：如果在再结晶退火过程中金属被淬火，并且在试验时仍保持这种不平衡状态，那么，所发生的时效过程就强烈地强化金属。由于第二相质点析出结果引起的这种强化，可能比金属变形时获得的强化要高得多。

因此，工作温度不超过 1700℃，即$\leqslant 0.65T_{Mo熔点}$时，用碳化物相强化钼是很有效的，这符合高温强度机理的一般概念，因为根据这个概念，在更高温度下，塑性变形的机理是扩散过程，而不是滑移过程。金属的强化条件也应当变化。

为了提高钼基耐热合金的实用温度水平，合金化应当保证提高阻碍自扩散过程的能力，即提高晶体晶格的键合力。

5.4.5　用钨合金化提高钼的耐热强度

如已指出的那样，在温度高于$(0.6\sim0.8)T_{熔点}$的情况下，提高钼耐热强度的可能性与合金化能否提高金属晶格中原子间键合力有关系。在这方面，钼的可能性相当小。如果取熔点作为衡量晶格键合力的指标，那么应当看出，只有在 Mo－Ta 和 Mo－W 系中，随着第二元素含量的增加，才能观察到熔点呈单调性升高。

在 Mo－Ta 系中，加入 25% 钽，钼的熔点总共才升高 80℃。考虑到这一点，同时又考虑到钽显著地使钼的加工性能恶化，钽又是稀有、贵重元素，因而研究这个系列合金的性能就不应当是首要任务。

Mo－W 系合金加入 25% 钨时，合金熔点大约提高 200℃。因而这个系列合金有重要的意义，Mo－W 合金成为研究课题是合情合理的。众所周知，Mo－W 系是连续固熔体；合金的晶格常数和密度是其化学成分的线性函数；50Mo－50W 合金的电阻率具有极小值。

为确定钨对钼耐热强度的影响，研究过钨含量从 2.5%～50% 的钼合金。用结晶器直径为 80mm 和 100mm 的真空电弧熔炼合金，用碳、锆、钛作为氧化剂。铸锭在通氢电炉中加热到 1700～1900℃后，在 750kg 锻锤上承受热变形。用自由锻方法得到直径为 40mm 的棒材或薄板坯。切削加工后，棒材继续进行锻造，或者轧成直径为 16mm 的圆棒，板坯轧成厚 1～2mm 的薄板。

往钼中添加不超过 10% 的钨，在铸锭熔炼和热变形时对金属的行为没有什么影响。在含钨 20% 或大于 20% 的合金中，发现铸锭晶粒明显细化，同时锻造塑性变形抗力增高。当钨含量为 30% 时，合金用自由锻造进行变形就很困难，甚至当变形温度提高到 1900℃时，锻件也常常出现大量裂纹。50Mo－50W 合金实际上不能采用自由锻造。

根据挤压过程的特点，钨含量大于 20% 的 Mo－W 合金铸锭用挤压变形是合理的。室温及 1200℃时的机械性能也比钨含量小于 20% 的合金高得多（见表 5－8）。因此，从 Mo－W 合金系列中选出了 Mo－20W，Mo－30W 和 Mo－50W 合金。

表 5-8 钼钨合金的机械性能

合金	再结晶温度/℃	下列温度下的机械性能					
		20/℃			1200/℃		
		σ_B/(kg·mm^{-2})	δ/(%)	ψ/(%)	σ_B/(kg·mm^{-2})	δ/(%)	ψ/(%)
Mo-0.1%Zr-0.1%Ti	1300	70~80	20~25	30~40	20~25	12~16	20~60
Mo-10%W-0.1%Zr-0.1%Ti	1300	77.3	23.6	41.0	28.4	14.0	53.6
Mo-15%W-0.1%Zr-0.1%Ti	1300	82.3	25.3	30.6	28.8	12.3	53.5
Mo-20%W-0.1%Zr-0.1%Ti	1400	82.0	19.0	27.5	34.0	13.5	76.5
Mo-25%W-0.1%Zr-0.1%Ti	1400	83.8	20.0	31.5	31.1	14.1	57.3
Mo-30%W-0.1%Zr-0.1%Ti	1400	96.0	—	—	34.5	15.8	55.5

室温强度随钨含量的增加而提高，在400℃，特别是在1200℃时，成分接近50Mo-50W合金的强度最高。这时候，钼、钨，甚至钨的强度都比这些合金小。同时，在1800℃时，随着合金中钨含量的提高，合金强度是单调的增长。这是合乎规律的，因为在温度为(0.6~0.8)$T_{熔点}$时，钼固熔体的晶格结构强化因素在起作用[在成分为50%Mo(原子分数)、50%W(原子分数)的情况下，合金元素原子引起的晶格畸变达到最大值。在更高温度下，晶格键合力起决定作用。如果把强度与温度的关系画在考虑了键合力的坐标系中，那么$\sigma_B/\gamma=f(T/T_{熔点})$的关系曲线彼此很靠近。在(0.5~0.7)$T_{熔点}$的温度范围内，即在组织敏感性最大的区域内，曲线间的差别最大。

因此，含钨量≥20%的钼合金在耐热强度方面有明显的优越性，而且在500~1500℃范围内，成分接近50Mo-50W的合金的耐热强度最高，当温度高于1500~1700℃时，合金中钨含量越高，合金的耐热强度也越高。

5.4.6 用稀土氧化物提高钼的再结晶温度

在钼粉中添加稀土氧化物Y_2O_3，La_2O_3，Nd_2O_3，Sm_2O_3以及Gd_2O_3，也可以提高钼丝的再结晶温度，再结晶后呈燕尾状搭接结构并有较好的蠕变性能，也可达到添加硅、铝、钾的效果。两者不同的是，钼中添加稀土氧化物粒子在再结晶时沿轴向排列来影响金相组织，钼中添加硅、铝、钾是以钾泡存在的方式来使金相组织成燕尾状搭接结构的。

稀土氧化物在钼中主要起着弥散强化的作用，氧化物弥散减轻了纯金属的再结晶倾向，从而提高了材料耐高温性能。

1.稀土氧化物在钼丝中的作用

定向再结晶导致材料具有伸长的晶粒和很好的高温蠕变特性。只有当晶粒增长速度在至少一个方向上急剧降低时，才出现明显的定向再结晶。如钨钼中添加硅酸钾后理想地向变形方向伸展，丝材再结晶后出现了长晶结构。但无论在生产时还是在以后使用时，此种添加元素的高气压将产生不利影响。

氧化物弥散强化的钨钼主要用作耐高温材料，因此，弥散相的均匀分布有着重要意义。在弥散强化的掺杂钼中，固体微粒是与母体金属一起变形和变形以后所起的作用。当变形恒定时，微粒变形能力与晶粒增长比(L/W 值)存在着直接关系。实际上微粒变形越好，对于垂直于变形方向的晶粒增长抑制作用就越大。在大多数情况下，微粒随母体一起产生塑性变形和由于被破碎而纵向伸长两种情况都存在。

适应于钼掺杂用的分散胶体微粒的理想材料应具有3个条件，一是能与母体金属尽可能好地一道变形；二是具有>1800℃的熔点；三是即使在高的使用温度下也不熔解在母体材料中。不同粒度的几种氧化物分散胶体的变形能力情况见表5-9。

表5-9　不同粒度的几种氧化物分散胶体的变形性能

弥散相	熔点/℃	0.1～1μm 微粒变形能力	1～5μm 微粒变形能力	>5μm 微粒变形能力
TiO_2	1825	0 微粒无破碎	0 微粒无破碎	未检验
Al_2O_3	2072	<0.1 微粒部分破碎	<0.1 微粒部分破碎	0 微粒部分破碎
ZrO_2	2715	<0.1 微粒部分破碎	<0.1 微粒部分破碎	0 微粒部分破碎
HfO_2	2758	<0.1 微粒破碎	<0.1 微粒破碎	0 微粒部分破碎
K_2TiO_3	—	0 微粒无破碎	0 微粒无破碎	未检验
La_2TiO_3	—	0 微粒无破碎	0 微粒无破碎	未检验
La_2O_3	2307	0.7～0.9 只有少数断裂点	0.7～0.9 只有少数断裂点	未检验
Nd_2O_3	～1900	0.7～0.9 只有少数断裂点	0.7～0.9 只有少数断裂点	未检验
Pr_6O_{11}	—	0.7～0.9 只有少数断裂点	0.7～0.9 只有少数断裂点	未检验
SrO	2430	0.9～1 只有很少断裂点	0.9～1 只有很少断裂点	0.9～1 少量断裂点

在钼中添加1%～2%体积的 La_2O_3，Nd_2O_3，Pr_6O_{11}，La_2TiO_3，除采用混合固体氧化物方法外，还可采用稀土硝酸溶液加入到钼的氧化物中，然后经还原制粉和压制成形，再经烧结和压力加工成制品。在变形中，由于弥散胶体纵向伸长，平均晶粒间距将随变形增加而下降，弥散胶体延缓了初次再结晶进程。高温再结晶后的堆垛组织结构形成只有在很高的变形时才能生成，是利用临界变形之后粗晶粒的生成而形成的。

钼和常用的几种稀土氧化物与常用掺杂剂(Al，Si，K 的氧化物)的熔点和沸点见表5-10。

表5-10　钼、稀土氧化物、Al，Si，K 的熔点和沸点　(单位：℃)

名　称	Mo	Y_2O_3	La_2O_3	Nd_2O_3	Sm_2O_3	Gd_2O_3	Al_2O_3	SiO_2	K_2O
熔点	2610	2410	2300	2272	2320	2330	2015	1710	300～400℃范围内分解
沸点	4800	4300	4200	—	3527	—	2980	2230	

2.稀土掺杂钼的制取

用三氧化钼在550℃气氛中还原成二氧化钼，前5min稀土氧化物在每份二氧化钼中掺入0.2%(质量分数)的稀土氧化物溶液。在大约1100℃将掺好的二氧化钼和纯二氧化钼在气氛中还原成钼粉。然后经300MPa压制成形，并在1800℃的氢气中烧结10h，烧结后掺杂钼条的化学成分见表5-11。

表 5-11　6 种稀土氧化物烧结后的钼条化学成分　(单位：10^{-6})

材料名称	掺杂量/(%)	Al	Ca	Cr	Cu	Fe	Mg	Mn	Ni	Pd	Si	Sn	K	Mo
未掺杂 Mo	0	<3	3	15	4	30	1	<3	7	<3	<15	<5	5	余量
Y_2O_3-Mo	0.2	<3	<2	13	<3	30	1	<3	9	<3	<15	<5	5	余量
La_2O_3-Mo	0.2	<3	3	14	<3	30	<0.8	<3	9	<3	<15	<5	5	余量
Nd_2O_3-Mo	0.2	<3	3	13	4	30	<0.8	<3	9	<3	<15	<5	5	余量
Sm_2O_3-Mo	0.2	<3	3	14	3	30	0.9	<3	9	<3	<15	<5	5	余量
Gd_2O_3-Mo	0.2	<3	3	13	3	30	<0.8	<3	9	<3	<15	<5	5	余量

3. 稀土掺杂钼的性能

掺杂钼条经压力加工旋锻和拉拔成丝材，6 种稀土掺杂钼丝在不同温度退火 20s 后的室温拉伸性能如图 5-6 所示；直径为 0.36mm、长 130mm 的 6 种掺杂钼丝在 1800℃进行 10h 下垂试验后的结果如图 5-7 所示。

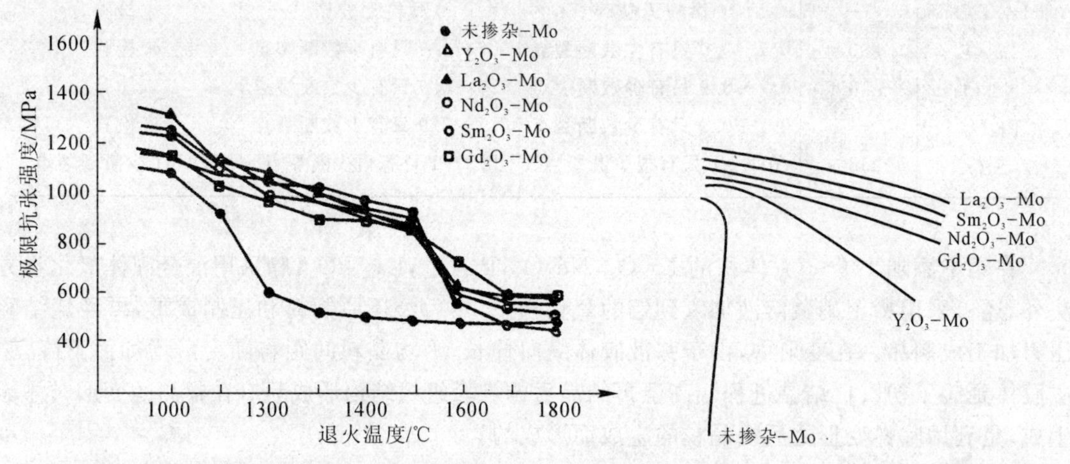

图 5-6　6 种稀土掺杂钼丝退火后的延伸率　　图 5-7　6 种稀土掺杂钼丝下垂试验结果图

掺杂钼丝与纯钼丝的区别在于再结晶温度不同，掺杂钼丝再结晶温度在 1500～1600℃之间，而纯钼丝再结晶温度在 1000～1200℃之间。掺杂钼丝和纯钼丝在再结晶温度前的金相组织都是纤维状结构，掺杂钼丝再结晶后的金相组织形成大的链状搭接晶粒结构，而纯钼丝再结晶后形成大小不等的等轴晶结构。

当变形量为 99.9%时，纯钼丝在 1800℃退火后，SEM 上看不到粒列，而 5 种掺杂钼丝可看到大量的颗粒排列，特别明显的是 Nd_2O_3 样品存在直径非常小的颗粒流线，与此相比较，Y_2O_3 和 Gd_2O_3 显示出直径远远大于 Sm_2O_3，La_2O_3，Nd_2O_3 的粒子。

掺杂不同的元素对钼丝的再结晶温度和高温抗蠕变性能的影响很大，掺杂钼丝比纯钼丝显示出较高的再结晶温度和较小的变形，由于晶界和丝轴交叉的情况很少，则在高温下由于晶界滑移和分离产生的蠕变变形最小，所以具有良好的高温性能。

纯钼丝经过约 1100℃以上的高温后，就会使颗粒长粗而变脆，从而使其高温强度、拉伸强度、硬度和弯曲强度等降低。如添加质量分数为 0.05%～6.0%与钼具有相同熔点的 CeO_2，由于组织发生变化，再结晶也发生变化，再结晶温度显示为粗大晶粒的温度。添加 CeO_2 质量分数为 0.1%～0.3%时，再结晶温度达到 1600℃以上，添加 CeO_2 质量分数为 1.0%时再结晶温度达 1800℃以上。CeO_2 在钼中微细均匀弥散，而且排列整齐，提高了控制晶粒度的效果。CeO_2 的添加量如果超过 3.0%(质量分数)，材料的加工性能变差，成材率变低；CeO_2 的添加量如果少于 0.1%(质量分数)时，再结晶温度在 1500℃以下。

5.5　钼及其合金与各种介质的相互作用

为了估计钼应用的可能性，除了它的物理性能和力学性能的知识以外，在它和各种气体介质、液体介质相互作用时，以及和固体物质接触条件下的化学性能知识也有很重要的意义。由于钼零件应用的外部工作条件的多样性，加上用钼及其合金化工设备、核技术和新能源装置的耐腐蚀结构材料很有前途，所以近几年来对研究钼的化学性能的兴趣与日俱增。

纯钼的化学性能研究得十分充分，而钼合金的化学性能基础知识在近十几年来完成的少量研究工作才提供了一些数据。现有资料表明，加入到工业钼合金中的少量合金元素对钼合金在各种化学试剂中、液态金属中和许多融盐中的抗腐蚀性能通常并不起重大作用。因此，本章所提供的纯钼和各种介质相互作用的研究成果，在许多场合可以预先十分正确地估计在类似条件下工作的工业钼合金的行为。但是，某些含活性气体(氧、氮)的介质和钼作用本质上可能取决于合金中的合金元素添加剂以及间隙杂质的含量。

钼和各种介质相互作用的机理很复杂，研究也不充分。因此本章基本上只提供钼及其合金在不同介质中的稳定性及钼和介质相互作用特点的一般描述。读者可以从参考文献中找到详细的说明。

5.5.1　钼的氧化及防氧化保护

1. 钼-氧系统和氧化钼的性能

尽管许多研究者都研究过钼和氧的相互作用，但是，现有的 Mo－O 系统相平衡的资料是很有限的，今后还必须详细地给予说明。根据 W. E. 费等人的资料，氧在 Mo 里的熔解度随着温度下降而减少，在 1700℃，1100℃相应的熔解度(质量分数)为 0.0065%和 0.0045%，在室温下(质量分数)不大于 1×10^{-4}%～2×10^{-4}%。在 L. E. 奥尔兹等人的著作中，研究了氧含量为 1×10^{-4}%～6×10^{-4}%的真空电弧熔炼钼的断口金相和磨片金相。在氧含量(质量分数)约为0.0002%钼的晶界上有红棕色的薄层析出物，它们似乎是 MoO_2质点。这就可以得出常温下氧在 Mo 里面的极限熔解度(质量分数)不大于 2×10^{-4}%的结论。

文献报道了许多种氧化钼，但是在已经发现的氧化钼中某些似乎是中间反应产物，而不是热力学稳定的相。按照最近的资料，非常可靠地确定有 9 种氧化物，它们的成分和生成温度范围见表 5－12。

除从前发现已知的最稳定氧化物 MoO_3和 MoO_2以来，表 5－12 列举的所有氧化物都是用 X 射线结构分析发现的。X 射线结构分析样品是在不同条件下加热放在真空石英烧瓶中的 MoO_3和 Mo 或 MoO_2粉末混合物的产物。这些氧化物的成分在 MoO_3和 MoO_2之间，它们的均相区很窄。文献已经报道了氧含量比较低的三种氧化物 Mo_2O_3，MoO 和 Mo_3O。但是，这三种氧化物中任何一种都没有制造出纯的产物，它们的性能研究得也不充分。

表 5-12　氧化钼的晶体结构和生成温度

氧化物	生成温度范围/℃	结晶结构
MoO_2	—	菱形
Mo_4O_{11}	<615	单斜系
Mo_4O_{11}	615～800	正菱形
$Mo_{17}O_{47}$	<560	—
Mo_5O_{14}	<530①	—
Mo_8O_{23}	650～780	—
$Mo_{18}O_{52}$	600～750	三斜系
Mo_9O_{26}	750～780	单斜系
MoO_3	—	菱形

注:① 这种氧化物可能是不稳定的。

所有氧化钼的晶体结构都是由 MoO_6 八面体、MoO_4 四面体或 MoO_7 五角双锥体中的一个或两个多面体组成的,它们的顶点或棱角相连。大部分氧化物是 ReO_3 型结构,所有氧化物是 Mo_nO_{3n-1} 系列中的一项(Mo_4O_{11},Mo_8O_{23},Mo_9O_{26} 等)。当研究钼表面在中温或高温下生成的氧化膜和氧化物成分时,只发现了 MoO_2 和 MoO_3 及某些中间成分的氧化物。

由于钼和低价氧化物均有氧化倾向,含氧量高的氧化物挥发速度又快,因此得到 Mo-O 系统相平衡的可靠资料有巨大困难。在近期的一项研究中,把 Mo 粉和 MoO_3 粉末混合放在抽真空的铂容器里面或放在石英烧瓶中加热到 1700℃,制成烧结合金来研究 Mo-O 系平衡。文献应用显微组织和 X 射线结构分析建立的状态图如图 5-8 所示。除去 MoO_3 和 MoO_2 以外,系统中发现两种中间氧化物,它们的成分很接近 Mo_4O_{11} 和 Mo_9O_{26}。中间氧化物在加热时按包晶反应分解:Mo_4O_{11}→Ж(液)+MoO_2 和 Mo_9O_{26}→Ж(液)+Mo_4O_{11},相应的分解温度为 818℃和 780℃。Mo_9O_{26} 氧化物有高温同素异构体(Ⅱ)和低温同素异构体(Ⅰ),同素异构转变温度是 765℃。MoO_3 在 782℃熔化,它和 Mo_9O_{26} 在 775℃形成共晶体。在早期的研究工作中,报道了在相近温度下(778℃)存在 MoO_2-MoO_3 共晶体。

Mo-O 系在 2100℃形成 Mo-MoO_2 共晶体。

(1)氧化物 MoO_2。纯 MoO_2 是暗灰色、深褐色结晶粉末,它的密度在 6.34～6.47g/cm³ 范围内变化,生成热等于 551.2kJ/mol,MoO_2 是金红石型单斜结晶结构,单位晶包含两个分子,晶体的晶格常数 a=5.608Å,b=4.842Å,c=5.517Å,α=119.75°。

MoO_2 在密闭的容器中加热,至少到 1700℃仍然是稳定的。固态 MoO_2 在(1980±50)℃、一个大气压的条件下分解成钼和氧。在真空中加热到 1520～1720℃时,固态 MoO_2 局部升华,没有分解,但是大部分 MoO_2 分解成气态 MoO_3 和固态 Mo。

(2)氧化物 MoO_3。MoO_3 是绿色或带有一点淡青色的白色粉末,它的密度为 4.692 g/cm³,结构是菱形结晶结构,晶格常数 a=3.9628Å,b=13.855Å,c=3.6964Å。根据不同的研究资料,MoO_3 的熔点是 782℃或者 795℃;沸点是 1155℃,熔化热是(52.52±1.67)kJ/mol,生成热 744.9kJ/mol。

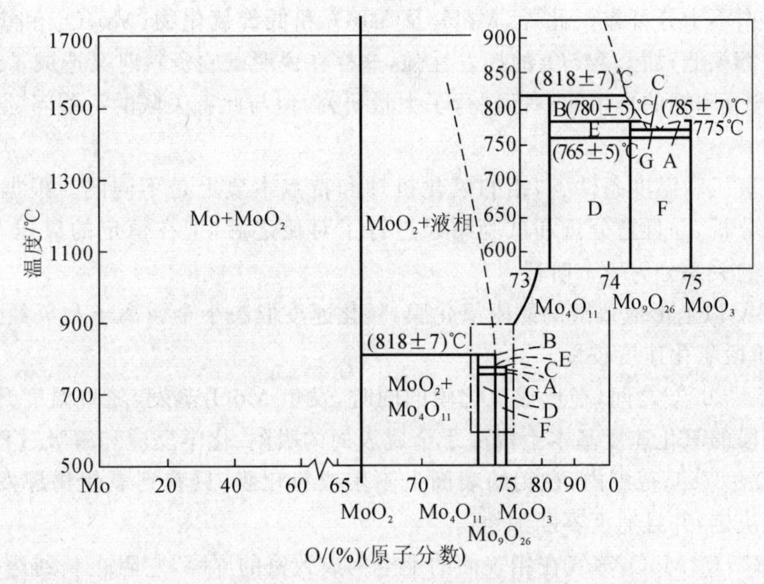

图5-8　Mo-O系统的相平衡

A—MoO_3＋液体；B—Mo_4O_{11}＋液体；C—Mo_9O_{26}(Ⅱ)＋液体；D—Mo_4O_{11}＋Mo_9O_{26}(Ⅰ)；E—Mo_4O_{11}＋Mo_9O_{26}(Ⅱ)；F—Mo_9O_{26}(Ⅰ)＋MoO_3；G—Mo_9O_{26}(Ⅱ)＋MoO_3

在炽热的温度下，MoO_3呈黄色，但是在冷却时仍恢复到原来的颜色。热焓的测量没有指出MoO_3有同素异构转变，但是MoO_3的蒸发激活能在650℃有变化，可以推测，在650℃附近结晶结构发生了变化。

MoO_3的蒸气压比较高(见表5-13)。

表5-13　在不同温度下MoO_3的蒸气压

温度/℃	蒸气压/mmHg	温度/℃	蒸气压/mmHg	温度/℃	蒸气压/mmHg
610	0.0026	785	2	955	100
650	0.02	814	10	1082	400
700	0.22	851	20	1151	760
734	1	892	40		

在520～720℃范围内形成的气态MoO_3由化学当量成分为Mo_xO_{3x}的分子混合物组成，式中x由3变到5。当有水蒸气时，MoO_3的挥发性增加。在600～690℃之间，随着水蒸气压力的增高，MoO_3的蒸气压成直线上升。例如，在690℃，水蒸气压力为600mmHg的条件下，MoO_3蒸气压大约增长了3倍，MoO_3蒸气压升高是由于形成了复杂的$MoO_3 \cdot H_2O$分子。

2.钼的氧化

在高温下，钼的抗氧化能力特别低，它在空气中加热到大约300℃就开始氧化，同时在钼的表面覆盖有一层青绿色氧化膜，加热到600℃时形成紧密黏着的深绿色氧化层。在600～700℃氧化物蒸发，在更高的温度下钼迅速氧化，并形成白色烟雾状MoO_3，在这种条件下，钼零件的实际应用只有采用保护涂层才有可能。

研究钼的氧化过程困难很大，造成这些困难的原因是在Mo-O系统中有多种氧化物，系统相平衡的数据不十分可靠。此外，MoO_3及MoO_3和低价氧化物（Mo_9O_{26}和MoO_2）形成的共晶体的熔点都很低，加上MoO_3的挥发性强，这样在说明试验资料时又造成了许多附加的困难。因此，尽管氧和钼的作用问题已进行了大量研究，但与此有关联的一些问题仍未充分揭示清楚。

在不同的氧压和温度条件下，钼的氧化机理和特点本质上是不同的。根据Mo－O系统热化学资料的分析，并且把分析和试验结果进行了对比之后，把在恒定的氧压下（0.1atm）钼的氧化与温度的关系分为4个阶段。

（1）在475℃以上形成致密的黏附氧化膜，氧化速度取决于金属离子和氧经过氧化膜的扩散速度，这一阶段氧化速度较慢。

（2）在475～700℃之间，在形成氧化膜的同时，发生MoO_3蒸发，随着温度升高，蒸发很快加速。这个阶段的氧化速度基本上取决于金属表面的吸附、化学反应和解吸过程。

（3）在700～875℃范围内，在钼的表面上不生成氧化膜，只看到氧化物挥发，氧化速度完全由挥发过程决定，并且速度不断加快。

（4）超过875℃，MoO_3蒸气在钼表面的上空构成致密的屏障，它阻止氧到达钼的表面。氧透过屏障层的扩散速率控制着氧化速度，温度升到1700℃，氧化速度几乎不变。应当指出，在这个温度范围内，氧化速度基本上取决于试样的表面面积。氧气流的速度对氧化速度也有强烈的影响。

用在1s内试样单位面积上和氧反应的钼原子数说明钼的氧化速度，得到的氧化速度与温度的关系如图5－9所示，该图上的直线AB表示受化学过程控制的氧化，从AB直线到C,D,E,F各点相应为不同表面积的试样受氧扩散控制的氧化过程。

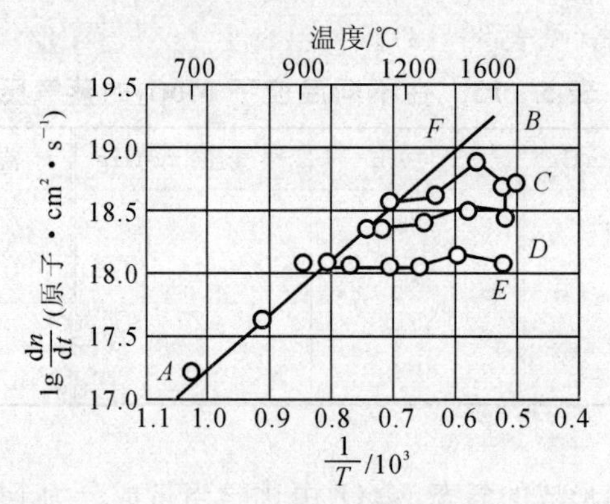

图5－9　在76mmHg氧压下钼的氧化速度与温度的关系试样表面积分别为（C）0.304cm^2；（D）0.604cm^2；（E）1.215cm^2；（F）0.12cm^2

温度在450℃以下，钼的氧化按抛物线规律进行，形成很薄的表面氧化膜MoO_3，即使在这样低的温度下，氧化速度就已经表现出和氧的压力有密切关系。在氧化开始阶段看到和抛物线规律有些偏离，这似乎与钼的表面具有氧离子有关系。

在温度为500～700℃、氧气为1～47.6atm条件下，钼的氧化照例接近直线规律，这就证明形成的氧化膜没有保护性能，发现在氧化膜的组分中只有MoO_3。但是在650～700℃范围内，氧压低时有抛物线的氧化规律。在压力提高时，氧化又重新变成线性。超过525℃，随着氧压的升高，氧化速度大大加快。

在500～770℃，氧压在一个大气压的条件下，研究钼在纯氧中的氧化行为表明，在500℃时氧化按抛物线规律进行，在更高的温度下遵循线性规律。氧化膜的X射线结构分析发现，氧化膜分两层，内层是MoO_2，外层是MoO_3。在700～770℃范围内得到的氧化曲线上，常常看到由于MoO_2层达到临界厚度以后发生破裂引起的氧化速度陡然加快。超过725℃，钼在纯氧中氧化进行得如此之快，使得氧化反应时放出的热量来不及散掉，自生温度增长超过MoO_3熔点。这时氧化具有自催化作用的特点，导致试样发生毁灭性的破坏。

在480～980℃静止的空气中研究钼的氧化以后，在氧化膜里面没有发现MoO_2，笔者研究了570℃和620℃的氧化产物表明，在表层MoO_3底下形成低价氧化物，它们的成分符合MoO_x公式，式中$3>x>2$。

A. A. 扎伊采夫在温度为500～1000℃、氧压为10^{-3}～1mmHg的条件下研究了钼的氧化。在氧化开始阶段，由于吸附作用，在500～600℃看到试样的质量按抛物线规律增加，在较高的温度下质量按接近线性的规律增加，随后试样质量按线性规律减轻。氧化膜的电子衍射研究表明，在上述温度和压力范围内，在氧化初期，钼的表面形成MoO_2膜。MoO_2层达到一定的厚度以后，MoO_2氧化成MoO_3，MoO_3的形成速度等于它的蒸发速度。随着温度和压力的升高，氧化物生成速度、挥发速度都加快。

试验温度为1380～2470℃，氧压为10^{-6}～1.0atm，试样周围的气体介质自然对流。钼的蒸发不影响钼的氧化速度。在1700℃以下，氧化速度与温度有指数关系，这是由化学反应决定的氧化过程的特点。在更高的温度下，氧化速度与温度的关系不甚密切，特别是在氧分压高的情况下，氧化速度与温度几乎无关。在1900℃以上和大约1atm的条件下，氧化速度陡然加快，试样的温度同时升高几百度，在试样周围发生烟火。这种现象似乎是由于在1900℃以上，氧化的基本产物变成气态MoO_2，它氧化成气态MoO_3。

工业钼合金实际上和未合金化钼的抗氧化能力都很低。

3. 钼的防氧化保护

钼和钼基工业合金在700℃以上发生毁灭性的氧化，严重地限制了它们作为耐热结构材料应用的可能性。因此，钼在高温下的防氧化保护问题20多年来已引起了许多研究者的注意。

应用合金化提高钼的抗氧化能力没有取得明显的良好结果。G. W. Rengstorff对许多二元和三元合金的氧化问题进行了广泛的研究，其结果表明，在980～1100℃不可能形成具有高抗氧化能力的合金，且合金的物理性能、力学性能又不比耐热钼合金和纯钼差太多。为了把钼的氧化速度降到1%，必须往钼里面加入不少于15%镍或25%铬（质量分数）。但是，即使在这种情况下，钼的抗氧化能力与在空气中工作的实际需要还相差很远（980℃的氧化速度等于0.004mm/h）。

在创建钼和钼合金保护涂层方面取得了比较大的成就。在制定涂层时基本注意集中在确保透平叶片的保护，它们要在1000～1200℃工作100h或更长时间。在叶片的工作条件下，对涂层提出了多种苛刻的要求，不仅要求有很高的抗氧化稳定性、致密性，而且还要求抗热震性、耐冲击和耐腐蚀、抗蠕变和耐疲劳。在这方面进行的研究包括用各种方法获得的多种涂层，用热稳定的金属和合金包覆、电沉积覆盖金属涂层、金属喷涂涂层、融盐浸渍涂层、扩散、硅化和其他类型的涂层、还有多层涂层。

应用硅化钼（$MoSi_2$）为基体的含有诸如Cr，B，Al，Nb等元素的涂层获得了最好的效果。

例如，用 Sn－Al 合金浸渍过的 $MoSi_2$ 涂层，在 1200℃保持 2500h 后没有破坏。

尽管一些涂层的实验室试验是成功的，但是没有一种涂层能保证不同结构的钼合金零件在足够长时间的高温工作条件下得到可靠的保护。因此，为了实际应用带有涂层的钼合金作为在氧化性介质中工作的结构材料，必须进行深入的研究工作。

对 $MoSi_2$ 抗氧化性作用在第 8 章有论述。

5.5.2　钼和气体的相互作用

钼除和氧相互作用以外，和残存的氢、氮、真空以及惰性气体中的活性气体相互作用也有重要的实际意义。

1. 氢

干氢一直到钼的熔点都不和钼发生化学作用，在 400～1700℃，1atm 的条件下，氢在钼里面的熔解度（质量分数）由 $2\times10^{-5}\%$ 升高到 $2\times10^{-4}\%$。在压力降低时，氢熔解度下降与压力的二次方根成比例。被钼吸附的氢在真空中加热超过 1000℃很容易脱除。

钼的渗透性与氢的关系不大，不同研究者的结果是相当吻合的，并满足方程式

$$P=10^3\exp\left[-\frac{19300}{RT}\right]$$

氢在钼里面的扩散数据见表 5－14。

尽管氢和钼合金相互作用的资料很有限，但是可以预料，氢在合金里面的熔解度也不大。电子浓度大于 5.6 的 Mo－Ti 二元合金没有氢的熔解度。用铼合金化钼时，氢在合金中的熔解热说明提高了该合金和氢的亲和力，大约含 10%（质量分数）铼时熔解热开始升高，大约在含 40%（质量分数）铼时达到极大值，然后到 50%（质量分数）铼重新降到零。

表 5－14　氢在钼里面的扩散特性数值

温　度 ℃	扩散系数 D cm^2/s	常数 D_0 cm^2/s	扩散激活能 Q J/mol
100	10^{-9}	—	—
250～350	8.7×10^{-8}～1.23×10^{-9}	7.6×10^{-5}	35154
575～980	—	5.9×10^{-2}	61520
1710	2.8×10^{-7}	—	—
1600～2300	—	0.158	92907

由于钼和氢实际上不起作用，许多工艺操作都把钼和钼合金放在氢或含氢介质中加热。钼在高温氢气中能引起严重的脱碳，超过 1760℃，甚至在含 2%（质量分数）氢气的氩气介质中也看到了脱碳现象。

2. 氮和氨

在 900℃以上和 1atm 条件下钼吸收氮。氮在钼里面的熔解度数据非常分散，但是在最近的一些研究中得到的结果是相当一致的。

在 900～2600℃之间，随着温度升高，氮在钼中的熔解度由 $2\times10^{-4}\%$ 升到 $2\times10^{-2}\%$（质量分数）[大约由 0.01%升到 0.1%（原子分数）]。在 15～400mmHg 压力下得到了氮的熔解

度方程式

$$C_{N}=\sqrt{P_{N_2}}\times 0.3\exp\left(-\frac{22600}{RT}\right)$$

氮在固态钼中的极限熔解度

$$C_{N_{max}}=3.1\times 10^{3}\exp\left(-\frac{36200}{RT}\right)$$

式中，C_N 和 $C_{N_{max}}$ 为熔解度，原子分数；P_{N_2} 为氮气压力，mmHg；T 为温度，K；R 为气体常数。

在 400 ～ 750℃ NH_3 中氮化的钼粉，经 X 射线分析，发现有 3 个氮化物相，它们的成分为 Mo_3N，Mo_2N 和 MoN，研究确定了后两个相的结晶结构。Mo_3N 是面心四角晶格（$a=4.18$Å，$c=4.02$Å），只有在 600℃ 以上它才是稳定的。MoN 是立方结构（$a=4.169$Å）。用电子衍射发现，在 MoN 成分附近有两个六角 MoN（Ⅰ）—p3ml 空间群（$a=5.72$Å，$c=5.60$Å）和 MoN（Ⅱ）（$a=5.665$Å，$c=5.52$Å）。

致密钼在氨（NH_3）中加热到 1500℃ 以上看到有氮化物组成，根据资料，甚至于在 1100℃ 以上就已经生成了氮化物。

含有少量 Ti，Zr 添加剂的钼合金在氮气或氨气中加热时，在 1100～1500℃ 合金中的氮达到饱和并组成弥散的氮化物 TiN 和 ZrN，它们的生成自由能比 Mo_2N 低得多。

氮化钛是等轴型，氮化锆是片状析出物，它的金相学取向是两个互相垂直的方向，还有更细小的方形析出物，它的取向平行于片状析出物的方向。此外，在晶界上看到较粗大的 ZrN 片状质点。在分解 NH_3 介质中，氮化速度比在纯氮中快一些。析出氮化物的尺寸随着氮化温度的升高而扩大。氮化物的稳定性很高，因此在 1000～1400℃ 工作温度下，为了弥散强化钼合金可以用氮化物。

3. 在真空和惰性气体中残存的活性气体

当选择钼和钼合金零件的热处理和应用条件时，有些场合需要考虑它们和真空及惰性气体中残存的活性气体的相互作用。由于真空炉里面残存的活性气体的数量不多，相互作用的速度很慢，因而在保温时间短的情况下，一般对材料的性能并不产生严重的影响。但是，在长期保温的情况下，相互作用的反应能引起钼合金中的间隙杂质浓度发生很大的变化，相应地改变了材料的工艺性能和机械性能。和残存活性气体的相互作用包括材料的脱碳、脱气和沾污反应，MoO_2，MoO_3 的升华。

1mm 厚的纯钼板在 10^{-6}～10^{-7} mmHg 真空中退火时，600～1200℃ 保温 1000h 金属没有被沾污，板材中的间隙杂质含量甚至降低了 1×10^{-3}%～1.5×10^{-3}%（质量分数）。但是，看到 TZM 合金在同样条件下有严重的氧沾污，1200℃ 退火 1h 以后氧含量提高了 0.030%（质量分数），此外，还有剩余的氧和碳反应生成 CO，导致脱碳。沾污的程度与退火时间和残余气体的压力值的二次方根成正比，与试样的厚度成反比，随着温度升高，沾污程度趋向严重。

如果在残存的气体中加入少量的甲烷，则能降低含钛、锆和其他形成稳定氧化物元素的钼合金中氧的饱和度。加入甲烷也可以减少脱碳，对于碳化物强化的合金不希望发生脱碳。把退火试样包在钼箔、铌箔、钽箔里面，金属箔作为降低反应速度的物理屏障，是防止沾污的有效手段。

利用质谱仪分析钼在真空中的氧化产物，研究了以氧化物形态挥发的钼的升华现象。氧化钼的生成速度与温度的关系有极大值，此极值随着残存氧压力的升高向更高的温度范围移动。为了使钼脱碳，可以应用含有少量水蒸气的氢气气氛退火，或者采用高温低氧压退火。在

1800℃，氧压为 2×10^{-5}mmHg 的条件下退火 1h 后，钼的碳含量由 0.04%降到 0.00003%以下(质量分数)。

在惰性气体介质中，钼合金和残存的活性气体杂质相互作用，在活性气体压力一定的条件下，根据理论资料，应当比在真空中进行得慢。铌和钽的资料证明了这一点。资料表明，氩、氦气体中的活性气体沾污速度等于 $10^{-5}\sim10^{-7}$mmHg 真空中的沾污速度，尽管氩气和氦气中活性气体的分压比真空中的压力要高得多。

近几年来，科研工作者对研究钼和钼合金的在高温等离子气体流中的稳定性产生了很大的兴趣，因为这种高温气流正被用来作为新能源装置的工作介质。少量合金元素添加剂和结晶学位向对钼在工业氩气流[(0.005～0.008%)O(体积分数)，0.01%N(体积分数)，<0.003% H_2O(体积分数)和<0.001% C_nH_m(体积分数)]中的稳定性有很大的影响。在气流温度为 1500～1700℃，流速为 250～600m/s 的条件下，单晶钼的稳定性比 Mo-0.5Ti 合金高得多。在氩气流的作用下，Mo-0.5Ti 合金发生的氧化占有优先地位，并且引起钛发生复杂的再分布。在氩气等离子流中，钼和钼合金的破坏取决于和残存活性气体杂质的作用，首先是与氧的相互作用。

4. 卤素、氧化物、碳氢化合物、硫化物

钼与卤素、氧化物、碳氢化合物、硫化物气体的相互作用见表 5-15。

表 5-15　钼和一些气体的相互作用

介　质	相互作用特点
氟(F)	在 20℃剧烈反应，随后形成 MoF
氯(Cl)	在干氯中大约到 240℃是稳定的，在 700～800℃快速反应生成 $MoCl_5$。在湿氯中，20℃很快腐蚀
溴(Br)	在干溴中温度在 450℃以下很稳定，到 760℃稳定性也满意，到更高的温度下很快腐蚀，在湿溴中 20℃很快腐蚀
碘(I)(蒸气)	温度在 450℃以下稳定性很高，在 1atm 下加热到 800℃和碘不发生反应，由于钼的碘化物不稳定
一氧化碳和碳氢化合物	钼在 CO，CH_4 和其他碳氢化合物中加热到 800～900℃以上生成明亮的灰色晶体
水蒸气	700℃以上 Mo 快速氧化
二氧化碳气体	钼在 1200℃以上氧化，同时还原成 CO
二氧化硫气体	钼在 700～800℃以上氧化
氧化氮	在 700～800℃ Mo 和 N_2O，NO，NO_2 氧化成 MoO_3
硫化氢	在 1200℃以上和 Mo 反应生成亚硫化钼

5.5.3　在各种熔融试剂和溶液中的腐蚀

1. 酸溶液

钼和钼合金在各种酸中的抗腐蚀性能都很高，超过了在这些介质中通常使用的镍基合金。实际上，它们和各种浓度的冷、热的氢氟酸、磷酸、醋酸、铬酸，各种有酸溶液、冷盐酸、硫酸不发生作用，在热浓硫酸中腐蚀很轻，这些行为似乎与金属表面钝化有关系。在热稀酸中腐蚀比较强烈。

钼在硫酸中的腐蚀本质上依赖于温度和酸的浓度。浓度大约在 65% 以下，钼在沸腾的硫酸中熔解不很严重，当进一步提高硫酸浓度时，熔解急剧加快。例如，工业浓硫酸的试验表明，在 65% 的沸腾(165℃)硫酸中，钼的腐蚀速率是 0.025mm/a。酸的浓度超过 80%，在 190℃(高压锅内)钼就开始急剧熔解。在 290℃，硫酸浓度 30% 钼就开始熔解。

在酸中具有少量氧化剂添加剂时，钼的腐蚀速度明显加快。如向盐酸中加入 0.5% $FeCl_3$，腐蚀速度提高了 99 倍；另一方面，添加 $FeCl_2$ 不影响腐蚀速度。这些资料表明，化工设备上有钼零件时，要保证设备上的钢零件在工作环境中不产生 Fe^{3+} 离子。

工业低合金含量的钼合金在酸中稳定性的数据大略与纯钼的数据是一致的。古利耶夫等人提供的合金在硫酸、盐酸、磷酸中的试验表明，变形合金、再结晶合金及焊接接头的腐蚀速度基本上都是一样的(见表 5-16)。变形结构合金腐蚀是均匀的，再结晶的焊接接头试样发现有晶间腐蚀。

表 5-16　Mo-0.1%Zr-0.1%Ti 合金在各种酸中的耐腐蚀性（单位：mm/a）

合金状态	酸	温度/℃	酸的浓度/(%)						
			10	20	50	60	70	80	90
冷作硬化	H_2SO_4	沸腾	—	<0.01	<0.01	0.03	0.67	9.0	23.0
再结晶		沸腾	—	<0.01	<0.01	0.04	1.09	10.0	29.0
冷作硬化		185	—	—	0.01	—	0.02	0.06	2.0
再结晶		185	—	—	0.01	—	0.04	0.2	1.0
冷作硬化	HCl	沸腾	<0.01	0.03	—	—	—	—	—
再结晶		沸腾	<0.01	0.02	—	—	—	—	—
冷作硬化		185	0.01	0.01	<0.01	—	—	—	—
再结晶		185	0.01	0.01	<0.01	—	—	—	—
冷作硬化	H_3PO_4	沸腾	—	<0.01	<0.01	—	0.01	0.02	0.03
再结晶		沸腾	—	<0.01	<0.01	—	0.01	0.02	0.04
冷作硬化		185	—	0.01	—	—	0.01	<0.01	—
再结晶		185	—	0.02	—	—	0.01	<0.01	—

在冷浓硝酸中钼缓慢腐蚀，似乎是由于形成了表面钝化膜，但是在稀硝酸和热浓硝酸中熔解速度很快。Mo-30W 合金在硝酸中很稳定(见表 5-17)。

表 5-17 钼和 Mo-30W 合金在 HNO_3 中的腐蚀 (单位:mm/a)

(在空气流或氦气流中试验 6 天)

HNO_3 浓度/(%)	35℃								60℃	
	Mo		TZM		Mo-30W		W		Mo-30W	
	空气	氦气	空气	氦气	空气	氦气	空气	氦气	空气	氦气
70	1.75	1.45	1.70	—	0.094	0.076	0.00	0.00	0.25	0.34
32	1.5×10^4	1.5×10^4	—	—	7.4	7.7	0.013	—	—	—
9	1.45	—	—	—	0.74	—	—	—	—	—
6.1	0.028	0.23	0.84	6.0	1.04	2.23	—	—	—	—
3.1	0.043	0.10	0.23	0.84	0.007	0.089	0.013	0.015	0.76	0.53

钼也容易熔解在王水和 $HF+HNO_3$ 及 $H_2SO_4+HNO_3$ 的混合酸里面。

2. 盐和碱溶液

钼在冷苛性钾、苛性钠溶液中不发生腐蚀,在热溶液中腐蚀不严重。但是,在苛性钠溶液中用钼做阳极时,它很快熔解。钼在氨水中腐蚀缓慢,表面生成黑色薄膜。钼熔解于 $KOH+K_3[Fe(CH)_6]$ 水溶液和 NH_4OH+Cu^{2+} 溶液,前者常用作金相试片的腐蚀剂。在 20℃,50℃和 90℃ 的 3% NaCl(海水的模拟成分)溶液中,钼的腐蚀速度相应为 5×10^{-4} mm/a,9×10^{-3} mm/a和 7.5×10^{-2} mm/a。Mo-Re 合金在这种溶液中也显示出很高的抗腐蚀性。

在酸、碱、盐和一些工业介质中,对 Mo,TZM 和 Mo-30W 合金及纯 W 在 35℃,60℃和 100℃的抗腐蚀性能进行了广泛的研究(见表 5-18),这些试验的某些结果见表 5-19。

表 5-18 在酸、碱、盐中钼和钼合金在 35℃ 时的腐蚀 (单位:mm/a)

(在空气流或氦气流中试验 6 天)

试 剂	浓度/(%)	Mo		TZM		Mo-30W		W	
		空气	氦气	空气	氦气	空气	氦气	空气	氦气
NaClO	浓的	11.3	11.8	4.6	—	6.3	—	3.7	3.15
	稀释 10:1	2.41	2.38	2.33	2.31	2.00	2.07	2.06	0.25
NH_4OH	15% NH_3	0.23	0.00	0.18	—	0.13	—	0.11	0.00
NaOH	10	0.10	0.002	0.14		0.09		0.07	0.002
	1	0.37	0.00	0.32	—	0.53	0.00	0.07	0.00
模仿海水	—	0.007	0.005	0.043	0.00	0.04	0.00	0.005	0.00
NaCl	3	0.01	0.00	0.002	0.00	0.01	0.00	0.01	0.00
$FeCl_3$	20	40	35	32.5	—	14.8	—	0.55	0.55
$CuCl_2$	20	19	6.3	8.8	—	6.2	—	0.02	0.02
$HgCl_2$	5	0.3	0.32	0.01	0.02	0.05	0.04	0.002	0.002~0.15

表 5-19　钼和钼合金在一些工业介质中的腐蚀速度　　(单位:mm/a)

(在空气流通风条件下试验6天)

温度/℃	介　质	Mo	TZM	Mo-30W	W
35	70% H_2SO_4+20% HNO_3	42.5	—	0.214	0.00
	37%(浓)HCl+0.007% Fe^{3+} ($FeCl_3$形式)	0.143	0.205	0.26	0.65
100	30%HCl+7% H_2SO_4	0.11	0.06	0.085	0.005
	10%醋酸+5% H_2SO_4	1.0	0.45	0.105	0.026
	10%醋酸+2%蚁酸	0.45	0.13	0.20	0.026
	10%醋酸+0.2% $HgCl_2$	0.70	0.73	0.43	0.23
	10%醋酸+0.2% Br^{-1}(KBr形式)	0.035	0.032	0.043	0.01

用消除应力回火的厚1.6mm板材进行试验研究。在试验时,试剂溶液用空气或氦气流通风。用粉末冶金法获得的钼(<(0.0002%~0.002%)C)和真空电弧熔炼钼(<(0.003%~0.025%)C)的试验表明,它们在抗腐蚀性能方面没有表现出明显的差别。TZM合金和Mo-30W合金的腐蚀性能在大多数场合和未合金化的钼的性能都是相似的,但是,常常看到腐蚀速度有一些差别,不过这种差别只是在个别情况下才是严重的。除一般的腐蚀试验以外,笔者研究了钼和TZM合金以及Mo-30W合金的应力破裂腐蚀和电化学腐蚀。

3. 熔融体

在没有氧的条件下,钼和熔融的KOH,NaOH大约在660℃开始反应,向熔融的碱、碳酸钠、碳酸钾中通入空气时,钼发生缓慢的熔解,而在加入像KNO_3,KNO_2,PbO_2和$KClO_4$等一类氧化剂时,钼熔解很快。在KNO_3和$KClO_3$融盐中,钼的熔解十分迅速。熔融的沸腾硫实际上对钼不发生影响。

钼在熔融的玻璃和工业上制备纯金属用的电介融盐里面特别稳定。

5.5.4　钼和液体金属及金属蒸气的相互作用

人们对钼和其他难熔金属在液体金属介质中抗腐蚀性的兴趣,主要是在研制宇航装备新能源系统用材料工作中产生的。新能源系统中的材料应当能在2000℃的高温下工作1×10^4h或者更长一些时间,并且在工作过程中要和液体金属和金属蒸气接触。碱金属(Na,K,Li,Cs)是最常用的液体金属介质。难熔金属和液体金属相溶性的大部分试验是为了选择适用于透平发动机能源系统的最佳材料。但是相溶性试验所得到的数据对于估计核能源系统和磁流体发电机的热电子和热离子发射换能器的材料使用的可能性来说也是特别重要的。

抗液体金属的腐蚀性常常与试验方法有密切关系。此外,由于在难熔金属、碱金属-氧系统中的相互作用机理很复杂,随着氧含量的提高,钼和其他难熔金属在液体金属,特别在碱金属中的腐蚀速度大大加快。因此,为了防止腐蚀,现在要求碱金属的杂质氧含量要特别低。

在长期等温试验条件下,钼在各种液体金属中保持高度抗腐蚀性的最高温度见表5-20。低合金含量的钼合金在液体金属中的稳定性一般接近纯钼的稳定性。因此,只有在对强度、工艺性(如焊接)和高再结晶温度方面有附加要求时,才选择合金而不选择纯钼。

表 5-20　钼在液体金属中的稳定性

金　属	温度/℃	稳定性	说　明
铝	660	不好	迅速腐蚀
铋	1430	很好	对长期应用有利
镓	400	好	—
铕	—	好	用做坩埚
金	—	好	同样
钇	—	不好	—
钾	1200	很好	—
锂	1430	很好	Li在钼中的熔解度$<10^{-4}$（质量分数）
镁	1000	很好	Mo在Mg中的熔解度$<2\times10^{-4}$（质量分数）
铜	1300	好	Cu在Mo中的熔解度$<0.14\%$（质量分数）
钠	1020	很好	—
锡	480	好	—
钚	—	好	—
汞	500	满意	—
铷	1100	很好	—
银	—	好	用做坩埚
钐	—	好	用做容器
钪	—	不好	—
铅	1200	很好	Pb在Mo中的熔解度$<0.005\%$（质量分数）
铊	—	不好	—
铀	—	不好	—
铯	870	很好	—
铈	800	好	—
锌	450	满意	Mo-W合金很好

综合分析已发表的在不同条件下钼和钼合金在液体碱金属和金属蒸气中的试验结果，可以得到以下几点。

1.铯蒸气

用安瓶在1700℃做100h等温试验，TZM合金（Mo-0.5%Ti-0.08%Zr）腐蚀不很严重。在环流回路中，试验的TZM和TZC合金小试样，在830℃的潮湿铯蒸气中保温1100h，未显示出有腐蚀现象。但是，在铯蒸气和液体金属双相状态的试管中试验Mo和Mo-0.5%Ti合金时，980℃和1370℃保持1000h看到有强烈的腐蚀。

2. 液体钾和钾蒸气

TZM合金在1300℃沸腾的液体钾里面(用安瓶)试验约5000h，表现出有很高的抗腐蚀性。在研究TZM合金喷嘴和小铲的腐蚀时，把它们放在对流双相回路中的钾蒸气介质里面试验5000h以后，均未发现任何间隙杂质的迁移和任何腐蚀现象。此外，在930℃和不锈钢容器中的液体钾接触的TZM合金试样的试验表明，在这种条件下它同铌和铌合金不同，没有发生由于不锈钢中的碳、氮元素的迁移而造成钼的沾污，因此，钼在不锈钢系统中的碱金属接触时是最有应用前途的材料。

3. 液体钠

在1500℃的液体钠中等温试验了100h(放在安瓶里)，钼的腐蚀量小于0.025mm。在960℃的流动液体钠中试验了360h，在600℃的流动液体钠中试验了3600h后，腐蚀也不很严重。

4. 液体锂和锂蒸气

Mo-0.5%Ti合金在有液态锂的振动管中试验了150h(管端头保持500℃和900℃)，没有显示出有腐蚀和质量迁移。铸态单晶在锂蒸气中的试验表明，在1500℃处理10h以后，试样表面锂浓度没有变化，而变形单晶表面层的锂浓度几乎提高了一倍，并且多角化过程的发展表明它的精细结构发生了变化。变形态的多晶Mo-0.5%Ti-0.05%C合金在同一条件下试验，表面锂浓度大大提高，同时伴随有表面层的再结晶。这些资料表明，结构状态和少量的合金元素添加剂可能严重地影响钼和碱金属的相互作用。

5. 液体锌

和其他材料相比，真空熔炼Mo-30%W合金在液体锌中的稳定性最高。合金在440℃锌中的腐蚀速度是0.05～0.15mm/a。

5.5.5 和固体物质的相互作用

在近代高温结构中应用的钼要和其他材料接触，在纤维增强复合材料中要用钼合金纤维做增强筋，由此观点出发研究钼和固体物质，主要和难熔化合物及金属的相互作用是很重要的。

钼和一些物质相互作用的数据见表5-21。

表5-21 钼和一些固体物质接触时的相互作用

固体物质	固体物质和钼相互作用的特点
碳(碳黑，煤，石墨)	从1100℃开始组成碳化物，在1300～1400℃发生完全碳化
硼，硅	在高温下和钼作用，并组成硼化物、硅化物
硫(干燥)	在440℃以下对钼不起作用，在更高的温度下组成硫化物
磷	到高温都不起作用
ZrO_2，MgO，Al_2O_3，BeO，ThO_2 $MgCO_3$(铬镁石)	在1600～1900℃以上和钼反应
Sc_2O_3	在2100℃保温4h和钼不反应

参考文献

[1] 向铁根.钼冶金.长沙:中南大学出版社,2002.

[2] 泽列克曼 A H,克列 O E,萨姆索诺夫 Γ B.稀有金属冶金学冶金.北京:冶金工业出版社,1982.

[3] 莫尔古诺娃 H H,等.钼合金.北京:冶金工业出版社,1984.

[4] 李洪贵.稀有金属冶金学.北京:冶金工业出版社,1990.

[5] 有色金属提取手册编辑委员会编.稀有金属手册(下册).北京:冶金工业出版社,1995.

[6] 节里克曼 A H.钨钼冶金学.北京:重工业出版社,1956.

[7] 张文征,等.钼冶炼.西安:西安交通大学出版社,1991.

[8] 冶金手册—稀有高熔点金属.北京:冶金工业出版社,1999.

[9] 元英,等.耐热 1830℃的钼系新合金.上海有色金属.1991,13(6):33.

[10] 易明.核能工业用超耐热钼基合金的开发.中国钼业,1994,18(3):12-15.

[11] 张久兴,等.稀土氧化物对钼材力学性能的影响.北京工业大学学报,1998,25(2):1-6.

[12] 李淑霞,等.钼镧合金丝的组织及性能.稀有金属材料与工程,1999,28(3):186-188.

[13] 周美玲,等.镧钼丝组织结构和性能的研究.中国有色金属学报,1994,4(2):45-51.

[14] 白淑文,等.钨钼丝加工原理.北京:轻工出版社,1983.

[15] 杨晓青,等.稀土掺杂钼制品研究进展.中国钼业,2006,30(4):33-35.

[16] 李静,等.掺杂提高钼丝再结晶温度的研究进展.稀有金属与硬质合金,2003,31(1):22-24.

[17] 松山芳治,三谷裕康,铃木,等.粉末冶金学.北京:科学出版社,1978.

[18] 张文禄.高质量用钼丝用钼坯的制备.中国钼业,1995,19(6):25-28.

[19] 张文征.氧化钼生产技术发展现状.中国钼业,2003,27(5):3-7.

[20] 张文征.氧化钼研发进展.中国钼业,2006,30(1):7-11.

[21] 苏联专利 SU1678536Al 钼粉的生产方法.钼业文集.第1集.中国钼业,1996.

[22] 程仕平,王德志,等.氧化钼氢还原动力学研究.稀有金属材料与工程,2007,36(3):459-462.

[23] 王炳根,等.微米级金属粉末分级.中国钼业,1998,22(2).

[24] 钟培全.超细钼粉的活化还原制备方法.钨钼材料,1994,6(2):30-33.

第6章　钼及钼合金塑性加工变形

钼虽具有一系列优异性能，但由于其室温脆性与高温灾难性氧化的致命弱点，必须通过生产工艺过程有效地改变钼材的内部组织结构，来提高其加工工艺功能与使用性能。用粉末冶金方法生产的钼棒坯或钼管坯，只有通过塑性加工方法，在不破坏本身完整性的前提下，通过外形、组织及性能的改变，得到所需棒、管等工件后，才能应用到各个工业部门中去。

塑性变形是由原来的铸态组织变成了具有方向性的加工态组织，其强度和机械加工性能大幅提高。

以塑性变形为基础的加工过程是一种无屑加工，钼及钼合金的加工方法主要有锻造、轧制、挤压、拉伸、旋压、冲压等，采用何种方法进行加工取决于最终产品的形态。

6.1　钼塑性加工变形基本原理

材料的塑性是指材料在断裂以前的变形程度。强度是指材料抵抗变形和断裂全过程中吸收能量的能力(应力)，韧性则表示材料从塑性变形到断裂全过程中吸收能量的能力，是一种应变能。因此韧性材料应具有两个条件：有一定塑性，在断裂前发生永久变形；有一定强度，能承受一定变形抗力而发生弯曲。

体心立方金属钼的脆性是一种内在特性，它是以弹性模量表现出来的，与原子键有关。把材料体积弹性模量 k 与剪切弹性模量 u 比率(k/u)的值看作是内在脆性的表征。难熔金属钼的 k/u 在1.22～2.02之间，对断口十分敏感，特别是具有高的塑脆转变温度。

6.1.1　塑脆转变温度(DBTT)

金属材料的脆性、韧性行为是随温度而变化的，存在一个DBTT范围。难熔金属钼的塑脆转变温度比较高，为250℃左右。即使是同一种金属，其显微结构和成分不同，则塑脆转变温度也是不同的，材料及构件在加工过程中，从节约能源、降低工模具消耗、提高产品精度和室温加工等方面考虑，希望尽可能地降低塑脆转变温度。降低塑脆转变温度的主要措施有下述几种。

1.提高材料纯度

材料的纯度越高，则塑脆转变温度越低。尽量减少杂质元素，特别是间隙杂质如氧、氮、碳、硫、磷等杂质元素，对降低DBTT十分明显。

2.细化晶粒

DBTT与材料的晶粒度的对数呈线性关系，随着晶粒变细，DBTT也是降低的，如图6-1所示。

在加工过程中，对于等轴的粗晶粉末冶金坯料或完全再结晶退火后的坯料，由于塑脆转变温度较高，所以采用高温、大加工量的开坯制度。

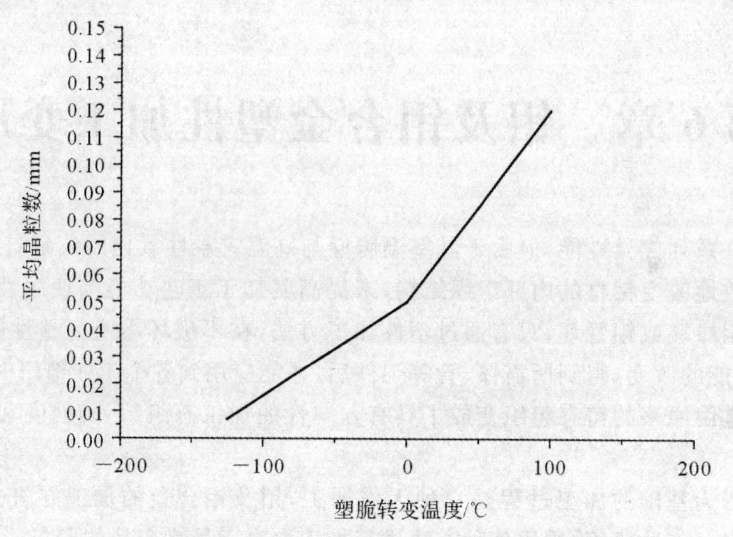

图 6-1　钼的塑脆转变温度(DBTT)与晶粒度的关系

3. 提高加工深度

在一定的温度范围内，随着变形程度的增加，显微组织发生变化，DBTT 降低。难熔金属存在着明显的“形变韧化”效应。在不改变材料成分的情况下，仅通过加工变形程度的增加，配合对加工硬化的消应力处理，使材料形成主变形方向的纤维流线加工态的显微组织，可降低 DBTT，材料纤维越细，则 DBTT 降低越明显。

6.1.2　金属钼的低温或室温再结晶脆性

体心立方结构的钼经过再结晶处理后，在室温下表现出明显的脆性，加工和使用过程中容易出现各种形式的脆性断裂。

钼表现出明显的低温再结晶脆性，经过深度加工后形成纤维加工态组织，DBTT 降低到 −40℃，延伸率可达 5%～10%，而经过再结晶退火后，转化为等轴状组织，则材料表现出脆性。

6.1.3　金属钼的低温脆性及韧化机理

材料的断裂不仅是应力大小和分布的函数，受到外部条件和内部组织结构的影响，还是一个本质不断变化的物理过程。因此，不仅要研究材料的力学性能、断裂韧性，还应将宏观的断裂过程、力学行为与微观机制结合起来研究，进而提出有效的韧化措施。

1. 本征特性因素

钼的低温脆性是由其晶体结构(包括电子结构)、原子间的键合及位错应力场的点阵阻力等本征特性所决定的。

体心立方结构的钼晶体结构对称度低、滑移系少，在具有强的原子键合力的晶体点阵中，当位错由其对称的点阵位置移动时，会出现原子力的极大不平衡，滑移面两边的原子产生弹性交互作用而引起很大的错排能。要使位错滑移启动，必须外加应力来克服由于位错周期变化引起的点阵摩擦，点阵摩擦力称派尔斯-纳巴罗应力，简称派纳力。

体心立方结构的钼金属屈服应力(σ_1)对温度有很强的依赖关系，随着温度升高而减小。

2. 间隙元素对低温脆性的影响

所谓的间隙元素是指原子半径小于1Å的非金属元素如H,B,C,N,O,P等。在低温时,金属钼对间隙元素的固熔度很低,室温下只允许有$(0.1\sim1)\times10^{-6}$。而工业上纯钼室温下间隙元素O,N,H含量通常在$(30\sim60)\times10^{-6}$之间,远远超出了固熔度。这些超出固熔度的间隙元素在受压时,很容易偏聚在间隙位置处形成溶质气团(也称为柯氏气团),这种杂质气团对位错有较强的钉扎作用。这种杂质气团对位错的钉扎效应随着温度升高而减弱。正是由于这种低温钉扎效应,在体心立方结构钼金属中产生了明显的屈服效应,而且对位错运动造成各种障碍,促使了裂纹的生成。

3. 断口机制

金属材料受到外力后,首先达到屈服并发生塑性变形,进而产生微裂纹口,最后裂纹长大,形成断裂。由于金属钼的低温脆性很大,因而其塑性变形范围很窄,在很短的时间内就完成了钼的塑性变形。塑性变形发生的位错滑移被晶界(或其他障碍)所阻挡,促使位错塞积,塞积位错所引起的应力集中,促使裂口成核并产生微裂口。从能量角度考虑,微裂口形成所需要的应力要小于裂纹扩展所需的外力,因为在塑性金属中,裂口的扩展将在其周围伴随有大的塑性变形。

根据格雷菲斯断口理论,理论断裂强度可以用下式计算:

$$\sigma_{理}=\left(\frac{Ev}{a}\right)^{2}$$

式中,E为弹性模量;v为单位面积的表面能;a为原子面间距。

实际材料的断裂强度要比$\sigma_{理}$低得多,只有$\sigma_{理}$的1/1000～1/100,这是由于实际金属中存在缺陷。

为了解释实际断裂强度与理论强度的差异,格雷菲斯提出这样的设想,即材料中有微裂纹存在,微裂纹引起应力集中,使断裂强度大幅度降低。对于一定尺寸的裂口,有一临界应力值σ_c。当外加应力低于σ_c时,裂口不能扩大;当外加应力超过σ_c时,裂口迅速扩大,并导致断裂。格雷菲斯模型如图6-2所示。

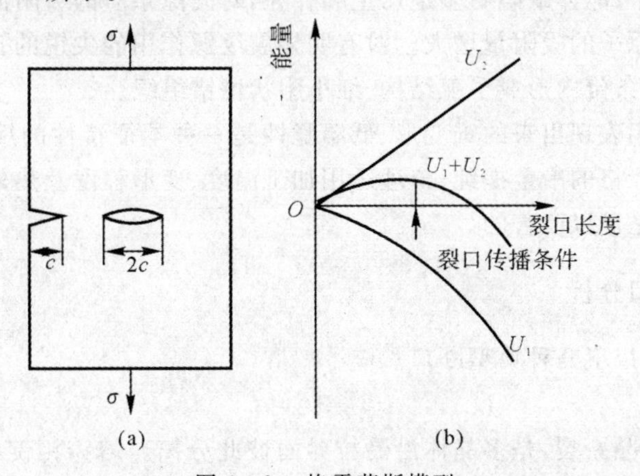

图6-2 格雷菲斯模型

(a) 格雷菲斯裂口; (b) 裂口的长度与能量的关系

4. 韧化机理

(1) 晶粒尺寸效应。体心立方结构的钼的低温脆性、韧性等力学行为强烈地依赖于组织结构。组织结构包括晶粒尺寸、晶粒均匀度、晶粒的排列及形状等。为了获得高强度的金属钼材料，需要钼具有较高的屈服强度。依据霍配公式，有

$$\sigma = \sigma_1 + kd^{-1/2}$$

式中，σ_1 为点阵摩擦力，派纳力；k 为取决于位错杂质原子钉扎的程度及滑移系多少的一个常数；d 为晶粒直径。

可以得到晶粒尺寸越小，屈服强度越高。由于金属钼的强钉扎及滑移系少，所以屈服应力明显依赖于晶粒尺寸。因此从宏观表现上，DBTT 的提高与晶粒长大呈线性关系。晶粒细化不仅可以提高强度，也可以减少低温脆性，综合提高韧性。

晶粒尺寸效应可以从两方面解释：晶粒细小，晶粒内位错滑移程短，发生位错塞积的应力小，不易引起裂纹产生；由于晶界对杂质的内吸附作用，在相同杂质浓度下，晶界层杂质浓度与晶粒界面总面积有关，细晶粒比表面积大于粗晶粒，可使有害的、引起沉淀脆化的杂质充分扩散。再结晶粗大的等轴晶粒，将微量有害杂质明显富集于晶界，局部浓度可以超过允许的极限范围，产生明显再结晶室温脆性。

(2)形变亚结构韧化效应。对于难熔金属钼，随着变形程度的增加，细纤维组织形成，DBTT 逐渐降低。经过 80%以上深加工的钼材可以实现室温加工，这与其加工变形过程中的显微结构变化有密切关系。

纤维加工态组织是指多晶体冷加工的宏观变形组织，是金属在低温加工过程中，各个晶粒、亚晶粒、内部杂质及各种缺陷(气孔、坯锭的烧结孔隙等)沿主变形方向伸长、宽展形成纤维组织及带状结构。经金相观察可以看到不规则的平行条纹，也称为纤维流线。深加工的难熔金属材料在变形过程中，严格控制形变温度、形变量以及交替的热处理等，控制亚组织结构，以获得纤维加工态组织，实现低温良好的韧性状态。

形变韧化效应的原理：深加工纤维状的晶粒、亚晶粒比表面积大，有害间隙杂质获得充分分散，塑性变形过程中，晶体缺陷更多地产生和存在，对间隙杂质的吸附源增多，显示出随着变形量的增大，对间隙原子的吸附量增大。对有明显裂纹源作用的尖锐的孔隙、空洞等可以压缩焊合。在宏观的纤维条带内形成了亚结构-细小胞状位错组织。

可以看出，金属钼表现出来的难变形、低温脆性是一种本征特性的反映，但又可以通过外部条件来影响，通过严格的冶金提纯，合理运用加工温度、变形程度及热处理参数，控制成分及显微结构，低温脆性是可以改善的。

6.1.4 钼的断口分析

钼制品常会发生以下几种典型断口。

1. 脆性晶间断裂

晶间断裂又称沿晶断裂，是多晶体沿晶粒界面彼此分离。熔铸钼锭在外力下发生的断裂为脆性晶间断裂。这是由于熔铸态钼锭晶粒粗大，晶间结合力较弱，外力作用下优先沿晶断裂。烧结态钼锭在外力敲击下，也常发生沿晶断裂，这是由于晶界上存在脆性沉淀相，如图 6-3 所示。

纯钼制品发生脆性晶间断裂的主要影响因素有温度和杂质元素。

温度是钼制品发生脆性晶间断裂的最主要因素。温度降低，钼外层电子间会由金属键向共价键转变；低于其DBTT时表现出明显的共价键特征，晶格阻力急剧增大，位错的可动性减少，交滑移变得困难，位错运动倾向于平面滑移，导致在钼晶界上产生应力集中，发生沿晶界脆性断裂。

杂质元素主要有C,N,O等。O的含量(质量分数)仅为15×10^{-6}时，易形成MoO_2，以单分子层的形式偏聚在晶界上，显著降低晶界结合强度，导致沿晶脆断。N在晶界处的杂质沉淀对钼的沿晶断裂有两种作用：①在晶界处偏聚，与Mo形成氮化物或以游离状态分布，导致晶界处应力集中，成为断裂源，促进沿晶断裂。②N元素杂质沉淀与钼基体有很强的键结合力，使界面之间的结合能得到提高。因此，需要控制适当的N含量来获得最佳的晶界结合强度。适量的C存在于钼中能有效提高多晶钼材料的塑性，降低塑脆转变温度，C与Mo形成的化合物Mo_2C与钼基体有很强的结合力，Mo_2C的存在可有效强化多晶钼结合力相对较弱的界面，降低沿晶脆断趋势，使多晶钼材塑性得到提高。在退火或冷却过程中，利用C与O之间超强的结合能，C还能抑制O向晶界的偏聚，从而进一步降低了杂质元素O对钼塑性的影响。当碳、氧原子比在2∶1以上时，高纯钼都能表现出较好的塑性。但过量的C会在晶界形成粗大的碳化物沉淀，也会显著降低钼的塑性。

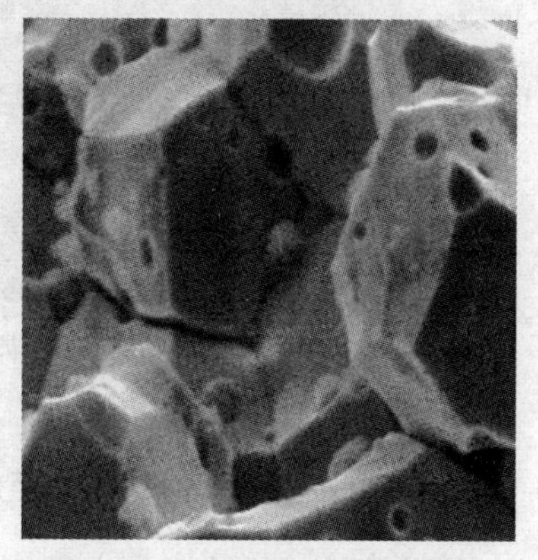

图6-3 晶间断口特征图

穿晶断裂和沿晶脆性断裂示意图如图6-4所示。图6-4(a)所示为穿晶断裂，图6-4(b)所示为沿晶脆性断裂。

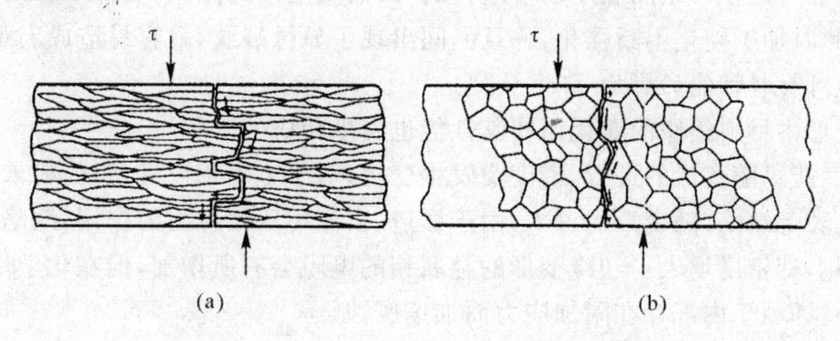

图6-4 粉末冶钼制品常发生脆性断裂示意图

2.穿晶解理断裂

解理断裂一般是在发生脆性断裂之前常伴随着很大的延性。最容易发生解理断裂的金属为体心立方结构金属；其次是某些六方晶系结构的晶体。钼的解理断裂特征通常呈现为河流状花样，如图6-5所示。

3.纤维组织塑性断口

钼在一定加工态后发生的断裂称为塑性断裂，其断口特征为缩颈断口，断口上呈现有大量韧窝状微孔，微孔的存在说明材料在局部微小区域内，曾发生过强烈的剪切变形。韧性断口韧窝如图6-6所示。

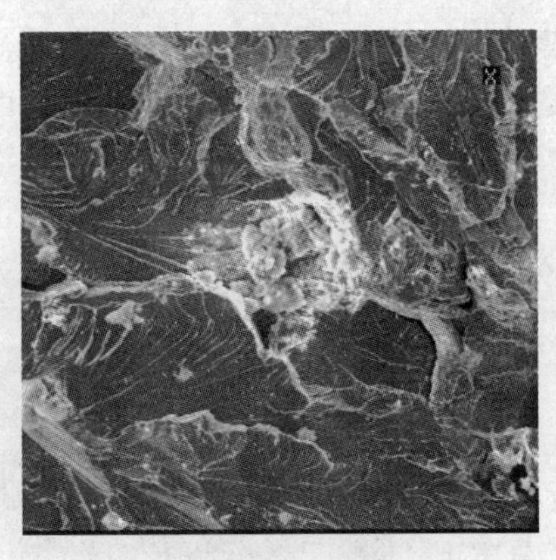

图 6-5　解理断口特征图

图 6-6　钼丝韧性断口形貌

6.1.5　塑性变形对钼制品组织性能的影响

钨、钼及其合金在塑性变形时所发生的组织性能的变化主要取决于变形的类型、变形力学图及变形程度。

1.冷变形对材料组织的影响

金属钼在加工中随变形的进行，其晶粒形状会发生变化，随变形程度增大，各晶粒都随最大主变形发展的方向被拉长、变细，并且晶界夹杂物也随着伸长，使变形后的材料呈现纤维状，这种组织称为纤维组织。同时，各个晶粒内部又出现很多位向差不大的小晶粒，即亚结构(亚晶粒)。这种亚结构的出现对晶内的进一步滑移起着阻碍作用，因而提高了材料的强度。亚晶粒越小，强化效果越好，加工硬化现象越明显。

金属钼的加工是在再结晶温度以下进行的，因而随变形的深入，变形中会出现晶粒破碎和晶界的破坏，此时加工硬化不断强化，一旦晶间出现了显微裂纹，就容易造成宏观断裂。

2.冷变形对材料性能的影响

由于冷变形中材料组织的变化而使其性能也发生相应的变化。

(1)理化性能。随变形的进行，密度要发生变化，对于金属钼而言，钼的粉末冶金坯内部存在大量微小孔隙等缺陷，随变形的深入，由于锻造、挤压中压缩应力的作用，缺陷得到一定的消除，金属致密化，即密度增大。经冷变形的金属钼的电阻会有所增加，但在化学性能方面，容易产生应力腐蚀，即由于内部存在附加应力而加速腐蚀。

(2)存在内应力。金属在变形后要产生内应力，这种内应力在变形后仍保留在物体内部，称为残余应力。附加应力和残余应力对材料的加工性能及使用性能都有很大影响。因此，变形后的钼坯需经过热处理以消除内应力的影响。

(3)产生加工硬化。金属钼在塑性变形中晶粒被拉长、细化、晶格畸变，出现亚结构，存在内应力等，使材料的变形抗力随变形程度的增加而明显增大，而塑性下降，这种现象即加工硬化。

(4)各向异性。冷变形时，由于晶粒及晶间夹杂物沿主变形方向被拉长，出现纤维组织，而且晶粒位向基本趋向一定的方向。这样平行于变形方向的强度高，塑性好，而垂直于变形方向的强度低，塑性要差些，产生各向异性。对于金属钼而言，各向异性的存在是有益的，它显著降低塑-脆转变温度(高于此温度材料呈现出韧性，而低于此温度则呈现脆性)，利于沿主变形方向拉伸过程的进一步进行。

3. 热变形对材料组织性能的影响

金属钼材料热变形时，由于加工硬化的同时，要发生软化作用，而且软化作用起主导作用，硬化不断消除，因此某些显微裂缝可以得到愈合，尤其对粉末冶金钼坯而言，可使钼坯组织改变为变形组织，这种变形组织具有较高的密度，均匀而细小的等轴晶粒和比较均匀的化学成份。

另外，金属钼内部所含的杂质、缺陷(如气孔、疏松等)在热变形中也会沿着最大主变形方向被拉长，形成带状结构。如果存在非金属夹杂物，再结晶温度将提高，用退火方式也难以消除。

6.1.6　钼加工工艺基础

钼的力学性能依赖其内部组织结构(包括亚结构)，通过合理的工艺制度可以控制组织结构，达到改善力学性能的目的。钼制品在加工过程中，温度(变形及热处理温度)及变形程度是对结构影响最重要的参数。钼制品加工过程中通常要经过三个温度阶段：热加工、温加工和冷加工。热、温、冷加工的定义是以变形过程中组织结构变化为基础建立起来的 3 种变形类型，主要特点归纳于表 6－1。

表 6－1　变形类型特征

变形类型	变形温度 t	晶粒组织	位错亚结构	内应力
热加工	$t \geqslant t_r$	粗等轴	低位错密度 $\rho < 10 \sim 10^8$ 个/cm²	低或为零
温加工	$t' < t < t_r$	条带或纤维	边界清晰的胞状位错结构	随变形量增加而增加，然后趋于稳定
冷加工	$t_{DB} < t < t'$ 或室温加工	细纤维	高位错密度 $\rho > 10^8 \sim 10^{10}$ 个/cm²，以位错缠结的形变胞或杂乱的位错林存在	随着变形程度增加迅速增加

1. 热加工

热加工有两种：高于再结晶温度 t_r 以上的温区加工，是以大加工率开坯为主的加工方式，以高温锻造、轧、挤等手段，获得致密的等轴粗晶组织，位错密度及内应力低；接近或在再结晶温度范围内进行加工，控制动态再结晶的热塑性加工，可使变形、回复、再结晶达到动态平衡，以获得细晶组织或高温回复状态有明显亚晶的组织。纯钼的再结晶温度一般在1000 ～1100℃。

2. 温加工

其定义应当是高于塑-脆转变温度(t_{DB})、低于再结晶温度范围加工。对于难熔金属钼的加工，是一个极为重要的加工温区。通过该温区加工以获得较好的变形亚组织，这种以位错墙为边界的位错胞，使钼材料具有高强度和高韧性。在此规定了一个特征变形温度 t'，特征变形温度是温加工与冷加工的温区分界线，以亚结构的特征为区分依据。特征变形温度高于塑-脆转变温度 t_{DB}。通常将难熔金属的特征温度规定为

$$t' \approx 0.2t_{熔}$$

温加工中随变形量增加，内应力增加，但在热激活作用下，形成清晰胞状结构后，趋于稳定。而且在温加工上限区域，当变形高于 40% ～ 50% 时，变形与回复过程可达到动态平衡。

3. 冷加工

在特征温度以下，塑-脆转变温度以上的温区加工为冷加工。在特征温度以下的冷加工，晶格点阵的派纳力明显增高，屈服应力也急剧增大，位错密度增大。随着变形程度增加，位错林杂乱分布或形成位错缠结的形变胞，胞壁由杂乱位错构成较厚的区域。内应力急剧增大，可获得明显强化效果。但高的内应力及不均匀变形的状态将使塑脆转变温度提高，当 $t=t_{DB}$ 时，容易产生脆性破裂。冷加工变形过程必须配合消应力退火，以保证加工顺利进行。

4. 金属钼的塑性加工

塑性加工是坯料通过外力的作用发生塑性变形，为获得所需的形状、尺寸和性能的加工方法。通过粉末冶金制成的材料，其内部存在着许多空隙，从而使材料的密度和力学性能大打折扣。减小和消除空隙能大大增加烧结体的密度和力学性能。因此为了获得高性能的产品，必须在粉末冶金工艺之后进行致密化。目前，致密化的方法主要有改进烧结工艺、热等静压处理、大应变量下进行塑性变形等。通过塑性加工后的粉末体材料不仅可以成形、细化晶粒，还可以大大降低粉末烧结体内部的空隙(从而提高其力学性能)。

塑性加工顾名思义就是使坯料产生塑性变形。如果一种材料呈脆性，那么它就不能发生塑性变形，而是发生脆性断裂。金属钼在某一温度下为脆性与塑性的转变点，此温度称为塑-脆转变温度(DBTT)，该温度越低对金属钼的塑性变形越有利。金属钼具有低温脆性，故钼的加工性能不是很好，这就给金属钼制品的生产带来了困难。

钼的低温脆性本性主要是由过渡族金属的电子分布特点所决定的，即存在不饱和的次外层 d 电子层。d 电子层是不对称分布的，原子结合力具有方向性，因此 d 层电子相互作用时表现出共价键本性，而最外层电子层为球对称分布，体现了金属键的本性。当金属键起作用时，钼以塑性变形为主；而钼呈现脆性时是共价键起作用。晶界强度弱化也是塑-脆转变的一个重要因素。C，N，O 等杂质元素分布在晶界上使晶界强度发生了弱化现象。O 在钼中极易生成 MO_x(M 为 Mo 和 Fe，Al，Si，Mn 等低熔点杂质元素)，并以单分子层的形式偏聚在晶界上，从而显著降低了晶界的结合强度。N 元素在晶界处的杂质沉淀偏聚在晶界处，容易导致晶界处出现应力集中，充当了断裂源的角色，促进了沿晶断裂的发生。C 其实是一种对钼塑性有利的元素，但过量的 C 会在晶界处形成粗大的碳化物沉淀，显著降低钼的塑性。

塑性加工的方法主要有锻造(自由锻和模锻)、冲压、挤压、轧制、拉拔等。其中，挤压加工是使坯料在三向应力作用下发生塑性变形的，因此在相同的变形量下，它更容易焊合坯料的孔隙。热加工常用于钼坯料的开坯或钼产品加工，使金属钼的塑性增加、变形抗力减小，从而会降低加工变形所需的外力。

6.2 钼及钼合金的锻造加工

锻造包括旋锻和普通锻造。金属经过锻造加工后能改善其组织结构和力学性能。粉末冶金组织经过锻造方法热加工变形后由于金属的变形和再结晶，使原来的烧结态晶粒变得更加均匀，使钼坯内原有的疏松、气孔、夹渣等压实和焊合，其组织变得更加紧密，提高了金属的塑性和力学性能。

钼的锻造(精锻)加工属于热加工范畴,即高于再结晶温度以上的加工方式,热加工有两种:高于再结晶温度以上的温区加工,是以大加工率开坯为主的加工方式,以高温锻造为手段,获得致密的等轴粗晶组织,位错密度及内应力低;接近或在再结晶温度范围内进行加工,控制动态再结晶的热塑性加工,可使变形、回复、再结晶达到动态平衡,以获得细晶组织或高温回复状态有明显亚晶的组织。

除了钼的普通锻造外,精锻也可以应用在钼的加工领域。国内使用精锻机锻造钼棒坯原料的只有金堆城钼业集团有限公司一家。该公司从德国引进了一台精锻机,实现了单个质量大于 50kg 钼棒坯料的开坯精锻,同 Y370,Y250 轧机一起形成了钼棒坯的开坯能力。

精锻机是一种快速精密锻压设备,有几个对称锤头对金属坯料进行高频锻打的短冲程压力机。第一台小型立式精锻机是 1948 年在奥地利 GFM 公司制成的。锤头的锻压力为$(15\sim2500)\times10^4$ N,每分钟打击 125～2000 次。可锻坯料直径为 20～850mm。精锻机有手动、半自动发展到全自动控制,20 世纪 70 年代又发展出用计算机进行控制的精锻机。精锻机有立式和卧式两种类型,立式精锻机在锻压直径和长度上都受到很大限制,实现自动控制较难。

本节主要介绍旋锻和自由锻造的锻造工艺。

6.2.1　自由锻造(空气锤)

自由锻造可获得大尺寸坯料和大型锻件。纯钼的开锻温度为 1 300℃左右,而经挤压开坯的坯料的开锻温度可以低些。自由锻造设备如图 6-7 所示。

1. 钼坯料制备

钼坯料可由真空熔炼或粉冶法制取。

由于熔铸坯料内部晶粒组织粗大,通常必须采用连续锻造形变工艺,并在上述工序后采用再结晶退火工艺,才能使熔铸锭坯的粗大晶粒逐步细化形成加工态形变组织。

粉末冶金方法制得的烧结钼坯的特点是化学纯度低、杂质含量较高,但内部晶粒组织细小,且由于粉末冶金技术的进步,同样可以生产出大规格的坯料。此方法生产工艺流程短而简单,因此,粉冶锭坯-压力加工生产法得到迅速发展。

图 6-7　自由锻造设备

由于晶粒细密,粉冶钼坯可直接进行锻造加工(这可称之为晶粒度效应)。在锻造加工时,将完成由钼坯的多孔烧结态至加工态的组织转变。随后进行一次略高于再结晶温度的均匀化退火,以调整锻打后的不均匀形变组织与消除钼坯残余应力。

2. 锻造前钼坯料防护

钼易氧化,在高于 300℃时发生轻微氧化,高于 600℃发生严重氧化,并形成大量挥发性的 MoO_3 白色烟雾,这些烟雾具有弱毒性,因此给高温锻造时带来了一些工艺上的复杂性。

为防止钼坯料在加热过程中的氧化损失,可在还原性气氛中,通常在通氢炉中加热,有时也在惰性气氛或真空中加热。锻造变形可在空气中进行，但是为了工作安全和环保要求，需要将挥发性的 MoO_3 抽走，因此，在锻锤上方安置抽风系统可达到此目的。在钼坯加热表面上氧化生成的氧化钼膜层，为钼金属和工具间摩擦接触的表面提供了良好的润滑。但由于润滑的结果，在自由锻造时，钼坯易于从锤头上滑出去，造成安全事故。为了避免这种情况，美国最早在实际操作中采用了封闭模锻、V形锤等措施。目前，国内多采用圆摔子进行锻造，圆摔子内圆外方，锻造时为了增加工具(上锤和下锤)和被加热金属接触表面的摩擦，铺垫了纯石英砂垫料。实践表明，该方法效果良好，完全消除了铸锭滑出的危险。

3. 钼的锻造工艺

金属在变形前的横断面积与变形后的横断面积之比称为锻造比(也称为加工率)。正确地选择锻造比、合理的加热温度及保温时间、合理的始锻温度和终锻温度、合理的变形量及变形速度对提高产品质量有很大关系。只要合理控制加热温度和变形条件，就能锻出性能优良的锻件。

(1)加热炉。由于钼加热温度高，且易氧化，因而应选用具有工作温度高、升温快、保温性好的加热炉，且需采用保护气氛。

(2)锻造工艺制度。难熔金属由于其塑性区相对较窄，所以锻造难度会相对较大，不同材料的加热温度、开锻温度与终锻温度都有严格的要求。对于金属钼，开锻温度选定1250～1300℃，终锻温度不得低于1000℃。加热时间根据选定加热炉的加热气氛，对于大直径的钼棒，加热时间不低于40min。金属钼的总加工变形率至少为50%～60%，以保证坯料的致密化。

由此，大直径钼棒锻造工艺制度见表6-2。

表6-2 钼棒锻造工艺制度

<table>
<tr><th rowspan="2">工序号</th><th rowspan="2">工序名称</th><th rowspan="2">加热火次</th><th colspan="2">加热制度</th><th colspan="3">锻造制度</th><th rowspan="2">累计总加工率/(%)</th><th rowspan="2">备 注</th></tr>
<tr><th>加热温度/℃</th><th>加热时间/min</th><th>锻前直径/mm</th><th>锻后直径/mm</th><th>道次加工率/(%)</th></tr>
<tr><td>1</td><td>锻前准备</td><td></td><td>1300</td><td>120</td><td></td><td></td><td></td><td></td><td>模具必须进行锻前预热</td></tr>
<tr><td rowspan="3">2</td><td rowspan="3">热锻</td><td>第1火次</td><td>1300</td><td>60</td><td>240</td><td>200</td><td>31</td><td rowspan="3">56</td><td>两头分别进行开坯</td></tr>
<tr><td>第2火次</td><td>1250</td><td>20</td><td>200</td><td>180</td><td>19</td><td>两头分别进行锻打</td></tr>
<tr><td>第3火次</td><td>1200</td><td>20</td><td>180</td><td>160</td><td>21</td><td>先中间后两边进行锻打</td></tr>
<tr><td>3</td><td>退火</td><td colspan="8">氢气炉中退火，800～850℃，20min</td></tr>
<tr><td>4</td><td>机加工</td><td colspan="8">深孔钻打孔、切削、刨、铣等精加工等</td></tr>
<tr><td>5</td><td>成品检验</td><td colspan="8">超声探伤、性能检测等</td></tr>
</table>

锻造采用1 t锻锤，锻造过程中，三火加工，每火次中采用圆摔子、小加工率、更换数次摔子的方式进行，随着加工的进行，每一摔子的加工温度是逐渐下降的，降至终锻温度再进行二火加热，加热温度比一火降低。

根据纯钼的再结晶图（见图6-8），为保证得到细晶粒组织，在1250～1400℃变形时，每道次变形量要大于15%。

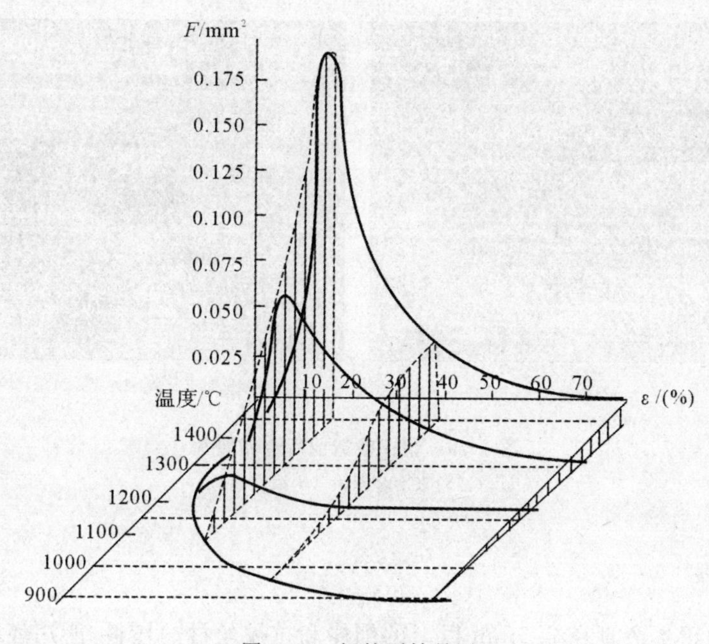

图6-8　钼的再结晶图

F—晶粒的平均面积；　ε—变形程度

4.锻造钼棒物理性能变化

(1)密度和硬度。从待取样切割长度为20mm，宽度为10mm的小样，用于密度测量。密度采用排水法，天平精确度要求为mg。

硬度测试采用实验室用HRD—150型电动洛氏硬度计。

锻造前后钼棒的物理性能见表6-3。

表6-3　锻造前后试样的物理性能

性能 / 原料状态	密度 $g \cdot cm^{-3}$			硬度 HRA		
烧结态	心部		边部	心部		边部
	9.78		9.79	49.0		50.1
锻造态	截面内	截面外	纵向	截面内	截面外	纵向
	10.01	9.95	10.03	57.5	57.9	57.8

由表 6-3 可见,锻造后的密度和硬度明显提高。加工态下,钼金属的强化效果明显。

(2)组织。对钼棒坯锻造前后进行了金相检测,检测结果如图 6-9 所示。

从图 6-9 可以看出,钼棒的横截面断口形貌从近等轴状的烧结晶粒,变成了晶粒更加细小、均匀的羽毛状结构,晶粒发生了明显变形。钼棒沿锻造方向的组织呈现为扁平状组织,组织取向明显,有纤维化趋势。

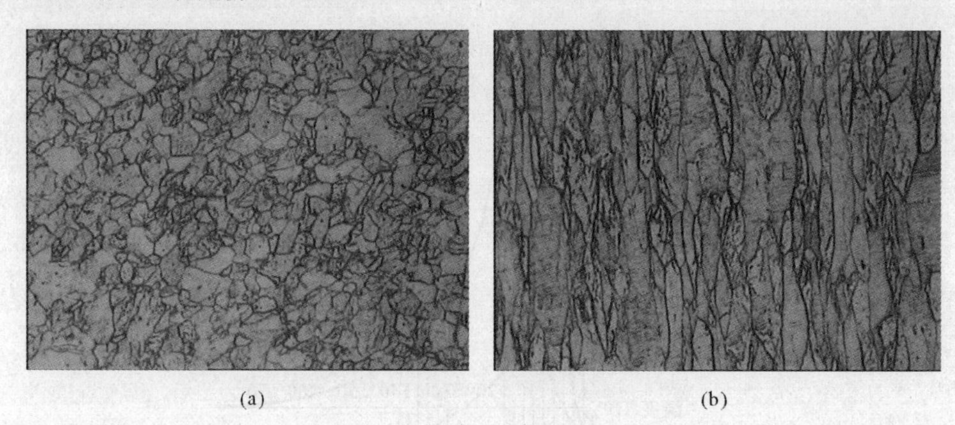

(a)　　　　　　(b)

图 6-9　钼棒锻造前后金相照片

(a)粉末冶金态;　(b)锻造态

6.2.2　旋锻

旋锻主要用于生产直径 2.5mm 以上的细棒和拉拔丝材的坯料,所用坯料为 10～30mm 方形或圆形坯料。纯钼旋锻的开锻温度常在 1 300℃左右,道次变形量一般为 10%～20%,也可达 30%左右。随着直径的减小,锻造温度逐渐降低,3mm 直径时可降到 800℃左右。

1. 工艺流程

虽然旋锻加工较轧制式加工有很多缺点,但由于具有设备造价低、操作灵活、工艺调节和控制方便等优点,因此,旋锻加工在钼材加工中仍被广泛应用,是钼棒(杆)生产的主要手段之一。

如图 6-10(a)(b)(c)所示为旋锻加工工艺流程实例。

2. 旋锻的基本原理及设备

旋锻是利用旋锻机主轴的高速旋转和滚柱的顶压作用,而使两半组合旋锻模在滑槽内作周期式往复直线运动,并将钼坯的断面逐渐减缩,同时使其变成与旋锻模内腔相符合的形状和尺寸。

旋锻机主要用于加工小规格坯料用,单个质量一般小于 1000g,旋锻机外形及设备简图如图 6-11 所示。

旋锻实质上是模锻的一种特殊形式。如图 6-12 所示,主轴环绕被锻坯条高速旋转的同时,由于锻辊对于锤头的顶压作用使锤头和旋锻模在滑槽中做周期性往复直线运动,从而实现对坯条的高速锻打。锻打的频率为锻辊个数与主轴转速的乘积。由于是高频锻打(6800～12000 次/min),所以沿坯料的径向形成径向压力的连续叠加。

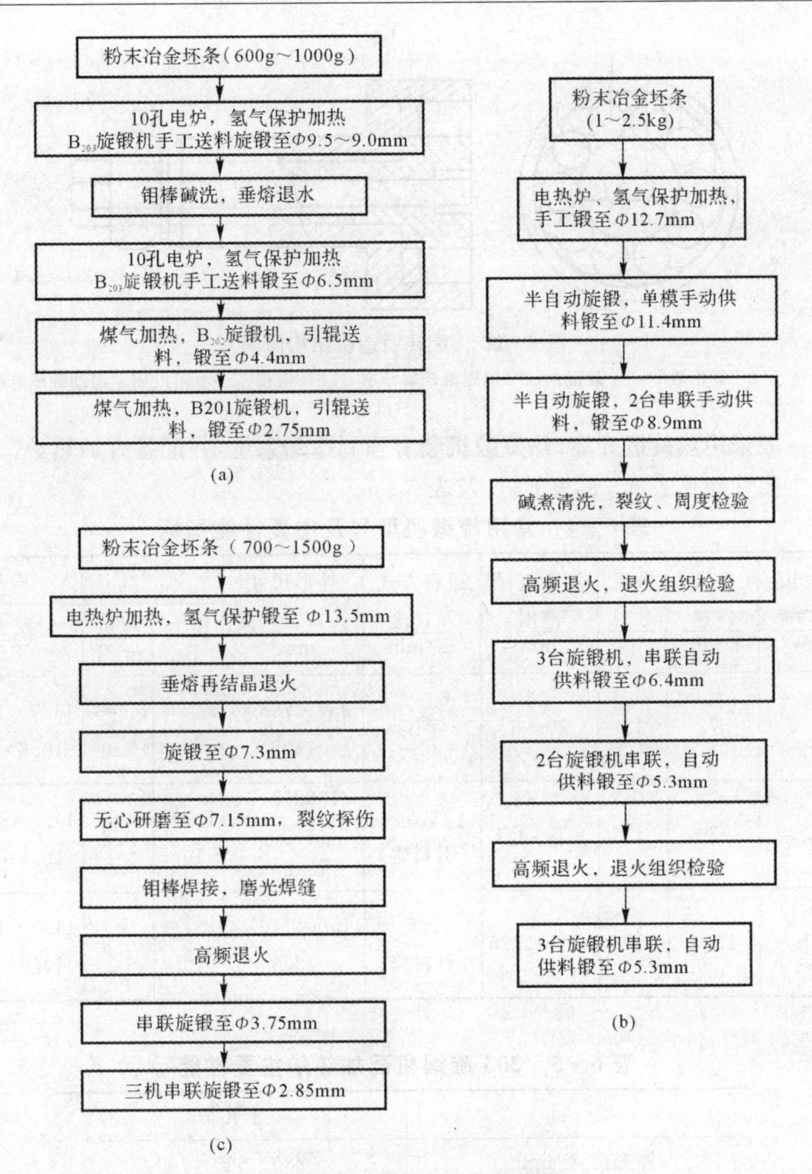

图　6－10　旋锻加工工艺流程

图 6－11　旋锻机外形

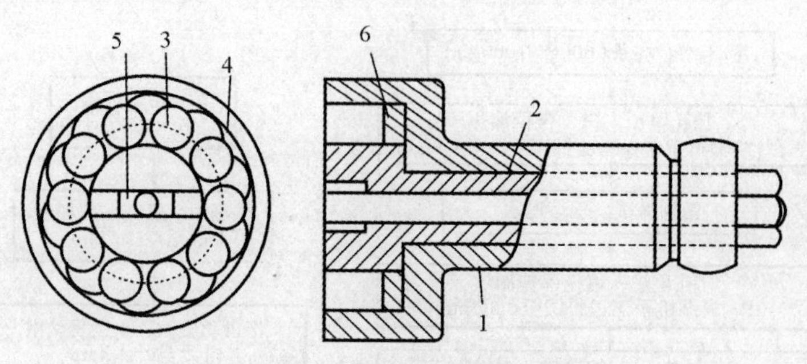

图 6-12　旋转锻造机结构简图

1—机座；　2—异形轴；　3—锻辊；　4—钢质滚动轴承套；　5—锻模；　6—用以固定滚动轴承套的钢环

钼坯料一般采用热旋锻开坯，热旋锻机装有强制冷却系统，并配备有加热炉。热旋锻机及加热设备的主要性能见表 6-4、表 6-5 及表 6-6。

表 6-4　常用旋锻机型号及主要性能指标

设备型号	主电机功率 kW	主轴转速 r/min	锻辊数目 个	加工直径范围 mm	送料方式及速度 m/min	外形尺寸(长×宽×高) mm^3	氢气 压力 Pa	氢气 耗量 m^3/h	冷却水供给 压力 Pa	冷却水供给 耗量 m^3/h
C7117 ALZF (203)	2.2	572	12	20～6	手工	951×735×1305	—	0.9～1.0	14.7×10^4～19.6×10^4	0.5
C7110 (202)	1.7	950	12	9.5～4.1	2.5 (引料辊)	1368.5×1165×1269.5	1.7×10^5	0.8	14.7×10^4～19.6×10^4	1.5
C714 (201)	1	1200	10	4.1～2.25	2.5 (引料辊)	1150×1100×1200	1.7×10^5	0.8	14.7×10^4～19.6×10^4	0.5

表 6-5　203 旋锻机配加热炉主要性能

<table>
<tr><th colspan="2">项　目</th><th>十孔炉</th></tr>
<tr><td colspan="2">外形尺寸/mm^3</td><td>880×660×700</td></tr>
<tr><td rowspan="4">炉管</td><td>材质</td><td>氧化铝</td></tr>
<tr><td>形状</td><td>椭圆形</td></tr>
<tr><td>规格/mm</td><td>900×135×100</td></tr>
<tr><td>孔径/mm</td><td>23</td></tr>
<tr><td colspan="2">炉丝材质</td><td>钼丝</td></tr>
<tr><td rowspan="2">炉温/℃</td><td>最高温度</td><td>1600</td></tr>
<tr><td>工作温度</td><td>1350</td></tr>
<tr><td colspan="2">调压器/(kV·A)</td><td>15</td></tr>
<tr><td colspan="2">氧气流量/($m^3\cdot h^{-1}$)</td><td>0.5～0.9</td></tr>
</table>

表6-6　日本东芝旋锻机主要性能

设备型号	加工钼棒直径范围 mm	送料方式及速度		冷却水消耗 m^3/h	天然气消耗 m^3/h	空气消耗 m^3/h
		送料方式	送料速度 m/min			
4号旋锻机	21～11	送料器半自动送料	2～5	0.6	—	—
3号A型旋锻机	11～7.6	送料器半自动送料	3.5	0.6	6	60
3号B型旋锻机	7.6～5.5	送料辊自动送料	3.5	1.2	9	90
2号三模串联旋锻机	6～3	送料辊自动送料	3	1.4	15	150
1号两模串联旋锻机	3.5～2	送料辊自动送料	3	1.4	4	40

3.旋锻主要形变参数计算

由于钼坯为粉末冶金多孔材料，变形时材料达不到体积不变条件。为方便起见，一般均以材料截面尺寸变化来表示加工变形程度，对于圆形截面料，以面积缩减率ε表示变形程度，则

$$\varepsilon=\frac{F_{\circ}-F_{\rm d}}{F_{\circ}}\times 100\%=\left(1-\frac{D_{\rm d}^2}{D_{\circ}^2}\right)\times 100\%$$

延伸系数λ用下式计算：

$$\lambda=\frac{L_{\rm d}}{L_{\circ}}=\frac{\rho_{\circ}}{\rho_{\rm d}}\left(\frac{D_{\circ}}{D_{\rm d}}\right)^2$$

式中，$D_{\circ}$为变形前棒料直径；$D_{\rm d}$为变形后棒料直径；$F_{\circ}$为变形前棒料截面积；$F_{\rm d}$为变形后棒料截面积；$L_{\circ}$为变形前棒料长度；$L_{\rm d}$为变形后棒料长度；$\rho_{\circ}$为变形前棒料密度；$\rho_{\rm d}$为变形后棒料密度。

4.旋锻加工对钼及其合金坯料性能的要求

钼坯料的外观表面呈银灰色金属光泽，并要求无氧化、无玷污、无过熔、无分层、无裂纹、无鼓泡、无凹坑、无弯曲及无大的掉边、掉角等缺陷。

5.旋锻工艺

(1)开坯加热。纯钼及掺杂钼坯开坯加热工艺制度见表6-7。

表6-7　纯钼及掺杂钼开坯加热规范

材　质	坯条规格/mm	加热温度/℃	加热时间/min
纯　钼	Φ18～21	1200～1250	20～25
硅、铝、钾掺杂钼	Φ18～21	1350～1450	20～25
钼　镧	Φ18～21	1250～1350	20～25

(2)道次变形量的分配。对于空隙多、密度小、塑性差的粉末冶金坯条，开坯时的道次加工率要小些；方坯规圆后，可逐渐增大道次变形量。在材料塑性允许的范围内增大道次变形量可促使材料变形均匀，丝材性能的均一性较好。钼及其合金的加工规范见表6-8。

表 6-8 纯钼及掺杂钼旋锻加工规范

项目		变形阶段		
		规圆之前	规圆之后	退火或者再结晶后
道次变形/(%)	小压缩比	1～5	9～16	12～18
	大压缩比	10～20	15～25	15～30
进料速度/(m·min^{-1})		4～5	2～3	2～3

(3)旋锻过程加热。旋锻过程加热规范见表 6-9。

表 6-9 纯钼及掺杂钼加热规范

坯料直径/mm	加热温度/℃		
	纯 钼	硅、铝、钾掺杂钼	钼 镧
9.4～6.2	1200±50	1300±50	1250±50
5.8～4.4	1100～1150	1100～1250	1100～1200
4.1～2.75	950～1100	1050～1150	1000～1100

(4)旋锻加工工艺实例。钼及其合金的旋锻工艺实例见表 6-10。

表 6-10 纯钼及掺杂钼棒材生产工艺实例

设备型号		B_{203}													
模 序		1	2	3	4	5	6	7	8	9	10	11	12	13	14
配模直径/mm		14.2	13.4	12.6	11.8	11.1	10.5	10.0	9.4	8.8	8.2	7.7	7.2	6.7	6.2
配模直径/mm			13.2	12.4	11.8	11.2	10.6	10.0	9.4	8.8	8.2	7.6	7.0	6.5	
直径偏差/mm		±0.1													
加热温度/℃	Mo	1200±50							退火	1100±25					
	ASK	1350±50							退火	1250±25					
	MoLa	1300±50							退火	1200±25					
送料速度/(m·min^{-1})		(手工送料) 4.5～5.5													
备 注		炉 温													

旋锻机型号		B_{202}					B_{201}					
模 序		15	16	17	18	19	20	21	22	23	24	25
配模直径/mm	Ⅰ	5.8	5.4	5.0	4.70	4.40	4.10	3.80	3.50	3.25	3.00	2.75
	Ⅱ	6.0	5.5	5.1	4.7	4.4	4.10	3.80	3.5	3.25	3.00	
直径偏差/mm		±0.05					±0.04					

续表

旋锻机型号		B_{202}		B_{201}	
加热温度/℃	Mo	1050±50	1000±50	1050±50	950±50
	ASK	1150±50	1100±50	1150±50	1050±50
	MoLa	1100±50	1050±50	1100±50	1000±50
送料速度/($m\cdot min^{-1}$)		2.5		2.5	
备　注		料　温		料　温	

(5)旋锻制品常见缺陷及措施。旋锻制品常见缺陷及防治措施见表6-11。

表6-11　旋锻制品常见缺陷、产生原因及防治措施

缺　陷	产生原因	防治措施
表面横裂	旋锻温度过高； 坯条表层密度不够	适当降低旋锻温度； 坯条重熔或采用其他办法处理
纵裂	温度过低； 夹料时速度慢，引起坯条温度降低； 旋锻加工率过大； 设备运转不正常或模孔圆弧半径太大	适当提高温度； 钳子夹料要迅速送到机上锻打； 打第一根坯条时，把加工率配好； 操作前要试车，检查设备和模具
断坯	旋锻温度过低； 操作不当或加工率过大； 坯条密度不够均匀；	适当提高旋锻温度； 提高操作技术，避免加工率过大； 坯条返回重熔或报废
内部有分层或裂纹	道次加工率过大； 旋锻温度过低； 坯条本身有分层、裂纹等隐患	减小道次加工率； 适当提高旋锻温度； 加强检查，发现有隐患者挑出报废
端头劈裂	退火时夹头过长； 端头加热温度过低； 坯条本身有缺陷	退火时防止夹头过长； 注意把端头热透了才能加工； 坯条本身端头有劈裂时应切除
再结晶不均匀或“夹硬芯”	道次加工率不均匀； 退火之前坯料总加工率不够； 退火时再结晶不均匀； 坯条本身晶粒不均匀	适当调整好道次加工率； 总加工率不够的不能退火； 再结晶不均匀的退火棒应重新处理，对晶粒不均匀的坯条应增大总加工率或作其他处理； 提高退火温度或延长保温时间
螺旋竹节或表面折叠	加工率过大； 进料速度太快	减小道次加工率； 进料速度应放慢

6.3 钼的轧制加工

钼的轧制加工分为钼圆棒孔型轧制和钼板坯轧辊轧制，由于最终产品的形态和用途有较大差异，这两种原料的轧制设备也有很大差别。

6.3.1 钼圆棒轧制

钼圆棒轧制方法按轧机可分为二辊热轧机轧制、行星式轧机轧制、四辊轧机轧制、三辊式Y型轧机轧制等。在此重点介绍三辊式Y型轧机轧制。

1.孔型轧机分布

奥地利的Plansee公司、德国的H.C.Starck公司、国内金堆城钼业股份有限公司以及西南、华东等企业均装备有孔型轧机用于钼棒材、丝材的生产。图6-13所示为辊型轧机示意图。

图6-13 轧机及轧辊示意图

2.三辊Y型轧机

国际上第一驾Y型轧机是于1954年由轧管中张力减径机的生产实践发展起来的一种连轧机。三辊Y型轧机在钼加工应用最早的是德国OSRAM公司，1970年该公司从KOCKS公司买了一台Φ250mm三辊Y型轧机，用于将Φ17mm的钼坯料以4m/s的轧制速度连续轧制成Φ(4～10mm)的杆材。

1970年以后，三辊Y型轧机在西方发达国家钼加工企业中逐渐推广和应用，德国的OSRAM公司、NARRA公司、美国的GTE公司、英国的LAMP公司、荷兰的PHIEIPS公司和日本东芝公司等，均采用三辊Y型轧机对钼坯料进行开坯加工。

20世纪80年代以后，中国钼行业开始引进三辊Y型轧制技术及设备，成都虹波实业股份有限公司和陕西金堆城钼业股份有限公司先后从德国KOCKS公司引进了Φ250mm三辊Y型轧机用于钼深加工生产。1998年洛阳有色金属加工设计研究院为金堆城钼业集团公司设计生产了一台Φ370mm三辊Y型轧机。经技术消化和改进，三辊Y型轧机在国内钼材生产中发挥了重要作用，加速了中国难熔金属材料生产技术同国际先进水平接轨的速度。

(1)三辊Y型轧制技术的先进性。采用三辊Y型轧机对钼坯条进行轧制开坯，具有以下优点：

1)道次变形量大，变形深入且均匀，从而减少了轧制后拉伸时加工料的分层等缺陷，致使表面光滑均匀，有利于丝材质量、性能的提高和稳定。

2)三辊轧制，轧件受到较大的三向压缩应力，有利于充分发挥高温下金属钼的塑性，不易劈头开裂，使中间废料少，成品率高。

3)可采用大坯条，高速变形，工序少，生产效率高。由坯料加工到粗杆料，传统旋锻工艺需十几次甚至更多次的加工，每道次加工前均需加热，而轧制工艺只需 1～3 次加热即可完成，从而减少了多次中间加热环节，既降低了能耗，减少了金属烧损，又降低了劳动强度，提高了产能，而且能满足单重要求较大的产品的需要。

4)轧制时所产生的噪声小，改善了操作环境。

5)轧机体积小，质量轻，机组布置十分紧凑，占地面积小。

(2)三辊 Y 型连轧机的孔型特点。三辊 Y 型轧机的孔型是由 3 个互成 120°交角的轧辊上的轧槽所围成的(见图 6－14)，轧辊从 3 个对称方向同时压缩轧件。在下一道次，轧辊调转 180°，在另外 3 个对称方向上压缩轧件，在交错轧制过程中轧件受到 6 个方向的压缩变形(见图 6－15)，因此轧件的变形及周边的冷却都比较均匀，对保证成品轧材质量极为有利；与二辊孔型相比较，三辊 Y 型轧机孔型中轧件自由宽展面积减少，特别是弧三角孔型，弧边对宽展有一定的约束作用，因而三辊 Y 型轧机轧件宽展相对要小，轧制时孔型并不充满，轧件不易产生耳子和压折；三角孔型系统是属于"同型孔型"的一种，压下过程只是改变轧件断面的大小，而不改变其形状，从而排除了由于孔型变形程度不同和磨损的差异所引起的机架间张力不均匀；该种三辊轧制，轧件受到较大的三向压缩应力，有利于充分发挥高温下钼棒材的塑性，不易劈头开裂。

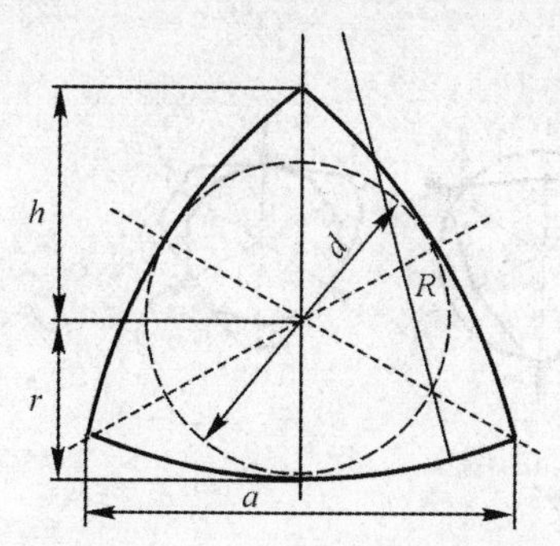

图 6－14　三辊 Y 型孔型形状

d—孔型内切圆直径；　R—弧线半径；

h—孔型长半轴；　a—理论宽度；

r—孔型短半轴

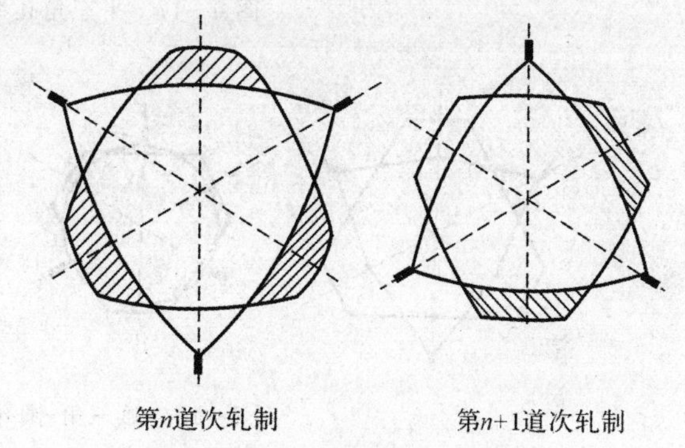

图 6－15　轧辊压缩轧件示意图

(3)三辊 Y 型连轧机的孔型系统。三辊 Y 型连轧机的孔型系统主要有延伸孔型和精轧孔型两种。延伸孔型一般用于对轧件最终尺寸要求不是非常严格的加工过程，其特点是延伸系数较大，能使轧件迅速变形。精轧孔多用于对成品轧件的尺寸、形状要求非常严格的成品轧制。鉴于钼坯条开坯轧制后还要经过一系列的轧制、旋锻或拉伸等加工工序，对轧件最终尺寸要求不严，因此一般选用延伸孔型系统。

延伸孔型系统就孔型的几何形状而言，基本有 3 种：弧三角孔型系统、平三角孔型系统和弧三角-圆孔型系统，也可以组合成平三角-弧三角-圆孔型系统，如图 6－16～图 6－19 所示。

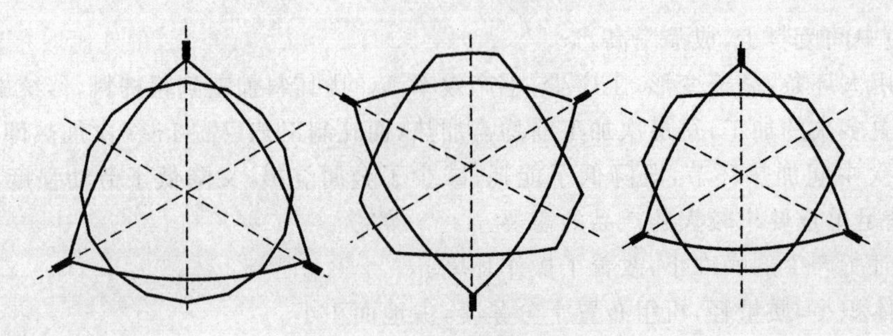

图 6-16　弧三角孔型系统

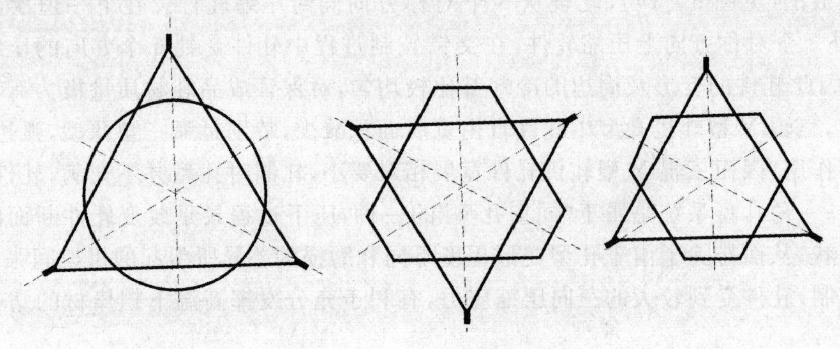

图 6-17　平三角孔型系统

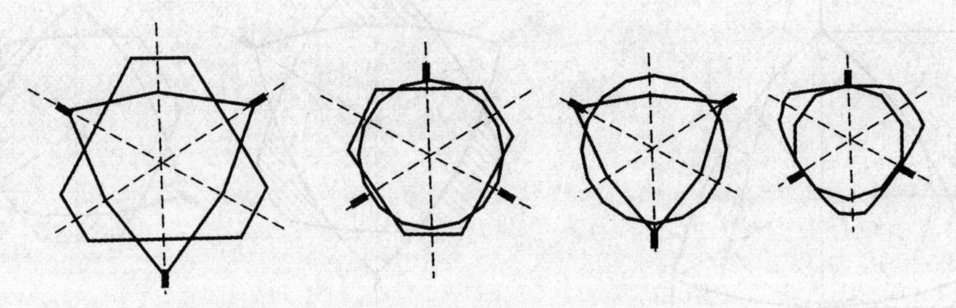

图 6-18　弧三角-圆孔型系统

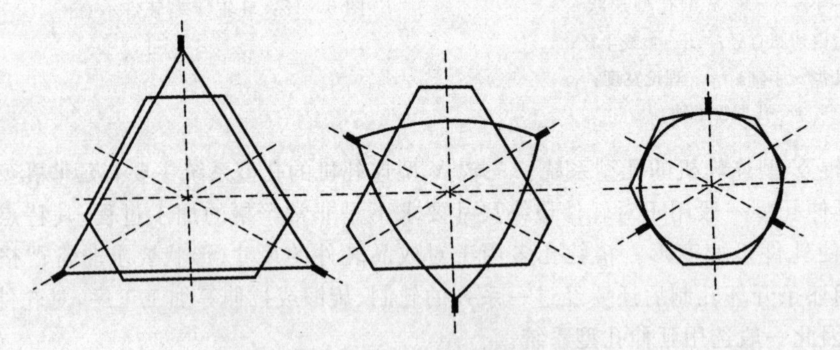

图 6-19　平三角-弧三角-圆孔型系统

上述几种孔型系统在钼开坯中均有应用。相比较而言，弧三角孔型系统宽展余量较大，轧件不易产生耳子和压折，且轧件无明显尖角，应力分布较好，适合于轧制低塑性金属，但大曲率弧三角轧件的自由扭转较大，轧制时稳定性较差；平三角孔型系统轧件存在的大的尖角，易因应力集中而出现角部效应，当轧制低塑性金属时，不如弧三角系统有利，但轧制时稳定性较好；平三角-弧三角-圆孔型系统结合了上述两种孔型系统的优点，成品轧件为圆形，无角部效应，利于下道工序的加工；弧三角-圆孔型系统中间可出成品，但孔型磨损不均，机架间张力不均匀。

(4)三辊 Y 型连轧机结构特点。三辊 Y 型连轧机，简称 Y 型轧机，首先是由德国 KOCKS 公司于 1957 年在研制成功的钢管张力减径机的成熟经验的基础上发展起来的，主要用于轧制黑色金属和有色金属，直到 1970 年才开始用于轧制钼线材。

经过几十年的发展变化，目前国内外采用的三辊 Y 型连轧机根据其机架形式的差异，主要有两种：闭式机架的三辊 Y 型连轧机和开式机架的三辊 Y 型连轧机，现将其共同特点概述如下：

三辊 Y 型连轧机一般由主传动（包括主传动电机、减速机、齿轮箱）、工作机架、机架底座、出料装置、电控装置、稀油润滑装置和辅助系统等几部分组成。主传动电机通过减速机和齿轮箱对同一机组的所有机架进行集体传动，有时对最后一个机架采用差速电机辅助传动，以控制成品精度。机架之间的传动比根据工艺要求确定后固定不变，且机架间速比尽可能相同，以简化传动装置，利于制造、维修（见图 6－20）。

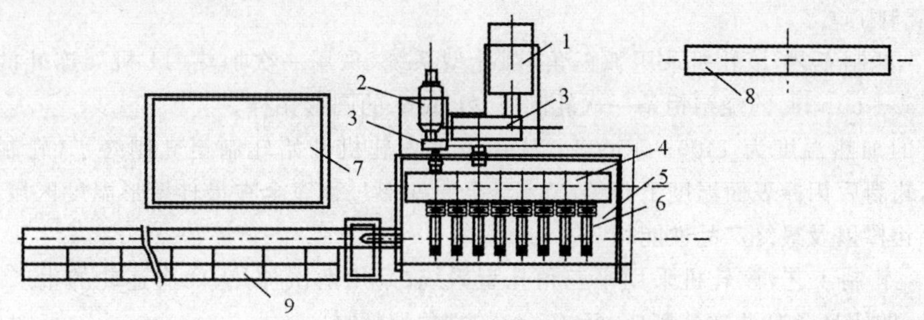

图 6－20　三辊 Y 型连轧机机列组成示意图

1—主电机；　2—差速电机；　3—减速机；　4—齿轮箱；　5—机架底座；
6—工作机架；　7—稀油润滑装置；　8—电控装置；　9—出料装置

该轧机区别于其他轧机的最大特点是机架内有 3 个互成 120°交角的圆盘状轧辊，其轧槽组成孔型，观其外型，三个轧辊的布置相似于字母“Y”，故称三辊 Y 型轧机。

根据机架结构形式的差别，机架可分为闭式机架和开式机架两种。一般闭式机架为整体铸钢（或铸铁）结构，多用于铜、铝线杆轧制，也可用于轧制钼烧结坯条；开式机架由 3 个高强度螺柱将两片铸钢（或铸铁）开式牌坊连接组成，便于装拆轧辊更换孔型，用于钼烧结坯条、镍合金、钛合金、钢铁线材，以及有色金属棒线材的轧制。

根据机架传动方式的不同，机架有上传动机架和下传动机架两种形式（见图 6－21），且同一机组的上传动机架或下传动机架均采用同一种机架，只是在使用过程中颠倒过来即可，不仅使同一机组的所有机架能够通用，而且也可以充分利用轧辊。

一般情况下，同一机组的上传动机架或下传动机架交替排列，主要为了实现无扭转、微张力高速轧制。

为保证轧制过程的顺利进行，各机架均设有用于导料的进、出口导卫装置，导卫装置有滑动式导卫和辊式导卫两种形式，可根据机架孔型的形状、轧件尺寸的大小以及成品的精度要求等选择不同的导卫装置。

采用专用轧辊磨床可以实现整机架加工 3 个轧辊，孔型形状精确，方法简单，轧辊磨损后，不必拆卸轧辊，就在机架上重新加工，扩大后，窜到前面道次使用，提高轧辊的利用率。

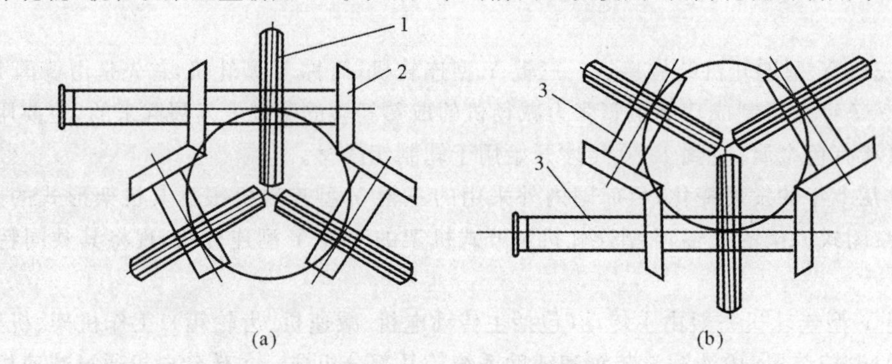

图 6-21　传动机架示意图

(a)上传动机架；(b)下传动机架

1—轧辊；2—传动轴；3—传动齿轮

(5)轧制工艺。

1)Y_{370} 轧制工艺，该轧机采用弧三角-圆孔型系统，采用一次加热、11 机架连轧的生产工艺，将 Φ(50～55mm)的烧结钼条一次轧制成 Φ17mm 的圆形钼棒。

钼坯的加热温度为 1400～1500℃，从钼条进入轧机开始轧制至轧制终了，轧制时间为 20～30s，轧制后钼棒表面温度下降约 200℃，金属变形过程完全在最佳变形温度区域内进行，确保成品钼棒以及最终产品性能均一。

2)Y_{250} 轧制工艺，该轧机采用平三角孔型系统，采用两次加热、两次连轧的生产工艺，将 Φ17.4mm 的钼坯条分两次轧制成 Φ5.9mm 的六角形杆材。

轧制烧结钼棒坯时，轧制工艺略有不同，加热温度约 1350℃，第一次采用 3 机架连轧，将坯条轧至 Φ12.5mm 的六角形棒材，之后更换机架，第二次轧制采用 7 机架连轧，将 Φ12.5mm 的六角形棒材轧制成 Φ5.9mm 的六角形杆材，然后直接上大转盘拉伸机进行拉伸规圆，之后进行多次拉伸。

6.3.2　钼板坯轧制

板材产品的用途很多，钼溅射所用的钼靶、钼元件所用的纯钼板、电阻炉所用的钼及钼合金用精轧板、生产 LED 用的蓝宝石生成炉钼精轧板、生产钼坩埚用的钼精轧板、核工业炼铀、钚所用的钼舟等均需要钼及钼的复合板材。

图 6-22　普兰西公司生产的钼板

奥地利普兰西公司可以生产出质量达 5t 的钼粉末冶金锭，可以加工出宽度达 1800mm，长度达到 5000mm 的钼板，这样就可以满足大型靶材及电阻炉的需要。如图 6-22 所示是普兰西公司生产的钼板。

1.钼板坯轧制设备

19世纪中叶,第一台可逆式板材轧机在英国投产,并轧出了船用铁板。1848年德国发明了万能式轧机,1853年美国开始用三辊式的型材轧机,并用蒸汽机传动的升降台实现机械化;接着美国出现了劳特式轧机;1859年建造了第一台连轧机。万能式型材轧机是在1872年出现的;20世纪初制成半连续式带钢轧机,由两台三辊粗轧机和5台四辊精轧机组成。轧机设备外形如图6-23所示。

(a)　(b)　(c)　(d)

图6-23　各种主要轧机设备示意图

(a)热轧机轧辊端; (b)直立式可逆轧机; (c)20辊轧机; (d)楔横轧机

轧机的一般组成如图6-24所示。

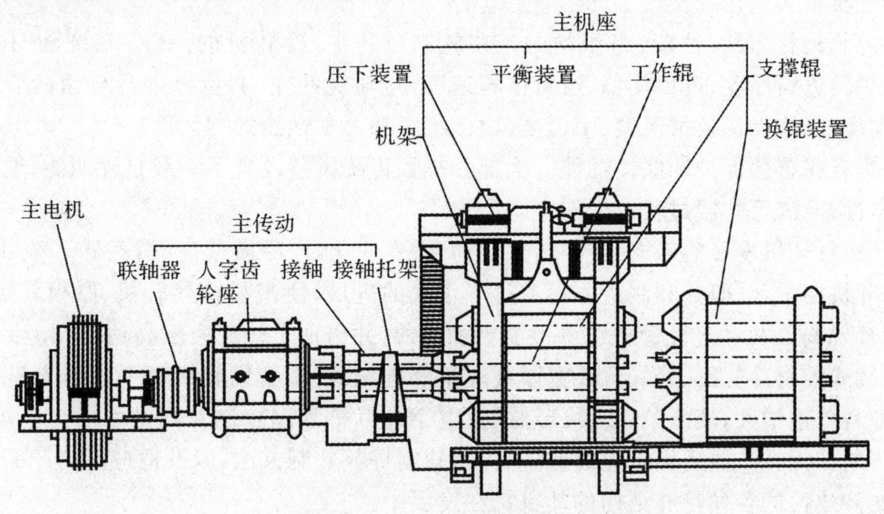

图6-24　轧机机构组成部分

现代通用轧机一般包括以下组成部分。

(1)机械系统。它包括辊前运输辊道及对中导卫、辊后运输辊道及对中导卫、轧辊系列等。这是钼板材变形的直接工具,关键技术在于部件的材质质量和几何加工精度。

(2)液压系统。轧机实现工件变形的真正动力源,关键技术在于油路和控制阀能够精确实现工艺设定压力和压下量,保证最终的板形控制。

(3)稀油润滑系统。它用于主减速机、齿轮分配箱和压下装置的润滑,由标准稀油站、压力及流量控制装置和指示仪表等组成。

(4)电气控制系统。控制系统分为两大部分:可控硅全数字直流传动部分和全线 PLC 工艺控制部分。前者用于工艺的传输和实现,后者用于工艺反馈、人机对话和工艺修正等。在轧机制造技术日趋完善的情况下,这部分是轧机生产厂家体现各自技术水平的关键所在。

(5)其他。对冷轧机而言,还包括轧辊平衡装置和液压 AGC(自动厚度控制)系统。

轧机配置后,钼板带材轧机一般要求能够实现以下功能。

(1)变形量和变形速度连续可调、可逆。轧辊压下量、坯料进出轧辊的速度均为连续可调、可逆,以保证任何厚度的板材均可成形。

(2)轧辊压下量可自动设置、自动修正、实时显示。当设定工艺参数(如加工道次数和各道次辊缝值)后,设备能实现压下自动控制,轧辊空摆自动定位,并能纠正轧制过程中轧辊因承受载荷、轧机弹跳引起的与设定值的误差。左右辊缝设定值、实测值和两者误差值均可数字显示,或即时曲线显示。

(3)轧辊具有单侧可调及双侧联动调整功能。当轧制平板时,轧辊的左、右两端联动压下,保证板形厚度一致;当轧制楔形板材时,轧辊的左、右两端分别按照各自的压下量下行。

(4)轧辊工作过程采用动量控制。当坯料初始咬入辊隙时,摩擦阻力极大,轧辊转速较小,当坯料完全进入辊隙后,轧辊作用力减小,轧辊转速提高,轧制速度增大。这种设置有助于最大限度地发挥轧机潜力。

(5)轧制压力、轧制速度、轧辊温度可在线测量、实时显示。这种设置可确保板材在工艺规定的变形力、变形速度和变形温度下轧制,有助于轧制过程的工艺控制,保证板材的轧制质量一致性,并可防止轧辊过载引起的设备安全事故。

(6)轧辊可实现在线预热。

(7)冷轧板材形状、性能、组织均匀。在轧制过程中,冷轧机的 AGC 系统随时根据轧辊左、右两端的进料厚度、进料体积、进料体积速度,对轧辊的左、右位置进行自动调节,实现左、右压下均衡,严格保证板材厚度、平面度、内部组织和力学性能的均匀性。

(8)具有完善的保护和联锁功能。大部分机械传统设备设置了动载自锁功能,增加设备运行的安全性,能满足轧制过程操作安全。

现代板材轧机发展的趋向是连续化、自动化、专业化,产品质量高,消耗低。20 世纪 60 年代以来,轧机在设计、研究和制造方面取得了很大的进展,使带材冷热轧机、厚板轧机、高速线材轧机、H 型材轧机和连轧管机组等性能更加完善,并出现了轧制速度高达 115m/s 的线材轧机、全连续式带材冷轧机、5500mm 宽厚板轧机和连续式 H 型钢轧机等一系列先进设备。轧机用的原料单重增大,液压 AGC、板形控制、电子计算机程序控制及测试手段越来越完善,轧制品种不断扩大。一些适用于连续铸轧、控制轧制等新轧制方法,以及适应新的产品质量要求和提高经济效益的各种特殊结构的轧机都在发展中。

2. 钼板轧机分布

国外钼板材轧机厂家有 Plansee 公司、HC Stark 公司、日本联合材料株式会社、日立金属株式会社等，大部分是辊宽在 850mm 以上的轧机；国内主要钼板材轧机厂家有洛阳栾川钼业集团股份有限公司、株洲硬质合金集团、成都联虹钼业有限公司、西部材料股份有限公司等，此外，其他地区部分民营企业，如北京天龙钨钼科技有限公司、苏州先端稀有金属有限公司、常州苏晶电子材料有限公司等也配有钼板材轧机，但大都辊宽在 800mm 以下。随着应用领域的要求不断提高，各个厂家的板材规格不断加大，轧机及其配套设备的配置水平不断提高。

3. 钼板轧制工艺及影响因素

钼及钼合金的板材轧制是从粉末冶金坯开始，经历开坯轧制、热轧、冷轧及中间退火、表面处理等工序，得到所要求的尺寸。

如图 6－25 所示是钼板轧制的工艺流程。

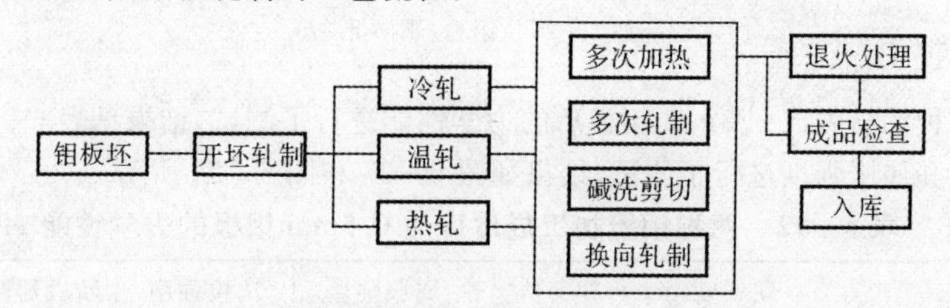

图 6－25　钼及钼合金板材轧制工艺流程图

在轧制过程中，随着开坯轧制的开始，轧件在轧制力作用下发生塑性变形，产生加工硬化。在后续的热轧、温轧中，通常一次加热伴随多次轧制，使得加工产生的硬化和回复再结晶的软化两相反过程同时存在，即发生动态回复和动态再结晶；而变形中断或终止后的退火、保温过程以及随后的冷却过程中所发生的回复和再结晶，则为静态回复和静态再结晶，这主要体现在冷轧阶段。对于轧制成品件或为后续拉伸、冲压等工序的原材料来说，轧制过程中各工艺参数的控制决定了板材本身的质量、性能及应用。

轧制工艺过程影响因素有下述几方面。

(1)原料。钼粉是生产钼深加工产品的原料，其物理、化学性能和组织结构在很大程度上决定了后续加工产品的特点及质量特征。目前，国内钼粉主要存在以下问题：粉末纯度不高；粉末物理特性波动大，主要体现在大小颗粒交互存在，粉末粒度分布宽；粉末的形貌组织不好，主要体现在颗粒形貌不一，细粉团聚严重，甚至出现烧结态。由于上述问题的存在，导致后续加工产品存在很大的质量问题。在随后的压制烧结过程中，因为钼粉颗粒大小不均匀，而大颗粒与小颗粒的变形能力不同，烧结过程所需的烧结能也不同。因此，在相同的压制烧结工艺下，大小颗粒的变形和烧结过程的差异会导致压坯和烧结坯组织不均匀，晶粒度不理想。尤其是细粉团聚体及烧结态组织的存在，导致烧结坯中出现孔洞、裂纹等缺陷，形成了质量较差的坯锭。这些坯锭在后续压力加工(轧制、旋锻、拉伸)过程中很容易会出现分层、开裂、起皮甚至断裂等，严重影响加工材料的质量及加工成品率。

图 6－26 所示为两种钼粉的 SEM 照片，可以看出 Mo－1 钼粉大小不均匀，大小颗粒交互存在。小的钼粉颗粒基本以团聚态存在，且小颗粒之间出现了烧结颈。Mo－2 钼粉大小相对均匀，分布疏松，无明显的团聚块出现，表现出较好的可分散性，多数以单颗粒形式存在。两种

钼粉的物理、化学指标(如粒度、松比、杂质含量)基本一致,其对性能的影响可以忽略不计。

Mo-1

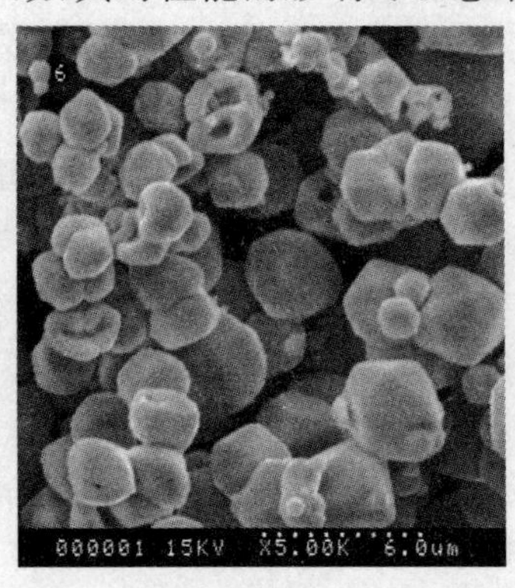

Mo-2

图 6-26 钼粉 SEM 形貌

对以上两种钼粉做成 0.5mm 钼板后的力学性能进行了测试,结果见表 6-12。并对高温下的抗拉强度和屈服强度进行了测试,结果如图 6-27 和图 6-28 所示。

表 6-12 两种钼粉加工成厚度为 0.5mm 钼板的力学性能

编 号	硬 度	杯突值	屈服强度	抗拉强度	断后延伸率
	HV0.5	IE/mm	$R_{P0.2}$/MPa	R_m/MPa	A50/(%)
Mo-1	315	6.48	725.7	837.5	12.25
Mo-2	328	6.55	820	886.7	16.0

由表 6-12 中可以看出,Mo-2 钼板的表面硬度和杯突值均高于 Mo-1 钼板,其屈服强度、抗拉强度及断后延伸率也明显高于 Mo-1 钼板,表现出较高的力学性能。从图 6-27 和图 6-28 中可以看出,相同温度下,Mo-2 钼板的抗拉强度和屈服强度均高于 Mo-1 钼板,因此,Mo-2 钼板在高温下具有更好的高温性能。

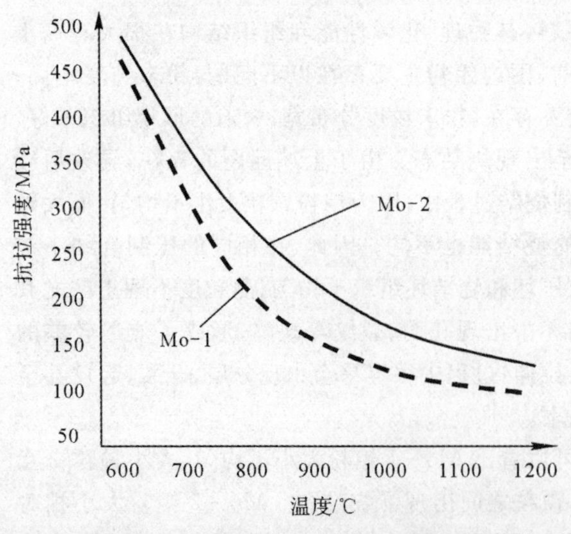

图 6-27 温度与抗拉强度的关系图

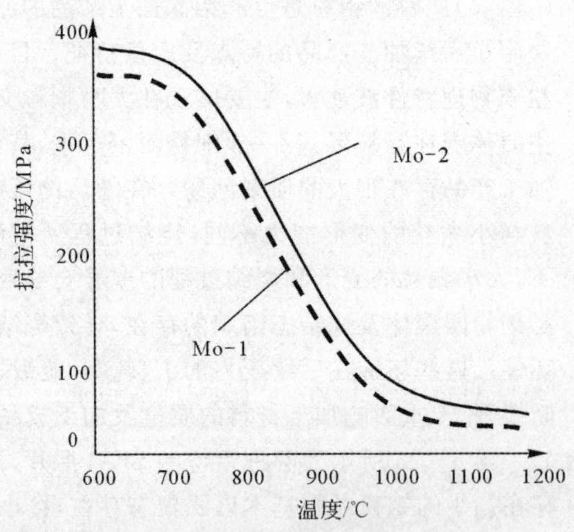

图 6-28 温度与屈服强度的关系图

从以上试验结果可见，和常规钼粉 Mo-1 相比，粒度大小均匀、分散性较好、团聚少的Mo-2钼粉制备出的钼板表现出了良好的力学性能和优异的高温性能，其原因就在于钼粉本身显微形貌组织的差异。

对于常规钼粉 Mo-1，由于在烧结过程中大小颗粒所需要的烧结能量不同，因此在相同的烧结能量下，晶粒生长趋势不一致，导致烧结坯的晶粒大小不均匀；同时，颗粒的团聚会导致团聚体的表面能下降，烧结时活性降低，导致团聚态粉末相对于周围颗粒烧结滞后，形成"周围优先烧结"局面。当滞后的团聚体开始烧结时，周围已经开始形成致密层，阻碍杂质气体的挥发，会形成较多的气孔。晶粒的不均匀以及较多烧结孔洞的存在会导致晶体在塑性变形中产生应力与变形量的不均匀分布。晶粒尺寸差距越大、孔洞越多，这种应力与变形量的不均匀分布就会越明显。而这正是导致变形不均匀影响其加工性能的主要原因。而 Mo-2 钼粉烧结中晶粒均匀，在进一步的塑性变形中晶粒受力均匀，变形一致性高，无论后续的直接轧制还是交叉轧制均能表现出较好的加工性能和力学性能。

因此，颗粒大小均匀、分散性好、团聚较少的钼粉能在很大程度上改善烧结坯的质量，进而得到加工性能及力学性能也较好的板材产品。该类板材同时具有较高的高温性能，适合于深冲、拉伸加工。

(2)轧制温度。轧制温度包括开坯轧制温度和开坯后轧制温度。

对于开坯轧制温度，由于钼及钼合金具有高熔点、高的变形抗力以及粉末冶金坯料多孔的等轴晶粒结构，易导致低温脆断，所以其轧制开坯温度必须加热到很高。通常纯钼及钼合金开坯轧制温度应该接近或高于再结晶温度。

表 6-13 列出了纯钼开轧温度与不同板厚成材率的关系。

表 6-13　开坯轧制温度与板材成材率的关系

工艺	开坯温度 ℃	终轧温度 ℃	预热时间 min	平均道次变形率 (%)	3.0mm 板成材率 (%)	1.0mm 板成材率 (%)
1	1500	1300	40～20	20	85	70
2	1300	1100	30～15	20	85	76
3	1300	1100	30～15	10	80	65

由表 6-13 中可以看出，轧制温度的提高有利于提高成材率，特别是厚板的成材率。当低温轧制时，钼板的变形抗力大，易造成钼板微裂纹的产生，进一步轧制会导致钼板材的开裂；轧制温度越低，晶胞沿轧制方向拉长程度越大，当大大低于再结晶温度时，会生成带状晶胞组织，造成组织有明显的各向异性，严重影响了轧件的应用及后续加工。

对于钼合金板，合金元素的添加使其具有比纯钼更高的再结晶温度，因此一般开坯时会使用比纯钼更高的开坯温度。但最近发现，低温开坯效果也很好，主要原因是，当低温开坯热轧时，因合金元素的作用，随形变的进行，沿晶界析出了细小的第二相颗粒，且弥散度较好，使得组织细且均匀，提高了合金板材的工艺性能。

开坯后轧制温度，随轧制的进行，轧件厚度不断变薄，变形量增大，自身储存能量增加，再结晶驱动力大，从而使轧件的再结晶温度降低。因此开坯后的热轧、温轧及冷轧的加热温度随变形程度的增加逐次降低。这有利于保持加工态组织，使轧件只发生回复而避免再结晶组织的形成，保证产品的质量和性能。

(3)变形量、道次变形率。烧结板坯组织疏松，伴有大量的微观孔洞。因此，开坯轧制的总变形量要大，以保证粉末颗粒相对流动，压实疏松组织，焊合微观孔洞，消除内部缺陷，增大板坯的致密度，实现烧结态向加工态组织的转变。若开坯轧制的总变形量过小，轧制力就不能深透板材内部，易引起板坯表层和中心层变形不均匀，在后续加工中出现头部张嘴开裂、分层、边裂等各种缺陷，且成品表面会出现毛刺、起皮现象，致使板材的成品率降低。

轧制变形量的大小对轧件质量和力学性能产生重要影响。如图6-29所示是钼粉末冶金烧结坯在轧制中，钼板弯曲角在不同变形量下的变化规律。虽然两种开坯方式、各轧制参数及退火处理各不相同，但从图6-29中可以看出，两者共性是弯曲角随变形量的增加而呈增加趋势。

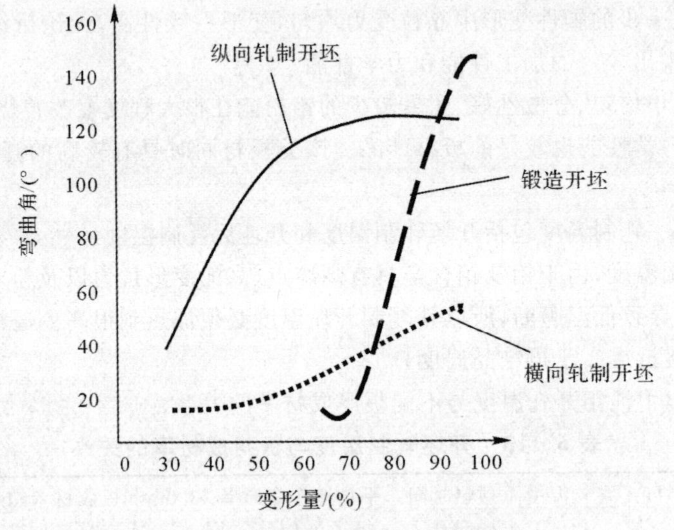

图6-29　弯曲角与变形量的关系曲线

各道次加工率不宜过大，在分配上遵循由大到小的原则，热轧变形率一般在20%～30%。而温轧总加工率的提高会降低其塑-脆转变温度，因轧制温度较低，变形抗力大并有一定的加工硬化作用，其道次变形率应控制在10%～20%。当冷轧时，加工硬化现象严重，道次变形率应控制在10%以内，变形量大将导致板坯内部微裂纹的萌生，以至于后续轧制时板材发生断裂。

(4)轧制方式。轧制方式会影响产品的质量和性能，单向轧制易产生严重的各向异性，交叉轧制则可降低各向异性，使各轧制方向上的力学性能趋于一致。

从组织上分析，单向轧制组织形貌为纤维状，沿轧制方向具有高的强度和韧性，而沿垂直轧制方向强度及塑性较差；交叉轧制形貌呈类似铁饼状，纵横向组织相互搭接交错，晶粒排布更加均匀，能有效地避免各向受力时应力的不均匀而导致的缺陷。研究表明，单向轧制裂纹走向为平行于轧向；交叉轧制裂纹走向为45°方向，呈弯曲状。交叉轧制裂纹较单向轧制来说，其裂纹走向与轧向的同步性小，且扩展路径有效长度长，对裂纹的进一步扩展起阻滞作用。

织构分析表明，单向轧制得到很强的{100}⟨110⟩，{111}⟨112⟩和{112}⟨110⟩织构，而交叉轧制可以使旋转立方织构{100}＜110＞得以强化，这种织构上的不同也说明了单向轧制与交叉轧制各向异性的差异。

交叉轧制换向点的选择对轧制后各向异性的大小有很大影响，但目前来说还没有定量的确定方法，依据塑性变形理论，换向前后的变形量尽量一致，才能保证前后组织均匀，各向异性降到最低。具体到生产实践中，换向点的选择很大程度上也局限于设备上的限制，不能完全依据理论分析。

(5)退火温度。轧制过程中，随变形程度的增加，轧件的强、硬度升高而塑、韧性下降。变形温度越低，变形量越大，则轧件内储存能越高，给进一步轧制带来困难。再结晶晶粒形成前，轧件在退火温度下将发生回复。低温回复时点缺陷的运动使密度大大减小；中温和高温回复时，位错的运动产生多边形化，伴随滑移的进行，位错密度下降，微观组织出现亚晶粒；继续提高温度则发生再结晶转变。纯钼板和钼合金板相比再结晶温度低，为防止晶粒粗大，其退火温度也较低。

轧制过程中，退火处理具体表现在随温度的升高抗拉强度、微观硬度降低，延伸率升高。图 6-30 所示为纯钼板及钼铼合金(3%Re)板轧制过程中退火温度与抗拉强度的关系图。

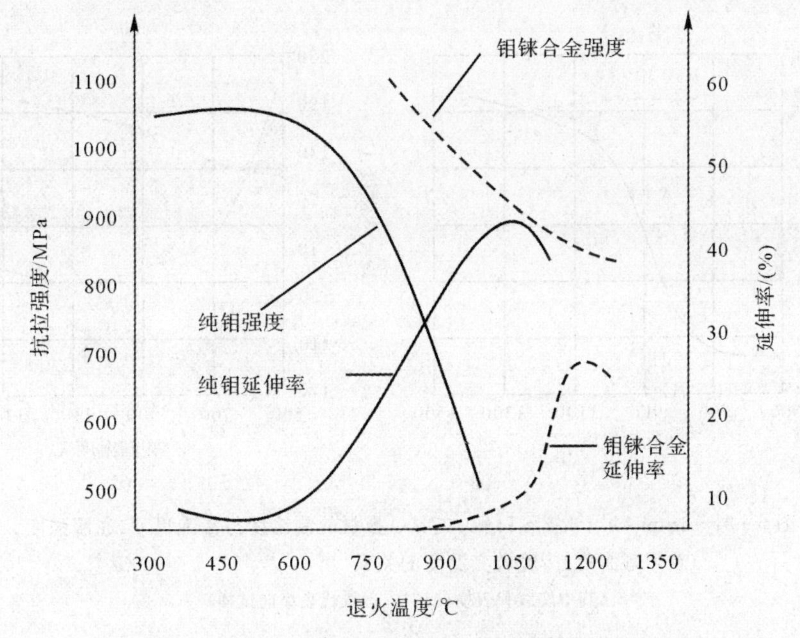

图 6-30　退火温度与抗拉强度、延伸率的关系图

从图 6-30 可以看出，纯钼板与钼合金板的抗拉强度和延伸率随退火温度的升高具有相同的变化趋势。它代表了钼及钼合金板材轧制后退火温度对力学性能的影响关系。一般来说，回复组织的保留可以显著提高产品的强度及延伸率等力学性能，有利于后续轧制及深加工进行。轧制生产中应根据不同合金的特点合理制订退火工艺。

因此，在轧制过程中，主要工艺因素决定了轧件的质量性能。生产实践中，应综合考虑各工艺参数。根据板坯的不同，可以采用高温大变形量的开坯方式，也可以采用温轧开坯；道次变形率的制订与轧制温度、退火温度关系密切；交叉轧制可以改善材料的各向异性，而换向点、换向次数的制订，需要根据不同物料的情况而定。钼板坯经头道次顺轧到需要的板宽，然后横轧到指定的厚度。在任何情况下，板材轧制方向建议至少要改变一次。

一般的，轧制时，特别是在轧制开始时，每一道次的压下量要相当大，这是获得优质板材的必要条件之一。因为金属沿整个截面的变形应尽可能均匀。当压下量不足时（＜20%），发生表面变形，中心层的组织未发生变形，这导致金属不同层的机械性能有差异，因而在下道轧制时板材就产生分层现象。

4. 钼及钼合金板材轧制工艺实例

以 Mo-0.5%Ti-0.07%C 合金材料为例（见图 6-31）。

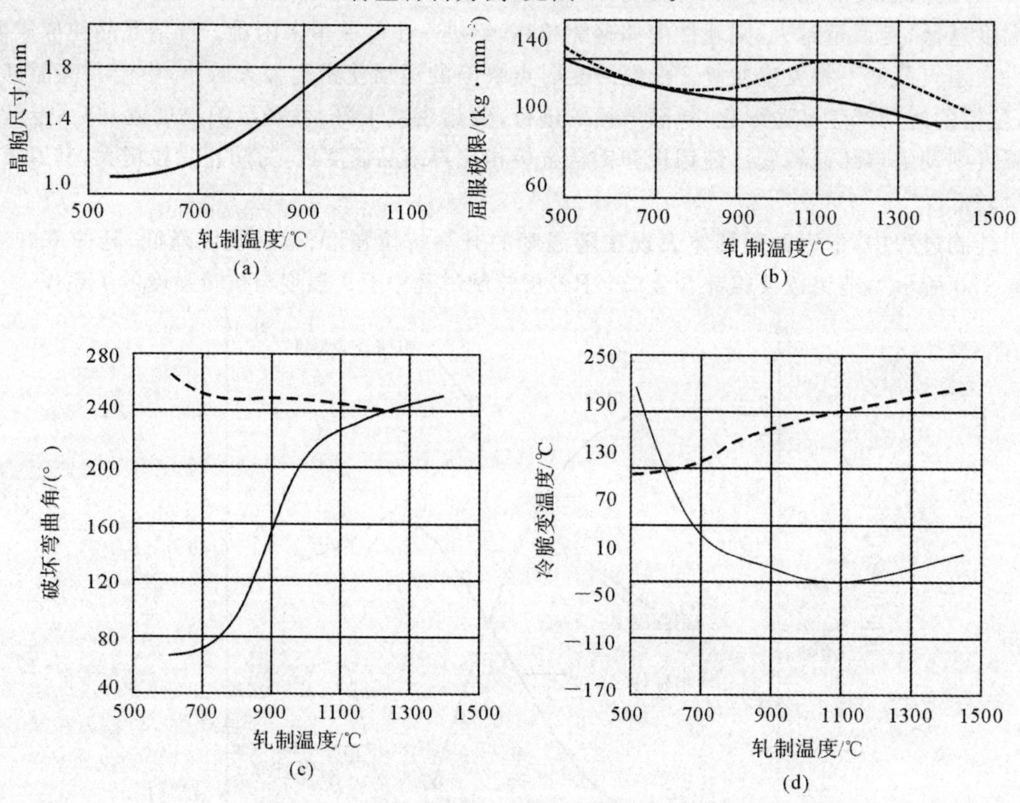

图 6-31　1mm Mo-0.5%Ti-0.07%C 板材轧制温度与晶胞尺寸、屈服强度、破坏弯曲角、冷脆转变温度的关系

（其中实线代表横向试样、虚线代表纵向试样）

室温下，塑性性能的变化是由于冷脆转变点随轧制温度而移动：在某种轧制规范下，转变点低于室温，而在另一种规范下，转变点高于室温。在 1500℃再结晶退火和 1100℃消除应力回火后，根据板材静弯曲试验的弯曲角（$\alpha > 120°$）确定的塑-脆转变温度与轧制温度的关系如图6-32 所示。

为保证厚度方向上优越的性能并完全避免分层缺陷，钼合金在再结晶温度以上轧制是最合适的。应当提醒的是，热轧金属在轧制方向和垂直轧制方向上的脆性转变温度都在室温以上，这一直是提高热轧钼板轧制温度的障碍。

因此，在综合所有数据后，可以认为，在比再结晶温度稍低的温度下轧制，金属的室温强度和塑性配合最好。如果轧制温度比再结晶温度低得多，则会生成带状晶胞组织，从而显著降低板材垂直方向上的塑性和厚度方向上的强度。轧制温度如果高于再结晶温度，则生成再结晶组织，这时，尽管在厚度方向上的强度较高，但是，在轧制方向和垂直轧制方向上，金属的冷脆转变温度均较高，因而在室温下易引起金属的脆性。

对于钼合金板材，强度极限随变形量的升高而增加。相对延伸率有增加的趋势，对于纵向试样，弯曲角由变形量 $\xi=30\%$ 时 $\alpha\leqslant10^{\circ}$ 升高至 $\xi=50\%$ 时的 $\alpha>120^{\circ}$；对于横向试样，在 $\xi\geqslant80\%$ 的情况下，弯曲角达到最大值，$\alpha=60^{\circ}\sim70^{\circ}$。这证明：只有在变形量大于 80% 的情况下，由于冷脆转变点的降低，钼在室温下才有塑性。因此，在最佳的轧制温度下，钼合金板材的变形量应当大于 80%。

以上钼合金的轧制均是在再结晶温度附近进行的热轧工艺，当板厚小于 1.0mm 时，则需进行冷轧。冷轧与开坯不一样的是冷轧板有专用轧机，冷轧板在较小规格上可以进行交叉轧制，这样可以降低横、纵向的各向异性，可以作为拉伸钼坩埚的原料，但不能作为电阻炉用隔热屏。Mo－Zr－Ti 合金不同的冷轧变形量与强度极限和相对延伸率的关系如图 6－33 所示。

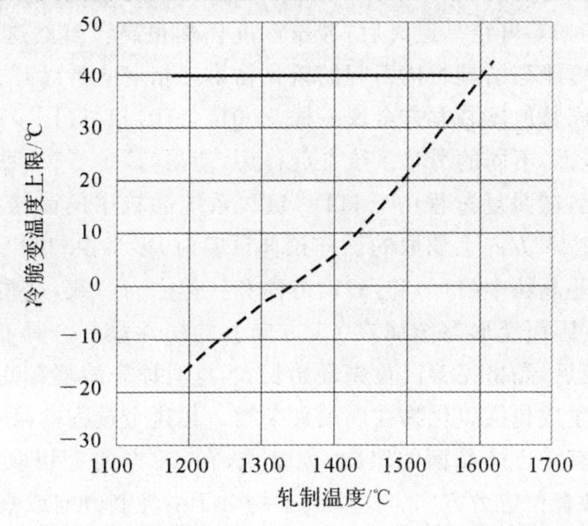

图 6－32 轧制温度对 2mm 厚 Mo－Zr－B 合金板的冷脆转变温度上限的影响

（弯曲角大于 120°，虚线为 1100℃/h 消应力退火，实线为 1500℃/h 再结晶退火）

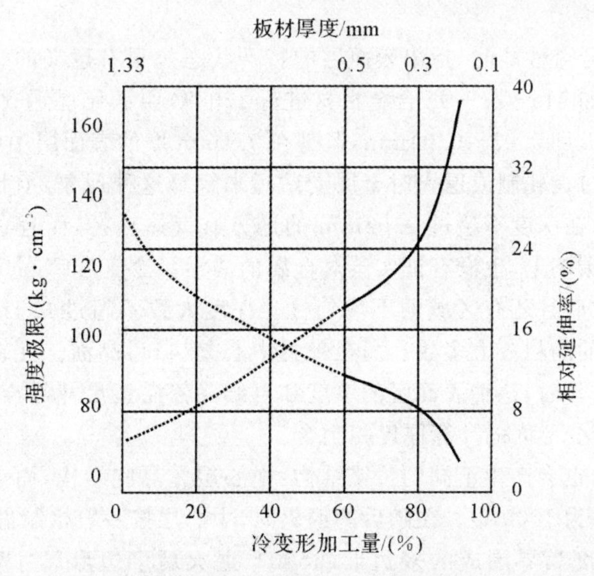

图 6－33 Mo－Zr－Ti 合金冷轧带的机械性能与变形量的关系

从图中可以看出，当变形量大于80%时，即从1mm冷轧到0.3mm以下，加工硬化程度急剧增加。冷轧到0.1mm厚带材未经进一步退火时，其塑性很低($\delta \approx 3\%$)，而强度σ_b达到了165kg/cm^2。

在与轧制方向成45°角的方向上合金冷轧带的塑性最高，可是，在再结晶温度以下回火以后，尽管它的组织仍保持纤维状，但在这个方向上金属已经脆化，而在轧制方向和垂直轧制方向上金属的塑性最高。如果在任何一个方向上金属变脆，那么以冲压深度表征的体积塑性就立刻降低。

其他研究工作者早就指出钼的"45°脆性"，并且着重指出这和其他体心立方金属是一致的。但是在比较各种钼合金化学成分的差别后可以看出，含锆的合金在再结晶温度以下退火后具有脆性倾向，含铪合金的脆性倾向小一些，而含有复合脱氧剂的真空电弧熔炼纯钼以及Mo－B合金，甚至在1500℃再结晶退火后，冲压深度仍然很高。虽然这种现象的本质研究还不是很充分，但它非常可能与结晶织构引起的碳化物第二相定向析出有关。

众所周知，钼板如同其他体心立方金属一样，{001}〈110〉和{111}〈112〉两个织构是择优织构。在不同位向的晶粒上，不同的滑移系统在起作用，使得{111}〈112〉系统中晶粒的加工硬化比{001}〈110〉大。因此，在回复过程中，{111}〈112〉系统晶粒中的晶格完善区的长大速度比{001}〈110〉晶粒快。在45°方向上切取的试样拉伸试验时，多半由{111}轧制面上的晶粒塑性变形最有利，因为在这些晶粒中〈110〉和〈112〉方向和拉伸方向一致，这些方向上的晶粒变形并未伴随有位向的变化。因而变形态金属在45°方向上的塑性最高。具有{111}轧制面的晶粒在完成恢复再结晶退火后，晶格完善区首先开始长大，这时原先熔解在变形金属中的间隙杂质应当从晶格中析出，并生成包括碳化物在内的夹杂物。在这个过程的第一阶段，碳化物夹杂物以片状形式析出，它具有立方体晶面的取向，就是说，在45°方向上切取的试样中片状碳化物取向垂直(或平行)于现有拉应力方向。这些夹杂物对于沿轧制方向或垂直于轧制方向切取的试样没有多大危险，因为它们分布在与现有拉应力约成45°的方向。因此，在回火过程中，金属首先在45°方向上变脆。应当指出，固熔体的分解倾向依赖于合金的成分，并不是所有钼合金都具有"45°脆性"现象。

当探讨冷轧态钼合金性能时，指出表面层的特殊状态是很有意义的。这首先反映在表面层中再结晶很困难。如Mo－Zr－Ti合金板材进行1500℃/h再结晶退火，尽管在金属厚度方向上等轴晶粒尺寸长大到0.03～0.04mm，但是在0.1mm厚的表面层中仍保持有纤维状的未结晶组织。常常用板材在轧制或退火时金属受玷污来解释这种现象，但是沿表面层逐层微区域光谱气体分析指出，在深度不超过0.02mm的地方有气体玷污，而且这最可能是一种吸附作用的结果。多次的碳测定，也没有证实碳对金属的沾污。冷变形后，金属晶粒中不仅有织构分布的偶然不均匀性，而且还有区域的不均匀性。深度大致不超过0.1mm的表层中，{100}晶面平行于轧制方向的晶粒占大多数。而在带材中心是{111}晶面。在钼板轧制的一般条件下，当保证层状变形条件时，这种表面区的厚度和再结晶停滞区尺寸的金相观察结果相当，并和轧辊-金属界面上难变形区的计算厚度相吻合。

变形强化的差异，也会产生不同的位错结构：中心层是晶胞结构，而表面层是精细的多边形化结构(嵌镶块尺寸为1000Å)。在随后的退火时，中心层按一般机制进行再结晶，而在表面层只是扩大原先大角度晶界围成的多边形(1500℃退火后多边形尺寸宽达0.5μm，长度达1.5～2μm)。

在电子技术和无线电工程等部门中，采用钼及钼合金冷轧带材来制造小的、外形很复杂的零件。因此，在冲剪、冲压和钻小孔等操作过程中，冷轧带应具有良好的工艺塑性。在这些操作过程中，常常出现废品。制取室温塑性很高的钼及钼合金冷轧板、带、箔材现在仍然是生产这类产品的迫切任务之一。完善冷轧工艺(交叉轧制、消除应力集中退火、选择润滑剂等)，制订合适的合金成分、熔炼方法和合理的中间半成品热加工规范都可以提高冷轧金属的塑性。

6.4 钼的挤压加工

液晶显示器制造工艺中的降低反射层、透明电极、发射极与阴极等均由溅射方法形成，而溅射靶材多以金属纯钼板材为主。近年来，随着液晶屏幕尺寸的不断增大，与之对应的溅射板形钼靶也随之增大了其自身的面积。若采用旋转的钼筒做靶材，则屏幕的宽度由钼管长度决定，屏幕的长度则不受限制。为了提高溅射层的均匀性，要求溅射靶材具有较高的致密度(在99.7%以上)。然而最常用的成形钼制品工艺(粉末冶金)达不到靶材的致密度要求，因此必须再加一道热加工工艺来提高其制品的致密度。对于大型管靶，提高致密度的方法除了锻造外，最好的方法是采用热挤压工艺。

挤压是将金属毛坯放入挤压模具模腔内，在强大的压力和一定的速度条件下，迫使金属从模腔中挤出，从而获得所需形状、尺寸以及具有一定力学性能的挤压件。挤压是金属压力加工的一种少(无)切削加工工艺。挤压加工具有下述优点。

(1)同锻造相比，可以通过一道工序生产出形状简单的管、棒、型材以及断面极其复杂的和变断面的管材或型材，工序流程短；

(2)挤压属于少(无)切削加工，节约原材料；

(3)具有更为强烈的三向压应力状态图，金属可以发挥其最大的塑性。因此可以加工用轧制或锻造有困难甚至无法加工的金属材料；

(4)灵活性很大，即在同一台设备上通过更换相应的模具就能生产出很多不同的产品品种和规格；

(5)提高零件的精度及表面粗糙度；热挤压制品的精确度和粗糙度介于热轧与冷轧、冷拔或机械加工之间；

(6)减少工序，缩短生产周期，提高生产率；

(7)对于生产断面复杂、薄壁的管材和型材，壁厚与直径之比趋近于0.5的超厚壁管材，以及脆性金属和钢铁材料方面，它是唯一的压力加工方法。

挤压主要用于破碎粗大的铸态晶粒，改善粉末冶金坯的加工性能。为使铸态晶粒充分破碎，挤压比应不小于4，挤压温度通常在1100～1350℃之间。如果是通过挤压直接获得产品和中间产品，应当采用更大的挤压比和更高的挤压温度。

挤压，就是将钼粉末冶金管坯加热到一定温度后在强烈的三向不均匀压缩力的作用下，从热挤压模的模口中流出或流入狭小的模腔中，从而获得所需尺寸规格的一种压力加工方法。三向压缩具有使金属产生塑性变形的较好条件，这样使得大晶粒的钼及钼合金铸锭可以在低塑性的状态实现变形，使粗大的晶粒得到破碎、细化，从而大大提高合金的机械性能，并具有进一步的可加工性。

6.4.1 钼金属挤压设备

在设备调研过程中深切地体会到，国内虽然可用于有色金属的挤压设备数量名列世界之首，但大多数用于挤压铝、钢、铜等制品，真正用于难熔金属，特别是钼及钼合金的挤压设备寥寥无几。实际上需要进行大加工量的难熔金属挤压加工时，已无可供使用的新的挤压设备，严重阻碍了钼及钼合金等难熔金属挤压加工的深入研究。

热挤压是钼金属塑性加工最好的方式。调研结果表明，以前拥有挤压难熔金属设备的厂家目前还能够开展钼及钼合金挤压加工的有东方钽业厂，其他厂家或者因挤压力不够，或者因加热装备达不到工艺要求的加热温度而无法进行挤压。

本节钼靶材产品的挤压设备主要采用太原钢铁集团有限公司 6000t 挤压机，通过热挤压工艺提高粉末冶金钼靶材成品的密度、细化其晶粒，使之达到高清晰度电视机屏幕的溅射靶材所需的密度。太原钢铁集团有限公司大型挤压设备如图 6-34 所示。

图 6-34　6000t 大型挤压机示意图

该设备的主要性能参数见表 6-14。

表 6-14　6000t 热挤压机主要性能参数

设备名称	6000t 卧式热挤压机	
设备能力	规格范围/mm	Φ57～Φ355
	壁厚范围/mm	≥4
	长度范围/m	3～24
	最大挤压力/MN	60
	生产能力/($t\cdot a^{-1}$)	30000
设备精度	外径公差/(%)	±0.8
	壁厚公差/(%)	±8
设备特点	德国 SMS 引进的全球最大的卧式挤压机，主要用于生产不锈钢管，也可挤压变形抗力高的金属，产品尺寸精度高、表面粗糙度好，组织均匀致密。	

6.4.2　挤压理论

1. 挤压方式

挤压方式主要有正挤压、反挤压、复合挤压等。无论采用何种挤压方式，基本的挤压示意图如图 6－35 所示。

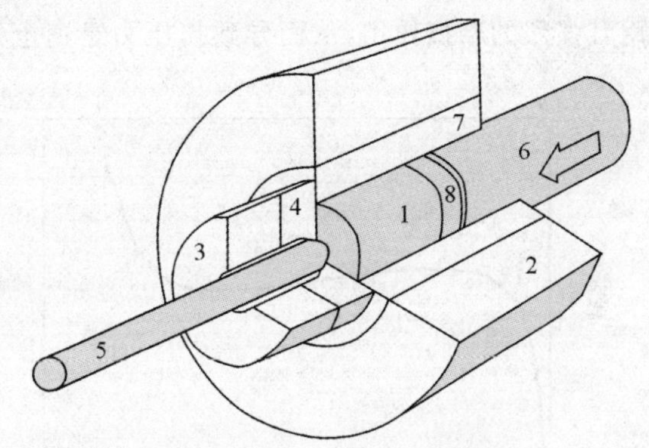

图 6－35　金属挤压示意图

1—坯料；　2—挤压筒外套；　3—模座；　4—模具；　5—挤压制品；
6—挤压轴；　7—挤压筒内衬；　8—挤压垫片

正向挤压法是挤压生产中应用最广泛的一种方法，主要特点是挤压时金属的流动方向与挤压轴的运动方向一致。在挤压过程中挤压筒固定不动，挤压坯料在挤压轴压力的作用下沿着挤压筒内壁向前移动，使得坯料表面与挤压筒内壁发生激烈的摩擦并引起坯料的温度升高。正向挤压生产的特点：制品的尺寸范围广，灵活性大，自动化简单，投资费用少，易分离残料。但由于挤压过程中，坯料表面与挤压筒内壁的激烈摩擦，从而使挤压力损失 30%～40%，同时，摩擦产生的热量使坯料的温度不均匀，导致金属流动不均匀。

反向挤压法是针对正向挤压法在挤压过程中坯料表面与挤压筒内壁发生激烈摩擦的情况出现的一种挤压方法。它的特点是挤压时金属的流动方向与挤压轴的运动方向相反，使挤压过程中的坯料表面与挤压筒内壁之间无相对运动，改变了金属在挤压筒内流动的力学条件，减小了所需的挤压力，降低了变形的不均匀性。虽然挤压制品的组织和性能均匀，但由于受到挤压轴、挤压模的限制，挤压制品的表面质量欠佳，分离残料困难。

复合挤压法是将正向挤压法和反向挤压法的特点结合起来的一种方法。它的特点是在挤压时使坯料的一部分金属的流动方向与挤压轴的运动方向相同，另一部分金属的流动方向与挤压轴的运动方向相反。

2. 挤压过程金属流动特征

根据研究所采用的 6000t 挤压机，挤压方式是正向挤压，其产品长度几乎没有限制。因此，本节主要对正挤压时挤压阶段的划分和各阶段的金属流动特征进行粗略的介绍。如图 6－36所示是挤压过程挤压力行程曲线。

按金属流动特征和挤压力的变化规律，挤压过程可分为 3 个阶段(见图 6－36)。第一阶段(见图 6－36 中的 $0a$ 段)称为开始挤压阶段。在开始挤压阶段中，金属在挤压力的作用下首先充满挤压筒和模孔，与此同时挤压力急剧直线上升。第二阶段称基本挤压阶段(见图 6－36 中的 ab 段)。挤压锭坯径向上金属的流动很不均匀，即总是中心部分首先流动进入变形区，外层的流动较慢。靠近挤压垫处和模具与挤压筒的交界处，金属暂时不参与流动，故形成了难变形区，即所谓的死区。图 6 - 36 中 a 到 b 曲线的下降，主要是由于锭坯长度的缩短而导致表面摩擦力总量有所下降的缘故。第三阶段称终了挤压阶段或紊流挤压阶段(见图 6 - 36 中的 bc 段)。此时，挤压筒内金属产生剧烈的径向流动，即紊流。外层金属进入内层或中心的同时，两个难变形区内的金属也开始向模孔流动，从而有可能产生"缩尾"缺陷。此时，由于挤压工具对金属存在加剧冷却的作用且强烈的摩擦作用，从而导致挤压力迅速上升。一般应适时中止挤压过程。

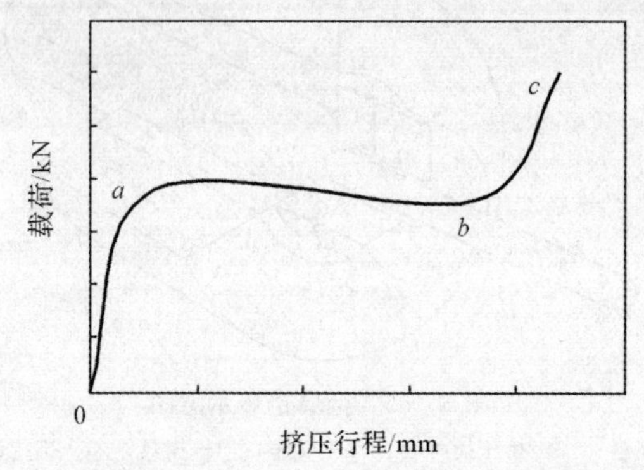

图 6 - 36　挤压过程挤压力行程曲线示意图

0a—开始挤压阶段；　ab—基本挤压阶段；　bc—终了挤压阶段

(1)开始挤压阶段。为了顺利把加热的坯料送入挤压筒内，必须使坯锭的直径小于挤压筒的内径。根据最小阻力定律，挤压坯料在挤压力的作用下，首先要发生镦粗以填充此间隙。根据平模挤压试验可知，在开始挤压阶段后期，锭坯前端金属承受剪切变形而流出模孔；但采用锥模挤压时，填充的同时前端金属也进入了模孔。开始挤压阶段沿锭坯长度上的不均匀径向流动，对制品的机械性能与质量有一定的影响。通常，坯料与挤压筒间的间隙尽可能要小些，以便减小填充挤压时的变形量。坯料与挤压筒间的间隙越大，充填过程中流出模孔的料头(又称切头)越长。此料头基本上保持了原始的组织，机械性能低下，因此必须切去。当然切头也与模具结构有关。当坯料的长度与直径之比在 3～4 时，填充过程中会出现和锻造一样的鼓肚现象。于是，在模具附近有可能形成封闭的空间。若锭坯在充填变形时，侧面承受不了周向拉应力，会产生轴向微裂纹。高压气体会进入锭坯侧表面微裂纹中。这些含有气体的微裂纹在通过模孔时若被焊合，则制品表皮内存在气泡缺陷；如果未能焊合，制品表面上就会出现起皮缺陷。间隙越大，这些缺陷产生的可能性越大。

因此，在设计坯料直径时，应尽量与挤压筒内径接近，以减小间隙，防止挤压制品表面的气泡缺陷和起皮缺陷。

(2) 基本挤压阶段。图 6 - 37 描述了正挤压时挤压工模具作用于锭坯上的外力、应力分布和变形状态。挤压时，变形区内的金属一般处于三向压缩应力状态，即轴向压应力 σ_l、径向压应力 σ_r 和周向压应力 σ_θ。其中，轴向压应力 σ_l 是由于挤压杆作用于坯锭上的压力和模具的反作用力而产生的；挤压筒和模孔侧壁的压力作用产生了径向压应力 σ_r 和周向压应力 σ_θ。变形区内金属的变形状态图为两向压缩变形和一向延伸变形，其方向与应力状态的偏斜应力分量方向一致，即径向压缩变形 ε_r、周向压缩变形 ε_θ 和轴向延伸变形 ε。

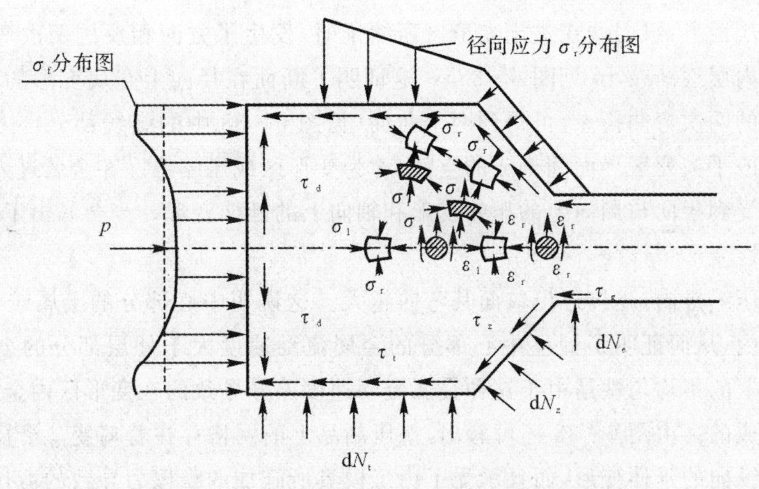

图 6－37　作用在金属上的力、应力及变形状态

变形区内各点的主应力值是不相同的，分布规律如图 6－37 所示。轴向主应力 σ_1 沿径向上的分布规律是边部大、中心小。中心部分的主应力 σ_1 最小，这是由于中心部分正对模孔，其流动阻力要远远小于受很大摩擦力的边部。主应力 σ_1 沿轴向上的分布，是由挤压垫向模具方向逐渐减小。径向主应力 σ_r 的分布规律与轴向主应力 σ_1 的相同。根据塑性变形理论，周向主应力 σ_θ 与径向主应力 σ_r 之间的关系属于轴对称问题，即 $\sigma_\theta=\sigma_r$。轴向主应力 σ_1 与径向主应力 σ_r 之间的关系，在不同部位也会不一样。在挤压筒内，$\sigma_1>\sigma_r$；而在变形区压缩锥内，则是 $\sigma_1<\sigma_r$。

挤压时金属的流动性总是不均匀的。首先是由于外摩擦作用而导致的内、外金属流动速度不一致造成的；其次，是由于锭坯散热或加热生成热的作用而导致锭坯横断面上温度的分布不均造成的，因此，沿径向上金属的变形抗力分布亦不相同，最终导致变形抗力低的部分易于流动；最后，模具结构的不同也可以造成金属流动的不均。如当挤压筒与锭坯之间的摩擦很大或锭坯外层金属由于和挤压筒、模具之间的热传递而导致内层温度高于外层温度时，金属外部的变形抗力就会高于中心，从而会产生金属内部流动速度高于其外部流动速度的不均匀流动现象。通过坐标网格的变化规律可以清晰地分析基本挤压阶段金属的流动特点，如图 6－38 所示。

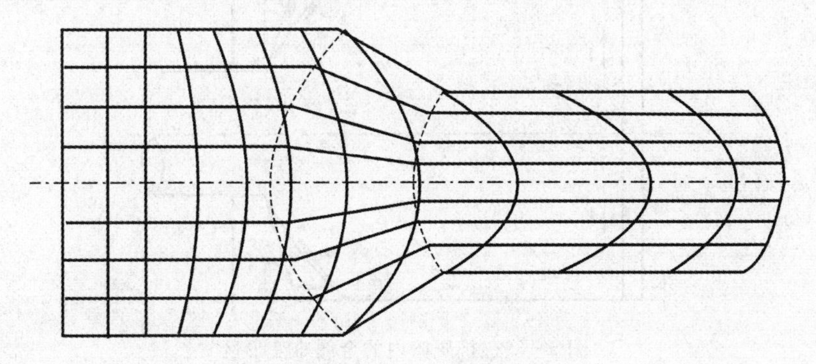

图 6－38　挤压时金属的流动情况

在锭坯纵剖面上，纵向线在进出变形区压缩锥时，发生了方向相反的两次弯曲，其弯曲的角度由外层向内层逐渐减小(见图 6-38)。这证明了断面在径向上金属变形的不均匀性。分别连接纵向线的两次弯曲折点，可得到两个曲面(见图 6-38 中的虚线部分)。通常将此两曲面及模孔锥面或平模死区界面间形成的空间，称为变形区或压缩锥。在金属进入压缩锥后，便在应力作用下受到径向与周向上的压缩变形和轴向上的延伸变形。当金属出了压缩锥时就不再发生任何塑性变形。

在变形区压缩锥内，越接近出口面其弯曲越大。这说明中心部分的金属较早地进入到了变形区压缩锥内，从而证明了锭坯中心部分的金属流动速度大于外层部分的金属流动速度。挤压制品质量上的不均匀性是由于这种金属流动速度差异导致的在变形区内金属塑性变形的不均匀性而造成的。由图 6-38 还可看出，挤压制品上的网格存在着畸变。沿径向上，外层金属不仅承受了纵向的延伸变形，而且承受了由工模具所施加的摩擦力导致的剪切变形，且沿制品长度上的附加剪切变形，由前向后逐渐增大。纵向延伸变形与附加剪切变形叠加后，称为主延伸变形。沿横断面径向上，外层金属的主延伸变形比内层的大；沿纵向上制品后端的主延伸变形比前端的大。挤制品弯曲了的横向线顶点间距不相等，由前端向后逐渐加大。这可以认为是金属延伸变形量由前端向后逐渐增大。这种特点在挤出的切头部分表现得非常明显。在基本挤压阶段，制品横断面积沿长度方向上变形几乎均匀。因此，制品外层的应变不均匀性由前端向后逐渐减小。

挤压时存在两个死区。一个是位于挤压筒与模具交界的环形死区部位，称作前端难变形区，如图 6-39 中所示的 *abcd* 区。另一个是位于压缩锥后面的锭还未变形部分，然而在基本挤压阶段的后期它会缩小为挤压垫前的半球形区域，如图 6-39 中“7”的部分所示，称作后端难变形区。通常，死区内的金属由于受工模具的冷却作用，而使得变形抗力增高，承受的摩擦阻力强，在基本挤压阶段不参与流动。在挤压过程中，死区内的金属随流动区的金属会慢慢地逐层流出而形成制品表面，与此同时死区高度减小，界面逐渐向模孔方向移动，但体积是逐渐减小的。

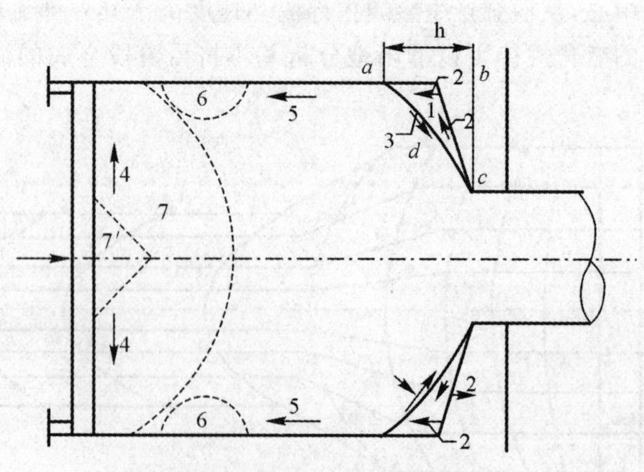

图 6-39　挤压筒内的金属难变形区

影响死区大小的因素：模角 α、摩擦状态、挤压比 λ、挤压速度 v、挤压温度 T 和金属的强度等。增大模角和增大摩擦条件都会促使死区的增大。因此平模挤压时的死区比锥模挤压时的大。增大挤压比会使死区的体积减小。挤压速度越高，流动金属对死区的“冲刷”越厉害，死区越小。由于金属材料在热态时表面摩擦较大，且受工模具冷却作用的部分金属变形抗力较高而难于流动，所以热挤压时的死区一般比冷挤压时的大。然而，死区的存在会提高制品的表面质量。这是由于死区可以阻碍锭坯表面的杂质与缺陷进入到变形区压缩锥内，从而形成制品表面。挤压时若坯料沿死区界面发生断裂，则坯料表面上的氧化皮、缺陷、杂质及其他污染物质将沿界面流入制品表面。其后果是使制品表面出现裂纹和起皮，同时也加剧了模具的磨损。

后端难变形区是由于挤压垫和金属间摩擦力的作用和冷却的结果所造成的。当挤压筒与锭坯间的摩擦力很大时，将促使 7 区（见图 6 - 39）中的金属向中心流动。但是由于 7 区中的金属被冷却和受到挤压垫上的摩擦力的阻碍作用而难以流动，从而引起 7 区附近的金属向中间压缩形成细颈区 6（见图 6 - 39）。在基本挤压阶段末期，难变形区 7 的体积逐渐变小形成一楔形 7′。

(3)终了挤压阶段。终了挤压阶段是指在挤压筒内的锭坯长度减小到变形区压缩锥高度时的金属流动阶段。在基本挤压阶段，流动的不均匀是靠未变形的锭坯供应体积的补充，才使得金属得以连续流动。然而到了终了挤压阶段，这种纵向上的金属供应大大减小，锭坯后端金属的应力状态发生了改变。此时的金属主要进行径向上的流动，其主要摩擦力来自于挤压垫对它的摩擦作用。

终了挤压阶段主要产生的缺陷是挤压缩尾。缩尾使挤压制品内部的金属产生不连续性，从而引起组织与性能的降低。挤压缩尾有中心缩尾、环形缩尾和皮下缩尾 3 种类型。

1)中心缩尾。未变形区的长度随着锭坯逐渐被挤出模孔而慢慢地变短，后端难变形区也渐渐变小，如图 6 - 39 中楔形区域 7′所示。挤压垫对金属的高压摩擦作用以及冷却作用，致使后端难变形区 7′内的金属难以克服它们之间的黏结力，从而不能及时地补充到纵向流速较快的内层中去。但后端金属可以较容易地克服挤压垫对其的摩擦阻力而产生径向流动。金属径向流动的增加，使金属硬化程度、摩擦力、挤压力均增大，致使作用于挤压筒壁上的单位正压力 dN_t 和摩擦应力 τ_t 的增大，于是破坏了它们与挤压垫上摩擦力 τ_d 间的平衡关系，从而进一步促使外层金属向锭坯中心的流动。如图 6 - 40 中的箭头 1 所示，表示出了外部金属承受力 dN_t 和 τ_t 的作用沿难变形区 2 的界面 ab 向中心流动的情况。

当外层金属径向内流动时，会将锭坯表面上的氧化皮、偏析瘤、杂质或油污一起带入制品的中心，且金属与它们之间不能彼此焊合，从而破坏了挤压制品所应有的致密性和连续性，最终导致了制品性能的低劣。

2)环形缩尾。此类缩尾出现在制品横断面的中间层部位。其形状呈现一完整或部分圆环状。如图 6 - 41 所示，在靠近挤压垫和挤压筒交界处的金属沿着后端难变形区的界面流进了制品中间层，从而形成了环形缩尾。图的左半部分显示了锭坯外层金属准备开始径向流动的情况，而其右半部分已明显地显示出了已形成的环形缩尾通过压缩锥而进入模具工作带时的状态。

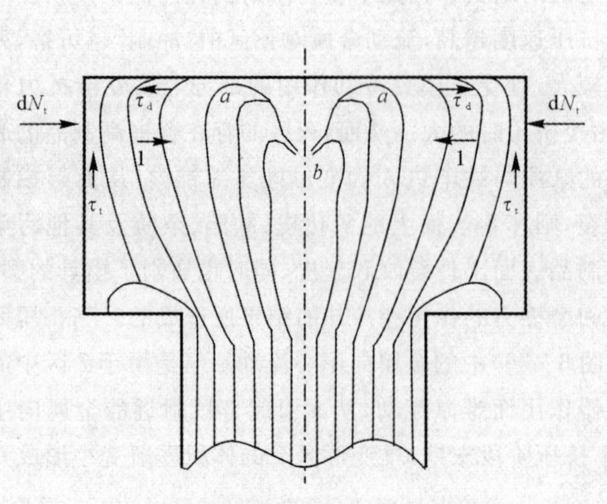

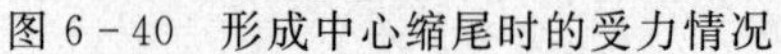
图 6-40　形成中心缩尾时的受力情况

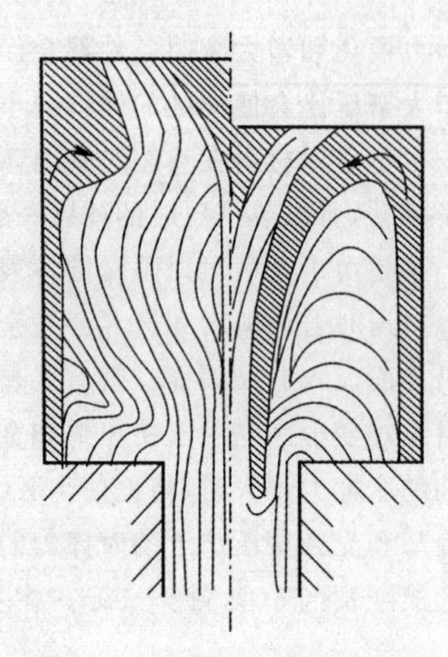

图 6-41　环形缩尾的形成过程

3)皮下缩尾。顾名思义,皮下缩尾是出现在制品表皮下的一种缩尾形式。它产生的原因是由于在挤压时,剧烈滑移区金属和死区金属之间发生断裂或者形成滞流区,死区金属参与流动而包覆在制品的外面,形成分层或起皮,如图 6-42 所示。皮下缩尾使金属径向上产生不连续的缺陷。

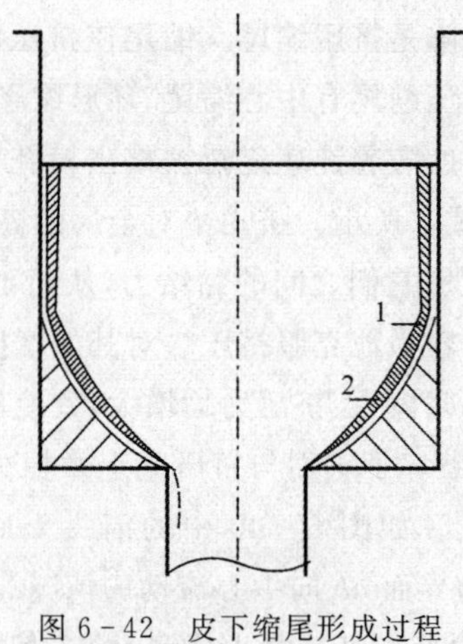

图 6-42　皮下缩尾形成过程

1—表面层；2—死区层

6.4.3　钼管靶的挤压

在整个挤压生产过程中,工艺参数的选取对制品的质量有着重要的影响。为了获得高质量的制品,必须合理选择挤压时的各种工艺参数。挤压的主要工艺参数为挤压比 λ、挤压速度 v、挤压温度 T 以及润滑剂。

坯料准备以市场上溅射靶材常用钼管规格为 Φ160mm/Φ130mm×2000mm,并结合挤压机吨位,设计挤压用烧结钼管的尺寸为 Φ260mm/Φ125mm×600mm,挤压后的钼管尺寸为 Φ170mm/Φ125mm×2100mm。挤压过程加热工艺见表 6-15。

表 6-15　钼挤压坯锭加热实例

材料	挤压机吨位 t	物料直径 mm	加热温度 ℃	保温时间 min	加热炉
钼管坯	6000	Φ260/Φ125	1250～1350	20～30	中频感应炉 无气氛保护

1. 挤压比

挤压比 λ 为坯料的横截面积与制品的横截面积之比。挤压比的选择首先应该考虑挤压制品的质量要求;其次必须考虑该金属的特点及挤压机的能力和挤压筒的规格。

在设备条件允许的前提下,采用大的挤压比可以改善制品的组织和性能,因为大的挤压比可以充分破碎烧结态的粗晶组织。然而,挤压力与挤压比的自然对数成正比,因此,提高挤压比势必会提高挤压力,从而受到挤压机能力的制约或对挤压模具材质提出了更高的要求。对于钼及其合金的挤压比要求在 3 ～ 5 以上,因为再小的挤压比不能使晶粒完全破碎,为了充分细化晶粒,钼的挤压比要求在 3.5 以上。根据挤压前、后坯料的尺寸变化,可以得知,此次挤压钼管的挤压比为 3.92。挤压力的计算公式(赛茹尔内公式)为

$$F = Sc\sigma_{p}\left(1+\frac{fL}{D_{c}}\right)\ln\lambda$$

式中,D_c 为挤压筒的内径,mm;F 为挤压力,MN;S 为充填挤压后的坯料的横截面积,mm^2;c 为与不均匀变形和摩擦有关的系数,对光壁圆管 $c=5$;σ_p 为金属在挤压条件下的变形抗力,但在实际计算时可取该金属在相应温度的抗拉强度,根据试验数据可知,最高不到 300 MPa;f 为摩擦因数,用玻璃润滑剂时约为 0.02;L 为充填挤压后的坯料长度,mm;$\ln\lambda$ 为挤压比的自然对数。挤压比 $\lambda=3.92$,$D_c=260$mm,$F=25$MN。

即该规格钼坯料所需挤压力为 2500t。因此,可用太原钢铁集团有限公司 6000t 挤压机挤压该种规格的钼管靶。

2. 挤压速度

挤压速度是指挤压杆工作时的运动速度。挤压速度主要是考虑被挤压金属的性质。对于稀有金属,通常都采用高速挤压。对于钨、钼、钽和铌等难熔金属,挤压速度一般都采用 150～300mm/s。在高温过程中钼极易发生氧化生成三氧化钼粉粒状烟雾,这样就会带来质量的损失。然而在挤压过程中又不能进行气体保护,因此可用加快挤压速度来减少氧化的发生,并且挤压速度的加快也会对模具的寿命有益处。

钼及其合金的挤压速度宜采用具有最大挤压速度的挤压设备。采用高速挤压可以把被挤压金属和挤压工具接触的时间缩短到最小,在这种条件下,变形时间的缩短可以大大提高受磨损最严重的挤压模的寿命。

有文献数据表明,提高挤压速度使钢挤压模的寿命成比例增加。

3. 挤压温度

挤压温度的确定方法是在所选择的温度范围内金属具有优良的可加工性(即塑性)以及低变形抗力;同时要保证制品获得均匀的组织性能和良好的表面质量。

选择挤压温度需要根据“三图定温”的原则,即合金相图、塑性及变形抗力图和再结晶图;还需考虑挤压加工的特点,见冷、温或热挤压、挤压方法及变形热效应等。如图 6-43 所示,当

温度高于1200℃时，该材料的抗拉强度急剧降低，塑性大大提高；当在1500℃以上进行变形加工时，晶粒开始变得粗大(见图6-44)。故通常把挤压温度范围选择在1200～1500℃之间，但降低温度挤压可以增加挤压工模具的寿命。

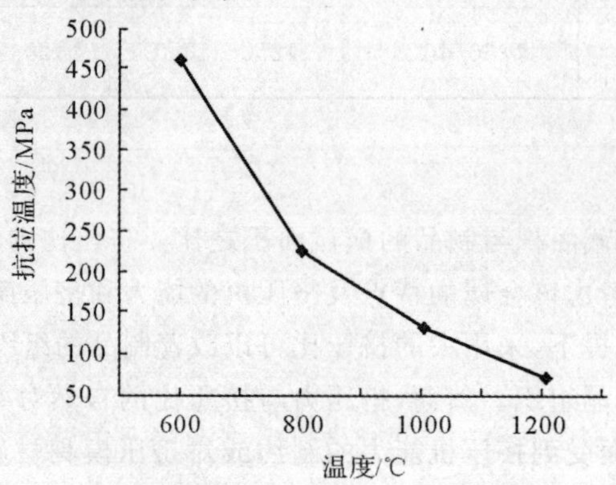

图6-43　粉末冶金钼板坯的高温抗拉强度与温度的关系(1kg钼板坯)

根据小规格纯钼管的挤压情况，可以得知即使在1000℃时也可以挤压成功，但是挤压管坯的表面金属流痕较深，切削余量大。简单计算该规格钼管坯在1000℃时挤压力，也在太原钢铁集团有限公司挤压机的载荷范围内，且低温挤压有一系列优点，不仅可以提高挤压工模具的寿命，也可以得到良好的组织结构、较小的晶粒和高的致密度。综合考虑，挤压温度定为1100℃。

太原钢铁集团有限公司加热设备是中频感应炉，且没有气氛保护。为了达到规定的挤压温度1100℃，中频感应炉加热钼管坯的温度在1300℃以上，加热时间为20min。

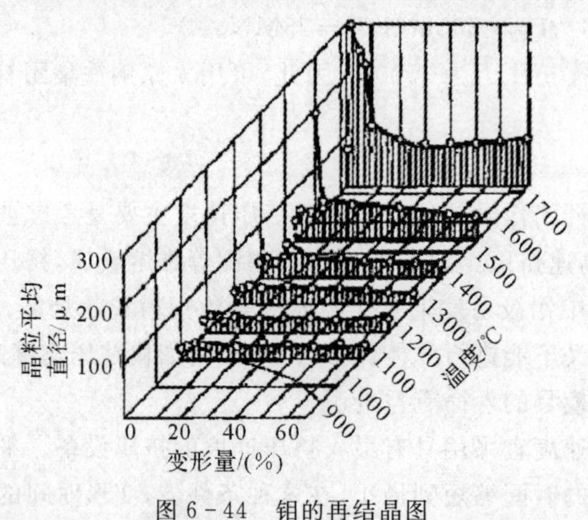

图6-44　钼的再结晶图

钼的导热率比钢高，因此它能进行高速加热。由于钼有较高的导热率，坯料截面温度梯度小，因此，当用红外测温仪测定温度达到指定的最终温度时，实际上整个坯料的温度就已经达到。在感应加热时，加热时间大大缩短，根据加工温度和坯料尺寸，加热时间可在5～30min之间变动。

在用挤压机进行变形之前，加热过的钼管坯必须经过一系列辅助操作，这类辅助操作通常有：从中频感应炉自动出料，钼管坯通过传动轮传送到装有玻璃润滑剂的平台，在玻璃润滑剂中滚动，被润滑了的钼管坯从平台传送到挤压机的机械手，机械手将坯料运送到挤压筒位置，通过挤压轴运动把管坯装入挤压筒，最后进行挤压。当这些辅助操作完成时，金属的部分热量散失到周围环境中，这个过程中的热量损失大概有 200℃，主要和辅助操作的持续时间有关。这类热损失通过红外测温仪大概测算了一下，坯料从炉子传送到润滑剂平台时，整个过程是在空气中冷却，因而金属表面的温度平稳地下降了 40～60℃，小直径的坯料热损失更高；坯料在玻璃润滑剂中滚动时，热量大量传递给润滑剂，结果金属表面的温度迅速下降了 80～100℃；坯料在用机械手运送到挤压机前端，部分热量会传递给机械手，温度会下降 20～40℃；当坯料被装入挤压筒时，热坯料在和挤压工具接触阶段内也降低了 20～40℃。压前管坯表面温度稍有提高，因为在滚动时生成的熔融玻璃绝热层促使温度沿截面趋于均匀分布。总的热损失是：管坯外表面温度降低了 160～240℃。

4. 润滑剂

钼挤压管坯的质量，除与模子寿命有关外，在很大程度上取决于润滑剂的正确选择。当前，国内挤压钼及其合金大多采用玻璃润滑剂。挤压时，玻璃粉或玻璃饼被坯料加热而软化变成熔体薄膜隔在坯料和工具中间，起到良好的润滑作用。玻璃在高温下不仅起到了润滑的作用，而且可以防止坯料的降温和工具的升温。

挤压法用润滑剂一般为玻璃粉(G7301)，模子用 G7301 玻璃粉或 G7304 玻璃饼润滑，如图 6-45 所示。目前还采用不锈钢(加热到 700～800℃)或钼(加热到 1200～1600℃)包套(壁厚 5mm)挤压，以减少热损失和降低挤压力，改善制品表面质量。挤压时模具温升超过 500℃，磨损厉害，除用玻璃饼润滑外，可采用碳化钨、碳化铬衬套组合模或在模子上采用等离子喷涂 0.4～1mm 厚的 Al_2O_3 或 ZrO_2 的陶瓷层。

图 6-45　玻璃饼润滑剂

玻璃作为润滑材料具有一系列优良的物理性能，在金属热加工温度下，这些性能中最重要的是它们没有固定的熔点、导热率低、减摩擦性能好。对于一定的挤压温度和单位压力，在正确选配玻璃成分的情况下，玻璃润滑剂均匀地流过变形区，结果挤压件表面覆盖有一层连续的润滑剂薄膜。玻璃润滑剂在热金属和工具之间形成了一层热屏障，因而提高了工具的工作寿命。用玻璃做润滑剂可以大大降低挤压时的摩擦因数，改善了金属在变形区的流动条件，因而减小了变形力。

为了保护模子不受由变形金属传来的热流的强烈作用，也为了降低模子入口锥处的接触摩擦力，宜用润滑垫，挤压前将玻璃润滑垫放在模子上。把锤碎了的粒度为 0.1～1.0mm 的玻璃粉和密度为 1.49g/cm^3 的钠水玻璃相混合，用此来制造玻璃垫，水玻璃的加入量为玻璃粉质量的 8%～10%。润滑垫在专用的可拆式压模内成形，根据成形件的尺寸和外形，压制玻璃垫的压模和挤压模及坯料前端面外形要一致。

制作玻璃垫的化学成分见表 6-16。

表 6-16 玻璃粉成分表

牌号(质量分数)成分/(%)	SiO_2	Al_2O_3	B_2O_3	CaO	MgO	Na_2O	K_2O	BaO	ZnO
G7301	68	7.5	1.2	4.3	2.4	15.6		—	—
G7302	68	7.0	0.5	5.5	2.0	13.0		2.0	2.0

5.其他

钼由于熔点、强度、硬度、塑脆转变温度以及导热系数均高于一般金属，挤压对模具材料等要求是比较严格的。

挤压工具一般包括模具、芯棒、挤压垫、挤压杆和挤压筒等，如图 6-46 所示。由于芯棒的尺寸就是制品的内径加公差，挤压垫的尺寸取决于挤压筒和芯棒的尺寸，挤压杆的尺寸也是由挤压筒的尺寸决定的，而挤压筒的内径已定。然而模具的结构和各工作部分的尺寸，不但决定着制品的形状、尺寸和表面质量，而且对挤压力、金属流动的均匀性以及自身的寿命等都有极大的影响。合适的模具可以提高生产效率和成品率，也可以降低成本。

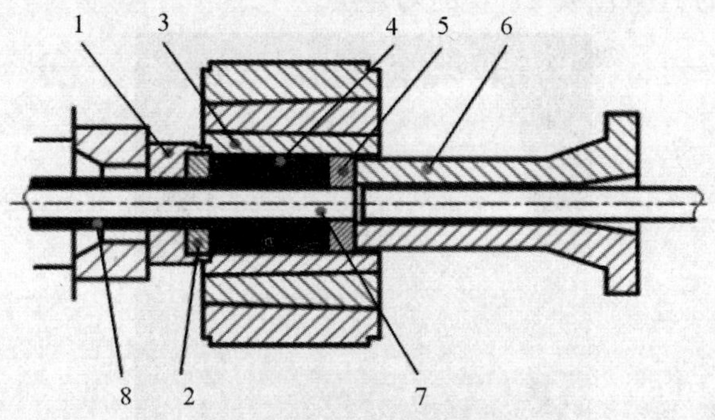

图 6-46 挤压工具示意图

1—模支撑； 2—模具； 3—挤压筒内筒； 4—坯料；
5—挤压垫； 6—挤压杆； 7—芯棒； 8—成品

挤压工具基本上都是用韧性高、强度大的耐热钢制作的，这样保证了材料必须具有的抗动载荷和热疲劳的能力。

挤压模是磨损最严重的工具，在高温挤压钼管坯时更是如此。因此，挤压钼管坯用的模子，应采用耐热强度更高的镍基类的合金制作。为了提高工具钢的使用寿命，近年来，在模具的关键部位喷涂难熔金属和 Al_2O_3，ZrO_2 等，喷涂后用 SiC 砂纸打磨抛光，效果很明显。

6.4.4　挤压钼产品性能

1. 密度

从待取样切割长度为 20mm，宽度为 10mm 小样，用于密度测量。密度采用排水法，天平精确度要求为 mg。

挤压前的钼管密度为 9.8g/cm^3，挤压后的钼管密度为 10.15g/cm^3。挤压后的密度明显提高。可见，加工态下，钼金属的致密度明显提高。

2. 硬度

硬度测试采用实验室用 HRD—150 型电动洛氏硬度计，并与烧结管的硬度做了对比。硬度检测结果见表 6-17。

表 6-17　硬度检测结果　(单位：HRA)

挤压钼管										烧结钼管	
横截面内径				横截面外径				纵向		48.5	49.5
57.7	58.5	59.1	59.0	60.0	60.1	60.0	60.1	60.3	60.5		
58.6				60.05				60.4		49.0	

从表 6-17 中可以看出，挤压后的管坯硬度显著提高，也间接佐证了钼管挤压后致密度的增大，即钼管密度增加。

3. 组织

对钼管挤压前、后进行了形貌检测，检测结果如图 6-47 所示。从图 6-47 可以看出，挤压前，钼管断口形貌为近等轴状的烧结晶粒，晶粒尺寸比较粗大，且其组织内部存在着大量的孔洞结构。有些晶界是粉末颗粒边界融合后相互结合而成的，其上可能含有氧化层或杂质，故晶界处更容易发生脆性断裂。

挤压后，由于在热加工过程中的动态回复和动态再结晶，此时原组织中存在的空洞已被焊合，晶粒在径向上变得细长，在轴向上更加细小。

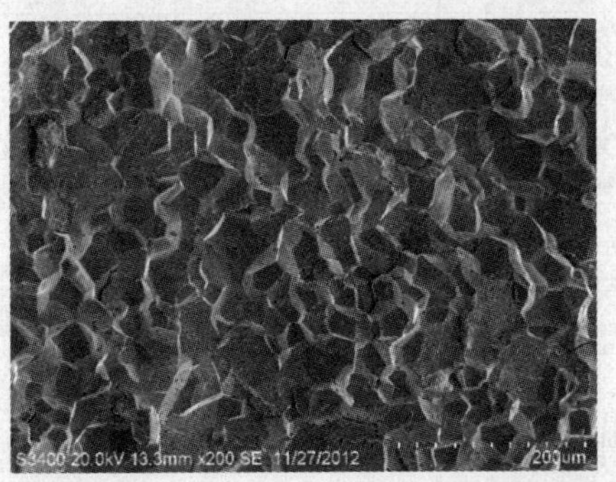

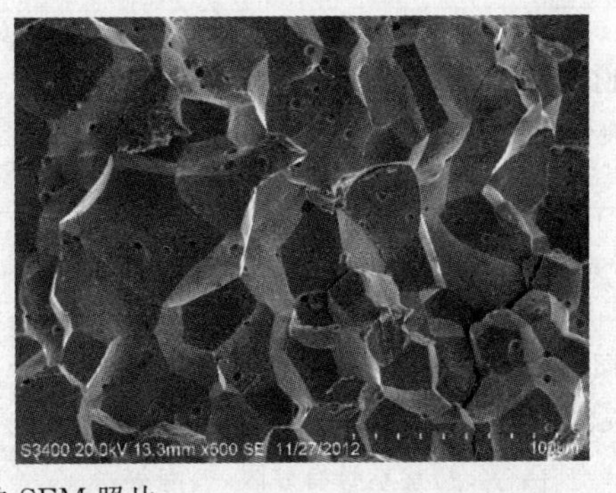

挤压前钼管的 SEM 照片

图 6-47　钼管挤压前、后的金相照片

挤压钼管横截面靠近外径

挤压钼管横截面靠近内径

挤压钼管纵面靠近外径

挤压钼管纵面靠近内径

续图 6-47　钼管挤压前、后的金相照片

6.4.5　挤压钼管常见缺陷及产生原因分析

挤压钼管常见缺陷及产生原因见表 6-18。

表 6-18　挤压钼管常见的缺陷及产生原因

缺陷名称	产生原因	缺陷名称	产生原因
外表面划伤、擦伤	1. 模子工作带有伤痕或尖棱	外表面金属毛刺（麻点）	1. 挤压温度过高
	2. 工作带黏有金属		2. 模子黏有金属
	3. 挤压筒落入过多的润滑油		3. 挤压速度过快或不均
外表面起皮、气泡	1. 挤压筒磨损超过标准规定		4. 铸锭过长
	2. 挤压筒黏有油、石墨、水等		5. 模子工作带过宽或粗糙度不够
	3. 同时使用的两个挤压垫片之间直径差太大	外表面磕碰伤和划伤	1. 各工序操作及运输时不注意，产生认为的磕、碰、划伤
	4. 铸锭本身有砂眼、气泡等		2. 料架、料筐、出料台等与管子接触的地方没有软质材料包裹
	5. 铸锭直径超过允许负偏差		

续 表

缺陷名称	产生原因
内表面擦伤	1. 润滑剂不适用或配比不对
	2. 挤压针温度低
	3. 挤压针黏有金属没有清理掉
	4. 挤压针表面品质不好
	5. 挤压速度不均或太快
	6. 润滑剂有水分、金属屑、砂粒等
	7. 挤压针涂油后与挤压时间间隔太久，润滑剂被会发干或烧干
	8. 硬合金的挤压速度过高
	9. 挤压针涂油不均
润滑剂压入、压坑	1. 润滑剂中固体润滑剂过多
	2. 挤压针上积聚的润滑剂硬块没有及时清理掉
	3. 铸锭内表面加工粗糙度差
	4. 润滑剂质量不好，灰分、杂质多

缺陷名称	产生原因
壁厚不均	1. 挤压筒、挤压轴、挤压针、模子等中心不一致
	2. 铸锭壁厚不均及切斜度太大
	3. 挤压轴挤压针弯曲
	4. 挤压筒磨损过大，工作部分及非工作部分直径相差大
	5 挤压体内盖、模子、挤压垫之间的间隙过大
	6. 设备失调、上下中心扭动等
缩尾及分层	1. 挤压残料留的太短
	2. 挤压垫片有润滑剂
	3. 铸锭本身带来的分层或气泡
水痕状擦伤	铸锭内表面机械加工的沟痕太深
内表面划伤、气泡	1. 挤压针被磕碰伤及有尖棱
	2. 润滑剂有水分、砂粒、金属碎屑等

6.5　钼的拉伸加工

拉伸加工是生产钼合金丝的主要加工方法。

6.5.1　钼合金丝

钼合金丝主要分为两大类，一类是稀土钼合金丝，包括 Mo－La，Mo－Y，M－Ce 及其多种稀土氧化物掺杂的钼合金丝；另一类是硅铝钾钼丝（Mo－Si－Al－K）。

1. 稀土钼合金丝

多年来，各国科技工作者都十分重视稀土氧化物弥散强化钼基合金的研究，其目的就在于提高材料在高温下的综合性能，特别是韧性。此外，La_2O_3，Y_2O_3，CeO_2 等第二相粒子弥散强化的钼合金，还有一个突出的优点，即由于这些稀土氧化物的添加，使材料的逸出功降低，从而提高了电子发射能力，这就使得这些新型的钼基合金在工业生产中具有重要的应用价值。

事实上，La，Y 等稀土元素与氧的亲和力很大，其氧化物的生成自由能很高（负值大），所生成的稀土氧化物具有良好的热力学稳定性，并且具有相当高的熔点（见表 6－19）。另一方面，第二相粒子高温强化的程度不仅取决于粒子的初始尺寸，而且还取决于高温长时停留时其尺寸的稳定性。因为这些稀土氧化物和氧都不溶于钼，氧化物的体积分数不会随温度的升高而减小（碳化物、氮化物、硼化物就不如此），所以在高温使用情况下，选用这些稀土氧化物作为弥散第二相比用碳化物、氮化物和硼化物为好。

表 6-19　几种稀土氧化物的某些性能

氧化物	熔点/℃	晶格类型	晶格常数/Å			密度 g/cm³	自由能 kJ/mol
			a	*b*	*c*		
Y_2O_3	2410	立方	10.602			5.01	
La_2O_3	2217		3.938		6128	6.51	−1705.8
CeO_2	2397		5.400			7.132	
Sm_2O_3	2262	单斜	14.18	3636	8841	7.68	−1727.78

稀土钼合金丝的强化机理主要是第二相质点弥散强化。由于它们在基体中的固熔度很小或不熔，在高温下不易发生聚集长大，而且这些弥散的稀土氧化物相熔点高，所以有很高的高温强化效果，可以将金属的使用温度提高到(0.8～0.85)$T_{熔}$。弥散的第二相质点，分布于形变密集的位错网络之中，对位错强钉扎，阻碍了高温回复及再结晶过程，提高了再结晶温度。某些第二相质点，如钼丝中的氧化钍、氧化铈等质点对形变纤维(晶界和亚晶界)的强钉扎，高温再结晶后，改变了再结晶的等轴形状，形成了近似平行的长晶组织，避免了蠕变过程中晶界三重点处裂缝形成的危险，提高了高温蠕变强度。

将某些表面活性元素加入合金中，通过内吸附，使它们分布于晶界，可降低晶界扩散速率(降低空位扩散速率)，提高抗蠕变能力。稀土元素和硼的内吸附效果明显。

在钼中，稀土氧化物第二相弥散质点不仅在结构上起到了强化效果，同时还改善了材料物理性能，如加入 La_2O_3，Y_2O_3，CeO_2 等的钼合金材料比纯钼的电子发射能力要大得多。

2.硅铝钾钼丝

硅铝钾钼丝的强化机理主要是气泡强化。气泡强化是难熔金属发展过程中出现的强化效果较好的机制。气泡是由于钼基体中残留很少的钾($50\times10^{-6}\sim150\times10^{-6}$)，在基体中形成“钾泡”。痕量的“有效钾”是以很高内压的钾蒸气形式存在于钾泡中，钾泡存在并弥散分布于晶界、亚晶界中(高温热处理后钾泡以弥散形式分布)。随着变形程度增加，尺寸细小的钾泡列状态沿主变形方向排列在晶界和晶粒内，实现了对位错及晶界的强钉扎，提高了钼材料的再结晶温度，改变了等轴再结晶晶粒形貌，使之成为“燕尾”状搭接长晶粒，其高温强度优于第二相弥散质点强化强度。

(1)钾泡的形成与弥散规律。掺杂钼粉经过压型、预烧后，在高温烧结过程中，掺杂元素绝大部分挥发掉了，但由于钾的原子半径比钼大60%，扩散系数又比较小，难以通过扩散到达表面挥发掉，因而在烧结钼坯中仍残留一定数量的钾。掺杂元素经过还原和烧结后，其含量范围见表 6-20。

表 6-20　掺杂钼的中间和最终产品中添加元素含量范围　(单位:10^{-6})

元素	氧化钼中加入量	钼粉中	烧结棒和细丝中
K	2000～3000	1000～1700	40～70
Al	250～350	250～350	<20
Si	2000～3000	2000～3000	<10
O_2	3000～4000	2000～4000	<10

研究表明，残留的钾含量不仅同还原条件有关，而且同掺入的 Al 含量密切相关。有人通过试验发现，掺杂 Al 时，K 含量为 60×10^{-6}左右，而不含 Al 时，K 含量仅残留 20×10^{-6}。这是因为，掺杂 Al 时，在掺杂及还原过程中可以生成热力学上稳定的 KSi 盐，$KAlSi_3O_3$（F_P＝1443K）和 $KAlSi_2O_6$（F_P＝1959K），烧结过程中它们发生还原分解，一部分形成钾泡所需的钾，另一部分挥发掉了。而不掺杂 Al 时，烧结过程中通常生成热力学稳定性差的 KSi 盐：$KAlSi_2O_5$（F_P＝1288K）和 $KAlSi_4O_9$（F_P＝1043K），它们的分解温度较低，分解产物几乎全部挥发掉了。随着钼粉中钾含量的增高，烧结坯条中残留的钾含量也增加（见图 6－48）。

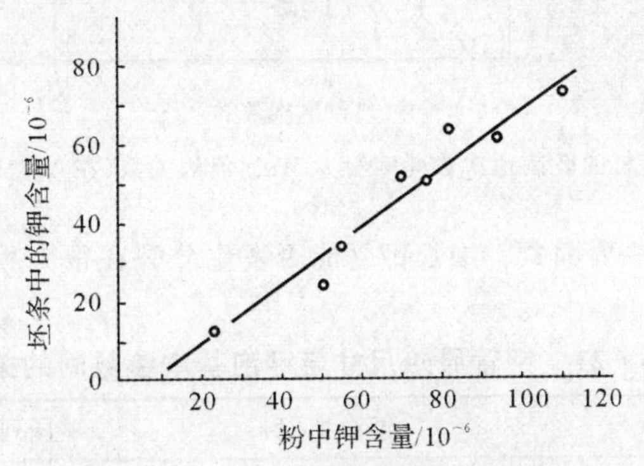

图 6－48　钼金属的钾浓度与烧结坯条中的钾浓度的关系

掺杂钼丝的高温行为在很大程度上取决于烧结坯中初始孔隙的密度、分布和大小等。在工业生产的掺杂钼坯内，通常有 5%～10%（体积分数）的孔隙。最近的研究表明，坯条中存在两类孔：直径为 0.1μm 数量级的含钾微孔，常分布于晶界上；直径为 1μm 数量级的冶金孔或称烧结孔，它是钼粉经压制和烧结后形成的，其形状不规则，往往存在于晶界的三重结点，孔内不含氧时，可能含钾，如果含氧，则钾不存在。

为什么在有些冶金孔中含有钾呢？

经研究证明，这是烧结的结果。在烧结过程中，发生晶粒长大，3μm 左右的粉末经过烧结后，坯条的晶粒尺寸增加到 10μm 以上。当晶界迁移时，它与相邻晶粒内钾孔相遇，由于钾可能沿晶界扩散，钾孔中的钾可能迁移到邻近与晶粒相交的不含氧的冶金孔。这样，冶金孔得到了钾，而原来的钾孔失去了钾。

钼坯条在旋锻或轧制变形过程中，由于变形温度高于钾的沸点（760℃），因此含钾的微孔中产生较高的内压，使之不能被压合。而沿加工方向被拉长成细长的钾管。随着变形量的增加，钾管的长度（L）增加，宽度（W）降低，即钾管的长宽比（L/W）增大，如图 6－49 所示。

拉长的钾管在退火时，由于表面张力的作用，使钾管发生分裂球化，因而形成细小的钾泡列。在拉丝过程中，钼棒内细小的钾泡又不断被拉长，退火时分裂球化成更细小的钾泡列，这样，“钾泡—拉长成钾管—分裂球化成钾泡—再拉长钾外孔—再分裂球化成钾泡”的过程反复进行，从而导致最终钼丝形成有序排列和高度弥散的极细小的钾泡列。

在变形过程中，尺寸较大的只含氧烧结孔会被完全压合，这是因为孔中的氧可以通过晶格扩散出去，而含钾的烧结孔则不会闭合，尽管其尺寸较大，钾的含量相对较低。

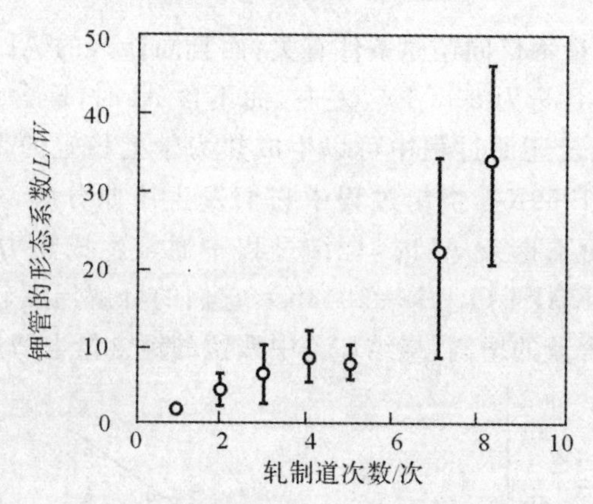

图 6-49 棒材的轧制道次数同钾管 L/W 比值的关系(在 Y 型轧机上轧制)

(2)控制钾泡弥散的主要因素。细长钾管能否发生分裂在很大程度上取决于原始钾管的几何尺寸(见表 6-21)。

表 6-21 钾管原始尺寸与钾泡基本参数间的关系

泡列中钾泡数 n		钾泡半径 r		同列中相邻钾泡间距 d	
n_{max}	n_{min}	r_{max}	r_{min}	d_{max}	d_{min}
$\frac{L}{6.28R_0}$	$\frac{L}{8.89R_0}$	$1.8R_0$	$1.5R_0$	$8.8R_0$	$6.1R_0$

根据钾泡分裂弥散模型,钾管发生分裂的必要条件,即其长度应满足

$$L_0 \geqslant 2\lambda$$

而从能量上考虑,钾管分裂后形成的钾泡总表面积能不能大于分裂前钾管的总表面能,即

$$\pi R_0{}^2 L_0 \geqslant \frac{S}{3}\pi r^3$$

$$L_0/D_0 \geqslant 9$$

可见,仅当钾管的长宽比大于 9 时,它的分裂在热力学和动力学上才是可行的。否则,退火时钾管不会发生分裂,反而重新收缩球化。这与实验观察到 $L/D>10$ 才能分裂的结果十分接近。

由于钾管是由坯条中的掺杂孔经变形演化而来的,其几何尺寸由变形程度所决定,因而通过控制变形和热处理制度就可以控制钾管的分裂、球化过程,从而控制钼丝中钾泡的弥散状态。由于钾管的分裂、球化过程主要受表面扩散所控制,因而温度升高,加速钾管分裂。此外,钾管的直径对分裂过程也有一定的影响,因为直径越大,分裂时原子扩散距离和扩散原子数目相应增加,故对于长宽比相同的钾管来说,钾管越粗越难分裂。

(3)钾泡对掺杂钼丝再结晶的影响。钼及钼合金的再结晶受许多因素的影响,如变形程度、变形温度、退火过程、杂质的性质和含量等。通常的粉末冶金钼,其开始再结晶温度比它高出 900~1100℃,其差异显然与残留杂质量的多少有关。然而,杂质或掺杂剂的性质对再结晶也有十分重要的影响。例如,纯钼和掺杂钼,其杂质总量的差别不大,然而只有掺杂钼才显示出异常的再结晶行为,随着丝径的不断减小,即变形程度的增加,再结晶温度迅速上升。

如上文所述,在钼中掺入微量的 Si,Al,K 后,会形成沿丝轴排列的细小弥散的钾泡列,显

然，掺杂钼丝的异常再结晶行为必定与这些钾泡列的存在有密切关系。

经过深度拉拔的掺杂钼丝，同纯钼及其他体心立方金属一样，具有明显的纤维状结构。如图6-50所示，纤维边界比较平直，横向界面较少。从照片上测量可知，纤维平均宽度小于0.2μm。根据原始再结晶退火钼棒的晶粒度按体积不变条件近似计算，每根纤维的平均宽度应该为1～2μm，显然，这与实测值不相符合。这表明图6-50所示的纤维组织中，大量的纤维界面是在加工过程中逐步形成的，即由高密度的位错缠结在一起而形成的所谓亚纤维边界(对应的纤维可称为亚纤维)。

在800℃以下的温度下退火时，掺杂钼丝的组织结构不发生明显变化。退火温度在800℃以上，在钾泡列不断形成的同时，由于位错不断运动和重排，异号位错相互合并而抵消，使得原来由高密度缠结位错构成的亚纤维边界逐渐转变为清晰、狭窄和平直的亚晶界，并且亚晶不断粗化。

图6-50　掺杂钼加工态组织

随着亚晶的不断粗化，它相对于基体的位向差逐渐增加，从而导致大角度晶界所分开的具有较为完整点阵的小区域形成，即新的晶核出现。实验发现，退火温度为1200℃时，为数极少的晶核开始形成，在晶核内存在着细小的钾泡列及一些残留位错，并且位错被钾泡所钉扎。

掺杂钼丝不仅具有缓慢的形核速率，而且其核心的长大也极其缓慢，随着退火温度的升高，在一个相当宽的温度范围内，其显微组织的变化都是纤维宽化以及横向界面的不断形成，并且掺杂钼丝的纤维宽化速率比纯钼慢得多。由于钾泡的钉扎，晶界只能在泡间向前弓出，使之呈现波纹状。而在某些纤维束间位错连接成网，其密度仍然很高。

在掺杂钼丝中，钾泡主要是通过钉扎位错和晶界影响其再结晶行为的。

首先，由于钾泡对位错的钉扎，所以阻碍了亚晶的粗化(依靠位错的运动)，即阻碍了再结晶核心的形成，并使得在1800℃的高温下某些纤维束间仍保持相当高的位错密度(当然这还与亚晶聚合形核有关，因为亚晶聚合时，没有完全消失的参与亚晶界显然也是重要的位错源)。

其次，由于钾泡同弥散第二相粒子一样，对晶界运动具有强烈的钉扎作用，因而使再结晶核心具有低的长大速率，同时导致再结晶具有极宽的温度范围，此外，由于钾泡平行于丝轴的方向排列，这大大抑制了晶界沿横向的运动，从而形成具有高长宽比的燕尾搭接大晶组织。

(4)气泡强化机制。通常人们认为，金属内如果存在气泡，则金属对物理、机械性能都是不利的。然而，气泡对金属性能的影响并非总是有害的，在适当的条件下，气泡强化的效果能够达到甚至超过其他强化方式的水平。掺杂钼就是一个应用气泡强化的典型例子。

如上所述，第二相粒子弥散强化作用来自两个方面，一方面是由于第二相粒子具有大于基体所具有的剪切强度，使位错在粒子间弓出来提高屈服强度，即直接强化；另一方面由于第二相粒子提高基体再结晶温度，从而在较高温度下保持材料的加工态组织，也即间接强化。通过对掺杂钼丝高温蠕变性能和对应的组织状态所做的实验观测和理论分析表明，钾泡的高温强化作用也表现在两个方面。

首先是特殊的再结晶组织所引起的结构强化。前已述及，钾泡的存在使得掺杂钼丝具有异常的再结晶行为，并且形成具有高长宽比的燕尾搭接组织，这种组织中晶界少，特别是垂直于丝轴向的晶界更少，这大大减少了高温下的晶界滑移变形，有效地抑制了高温下的扩散蠕变，从而使其高温蠕变性能明显提高。

其次，钾泡本身也起到了弥散强化的作用，根据弹性理论，位错与钾泡之间具有负的交互作用能：

$$E = -\frac{Gb^2 a}{2\pi}\left(\frac{\pi^2}{12} + \ln\frac{a}{r_0}\right)$$

式中，r_0 为位错中心区域半径；a 为钾泡与位错之间的距离；b 为柏氏矢量；G 为基体材料的剪切弹性模量。

当位错距钾泡很近时，钾泡对位错有强烈的吸引作用，这表明一旦位错与钾泡相遇并被吸引到钾泡中后，再要脱离钾泡的钉扎而继续向前运动是十分困难的。因此，在高温退火掺杂钼丝中所观察到的位错线几乎都被钾泡所钉扎，如图 6－51 所示。

同弥散第二向粒子相比，钾泡对于位错的钉扎作用具有极好的温度稳定性。弥散第二相在高温下会发生 Ostwald 熟化，此熟化过程主要是通过细小粒子的熔解并扩散析聚到大粒子上所引起的。对于晶内粒子的熟化主要是通过第二相原子点阵扩散实现的，而钾几乎不熔解于钼，它在钼中的点阵扩散是极难进行的，能较好地避免熟化，保证在高温下有较稳定的强化作用。

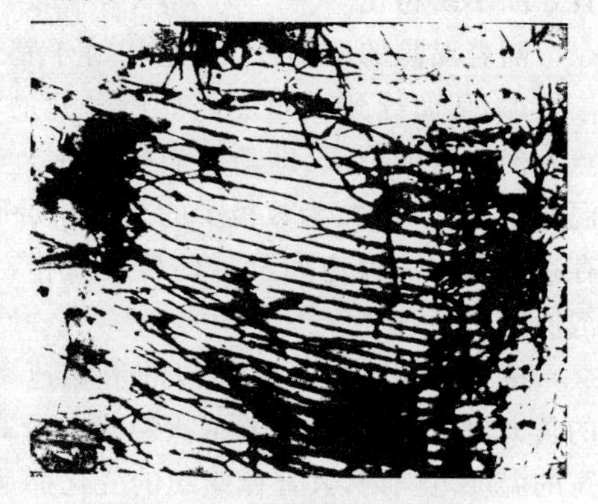

图 6－51　位错被钾泡所钉扎

可见，在高温下钾泡是最有效的弥散强化相，它对于位错的强烈钉扎作用及其本身的高温稳定性，能很好地减少因位错运动所产生的蠕变变形。

由此可见，掺杂钼丝的高温蠕变变形能强烈地依赖于钾泡的弥散状态，在同样钾含量的情况下，钾泡越细小，泡列密度越大，则钾泡的强化作用越好。

气泡强化机理不仅仅只存在于掺杂钼中，它也可用来强化其他材料，这在钼中已得到很好的验证。为了在金属及合金内产生气泡强化作用必须满足以下基本条件：

第一，形成气泡的气体原子必须是不可熔的，具有化学及热力学稳定性；

第二，形成气泡的元素要具有足够的蒸气压力以克服基本的抑制作用；

第三，形成一个气泡的元素的数量必须非常少，否则形成的气泡太大，而且气泡必须弥散分布于基体内；

第四，形成气泡的温度范围应低于或在加工组织回复的温度范围内。如果气泡必须在基体的再结晶温度以上形成，则其有效性大大降低。

目前，向基体材料中引入气泡的方法有两种：其一是用粉末冶金技术，其致密化过程是在低于材料熔点的温度下垂熔或烧结，从而保证基体中残留一定数量的气泡形成元素，例如钼和钼中的钾；其二是采用熔炼法，通常是用辐射的方法引入惰性气体原子，如在铜中引入氦气泡也可产生气泡强化效果。

可以预料，随着科学和技术的发展，气泡强化这种新的强化方法将在更多的材料中开辟广阔的应用前景。

6.5.2　钼及钼合金丝制作工艺

1. 拉伸钼丝

经过旋锻后的杆料，还要采用拉伸加工才能获得具有一定技术要求的成品细杆或丝材。钼丝主要分为喷涂钼丝、电阻式加热炉发热体（尺寸一般在 Φ0.6mm～Φ2.0mm 范围内）、机械行业中的线切割丝、电光源用钼丝等。

钼丝材一直是电光源制造用的主要原料，其中钼丝作为钨定型时的芯线，目前虽然 LED 技术趋于普及，电光源用钼丝用量会减少，但是特种灯具还是大量需要，因此，还应该努力提高该部分钼丝的性能及质量。

机械行业所使用的线切割丝是钼丝主要产品类别，在中国年用量已超过 1000t，虽然近年来出现了铜合金丝，但是由于加工设备、切割速度等问题，短期内还难以取代钼丝。

喷涂钼丝是近 30 年才发展起来的新技术，金堆城钼业集团有限公司采用孔型开坯，所生产的产品单重大，表面质量达到了欧洲标准，畅销欧洲市场。

2. 拉伸的特点

在拉丝时，是在被拉伸丝料或拉拔丝料的前端头施加一定大小的拉拔力，使其通过断面逐渐减小的模孔，从而实现断面收缩和长度增加的塑性变形过程。在拉伸后，金属获得与模孔尺寸和形状相同的杆材或丝材。同时，金属的组织、性能和表面质量也都发生明显的改变。经过旋锻或孔型轧制后的棒材，还需要进行拉伸才能获得各种规格的钼丝。与旋锻及孔型轧制相比，具有尺寸精度高、表面质量好、组织性能均匀的特点。图 6－52 所示为拉伸过程的示意图。

采用拉伸方法有如下特点：①断面受力和变形均匀对称；②断面质量好；③存在拉应力状态；④摩擦力较大。

这些特点与拉伸工艺是相关的，是由拉伸工艺方法决定的。拉丝方法所用的设备结构和工具都很简单，而且生产率高，产品质量好。因此，它在钼丝生产领域中成为精加工必要的方法。

3. 拉伸钼丝的分类

（1）按温度可以分为冷拉伸和温拉伸。钼坯料的拉伸温度低于回复温度称为冷拉伸，对于钼细丝可以在不加热的状态下进行冷拉伸，这样有利于节省能量消耗和提高产品质量，但由于钼的变形抗力较高，拉模的消耗较大。在钼的拉伸中，一般采用的是温拉伸。温拉伸是指坯料的拉伸温度在回复温度以上，而低于再结晶温度。

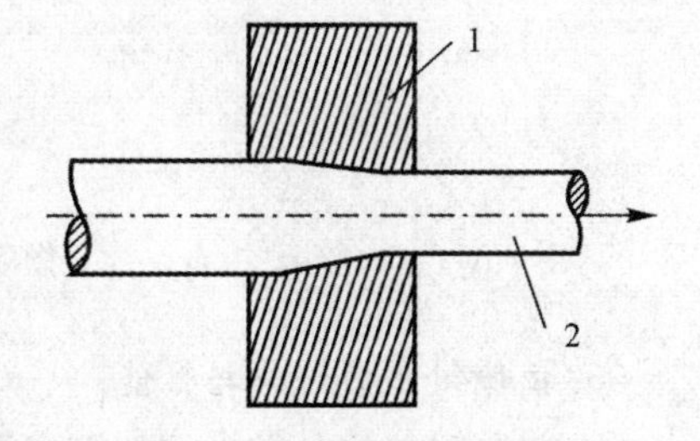

图 6－52　拉伸过程示意图
1—拉模；　2—丝材

（2）按模数分为单模拉伸和多模拉伸。单模拉伸即丝材一次只通过一个拉模，使用设备简单，易于操作，但生产效率低，产品成本相对较高。多模拉伸也叫连续拉伸，在钼丝拉伸过程多采用这种结构。多模拉伸的总变形量较大，拉伸速度快，生产效率高，而且产品成本低，劳动强度小，机械化程度高，有利于稳定丝材的性能和增加单根丝材的质量，但多模拉制钼丝时，对坯料的质量、道次压缩率、拉伸速度、拉伸温度和模温的控制以及润滑条件的要求更加严格。其次，多模拉伸丝材的尺寸精度和平整度比单模拉伸要差，因此，多模拉伸适用于粗拉和中拉。对于产品质量要求较高的细丝，在成品拉伸时以采用单模拉伸为宜。

(3)按丝径的不同可以分为粗拉伸和细拉伸。一般将丝径在 0.5mm 以上的拉丝过程称为粗拉伸，粗拉伸一般采用的拉模是硬质合金模具；丝径在 0.5mm 以下的拉丝过程称为细拉丝，细拉丝所用的模具材质是金刚石模具。

4. 拉伸钼丝的工艺

以金堆城钼业集团有限公司采用精锻、孔型轧机轧制、拉伸等工序生产钼丝工艺为例，钼丝生产的大致工艺流程如图 6-53 所示。

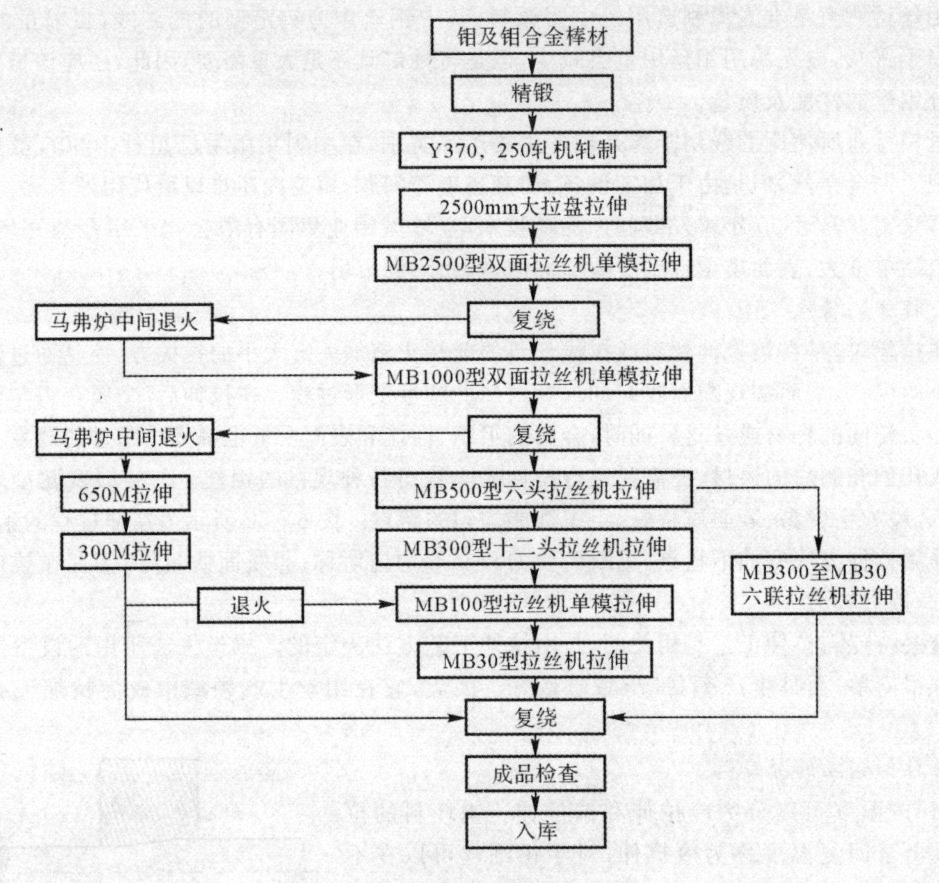

图 6-53　典型的钼丝拉伸工艺

5. 拉伸钼丝的组织与性能

拉伸后钼丝的晶粒沿拉伸方向变长，并且随着变形程度的增加，晶粒被拉长成纤维状而形成纤维组织，典型拉伸组织如图 6-54 所示。

对于体心立方的钼，在拉伸后将形成与拉伸方向平行的[110]丝织构。而且，随着变形均匀性和变形程度的增加，丝织构排列的有序性加强，从而更有利于丝材性能的提高。掺杂钼(Mo-Si-Al-K)经拉伸后，钾泡的平均最大直径减小，长度增加，排列也更加紧密。

拉伸后丝材的性能发生了显著变化。一般随着变形程度的增加，加工硬化程度增加，因而钼金属的密度、弹性极限、屈服极限、抗拉强度和硬度，以及电阻都有不同程度的增加。

图 6-54 典型的拉伸钼丝组织

6. 拉伸加工率的计算

钼丝加工变形程度大多采用加工率表示。通常采用称量法来精确测定细钼丝的直径，即测定 200mm 长钼丝段的质量，因此质量表示丝径大小。加工率 ε 可用下式计算：

$$\varepsilon = 1 - \frac{P_K}{P_0}$$

式中，P_K 为加工后 200mm 长丝料的质量；P_0 为加工前 200mm 长丝料的质量。

7. 拉伸过程中缺陷及防治措施

拉伸过程中常见缺陷及防治措施见表 6-22。

表 6-22 拉伸制品常见缺陷的危害、产生原因及防治措施

缺 陷	危 害	产生原因	防治措施
缩丝	降低丝材的内部质量； 丝材尺寸不均匀和超差； 拉伸过程中易断丝； 破坏工艺的稳定性	拉伸应力大于丝材出模孔部分的屈服强度； 出模孔丝材温度偏高	减小丝材变形热； 减小丝材与拉模在变形中的接触面积； 改善润滑条件； 提高拉模孔壁的粗糙度； 提高拉模的导热能力； 选用高导热材料制作模套； 合理控制拉丝模的温度； 降低粗丝拉伸速度
丝材平直度不良	盘绕时易扭结； 加工性能差； 拉模损耗大； 成品使用性能不良	坯料不均匀； 变形条件不均匀； 拉模形状和尺寸不良； 设备方面的问题	合理控制压缩率和温度； 合理的退火工艺； 严格管理拉模质量； 必要的直化处理

续表

缺陷	危害	产生原因	防治措施
色差	金属收得率低； 拉模消耗大； 产品质量差	金属氧化性色差； 石墨涂覆层异常	防止金属氧化层擦碰损伤； 拉伸温度和气氛均匀适宜； 定期更换拉模； 调整和维修设备，消除丝材表面擦伤的因素； 改善石墨乳的附着力和涂覆的均匀性
曲丝	绕丝易断； 质量波动大； 使用性能下降	应力变形不均匀； 表面损伤	加热温度均匀； 提高拉模粗糙度； 调整主轴、导轮、模架呈直线 清理拉丝盘表面的毛刺； 提高设备完好率
毛刺和机械损伤	丝材加工性能和使用性能下降	杆料有裂纹或粗糙； 拉模沟槽质量不好； 拉丝盘沟槽、尖角等	保证杆料表层纤维组织完整； 提高拉模粗糙度； 对沟槽、尖角等打磨
断丝		丝材表面有毛刺、分层； 退火温度不当而变脆； 拉丝盘粗糙和毛刺； 压缩率过大； 加热温度过高； 润滑不当引起机械断丝	定期修模； 退火温度要合理； 压缩率释放； 调整加热温度； 制订合理的润滑制度
绕丝性能差	丝材抗拉强度低； 抗弯曲强度和塑形差	退火温度和程度不够； 丝材表面存在缺陷； 加工硬化速率异常	严格控制钼丝化学成分； 严管钼丝加工条件
一致性差	高温性能有差异； 检验结果失真； 用户产品不稳定	原材料的不一致性； 加工的不一致性	控制原材料的成分均匀性； 严管加工过程变形均匀性

8. 钼丝断裂行为研究

目前，国内钼丝加工所需原料多数是钼坯条，其属于粉末冶金生产，由于内部疏松多孔、加工硬化大，加工钼丝时易出现各种形式的断裂，尤其是粗丝（直径 Φ0.6mm～Φ3.0mm）加工阶段的空心断裂最为常见，出现概率较高，对钼丝单重和产品质量影响很大。

钼丝断裂是各个厂家普遍遇到的问题，也是很难从根本上解决的问题之一。即使钼丝生产工艺及管理已达到相当的水平，甚至很多方面非常先进，然而，钼丝成品率维持在一定水平后却较难有进一步提高，断丝率普遍存在于拉伸过程中的各个工艺环节，尤其是钼丝断丝率较难控制。在强化管理和优化拉伸工艺的前提下，造成这种现状的原因主要有以下两个方面。

(1)金属钼烧结棒质量波动较大，集中体现在理化性能差异大、孔洞大小及分布不均、杂质元素时有富集等方面。

(2)轧制、旋锻后的钼杆没有达到钼杆材性能的充分均匀，甚至在某些方面加剧了钼杆材性能的不均匀性及耳支、皱折、重皮、麻点、坑疤、龟裂、角裂、内裂等轧制缺陷的出现，所有这些在材料的后续拉拔过程中均有可能恶化材料加工性能，缺陷放大，造成断丝。

钼丝在加工和使用过程中的断裂现象，不止影响到钼丝的生产，而且还关系到钼丝使用的安全性和可靠性。和其他金属材料一样，研究钼丝的破坏和断裂的各种现象，讨论断裂的物理实质，分析影响断裂过程的各种因素(加工工艺因素和质量因素)，对有效控制和调整材料的塑性及塑性状态，进一步改善材料的压力加工和使用性能十分重要。

常见拉伸断口主要分为两类，一类是正常韧性断口；另一类是非正常空心断口。现在对这两种断口情况产生的原因分别进行详细的分析。

(1)韧性断裂断口。

1)韧性断口表现特征。断口宏观形貌规律性很强，每一断口之三个区域，即纤维区、放射区、剪切唇区非常明显，比较切合光滑圆试样拉伸断口状况。典型断口形貌如图 6－55 所示。

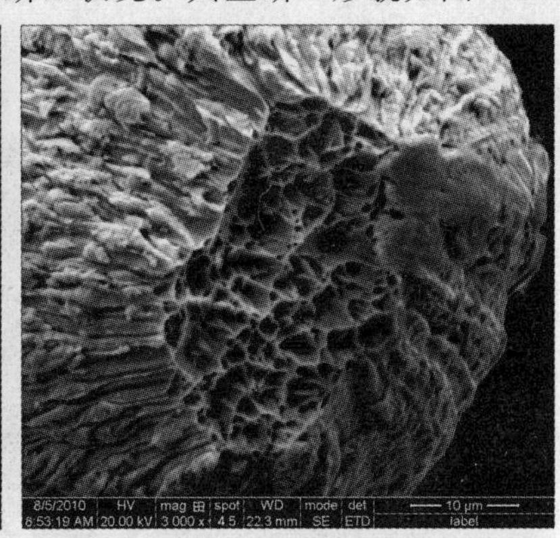

图 6－55　钼的典型韧性断口形貌

2)断裂机理分析。从断口形貌看，属于微孔集结断裂，亦即韧性断裂或延性断裂。试样在拉伸应力作用下产生拉伸应变，随应变的增大，试件发生局部不均匀塑性应变而出现颈缩。颈缩区内存在三向应力场，颈区内试件材料中的微小颗粒受到三向应力的作用而发生变形。当作用在微小颗粒上的应力达到某一值时，微小颗粒从基体上剥落或自身开裂，在基体上留下一个微孔，称它为力学微孔。这样的微孔在颈缩区内大量产生。力学微孔在应力作用下扩张并与邻近微孔相接触而集结，大量微孔的集结形成与试件轴向拉伸应力相垂直的圆盘形裂纹，裂纹随轴向拉伸应力的增大而扩展至断裂。试件的断裂从中心开始，最后沿着与应力轴线成 45°角的锥面口成杯锥形式断开。

延性破坏断口的宏观特征一般具有灰暗色的凹凸不平的纤维状区以及剪切唇部分。断口中央为一个圈形区，称纤维形区。一般纤维形区表面有着无数褶皱，它反映了裂纹稳定扩展过程中发生的轻微波动。在纤维形区外圈形成一个新区域，称为散射形区。最后沿着与应力轴线成 45°角的方向剪断试件，断口成杯锥形式，断口上最后一个区域称为切变唇缘区。断口三区域的相对大小与试件材料的强度和试验温度有关。用电镜观察，则整个区为微坑所覆盖，这些微坑花样叫迭波或韧窝。

如果对韧窝内部仔细观察，在多数材料中能够观察到，例如非金属夹杂或其他第二相粒子存在(如照片中的小粒点)。因此可以推想到第二相粒子周围产生空洞，这些显微空洞随着材料的塑性变形而扩大，扩大后的空洞相互连接，形成微坑。

3)断裂原因分析。除去热轧工艺影响因素，热轧钼杆拉伸断口无论是宏观形貌还是微观特征都比较正常，无明显的材质方面缺陷。

晶粒粒度对材料断裂韧性的影响，实际上反映了多晶材料中晶界对裂纹扩展的影响。晶界是晶粒与晶粒的间界，晶界两边的晶粒取向不同。晶界是晶体中原子排列的紊乱区，当裂纹穿过晶界扩展时，由于晶界阻力大，所以穿晶扩展困难。另外，裂纹穿过晶界继续扩展，由于晶粒取向不同，裂纹扩展方向改变，扩展所需的能量增大。因此，多晶材料中晶粒越细，晶界越多，裂纹扩展阻力越大，材料的断裂韧性值越高。

晶粒越细，晶界越多，裂纹扩展过程中绕曲次数越多，试样断裂后，断口上“河流状”形貌增多。细晶结构材料中预存裂纹尺寸较小，材料的断裂强度亦能提高。

(2)空心断裂断口。

1)空心断裂表现特征。钼丝经旋锻后进入粗丝拉伸阶段，在拉丝出模后易发生断裂，表现特征为“一尖一孔”，钼丝一端有凸尖，另一端有孔洞，俗称空心断裂，凸尖的方向一般指向拉丝方向，如图 6－56 所示。

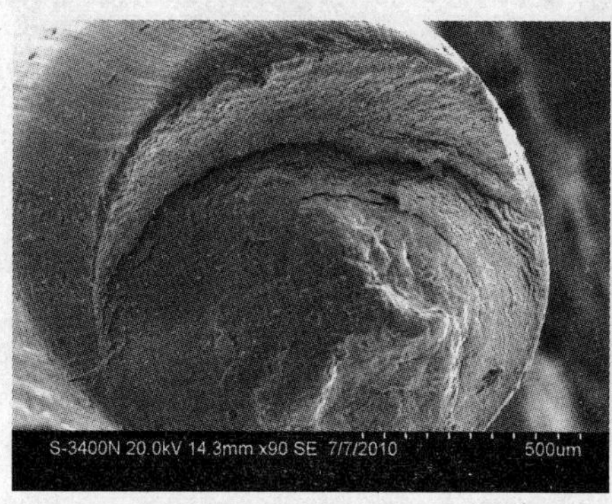

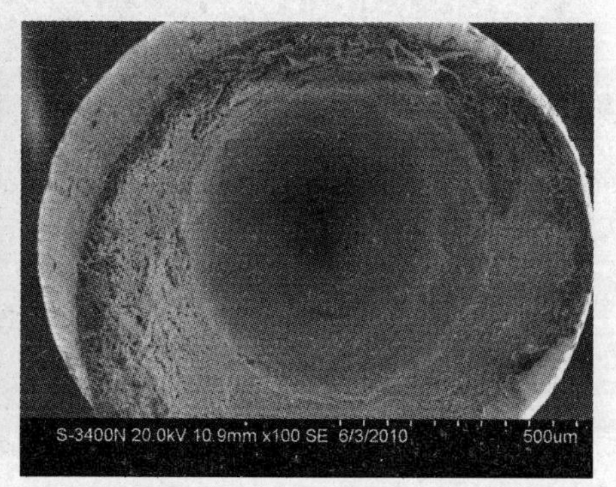

图 6－56　钼的典型空心断口形貌

从断口特征看，有杯状特征，断裂时均有颈缩，只是程度不同，断面上既有等轴韧窝，又存在变形拉长韧窝。

2)断裂机理分析。金属发生断裂，先要形成微裂纹，这些微裂纹主要来自两个方面：一是材料内部原有的，如实际金属材料内部的气孔、夹杂、微裂纹等缺陷；二是在塑性变形过程中，由于位错的运动和塞积等原因而使裂纹形核，随着变形的发展导致裂纹不断长大，在裂纹长大到一定尺寸后，便失稳扩展，直至最终断裂。

发生此类断裂的机理分析为，在钼丝心部由于异相硬质点或位错塞积阻碍拉丝变形进行，首先产生裂纹源。在拉伸应力作用下，裂纹扩展解理，导致断裂，断裂方式呈“心部细小韧窝＋变形拉长韧窝＋解理”断裂。

3)断裂原因分析。根据多年钼丝加工经验推断，影响钼丝断裂的因素有很多，其中主要影响因素：钼杆质量(烧结密度、杂质成分等)和钼丝加工工艺(速度、温度、压缩率)。

钼杆烧结多为中频感应烧结，密度要求不低于 9.6g/cm^3，常见密度范围为 9.70～

9.90g/cm³，通过总加工率95%以上的旋锻加工，密度已接近理论密度，基本能够消除不同钼杆烧结密度的差异，因此与钼杆烧结密度的影响关系不大。至于杂质成分的影响因素，由于国家标准对用于加工材原料的钼杆化学成分要求比较严格，而且目前部分钼原料生产企业中钼杆的化学纯度都超出了国标，因此说，杂质含量是引起断丝的可能原因之一，但还不是主要因素，只能是潜在的裂纹源内因。

因此，空心断口主要是在钼丝加工过程中产生的，钼丝加工工艺的主要参数有温度、速度、压缩率，而对于发生在粗丝阶段的空心断裂，与其上道工序——旋锻工序——的影响最为密切。旋锻是拉丝的基础，各种工艺的旋锻温度和速度差异性不大，生产控制也容易实现，但是压缩率却有不同，并且随着模具的磨损发生变化、难以控制。不合适的旋锻工艺或加工中有"跳模"现象(违反工艺情况)，造成过大或不均的道次加工压缩率，使钼金属的变形不均匀程度加大，造成大量的位错塞积。若钼金属本身有杂质偏析聚集，则会加剧这种位错塞积的杂乱。塞积的位错数目越多，对变形阻力就越大，达到一定程度时，就会引起邻近晶粒的位错源开动，进而萌生裂纹源，在后续的拉伸加工状况下，就会发生空心断裂。

由此可见，引起钼丝空心断裂的原因主要有两方面，外因是加工变形的不均匀，是主要影响因素；内因是杂质偏析聚集，是次要潜在因素。

参考文献

[1] 稀有金属材料加工手册编辑组.稀有金属材料加工手册.北京：冶金工业出版社，1982.

[2] 莫尔古诺娃 H H. 钼合金.徐克瞻，王勤，译.北京：冶金工业出版社，1984.

[3] 李洪桂.稀有金属冶金学.北京：冶金工业出版社，1990.

[4] alser D H，Shields D J. Traditional and Emerging Applications of Molybdenum Metal and Its Alloys. 18th Annual General Meeting of IMOA，Vienna，Austria September 14，2006.

[5] 钟培全.钼与钼合金的应用及其加工方法.中国钼业，2000，24(5)：15-16.

[6] John A. Shield，Jr，Gary A，Rozak. Electronic applications for P/M Molybdenum. International Journal of Powder Metallurgy，2005，41(2)：21-28.

[7] Zhang Z X. In：Bildstein H，Eck Reds. Proc of 13th Inter Plansee Sem. Reutte：Metallwerk Plansee，1993. 93-96.

[8] 罗振中.钼的应用及其发展.中国钼业，2003，27(2)：7-10.

[9] 钟培全.钼与钼合金的应用及其加工方法，中国钼业，2000，24(5)：15-16.

[10] 彭志辉.稀有金属材料加工工艺学.长沙：中南大学出版社，2003.

[11] James B. Recent developments in ferrous powder metallurgy alloys，Int. J. Powder Metall. 1994，30(2)：40-47.

[12] Tu K，Gosele U. Hollow nanostructures based on the Kirkendall effect：Design and stability considerations. Applied Physics Letters，2005，86(9)：093-111.

[13] 黄培云.粉末冶金原理.2版.北京：冶金工业出版社，2004.

[14] 黄金昌.钼和钼合金及其加工新动向，中国钼业，1994，18(6)：22-25.

[15] 谭望，陈畅，汪明朴，等.不同因素及钼合金脆塑性能影响的研究.材料导报，2007，21

(8):80－87.
[16] 谢建新,刘静安.金属挤压理论与技术.北京:冶金工业出版社,2001.
[17] 马怀宪.金属塑形加工学.4版.北京:冶金工业出版社,2002.
[18] 束德林.金属力学性能.北京:机械工业出版社,1987.
[19] Djaic R AP, Jonas J J. Recrystallization of high carbon steel between intervals of high temperature deformation,Metall. Trans A, 1973(4):621－624.
[20] 葛列克 C C.金属和合金的再结晶.北京:机械工业出版社,1985.
[21] Doherty R D, Hughes D A,Humphrys F J,et al. Current issues in recystallization:a review, Mater. Sci. and Eng A,1997(238):217－274.
[22] Jonas J J,Sellar C M,McG W J. Strength and structure under hot-working conditions. Tegart. Int. Metall. Reviews,1969,3(1):1－24.
[23] Sellars C M,McG W J. Tegart. Mem. Sci. Rev. Met. ,1966,63:731－746.
[24] Zener C ,Hollomon J H. Effect of strain－rate upon the plastic flow of steel. J. Appl. Phys. ,1944,15(1):22.
[25] McQueen H J,Elevated-temperature deformation at forming rates of 10^{-2} to $10^{2}s^{-1}$, Metall. Tran A,2002(33):345－361.
[26] 胡忠.塑性有限元模拟技术的最新进展.塑性工程学报,1994,3(1):3－13.
[27] Marcal P V, King I P. Elastic－plastic analysis of two－dimension stress system by the finite element method. Int. J. Mech. Sci. 1967,9:143－55.
[28] Hibbitt H D,Marc P V. Rice J R. A finite element formulation for problems of large strain and large displacement. Int. J. Solid Struct,1970,6:1069－1087.
[29] 李尚健.金属塑性成形过程模拟.北京:机械工业出版社,1998.
[30] 王助成,邵敏.有限单元法基本原理和数值方法.北京:清华大学出版社,1997.
[31] 陈如欣,胡中民.塑性有限元法及其在金属成形中的应用.重庆:重庆大学出版社.2005.
[32] 吕丽萍.有限元法及其在锻压工程中的应用.西安:西北工业大学出版社,1989.
[33] 陈平昌,朱六妹,李赞.材料成形原理.北京:机械工业出版社,2001.
[34] 李传彪.直齿圆锥齿轮挤压成形工艺与数值模拟[D].武汉:武汉理工大学,2007.
[35] 林新波.DEFORM－2D 和 DEFORM－3D CAE 软件在模拟金属塑性变形过程中的应用.模具技术,2000(3),75－77.
[36] 白淑文.钨钼丝加工原理.北京:轻工出版社,1983.
[37] 复旦大学电光源实验室.电光源原理.上海:上海人民出版社,1977.
[38] 钱智强.掺杂钨丝钾泡说的进展.中国科学院金属研究所,1980.
[39] 福洛明 H H,等.采用玻璃润滑剂拉伸钨丝.稀有金属加工,1977.
[40] 沈阳铜网厂.金刚石拉丝模的孔形研究,钨钼材料,1975.
[41] 日本材料学会.塑性加工学.东京株式会社,1971.
[42] 中原专用材料厂.粗钨丝脆断原因初步分析.钨钼材料,1978.
[43] 成湘陵.电子管和灯泡用不下垂钨及其合金丝生产的进展.钨钼材料,1974(1－2).
[44] 白淑文,张胜华.钨钼丝加工原理.北京:轻工业出版社,1983.
[45] 黄培云.粉末冶金原理.北京:冶金工业出版社,1997.

[46]　李大成.钼丝断裂行为研究.中国钼业,2003.27(6):37－40.

[47]　赵大伟,李维耀.钼丝生产工艺与设备的优化措施及实施效果.稀有金属与硬质合金,2009,37(3):23－25.

[48]　许忠国,李来平,汤慧萍.退火温度对超细钼丝性能的影响.稀有金属快报,2008,27(2):25－27.

[49]　李淑霞,张明祥.高温钼丝工艺研究.中国钼业,2007,31(6):39－41.

[50]　詹志洪.钼丝质量的影响因素分析及工艺改进措施.中国钼业,2006,30(2):28－31.

[51]　任宝江,黄晓玲,傅小俊.钼棒在轧制及拉伸过程出现的劈裂、断丝原因分析.稀有金属快报,2005,24(1):21－24.

[52]　朱恩科,李晓英,马林生.钼丝标准化.中国钼业,2003,27(2):59－64.

[53]　向铁根,孙小群.钼丝弯折断裂的探讨.中国钼业,1997,21(6):47－52.

第 7 章　钼合金在靶材及其他行业的应用

溅射作为一种先进的薄膜材料制备技术，具有“高速”及“低温”两大特点。它利用离子源产生的离子，在真空中加速聚集成高速离子流，轰击固体表面，离子和固体表面的原子发生动能交换，使固体表面的原子离开靶材并沉积在基材表面，从而形成纳米（或微米）薄膜。而被轰击的固体是用溅射法沉积薄膜的原材料，称为溅射靶材。

钼溅射靶可在各类基材上形成薄膜，这种溅射膜广泛用作电子部件和电子产品，如目前广泛应用的 TFT－LCD（Thin Film Transitor-Liquid Crystal Displays，薄膜半导体管-液晶显示器）、等离子显示屏、薄膜太阳能电池、传感器、半导体装置等。本章就钼溅射靶材的特点，从其市场、应用、制备工艺以及发展趋势等方面进行总结和讨论。

7.1　溅射靶材概述

7.1.1　钼靶材概念

靶材是制备薄膜材料的主要技术之一，在真空中经过加速聚焦形成高速能的离子流，轰击固体表面，离子和固体表面原子发生动能交换，使固体表面的原子离开固体并沉积在基底表面的过程。图 7－1 是 Ar 离子流轰击 Al 靶材表面后，Al 原子脱离靶材表面沉积到基底表面的过程示意图。图 7－2 为氩离子轰击 Al 靶和 Al 原子溅射过程的示意图。

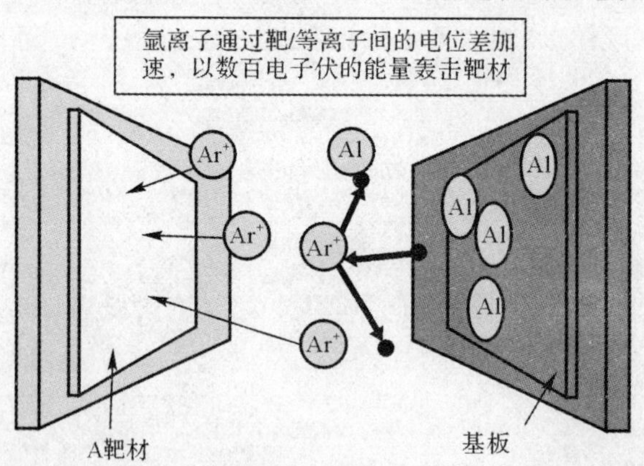

图 7－1　受 Ar 离子流轰击的 Al 原子脱离靶材并沉积到基底表面的示意图

钼靶材也就是被轰击固体，是溅射沉积制备钼薄膜的原材料。图 7－3 是钼靶材溅射前、后的照片。

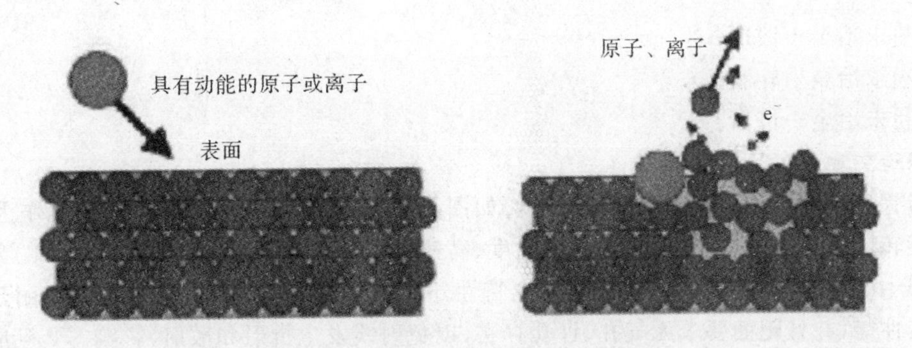

图 7-2　氩离子轰击 Al 靶和 Al 原子溅射过程的示意图

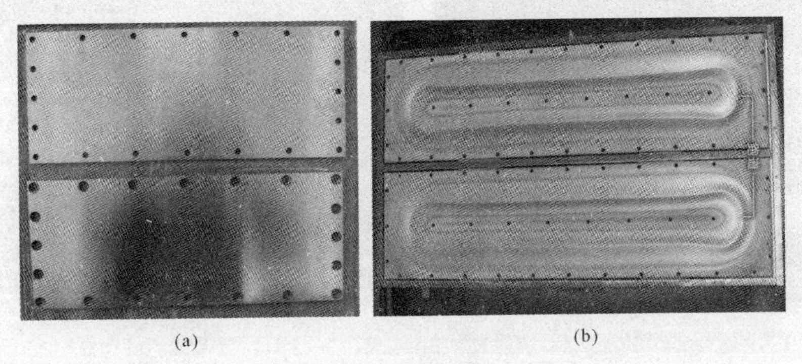

(a)　(b)

图 7-3　钼靶材溅射前、后的照片

(a)溅射前；(b)溅射后

7.1.2　钼薄膜的概念

薄膜材料是指厚度介于单原子到几毫米间的薄金属或有机物层。电子半导体功能器件和光学镀膜是薄膜技术的主要应用领域。图 7-4 是钼薄膜在玻璃基底上的表面扫描照片。

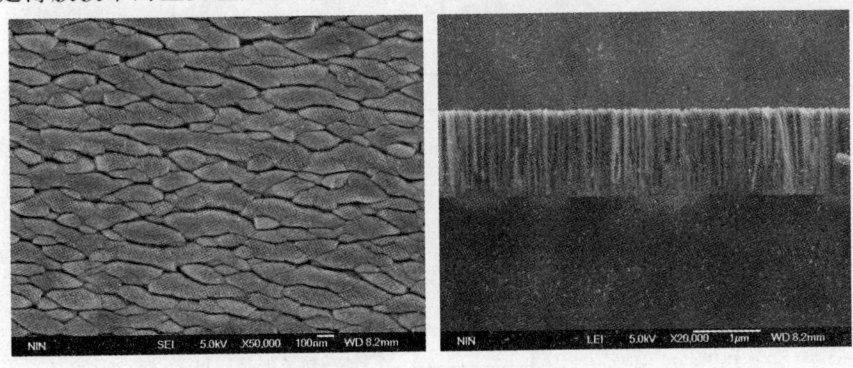

图 7-4　钼薄膜在玻璃基底上的表面扫描照片

7.1.3　钼靶材的制备方法

钼靶材的制备方法主要有 3 种(热等静压直接可以生产靶材毛坯,后续进行压力加工和机加工后才是靶材)：

(1)粉末冶金+锻造；

(2)粉末冶金+轧制；

(3)粉末冶金+挤压。

1.锻造钼靶材

锻造钼靶主要用于医疗CT靶的制造。如图7-5(a)所示，图中碟形钼靶主要作为X射线管的旋转阳极。由于它是在高真空、高温度、高速度旋转的条件下，经受高压电子的轰击产生X射线，因此对靶面除了要求有良好的电特性外，还要求靶面材料具有高温强度、耐热性能和抗冲击性能，并且靶面要求无气孔、针孔存在，以免射线发生折射和散射，影响CT机成像的清晰度和准确度。为此，在制造钼靶时，对其致密度要求较高。

(a) (b)

图7-5 锻造钼靶材

目前，医疗钼靶的制备方法就是采用粉末冶金坯料加锻造的方法。此方法制备出来的钼靶密度可以达到理论密度的96%～98%。

此外，还有一些实验室用小直径钼圆靶(见图7-5(b))，也可以采用此方法制备。钼靶材制备的一般工艺如图7-6所示。

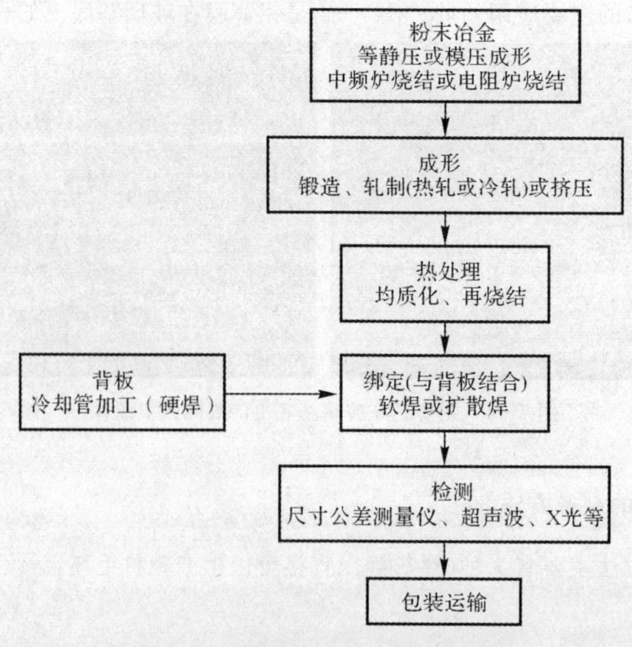

图7-6 钼靶材制备的一般工艺流程

2.轧制钼靶材

轧制钼靶材是钼靶材的主要加工方法。轧制态钼靶材主要用于平面显示器行业中的TFT-LCD领域。图7-7所示为轧制钼靶材的示意图。

图7-7　轧制钼靶材

3.挤压钼靶材

相比平面靶材,采用旋转靶结构的设计显示出它的实质性优势,旋转靶材的利用率明显高于平面靶材,旋转靶材如图7-8所示。靶的寿命定义为溅射功率乘以溅射时间(kW·h),或者是能在基板上淀积材料的总厚度。从平面靶到旋转靶在几何结构和设计上的变化增加了靶材的利用率,利用率从平面靶的20%～30%可增加到旋转靶的80%以上。此外,如果以kW·h来衡量靶材料的寿命,则旋转靶的寿命要比平面靶长5倍。由于旋转靶在溅射过程中在不停地旋转,所以在它的表面不会产生重沉积现象。

图7-8　旋转靶材示意图

7.1.4　靶材的绑定

在溅射过程中,由于高能态离子高速轰击靶材表面而激发出靶材原子或分子的同时,产生大量的热量,若这些热量不能及时排除,靶材会迅速升温,造成靶材脱焊、熔化、设备过热等问题。因此靶材必须与背板通过接合层连接在一起,而背板以循环水冷却,以此排放靶材表面产生的热量。目前,最常使用的背板材料是无氧铜,因其具有良好的导电性和导热性,且比较容易机械加工。

靶材与背板结合如图 7-9 所示，靶材的工作状态如图 7-10 所示。

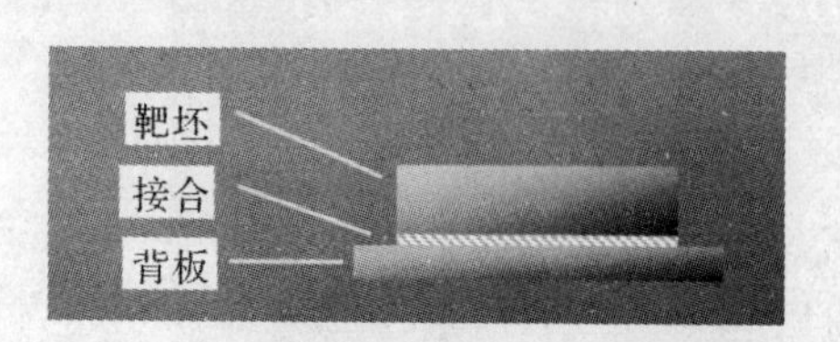

图 7-9　靶材与背板结合示意图

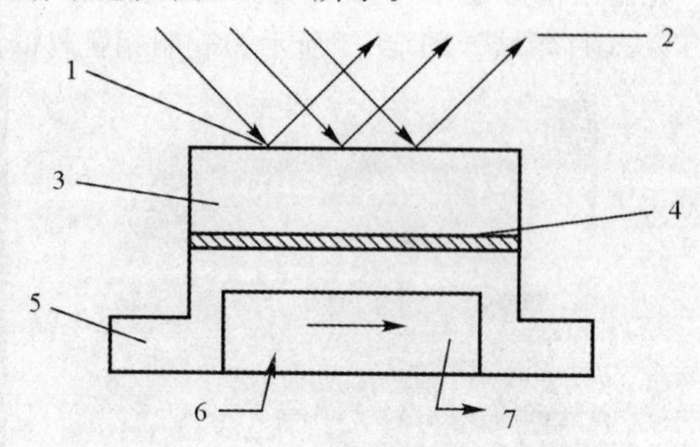

图 7-10　靶材的溅射过程示意图

1—高能 Ar^{+} 离子；　2—溅出离子；　3—靶材

4—结合层；　5—靶托；　6,7—冷却水

7.1.5　靶材的性能要求

在电子行业中，为了提高溅射效率和确保沉积薄膜的质量，对钼溅射靶材特性有下述要求。

1. 纯度

高纯度是对钼溅射靶材的一个基本特性要求。钼靶材的纯度越高，溅射薄膜的性能越好。一般钼溅射靶材的纯度至少需要达到 99.95%(质量分数)，但随着 LCD 行业玻璃基板尺寸的不断提高，要求配线的长度延长、线宽变细，为了保证薄膜的均匀性以及布线的质量，要求的钼溅射靶材的纯度也相应提高。因此根据溅射的玻璃基板的尺寸以及使用环境，钼溅射靶材的纯度要求在 99.99%～99.999%(质量分数)甚至更高。

钼溅射靶材作为溅射中的阴极源，固体中的杂质和气孔中的氧气和水气是沉积薄膜的主要污染源。此外，在电子行业中，由于碱金属离子(Na^{+},K^{+})易在绝缘层中成为可移动性离子，降低元器件性能；铀(U)和钛(Ti)等元素会释放 α 射线，造成器件产生软击穿，铁、镍离子会产生界面漏电及氧元素增加等。因此，在钼溅射靶材的制备过程中，需要严格控制这些杂质元素，最大限度地降低其在靶材中的含量。

2. 致密度

在溅射镀膜的过程中，致密度较小的溅射靶受轰击时，由于靶材内部孔隙内存在的气体突然释放，造成大尺寸的靶材颗粒或微粒飞溅，或成膜之后膜材受二次电子轰击造成微粒飞溅。这些微粒的出现会降低薄膜品质。为了减少靶材固体中的气孔，提高薄膜性能，一般要求溅射靶材具有较高的致密度。对钼溅射靶材而言，其相对密度应该在 98%以上。

3. 晶粒尺寸及尺寸分布

通常钼溅射靶材为多晶结构，晶粒大小可由 μm 到 mm 量级。试验研究表明，细小尺寸晶粒靶的溅射速率要比粗晶粒者快；而晶粒尺寸相差较小的靶，淀积薄膜的厚度分布也较均匀。

4. 结晶取向

由于溅射时靶材原子容易沿原子六方最紧密排列方向择优溅射出来，因此，为达到最高溅射速率，常通过改变靶材结晶结构的方法来增加溅射速率。靶材的结晶方向对溅射膜层的厚度均匀性影响也较大。因此，获得一定结晶取向的靶材结构对薄膜的溅射过程至关重要。

5.靶材与底盘的绑定

一般钼溅射靶材溅射前必须与无氧铜(或铝等其他材料)底盘连接到一起，使溅射过程中靶材与底盘的导热导电状况良好。绑定后必须经过超声波检验，保证两者的不结合区域小于2%，这样才能满足大功率溅射要求而不致脱落。

7.1.6　钼靶及其他靶材的应用

钼靶及其他靶材应用范围见表7-1。

表7-1　钼靶及其他靶材的应用

靶材分类	材料列举	应用领域
半导体关联靶材	Al，Al—Si，Al-Si-Cu，Au，Pt，Pd，Ag	电极，布线膜
	Mo，W，Ti	存储器电极
	$MoSi_2$，WSi_2，$TaSi_2$，W，Mo，W-Ti	扩散阻挡膜
	Ta，W等	黏附膜
	PZT($Pb-ZrO_2-Ti$)	电容器绝缘膜
磁记录靶材	CoCr	垂直磁记录薄膜
	CoCrTa，Co-Cr-Pt，CoCrTaPt	硬盘用薄膜
	CoTaZr，CoCrZr	薄膜磁头
	CoPt，CoPd	人工晶体薄膜
光记录靶材	TeSe，SbSe，TeGeSb等	相变光盘记录膜
	TbFeCo，DyFeCo，ThGdFeCo	磁光盘记录膜
	Al，AlTi，AlCr，Au，Au合金	光盘反射膜
	Si_3N_4，SiO+ZnS	光盘保护膜
显示靶材	ITO($In_2O_3-SnO_2$)	透明导电膜
	Mo，W，Cr，Ta，Ti，Al等	电极布线膜
	ZnS-Mn，ZnS-Tb，CdS-Eu	电致发光薄膜
	Y_2O_3，Ta_2O_3，$BaTiO_3$	电致发光薄膜
其他应用靶材	Cr，AlSi，AlTi等	遮光薄膜
	MoTa等	电阻薄膜
	YBaCuO	超导薄膜
	Fe，Co，Ni等	磁性薄膜

7.1.7 靶材产业简述

靶材产业链。靶材制造行业及涉及产业如图7-11所示。

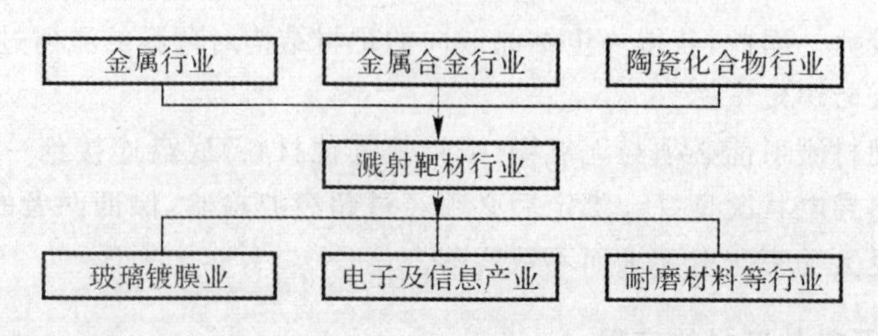

图 7-11　靶材制造行业及涉及产业

7.1.8　靶材生产企业

尽管近年来国内靶材需求增大，国内靶材生产厂家众多，但真正拥有先进技术的却寥寥无几，特别是高端靶材仍依赖进口。因此，只能说我国的靶材产业还处于快速发展的起步阶段。

国外著名靶材生产企业有奥地利 Plansee 公司、德国 H. C. Starck 公司、日本 Tosoh 公司等。

7.1.9　靶材的发展方向

1. 大尺寸

受 TFT-LCD、太阳能电池板尺寸越来越大的要求，相关靶材尺寸必须朝更大方向发展，才能保证所溅射薄膜性能均匀。

2. 高致密度

致密度小的靶材受轰击时，由于靶材内部空隙内存中的气体突然释放，造成大尺寸的靶材颗粒或微粒飞溅，会降低器件中薄膜品质。

3. 结晶方向的控制

溅射时，原子容易沿着密排面方向择优溅射出来，材料的结晶方向对溅射速率和膜层厚度均匀性影响很大。而对于大尺寸靶材，组织结构细腻、均匀性好的靶材结构制造难度更大。

4. 提高钼溅射靶材的利用率

在平面磁控溅射过程中，由于正交电磁场对溅射离子的作用关系，溅射靶在溅射过程中将产生不均匀冲蚀(Erosion)现象，从而造成溅射靶材的利用率普遍不高，为 30%左右。近年来，虽然通过设备改善后可相应提高靶材的利用率，但也只有 50%左右。另外，靶材原子被氩离子撞击出来后，约有 1/6 的溅射原子会淀积到真空室内壁或支架上，增加清洁真空设备的费用及停机时间。因此，提高靶材利用率的关键在于实现溅射设备的更新换代。

另外一种提高钼溅射靶材利用率的方法是改平面靶材为管状旋转靶材。相比平面靶材，采用旋转靶结构的设计显示出它的实质性优势。靶的寿命定义为溅射功率乘以溅射时间(kW·h)，或者是能在基板上淀积材料的总厚度。从平面靶到旋转靶在几何结构和设计上的变化增加了靶材的利用率，利用率从平面靶的 30%～50%可增加到旋转靶的大于 80%。此外，如果以 kW·h 来衡量靶材料的寿命，则旋转靶的寿命要比平面靶长 5 倍。由于旋转靶在溅射过程中不停地旋转，所以在它的表面不会产生重沉积现象。

7.2　钼溅射靶材的应用

7.2.1　半导体集成电路

多层金属电极防止导电层材料渗透至器件表面与硅形成合金,同时阻止导电层与下层金属形成高阻化合物。互联导线阻挡层防止导电金属在硅或二氧化硅中的扩散(见图7-12)。

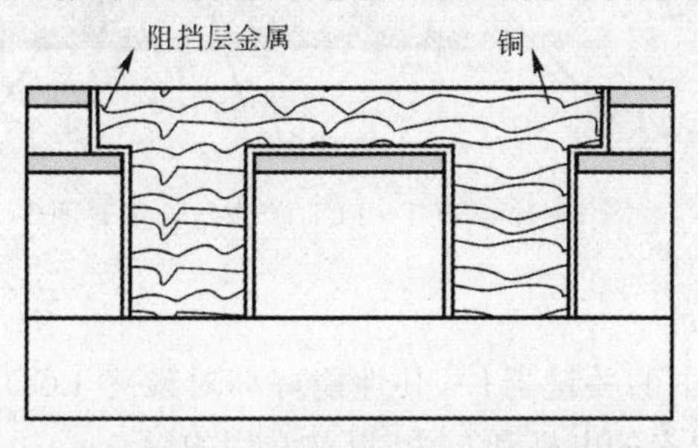

图7-12　阻挡层与电极结合示意图

该领域对靶材的要求在所有领域中最为苛刻,随着线宽的减小,这种要求最高可能达到6N以上。

半导体集成电路生产厂家有Tosoh SMD(日本),Honeywell(美国),Nikko(日本),Cabot(美国)等。

7.2.2　显示领域(TFT-LCD)

计算机和互联网的发展,使人类获得和传递信息的能力得到了极大延伸,而显示器作为人机交互界面的重要媒介,其作用不言而喻。液晶显示器(Liquid Crystal Display,LCD)作为当下各类数码显示器中的主流产品,受到越来越多用户的青睐。LCD中的薄膜晶体管型(Thin Film Transistor,TFT-LCD)因具有屏幕反应速度快、对比度好、亮度高、可视角度大、色彩丰富等特点,而成为当前液晶显示器的主流设备,广泛应用于笔记本电脑、液晶彩电等。

1. 结构及原理

TFT-LCD结构如图7-13和图7-14所示。

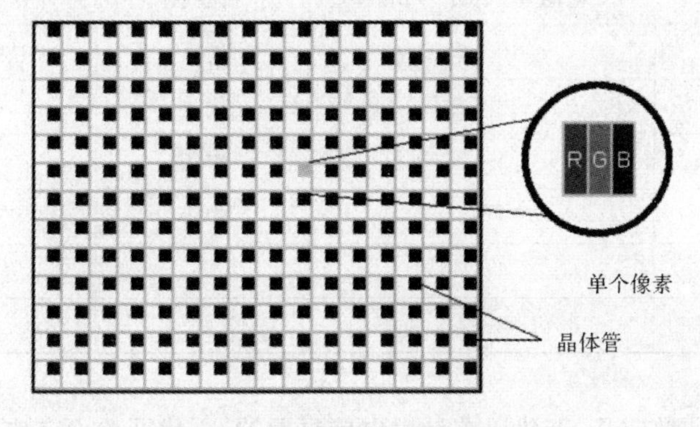

图7-13　TFT-LCD整体结构

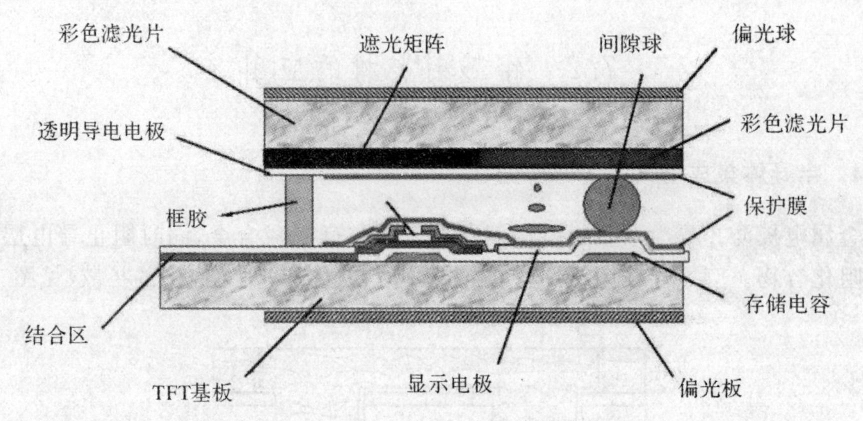

图 7-14 TFT-LCD 工作结构示意图

2. 钼在显示领域的应用

TFT 是 TFT-LCD 中的关键器件，其性能好坏对最终 LCD 产品的性能具有决定性作用。在 TFT-LCD 中有很多的电极和布线，以前常用的以 Au，Cu，Cr 和 Al 金属为主，然而它们都因为各自的一些缺点难以满足更高层次需求。近年来的研究表明，难熔金属 Mo 具有优良的电导性及热稳定性，以 Mo 作为 TFT 制造中的电极、布线材料或阻挡层材料，应用效果良好。因此，Mo 材料在 LCD 中的应用逐渐被关注，与其相关的 Mo 靶材制备工艺研究也变得尤为重要。

钼在显示器领域的应用情况如图 7-15 所示。Mo 与其他靶材的性能对比见表 7-2。

Mo 主要用作 TFT 的栅极、源极和漏极金属电极。传统的 Al 和 Cu 虽然具有较好的导电性能，但热稳定性较差，因此实际生产中通常寻求平衡点。

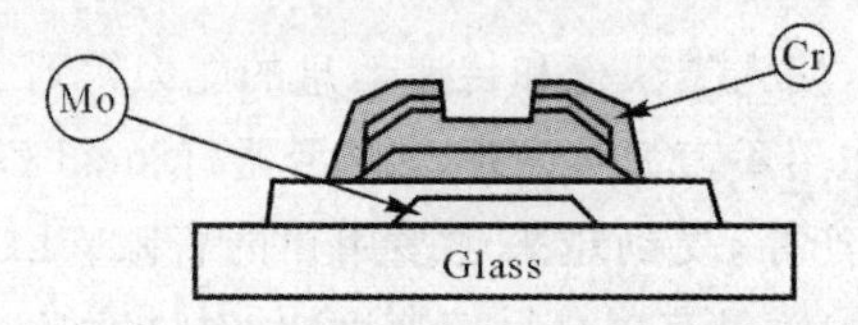

图 7-15 显示器领域的应用情况

表 7-2 各种靶材的性能对比

材料	电阻率/(μΩ·cm)	抗逆性	干法刻蚀锥角
Mo-Ta	40～45	优良	好
Mo-W	15～20(常规)	优良	优良
AlNd	5～7	中等	好
Al-Cu	4～5	中等	中等
Al	4～5	差	中等
Cu	3～4	好	中等

TFT-LCD 屏代数定义：五代以前针对电脑显示器，六代开始面向电视机。各世代 TFT-LCD 经济切割尺寸见表 7-3。

表 7－3　各世代 TFT－LCD 经济切割尺寸(G4－G7)　(单位:mm)

世代	G4		G5				G6			G7	
面板尺寸	680×880	730×920	1000×1200	1100×1250	1100×1300	1200×1300	1300×1500	1500×1800	1500×1850	1800×2100	1880×2150
15	6	6	15	15	16	20	24	30	30	42	42
17	4	6	9	12	12	12	16	25	25	35	36
17W	4	6	12	12	12	15	15	24	24	35	35
18	4	4	9	9	9	12	16	24	24	30	30
19	4	4	9	9	9	12	12	16	16	25	25
20.1	4	4	6	6	9	9	12	16	16	24	25
21.3	2	4	6	6	6	6	9	16	16	24	24
22W	3	3	6	8	8	8	10	15	15	24	24
23W	2	3	6	8	8	8	8	12	15	21	24
26W	2	2	4	6	6	6	8	12	12	18	18
27W	2	2	3	6	6	6	8	10	12	15	15
28W	2	2	3	3	6	6	8	10	10	12	15
30W	2	2	3	3	3	3	6	8	8	12	12
32W	1	1	2	3	3	3	6	8	8	10	10
37W	1	1	2	2	2	2	3	6	6	8	8
40W	1	1	2	2	2	2	2	3	4	6	8
42W			2	2	2	2	2	3	3	6	6

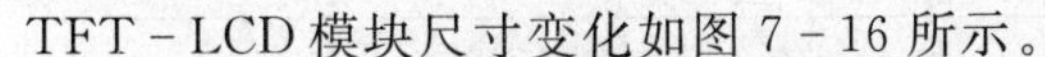

TFT－LCD 模块尺寸变化如图 7－16 所示。

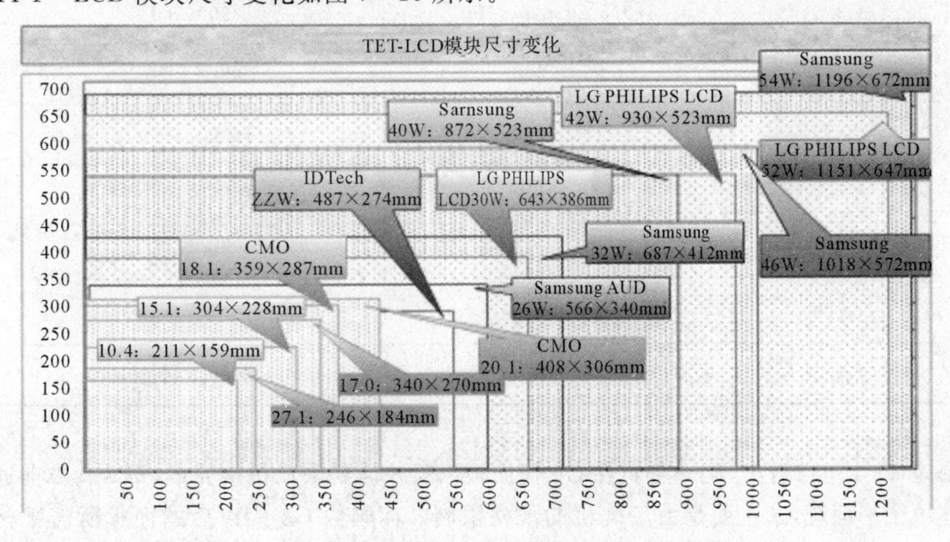

图 7－16　TFT－LCD 模块尺寸变化

3. TFT-LCD 中各部分成本结构比例

TFT-LCD 中各部分成本结构，如图 7-17 所示。

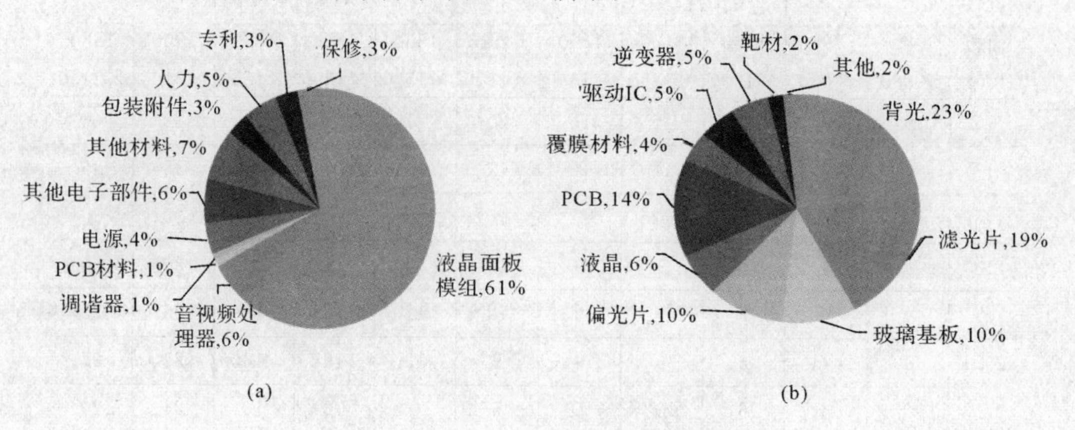

图 7-17　TFT-LCD 中各部分成本结构

(a)LCD 电视成本结构；(b)LCD 模组成本结构

4. TFT-LCD 用钼靶材尺寸

随着 LCD 面板生产线玻璃基板尺寸的增大，对钼溅射靶材的规格要求也越来越大。LCD 第 1 代面板生产线其玻璃基板尺寸为 300mm×400mm，钼靶材要求的尺寸规格为 6mm×560mm×600mm，纯度不小于 99.9%。而第 5 代面板生产线钼靶材要求的尺寸规格已经达到 10mm×1430mm×1700mm，第 6 代、第 7 代甚至第 10 代面板生产线的钼溅射靶材尺寸规格和纯度也在不断增大。

国外面板生产线各代玻璃基板基本尺寸见表 7-4。

表 7-4　国外各代面板尺寸及所需靶材规格

世　代	玻璃尺寸/mm	靶材尺寸/mm
G3.5	610×720；620×750	890×980
G4	680×880	980×1150
G5	1100×1300	1430×1700
G5.5	1300×1500	1580×1950
G6	1500×1850	200×2300，8segments
G7.5	1950×2250	180×2650，12segments
G8.5	2200×2500	185×2650，14segments

由表 7-4 可以看出，国外靶材在 G6 代面板以后才需要采取拼接完成，第 5 代以前通常采用整体单个平面靶，这主要是由于轧机的规格限制。而国内 G3 代以后的面板所需靶材规格就需要拼接。如图 7-18 所示为靶材拼接图。

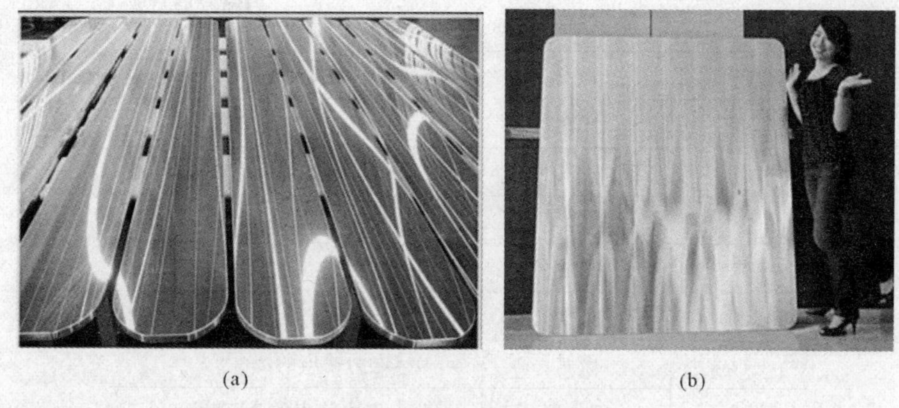
(a)　　(b)

图 7-18　平面溅射靶材拼接图
(a)单靶示意图；(b)多靶拼接图

7.2.3　太阳能电池领域

1. 未来能源结构的转变

到 2100 年，未来能源结构预计如图 7-19 所示。

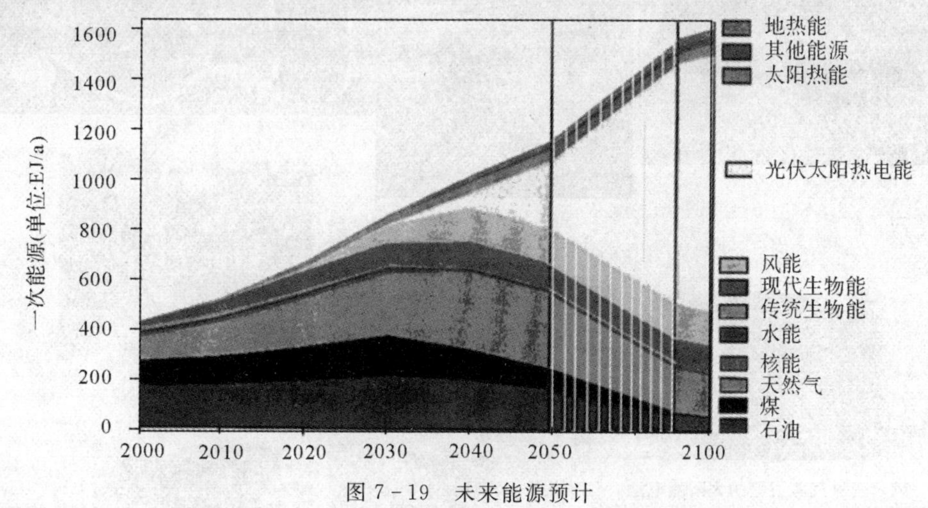

图 7-19　未来能源预计

全球 12 个国家 2010 年可再生资源占据全部能源的比例，见表 7-5。

表 7-5　全球 12 个国家 2010 年可再生资源比例

序号	国　家	可再生资源的比例
1	法国	电力输出的 21%
2	奥地利	电力输出的 78.1%
3	比利时	电力输出的 6%
4	中国	总能源输出的 10%
5	塞浦路斯	电力输出的 6%

续表

序号	国　家	可再生资源的比例
6	捷克	电力输出的 8%
7	丹麦	电力输出的 29%
8	爱沙尼亚	电力输出的 5.1%
9	芬兰	电力输出的 351%
10	德国	电力输出的 12.5%
11	希腊	电力输出的 20.1%
12	匈牙利	电力输出的 3.6%

2.各种太阳能发电装置

太阳能应用实例如图 7-20 所示。

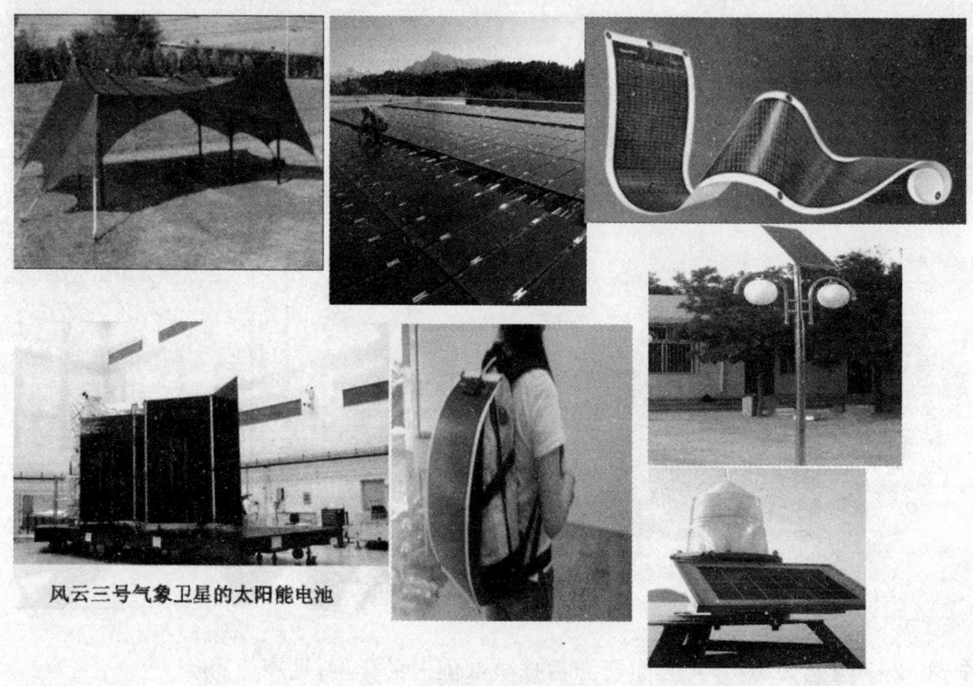

图 7-20　各种形式太阳能发电装置

3.太阳能电池的工作原理

太阳能电池的基本原理是光生伏特效应：光照下，PN 结处的内建电场使产生的非平衡载流子向空间电荷区两端漂移，产生光生电势，与外路连接便产生电流。单结 CIGS 薄膜太阳能电池的基本结构由衬底、背电极层、吸收层、缓冲层、窗口层、减反层、电极层组成。典型的 CIGS 薄膜太阳电池的结构为：Glass/Mo/CIGS/ZnSi－ZnO/ZaO/MgF_2，如图 7-21 所示。

CIGS 是一种直接带隙材料，对可见光的吸收系数高达 105L/(g·cm)，优于其他电池材料。对比各种薄膜电池材料吸收系数的曲线，可知 CIGS 材料的吸收系数最高。CIGS 薄膜电池的吸收层仅需 1～2mm 厚，就可将阳光全部吸收利用。因此，CIGS 最适合做薄膜太阳能电池，其电池厚度薄且材料用量少，大大降低了对原材料的消耗，减轻了铟等稀有元素的资源压力。除了材料上的优点之外，CIGS 薄膜太阳能电池还具有抗辐射能力强、发电稳定性好，弱光发电性好，并且转换效率是薄膜太阳能电池之首，目前室内转换效率可达 20%。CIGS 材料的光吸收系数最高，吸收层可做得很薄。实际上，CIGS 薄膜电池各层叠加起的总厚度小于 4mm，具有充分的柔软性。沉积在金属箔或高分子塑料薄膜上，就成为可折叠、弯曲的柔性电池。

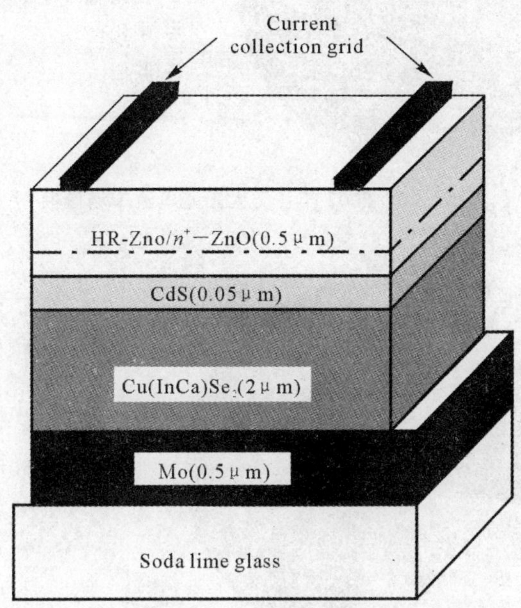

图 7-21　典型的 CIGS 薄膜太阳能电池的结构

4. 太阳能电池分类

太阳能电池分类如图 7-22 所示。

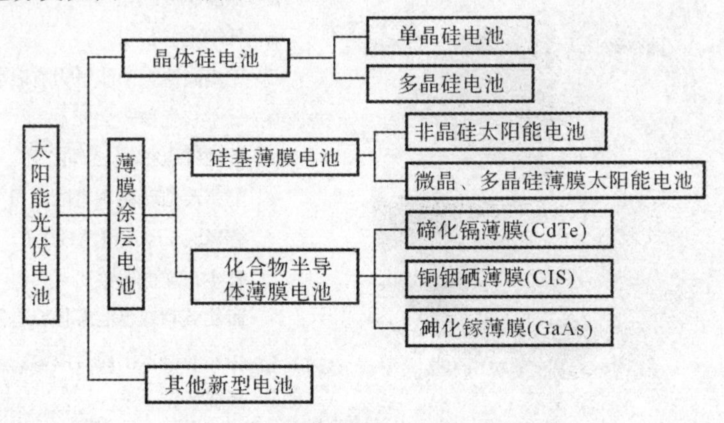

图 7-22　各种形式的太阳能光伏电池

5. 各类太阳能电池市场份额

以 2007 年为例，各类太阳能电池市场份额如图 7-23、图 7-24 和图 7-25 所示。

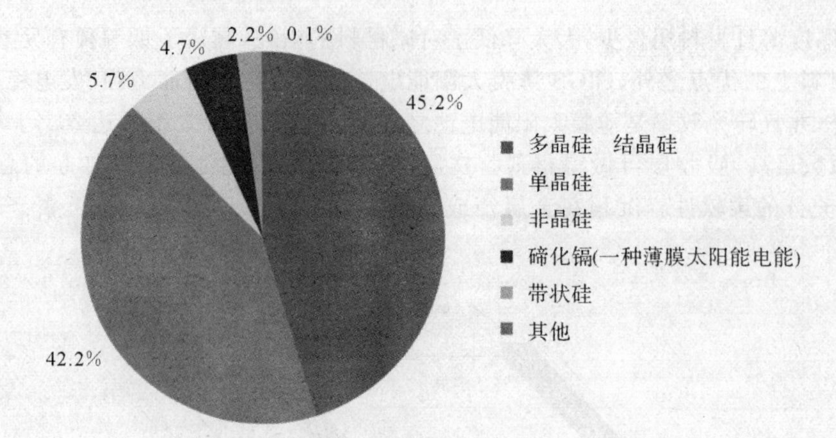

图 7-23 2007 年各类太阳能电池市场份额

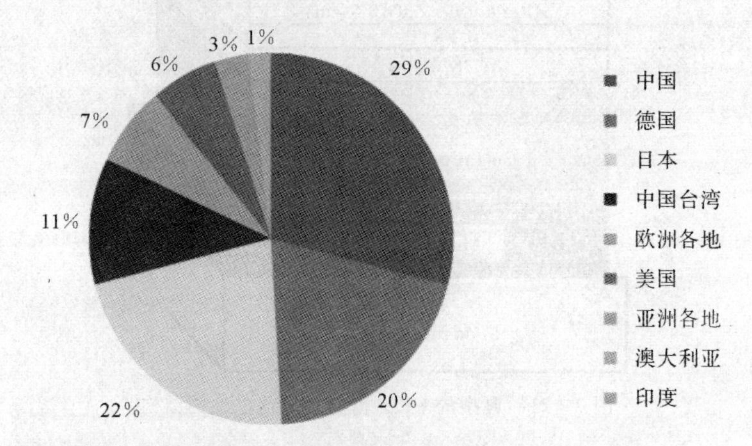

图 7-24 2007 年太阳能电池生产国的占有份额

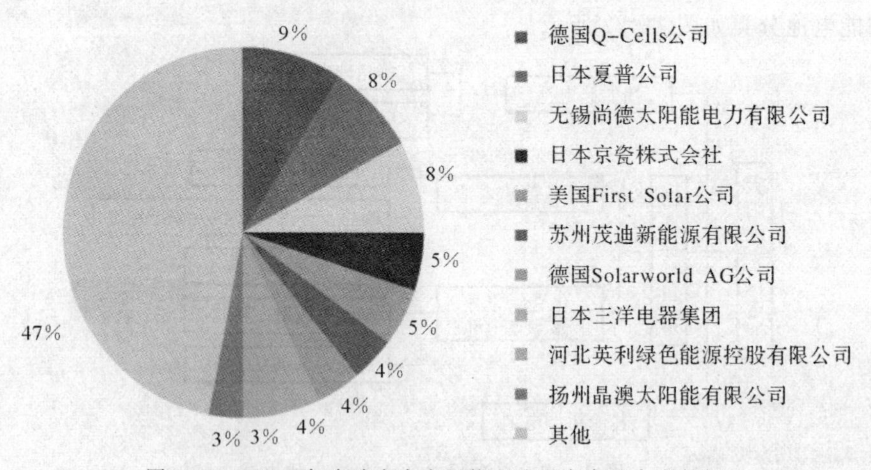

图 7-25 2007 年全球十大太阳能电池生产商的占有份额

6. 太阳能电池分类及比例

各类太阳能电池分类比较见表 7-6。

表7-6 各类太阳能电池分类比较

种类		转换效率	制造能耗	制造成本	材料丰富度	主要障碍
晶体硅	单晶硅	18%～22%	高	高	丰富	硅提纯工艺
	多晶硅	16%～18%	高	较高	丰富	硅提纯工艺
薄膜	非晶硅薄膜	8%～10%	低	低	丰富	衰减特性
	铜铟镓硒	10%～12%	低	中	稀缺	制造工艺难控制
	碲化镉	9%～15%	低	中	极其稀缺	材料有毒
聚光光伏	砷化镓	25%～35%	高	很高	稀缺	技术复杂

7.太阳能电池结构及市场

(1)CdTe薄膜太阳能电池。由于Mo具有以下特征：①高的热稳定性(熔点高达2620℃)和化学稳定性；②电阻率为$5.2\times10^{-6}\Omega\cdot cm$，可满足太阳能电池电流引出电极的要求；③可与CIGS吸收层形成良好的欧姆接触(其功函数约为4.95eV)，减少载流子界面复合；④热膨胀系数($4.5\times10^{-6}/K$)与CIGS的热膨胀系数($8.0\times10^{-6}/K$)比较接近。

由于金属Mo熔点高，难以用蒸发技术沉积Mo薄膜，而磁控溅射技术沉积速率高、薄膜均匀、可实现低温沉积以及适合大面积沉积等优点，为Mo膜沉积提供了可靠技术。

CdTe薄膜太阳能电池结构如图7-26所示。

Mo代替Cu，一方面能够与CdTe形成良好欧姆接触，而且能够克服Cu热稳定性差带来的一系列问题。

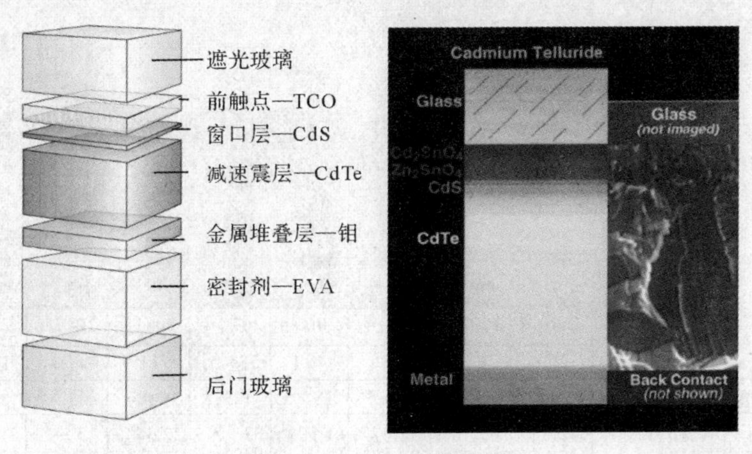

图7-26 CdTe组件结构

(2)CIGS薄膜太阳能电池结构。

1)CIGS薄膜太阳能电池组件。CIGS薄膜太阳能电池结构如图7-27所示。

CIGS组件各部分的作用：

MgF：减反射膜，增加入射率；

ZnO：低阻高透，欧姆接触；

CdS：缓冲晶格不匹配；

CIGS:空间电荷区为主要工作区。

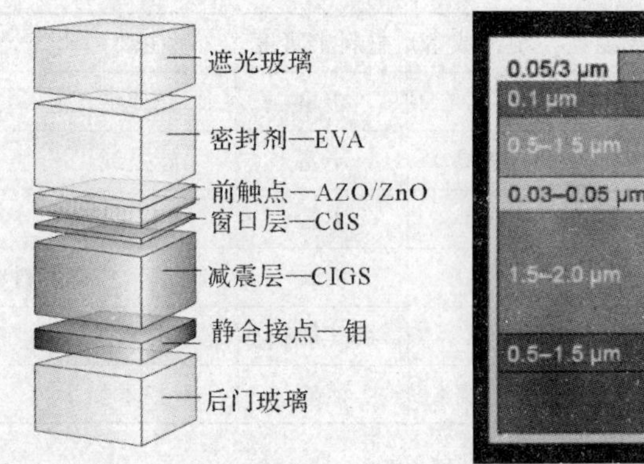

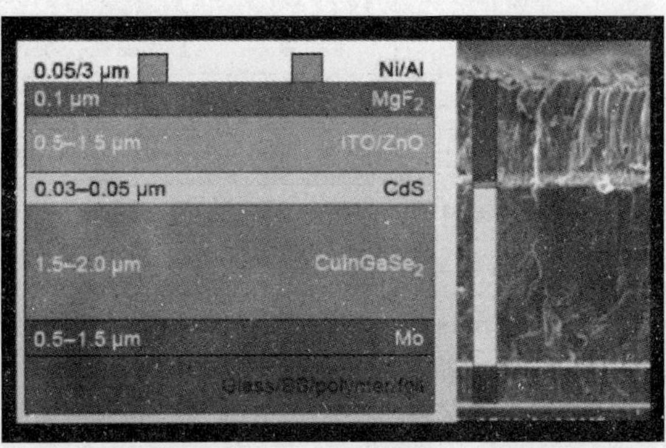

图 7-27　CIGS 组件结构

钼与 $CuInSe_2$ 容易形成欧姆接触,使得接触电阻小,减少电流形成后的传输损耗;钼具有高的光反射率,使得太阳光能反复在 $CuInSe_2$ 主吸收层被吸收;Mo 与 CIGS 的晶格失配较小,并且热膨胀系数与之接近,$CuInSe_2$ 生长在 Mo 薄膜上能形成平整的表面,相对在玻璃上,可降低表面粗糙度。

2)CIGS 薄膜太阳能电池的产量及市场份额。CIGS 薄膜太阳能电池最具取得高转换效率的潜力,同时其柔性衬底可以用在民居、商用及电站上,其在建筑一体化上的潜在应用使得它尤其受欢迎。CIGS 太阳能薄膜电池的产量及市场份额如图 7-28 所示。表 7-7 为全球主要 CIGS 组件生产企业产量的市场份额。

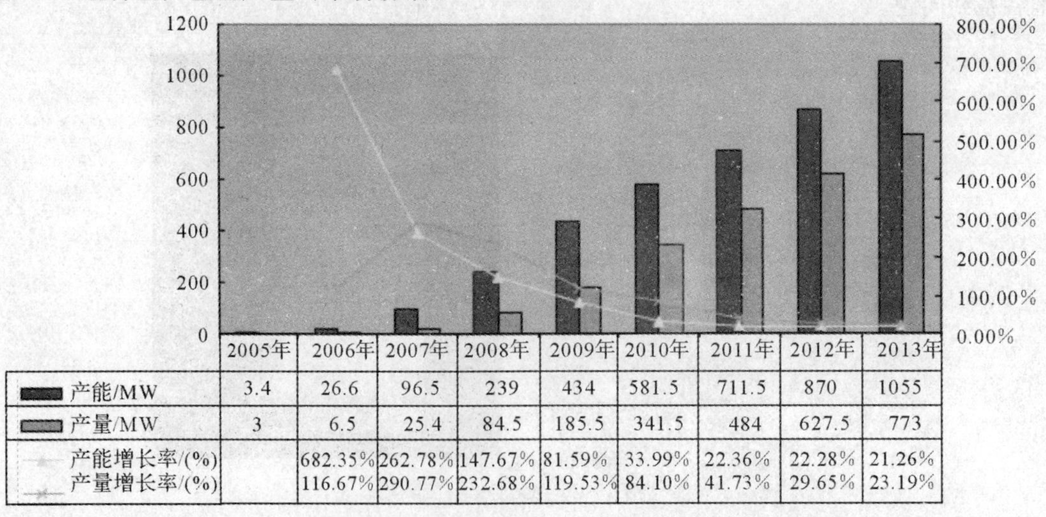

	2005年	2006年	2007年	2008年	2009年	2010年	2011年	2012年	2013年
产能/MW	3.4	26.6	96.5	239	434	581.5	711.5	870	1055
产量/MW	3	6.5	25.4	84.5	185.5	341.5	484	627.5	773
产能增长率/(%)		682.35%	262.78%	147.67%	81.59%	33.99%	22.36%	22.28%	21.26%
产量增长率/(%)		116.67%	290.77%	232.68%	119.53%	84.10%	41.73%	29.65%	23.19%

图 7-28　2005—2013 年全球 CIS/CIGS 组件产能产量及增长率

预计 CIGS 薄膜太阳能电池在光伏行业的市场占有率将在 2015 年实现翻番,钼溅射靶材需求量达 1000t。以日本市场为例:目前,日本 2011 年 CIGS 太阳能电池产能为 207.5MW/a,预计 2015 年产能将翻一番。日本 Solar Frontier 公司是世界上最大的 CIGS 薄膜组件供应商,当前正在日本进行年 900MW 产能的工厂建设。Plansee 和日立金属公司都是 Solar Frontier 公司的靶材供应商,其产能也随着该公司新建项目的开建而增加。

用钼靶的主要供应商是 Plansee 和 H. C. Starck。中国和世界 CIGS 产能分析如图 7-29 所示。中国和世界 CIGS 实际产量分析如图 7-30 所示。

表 7-7 2005—2013 年全球主流 CIS/CIGS 组件企业产量市场份额

产量市场份额	2005 年	2006 年	2007 年	2008 年	2009 年	2010 年	2011 年	2012 年	2013 年
Würth	40.0%	21.54%	19.69%	17.75%	11.86%	9.66%	7.85%	6.85%	7.12%
Honda	0.00%	0.00%	19.69%	17.75%	10.78%	8.78%	8.26%	7.17%	7.76%
Global Solar	60.0%	61.54%	15.75%	16.57%	16.17%	13.18%	10.33%	9.56%	9.06%
Showa Shell	0.00%	0.00%	15.75%	14.20%	13.48%	11.71%	12.40%	12.75%	11.64%
Moasolé	0.00%	15.38%	19.69%	11.83%	8.09%	5.86%	4.75%	3.98%	3.88%
Johanna	0.00%	0.00%	0.00%	5.92%	8.09%	10.25%	9.30%	8.76%	8.41%
Odersun	0.00%	0.00%	5.51%	4.14%	4.31%	5.27%	5.17%	6.37%	6.47%
Solibro	0.00%	0.00%	0.00%	3.55%	6.47%	8.78%	8.26%	7.17%	7.12%
Sulfurcell	0.00%	1.54%	3.94%	2.96%	1.89%	1.32%	1.03%	1.04%	1.03%
AVANCIS	0.00%	0.00%	0.00%	2.37%	4.31%	3.51%	5.79%	5.26%	4.53%
HelioVolt	0.00%	0.00%	0.00%	2.37%	5.39%	4.69%	5.17%	4.78%	4.53%
Ascent	0.00%	0.00%	0.00%	0.59%	5.39%	8.78%	10.33%	11.95%	11.64%
DayStar	0.00%	0.00%	0.00%	0.00%	1.62%	3.81%	5.17%	6.37%	7.76%
Others	0.00%	0.00%	0.00%	0.00%	2.16%	4.39%	6.20%	7.97%	9.06%
Total	100%	100%	100%	100%	100%	100%	100%	100%	100%

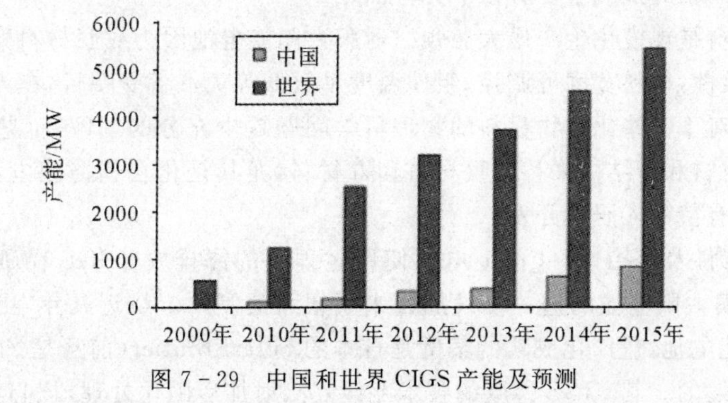

图 7-29 中国和世界 CIGS 产能及预测

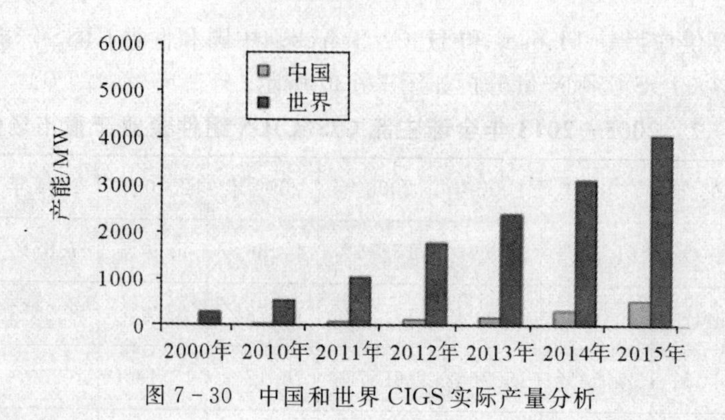

图 7-30　中国和世界 CIGS 实际产量分析

8. 薄膜太阳能电池产业链

薄膜太阳能电池产业链结构如图 7-31 所示。

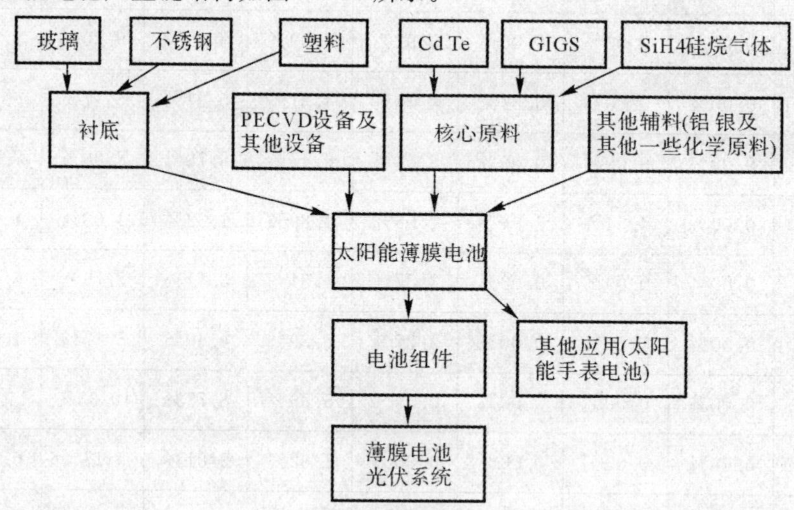

图 7-31　薄膜太阳能电池产业链结构

9. 薄膜太阳能电池面临的挑战和发展方向

太阳能电池面临的挑战主要有以下几方面。

(1)工艺、材料是规模化生产最大瓶颈。薄膜太阳能电池因为衬底材料廉价(如玻璃、不锈钢、聚酯膜),有柔性,材料宽度可调控,组件温度系数低等优点备受瞩目,在光伏市场的应用规模逐渐扩大。但对于一些化合物材料的物理科学问题缺少充分的理解,工艺技术有待创新和改进,还需要新材料和新结构来替代贵材料和毒材料,尤其是化合物薄膜电池,关键精密设备与工艺的集成度有待深入研究开发。

(2)元素的毒性及可控性。CdTe 电池使用过程中的镉排放、CIGS 在硒化过程采用有毒气体等,都给薄膜太阳电池的进一步发展带来了很大的制约。最近几年,更多的人开始关注 CIGS 薄膜太阳能电池,量产化成功的案例是日本的 SolarFrontier(前身是 Showa Shell),技术和设备是自主开发的。其 CIGS 薄膜的技术路线是溅射加后硒化处理,核心就是后硒化处理。

中国也有一些企业开始进入 CIGS 和 CdTe 薄膜电池领域。这些企业比较普遍的做法是关键设备和原材料从国外进口,由于缺少核心技术,遇到的问题是整条生产线各种设备的兼容性不理想，设备与工艺的集成度不高，导致产品良品率低，成本难以下降，市场竞争力弱。

(3)资源的短缺。铟元素的短缺很可能限制了铜铟镓硒薄膜电池的发展，减薄铜铟镓硒薄膜的厚度(现在是1.4～3μm)或用同类不含铟的合金替代铜铟镓硒薄膜。

CIGS作为太阳能电池的半导体材料，具有价格低廉、性能良好和工艺简单等优点，将成为今后发展太阳能电池的一个重要方向。唯一的问题是材料的来源，由于铟和硒都是比较稀有的元素，因此，这类电池的发展又必然受到限制。这就对新材料的开发提出了高的要求。

薄膜太阳能电池的发展方向主要有3点：

1)采用柔性衬底，方便使用；

2)减薄薄膜厚度，减小电池体积；

3)增加光电转化效率。

10. 太阳能薄膜电池用钼量分析

太阳能薄膜电池用钼量分析如图7-32所示。

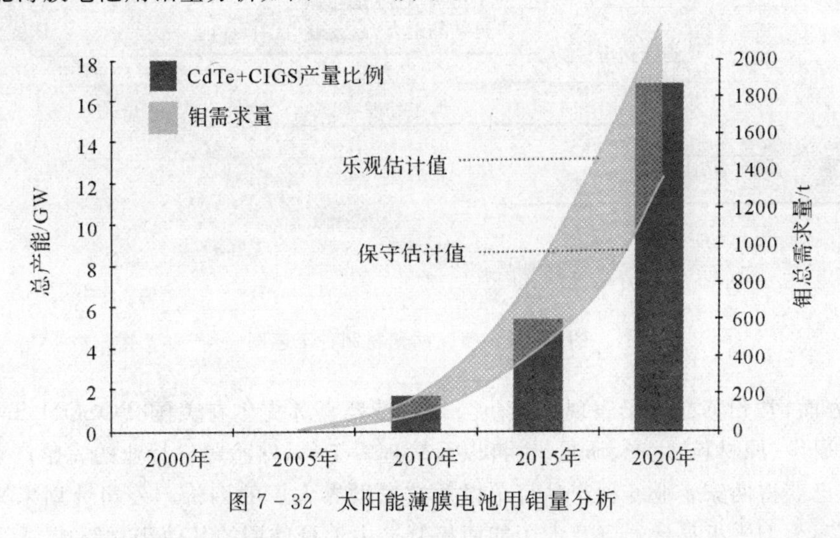

图7-32　太阳能薄膜电池用钼量分析

7.2.4　钼靶材的研究现状

目前，虽然国内也有很多厂家在生产钼靶材，但大多以表面颜色喷涂、增强机械性能为主。目前，大尺寸钼靶材市场主要被日本日立金属公司(Hitachi Metals)、Ulvac公司，德国的H. C. Stark公司和奥地利的普兰西公司(Plansee)所垄断。其市场份额：Plansee占40%，Hitachi Metals占35%，H. C. Stark占15%，Ulvac及其他公司占10%。主要靶材生产商近几年钼靶材的产量见表7-8。

表7-8　主要钼靶材生产商近几年靶材生产量　(单位：kg)

厂　家	2005年	2006年	2007年	2008年	2009年	2010年
Hitachi	158658	223780	296595	359124	430064	667790
Plansee	126926	198915	333670	404014	483822	641079
H. C. Starck	38078	64647	96393	125693	161274	240404
Ulvac	41251	59675	88979	98759	118268	160270

日立金属采用等离子液滴精炼(Plasma Droplet Refining)核心技术对所选粉末进行提纯，然后再采用热等静压技术进行烧结，以此可以获得高纯度和高密度的钼靶材。H. C. Starck 凭借同类最佳的生产能力以及一流的挤压设备，能够生产出长度为 4m、密度较高且氧含量极低的挤压旋转靶材，可以满足 LCD 显示器、大面积涂层和太阳能电池应用领域的靶材用户最苛刻的要求。

普兰西采用一体式烧结/轧制制备工艺(Fully integrated in-house production)，获得了具有高纯度、高度均匀一致微结构和高密实度的钼靶材。具体工艺路线如图 7-33 所示。

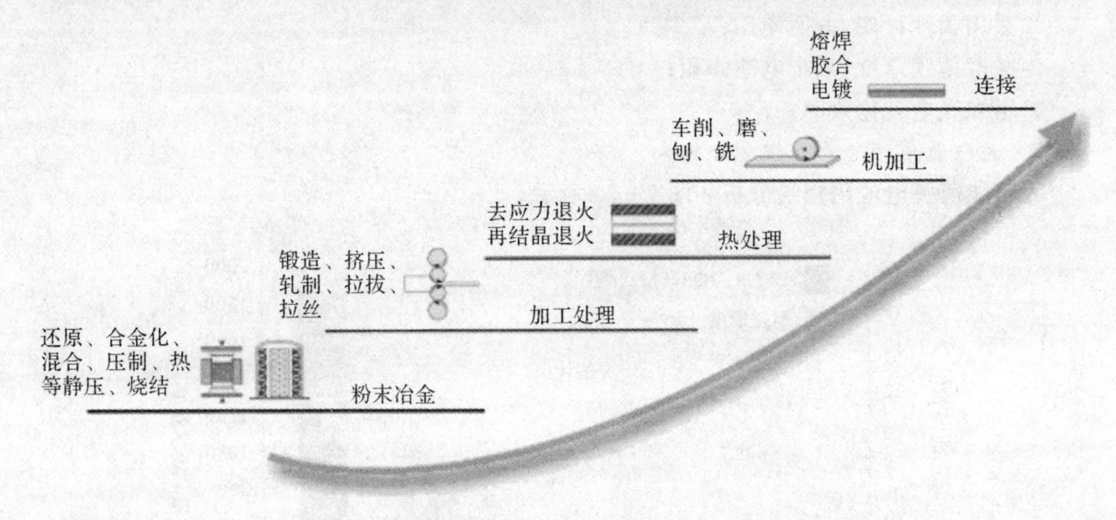

图 7-33　普兰西靶材制备工艺图

国内方面，常州苏晶电子表现突出。公司总裁范嘉苏先生在美国 TOSOH SMD 工作 18 年，从事过研发、原材料、生产、质量、销售以及管理等工作，熟悉靶材行业的完整产业链。据报道，该公司已获得两家企业 6 种产品订单以及数家世界大厂的询价。公司计划未来进一步开拓集成电路、大型平板显示器以及太阳能面板制造中大量使用的其他靶材制造，力争实现年产值 2 亿元的目标。

7.3　钼靶材评价

7.3.1　钼靶材评价的意义

靶材是一种具有高附加价值的特种电子材料，主要使用在微电子、显示器、存储器以及光学镀膜等产业上，溅射用于尖端技术的各种薄膜材料。这里所要指出的是，随着应用产业的不同，靶材的形状与大小也有所差异，其性能要求也各不相同。因此，必须对我们生产的钼靶材进行评价，以与目标消费企业的需求形成完美对接。

图 7-34 所示为工作人员对靶材进行现场测试。

图7-34　靶材测试示意图

7.3.2　钼靶材评价理化指标

1. 纯度

靶材的纯度对溅射膜的性能影响很大。靶材的纯度越高，溅射膜的性能越好。以纯A1靶为例，纯度越高，溅射A1膜的耐蚀性及电学、光学性能越好。不过在实际应用中，不同用途的靶材对纯度的要求不同。例如，一般工业用靶材对纯度并不苛求，而半导体、显示器件等领域用靶材对纯度的要求十分严格；磁性薄膜用靶材的纯度要求一般为99.9%以上，ITO靶中In_2O_3和SnO_2的纯度要求不低于99.99%。

2. 杂质含量

靶材作为溅射中的阴极源，固体中的杂质和气孔中的O_2和H_2O是沉积薄膜的主要污染源。靶材对纯度的要求也就是对杂质总含量的要求。杂质总含量越低，纯度就越高。此外，不同用途靶材对单个杂质含量也有不同的要求。例如，半导体电极布线用的W，Mo，Ti等靶材对U，Th等放射性元素的含量要求低于3×10^{-9}；光盘反射膜用的Al合金靶材则要求O_2含量低于2×10^{-4}。

3. 密实度

为了减少靶材固体中的气孔，提高薄膜的性能，一般要求溅射靶材具有较高的密实度。通常，靶材的密实度不仅影响溅射时的沉积速率、溅射膜粒子的密度和放电现象等，还影响着溅射薄膜的电学和光学性能。靶材越密实，溅射膜粒子的密度越低，放电现象越弱，而薄膜的性能也越好。靶材的密实度主要取决于制备工艺。一般而言，轧制或挤压靶材的密实度高，而烧结靶材的密实度则相对较低。

4. 成分与结构均匀性

成分与结构均匀性是考察靶材质量的重要指标之一。对于单相金属靶材，主要是组织结构均匀性。组织均匀，则成膜厚度一致。

几何形状与尺寸主要体现在加工精度和质量方面，如表面平整度、粗糙度等。

靶材与底盘的连接，多数靶材在溅射前必须与无氧铜（或A1等其他材料）底盘连接到一起，使溅射过程中靶材与底盘的导热导电状况良好。焊接后必须经过超声波检验，保证两者的不结合区域小于2%，这样才能满足大功率溅射要求而不致脱落。

钼溅射靶材所要求的一些主要的理化参数见表7-9。

表 7-9　钼靶材主要理化参数要求

序号	理化参数	数　值
1	纯度	99.99%
2	氧含量	$<100\times10^{-6}$
3	其他杂质含量(C,N,H 等)/10^{-6}	W<300,C<50,N<10,H<5
4	相对密度	≥99%
5	绑定结合率	≥95%
6	绑定孔隙	直径≤20mm
7	绑定凹坑	宽度≤0.8cm,深度≤1.7cm
8	表面粗糙度	<1.0μm
9	Mo 晶粒尺寸	<100μm
10	Mo 结晶取向	110
11	包装	惰性气体充填的塑料袋密封包装
12	喷砂处理后粗糙度	3.8μm
13	弯曲	前板<1.5mm,背板<3.0mm 或者<1/1000mm

7.3.3　钼靶材评价方法

对靶材性能的评价除了对靶材本身进行纯度、杂质含量、密实度、成分与结构均匀性、几何形状与尺寸精度等检测外,由该靶材溅射得到的薄膜性能的质量也是衡量靶材性能的另一个重要方面。

钼靶材的评价方法采用电子背散射衍射分析技术(EBSD),图 7-35 为均匀晶粒取向和不均匀晶粒取向的 EBSD 照片。从中可以看出,图 7-35(a)为不均匀晶粒取向的衍射图,图 7-35(b)为均匀晶粒取向的衍射图。

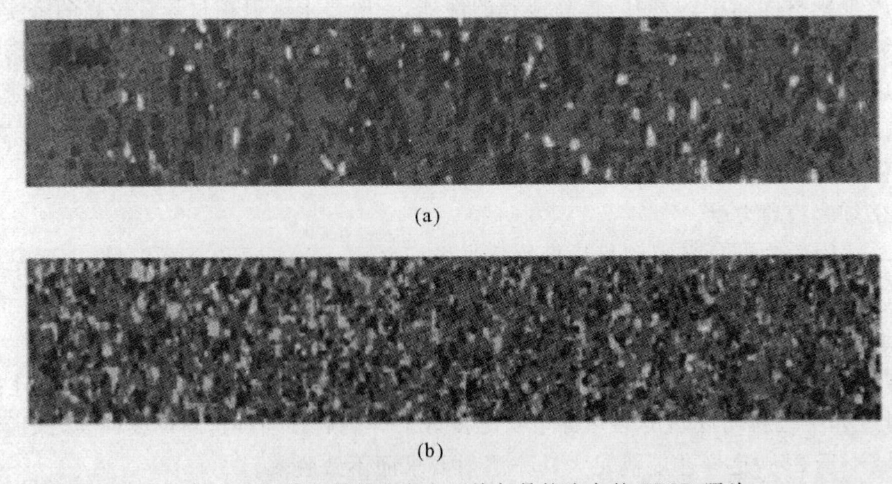

(a)

(b)

图 7-35　均匀晶粒取向和不均匀晶粒取向的 EBSD 照片

7.3.4 钼靶材溅射薄膜的评价

1. 溅射设备

目前，TFT－LCD生产使用的溅射设备主要由Ulvac，Unaxis，AKT三大厂商提供，其中Ulvac占全部市场份额90％以上。Ulvac生产商供应溅射设备示意图如图7－36所示。

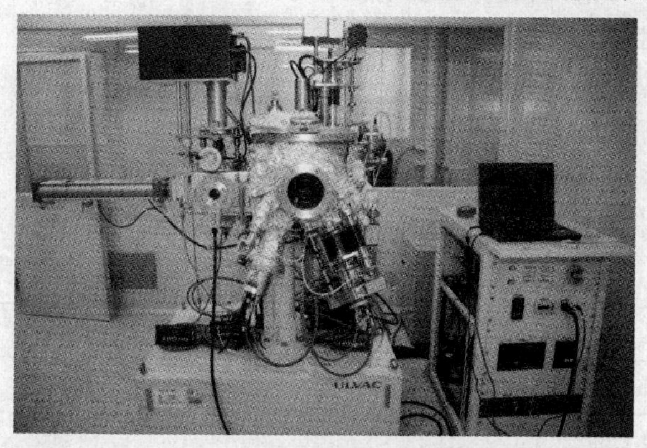

图7－36 Ulvac生产商供应溅射设备

2. 薄膜性能要求指标

各种靶材溅射薄膜性能要求见表7－10。

表7－10 薄膜性能要求指标

	参数	Mo	AlNd	Cr	α－ITO	P－ITO
	成膜温度/℃	150	150	RT	200	200
	成膜厚度/nm	70	300	300	40	40
	成膜均匀性/±％	≤10	≤10	≤10	≤15	≤15
	成膜速率/(Å·min^{-1})	≥3050	≥3550	≥3050	≥1500	≥1500
	方块电阻/(Ω/口)	≤2.57	≤0.4	≤0.93	≤300	≤75
	阻抗均匀性/($\mu\Omega$·cm)	≤18	≤12	≤15	≤60	≤25
	比电阻/($\mu\Omega$)	≤18	≤12	≤20	≤1200	≤300
	比电阻均匀性/(±％)	≤18	≤12	≤15	≤60	≤25
	膜透过率(λ=550nm)/(％)				≤75	≥81
退火后	方块电阻/(Ω/口)		≤0.2		≤75	
退火后	阻抗均匀性/($\mu\Omega$·cm)				≤25	
退火后	比电阻/($\mu\Omega$)		≤6		≤300	
退火后	比电阻均匀性/(±％)				≤25	
退火后	膜透过率(λ=550nm)/(％)				≤81	
退火后	反射率(λ=480nm与Si－W膜相比)/(％)		≥210			
	膜应力/MPa	≤±2200	≤±400	≤±2200		

3. 薄膜性能测试方法

薄膜性能的基本测试内容及方法如下：

单片基板膜阻抗——四探针法；

透过率和反射率——透射谱测试；

结晶构造检测——X射线衍射/扫描电镜；

膜应力测量——牛顿环干涉法；

密着性测量——斯科奇狭带法；

膜厚测量——台阶仪。

4. 薄膜质量重复要求指标

薄膜质量重复要求指标见表7-11。

表7-11　薄膜质量重复要求指标

项　目		Mo	AlNd	Cr	α-ITO	P-ITO
膜厚	基板面内分布(max－min)/(±%)	≤10	≤10	≤10	≤15	≤15
	工艺室间分布(max－min)/(±%)	≤10	≤10	≤10	≤15	≤15
	工艺室间膜厚分布(σ/av.)/(%)	≤5	≤5	≤5	≤5	≤5
	基板面内分布(σ/av.)/(%)	≤5	≤5	≤5	≤5	≤5
比电阻	基板面内分布(max－min)/(±%)	≤18	≤12	≤15	≤25	≤25
	工艺室间分布(max－min)/(±%)	≤5	≤5	≤5	≤5	≤5
	工艺室间膜厚分布(σ/av.)/(%)	≤5	≤5	≤5	≤5	≤5
	基板面内分布(σ/av.)/(%)	≤5	≤5	≤5	≤5	≤5

7.4　钼合金的应用与发展

随着科学技术的进步，人们对钼合金各项性能的认识愈加深入，钼合金构件在工业、民用、军事领域的应用也越来越广泛。近些年来出现了很多钼合金应用的热点，如钼电极、钼坩埚、钼靶材等，本节将就近些年钼合金较为新颖的应用领域做一介绍。

7.4.1　钼在医疗器械领域的应用

用钼制成的旋转靶还可被用于乳腺X线摄影。乳腺钼靶X线机具有照片图像清晰、对比度适宜等优点，可清楚显示乳房内小于1cm的结节性病灶，并可准确定性、定位。乳腺钼靶摄影常能检查出医师不能触及的结节，即所谓“隐匿性乳癌”和很早期的原位癌，比有经验的医师早两年发现早期乳腺癌。其辐射剂量亦降低至每人次(两侧4位)0.003Gy以下，对人体无损害。即使临床诊断乳腺癌已很明确时，仍应进行乳腺钼靶摄影，因乳腺钼靶摄影可帮助明确肿瘤的位置、肿瘤的浸润范围、有无多发癌灶以及对侧乳腺的情况，以上资料对于正确制订治疗方案至关重要。

乳腺钼靶X线检查具有全面、直观、操作简单、无创伤、安全和费用低廉等特点，已成为公认的乳腺癌临床常规检查和乳腺癌预防普查的最好方法之一，对发现早期癌病，提高乳腺病变诊断符合率和患者的生存率做出了贡献。

图7-37所示为在医疗器械上应用的某些钼金属构件。

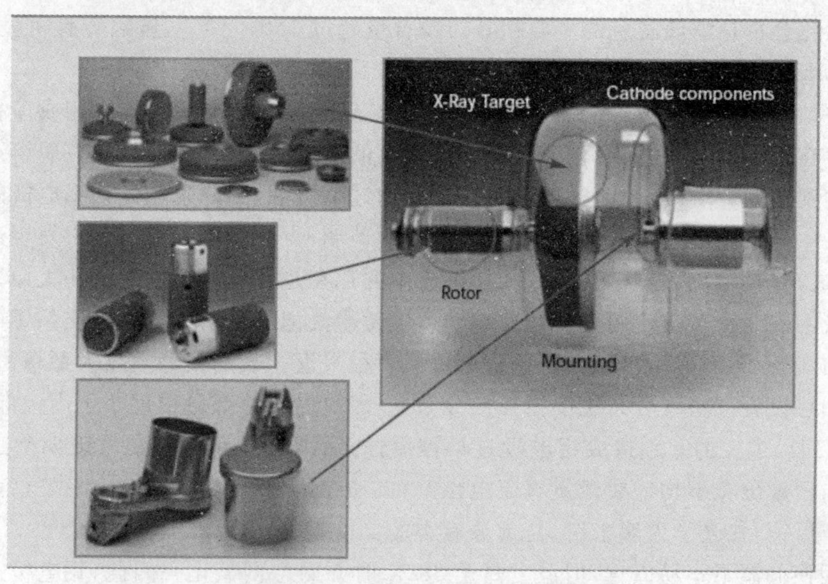

图7-37　钼金属在医疗器械上的应用

7.4.2　钼金属在玻璃工业的应用

国际上常用的玻璃熔炼电极主要有石墨电极、氧化锡电极、钼电极、二硅化钼电极、铂电极等。如图7-38所示的钼电极是生产玻璃纤维、钠钙玻璃和高硼硅玻璃的常用电极，属于玻璃熔炼电极的高端产品，具有熔池温度均匀，玻璃污染小，玻璃无着色、无气泡，使用温度高(可高达2000℃)，表面电流强度大(可达$2A/cm^2$)，单位产出消耗少，使用性能稳定等优点，在整个电极市场中约占20%的份额。

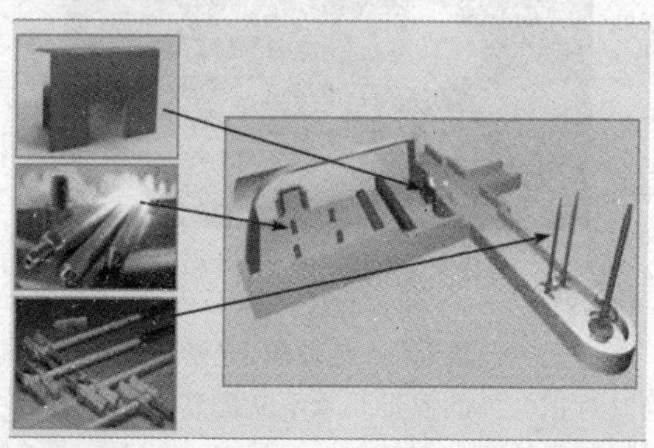

图7-38　玻璃窑炉中钼构件的应用示意图

每个玻璃电熔窑中使用十多根甚至数十根电极，每根电极的直径为30～100mm，长度为1000～2500mm。2008年，全球玻璃熔炼用钼电极的消耗量约为200～300t/a，国内钼电极用量约占全球用量的一半。目前，国产钼电极多用于生产中低端玻璃，国内高端玻璃生产商全部采购国外钼电极以满足生产需要。

钼电极中杂质含量的比例、钼电极锻制密度的高低和密度均匀性是钼电极质量最重要的指标。含有杂质少的钼电极对于玻璃的色度、透明度是决定性的因素。钼电极中铁、镍、钴等金属或金属化合物是玻璃着色的主要祸首。铁含量超过 150×10^{-6}，玻璃会有明显的绿色感，如果保温 48h，那么满池皆是绿色玻璃。

杂质中铁和镍对钼电极寿命的影响是致命的。铁和镍在钼金属中以单相或多相金属化合物固熔体存在，而铁和镍的金属化合物的熔点大大低于钼的熔点，并且低于玻璃熔点。这些杂质首先熔化到熔融玻璃中，带动了玻璃对钼电极的过早侵蚀，因此采用低档钼电极的窑炉往往在窑炉投入生产仅几个月就出现灰色、透明度差的玻璃，过甚者可以在玻璃中发现连续的灰线和灰泡，造成窑炉失败。同样，铁和镍在钼电极中的存在是钼电极易断裂的一大原因。

钼电极的锻制密度是使用寿命和玻璃中产生微小气泡的重要因素。高质量钼电极是连续精锻的产品，表面无需再用车削方法纠直和保证直径尺度。表面精锻需要大型精密锻造设备、高均匀度加热设备。密度分布主要指径向分布，一般电极中心部分密度小于周边部分，差别应小于 2%～5%，过大的差别造成钼电极过早被侵蚀，后期大量钼微粒混入玻璃中造成灰色度较大。纵向密度分布不均造成微量直流电位差，极易在熔化导电玻璃中产生微气泡，对于高质量玻璃生产厂家，如光学玻璃来讲，是十分有害的。

金属钼在低温下不易氧化，但温度高于 382℃时开始急剧氧化。因此，钼电极需要采用冷却水套以防止氧化。冷却效率是决定钼电极安全使用的关键因素。为了防止钼电极的过快氧化，Plansee 公司发明了抗氧化涂层 Sibor，而 H. C. Starck 也研制出类似的抗氧化涂层 Muride，如图 7-39 所示。这种抗氧化涂层是一种具有自愈合功能、含有 B 元素的硅基涂层，通过等离子喷涂工艺将其涂覆在被保护的构件表面。当这种坚硬、致密的涂层暴露于高温空气中时，就会在其表面形成一个致密的 SiO_2 的密封层，从而构成了基体材料的扩散阻挡层。

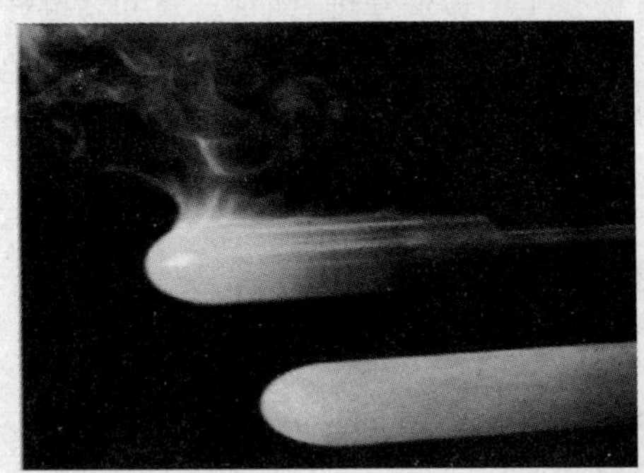

图 7-39　H. C. Starck 所生产的普通钼电极与涂覆有 Muride 涂层的钼电极的氧化情况对比

随着高端平板玻璃、高透光率玻璃、无着色玻璃、光学玻璃的应用越来越广，玻璃窑炉对钼电极的需求越加旺盛，同时对钼电极的质量要求不断提高。玻璃窑炉中的其他耐高温、耐腐蚀构件如搅拌棒、保护罩对钼制品的要求与钼电极一致。

对于涉及腐蚀性很强的玻璃熔体的玻璃生产工艺，Plansee 开发出一种用 Mo-ZrO_2 的玻璃熔化电极。钼中添加了少量氧化锆（ZrO_2），可强化钼基体。ZrO_2 对玻璃熔体有极强的防腐性，与纯钼相比，耐蠕变性也更强。

7.4.3　钼合金坩埚

利用钼合金高温强度好、耐腐蚀等特点，可以加工出钼坩埚用于稀土的熔炼、石英玻璃的熔制，以及LED芯片蓝宝石的长晶。钼坩埚如图7-40所示，H. C. Starck生产的挤压管如图7-41所示。

图7-40　Plansee生产的旋压钼坩埚

图7-41　H. C. Starck生产的挤压管

稀土金属冶炼大都在高温(1000℃以上)无保护性气氛下进行，电解过程必须使用难熔金属材料，如使用钨做电极棒，用钼做坩埚。通常情况下，由于使用过程不能加保护性气氛，钨钼材料氧化现象严重，一方面造成钨钼材料消耗太快，使得生产成本高；另一方面电解炉中的钨钼材料氧化熔解在被提炼的稀土金属中，使产品中的钨钼含量超标，造成产品质量档次下降。

稀土金属冶炼过程使用的纯钼坩埚的寿命一般为20～40d。为了提高钼坩埚的使用寿命，可以向钼基体中加入稀土氧化物，比如氧化铈、氧化镧、氧化钇等。研究表明，稀土氧化物的加入，一方面可以细化钼晶粒结构，提高钼合金的再结晶温度；另一方面钼合金的高温强度也得到提高。试验表明，添加了氧化铈的钼合金坩埚的耐腐蚀性显著提高，是纯钼坩埚的4～5倍。

目前，钼合金坩埚的一个应用热点在于LED蓝宝石长晶炉。由于节能环保的趋势，欧美、中、日、韩等国先后制定了白炽灯的淘汰路线图，而LED节能灯以其亮度高、耗能低(功率仅为白炽灯功率的5%～15%)成为最有潜力取代白炽灯的光源。而蓝宝石(Al_2O_3晶体)以其独特的晶格结构、良好的热学性能使其成为实际应用的半导体GaN/Al_2O_3发光二极管(LED)。钨钼制品是适合蓝宝石长晶的关键载体。采用钨钼作为材料，能够很好地保护蓝宝石的纯度，因为钨钼是耐高温的难熔金属，不易与蓝宝石发生反应。

蓝宝石生长炉是通过将钨钼坩埚内的原材料(氧化铝)加热至其熔点2050℃或以上，然后逐渐降低熔化温度，并使其结晶成特殊颗粒。长晶炉的一个重要载体便是钨钼坩埚。Ikal-200型晶体生长炉，采用钨坩埚、钼坩埚、钼隔热屏、钨加热体，这些元器件在高温下将挥发出钼和钨原子。不同的晶体生长方法，使用的坩埚也会不同，如泡生法(KY)一般使用钨坩埚，热交换 (HEM)一般使用钼坩埚，因为热交换法最后要砸锅取单晶，而钼坩埚价格最便宜。根据坩埚制造工艺，又可分为压制烧结坩埚和旋压坩埚，压制烧结坩埚质量较低，纯度、密度较低，使用寿命相对较短，价格相对便宜；旋压坩埚质量较高，纯度、密度较高，使用寿命较长，价格高。

蓝宝石晶体的化学成分为氧化铝($\alpha-Al_2O_3$)，是由3个氧原子和两个铝原子以共价键形式结合而成的，其晶体结构为六方晶格结构。就颜色而言，单纯的氧化铝结晶是透明无色的，因不同显色元素离子渗透于生长中的蓝宝石，因而使蓝宝石显出不同的颜色。在自然界中，当蓝宝石在生长时，晶体内含有钛离子(Ti^{3+})与铁离子(Fe^{3+})时，会使晶体呈现蓝色，而成为蓝色蓝宝石(Sapphire)。当晶体内含有铬离子(Cr^{3+})时，会使晶体呈现红色，而成为红宝石(Ruby)。当晶体内含有镍离子(Ni^{3+})时，会使晶体呈现黄色，而成为黄色蓝宝石。用于生长蓝宝石的长晶炉坩埚便是影响蓝宝石质量的关键。

7.4.4 钼合金顶头

在无缝合金钢管生产过程中，穿孔工艺被广泛应用而且是非常经济的。在穿孔过程中，需要将钼顶头连接到无缝合金钢管穿管机芯棒端部。钼顶头的生产一般是通过向钼粉中添加稀土材料或 Ti，Zr，C 等元素制成合金粉体，再经过成形、外形加工，最后高温烧结等工序加工制成，成品密度应大于 9.6g/cm³。

在穿孔过程中，穿孔钼顶头的服役环境非常恶劣，既要承受高温(900～1200℃)、快速氧化，也受到管壁的摩擦力，这就要求钼顶头在穿孔过程中具有优异的高温强度、耐磨、不易变形。为了提高钼顶头的穿孔效率，可以采用锻造方式对钼棒坯进行压力加工，使钼顶头的密度提高、晶粒碎化，通过细晶强化和加工硬化的方式来提高钼合金的强度和硬度，再对锻造后的钼合金棒进行机械加工。通常烧结态钼合金的显微硬度约为 200MPa，而锻造后加工态钼合金的显微硬度根据变形量的不同可以提高到 300MPa 以上。与普通钼顶头相比，其耐磨性显著提高，更加不易变形，在使用过程中能够比烧结态钼顶头平均多穿数百支，耐磨程度提高了 70%以上，大大降低了钢管的穿孔成本，如图 7-42、图 7-43 所示。

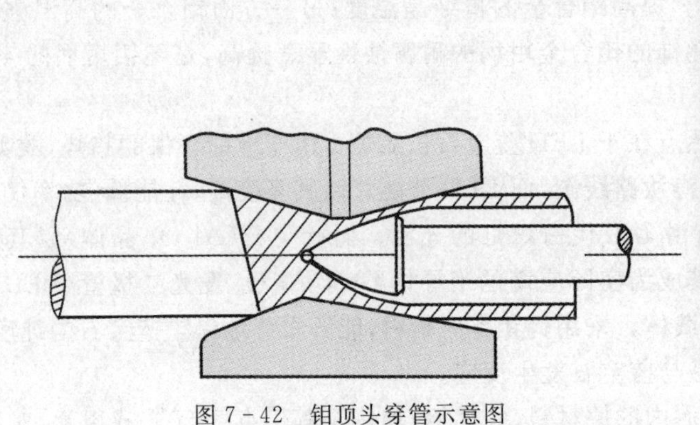

图 7-42 钼顶头穿管示意图

图 7-43 钼顶头穿管现场

7.4.5 汽车喷涂

钼的熔点高达 2620℃，且有良好的高温性能和耐腐蚀性能，钼与钢铁结合力强，因而是汽车部件生产中主要的热喷涂材料。汽车部件一般采用钼丝高速火焰喷涂，喷枪的气体混合喷射装置产生高温燃气燃烧，特殊设计的燃烧室和气体喷射混合室，使钼丝在完全熔化前，以极高的速度喷涂在工件的表面上，喷射钼的致密度可达 99%以上，结合强度接近 10kg/mm²。这一工艺过程能有效地改善受磨面的耐磨性，也提供了一个可以浸渍润滑油的多孔表面。它广泛地应用于汽车工业，以提高活塞环、同步环、拨叉和其他受磨部件的性能，也用于修复磨损的曲轴、轧辊、轴轩和其他机械部件。据资料介绍，喷涂钼丝欧洲市场年销售量可达1000t，美国每年消耗量也达600t左右，日本每年也消耗钼丝30～40t，我国喷涂钼丝市场容量尚小于每年30t。但随着我国汽车工业的发展，汽车齿轮和其他部件的热喷涂将有较大发展，喷涂钼丝的销售量将大幅度增长。

7.4.6　离子注入及外延工艺中的钼合金元件

离子注入技术是近年来在国际上蓬勃发展和广泛应用的一种材料表面改性高新技术，该技术的应用设备主要是离子注入机。离子注入机主要由离子源、靶室和真空系统这三部分组成。其中离子源是离子注入机的核心部件，离子源的材质一般根据所需材料的硬度、耐磨性、耐腐蚀性、抗氧化性及减摩性等特殊要求而选择难熔金属、过渡金属或稀土金属，如Ti，W，Mo，Cr，V，Ni及C系列等。离子注入作为微电子工艺中重要的掺杂技术，在优化材料表面性能方面发挥着重要作用。由于离子注入工艺对材料的高温性能和耐化学侵蚀性能要求非常高，因此，电离室主要部件均采用钼、钨材料。

它的工作原理是由离子源获得高能离子束流，通过磁化、纯化、加速，再经过多维旋转扫描器后注入材料表面，注入的离子与原材料的原子之间发生辐射扩散效应以及晶格置换错位现象，引起材料表面成分、结构和性能发生变化，从而使材料表层获得良好的物理、化学及电学性能，半导体器件、金属材料改性和大规模集成电路生产都应用了离子注入技术。

离子注入设备对钼钨零配件的质量要求，一般地，钼钨零配件的加工工艺流程如下：相关毛坯料→检查有无气孔、裂纹和缺陷→粗加工→检查→精加工→检查→光饰抛光→去油去污→净化清洗→脱水→烘干→相关装配→总检→真空封装→成品。作为结构件的钼钨零配件，检测也是极其严格的：外观尺寸在放大150倍下检测，产品质量要进行SPC统计，通过模拟装配等高技术手段加以验证，确保产品质量。由于钼钨等金属材料坚硬，异形件加工不易，技术门槛很高。如：水滴形钼管（壁厚0.635mm，长度有149.86mm）是EAST NBI离子源的关键零件之一，其技术要求为粗糙度0.8，直线度在150mm内不大于0.0254mm，同时在真空环境下，1000℃加热1h去应力。对该钼管的加工就要求线切割慢走丝精密加工，而我国一般线切割都是快走丝加工。

钼钨结构件的加工，不仅对钼钨材料的加工性和尺寸精度提出了很严苛的要求，同时对结构件材质也有着很高的要求。由于离子源电离室产生高温，所以其零配件熔点需达到2000℃，如钼、钨、钼合金、陶瓷、石墨，为降低配件材料由于高温产生的其他气体，钼钨等配件需要具有高纯度或超高纯度。特别是电流孔径零件需要材料纯度更高，以避免零件由于高温而释放出的其他化学气体。离子源弧光室可以采用钼镧合金制作，如采用TZM材料制作的零件，则要求氧含量为300×10^{-6}。

因此，根据离子注入设备用钼钨配件的加工工艺流程和零部件的配合以及工作环境，得出需要原材料的质量要求：较高的纯度，对于特殊位置零部件需超高纯度；高致密性，保证产品的稳定性和耐用性；机加工性能好，保证尺寸的完整性。

参 考 文 献

[1] 赵宝华,范海波,孙院军. TFT－LCD 制造用钼薄膜溅射及其靶材. 中国钼业,2011,35(1):7－10.

[2] 安耿,李晶,刘仁智,等. 钼溅射靶材的应用、制备及发展. 中国钼业,2011,35(2):45－47.

[3] Brad Lemon. et al. Molybdenumsputtering targets. US2006/0042728 A1 Mar. 2,2006.

[4] 金堆城钼业股份有限公司. 一种高纯钼溅射靶材的制备方法. 中国专利:201010296951.X,20110116.

[5] 西安瑞福莱钨钼有限公司. 一种 LCD 平板显示器溅射靶材用大尺寸钼板的制备方法. 中国专利:201210038873.2,20120704.

[6] 任怀亮. 金相实验技术. 北京:冶金工业出版社,1986.

[7] 刘丹敏,刘维鹏. 有关 ODF 计算方法的某些问题. 北京工业大学学报,1998,24(3):119－123.

[8] 张信钰. 金属和合金的织构. 北京:科学出版社,1976.

[9] 向铁跟. 钼冶金. 长沙:中南大学出版社,2002.

[10] 曾建辉. 稀土钼顶头材质的研究. 稀有金属与硬质合金. 2001,28(2):30－35.

第8章 钼及钼复合材料生产方法设计

8.1 根据市场对钼及钼复合材料要求进行实验及生产方法设计

8.1.1 材料设计和钼及钼复合材料前期设计的重要性

材料设计(Materials Design),是指通过理论与计算预报新材料的组分、结构与性能。或者说,通过理论设计来“订做”具有特定性能的新材料。这当然说的是人们长期追求的长远目标,目前并非就能充分实现。但尽管如此,由于物理学、化学等相关基础学科的深入发展,以及计算机能力的空前提高,新材料研制过程中理论和计算的作用越来越大,直至变得不可或缺。

钼及钼复合材料应用十分广泛,钢铁材料及钼的合金材料、化工等行业的应用在此不进行探讨。钼及钼复合材料在市场上的应用除民用之外,还涉及军事工业等高科技行业,企业一旦拿到生产订单,就要去研究用户所需产品是在什么条件下使用,一般要考虑以下几点。

(1)钼及钼复合材料最高(苛刻)的应用条件。

(2)钼及钼复合材料的使用寿命。

(3)钼及钼复合材料的基本参数。

(4)内部组织结构。

(5)销售价格及成本分析。

(6)开发及生产此类产品的市场、技术分析及评价。

8.1.2 材料设计的发展概况

“材料设计”设想始于20世纪50年代,苏联在20世纪50年代初期,开展了关于合金设计以及无机化合物的计算机预报早期工作。苏联学者1962年在理论上提出了人工半导体晶格概念,但当时并未提出如何在技术上加以实现。1969年,Easki(江崎)和Tsu(朱兆祥)才正式从理论和实践结合上提出了通过改变组分或掺杂来获得人工半导体超晶格。1985年日本出版了《新材料开发与材料设计学》一书,首次提出了“材料设计学”这一专门方向。1989年美国由若干个专业委员会分析了美国8个工业部门对材料的需求之后,编写出版了《九十年代的材料科学与工程》报告,对材料的计算机分析与模型化做了比较充分的论述。该报告认为,计算机分析与模型化的发展,将使材料科学从定性描述逐步进入定量科学的阶段。

1995年美国国家科学研究委员会(National Research Council,NRC)邀请众多专家经过调查分析,编写了《材料科学的计算与理论技术》这一专门报告,其中这样说:“materials by design(设计材料)一词正在变为现实”,它意味着在材料研制与应用过程中理论的份量不断增长,研究者今天已经处在应用理论和计算来“设计”材料的初级阶段。

1999年美国能源部发表了一篇题为《计算材料科学》的白皮书,该白皮书指出,一场科学革命即将成为现实。文中谈到“由于计算机能力的不断提高,材料科学正处于另一场科学革命的边缘。科学家可以利用太拉(10^{12})级以上的计算机通过模拟运算来指导先进材料的发展,并进一步阐明材料是如何形成的,了解它们在变化的条件下产生何种作用,以及怎样才能获得优化而达到最好的使用效能。

2000年美国政府发布了“国家纳米技术倡议,导致下一次工业革命”的文件,简称NNI。在NNI中,突出地强调了理论、模型和模拟(Theory,Modeling and Simulation,TM&S)对于发展纳米材料起着不可或缺的、决定性的作用。NNI认为,发展TM&S在最近5~10年要达到以下目标:减少设计新材料所需时间,加速从新材料到纳米器件的转变,增加新器件运行可靠性和预见性,设计和优化新的纳米技术工艺。

现阶段,材料设计在国际上还没有统一的科学定语,我国在1986年实施的“863”计划中提出了“材料微观结构设计与性能预测”研究专题。材料设计按研究对象所涉及的空间尺度和时间尺度而划分为不同的层次,根据不同的划分办法,可大致分为3个层次:微观设计层次,空间尺度在1nm量级,属于所谓原子、电子层次的设计;连续模型层次,典型尺度在1μm量级,这时材料被视为连续介质,不考虑其中单个电子、分子的行为;工程设计层次,尺度对应于宏观材料,涉及大块材料的加工过程和使用性能的设计研究。

最近十几年中,材料设计或材料的计算机分析与模型化日益受到重视,其主要有下述原因。

(1)固体物理、量子化学、统计力学、计算数学等相关学科在理论概念和方法上取得了较大进步,为材料的微观结构设计提供了理论基础。

(2)计算机运算速度大幅提升,几年前在数学计算、数据分析中还难以完成的工作,现在可以更高效的解决。

(3)科学测量仪器的进步,提高了定量测量水平,丰富了实验数据,为理论设计提供了条件。

(4)材料研究和制备过程的复杂性增加,许多复杂的物理、化学过程需要进行计算机模拟运算,这样可以部分或全部替代耗时、耗力的复杂实验过程。有些实验在现实条件下是难以实施的,但理论和模型计算却可以在无实物消耗的情况下通过理论分析提供信息。

(5)以原子、分子为起始物进行材料合成,并在微观尺度上控制其结构,是现代先进材料合成技术的重要发展方向,对于这类研究对象,材料微观设计显然大有用武之地。

8.1.3 材料设计的范围与层次

《九十年代的材料科学与工程》报告中,美国学者指出,现代材料科学研究应由4个要素组成,即固有性质(properties)、结构与组分、使用性能(performance)及合成与加工。这四者是相互联系的整体,之所以将properties与performance分开,主要区别是前者是材料的固有属性,而后者更倾向于同材料应用联系,包括寿命、速度、能量效率、安全、价格等。

该报告谈到,材料设计在材料加工制备过程中也应起重要作用。尤其是以原子、分子为起始物,采用物理化学方法进行材料合成,要求在微观尺度上控制其结构时,离不开理论的指导。

尽管材料设计贯穿在从材料制备、测试、性能到使用的整个过程，其核心部分仍是在物理化学原理基础上，对材料性能-结构关系进行理论计算与分析。当然除性能-结构关系之外，还有加工-结构关系、加工-性能关系以及加工-使用性能之间的关系。应根据具体的设计对象、设计目标来确定具体的工作范围及其重点。

前已述及，材料设计可以分为 3 个层次，由于在不同空间尺度范围内发生的物理现象都对应一定的时间尺度范围，且在不同空间尺度及相应的时间尺度范围内进行材料设计所用的理论方法和模型是不同的。图 8-1 所示是该报告作者绘制的理论方法、空间尺度及相应的时间尺度三者的对应关系图。

从图 8-1 中可以看出，在不同时间/空间尺度范围内所用理论方法包括了从量子力学计算到分子动力学模拟，然后是缺陷动力学、结构动力学，再向连续介质力学方法过渡。必须指出的是，关于材料设计工作范围的确定和层次的划分，并没有固定的标准，应该根据所设计材料的种类、设计要求，以及当前能达到的“可设计”程度来确定具体的设计目标。

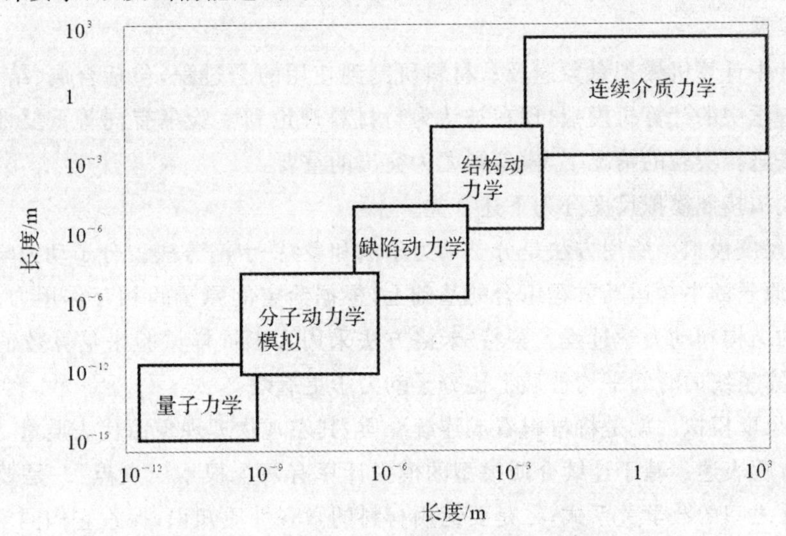

图 8-1 理论方法与空间、时间尺度对应图

8.1.4 材料设计的主要途径

材料设计作为现代材料科学的一个分支学科，尚处于草创阶段。材料的种类繁多，性能各异，不同材料的复杂程度不同，理论设计的可实现程度也差别较大。概括地讲，设计方法主要是在经验规律基础上进行归纳或从第一性原理出发进行计算（演绎）的，更多的则是两者互相结合与补充。常见的材料设计途径大致可分为下述几类。

1. 材料知识库和数据库技术

数据库是随着计算机技术的发展而出现的一门新兴技术，材料知识库和数据库就是以存取材料知识和性能数据为主要内容的数值数据库。目前，国际上的材料数据库正朝着智能化和网络化发展，其主要包括材料的性能数据、材料的组分、处理过程、材料的实验条件以及材料的应用及评价等。利用大型知识库和数据库辅助材料设计的一个典型例子是日本三岛良绩和岩田修一等建立的计算机辅助合金设计(Computer-Aid Alloy Design,CAAD)系统,其主要用于可控热核反应炉所用材料的设计及选择。

2.材料设计专家系统

这是一种具有相当数量的与材料有关的各种背景知识,并能运用这些知识解决材料设计中有关问题的计算机程序系统。它可以针对特定的需要,在一定范围和程度上为某种特定性能材料的制备提供指导,以帮助研究人员进行新材料开发。材料设计专家系统大致分为3类:以知识检索、简单计算和推理为基础的专家系统,以模式识别和人工神经网络为基础的专家系统和以计算机模拟和运算为基础的材料设计专家系统。

3.材料设计中的计算机模拟

利用计算机对真实的材料系统进行模拟"实验",提供模拟结果,指导新材料的研究,是材料设计的有效途径之一。对材料科学来说,计算机模拟其目标是发展能预报实际材料性能的模拟计算,而且能对大范围不同空间和时间尺度上发生的物理现象进行模拟,从而极大地促进材料科学的发展。

材料设计中计算机模拟对象遍及从材料研制到使用的全过程,包括合成、结构、性能等的使用。材料科学中的计算机模拟,现在被认为与材料理论和实验享有同等重要性。在许多难以进行或无法进行实验的情况下,模拟则尤为突出的重要。

计算机模拟按照模拟尺度分为下述3类。

(1)原子尺度模拟。所用方法是分子动力学法和蒙特-卡洛方法。分子动力学应用极为普遍,它在单个原子的牛顿运动方程组合的基础上,根据给定的原子间相互作用力及外场,计算多粒子系统的结构和动力学过程。蒙特-卡洛方法采用人工抽样试验来估算数值数学问题并求解,它在计算系统的时间平均性质上比分子动力学更有效。

(2)宏观尺度模拟。就是将材料看成连续介质,其宏观物理现象由代表质量、动量、能量平衡的偏微分方程表述。基于连续介质模型的模拟计算有两个根本出发点:一是要建立和反映材料宏观特性之间的数学关系式;二是要运用材料的微观性质知识,探索它们同宏观性质之间的关系。

(3)介观尺度模拟。这是介于原子尺度和连续介质之间的模拟,也是目前难度最大的模拟,如何建立原子尺度的模拟和连续介质模拟之间的联系,是该类模拟的关键问题。美国能源部的SSI计划提出的"粗粒化"(Coarse Graining)方法的目的就在于推进介观尺度的模拟。

8.1.5 国外研究动态及展望

1995年,美国Naval Research Laboratory,NRL)为制定长期发展战略,委托NRC进行了"材料科学的计算与理论技术"的调查研究,并提交了有关报告。

纵观近年来国外在材料设计研究方面的进展,主要研究内容包括下述几方面。

1.新材料及理论方法

20世纪90年代以来,陆续发现了许多新材料,包括高Tc铜氧化物超导体、纳米材料、超硬材料等。有些材料已经从基础研究对象转化为实际的应用对象,虽然大多数新材料都是非预期地被发现,但应该看到,计算和理论对预报和阐明这些新材料的性能起了重要作用。事实证明，理论和方法的进步已经能够对实际材料性能进行理论预测。

2. 表面与界面的研究概况

当代材料技术中一个核心的问题就是如何描述不同材料怎样在原子和化学水平上结合而成为固体表面的。所有合成的、通过原子水平调制的结构，都包含不同化学介质层之间的界面，而这些界面结构均表现出不同于基体材料的光、电、磁和力学性能。材料的计算任务就在于揭示发生在表面、界面上各种现象的物理内涵，补充实验和测量不能获得的东西。

3. 薄膜、复合材料的设计问题

对于该类材料的设计问题，理论上首先应设计好作为构建单元的介观实体。重要的理论手段是分子动力学模型和蒙特卡洛模型。该类材料的设计相对于实验省时省力，而且能够了解微观机制，并能设计并预见新材料。

4. 从理论上预报并设计材料

总体来说，平衡态下不少性能预测与实验结果符合得很好，包括力学、输送性质、热学关系及光谱特性。有挑战性的是非平衡状态下的性能预报和各种材料转变过程的预报，尤其是涉及表面、界面反应时这类预报更加困难。

5. 当前材料设计的机遇与展望

由于材料科学计算与理论的进步，考虑到计算机能力的进一步增强，所以材料设计当前机遇有，由于急速处理能力增强，理论计算与实验模拟更加高效，材料计算的精度可以提高到热化学的精度，处理与电子有关效应有望取得进展。材料动力学研究，可以覆盖从原子尺度到介观尺度的范围，可以实现材料强度的更高级计算、材料线性及非线性的光学性质计算，大幅提高精度，实现多类材料的相图及相变点附近的动力学性质的研究。

8.1.6　我国材料设计的发展概况

我国在 1987 年以“863”计划为契机，设立了“材料微观结构设计和性能测试”专题，并坚持在该领域大力发展。1996 年又建立了“863 新材料模拟设计实验室”，开展原子水平的模拟计算，多年所开展的工作，既有数据库基础上的专家系统和基于经验方法的性能预测，也有第一性原理的计算。应该说，在国家级的科研计划中设立这样的专题，在全国范围内组织优势力量开展该项工作，是具有国家特色的。总体上来说，这项专题研究经过专家多年的努力，取得了良好的效果，为我国材料设计研究进一步发展打下了基础。

在设立材料微观结构设计专题研究之初，材料界老专家就曾指出：“材料科学的理论与计算研究是一项应用目标十分明确而带有基础性的工作，需要一支相对稳定的队伍，坚持不懈的努力，才能积累经验，形成特色，并在实践中有所创新。”经过十多年的辛勤劳动，我国材料设计方面的研究进展已被编写成书，书名为“21 世纪新材料丛书”之一《材料设计》，该书大体反映了当前我国材料设计的发展情况。

现代材料科学技术的发展潮流，已将材料理论设计与计算推上了日程，我们相信，在知识经济占主导的 21 世纪，我国材料科学技术领域要实现创新，无疑应将材料设计放在首要的位置上。

8.2 钼及钼复合材料新技术预测

8.2.1 钼粉

随着汽车、电子、航空、航天等行业的日益发展，对钼粉末冶金制品的质量要求越来越高，因而要求钼粉原料在化学成分、物理性能、平均粒度、粒度分布、松装密度、流动性等诸多方面具有更加优异的性能指标，钼粉朝着高纯、超细、成分可调的方向发展，从而对其制备理论和制备技术提出了更高的要求。

钼粉的制取过程是一个包括钼酸铵到 MoO_3，MoO_3 到 MoO_2，MoO_2 到钼粉等 3 个独立化学反应，经历一系列复杂的相变过程，涉及钼酸铵原料以及 MoO_3，MoO_2，Mo_4O_{11} 等中间钼氧化产物的形貌、尺寸、结构、性能等诸多因素的极其复杂的物理化学过程。

目前，已基本明确 MoO_3 到 Mo 的还原过程动力学机制，即：MoO_3 到 MoO_2 阶段反应过程符合核破裂模型，MoO_2 到 Mo 阶段反应符合核缩减模型。MoO_2 到 Mo 阶段反应有两种方式，低露点气氛时通过假晶转变，高露点气氛时通过化学气相迁移。但对 MoO_3 到 MoO_2 阶段的反应方式尚未形成一致看法，Sloczynski 认为 MoO_3 到 MoO_2 的还原是以 Mo_4O_{11} 为中间产物的连续反应，Ressler 等认为在还原过程中，MoO_3 首先吸附氢原子[H]生成 H_xMoO_3，然后 H_xMoO_3 释放所吸附的[H]转变为 MoO_3 和 MoO_2 两种产物。随着温度上升，MoO_2 不断长大，而转变成的中间态 MoO_3 进一步还原为 Mo_4O_{11}，进而还原成 MoO_2。国内尹周澜、刘心宇、潘叶金等在这一领域也进行了一定工作，但未见到较完善的物理模型和数学模型的报导。

1. 超细（纳米）钼粉制备技术研究

目前，制备超细钼粉的方法主要有蒸发态三氧化钼还原法、活化还原法和十二钼酸铵氢气还原法。纳米钼粉的制备方法主要有微波等离子法、电脉冲放电等。

(1)蒸发态三氧化钼还原法。蒸发态三氧化钼还原法，是将 MoO_3 粉末（纯度达 99.9%）装在钼舟上，置于 1300～1500℃的预热炉中蒸发成气态，在流量为 150mL/min 的 H_2-N_2 气体和流量为 400mL/min 的 H_2 的混合气流的夹载下，MoO_3 蒸气进入反应区，通过还原成为超细钼粉。该方法可获得粒径为 40～70nm 的均匀球形颗粒钼粉，但其工艺参数控制比较困难，其中，MoO_3-N_2 和 H_2-N_2 气流的混合温度以及 MoO_3 成分都对粉末粒度的影响很大。

(2)活化还原法。活化还原法以七钼酸铵（APM）为原料，在 NH_4Cl 的催化作用下，通过还原过程制备超细钼粉，还原过程中 NH_4Cl 完全挥发。其还原过程大致分为氯化铵加热分解、APM 分解成氧化钼、MoO_3 和 HCl 反应生成 MoO_2Cl_2、MoO_2Cl_2 被氢气还原为超细钼粉等 4 个阶段。总反应式为

$$NH_4Cl+(NH_4)_6Mo_7O_{24}\cdot 4H_2O \longequal HCl+7NH_3+28H_2O+7Mo$$

该方法与传统方法相比，还原温度降低了 200～300℃，而且只使用一次还原过程（即一次还原法），工艺较简单。此方法制备的钼粉平均粒度为 0.1μm，且粉末具有良好的烧结性能。

(3)十二钼酸铵氢气还原法。十二钼酸铵氢气还原法是将十二钼酸铵在镍合金舟中，并置于管式炉中，在 530℃下用氢气还原，然后再在 900℃下用氢气还原，可制出比表面积为 $3.0m^2/g$以上的钼粉，这种钼粉的粒度为 900nm 左右。该方法仅有工艺过程描述，未见到过程机制的分析，其可行性尚未可知。

(4)羰基热分解法。羟基法是以羟基钼为原料，在常压和350～1000℃的温度及 N_2 气氛下，对羟基钼料进行蒸气热分解处理。由于羟基化合物分解后，在气相状态下完成形核、结晶、晶核长大，所以制备的钼粉颗粒较细，平均粒度为1～2μm。利用羟基法制得的钼粉具有很高的化学纯度和良好的烧结性。

(5)微波等离子法。微波等离子法是利用羟基热解的原理制取钼粉的。微波等离子装置利用高频电磁振荡微波击穿反应气体，形成高温微波等离子体。与其他等离子方法相比，它具有恒定的温度场，不会因反应体或原料的引入而发生等离子火焰的淆乱。同时，由于该装置具有将生成的CO立即排走以及使产生的Mo迅速冷凝进入到收集装置的优点，所以较羟基热解法能制备出粒度更小的纳米钼粉。同样地，该方法以羟基钼为原料，$Mo(CO)_6$ 在 N_2 等离子体气氛下，热解产生粒度均匀一致的纳米级钼粉，一步就可制得平均粒径在50nm以下的钼粉，单颗粒近似球形，在常温下空气中的稳定性很好，因而此种纳米钼粉可广泛应用。

(6)等离子氢还原法。等离子还原法的原理是：采用混合等离子反应装置将高压的直流电弧喷射在高频等离子气流上，从而形成一种混合的等离子气流。然后，利用等离子蒸气还原，初步得到超细钼粉。获得的初始超细钼粉注射在直流弧喷射器上，立即被冷却水冷却成超细粉粒。所得到粉末平均粒径为30～50nm，适用于热喷涂用的球形粉末。该方法也可用于制备其他难熔金属的超细粉末，如W，Ta和Nb。

与普通还原法制备钼粉的技术相比，该方法一则由于采用了等离子设备等，设备要求高，生产成本大大提高；二则产出率低，尚不能进行工业化生产。

2.大粒度(和高流动性)钼粉制备技术研究

钼粉的增大改形技术研究大粒度(和高流动性)钼粉主要用于精密器件的焊接和喷涂，其物性指标主要是：大粒度(≥10μm)、大松装密度(3.0～5.0g/cm³)、良好的流动性(10～30s/50g)。相对费氏粒度一般为5μm以下，粒度分布基本呈正态分布，松装密度在0.9～1.3g/cm³之间，钼粉形貌为不规则颗粒团，流动性较差(霍尔流速计无法测出)，这类钼粉的制备难点主要有3点：粒度大、密度大、流动性好。满足这3点要求的理想钼粉形貌是大直径的实心球体，这与常规钼粉非规格松散颗粒团的形貌截然不同。一般地，钼粉增大改形技术主要有化学法和物理法两大类。

(1)化学法。制备出大粒度钼酸铵单晶块状颗粒，按照遗传性原理，通过后续焙烧、还原，制备出大粒度的钼粉真颗粒(常规钼粉颗粒实际上是许多小颗粒的团聚体)，随后进行一定的机械处理，获得形貌圆整、密度大、尺寸大的钼粉颗粒。这种方法理论上可行，但是制备大单晶钼酸铵颗粒的难度较大，而且后续钼粉尺寸和形貌的遗传性量化规律不明确，工艺流程较长。

(2)机械造粒技术。将加有黏结剂的混合钼粉在模具或造粒设备中，通过机械压制得到一定尺寸，然后脱除黏结剂，烧结成一定强度的规则颗粒团。这种方法原理简单，但实验表明，这种方法增大钼粉粒度较为简单，但对流动性改进不大。

(3)等离子造粒技术。等离子造粒技术在粉末改形方面应用由来已久，其原理是，在保护气氛下，通过一定途径将粉末送入等离子火焰心部，利用高达几千摄氏度的高温使粉末颗粒熔化，然后在自由下落过程中利用液滴的表面张力自行球化，球形液滴经过冷却介质激冷呈大粒度、高密度球形粉末。这种方法获得的粉末具有很好的物性指标，市场前景广阔，但其技术难度较大，特别在粉末输送和保护气氛的保持、成品的冷却收集等方面较为困难，设备投资大，保养比较困难。

(4)流化床还原法。钼粉的流化床还原法由美国 Carpenter 等提出的,通过两阶段流化床还原直接把粒状或粉末状的 MoO_3 还原成金属钼粉。第Ⅰ阶段采用氨做流态化还原气体,在 400～650℃下把 MoO_3 还原为 MoO_2;第Ⅱ阶段采用氢气做流态化还原气体,在 700～1400℃下将 MoO_2 还原成 Mo 粉。由于在流化床内,气-固之间能够获得最充分的接触,床内温度最均匀,因而反应速度快,能够有效地实现对钼粉粒度和形状的控制,所以该方法生产出的钼粉颗粒呈等轴状,粉末流动性好,后续烧结致密度高。这种方法尚未见到具体生产应用的信息。

3. 高纯钼粉制备技术研究

高纯钼粉用于耐高压大电流半导体器件的钼引线、声像设备、照相机零件和高密度集成电路中的门电极靶材等。要制备高纯钼粉,必须首先获得高纯三氧化钼或高纯卤化物。获得高纯三氧化钼的工艺主要有下述几种。

(1)等离子物理气相沉积法。以空气等离子处理普通的三氧化钼,利用三氧化钼沸点比大多数杂质低的特点,令其在空气等离子焰中迅速挥发,然后在等离子焰外引入大量冷空气使气态三氧化钼激冷,获得超纯三氧化钼粉末。

(2)离子交换法。将原料粉末溶于聚四氟乙烯容器中加水搅拌,然后以 1L/h 的速度向容器中加入浓度为 30%的 H_2O_2。所得溶液通过 H 型阳离子交换剂,将容器中的溶液加热至 95℃,抽气压力在 25Pa 左右保持 5h,浓缩后形成沉淀,即为高纯三氧化钼。

(3)化学净化法。通过多次重结晶,获得高纯钼酸铵,然后煅烧得到高纯三氧化钼。

获得高纯三氧化钼后,采用传统氢还原法和等离子氢还原法均可获得高纯度钼粉。这几种制备技术均有应用的报导,但具体技术思路和细节均未公开。

获得高纯卤化物的工艺原理是,将工业三氧化钼或钼金属废料(如垂熔条的夹头、钼材边角料、废钼丝等)卤化得到卤化物(一般为五氯化钼),然后在 550℃左右的高温条件下对卤化钼进行分馏处理,使里面的杂质挥发,得到深度提纯的卤化钼(据称纯度可达到 5N),最后通过氢氯焰或氢等离子焰还原,得到高纯钼粉。日本学者佐伯雄造报道了 800～1000℃下氢还原高纯五氯化钼的研究,得到的超纯钼粉中金属杂质含量比当时市场上高纯钼粉低 2 个数量级。五氯化钼氢还原法是一种产品纯度高、简单易行的方法。但是五氯化钼的制备、提纯和氢还原过程均使用了氯气,对操作人员和环境危害较大。

8.2.2 新型钼成形技术发展

目前,粉末的成形技术朝着"成形件的高致密化、结构复杂化、(近)净成形、成形快速化"的方向发展。以下几种压制成形技术具有很大的技术创新性,一旦取得突破,将对钼固结技术(包括压制和烧结)产生革命性的影响,但这些技术的具体细节没有披露。

1. 动磁压制(DMC)技术

1995 年美国开始研究"动磁压制"并于 2000 年获得成功。动磁压制的工作原理是,将粉末装于一个导电的护套内,置于高强磁场线圈的中心腔内。电容器放电在数微秒内对线圈通入高脉冲电流,线圈腔内形成磁场,护套内产生感应电流。感应电流与施加磁场相互作用,产生由外向内压缩护套的磁力,因而粉末得到二维压制。整个压制过程不足 1ms。相对传统的模压技术,动磁压制技术具有工件压制密度高(生坯密度可达到理论密度的 95%以上),工作条件更加灵活,不使用润滑剂与黏结剂,有利于环保等优点。目前,动磁压制的应用已接近工业化阶段,第 1 台动磁压制系统已在试运行。

2. 温压技术

温压技术由美国 Hoeganaes 公司于 1994 年提出，其工艺过程是，在 140℃左右，将由原料粉末和高温聚合物润滑剂组成的粉末喂入模具型腔，然后压制获得高致密度的压坯。这种专利聚合物在约 150℃时具有良好的润滑性，而在室温下则成为良好的黏结剂。温压技术是一项利用单次压制/烧结制备高致密度零件的低成本技术，只通过一次压制便可达到复压/复烧或熔渗工艺方能达到的密度，而生产成本却低得多，甚至可与粉末锻造相竞争。但目前适合于钼合金的喂料配方尚需试验确定。

3. 流动温压(WFC)技术

流动温压技术由德国 Fraunhofer 研究所提出。其基本原理是，通过在常规粒度粉末中，加入适量的微细粉末和润滑剂，从而大大提高混合粉末的流动性、填充能力和成形性，进而可以在 80～130℃温度下，在传统压机上精密成形具有复杂几何外形的零件，如带有与压制方向垂直的凹槽、孔和螺纹孔等零件，而不需要其后的二次机加工。作为一种崭新的粉末冶金零部件近终形成形技术，流动温压技术既克服了传统粉末冶金技术在成形方面的不足，又避免了注射成形技术的高成本，具有十分广阔的应用潜力。目前，该技术尚处于研究的初始阶段，混合粉末的制备方法、适用性、成形规律、受力状况、流变特性、烧结控制、致密化机制等方面的研究均未见报道。

4. 高速压制(HVC)技术

粉末冶金用高速压制技术是瑞典 Hoganas 公司与 Hydrapulsor 公司合作开发的，采用液压机，在比传统快 500～1000 倍的压制速度(压头速度高达 2～30m/s)下，同时利用液压驱动产生的多重冲击波，间隔约 0.3s 的附加冲击波将密度不断提高。高速压制压坯的径向弹性后效很小，压坯的尺寸偏差小，且生产效率极高；但其设备吨位较大，尚不具备制备大尺寸工件的能力，且工艺过程环境噪声污染严重。

8.2.3　新型钼烧结技术发展

近年来，粉末烧结技术层出不穷。电场活化烧结技术(FAST)是通过在烧结过程中施加低电压(～30V)和高电流(＞600A)的电场，实现脉冲放电与直流电同时进行，达到电场活化烧结，获得显微结构显著细化、烧结温度显著降低、烧结时间明显缩短的目的。选择性激光烧结(SLS)应用分层制造方法，首先在计算机上完成符合需要的三维 CAD 模型，再用分层软件对模型进行分层，得到每层的截面，然后采用自动控制技术，使激光有选择地烧结出与计算机内零件截面相对应部分的粉末，实现分层烧结。

从理论上讲，这些烧结技术都具有很高的学术价值，但大多尚处于实验室研究阶段，只能用于小尺寸钼制品的小批量烧结，距离工业应用研究尚有很大距离。具有一定工业化应用前景的钼烧结技术主要有下述几种。

1. 微波烧结技术

微波烧结利用材料吸收微波能转化为内部分子的动能和热能，使材料整体均匀加热至一定温度而实现致密化烧结的目的。微波烧结是快速制备高质量的新材料和制备具有新性能的传统材料的重要技术手段之一。

相对电阻烧结、火焰烧结、感应烧结等传统烧结方法而言，微波烧结法不仅具有节能明显、生产效率高、加热均匀(其温度梯度为传统方式的 1/10)、烧结过程精确可控等优点，而且烧结制品少(无)内应力、大幅变形和烧结裂纹等缺陷。另外,微波加热技术可用于钼精矿升华除杂、钼精矿焙烧、钼酸铵焙解、钼粉还原等多种工艺环节。但由于微波穿透深度的限制,被烧结材料的直径一般不大于60mm,另外,微波烧结气氛很难保证处于纯 H_2,因此很难避免钼的烧结过程氧化污染。

2. 热等静压技术

气压烧结(热压烧结)技术是一种压制机械能与烧结热能耦合作用下的钼固结技术,热等静压是其中应用最成功的工艺。对烧结密度、组织均匀性和空隙率等烧结指标要求比较高的高端钼烧结产品,如 TFT-LCD 用钼溅射靶材,国外大多采用热等静压技术,其产品质量远高于传统的冷等静压-无压烧结工艺,国内尚无类似生产工艺的报道。

3. 放电等离子烧结技术

放电等离子烧结技术(SPS)是一种利用通-断直流脉冲电流直接通电烧结的加压烧结法。其工艺原理是,电极通入通-断式直流脉冲电流时瞬间产生的放电等离子体、放电冲击压力、焦耳热和电场扩散作用,使烧结体内部各个颗粒均匀地自身产生焦耳热并使颗粒表面活化,从而利用粉末内部的自身发热作用实现烧结致密化,获得均质、致密、细晶的烧结组织。这种比传统烧结工艺低180~500℃,且高温等离子的溅射和放电冲击可清除粉末颗粒表面杂质(如去除表层氧化物等)和吸附的气体。德国FCT公司已经采用这种技术制备出直径为300mm的钼靶材,国内尚无类似生产工艺的报道。

4. 铝热法还原-烧结一体化技术

铝热法采用铝粉末作为还原剂,在200~300℃下,对钼酸钙、硫化钼或三氧化钼进行低温还原,可用大大低于常规氢还原工艺的成本和较高生产效率,制得低密度粗制钼产品或钼合金涂层。同时,在一定的气体压力作用下,随着还原过程的进行,钼粉可产生初步烧结,获得质量要求较低的钼坯料。这种钼坯料可作为钢铁和高温合金的合金添加剂,也可作为电解精炼法制备高纯钼制品的原料。

8.2.4 钼粉末冶金过程数值模拟技术发展

H. C. Starck,Plansee 等国外主要钼企业对钼粉有严格的分类,形成了较为完整的钼粉系列,不同加工制品采用不同指标的钼粉,不同的钼粉在压制成形前采用不同的前处理方法,不同的钼粉采用不同的压制、烧结工艺,并且不同物性指标钼粉可以相互搭配,获得最优原料组成和最佳的密度、均匀性等压坯质量,从而保证烧结件和最终产品的质量。而国内只有少数机构进行了初步探索,国内企业尚未形成系统的钼粉分级,无论哪种原料、哪种工艺、哪种设备获得的钼粉,均采用相似的工艺,制备同一类制品;钼粉在成形前的处理工艺更是无从提及。较为系统地开展钼粉的粉末冶金特性研究,理清原料—工艺—钼粉—成形工艺—烧结工艺—制品之间的对应关系,对于获得产品的多元化、系列化、最优化具有很大的生产指导意义。

长期以来,钼粉还原、成形、烧结工艺多依赖于生产经验积累。近年来,随着钼制备加工技术的发展,数值模拟逐渐用于钼的这三个粉末冶金工艺段,为研究微观演化过程,揭示钼制备加工过程的准确机制,进而为实现钼成形工艺的可控性提供理论支持。就这三段工艺的实质而言,钼粉还原阶段属于典型的扩散场现象,可借鉴流体介质模拟技术;成形、烧结过程属于典型的非连续介质体,且原料粉末组成异常复杂,无法建立统一的几何模式、物理模型和数学模型,目前尚无完善的模拟技术和模拟软件。

1. 钼粉成形过程数值模拟

钼粉压制成形时,粉末的应力变形比固态金属复杂,可归纳为两个主要阶段:压制前期为松散粉末颗粒的聚合,压制后期为含孔隙的实体。粉末压制时,由于大量不同尺寸粉末颗粒间的相互作用以及粉末与模壁间的机械作用和摩擦作用,再加上制品密度、弹性性能、塑性性能间的相互影响,粉末的力学行为是非常复杂的,还没有一个统一的材料模型。

目前,由于非连续介质力学的基本理论还不完善,国内外的研究大多是将粉末体作为连续体假设而进行的。粉末压制模型可简化为弹性应力-应变方程。

2. 钼粉烧结过程数值模拟

烧结从本质上来说也是一种热加工工艺。烧结过程中的粉末固结和热量迁移是同时进行的,固结中的物理机制包括塑性屈服、蠕变和扩散。而粉末凝固过程中的局部压力和温度决定着这些物理机制对粉末固结所起的作用。同时,粉末凝固中的热量迁移(主要是热量传递)又深受局部相对密度的影响。因此,对烧结的分析必须结合热力学。

由于钼粉烧结过程的基础理论发展不足,无法建立足够的偏微分方程组,所以烧结过程的数值模拟,只能进行单元素系统、简单尺寸和形貌的钼粉情况下的简单模拟。这种模拟结果有助于分析其中的机制,但尚无法有效地指导生产工艺。

经过近一个世纪的发展,"粉末多样化、制品精确化"逐渐成为现代钼粉末冶金技术的发展方向,并开发出一系列钼粉末冶金新技术、新工艺及其过程理论,这些研究的重点是粉末和制品的结构、形貌、成分控制技术。总的趋势是钼粉向超细、超纯、粉末特性可控方向发展,钼制品的压制烧结向以完全致密化、(近)净成形为主要目标的新型固结技术发展。

开展钼粉末还原过程动力学问题研究和粉末冶金过程的数值模拟研究,有助于从理论上分析原料、钼粉性能、钼制品性能、还原工艺、压制工艺、烧结工艺之间的影响规律,为解决实际工艺问题提供理论支持和技术思路。

8.3 钼及钼复合材料生产方法设计实例

8.3.1 镜面钼带生产工艺设计

1. 镜面钼带的主要应用范围

随着国防和电信事业的发展,对于高精度钼窄带的要求也越来越高。特别是行波管用高精度钼窄带的研制越发重要。行波管是一种微波放大电子器件,在现代通信、雷达及电子对抗中起着重要的作用,它的核心部件——螺旋管——在行波管中的作用是提供一个轴向传播速度接近电子运动速度,并且有足够的轴向电场的高频电磁波。慢波构件的结构形状和尺寸确定了高频场的分布和传播速度,从而决定了电子柱与波的作用效果。钼窄带的尺寸精度决定了行波管的性能。我国钼窄带的尺寸还达不到要求,很多电信设备所用行波管主要依赖进口。典型的镜面钼带如图 8-2 所示。

图 8-2 典型的镜面钼带

2.镜面钼带技术要求

(1)化学成分。镜面钼带的化学成分应符合表 8-1 的要求。

表 8-1 镜面钼带化学成分

牌号	Mo	杂质含量,不大于/(%)								
		Al	Ca	Fe	Mg	Ni	Si	C	N	O
Mo	余量	0.002	0.002	0.002	0.002	0.003	0.001	0.005	0.003	0.008

(2)尺寸及允许偏差。产品的厚度、宽度和长度及允许误差应符合表 8-2 的要求。产品应该平直,允许有边浪存在,但卷成直径为 50～60mm 的圆筒时边浪应消失。产品的边部应平齐。切边的产品应切齐,无裂口、分层、卷边,允许有轻微的毛刺,侧边的弯曲度应不大于 5mm/m。允许不切边交货。

表 8-2 产品厚度、宽度、长度及偏差

厚度/mm	厚度允许偏差/mm	宽度/mm	宽度允许偏差/mm	长度/mm
	Ⅰ级			
>0.06～0.09	±0.003	5～160	±0.03	>10000
>0.09～0.15	±0.004			

(3)力学性能。钼带退火后,厚度为 0.06～0.15mm 的钼带抗拉强度要求大于 700MPa,延伸率大于 5%。

3.生产工艺流程设计

(1)镜面钼带基本参数。纯钼精轧板,一般厚度在 0.14mm。

(2)工艺流程设计。镜面钼带是钼的精轧板,在工艺设计中要进行钼粉制备、压制、烧结、热轧、温轧、冷轧等工序完成。图 8-3 所示为镜面钼带设计的工艺流程。

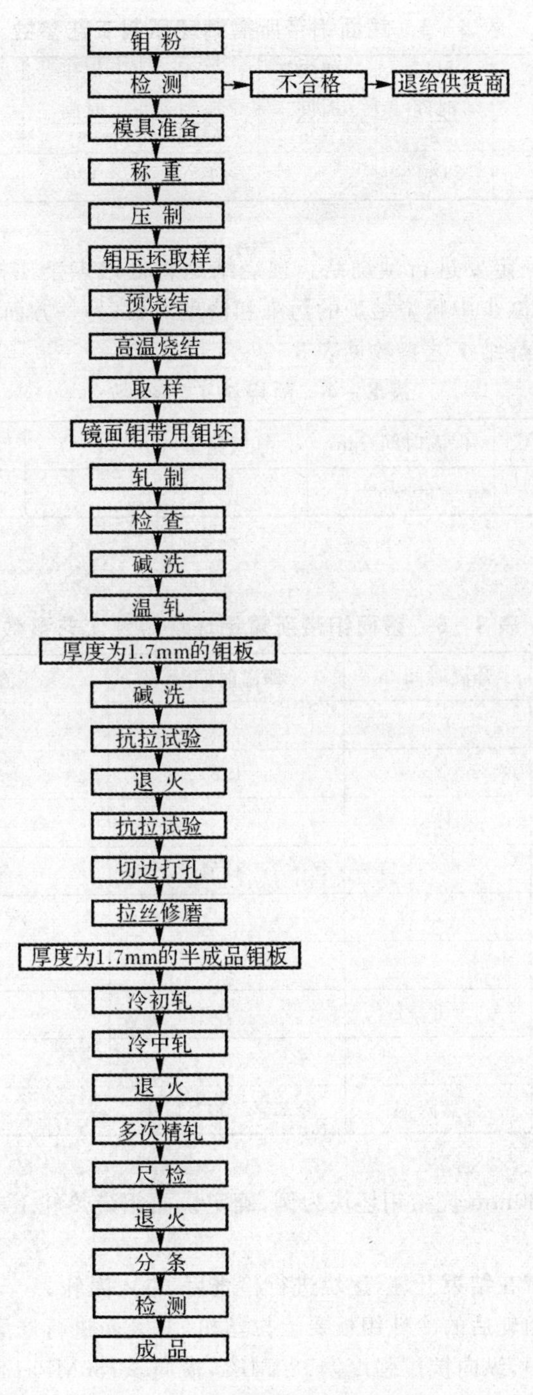

图 8-3　镜面钼带生产工艺流程

4. 工艺规程设计

镜面钼带属于钼金属制品中的精品，各项工序要遵守相应的工艺规程。

(1)钼粉的要求。钼粉纯度要达到 99.96%以上，异相杂质必须小于 40×10^{-6}。

(2)压制。压制过程采用等静压制，压制工艺见表 8-3。

表 8-3 镜面钼带所需钼坯压制工艺参数

升压时间 min	工作压力 MPa	保压时间 s	一级卸压时间 min	工作压力 MPa	保压时间 s	二级卸压时间 min	保压时间 s
15	150	180	10	120	120	10	60

(3)烧结。钼压坯一定要进行预烧结。预烧结是将低熔点杂质挥发掉，进而增强压坯强度。预烧结一方面可以减少中频烧结炉的污染和清理次数；另一方面可以增加导电性，有利于烧结坯颗粒均匀性。预烧结工艺参数见表 8-4。

表 8-4 预烧结工艺参数

预烧结温度/℃	保温时间/min	氢气流量/($m^3 \cdot h^{-1}$)	备注
1100～1200	60～80	5～7	

烧结工艺参数见表 8-5。

表 8-5 镜面钼带所需钼坯块烧结工艺参数

升温区间/℃	升温时间/h	保温时间/h	氢气流量/($m^3 \cdot h^{-1}$)
室温～800	1.5		8～10
800		1.5	8～10
800～1050	1.5		8～10
1050		1.5	8～10
1050～1350	2		8～10
1350		1.5	8～10
1350～1960	8		8～10
1960		8	8～10
降温	自然降温	冷却至 100℃以下	8～10

(4)开坯轧制。以 30mm 烧结钼坯块为例，确定镜面钼带热轧工艺参数，开坯(热轧)轧制工艺。

(5)温轧。镜面钼带在结束开坯，逐块进行检查后，进入温轧。

(6)冷粗轧。经冷粗轧后的冷轧钼板要上拉丝机，对表面进行修磨，并对 1.20mm 钼带进行抗拉试验(纵向、横向)，纵向抗拉强度≥780MPa，横向≥780MPa；延伸率要求纵向≥10%，横向≥7%。

(7)冷中轧。冷中轧所用设备调节过程与冷粗轧基本一致，但中轧必须在抗拉试验完成后进行。中轧结束后要进入真空退火炉进行退火。中轧后的钼带也要进行抗拉强度试验，对 0.40mm中轧钼带要求横向、纵向抗拉强度≥800MPa；延伸率要求纵向、横向≥10%。

(8)精轧。精轧是镜面钼带最关键的工序，在镜面钼带的轧制过程中要随时测量钼带的厚度，要求在同一截面上取多点测试。

8.3.2　粉末冶金钼顶头生产工艺设计

粉末冶金钼基合金顶头是钼金属制品中的传统产品，过去钼顶头质量很差，当时在钼中加入钛、锆、碳，而且对粉末冶金烧结体内部组织检查也很少进行，晶粒粗大且不均匀，塑形很差且使用寿命较短。

目前，粉末冶金钼基合金顶头除加入钛、锆、碳类之外，还加入镧、钇、铈等，在钼基中加入碳化钽、碳化铌，生产出的粉末冶金钼基合金顶头一般穿高镍铬不锈钢为15～20t。

在粉末冶金钼基合金顶头生产过程中，选择的钼粉一般为普通的钼粉，纯度为99.95%，加入的钛、锆是以氢化物的形式加入，稀土元素是以氧化物形式加入，碳是以高纯碳粉形式加入，碳化铌也是高纯的。在粉末冶金钼基合金顶头生产过程中，混合是很关键的，混合是采用机械混合。在混合中，物料运动是以物料的自由落下为最好，要防止物料在混合桶内沿桶壁运动。

压制过程一般采用等静压制，粉末冶金钼基合金顶头压制出的生坯密度一般是理论密度的60%～62%。

烧结是粉末冶金钼基合金顶头的关键，制订一个合理的烧结工艺是非常重要的，烧出的顶头内部组织要细小且均匀。

同时也要明确钼粉标准、氢化钛、氢化锆、稀土氧化物、碳粉和碳化铌的要求，以及粉末冶金钼基合金顶头生产工艺规程和粉末冶金钼基合金顶头标准等。

1. 钼顶头技术要求

(1)化学成分。钼基合金顶头的化学成分应满足表8-6的要求。

表8-6　钼顶头化学成分表

元素		含量/(%)
Mo		余量
Ti		1.0～1.5
Zr		0.3～0.5
Y		0.3～0.55
Nb		0.55～0.88
C		0.1～0.5
杂质元素含量不大于%	Fe	0.0060
	Ni	0.0030
	Al	0.0020
	Si	0.0030
	Ca	0.0020
	Mg	0.0020
	P	0.0010

注：可添加其他微量元素

(2)密度。产品密度为不小于 9.4 g/cm^3。

(3)硬度。产品维氏硬度检测数据根据客户要求报实测值。HV 为 110～130。

(4)晶粒度。粉末冶金钼基合金顶头晶粒度为不小于 5000 个/mm^2。

(5)金相。横断面晶粒大小均匀,纵断面宽度大小一致,纤维长度为不小于 500μm。

(6)表面质量。产品表面应光滑、洁净,不得有过熔、鼓泡、分层、裂纹和严重氧化等缺陷。当加工到成品尺寸时,距底部 10～50mm 的定径区不允许有长度和深度大于 0.3mm 的孔洞,非定径区不允许有长度和深度大于 0.5mm 的孔洞。

2. 工艺流程

根据粉末冶金钼基合金顶头的技术要求,设计粉末冶金钼基合金顶头工艺流程如图 8-4 所示。

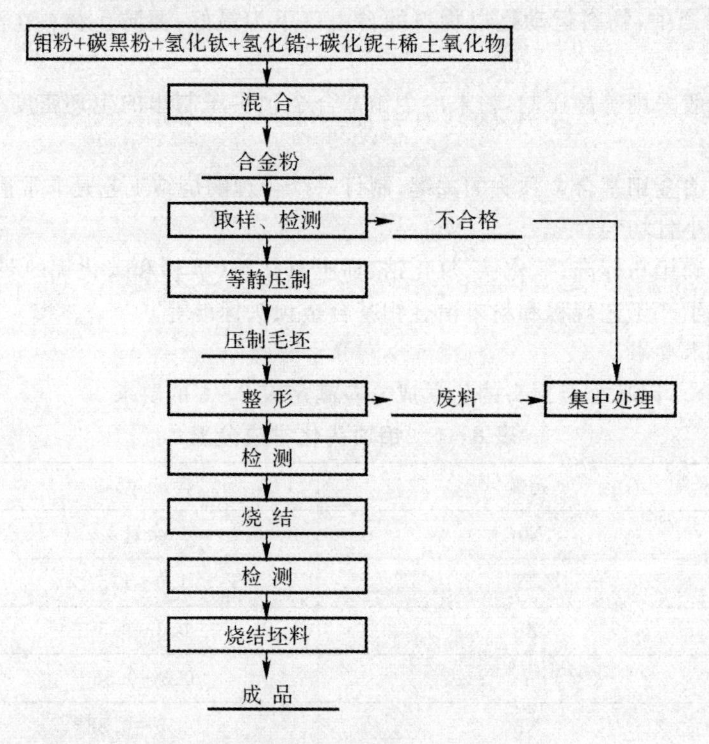

图 8-4 粉末冶金钼基合金工艺流程

3. 粉末的选择技术标准

(1)钼粉。钼粉必须按照 GB/T3461—2006《钼粉》中 FMo—2 中的技术标准选择。

(2)碳粉。碳粉应满足如表 8-7 所示的技术标准。

表 8-7 碳粉的性能指标

比表面积/(m^2·g^{-1})	吸油值/(mL·g^{-1})	pH 值	水分/(%)	灰分/(%)	100 目筛上物
102～120	1.0～1.2	7.0～8.0	≤2.5	≤0.02	≤0.02

(3)氢化钛。氢化钛技术要求见表8-8。

表8-8　氢化钛的性能

元素	粒度/μm	杂质元素含量≤/(%)								
		Fe	Ni	Si	Al	Mg	O	N	C	P
TiH_2	2.5～4.0	0.005	0.005	0.005	0.001	0.002	0.10	0.03	0.02	0.02

(4)氢化锆。氢化锆技术要求见表8-9。

表8-9　氢化锆的性能

元素	粒度/μm	杂质元素含量≤/(%)								
		Fe	Ni	Si	Al	Mg	O	N	C	P
ZrH_2	2.5～4.0	0.005	0.005	0.005	0.001	0.002	0.10	0.008	0.05	0.02

(5)碳化铌。碳化铌技术要求见表8-10。

表8-10　碳化铌的性能

元素	粒度/μm	杂质元素含量≤/(%)						
		Fe	Ni	Si	Al	O	N	P
NbC	4.0～6.0	0.005	0.005	0.010	0.001	0.10	0.010	0.02

(6)稀土氧化物。氧化铈和氧化钇两种稀土氧化物，具体指标要求见表8-11和表8-12。

表8-11　氧化铈的性能

元素	粒度/μm	杂质元素含量≤/(%)						
		Fe	Ni	Si	Al	O	N	P
CeO_2	2.5～5.0	0.005	0.005	0.005	0.001	0.02	0.08	0.02

表8-12　氧化钇的性能

元素	粒度/μm	杂质元素含量≤/(%)						
		Fe	Ni	Si	Al	O	N	P
Y_2O_3	2.5～5.0	0.005	0.005	0.005	0.001	0.02	0.08	0.02

4. 钼及其他金属加入量和钼基合金的理论密度

(1)钼及其他元素加入量。工艺要求范围见表8-13。

表 8－13　粉末冶金钼基合金顶头添加元素含量

元素及化合物	Mo	C	TiH_2	ZrH_2	NbC	CeO_2	Y_2O_3
添加量/(%)	94.8～96.4	0.3～0.5	1.0～1.5	0.3～0.5	0.8～1.0	0.8～1.0	0.4～0.7

(2)粉末冶金钼基合金顶头生产实例。如要穿某一高镍铬不锈钢管，其钢材硬度和塑性选择了钼基合金顶头，成分见表 8－14。

表 8－14　粉末冶金钼基合金顶头添加元素含量

元素及化合物	Mo	C	TiH_2	ZrH_2	NbC	CeO_2	Y_2O_3
添加量/(%)	余量	0.4	1.0	0.4	0.8	1.0	0.6

钼和上述元素及化合物可以形成合金，理论密度 d 计算方法如下：

$$d=95.8\%d_{Mo}+0.4\%d_{C}+1.0\%d_{TiH_2}+0.4\%d_{ZrH_2}+0.8\%d_{NbC}+1.0\%d_{CeO_2}+0.6\%d_{Y_2O_3}=10.0615g/cm^3$$

5. 工艺参数

(1)压制。在等静压机上进行压制，压制工艺参数见表 8－15。

(2)烧结。烧结是粉末冶金钼基合金顶头生产的关键，钼基合金顶头要有一定硬度，还要有一定的塑性。烧结是在中频炉内进行的，烧结工艺参数见表 8－16。

表 8－15　钼基合金顶头压制工艺参数

升压时间/min	工作压力/MPa	保压时间/min	一级卸压时间/min	工作压力/MPa	保压时间/min	二级卸压时间/min	三级卸压时间/min
50～60	根据各种粉末定(一般为 170～200)	15～20	20～25	90～100	2～5	15～20	3～7

表 8－16　中频炉烧结工艺参数

升温区间/℃	升温时间/h	保温时间/h	氢气流量/($m^3\cdot h^{-1}$)
室温～800	3		8～10
800		1	8～10
800～1200	2		8～10
1200		2	8～10
1200～1500	2		8～10
1500		2	8～10
1500～1700	2		8～10
1700		2	8～10
1700～1800	3		8～10

续 表

升温区间/℃	升温时间/h	保温时间/h	氢气流量/($m^3 \cdot h^{-1}$)
1800		2	8～10
1800～1950	3		8～10
1950		8	8～10
1950～1600	5		8～10
1600		2	8～10
1600～100	5	100℃以下出炉	8～10

注：共计烧结时间 44h，降温到 1600℃保温 2h 后，可停电，自然降温。

8.3.3　高性能 $MoSi_2$ 基复合陶瓷发热材料的制备

1. $MoSi_2$ 的结构特点及性能特点

$MoSi_2$ 是 Mo，Si 二元合金系中含硅量最高的一种中间相（见图 8-5），$MoSi_2$ 存在两种不同的晶体结构，在 1900～2030℃之间为不稳定的 C40 型六方晶体结构（即 H-$MoSi_2$），在 1900℃以下为稳定的 Cllb 型四方晶体结构（即 T-$MoSi_2$），其中以后者最引人关注。Cllb 型 $MoSi_2$ 具有长程有序结构，空间群为 I4/mmm。这种晶体结构可以视为由 3 个压扁的体心立方伪晶胞沿 C 轴方向经过 3 次重叠而成，Mo 原子坐落其中心节点及 8 个顶角，Si 原子位于其余节点，从而构成了稍微特殊的体心正方晶体结构（见图 8-6）。从这种结构的原子排列面{110}上的原子组态（见图 8-7）可以看出，Si-Si 原子组成共价键，Mo-Mo 原子属于金属键结合，Mo-Si 原子介于其间，使该结构中的原子结合具有金属键和共价键双存的特征。

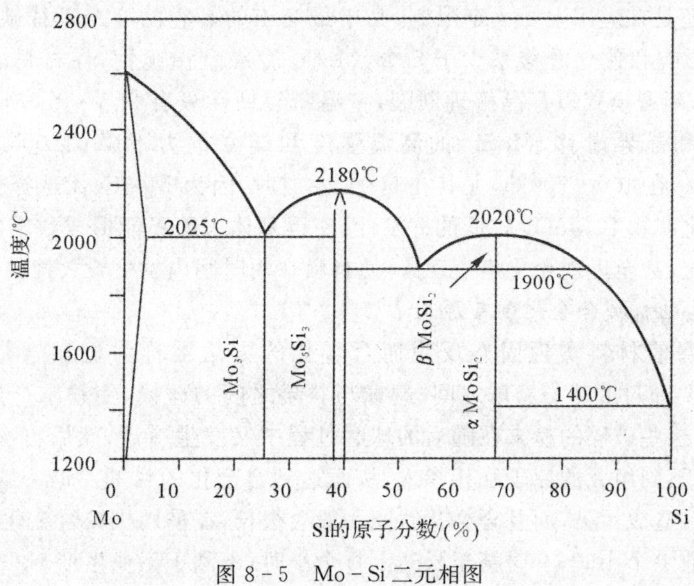

图 8-5　Mo-Si 二元相图

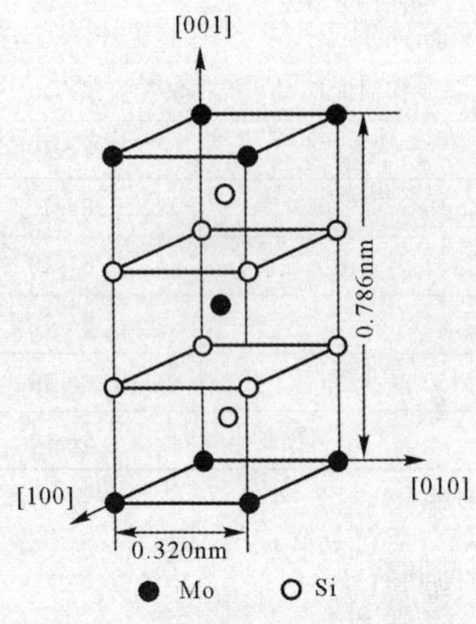

图 8-6　Cllb 型 $MoSi_2$ 的晶体结构

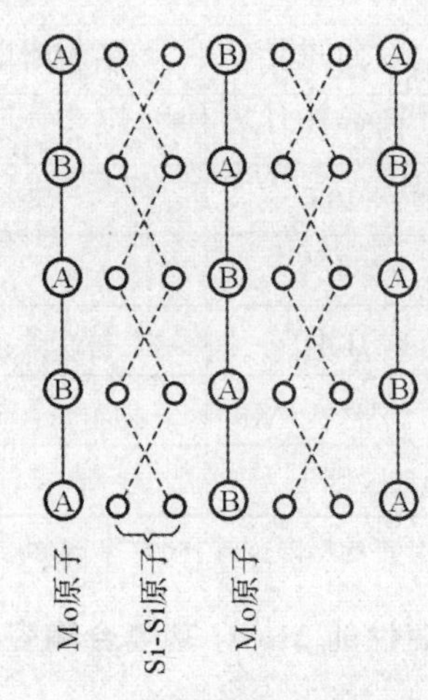

图 8-7　{110}密排面上的原子组态

由于晶体结构的上述特点，所以 $MoSi_2$ 具有金属和陶瓷的双重特性。主要优点如下：较高的熔点(2030℃)；适中的密度(6.24g/cm^3)；较低的热膨胀系数($8.1\times10^{-6}K^{-1}$)；可以进行电火花加工(EDM)；良好的电热传导性(电阻率 $21.50\times10^{-6}\Omega\cdot cm$，热传导率 $25W\cdot m^{-1}\cdot K^{-1}$)；极好的高温抗氧化性，其抗氧化温度可达1600℃以上，适合于在氧气气氛下使用，这是由于在高温下(大于800℃)$MoSi_2$ 表面可以生成一层致密的 SiO_2 保护膜，防止氧的渗入；同陶瓷增强相具有较好的热力学匹配性以及潜在的其他高熔点硅化物合金化性能；原材料价格低廉，无污染和良好的环境友好性。

但是 $MoSi_2$ 还是在应用上受一定限制，其中最突出的是它的3个本征缺陷：①由于较高比例的共价键的影响和独立滑移系少于5个，$MoSi_2$ 存在室温脆性，在材料的韧脆转变温度(约1000℃)以下，断裂模式以穿晶解理断裂，室温断裂韧性只有 2.5～3.0MPa/m$^{1/2}$；②高温时因为位错开动和晶界滑移，$MoSi_2$ 的高温强度和蠕变抗力下降(1400℃抗拉强度仅为50MPa)。③$MoSi_2$ 在400～700℃，尤其在500℃左右时，因为 Mo，Si 无选择性氧化所引起的体积效应以及氧化产物中 MoO_3 较低的挥发性，使得基体表面不能形成致密的 SiO_2 保护膜，基体发生加速氧化，甚至出现粉化瘟疫现象，使材料在短时间内发生毁灭性整体破坏。

2. $MoSi_2$ 粉体的机械合金化制备原理

通过高能球磨使材料实现固态反应而合金化的方法被称为机械合金化(Mechanical Alloying)。它主要通过磨球与磨球之间、磨球与料罐之间的碰撞，使粉末产生塑性变形和加工硬化而被破碎，这些破碎的粉末在随后的球磨过程中又发生冷焊，然后再次被破坏，如此反复的破碎和混合，不同组元的原子互相渗入，从而达到合金化的目的。但一般球磨过程中，磨球和罐体会对原料造成污染，而且合金化时间一般会很长，在采用机械合金化方法制备 $MoSi_2$ 过程中一般需要数十个小时，有时甚至长达上百个小时，不利于工业生产。一般为了避免氧对原材料及后续制品的污染，在球磨前会充入氩气保护，而为了提高球磨效率，一般采用行星式球磨机。

研究表明，在用 Mo-Si 元素粉末机械合金化法制备 $MoSi_2$ 过程中首先发生的是 Si 峰的弱化和 Mo 峰的宽化，形成 Mo(Si)过饱和固熔体。随着球磨时间的增加，H-$MoSi_2$ 和

$T-MoSi_2$同步产生，但是继续球磨会发生 $T-MoSi_2$ 向 $H-MoSi_2$ 的转变，最终形成以亚稳态的 $H-MoSi_2$ 为主的非晶混合物。球磨能量的提高会利于稳定态的 $T-MoSi_2$ 形成，这主要是因为 $T-MoSi_2$ 具有更高的相变激活能带。通过真空退火处理可以实现 $H-MoSi_2 \rightarrow T-MoSi_2$、非晶态→晶态的转变。

研究认为，机械合金化形成的 $MoSi_2$ 存在一定的能量势垒；采用质量较大的球磨介质、低的球料比，不同转速的球磨条件均会使 Si 固熔于 Mo 中，形成 Mo(Si)过饱和固熔体。在转速较低的条件下很难形成 $MoSi_2$，只有在转速较高(大于 225r/min)的球磨条件下，Mo 和 Si 才会逐步扩散固熔形成 $MoSi_2$。高的球料比有利于粉末的细化，此时，$MoSi_2$ 是通过机械诱发自蔓延反应形成的，球料比一般为 20∶1。

3. $MoSi_2$ 的强韧化

由于 $MoSi_2$ 本身高的室温脆性和低的高温强度，严重限制了其应用，因此如何使之低温韧化和高温强化就成为了开发 $MoSi_2$ 及其为基体的复合材料的关键。多年研究表明，单纯通过控制 $MoSi_2$ 的显微结构难以兼顾其高温强度及低温韧性的要求，由于 $MoSi_2$ 与陶瓷增强相具有良好的化学稳定性和相容性，因此，$MoSi_2$ 的复合化或合金化就成了全面改善其强韧性的有效途径。

(1)$MoSi_2$ 的复合化。在 $MoSi_2$ 中加入第二相(增强体)是一种有效的强韧化方法，目前已有采用加入晶须和颗粒强韧化 $MoSi_2$ 的报道。在 $MoSi_2$ 基复合材料所使用的增强相中，ZrO_2，SiC，Si_3N_4 都很常见。

ZrO_2 从高温冷却到室温要经历立方(c)→四方(t)→单斜(m)的同素异构转变，并伴有体积效应，因而 ZrO_2 成为了一种重要的陶瓷相变增韧材料。部分专家认为，没有 Y_2O_3 稳定的 ZrO_2 的增韧效果更佳，其最大断裂韧性分别为 $8MPa \cdot m^{1/2}$ 和 $8.11MPa \cdot m^{1/2}$。ZrO_2 增韧主要是热压冷却过程中的 t→m 转变，若是在韧脆转变温度(BDTT)之上发生的 t→m 转变，由于 $MoSi_2$ 处于塑性状态，转变所产生的体积膨胀应力会在基体晶粒中“泵入”位错；如果是在 BDTT 转变温度之下发生的转变，则可能在晶间造成裂纹，在端口上表现为晶粒或断裂面的碎化，使裂纹发生弯曲或分叉，从而改变材料的韧性。

SiC 具有很高的高温强度，与 $MoSi_2$ 的化学相容性和热力学稳定性好，抗氧化性与 $MoSi_2$ 接近，因此也是一种常见的 $MoSi_2$ 增强相材料。但 SiC 颗粒增强 $MoSi_2$ 复合材料最大的问题是基体与 SiC 热膨胀系数差异所导致的开裂。研究表明，当 SiC 颗粒尺寸小于 $20\mu m$ 时，不会造成复合材料发生界面裂纹。因此调整增强体尺寸的大小、分量、分布形态及控制增强体颗粒周围的热应力场，是防止基体开裂、进一步改善复合材料力学性能的关键因素。

Si_3N_4 是另外一种引人注意的增强相材料，$Si_3N_4-MoSi_2$ 复合材料本身的表现也很出色。用 $50\% Si_3N_4$(体积分数)增强 $MoSi_2$ 复合材料的室温断裂韧性达到了 $5.2\ MPa \cdot m^{1/2}$，用长棒状 Si_3N_4 增强 $MoSi_2$，可使材料的断裂韧性达到 $15\ MPa \cdot m^{1/2}$。

(2)$MoSi_2$ 的合金化。合金化的目的主要是降低材料的 BDTT 转变温度，在 $MoSi_2$ 中 Mo－Si之间是很强的共价键，正是这个共价键使材料产生脆性。因此，弱化 Mo－Si 键比弱化 Si－Si 键显得更加重要。通过计算表面能和原子堆垛层错能，并建立关于影响 BDTT 转变的标准，认为加入合金元素 V，Nb，Mg，Al 在提高材料的延性方面是十分有效的。从晶体结构以上讲，$MoSi_2$ 具有特殊的 Cll_b 型体心正方晶体结构，因此只有与之相同(似)晶体结构的 WSi_2，$NbSi_2$，$CoSi_2$ 等少数几种硅化物能作为 $MoSi_2$ 的合金化组元。

Al 是很早就进入研究的 $MoSi_2$ 合金化元素，Al 在 T－$MoSi_2$ 中的最大固熔度仅为 4％，如果添加过量的 Al，则 $MoSi_2$ 的晶体结构会从四方的 Cll_b 型 $MoSi_2$ 转变为六方的 C40 型 $Mo(Al,Si)_2$。实验已经证实加入 4.1％(质量分数)的 Al，$MoSi_2$ 依然保持 Cll_b型晶体结构，加入 8.1％(质量分数)的 Al 则会导致 $MoSi_2$ 从 Cll_b型向 C40 型晶体结构的转变。研究结果显示，加入 Al 后，材料的室温硬度得到明显的改善，而室温断裂韧性却没有太大提高。材料性能的改善是由于加入 Al 后，Al 替代 Si，使 Mo－Si 共价键减少，金属键增强，增加了金属的性质，同时，Al 还能吸收原料粉末中的氧，原位形成 Al_2O_3 作为钉扎元素，减少了晶界处的 SiO_2 相，使裂纹产生偏转和分叉，从而使材料的硬度、弯曲强度和断裂韧性等得到不同程度的提高。

W 元素的主要作用是置换 $MoSi_2$ 中的钼原子，并形成金属间化合物 WSi_2，WSi_2 可以和 $MoSi_2$ 形成连续的$(W,Mo)Si_2$ 固熔体。和 $MoSi_2$ 相比，WSi_2 具有更高的熔点和高温蠕变抗力，可以改善 $MoSi_2$ 的高温力学性能。由 W 合金化制备的 $MoSi_2$ 发热体在氧化条件下具有更高的使用温度，但 $MoSi_2$ 使用 W 合金化后最大的缺点就是其密度的增加。

Nb 因为和 $MoSi_2$ 热力学相容而被认为是一种很有前途的合金化元素。Nb 增韧的原理是，在脆性的 $MoSi_2$ 基体中加入塑性的 Nb，塑性相本身就可以使基体中的裂纹发生桥接，在基体裂纹进一步扩展时，塑性相变形甚至断裂，达到增韧的目的。但是，Nb 增韧 $MoSi_2$ 复合材料中，两者会发生强烈的界面反应，形成 Nb_5Si_3，$(Mo,Nb)Si_2$ 等脆性产物，使界面结合减弱，不利于材料整体性能的提高。

4. $MoSi_2$ 材料的抗氧化性

通常认为 $MoSi_2$ 具有良好的高温抗氧化性，在 800℃以上，$MoSi_2$ 表面能生成一层致密、连续的具有保护性的 SiO_2 玻璃膜，阻止氧的进入，保护内部基体不被进一步氧化。当温度超过 1800℃时，氧通过 SiO_2 薄膜的能力增强，SiO_2 和 Si 反应生成 SiO，$MoSi_2$ 的抗氧化能力降低。然而在低温区(400～700℃)，$MoSi_2$ 则会在几十到几百小时内无选择性氧化，导致毁灭性的粉化破坏，即所谓的粉化瘟疫现象。

(1)$MoSi_2$ 低温粉化现象。$MoSi_2$ 低温氧化粉化瘟疫(Pesting)现象最早在 1955 年由 Fitzer 提出，当时发现 $MoSi_2$ 在 400～600℃之间的低温区域表现有加速氧化现象，尤其在 500℃附近，$MoSi_2$ 材料常常因剧烈氧化会在短时间内成粉末状，在 550℃材料表面出现大量裂纹，在 350℃以下和 600℃以上氧化时，材料依然完好无损。$MoSi_2$ 粉化产物以 MoO_3 晶须(片)、SiO_2 团簇以及残余的 $MoSi_2$ 为主，MoO_3 为晶体状态，是从颗粒边界、晶粒边界以及裂纹中优先生长出来的，SiO_2 团簇为非晶体。随着温度、氧分压、材料致密度和成分的不同，$MoSi_2$ 低温氧化一般需要 8～700 h 的诱发阶段。在诱发阶段，氧化行为发生在高能区域，如晶界面、裂纹、样品边角等部位。过了诱发阶段，裂纹的产生和扩展使得材料的氧化速度呈线性增加，表现为加速氧化，这种氧化是 Mo 和 Si 的同时氧化，使得材料发生粉化，水汽进一步加速了 $MoSi_2$ 的氧化、粉化速度。而致密材料因为缺陷较少，几乎不会发生粉化瘟疫现象。

长期以来，$MoSi_2$ 低温粉化现象的解释还没有定论，主要有以下几种观点：Westbrook 认为粉化瘟疫是由于气体元素(氧和氮)在晶界的偏析和沿晶界的扩散，引起晶界脆化和沿晶裂纹所致；Berkowitz 认为氧化优先发生在 Griffith 裂纹尖端，引起裂纹的尖锐化，导致裂纹沿应力或残余应力方向扩展；Mckamey 认为粉化瘟疫现象是氧通过基体内先前存在的裂纹或孔洞进入材料内部，和 $MoSi_2$ 发生反应，在裂纹表面生成 MoO_3 和 SiO_2，同时伴有体积效应，产生内应力，加速了裂纹的扩展，使 $MoSi_2$ 发生粉化瘟疫现象，氧化时的体积效应导致了粉化瘟疫;Chou 认为氧通过体积扩散和晶界扩散进入材料内部,氧的体积扩散氧化导致 $MoSi_2$ 转变为疏松的 MoO_3 晶须和 SiO_2 团簇,而晶界扩散氧化因巨大的体积效应和内应力使得 $MoSi_2$ 发生沿晶分解,最终使 $MoSi_2$ 粉化成 MoO_3 晶须、SiO_2 团簇和残余 $MoSi_2$。低温氧化遵循如下反应模型:$2MoSi_2+7O_2=4SiO_2+2MoO_3$,氧化过程中伴随着 250%的物理体积膨胀效应。

可以通过以下途径防止或减缓 $MoSi_2$ 低温粉化现象:提高 $MoSi_2$ 的纯度和密度,减少材料内部的气孔、裂纹、缺陷和夹杂等缺陷,减少氧进入材料内部的概率,只要致密度达到 95%以上,就可以有效地抑制粉化瘟疫现象;在原材料表面经过预氧化生成一层致密保护膜阻止或减缓氧通过表面进入材料内部;通过添加与氧亲和力较大的元素使之优先氧化,生成细小的增强颗粒,均匀地分布在基体内,不仅可以阻止低温氧化的发生,而且有利于提高材料的强韧性,其中 Al 就是一种很好的添加元素。

(2)$MoSi_2$ 的高温抗氧化现象。高温时,在 $MoSi_2$ 表面生成一层致密的 SiO_2 保护膜,从而避免了氧进入材料的内部进而持续氧化。高温时,氧化过程由于氧分压的降低发生如下反应:$5MoSi_2+7O_2 \Longrightarrow 7SiO_2+Mo_5Si_3$。由于 Si 的选择性氧化,使得 $MoSi_2$ 材料的表面生成 SiO_2,次表面层为 Mo_5Si_3,后者可以协调 SiO_2 和基体的热膨胀系数,有利于保护膜的稳定。研究表明,$MoSi_2$ 在 800～1500℃因为形成了保护性的 SiO_2 而具有良好的高温抗氧化性,但在 1500℃长期氧化过程中因为热膨胀系数的不同会产生微裂纹。

5. $MoSi_2$ 机械合金化制备工艺设计

近年来,对 $MoSi_2$ 的研究主要集中在改善材料性能上,对材料制备本身研究较少,现阶段规模化生产高纯度 $MoSi_2$ 一般采用机械合金化(MA)方法,自蔓延技术可以实现低成本和洁净生产,而等离子放电烧结比较容易实现高致密度的材料。根据相关经验、数据,制备复合 $MoSi_2$ 的机械合金化过程如下:

(1)原料。选取 Mo 粉平均粒度在 3～5μm 的 GB/T Mo—1(质量分数＞99.9%),粉末呈球形颗粒状、灰色。硅粉采用 GB/T2881—91 生产的 Si 粉(质量分数＞99.9%,－300 目),其形态为不规则颗粒状。

(2)实验过程。分别把 Mo 粉、Si 粉根据 Mo－Si 体系和实验要求按照一定原子比例混合,在塑料罐酒精介质中滚筒式球磨机上湿混 10h,然后真空干燥破坏,装入三罐扭摆高能振动球磨机上进行机械合金化。球磨机振动频率为 1000 次/min,球磨罐为不锈钢材质,研磨体为轴承钢珠,采用 O 形环密封。研磨体按照 Φ10mm 与 Φ6mm 球 7∶11 进行配比,球料比在 5∶1至 20∶1 之间,球磨前充氩气保护,球磨过程中为防止设备过热,每球磨 10min,停机 6min,球磨一定时间后待罐体冷却取出粉末。每次停机时,测量球磨机上端温度,对机械合金化之后的粉末在 700～1000℃进行 1h 真空热处理。

(3)机械诱发自蔓延合成 $MoSi_2$。图 8－8 反映了 Mo∶2Si 混合粉末在填料系数 0.667,球料比 20∶1 条件下机械合金化过程中粉末的相变特征。可见,原料为纯的 Mo 粉和 Si 粉,没有其他杂质。经过 30min 机械合金化后,Mo 和 Si 各晶面的 XRD 衍射峰齐全并比较尖锐,但是研磨到 60min 后,Si 峰明显降低,而 Mo 峰得到宽化,没有发现新相形成,但随着球磨继续进行,Si 峰逐渐消失,Mo 峰进一步宽化,其位置也没有明显偏移。因为 Si 在 Mo 中的熔解度是很低的,因此认为这时候形成了 Mo(Si)超饱和固熔体,因为机械合金化可以扩大间隙固熔的固熔度,但也可能是 Mo 的包裹效应,因为 Mo 对 X 射线的吸收系数远大于 Si。当研磨到 110min 时,XRD 结果表明,机械合金化促进形成了大量的 T－$MoSi_2$ 新相,并且合成的 $MoSi_2$

的衍射峰比较窄，不像普通机械合金化通过缓慢的破碎、冷焊所得的结果。一旦合成 $MoSi_2$，继续球磨，则 $MoSi_2$ 衍射峰快速宽化，说明在 105～110min 之间不到 5min 时间内，Mo，Si 混合粉末发生了剧烈反应，合成了 $MoSi_2$，合成反应是在瞬间完成的，而不是缓慢的恒温扩散反应。并不是所有的原料粉末都合成了 $MoSi_2$，在合成物中残留了大量的 M(或者说 Mo(Si)固熔体)，已经观察不到 Si 的存在，此时 Si 固熔进入了 Mo 甚至 $MoSi_2$ 的晶格缺陷或间隙中。继续合金化到 230min，Mo 峰的相对强度没有明显降低，合成的 $MoSi_2$ 和 Mo 混合粉末发生了严重的非晶化倾向，过程中没有发现 H－$MoSi_2$ 生成，这是由于本实验采用的属于高能球磨机，因为 H－$MoSi_2$/Si 较 T－$MoSi_2$/Si 具有更低的界面能，即 H－$MoSi_2$ 有更低的激活能。在实验过程中，随着球磨时间的延长，Mo，Si 单质混合物粉末经历了多晶 Mo/Si 混合粉末→Mo(Si)超过饱和固熔体微晶→T－$MoSi_2$＋Mo(Si)超过饱和固熔体→非晶态混合粉末过程。

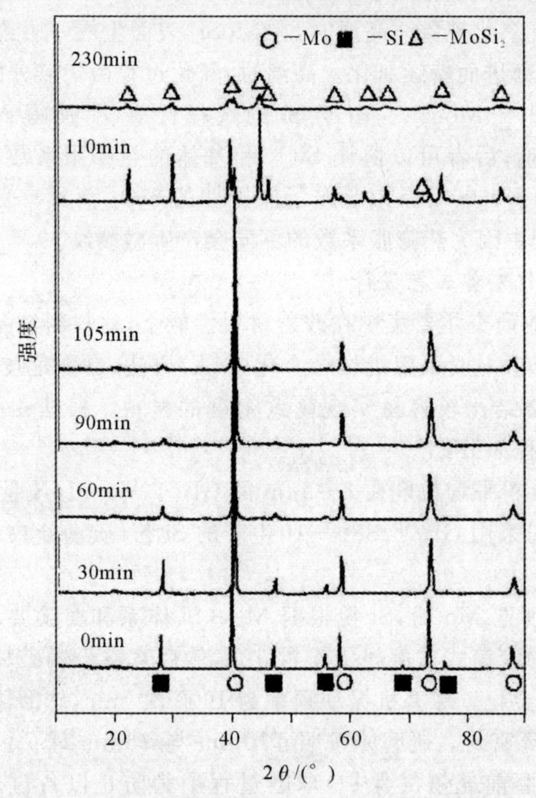

图 8－8　Mo、Si 混合粉末机械合金化过程中相构成变化

在机械合金化过程中，通过测量罐体端部表面温度可以明显看到，在合金化初期由于碰撞及摩擦等原因，罐体温度随球磨时间的增加逐渐升高，大约在 70min 时达到了 27.3℃，然后维持在 27～28℃之间，在合金化到 105 min 时，罐体温度为 28.7℃，没有任何明显的变化。但到 110min 时，罐体表面温度剧烈增加到 38.9℃，随后在 120min 的时候又降到 30.9℃，并在剩余的时间里维持在 30℃左右。由此可判断，在混合粉末球磨 105～110min 区间内发生了短时间的放热反应，这和经典的机械合金化理论一致，即在实验条件下，球磨过程中的机械碰撞不会产生数百摄氏度的高温，除非发生了剧烈的放热化学反应。这种合成机理属于机械诱发自蔓延反应（Mechanically induced Self-propagating Reaction，MSR），也有人称之为反应球磨

(Reactive Ball Mining)现象。

反应球磨大致可分为3个阶段,第一阶段为孕育期。即从开始球磨到105min,在第一阶段,混合粉末粒度不断减小,晶粒得到细化,甚至达到纳米级,片层状结构达到1μm以下。粉末细化形成的界面能和冷变形导致的储存能构成了自蔓延反应的驱动力。根据Scherrer公式,在机械合金化过程中,Mo沿着{110}、{200}和{211}晶面平均晶粒大小变化趋势,经过105min球磨,Mo晶粒的大小仅仅为17.7nm,也就是说实验条件下的粉末细化使得系统具有更高的界面能,另外冷加工也将引起和表面能相当的储存能,这为第二阶段的"点火"准备了条件。

第二阶段为机械诱发自蔓延反应合成$MoSi_2$阶段。即105~110min区间,在孕育期储存的能量,一旦因为某种原因使得球-粉罐之间的剧烈碰撞引起局部区域粉末过热,大量机械能转变为热能,"点燃"Mo,Si自蔓延反应。因为Mo,Si_2合成的放热速度大于热量的散失速度,这些多余的热量可以诱发临近粉末继续发生反应。这种反应中可能存在局部熔化和快速凝固现象。实验结果表明:并非所有的混合粉末都发生了自蔓延反应生成$MoSi_2$,而是残留一部分Mo(Si)固熔体,也就是说,自蔓延反应具有不均匀性和不完整性。造成的原因主要有,$MoSi_2$具有相对较低的绝热温度(1900K),比理论可以发生自蔓延反应的绝热临界温度(1800K)仅仅高100K,由于球磨过程粉末松散且球磨机在运动,粉末传热效果较差且有部分能量损失在球体与罐体的分散上。一旦生成的$MoSi_2$混杂于Mo(Si)固熔体粉末中,就将阻碍自蔓延反应的继续进行,随着$MoSi_2$的增加,这种阻碍就会导致反应的熄火。

一旦熄火,罐体温度下降,球磨进入第三个阶段。在此阶段,因为粉末已经成为$MoSi_2$和Mo(Si)固熔体的混合物,$MoSi_2$成为稀释剂阻碍了自蔓延反应的继续进行,这也是120min后球磨过程中Mo峰没有明显降低的原因,后续的球磨进入了传统的破碎、变形、焊合的原子扩散控制机械合金化过程。当然,该阶段也可能存在颗粒尺度范围内的自蔓延反应。

6. $MoSi_2$复合陶瓷发热材料的制备设计

$MoSi_2$发热元件广泛应用于实验及工业电炉的加热产品,其规格尺寸从Φ3mm到Φ24mm,长度为10~2000mm不等,一般为U形、L形和螺旋形。一般采用粉末冶金工艺进行生产。$MoSi_2$发热元件以瑞士Kanthal公司产品为最高技术代表,一般能达到:孔隙率<1%,室温断裂韧性具有3~4 $MPa\cdot m^{1/2}$,室温抗弯强度可达450MPa,1400MPa的室温压缩强度,并且冷热端外观一致,表层有均匀的玻璃保护膜,表面光洁细腻,尺寸精确。国内厂家的产品在力学性能、外观尺寸、使用温度等方面均有一定差距。

(1)制备原料。采用自蔓延机械合金化制备的并经破碎、湿磨、真空干燥后获得平均粒度<2μm,比表面为7.782m^2/cm的$MoSi_2$颗粒,采用硅酸铝盐为原料(主要成分为SiO_2(64.41%)均为质量分数,Al_2O_3(14.75%),Fe_2O_3(1.86%),K_2O(0.24%),MgO(3.09%),CaO(1.83%),TiO_2(0.09%);蒸馏水)。

(2)工艺流程。将一定量的蒸馏水添加到混料器中,开始搅拌,然后均匀加入硅酸铝盐,湿法混合8h后,待硅酸铝盐溶液自然膨胀后均匀地加入预先称量好的$MoSi_2$粉末,然后继续搅拌10~20h,将浆料过筛。筛完的浆料投入压滤机,去除多余的水分,获得泥料。然后对泥料进行陈腐处理,使其达到规定的水分要求,转入挤出机,根据需要挤出直径不等的长条或长管。在20~70℃范围内对挤出的长条逐步烘干,使其水分降到0.5%以下,获得发热体素坯。将素坯置于石墨舟在氨分解气氛下,1400℃,保温3h无压烧结。对烧结后的产品进行快速通电,进行二次成膜处理，同时进行高温弯曲，然后进行切割、冷热端面打磨，经过检验、整形及包装就制备出了完整的 $MoSi_2$ 复合陶瓷发热材料。

(3)烧结后通电氧化处理。通电氧化前、后 $MoSi_2$ 棒材的宏观照片如图 8-9 所示。

图 8-9 通电氧化前、后的宏观照片

(a)氧化前；(b)氧化后

由图 8-9 可以看出，氧化前棒材表面较为粗糙，呈银灰色，没有光泽，而氧化后棒材表面光滑，呈蓝灰色，肉眼可见玻璃光泽。这说明通电高温氧化的确可以使 $MoSi_2$ 棒材表面形成一层致密的玻璃保护膜。二者断口均呈现明显的金属光泽，但氧化后棒材金属光泽更亮。经测量，氧化后棒材的体积和密度也发生了变化，直径缩小到原来的 96.4%，密度提高到原来的 106.6%，密度的提高说明材料的致密度的提高和气孔率的降低。可见，高温通电氧化过程不但发生了表面生成保护膜的选择性氧化，材料内部也发生了物理或化学变化，产生了二次烧结致密化的作用。

图 8-10 所示为氧化前、后 $MoSi_2$ 棒材的断口扫描电镜形貌。从图中可以看出，未通电氧化前，烧结不是十分致密，仍以大小不等的颗粒为主，在断口上存在明显的孔洞。其断裂方式以解理断裂为主；通电氧化后，基体晶粒得到长大，晶粒外形比较均匀完整，孔洞明显减少，晶粒之间第二相特征明显，其断裂方式为沿晶和解理的混合断裂。

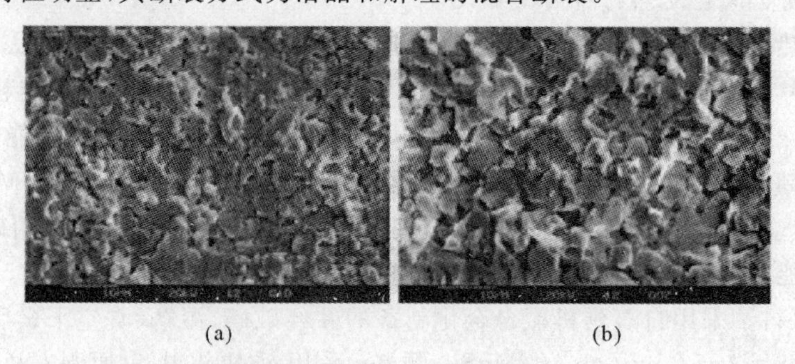

图 8-10 氧化前、后 $MoSi_2$ 材料的断口 SEM 形貌

(a)氧化前；(b)氧化后

7. $MoSi_2$ 复合陶瓷发热元件综合评价

传统的二硅化钼发热元件主要指 U，W 和 L 形产品。其中 U 形最为常见，通常垂直安装在炉膛的两侧，其加粗的冷端伸出炉外，由引线连接电源。它具有安装、更换灵活，使用温度高的优点。W 形产品一般是为了解决炉子顶部空间严重不足的问题，通常水平安装在炉膛的底部或顶部，需要耐火材料进行支撑，在高温环境下易与保温材料发生化学反应，因此一般使用温度不超过 1600℃。

笔者开发了螺旋形和波浪形等异形 $MoSi_2$ 复合陶瓷发热元件(见图 8－11)。异形加热元件增加了元件的灵活性,并且可以降低炉体热量散失,实现了根据炉体设计所需 $MoSi_2$ 复合陶瓷材料加热元件的要求。

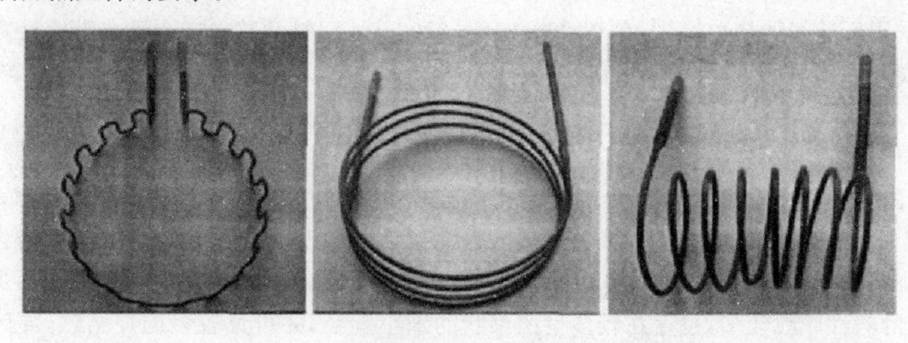

图 8－11　制造的几种异形 $MoSi_2$ 发热元件

8.3.4　LCD 溅射靶材用大型钼板的生产

1. LCD 用钼靶材

由于钼具有高熔点、良好的导电导热性能、较小的比电阻和膜应力和极小热膨胀系数,以及良好的环保性能,金属钼可加工得到靶材,通过磁控溅射成薄膜,作为液晶显示器(LCD)面板的电极或配线材料。LCD 溅射钼靶材按形状可分为 3 种,即长条形靶、宽幅矩形靶和管靶。目前,LCD 面板制造正朝大型化和高精细化方向不断发展,所用钼靶材尺寸越来越大,第 4 代线以上宽幅矩形单靶宽度超过了 1100mm,例如第 5 代线钼靶材尺寸为(10～14)mm×1450mm×1700mm(厚×宽×长,以下同),长条形靶长度可达 2700mm;例如第 8 代线钼靶材尺寸为(16～18)mm×(200～300)mm×2700mm。纯钼粉经过压制、烧结、轧制、校平、热处理、切割等工序得到大尺寸钼板,再经机加和绑定(与铝或铜背板焊接)成为 LCD 用溅射钼靶材,而大尺寸钼板的加工是 LCD 用溅射钼靶材制造链中最关键的一个环节。从近几年国内发展情况来看,长条形靶材用钼板加工相对较为容易,但在宽幅矩形靶用大尺寸钼板方面,由于装备技术条件的限制,加工研究较少。其实不管是长条形靶还是宽幅矩形靶,对钼板的组织和性能要求是一致的,即纯度不小于 99.95%,相对密度大于 98%,微观组织均匀,平均晶粒尺寸小于 125μm,以及特定的晶粒取向要求。

2. 生产方法

(1)制坯。分别采用不同的钼粉原料和烧结工艺制取 3 块钼板,首先,钼粉在 Φ830mm×1500mm 冷等静压机上压制成形,然后钼生坯采用 Φ800mm×1200mm 氢气中频感应烧结炉烧结。粒度3.5μm钼粉烧结后钼板坯规格为 70mm×430mm×850mm(以下称 1# 板坯),粒度 5.0μm 钼粉烧结后钼板坯规格为 70mm×430mm×850mm(以下称 2# 板坯),单个质量均约为 250kg/块;粒度 3.5μm 钼粉烧结后钼板坯规格为 105mm×495mm×840mm(以下称 3# 板坯),单个质量约 430kg/块。

(2)轧制和热处理。1# 和 2# 板坯采用氢气钼带加热,在 Φ960mm/380mm×800mm 四辊可逆式热轧机上进行轧制,开坯轧制温度为 1400℃,轧制方向一直沿坯料长度方向,轧制终了钼板厚度为 20mm,水刀切割后成品尺寸为 20mm × 205mm × 2700mm,成品钼板采用

Φ800mm×3000mm 真空退火炉进行 1250℃，保温 2h 再结晶退火。

3# 板坯采用氢气钼带加热，先在 Φ960mm/380mm×800mm 四辊可逆式热轧机上沿长度方向进行开坯轧制（纵轧），开坯轧制温度为 1400℃，轧制厚度为 60mm；然后用普通碳钢包覆钼板，采用天然气加热炉加热，在 Φ1800/850×2700mm 四辊可逆式热轧机上沿钼板宽度方向轧制（横轧），轧制温度为 1200℃，轧制终了钼板厚度为 12mm；最后采用天然气加热炉进行 1250℃，保温 2h 再结晶退火，水刀切割后成品尺寸为 12mm×1450mm×1700mm。

3. 粉末粒度和形貌及烧结工艺对烧结钼板坯组织和性能的影响

如图 8－12 所示是两种不同粒度钼粉的扫描电镜照片。从图 8－12 可以看出，粒度 3.5μm 钼粉颗粒大小较为均匀，分布疏松，粗细搭配较为合理，有利于孔隙扩散和致密化过程的进行，烧结板坯密度较高。而 5.0μm 颗粒较为不均匀，中颗粒较少，由多个大颗粒团聚而成的大尺寸的假性颗粒较多，也存在较多呈团聚状的细小颗粒，并可见较多的烧结颈，导致烧结过程中钼粉颗粒之间收缩不一致，致使烧结组织出现相对较多的收缩孔洞，烧结板坯密度相对较低。LCD 溅射靶材用钼板的密度要求很高，因此用于轧制的烧结钼板坯也应具备较高的密度，因此选择形貌和分布良好的中等粒度的钼粉很有必要。

(a) (b)

图 8－12 不同粒度钼粉形貌

(a)粒度 3.5μm； (b)粒度 5.0μm

对两种不同粒度钼粉制取钼板坯的密度进行测量的结果也佐证了以上说法。3 种板坯的物理性能，见表 8－17。

表 8－17 大尺寸烧结钼板的性能

粉末粒度/μm	烧结工艺	板坯规格/mm	晶粒数/(个·mm^{-2})	密度/(g·cm^{-3})
3.5	1900℃，10h	70×430×830	1400	10.02
5.0	1900℃，10h	70×430×830	1500	9.67
3.5	1900℃，18h	105×495×840	610	10.01

图 8－13 所示为采用 1900℃，保温 10h 的烧结工艺制备 1# 和 2# 板坯的金相组织照片。可以看出，采用同一烧结工艺，1# 板坯晶粒比 2# 板坯晶粒略粗，但在组织均匀性方面看不出明显的差异。

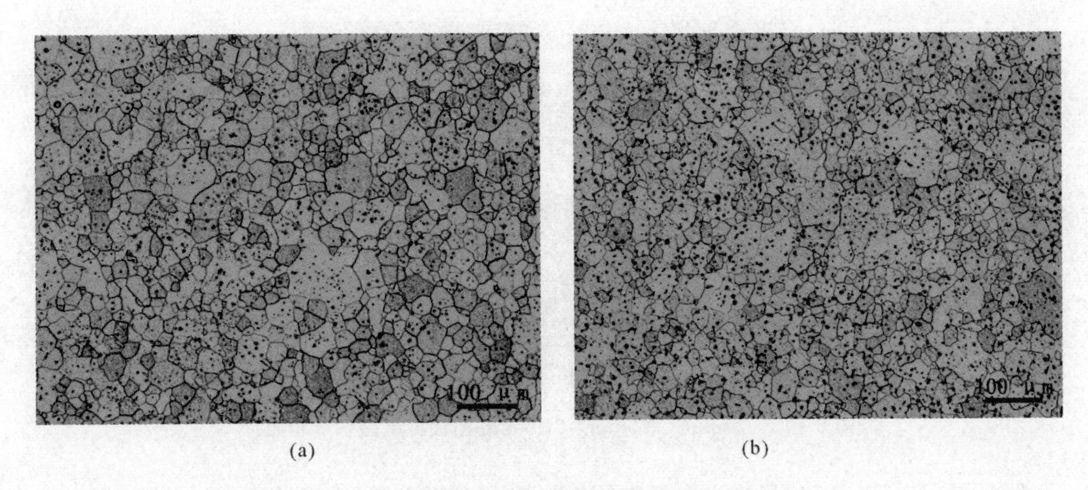

(a)　　　　　　(b)

图 8-13　不同粒度钼粉烧结坯的金相照片

(a)粒度 3.5μm；(b)粒度 5.0μm

如图 8-14 所示是采用 1900℃，保温 18h 的烧结工艺制备 3# 板坯的金相组织照片。从中可以看出，在烧结温度不变的前提下，增加近一倍的保温时间，晶粒粗化，但组织较为均匀，未出现异常粗大晶粒。

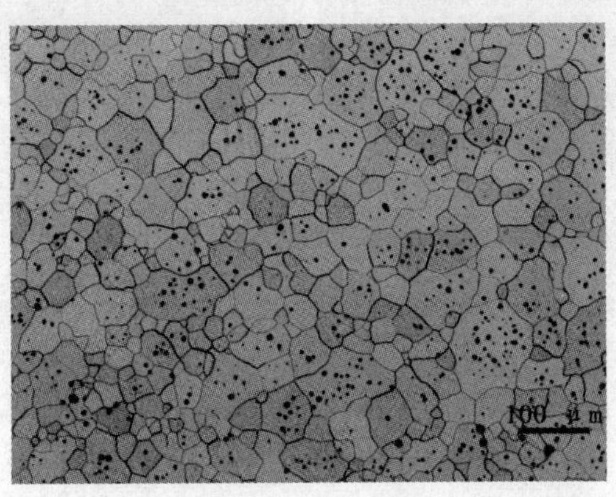

图 8-14　3# 钼板坯(单重 430kg/块)金相组织照片

表 8-17 中的烧结工艺区别于一般烧结工艺，这是由于用于轧制 LCD 溅射靶材用大尺寸钼板的烧结钼板尺寸和质量均大大超过常规板坯，因此常规烧结工艺不能保证坯料性能。采用较低的升温速率，适当提高烧结温度，适度延长保温的工艺，可保证板坯厚度方向组织较为均匀，避免欠烧和过烧。

4. 轧制工艺对大尺寸钼板的组织和性能的影响

如图 8-15 所示是 1# 钼板坯采用氢气钼带炉 1400℃加热，沿坯料长度方向轧制，一火多道次轧制的工艺，正常轧至 20mm 厚度，然后切割成 20mm×205mm×2700mm 尺寸，最后 1250℃真空退火后板材再结晶组织。

从图 8-15 可以看出，20mm×205mm×2700mm 钼板 1250℃退火后，加工组织完全消失，得到均匀细小的等轴再结晶组织，平均粒径仅为 30μm 左右，极好地满足了 LCD 溅射靶材对钼板晶粒组织均匀性的要求。

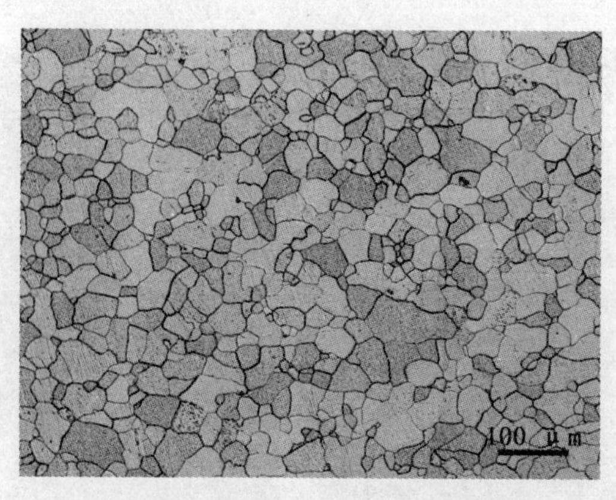

图 8-15　20mm×205mm×2700mm 钼板再结晶态金相照片

图 8-16 所示为 3# 钼板坯纵向开坯轧制到 55mm 厚度后，采用普通碳钢包覆坯料，天然气炉 1200℃加热，横向一火多道次轧制到 12mm 厚度，天然气炉 1250℃退火后板材的再结晶组织。

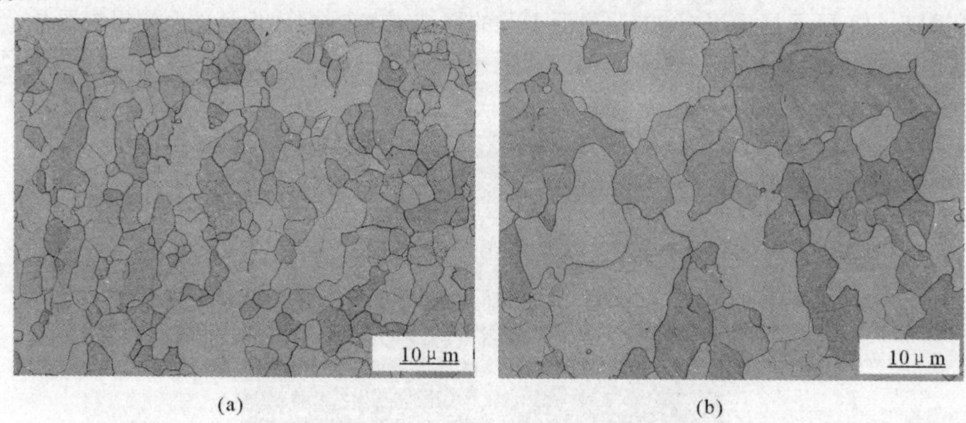

图 8-16　12mm×1450mm×1700mm 钼板再结晶态的金相照片

(a)细晶区；(b)粗晶区

从图 8-16 中可以看出，12mm×1450mm×1700mm 钼板 1250℃退火后加工，组织也完全消失，但组织不均匀，细晶区平均粒径接近 40μm，粗晶区平均粒径为 70μm 左右，甚至存在粒径超过 200μm 的特大晶粒，而细晶区组织均匀性也不及 20mm×205mm×2700mm 钼板。

表 8-18 是两种轧制工艺制备的大尺寸钼板的性能。

表 8-18　大尺寸轧制钼板的性能

钼板尺寸/mm	平均晶粒尺寸/μm	密度/(g·cm^{-3})	硬度/HV
20×205×270	30.7	10.2	172
12×1450×1700	38.8(细晶区)，70.1(粗晶区)	10.2	166

从表 8-18 中可以看出，密度方面，由于烧结板坯密度较高，加之钼板总加工率均超过了 70%，轧制后钼板密度都为 10.2 g/cm^3，满足 LCD 溅射靶材对钼板密度的要求。硬度方面，12mm×1450mm×1700mm 钼板由于组织较 20mm×205mm×2700mm 钼板粗大，硬度

略高。

由于靶材微观组织均匀性对靶材溅射性能和溅射成膜质量有着直接的影响，因而要求LCD溅射靶材用钼板再结晶晶粒组织细小而均匀。板材变形程度越大，轧制状态的晶粒组织越细，退火后得到的再结晶晶粒组织越细小。但板材再结晶组织的均匀性很大程度上由加工及加工组织的均匀程度决定，板材变形程度越均匀，加工组织就越均匀，相应再结晶组织也就均匀一致。但要从工艺上避免板材在轧制回炉加热过程中和因轧制温度过高产生的不均匀回复或再结晶，而最终导致成品板材再结晶组织均匀程度降低。实验证明，由于 Φ960mm/380mm×800mm 四辊可逆式热轧机组的扭矩和轧制力具备轧制 1# 钼板坯的能力，采用一火多道次轧制工艺，直接正常轧制到 20mm 厚度，轧制终了，温度低于回复或再结晶温度，钼板轧态为均匀的板条加工流线组织(见图 8-17)，保证了再结晶退火后能到均匀等轴晶组织(见图 8-15)。

图 8-17　20mm×205mm×2700mm 钼板轧制态金相照片

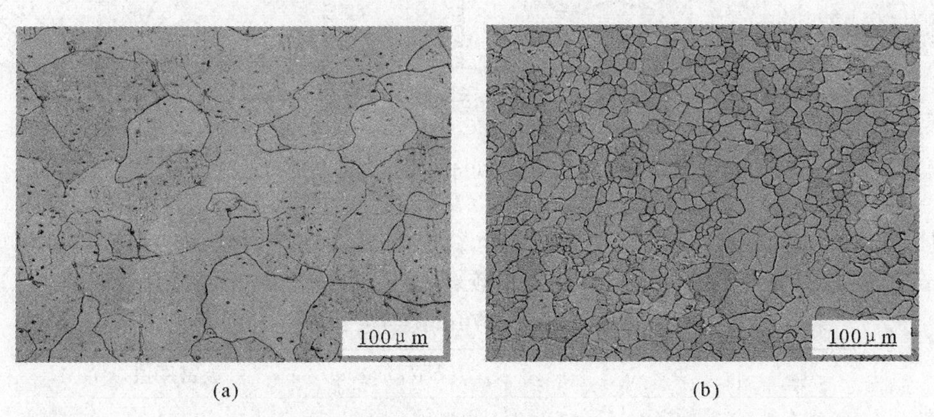

图 8-18　105mm×495mm×840mm 烧结钼板坯轧至 55mm 厚度时轧态金相照片

(a)粗晶区；(b)细晶区

对于 3# 超大钼板坯，Φ960mm/380mm×800mm 轧机由于扭矩不足，导致开坯过程中出现了闷车。一个完整的轧程需要 2～3 次轧制才能完成，板材变形不均，加之回炉加热温度和轧制终了温度过高，55mm 厚度的板材发生了不均匀再结晶(见图 8-18)。微观组织极不均匀，即使在厚度 55～12mm 的后续轧制过程中，采取低温轧制，加大道次轧制变形量，也不能得到加工组织均匀的板材，板材再结晶退火后必然出现粗晶区和细晶区(见图 8-16)。

5. 轧制工艺对大尺寸钼板织构的影响

在Bunge方法中，$(\varphi_1, \Phi, \varphi_2)$的取向与$\{HKL\}\langle uvw\rangle$织构类型之间的解析关系（立方晶系）为

$$H:K:L=\sin\Phi\sin\varphi_2:\sin\Phi\cos\varphi_2:\cos\Phi \tag{8-1}$$

$$u:v:w=(\cos\varphi_1\cos\varphi_2-\sin\varphi_1\sin\varphi_2\cos\Phi):(-\cos\varphi_1\sin\varphi_2-\sin\varphi_1\cos\varphi_2\cos\Phi):\sin\varphi_1\sin\Phi \tag{8-2}$$

利用式(8-1)和式(8-2)，可算得20mm×205mm×2700mm钼板主要织构组分及极密度值。

图8-19所示为20mm×205mm×2700mm钼板再结晶退火态的ODF图，其织构组分及极密度值见表8-19。

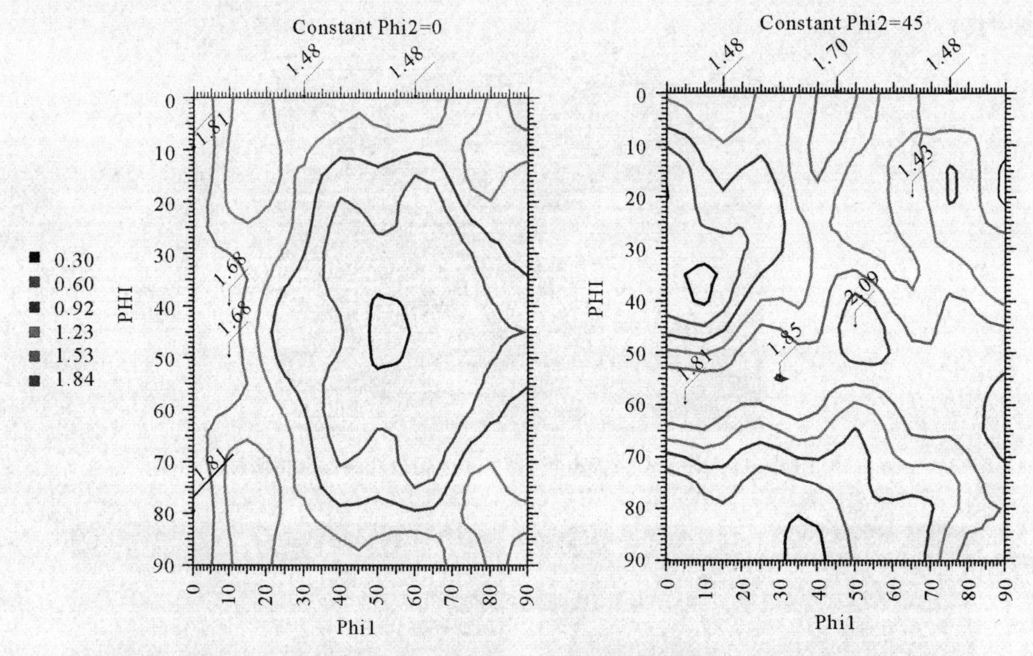

图8-19　20mm×205mm×2700mm钼板再结晶退火态的ODF图

由图8-19可以看出，采用厚度为70mm烧结板坯直接单向轧制的20mm×205mm×2700mm钼板经1250℃再结晶退火后的织构较弱，极密度值较小，无明显择优取向。

表8-19　20mm×205mm×270mm钼板织构组分及极密度值

φ_1	Φ	φ_2	$\{HKI\}\langle uvw\rangle$	极密度值
0°	10°	0°	{0 1 6}<1 0 0>	1.81
10°	40°	0°	{0 1 1}<9 −1 1>	1.88
30°	0°	0°	{0 0 1}<2 −1 0>	1.48
80°	0°	0°	{0 0 1}<1 −6 0>	1.70
50°	45°	45°	{2 2 3}<0 −3 2>	2.09

如图8-20所示是12mm×1450mm×1700mm钼板再结晶退火态的ODF图。

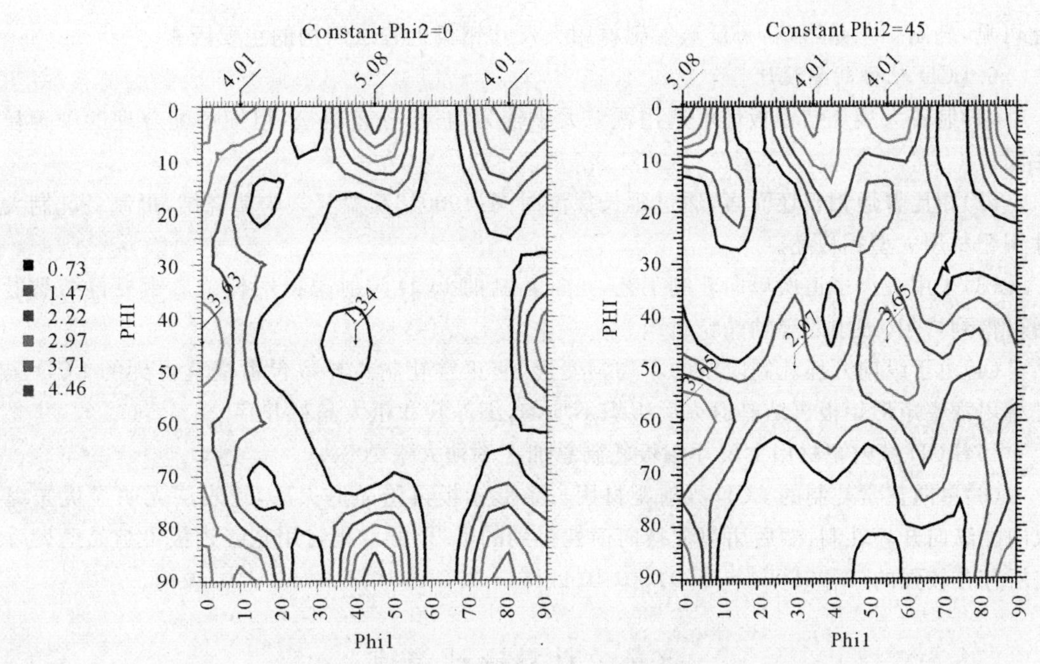

图8-20　12mm×1450mm×1700mm钼板再结晶退火态的ODF图

12mm×1450mm×1700mm钼板织构组分及极密度值见表8-20。

表8-20　12mm×1450mm×1700mm钼板织构组分及极密度值

φ_1	Φ	φ_2	$\{hkl\}\langle uvw\rangle$	极密度值
10°	0°	0°	{0 0 1}〈6 —1 0〉	4.01
45°	0°	0°	{0 0 1}〈1 —1 0〉	5.08
0°	45°	0°	{0 1 1}〈1 0 0〉	3.83

从图8-20可以看出，采用厚度为105mm烧结板坯先纵向轧制到55mm，然后包套横轧得到12mm×1450mm×1700mm钼板，经1250℃再结晶退火后，该样品具有较强的织构，极密度值较大。晶粒取向集中分布在旋转立方取向和高斯取向，极密度值分别为5.08和3.83。同时，在(10°,0°,0°)处也有较大程度的聚集，极密度值为4.01，利用式(8-1)和式(8-2)算得该处织构为{0 0 1}〈6 —1 0〉。

当钼靶材溅射时，钼原子最容易沿着密排方向择优溅射出来，钼板的结晶方向对溅射速率和溅射膜层的厚度均匀性影响较大，因此，获得一定结晶取向的钼板显得很重要。但对于大尺寸钼板，要想获得对成膜质量有利的最优织构取向，难度很大。热变形钼板的再结晶织构较为复杂，影响因素较多，在热处理条件基本一致的前提下，主要影响因素有轧制温度、变形率、轧制方向和轧制方式等，而且表层和中心层织构也不会完全相同，实验仅分析了两种轧制工艺条件下钼板近表层的织构。单向轧制的20mm×205mm×2700mm钼板再结晶状态的近表层织构较弱，未发现优先织构取向。而先纵向开坯轧制，然后用普通碳钢包覆换向横轧得到的12mm×1450mm×1700mm钼板再结晶状态的近表层却有强度较大的优先织构取向。采用普通碳钢包覆轧制，摩擦因数较小，钼板变形温度和轧制力与直接轧制相比存在一定差异。由此可见,轧制工艺是影响 LCD 溅射靶材用大尺寸钼板近表层织构的主要因素。

6. LCD 靶材制备设计

(1)制备大型烧结钼板坯可选用颗粒大小较为均匀,分布疏松,粗细搭配合理的中等粒度钼粉。

(2)相比普通钼板坯而言,通过延长保温时间,1900℃高温氢气中频烧结,可制备轧制大尺寸钼靶材用大型钼板坯。

(3)采用一火多道次单向轧制工艺,正常轧制的 LCD 溅射靶材用长条形钼板再结晶退火后可得到均匀、细小的等轴晶粒组织。

(4)由于纵向开坯轧制阶段的不均匀变形(非正常轧制),导致包覆横轧得到的 LCD 溅射靶材用宽幅矩形钼板再结晶退火后组织不均匀,细晶粒和粗大晶粒并存。

(5)LCD 溅射靶材用大尺寸钼板轧制总加工率须大于 70%。

(6)单向正常轧制的 LCD 溅射靶材用长条形钼板再结晶退火后,近表层无明显优先织构取向。纵向开坯轧制,然后用包覆换向横轧得到的 LCD 溅射靶材用宽幅钼板再结晶退火后近表层存在较强的{0 0 1}〈1 −1 0〉,{0 0 1}〈6 −1 0〉和{0 1 1}〈1 0 0〉织构。

8.4 材料设计综述

材料设计(Materials Design)是根据材料基础理论进行分析,设定材料应该满足的性能,设计生产该类材料及产品的基本工艺流程,并达到材料理论的要求。

钼属于难熔金属的一种,且是小金属,但用途十分广泛,本章中列举了 4 个例子来说明钼及钼合金材料生产方法的设计,即依据现代材料理论结合实践经验设计生产工艺过程。

笔者在钼及难熔金属国家级技术中心工作,但在市场上对钼及钼合金材料有需求时,都要经过立项、分析、一步步确定工艺路线、再进行实验等环节,这耗费了大量的宝贵时间。信息化条件下,新材料、新产品商机稍纵即逝,传统的实验过程已无法满足快速变化的市场需要。因此,一旦确定了研究内容及方向,就要根据金属学、物理学、化学等基础理论知识去设计工艺路线,利用现有的资源,尽快将产品制备出来。

本章介绍了先进国家对材料设计的一些基本原理,尤其要注重计算机技术在材料设计上的重要作用。本章中所列举事例虽未涉及计算机技术的应用,但也是多年实践经验与经典理论的良好结合,取得了不错的效果。

参考文献

[1] Computational and Theoretical Technigues for Materials Science http://www2. nas. edu/20fa. html. National academy of Sciences, 1995.

[2] Computational Materials Science: A Scientific Reuolution about to Materialize, White Paper, Warch 1999, by Materials Component strategic Simalation Initiative, DOE, USA.

[3] National Natotechnology Initiative. www. nano. gov.

[4] 三岛良绩. 新材料开发和材料设计学. Tokyo: Soft Science Inc, 1985.

[5] Materials Science and Engineering for 1990. Washington DC. National Academic Press, 1989.
[6] Olson G B. Designing a New Material World, Science. 2000,228:993.
[7] Baokes M, et al. Atomic-Scale Simulation in Materials Science, MRS Bulletin, Feb. 1998. 28.
[8] Davison Lee. Continuum Modeling, MRS Bulletin. Feb. 1998. 16.
[9] Chelikowsky J R, Louie S G. Quantum Theory of Real Materials. Kluwer Academic Publishers. 1996.
[10] Kohn W. Density Functional Theory: Fundamentals and Applications. In: Bassani F, Fumi F and Tosi M P ed. Highlights of Condensed Matter Theory . North Holland. 1985.
[11] Sham L. Density Functional Theory of Real Materials. Kluwer Academic Publishers. 1996. 13.
[12] Hybertsen M S and Louie S G Phys. Rev. B. 1985,34:5390.
[13] Louie S G. Quasiparticle Theory of Electron Excitations in solid , in: Chelikowsky J. R. and Louie SGed. Quantum Theory of Real Materials, Kluwer Academic Publishers. 1996. 83.
[14] Car R, Parrinello M. Phys. Rev. Lett. 1985,55:2471.
[15] 冯端,师冒绪,刘治图.材料科学导论—融贯的论述.北京:化学工业出版社,2002.
[16] Sloczynski J. Kinetics and mechanism of molybdenum (VI) oxide reduction. Journal of Solid State Chemistry, 1995, 118(1): 84-92.
[17] Ressler T, Jentoft R E, Wienold J. Formation of bronzes during temperature-programmed reduction of MoO_3 withhydrogen-an in situ XRD and XAFS study. Solid state ionics. 2001, 141(SI): 243-251.
[18] Schulmeyer W V, Ortner H M. Mechanisms of the hydrogen reduction of molybdenum oxides. International Journal of Refractory Metals & Hard Materials, 2002, 20: 261-269.
[19] 王德志.钼粉质量优化过程及其相关机理的研究.长沙:中南大学,2005.
[20] 林小芹.钼粉的制备技术及其发展.粉末冶金材料科学与工程,2003,8(2):122-128.
[21] Koji S, Kiyoshi T, Akio K. Preparation of ultrafine molybdenum powder by vapor phase reaction of the MoO_5-H_2 system. Journal of the Less—common Metals, 1990, 157: 5-10.
[22] 邓集斌.钼粉还原过程及工艺优化研究.长沙:中南大学,2005.
[23] 亓家钟,陈利民.粉末冶金新技术.粉末冶金工业,2004,14(1):23-28.
[24] 亓家钟.粉末冶金技术的最新进展.粉末冶金材料科学与工程,1999,4(2):113-117.
[25] 张文钲.钼系纳米材料研发现状.中国钼业,2005,29(1):3-10.
[26] Chow G M. Sputtering synthesis and properties of molybdenum manocrystals and Al/Mo layer. Journal of Material Research, 1991, (4): 737-743.
[27] Manish Chhowalla. Thin films of fullerene — like MoS_2 nanoparticles with ultra-low

friction and wear. Nature, 2000, 407: 164 - 167.

[28] Rapoport L, Bilk Y. Hollow nanopartieles of WS2 as potential solid — state lubricanst. Nature, 1997, 387(7): 791 - 793.

[29] 张文钲.国内外钼先进技术与发展动态评述.中国钼业,2000,24(6):5-8.

[30] 黄培云.粉末冶金原理.北京:冶金工业出版社,1982.

[31] The editors. Mechanochemical processing route promises cheaper nanopowders. Metal Powder Report ,1996, 51(9): 5.

[32] The editors. Ultrasound creates highly magnetic metal powders. Metal Powder Report, 1997, 52(3): 4.

[33] Futaki S, Shiraishi, Katsuzo, et al. Ultrafine Refractory Metal Particles Produced by Hybrid Plasma Process. Journal of the Japan Institute of Metals, 1992, 56(4): 464 - 471.

[34] Yang B.超细钼粉的活化还原制备方法.钨钼材料,1994,(2):30-32.

[35] 王炳根.用羟基法制取钼(钨)粉.中国钼业,1994,18(3):7-9.

[36] 程起林,赵斌,刘兵海,等.微波等离子体法制备纳米钼粉.华东理工大学学报,1998,24(6):731-734,740.

[37] Liu B H, Gu H C, Chen Q L. Preparation of nanosized Mo powder by microwave plasma chemical vapor deposition method. Materials Chemistry and Physics, 1999, 59: 204 - 209.

[38] 卫英慧,陆路,许并社.电子束照射下钼纳米微粒的形成.材料科学与工艺,2000,8(1):44-46.

[39] Huang H S, Lin Y C, Hwang K S. Effect of lubricant addition on the powder properties and compacting performance of spray-dried molybdenum powders. International Journal of Refractory Metals & Hard Materials, 2002, 20: 175 - 180.

[40] 卡恩 R W.金属与合金工艺(材料科学与技术丛书 第15卷).雷廷权,等,译.北京:科学出版社,1997.142-158.

[41] 张莹,董毅,张义文,等.等离子旋转电极法所制取的镍基高温合金粉末中异常颗粒的研究.粉末冶金工业,2000,10(6):7-13.

[42] 姜文伟,普崇恩.等离子喷雾法制取球形钨粉工艺探讨.硬质合金,2000,17(2):85-88.

[43] Tuominen S M, Carpenter K H. Powder Metallurgy molybdenum: influence of powder reduction processes on properties. Journal of Metals, 1980, 32(1): 45 - 50.

[44] 徐志昌,张萍.钼酸铵的流化床分解与还原.中国钼业,1995,19(4):3-6.

[45] 张启修,赵秦生.钨钼冶金.北京:冶金工业出版社,2005.

[46] 山口悟,伊藤正美. Molybdenum refining at Toshiba Yokohama metal & components works.资源 & 素材,1993,109:1146-1149.

[47] 李有观.纯度极高的钼材.世界有色金属,2004,(5):41.

[48] 李惠萍.高纯度钼材.中国钼业,2002,26(5):55.

[49] 李有观.制取高纯钼粉的新方法.世界有色金属,2003,(11):78.

[50] 佐伯雄造. Preparation of high-purity molybdenum powder by hydrogen reduction of

molybdenum penta－chloride. 电气化学，1969，37：412－417.

[51] Mehra O K. Molybdenum metal by the aluminothermic reduction of calcium molybdate. Metallurgical Transactions，1973，(4)：693－703.

[52] 张建国，冯湘. 粉末冶金成形新技术综述. 济源职业技术学院学报，2006，5(1)：27－29.

[53] The editors. Ancordense offers high density at low cost. Metal Powder Report，1994，49(6)：2.

[54] Barber J，Chelluri B. Magnetic compaction process nears market. Metal Powder Report，2000，55(2)：22－25.

[55] Skoglund P. HVC punches PM to new mass production limits. Metal Powder Report，2002，57(9)：26－30.

[56] The editors. PM "cold forming" process eliminates sintering. Metal Powder Report，1996，51(7/8)：5.

[57] 林芸. 粉末冶金烧结技术的研究进展. 贵阳金筑大学学报，2004，(4)：106－108.

[58] Sakamoto T. Sintering of molybdenum powder compacts by spark plasma sintering. Journal of the Japan Society of Powder and Powder Metallurgy，1997，44(9)：845－850.

[59] 张久兴，刘科高，王金淑，等. 放电等离子烧结钼的组织和性能. 中国有色金属学报，2001，11(5)：796－800.

[60] Madigan J，Gigl P，Agrawal D，et al. Continuous microwave sintering of tungsten carbide products. Sintering / Powder Metallurgy，2005，(9)：109－114.

[61] Osepchuk J M. A history of microwave heating applications. IEEE Transactions on Microwave Theory and Techniques，1984，MIT－32(9)：1200－1224.

[62] Jain M，Skandan G，Martin K，et al. Microwave sintering a new approach to fine－gra1n tungsten－Ⅱ. International Journal of Powder Metallurgy，2006，42(2)：53－57.

[63] Jain M，Skandan G，Martin K，et al. Microwave sintering a new approach to fine-gra1n tungsten－Ⅰ. International Journal of Powder Metallurgy，2006，42(2)：45－50.

[64] 陈继民. 金属粉末激光选区烧结行为的研究. 北京工业大学学报，2002，28(4)：479－482.

[65] Geller C B，Smith R W，Hack J E. A computational search for ductilizing additives to Mo. Scripta Materialia，2005，52：205－210.

[66] Scibetta M，Chaouadi R，Puzzolante J L. Analysis of tensile and fracture toughness results on irradiated molybdenum alloys，TZM and Mo＋5％Re. Journal of Nuclear Materials，2000，283－287：455－460.

[67] Miller M K，Bryhan A J. Effect of Zr，B and C additions on the ductility of molybdenum. Materials Science and Engineering，2002，A327：80－83.

[68] Inoue T，Hiraoka Y，Nagaec M，et al. Effects of Ti addition on carbon diffusion in molybdenum. Journal of Alloys and Compounds，2006，414：82－87.

[69] Miller M K, Kenik E A, Mousa M S, et al. Improvement in the ductility of molybdenum alloys due to grain boundary segregation. Scripta Materialia, 2002, 46: 299 - 303.

[70] Patrician T J, Schaeffer G T, Martin. Molybdenum tungsten titanium zirconium carbon alloy system. US04717538A, 1986.

[71] 陈平,肖志瑜,朱权利,等.数值模拟在粉末冶金中的应用概况.现代制造工程,2004,(9):1 - 2.

[72] 李荣久.陶瓷-金属复合材料.北京:冶金工业出版社.2版.2004.

[73] Newman A, Sampath S, Herman H. Processing and properties of $MoSi_2$ - SiC and $MoSi_2$ - Al_2O_3. Mater Sci Eng,1999,A261:252 - 260.

[74] 江莞,赵世柯,王刚.二硅化钼材料的研究现状及应用前景.无机材料学报,2001.16(4):577 - 585.

[75] Jiang W. Working life evaluation of $Mosi_2$/oxide composites heating elements. J Japan Inst Metal,2000,64(11):1089 - 1093.

[76] Liu Y Q, Shao G, Tsakiropoulos P. On the oxidation behaviour of $MoSi_2$. Mater Sci Eng ,1995,A 192/193:31 - 37.

[77] 郑灵仪,金燕苹,司为民,等.$MoSi_2$ 复合材料的进展.宇航材料工艺,1994,(2):1 - 8.

[78] Guder S, Bartsch M, Yamaguchi M. Dislocation processes during the deformation of $MoSi_2$ single crystals in a soft orientation. Mater SciEng,1999,A26:139 - 146.

[79] Petrovic J J . Mechanical behaviour of $MoSi_2$ composites. Mater Sci, Eng,1995,A 192/193:31 - 37.

[80] Shan A, Wei F, Hashimoto H . Effect of Mg addition on the microstructure and mechanical properties of $MoSi_2$ alloys. Scripta Mater,2002,46:645 - 648.

[81] 曲选辉,刘绍军.新型超高温结构材料 $MoSi_2$ 的制备技术. 材料导报,1998,12(2):51 - 52.

[82] Shimizu H, Yoshinaka M, Hiroat K, et al. Fabrication and mechanical propeties of monolithic $MoSi_2$ by spark plasma sintering. Mater Res Bull,2002,37:1557 - 1563.

[83] Gras C, Vrel D, Gaffet E, et al. Mechanical activation effect on the self-sustaining combustion reaction in the Mo-Si system. J Alloy Compd,2001,314:240 - 250.

[84] Zhang H, Long C, Chen P, et al. Synthesis and properties of $MoSi_2$ alloyed with Aluminum. Int J Refract Metal Hard Mater,2003,21:75 - 79.

[85] 曹勇家.粉末冶金产业化的重要技术方向. 新材料产业,2004(11):29 - 37.

[86] 王学成,柴慧芬,王笑天.燃烧合成 $MoSi_2$ 的组织结构特征分析.中国有色金属学报,1995,5(2):103 - 107.

[87] Jo S W, Lee G W, Moon J T, et al. On the formation of $MoSi_2$ by self-propagating high-temperature synthesis. Acta Mater,1996,44(11)4317 - 4326.

[88] 部剑英,江莞,王刚. La_2O_3 掺杂 $MoSi_2$ 的 SHS 合成及其性能研究.无机材料学报,2004,19(6):1334 - 1338.

[89] Ma Q, Wang C, Xue Q. Structure development during mechanical alloying of Mo and

Si powders. Rare Metal Mater Eng,2003,32(3):170－172.

[90]　马勤,余宁,康沫狂,等. Mo, Si 混合粉末的机械合金化. 材料研究学报,1998,12(3):267－271.

[91]　柳林,秦勇. 球磨能量对 Mo－Si 混合粉末机械合金化的影响. 金属学报,1996,32(4):423－428.

[92]　王德志,刘心宇,左铁镛. 球磨条件对 $MoSi_2$ 形成的影响. 中国有色金属学报,1998,8(4):600－604.

[93]　张厚安,刘心宇. $WSi_2/MoSi_2$ 复合粉末材料的机械合金化合成. 稀有金属,2001,25(4):282－285.

[94]　Kuchino J, Kurokawa k, Shibayama T, et al. Effect of microstructure on oxidation toughness high－temperature C40 Mo(Si,Al)$_2$/SiC composites prepared by SPS of MA powders. Mater Lett,2003,57:3387－3391.

[95]　Kurokawa K, Houaumi H, Saeki I, et al. Low temperature oxidation of molybdenum disilicide [J]. Metall Trans,1992,A23:1763－1772.

[96]　赵宝华,范海波,孙院军. TFT－LCD 制造用钼薄膜溅射及其靶材. 中国钼业,2011,35(1): 7－10.

[97]　安耿,李晶,刘仁智,等. 钼溅射靶材的应用、制备及发展. 中国钼业,2011,35(2): 45－47.

[98]　Brad Lemon, et al. Molybdenumsputtering targets. US2006/0042728 A1 Mar. 2, 2006.

[99]　西安瑞福莱钨钼有限公司. 一种 LCD 平板显示器溅射靶材用大尺寸钼板的制备方法[P]中国专利:201210038873. 2,20120704.

[100]　任怀亮. 金相实验技术[M]. 北京:冶金工业出版社,1986.

[101]　刘丹敏,刘维鹏. 有关 ODF 计算方法的某些问题. 北京工业大学学报,1998,24(3):119－123.

[102]　张信钰. 金属和合金的织构. 北京:科学出版社,1976.

第9章 钼产业链环境污染及环境保护

9.1 环境问题

9.1.1 改善环境是经济发展的驱动力

环境保护可以促进经济长期稳定增长和实现可持续发展,环境问题解决好坏关系到中国的国家安全、国际形象、广大民众的根本利益。环境问题已经是中国21世纪面临的最严重的挑战之一。

近10年,中国的环境问题发生了深刻的变化,并且处于多种环境问题并存的环境转型期,对生态系统、人体健康、经济发展乃至国家安全的影响和风险都将是深远的。

快速发展的经济与日益突出的环境问题,越来越受到人们的关注。这说明从工业革命到现在环境污染已经直接或间接地对人们的生存造成了一定的危害。从日本京都会议以来,空气中的碳、酸雨,土壤中的有害物质,河流、大海中有害成分增加,噪声问题,已经对人们的生存产生了绝对的破坏性影响。尤其是发展中国家,由于各种技术落后,在工业化发展过程中对环境破坏尤为严重。对于中国,由于部分地区一味追求本地区的工业发展和GDP总量,往往忽略了环境的协调和有效治理,对环境破坏非常严重。

难熔金属对环境的污染主要集中在矿山开采、选矿污水、精矿冶炼、铁合金、难熔金属化工等过程。粉末冶金、压力加工、机械加工等过程对环境污染很小。

难熔金属在矿山开采、选矿污水、精矿冶炼、铁合金、难熔金属化工过程对地形地貌破坏、河流污染、空气质量下降等影响是很严重的。例如,在钼精矿冶炼过程中排出的SO_2会形成酸雨;在钼酸铵生产过程中产生的NH_4^+-N离子超标,如不加以治理直接排到土壤里,对土壤破坏是很大的,如排放到河流里去,对河流污染极大,河流里将不会有生物存在;如果引入到农田里去,将会直接影响农作物的洁净程度,对人类健康有严重危害。

从20世纪前副总理方毅提出"振兴钨业"以来,难熔金属学者和技术人员做出了很多努力,为振兴难熔金属工业做了许多工作,但到了21世纪,环境污染问题是诸多学者首先要考虑和解决的问题。中国工程院院士左铁镛先生目前正在进行绿色工业化、循环经济的研究,向发达国家学习,采用转化有害物质为有用物质的再利用原则,以减少难熔金属工业生产对环境的污染。

当前环境问题同社会经济发展紧密相连,社会经济发展既对环境产生持久的压力,又是改善环境的驱动力。环境保护和可持续发展已从过去的关注解决末端问题逐步转向改变驱动力,也就是通过促进社会经济的环境导向的变革来谋取发展与环境的"双赢"。

对企业来说,对环境有污染的工艺方法应坚决取缔,这也是企业未来必须实行的。

9.1.2 循环经济是改善环境的有效措施

循环经济(Cyclic Economy)即物质闭环流动型经济,是指在人、自然资源和科学技术的大系统内，在资源投入、企业生产、产品消费及其废弃的全过程中，把传统的依赖资源消耗的线性增长的经济，转变为依靠生态型资源循环来发展的经济。

循环经济就是在物质的循环、再生、利用的基础上发展经济，是一种建立在资源回收和循环再利用基础上的经济发展模式。其原则是资源使用的减量化、再利用、资源化再循环。其生产的基本特征是低消耗、低排放、高效率。

循环经济的定义：资源以高效利用和循环利用为目标，以"减量化、再利用、资源化"为原则，以物质闭路循环和能量梯次使用为特征，按照自然生态系统物质循环和能量流动方式运行的经济模式。它要求运用生态学规律来指导人类社会的经济活动，其目的是通过资源高效和循环利用，实现污染的低排放甚至零排放，保护环境，实现社会、经济与环境的可持续发展。循环经济是把清洁生产和废弃物的综合利用融为一体的经济，本质上是一种生态经济，它要求运用生态学规律来指导人类社会的经济活动。

所谓循环经济，即在经济发展中实现废物减量化、资源化和无害化，使经济系统和自然生态系统的物质和谐循环，维护自然生态平衡，是以资源的高效利用和循环利用为核心，以"减量化、再利用、资源化"为原则，符合可持续发展理念的经济增长模式，是对"大量生产、大量消费、大量废弃"的传统增长模式的根本变革。

循环经济按照自然生态系统物质循环和能量流动规律重构经济系统，使经济系统和谐地纳入到自然生态系统的物质循环的过程中，建立起一种新形态的经济。循环经济是在可持续发展的思想指导下，按照清洁生产的方式，对能源及其废弃物实行综合利用的生产活动过程。它要求把经济活动组成一个"资源—产品—再生资源"的反馈式流程；其特征是低开采、高利用、低排放。

循环经济的实施必须有以下五大体系支撑。

(1)国家政策和法律法规的支撑。

(2)技术的支撑。

(3)资金的支撑。

(4)管理和监督的支撑。

(5)循环经济链条中的企业必须有经济效益的支撑，必须盈利，必须不断地增值扩大，才能保证循环经济持久、广泛地开展下去。

循环经济必须以"3R"为准则，所谓"3R 原则"，即减量化(Reduce)原则、再使用(Reuse)原则和再循环(Recycle)原则。

减量化原则是要求用尽可能少的原料和能源来完成既定的生产目标和消费的。这就能在源头上减少资源和能源的消耗，大大改善环境污染状况。例如，我们使产品小型化和轻型化；使包装简单、实用而不是豪华、浪费；使生产和消费的过程中，废弃物排放量最少。

再使用原则要求生产的产品和包装物能够被反复使用。生产者在产品设计和生产中，应废除一次性使用而追求利润的思维，尽可能使产品经久耐用和反复使用。

再循环则要求产品在完成使用功能后能重新变成可以利用的资源，同时，也要求生产过程中所产生的边角料、中间物料和其他一些物料也能返回到生产过程中或是另外加以利用。

9.2 钼生产过程中对自然所造成的危害

9.2.1 钼的采矿、选矿

9.2.1.1 全国钼矿种类及分布

我国钼资源矿床共有两种，一是单一钼矿床，如以辉钼矿(MoS_2)为主的矿床；二是共生和伴生钼矿床，如以钼铜矿(Cu_3MoO_4)和钼钙矿($CaMoO_4$)为代表的矿床。从我国已开采的钼矿山看，以具有工业价值的辉钼矿为主，其采选产量占总量的95%左右。

据查明，我国有钼矿区230个，其中大型矿区16个，中型矿区25个，小型矿区199个，其中金堆城、栾川、大黑山和杨家杖子等四大钼矿区的储量约占全国总储量的80%。

目前，我国钼矿床(单一钼矿床)的开采方法有两种，一是地下开采；二是露天开采，以后者为主。

(1)单一钼矿(辉钼矿)矿山：这类矿山生产钼精矿量(Mo≥45%，质量分数)占全国95%以上，其属于产业化、规模化和机械化的采选生产，其主要生产过程为

原矿石→开采→破碎→细磨→粗浮选→精浮选→钼精矿(辉钼矿)产品

以机械化开采所得原矿石运入选矿厂进行粗破、中破、细磨后的矿浆，再用浮选法进行粗选而得到粗钼矿，然后进行几次精浮选而获得钼精矿产品(含Mo≥45%，质量分数)。

(2)伴生钼矿(铜钼矿)矿山：这类矿山主要是与其他矿石伴生在一起的钼铜矿中回收钼精矿，其回收的钼精矿量仅占全国产量的5%左右。其主要生产过程为

原矿石→开采→破碎→细磨→粗浮选→铜钼矿→精浮选钼矿→钼精矿产品

伴生的大型铜钼矿(含Mo0.05%～0.07%，质量分数)用机械化开采，矿石送入选矿厂。将矿石进行粗破、中破和细磨后，采用联合浮选法生产钼精矿，即先从细矿浆中粗浮选，获得铜与钼的混合精矿后，再用几次精浮选，从混合精矿中分出钼精矿(含Mo≥45%，质量分数)产品。

9.2.1.2 钼矿采选过程产生的“三废”

目前，我国钼矿山的生产能力约达到17.78×10^4t钼精矿。因总产量较大，故产生了大量的废渣、废水及废气(含尘的)等三废。近年来，“三废”危害环境已引起重视并加以治理。

1.废渣

这主要是浮选过程中产生的尾矿，全国钼矿山排出尾矿量约7000×10^4t/a，其主要含有石英石、长石、方解石、石榴石及一些有机选矿药剂等。此外，在露天开采前，剥离矿体的表面石土量也相当大。

2.废水

在采选矿生产中，各种生产废水汇集后与尾矿一起排入尾矿坝(或尾矿库)内，其构成包括尾矿带水、精矿溢流水、破碎中粉尘喷淋水和生产场地地面冲洗水等。浮选废水量最多占总废水量的70%以上。处理1t原矿需耗水4～6m^3，但总的废水量很大。在选矿中使用硫化钠(Na_2S)或氰化钠(NaCN)为浮选药剂，并用煤油、水玻璃或松根油作为助药剂等，致使排出的废水中含有药剂残留物，其具有相当的危害性，需要进行处理。

3.废气

在矿石粗破及中破过程中，产生大量的含尘废气，使生产场所的空气中含尘量大大超过卫生标准要求。据测定表明，产尘场所的空气中含尘量为15～18mg/m^3，对生产工人有很大的危害性，且污染环境，必须进行治理。目前，国内有一些小型矿山的生产，由于没有建立尾矿库，无序排放，排出的有害废水未经处理，任意排放，对环境造成危害；矿石破碎中产生的含尘废气未经很好治理，对生产人员的身体引起不良影响。有上述情况的虽然是少数矿山，但对环境造成了危害，必须引起重视。

9.2.1.3　以某一矿山为例说明过去给自然所造成的危害

在20世纪80年代，某一矿山对自然造成的危害是十分严重的，当时泄洪洞塌陷，引起河水暴涨，大量尾矿水污染两岸土地水井，毁坏交通及电力设施，使浦洛河水生资源遍受毁灭性打击。

事故发生后，矿领导及公司领导十分震惊，对尾矿库进行了彻底的改善，如今地处秦岭深处，已建成以"两镇"为中心的生态矿山，自然与生产问题得到了和谐，建成了深山与矿山共存的局面。

1.当时的自然环境

(1)地理环境。南洛河发源于洛南县洛源乡龙潭泉，由兰草河口进入河南。陕西境内流程为124.6km，流域面积3110km^2。石门河流程为40.6km，流域面积为356.8km^2，其支流西麻坪河流程为37km，流域面积为189.4km^2。陕南洛河由低山、丘陵、山间盆地、河谷组成，地势向东南倾斜。岭谷相间，形如手掌。河谷两侧常见中生代、新生代的红色岩系丘陵，又称红盆地。盆地内水源充沛，是山区农业中心。

(2)水环境。陕南洛河多年平均径流量为7.56×10^{9}m^2，年降为752.4mm，年输沙量为468×10^{4}t。该区降水充沛，水资源丰富，但因地域分布不平衡，季节分配悬殊，8～9月份常因暴雨造成山洪暴发。地表径流时空分布规律同于降水，随海拔的升高而增大，高山多于丘陵，丘陵多于平川。年际变化分布差异明显，年内分配不均。一年之内6～9月为汛季。

(3)生态环境。陕南洛河属暖温带湿润气候，河道两岸是主要农作区。土壤是在冲积或洪积母质上发育起来的土壤。"4·13"事故污染区有相当大的农田面积是人工造田，按土类划分均属淤土。一般淤土养分状况中等偏下，有机质含量为1.1%，碱解氧含量为60～70mg/kg。速效磷含量为5～10mg/kg，代换量为4～6，吸收性能差。差孔隙度一般为43%～55%，平均耕作层15cm，其中孤山18cm，麻坪13cm，油房、栗峪15cm。夏粮以小麦为主，秋粮以玉米为主。耕作制度以小麦与玉米间作套种为主，也有小麦与豆类或洋芋与玉米套种耕作，一年两季，产量一般450kg左右。

陕南洛河水系有鱼类14种，其中具有经济价值的鱼类有鲫鱼、多鳞铲颌鱼、宽鳍、唇娟、鲇等5种。渔业资源有鳖、大鲵，其中大鲵(娃娃鱼)为国家二级保护动物。

2.当时自然破坏

(1)当时水质自然环境。20世纪80年代，省水文总站对陕南洛河水质进行了监测。全河流水质偏碱，各断面平均pH值在8.2～8.7。有机污染物、化学耗氧量、生化需氧量、氨氮、硝酸盐氮5项中除硝酸盐氮外各断面均有超标。氨氮全河流均值为0.19mg/L，超标8.5倍，以眉底断面最重，均值超标22倍，极值超标84倍，单项超标率为50%。从各河段"三氮"检出情况看，南洛河水质不断受到有机污染。从几项毒物指标看，挥发酚在洛河桥和柏峪寺断面，氰化物在眉底和洛河桥断面均有超标检出。重金属以汞检出率和超标率较高，从洛源至灵口断面均有超标，全河流均值为 0.0058mg/L。总的来说，南洛河水质偏碱，有机污染较轻，各毒物指标从眉底至柏峪寺河段污染较明显，这主要与河流沿岸工业污水排放有关。

(2)泄洪洞塌陷污染物沿程分布。泄洪洞塌陷事故，暴泄的尾矿库污水和尾矿砂倾泄入河道，在隧洞以下的山涧小溪中形成峰高水急的特大黑色洪流。在斜岭断面相当于百年一遇的天然洪水，在栗峪断面也相当于 25 年一遇的天然洪水。事故发生初期，支流沿河河底多形成揭底冲刷，河床质大搬移，河岸垮塌。在事故发生后的支流河段，尾矿砂夹杂砾石充塞河道。据挖掘与调查，在斜岭断面淤积约 1.5m，在孤山断面淤积约 0.5m,，在支流汇入干流的洛河口尖角县河口淤积约 0.5m。为确定事故暴泄的水砂量，对该尾矿库进行了水库地形测量。根据所测的水库库容计算出暴泄水砂量为 $156\times10^4 m^3$，暴泄矿砂石方量为 $58.3\times10^4 m^3$，按库内容量 $1.29t/m^3$ 计，得矿砂总质量为 $75.2\times10^4 t$。在测尾矿库的同时又沿河道设置了 8 个断面，并就河道断面及淤积进行了调查测量，分析了尾矿砂所占比例，从而得到了各断面间淤积矿砂滞留量(见表 9-1)。“4・13”事故泄入支流泄留的尾矿砂为 $18.7\times10^4 t$，占总泄漏量的 24.9%，干流陕西境内滞留 $36.7\times10^4 t$，占总泄漏量的 48.8%，出陕境 $19.8\times10^4 t$，占总泄漏量的 26.3%。整个事故前期流域无降雨，灵口水文站水砂控制完整，实测最大流量为 $62.0m^3/s$，最大断面含沙量为 $298kg/m^3$，超过历年最大断面含沙量为 $147kg/m^3$ 的一倍还多，前期含沙量为 $0.03kg/m^3$，前期基流为 $11.0m^3/s$，输沙总量为 $30.2\times10^4 t$。

根据矿砂和污水的各种污染物分析结果计算出“4・13”事故污染物的沿程分布情况(见表 9-1)。选取了 9 项污染物指标如氰化物、氟化物、铜、镉、铅、钴、铍、镍、钼。9 种污染物质总量为 5636.8t，其中支流为 1397.5t、陕西境内干流 2750.7t，出陕境 1488.6t。9 种污染物中以氟化物最多，占污染物总量的 92.2%，氰化物占 0.05%。

3.事故对环境的影响

(1)对水源的污染。事故泄漏的尾矿砂污染了山间溪水、河边浅井及支流上的部分农田，因而对人类生活、水生物的繁衍产生了严重影响。在河岸两旁，人畜饮水均为浅水井，井水与河水成互补关系，河水污染势必影响井水水质。浅水井的含水层多为砂质土，结构疏松，透水性强，在暴雨后河水上涨时，井水水位也上升。事故初期曾对饮用水质污染状况进行了调查，9 口井中有 5 口井已不符合饮用水质要求。在不符合饮用水体功能指标中，以感观性状指标不符合要求占比例较大，其中浊度一项不符合要求的井有 2 口，浊度和色度不符合标准的井有 5 口，毒物指标(氟化物)不合标准的井有 1 口。为分析井水与河水的渗透补给，在降雨前、后对 6 口井的污染进行监测，其中氰化物有 5 口井水浓度较雨前高，其他项目均低于雨前，因此要彻底清理河道及井周围的尾矿砂。

(2)对农作物的污染。事故堆积在田间的尾矿砂约为 $4.08\times10^4 m^3$，对未来农业环境将造成一定危害。农田污染范围是栗峪、麻坪、油房、孤山 4 个乡河两岸的低洼地块，面积为 393.5 亩。据对污染较重的支流区的土壤和粮食分析，钼在土镶和粮食中的含量均为重度污染。铜镍在土壤中含量为中度污染，铅在粮食中不超标，但已达到接近重度污染程度。对河水分析表明，钼含量很高，因此如再长期引用含钼量很高的河水灌溉，必然会加重钼对土壤和农作物的污染程度。今后改善农业环境的措施是彻底清理淤积在农田中的尾矿砂，尽量少引用河水灌溉。

表 9－1　某尾矿“4·13”事故污染物沿程分布

河段	尾矿砂淤积河段	间距/km	尾矿砂积量/10^4 t	污水滞留量/10^4 m^3	各污染物量/t									
					CN^-	F^-	Cd	Pb	Cu	Ni	CO	Mo	Be	合计
支流	泄洞—斜岭	1.5		1.1	0.004	0.043	0	0	0.002	0	0	0.005	0	
	斜岭—粟裕	10.5	7.479	7.7	0.254	516.35	0.046	0.697	17.433	1.000	1.578	21.861	0.603	
	粟裕—孤山	9.8	6.288	7.2	0.216	434.15	0.039	0.586	14.658	0.841	1.327	18.383	0.507	
	孤山—尖角	6.5	3.855	4.8	0.134	266.18	0.024	0.359	8.987	0.516	0.814	11.272	0.311	
	尖角—悬河口	1.5	1.047	1.1	0.036	72.29	0.006	0.098	2.441	0.140	0.221	3.061	0.084	
	小　计	29.8	18.669	21.9	0.644	1 289.01	0.115	1.740	43.521	2.437	3.940	54.582	1.505	1397.5
干流	悬河口—柏峪寺	20.0	13.150	14.7	0.450	907.92	0.081	1.225	30.853	1.759	2.775	38.442	1.060	
	柏峪寺—黄坪	9.8	5.970	7.2	0.206	412.21	0.037	0.556	13.917	0.799	1.260	17.455	0.481	
	黄坪—灵口	10.5	7.266	7.7	0.247	501.65	0.045	0.677	16.937	0.972	1.533	21.239	0.586	
	灵口—陕境	16.9	10.360	12.4	0.357	715.32	0.064	0.965	24.151	1.386	2.186	30.289	0.835	
	小　计	57.2	36.746	42.0	1.260	2537.1	0.227	3.423	85.658	4.916	7.754	107.425	2.962	2750.7
	陕境以下		19.840	92.1	0.923	1372.53	0.122	1.850	46.377	2.662	4.194	58.285	1.600	1488.6
总　计			75.255	156.0	2.827	5 198.65	0.464	7.013	175.556	10.015	15.888	220.292	6.067	5636.8

(3)对水生生物的污染。事故对陕南洛河的水生生物是一次毁灭性的打击。污染区鱼类适生水面约6000亩。事故致死的鱼类有，鳖1445kg、大鲵607kg、鱼类资源约6t。事故后主要渔区河水内悬浮物含量超过渔业允许标准万倍以上，河水携带了大量有毒尾矿砂，这是水生生物致死的主要原因。据调查，仅庙湾乡上河村胡沟口洛河段的淤泥内，每平方米死鱼竟达70条。在6月份以前、整个河段基本上未见水生生物，6月份以后水质逐渐好转，已有部分小鱼苗从山间小溪游入干流大河中。6月份以前采集的受灾河段水样，小鲤鱼及小鲂鱼(尾鱼0.2～0.3g)均不能生存，小鲤鱼在一周内全部死亡，小鲂鱼在一天内全部死亡。6月下旬采集的受灾河段的河水饲养的鲤、鲂鱼类已能生存。5月下旬以后采集的河水培养的螺旋藻已能生长繁殖。对采集的鱼类及螃蟹的污染成分分析表明，采捕的鱼类已可食用。但螃蟹与尾矿砂接触较多，个别项目超标，暂不宜食用。受灾河段6月下旬，生态条件大为好转，已逐渐进入渔业资源的恢复期。陕南洛河水产生物的特性，每繁殖一代鱼类约3年，鳖5年，大鲵6年。在6月份河水的生态环境下，按现存量经两代生长繁殖后能达到事故前的资源量计算，恢复到事故前的渔业资源生态条件，鱼类需6年，鳖需10年，大鲵需12年。水生环境在不断改善，但是干支流上滞留的大量尾矿砂在大暴雨或大洪水情况时仍将对河水形成再次污染，影响水生生物的正常生活。因此清理滞留的尾矿砂，采取有效措施杜绝此类事故再次发生已刻不容缓。

4. *事故发生后的反思*

事故发生后，在矿山及整个公司引起了震动，即使是现在大家提起那次事故，都心有余悸，那次事故是严重的。从那次事故起，整个公司将对环境的爱护，引入到公司最重要的内容，目前的矿山是山清水秀，矿山与自然共存。

9.2.2 钼精矿冶炼过程产生的SO_2对自然的危害

1. *SO_2的危害*

钼精矿主要成分是MoS_2，MoS_2在冶炼时产生工业氧化钼和SO_2，其反应式为

$$MoS_2+\frac{5}{2}O_2 \longrightarrow MoO_2+SO_2$$

SO_2如果得不到及时、有效的处理，将严重地污染所在地方的环境。因此，国家发展和改革委员会于2005年下发了《关于加强铁合金生产企业行业准入管理工作的通知》，要求钼行业淘汰落后的反射炉生产工艺，SO_2处理必须有回收装置，以解决高污染的问题。近些年来，由于受国内外市场钼产品价格下降的影响，钼冶炼企业的发展受到很大的冲击，陷入两难。治理污染物，投入大，企业亏损，不治理则企业无法生存。钼冶炼企业要想持续发展，发展循环经济是必然的选择。污染物可回收利用，变废为宝，企业的污染得到治理，同时带来了经济效益。

大气中SO_2含量达到0.3×10^{-6}就能对植物造成伤害，高浓度的SO_2会使敏感的针叶树脱叶致死。苔藓植物如尖叶提灯藓和鳞叶藓对大气中的SO_2特别敏感，可作SO_2污染大气的指示植物。SO_2在大气中一般仅存留几天，除被降水冲洗和地面吸收一部分外，其余的在空气中的飘尘、氮氧化物及水的作用下氧化成硫酸酸雾，使大气能见度降低；硫酸酸雾能长时间弥漫在大气中，遇雨形成酸性降水，称为"酸雨"。酸雾、酸雨都会损害农作物，腐蚀建筑物、金属，造成严重灾害。

2. *SO_2治理方法简介*

SO_2污染大气的罪魁祸首——煤——平均含硫量为2.5%～3%。为治理煤燃烧时造成

的 SO_2 污染，一种办法是事先从煤中除去硫。但是只有一部分煤中的硫主要以黄铁矿（FeS_2）的形态存在，这样的煤以脱硫工艺处理后其含硫量可降低到约为 1%。大部分的煤中还含有较多的有机硫化合物，这样的煤脱硫后只能除去原含硫量的 40%左右。

另一类治理 SO_2 污染的办法是处理生成的 SO_2。高浓度的 SO_2（如某些有色金属冶炼厂排放的）可直接用于生产硫酸。低浓度的 SO_2 多用碱吸收法处理，已采用过的及还在采用的碱性吸收剂有石灰浆液、石灰石浆液、氢氧化镁浆液、氨水、氢氧化钠等。例如用石灰浆液吸收 SO_2，生成难溶于水的亚硫酸钙，反应方程式为

$$SO_2 + Ca(OH)_2 \xlongequal{} CaSO_3 + H_2O$$

还可进一步利用空气中的氧气将 $CaSO_3$ 氧化为石膏（$CaSO_4 \cdot 2H_2O$）应用，反应方程式为

$$2CaSO_3 + O_2 + 4H_2O \xlongequal{} 2[CaSO_4 \cdot 2H_2O]$$

但是，至今还汉有找到令人完全满意的治理 SO_2 污染大气的办法。

近期，公布了一个 SO_2 治理的专利：首先，将炉渣磨成粉末，然后加入水配成浆液；其次，用泵将浆液打入吸收塔中与塔内 SO_2 烟气进行反应；然后，吸收塔下部出来的产物溢流到循环槽，供循环利用，待反应完全后，一部分输送到沉淀池内；最后，经沉淀澄清，把上清液打入料浆槽循环使用，而反应物经过滤后制成有用产品。

SO_2 的治理有两个渠道，生产硫酸和亚硫酸钠，但除金堆城钼业集团公司和栾川钼业集团有限公司外，其他钼冶炼行业的特点为日产量小，不能连续生产，地处偏远，不适合生产硫酸，因此，生产亚硫酸钠是首选，在本章中介绍亚硫酸钠的生产方法。

9.2.3　钼酸铵生产中产生的 NH_4^+-N 废水对环境的污染

1. NH_4^+-N 废水来源

酸-盐预处理工艺生产钼酸铵是安徽冶金研究所吴家寿先生提出的，黄宪法先生努力推广的工艺方法，在当时为中国钼化工做出了积极的贡献。生产四钼酸铵工艺流程如图 9-1 所示。

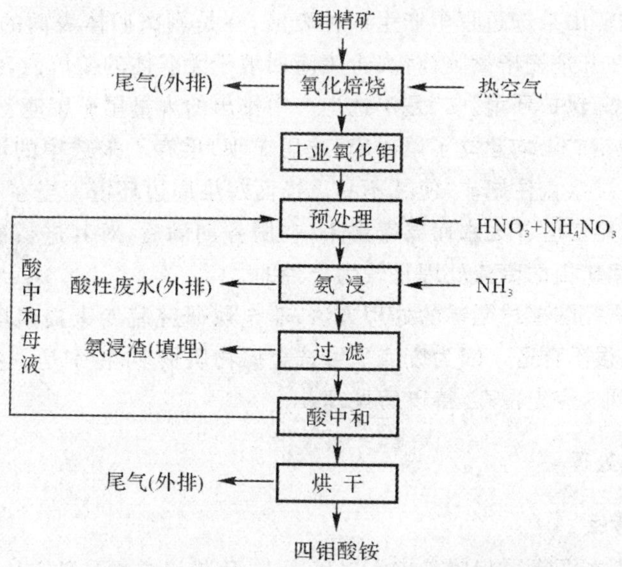

图 9-1　酸-盐预处理钼酸生产工艺流程

四钼酸铵脱水后，再进入氨的水溶液，加热到90～95℃，水分蒸发，当pH值接近7时，二钼酸铵生成，脱水、干燥、得到二钼酸铵。

酸中和母液可作为酸-盐预处理液和洗涤用水而循环使用，简化了工艺流程，且产品中钾、钠含量较低。缺点是该工艺采用工业氧化钼为原料，在生产过程中会产生高浓度NH_4^+-N废水，NH_4^+-N约为60000mg/L，难于处理，对环境影响大。

2. NH_4^+-N废水的危害

在酸-盐预处理工艺中出现的含有大量NH_4^+-N离子废水中，NH_4^+-N离子含量达60000mg/L，含NH_4^+-N离子废水如果渗入地下，会对土地造成污染；如果排放到河中，会对河流造成污染，河中生物、植物会死亡，对河流两岸农作物生长会造成危害，直接对人们的生存造成影响。

9.3 采矿、选矿、冶炼化工过程环境治理

9.3.1 采矿、选矿过程废渣的处理

钼矿山中典型三废情况见表9-2。

表9-2 钼矿山生产中典型三废情况

序号	三废名称	钼矿山年总排量	日总排量	三废性质	三废来源
1	废渣	70×10^6 t/a	18×10^4 t/d	含石英石、长石、方解石等	剥离矿体表土及浮选尾矿
2	废水	32×10^7 m³/a	9×10^4 t/d	Na_2S（或NaCN）煤油、水玻璃等	汇总生产中各废水的混合废水
3	废气	10.4×10^7 m³/a	28.8×10^4 m³/d	含粉尘15～18mg/m³	原矿石中的粗破及中破的含尘废气

目前，国内主要钼矿山采选过程中产生两种废渣，一是剥离矿体表面的石土废渣，一般剥离表土后暂时堆存。在开采完毕后，就将表土废渣回填于无矿体的矿坑内，并进行平整复垦造田，种树植被，恢复生态，保护环境。二是浮选生产中排出的大量尾矿废渣，全国年产出废渣量约7000×10^4t，主要的钼矿山均建立了尾矿库（或尾矿坝）堆存。采选中的汇总废水与尾矿排入尾矿库内，可灌注一层水盖住尾矿，使其不易飞扬而污染周边环境。当在一定时期内将尾矿的上清水返回使用时，尾矿上部无水而裸露出来，在服务期满后，对其进行覆土，种植农作物，恢复生态。因此全国钼矿山的废渣处理是较为合理的。

笔者到过非金属研究院探讨尾矿的处理方法，非金属研究院专家提出尾矿做建筑材料或可造纸，但笔者认为这很不合适。因为废渣里可选金属物质很多，特别是一些稀有金属含量较大，但现有技术很难提取，应先留存，待以后处理。

9.3.2 选矿废水处理

1. 选矿废水处理方法

采选生产中各种废水汇集后与尾矿排入尾矿库内，年排出总水量约32×10^7 m³/a，其含有

残留的选矿药剂，如 Na_2S(或 NaCN)、煤油和水玻璃等，具有一定的危害性(如 NaCN)，要进行适当处理。汇流入尾矿库内的综合废水经较长时间的存放后，因受日光辐射、生化和大气等的综合作用，故使废水中的固体颗粒充分沉淀。残留药剂、可溶性重金属离子及非重金属离子也得到充分降解之后，尾矿上部澄清水可再返回生产使用。一些中、大型钼矿山经过多年的生产实践，证实这种对废水的处理方法简单易行，经济合理，净化效果较好，且返回的水质量可靠，可满足选矿作业的使用要求。返水率达到 50%左右。

经过上述简易处理后，返回水质达到使用要求。返回水主要用于生产中的磨矿机的给排矿、浮选泡沫冲洗、砂泵封水和事故池冲洗等的供水，可大大节约新鲜水 50%左右，经济效益明显，利于环境保护。

2. 某钼选矿厂污水处理工艺探讨

浮选法钼选矿厂选矿过程中排放大量污水，污水中悬浮物含量高，有难以自然沉降的细小分散胶状物，而且污水中污染物种类多、危害大，其中有多种选矿药剂，如 2# 油、水玻璃和煤油等，还含有一定量的金属离子等污染物。如果对选矿污水进行处理，不仅可以减少废水排放量，提高水回用率，节约新鲜水用量，而且还可以保护环境，提高企业的经济和社会效益。

(1)污水产生情况和处理现状。某选矿厂原矿石处理能力为 400t/d，采用浮选工艺，利用矿物的不同表面性质分离矿石中的钼精砂。生产工艺流程主要包括一段粗磨(−0.077mm，50%)、粗扫选、一次精选精矿再磨(再磨细度−0.055 mm，90%)和四次精选等工序，最终产出钼精矿，品位 45%，最终钼精矿回收率为 85%。

生产过程处理 1 t 原矿约用新鲜水量 4 m^3，则污水每天的产生量为 1600 m^3。污水来源主要包括尾矿水和精矿浓密溢流水，其中主要是尾矿水。这些污水中含有大量的悬浮物，粒度小，浓度高，而且表面带有较强的负电荷，是一种稳定的胶体体系，极不易沉降。污水的水质情况见表 9-3。

表 9-3　污水水质

污染物种类	悬浮物	pH	COD	硫化物
浓度/(mg·L^{-1})	800～60000	9 左右	150～320	0.02～0.05

污水处理采用絮凝沉淀法处理，利用石灰做絮凝剂，污水和石灰经过泵混合后通过管道输送到尾矿库沉降，澄清水可返回选厂继续使用。1m^3 污水约消耗石灰量 0.8kg。该处理工艺采用石灰做絮凝剂，破坏污水中胶体的稳定性，使颗粒物发生了凝聚，并利用尾矿库库容量大、面积大的自然条件使污水中的污染物在库内再进一步沉淀和降解，澄清水返回选矿厂使用。经多年的生产实践，证实该工艺简单易行、经济、合理、净化效果较好、回水质量比较可靠，可以满足选矿作业要求。但有絮凝沉淀形成的絮体颗粒粒径较小、沉降速度较缓慢、时间较长、投加石灰中引起现场石灰粉尘飞扬、容易发生人员灼伤事故等缺点。

(2)改造工艺。本地区是一化工企业比较发达的地区，每年产生大量的工业废渣。其中有些废渣中含有大量的氢氧化钙，与石灰有效成分 CaO 含量基本相当，而且造价比石灰更低廉。为降低成本，提高水处理效果，充分利用废物资源，对现有工艺进行了技术改造。提出利用化工行业工业废渣作为絮凝剂，有机高分子絮凝剂作为助凝剂代替石灰处理选矿废水的絮凝工艺。废渣成分见表 9-4。

表 9-4　化工废渣成分

废渣种类	$Ca(OH)_2$	$Mg(OH)_2$	$CaCl_2$	$CaCO_3$	SiO_2	$Fe(OH)_3$	有机氯	水
A	80	2.2		1.1	4.1	4.6		8
B	20.3	2.8	4.4	14.8	4.6	3.1	200×10^{-6}	50

工艺原理：污水中含有大量的水玻璃和尾矿粉，这些物质在污水中形成带负电荷的胶体，当向污水中投加含钙的工业废渣时，由于提供了带正电荷的 Ca^{2+}，压缩了带负电荷胶体的双电层，降低了电位，破坏了胶体的稳定性，使污水中的颗粒物发生了凝聚。投加含钙的工业废渣后，形成的絮体颗粒粒径较小，沉降速度缓慢，时间长，有机高分子絮凝剂通过高分子的架桥作用，把脱稳粒子联结在一起，形成较大的颗粒，从而改善了絮体的沉降性能，强化了去除效果。

工艺条件：

1)工艺处理能力：1600 m^3/d；

2)药剂配制：在 $3m^3$ 储罐中加入 1.6kg 有机高分子絮凝剂，搅拌 180min；

3)药剂投加量：表 9-4 中 A 行采用渣和有机高分子絮凝剂联合使用，渣投入量为 0.9kg/m^3，有机高分子絮凝剂投入量为 0.06g/m^3；表 9-4 中 B 行采用渣和有机高分子絮凝剂联合使用，渣投入量为 2.6kg/m^3，有机高分子絮凝剂为 0.06g/m^3。

(3)试运行效果。经试运行，絮凝沉降速度快，絮状体大，絮凝作用明显，颗粒物易分离，回水质量好，污水处理成本低，污水处理后水质达到该省地方二级排放标准。

1)利用化工行业含钙工业废渣作为絮凝剂，有机高分子絮凝剂作为助凝剂代替石灰处理选矿废水的絮凝工艺时，其原料来源充分、成本低、工艺流程简单、易于推广、效果好，处理后的水质可以达到选矿回用水标准。

2)利用工业废渣作为絮凝剂，以废治废，变废为宝，节约石灰资源，具有明显的环境效益、经济效益和社会效益。

3)化工废渣含水量大，故可避免以往利用石灰投料时常发生的石灰粉尘飞扬及人员灼伤等事故。

9.3.3　选矿废气净化处理

在选矿过程中，必须对原矿石进行粗破和中破后才能送入湿法细磨工序。因破碎中产生了大量的含尘废气，在生产场所的空气中含尘量为 15～18mg/m^3，日排气量约 14400m^3/d(小时排气量约 600m^3/h)。为保证生产场所及周围环境的安全卫生，必须对含尘废气进行净化处理。

目前，钼矿山对有害含尘废气的净化处理采用两种方法：一是采用水喷淋的装置，可将生产场所内空气含尘量降至最低量达到小于 0.5mg/m^3 要求，并将淋下的含尘水一起排入尾矿库内，以达到卫生要求。二是设立收尘设施系统(要求系统密封)，可将收得粉尘返入选矿用。而收尘后的排风系统也保证排出废气中含尘量小于 0.5g/m^3，以达到国家排放要求，确保对周边环境不受污染。

9.3.4　三废治理综述

以上是钼工业化生产中不可避免会产生的3种对环境不利的污染物，在生产过程中必须采取切实有效措施综合治理。

1. 继续加强三废的治理

我国大、中、小型钼矿山较多，生产水平的差异很大，对三废的治理程度也不同，尤其是一部分小型钼矿山对三废治理不甚重视，造成废渣乱堆，污染严重，在选矿中含氰化物废水也未处理就排放。对于破碎原矿后，工序中的除尘不力，使生产场所及周边环境受污染，这些不良现象必须加以治理。

2. 要提高返回水的使用效率

在钼矿山采选生产中，全国年用水量约为$32\times10^7 m^3/a$（日用水量为$90\times10^4 m^3/d$），形成生产综合废水排入尾矿库内。经过简易处理后，一般大、中型钼矿山返回水的利用效率约为50%，此为较低的回水率。近年来，有些钼矿山进行了技术改造后回水率有所提高，达到60%～65%，总的来看还是较低。因此，提高回水率还有潜力可挖。从实践出发，根据大、中型钼矿山的状况，通过设备系统的进一步改善，有可能将回水率提高到70%左右。从全国看，使回水率从50%增加至70%是有可能的，如净增长20%时，全国可增加日回水量达$9.0\times10^4 m^3/d$，年增加日回水量达到$3240\times10^4 m^3/a$，年节省资金为648.0万元（水价0.2元/m^3），节约大量水资源，这是两全其美的好处。因此，钼矿山对这个问题要引起高度重视。

3. 要加强对三废的监督管理

目前，大、中型钼矿山对三废的治理取得较好的效果，但小型钼矿山做得较差，且效果不明显。因此，钼矿山对三废的治理要加强监督管理。一方面，从组织机构上应设立专人负责，经常检查三废排放的合格状况，并确保三废治理合格后才排放；反之应制止排放。另一方面，从资金上保障三废治理技术可靠和设备的完善，确保三废治理技术，设备先进，使三废排放稳定达标，而不污染环境。因此，专门组织机构与专职人员保证三废治理达标。

目前，全国钼矿山对三废治理取得了一定的效果，但在技术与设备方面还要尽快提高和完善，以提高三废治理水平。此外，要加强对小型钼矿山三废制度管理，杜绝三废对环境的危害和污染。对于治理后的废水利用要提高回水率。从实际出发，使水的重复利用率从原来的50%达到环保部门要求。这是可能达到的，且必须达到的。

9.3.5　钼精矿冶炼过程中二氧化硫治理及控制管理

目前，烟气脱硫技术种类达几十种，按脱硫过程是否加水和脱硫产物的干湿形态，烟气脱硫分为湿法、半干法、干法三大类脱硫工艺。湿法脱硫技术较为成熟，效率高，操作简单；但脱硫产物的处理较难，烟气温度较低，不利于扩散，设备及管道防腐蚀问题较为突出。半干法、干法脱硫技术的脱硫产物为干粉状，容易处理，工艺较简单；但脱硫效率较低，脱硫剂利用率低。在此对各类脱硫技术进行简单介绍。

1. 湿法烟气脱硫技术

湿法烟气脱硫技术按使用脱硫剂种类可分为石灰石-石膏法、简易石灰石－石膏法、双碱法、石灰液法、钠碱法、氧化镁法、有机胺循环法、海水脱硫法等。按脱硫设备采用的技术种类不同，湿法烟气脱硫技术可分为旋流板技术、气泡雾化技术、填料塔技术、静电脱硫技术、文丘里脱硫技术、电子束脱硫技术等。以下对目前工程上应用较多的脱硫技术进行简单介绍。

(1)石灰石-石膏法脱硫技术。石灰石-石膏湿法烟气脱硫技术在世界脱硫行业已经得到了广泛的应用。它是采用石灰石-石灰的浆液吸收烟气中的 SO_2,以脱除其中的 SO_2 的一种湿法脱硫工艺。其工艺流程如图 9-2 所示。

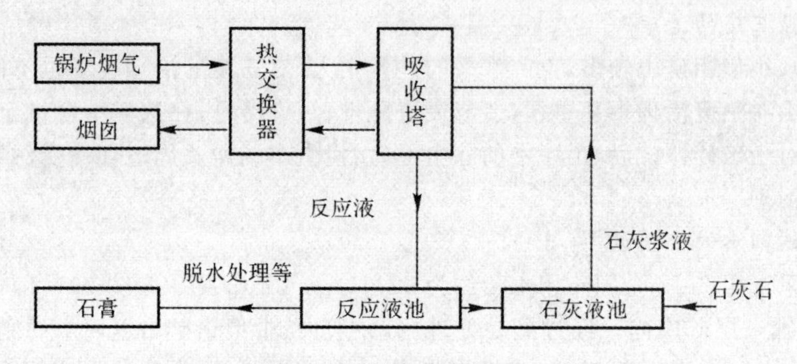

图 9-2　脱硫工艺流程图

烟气先经热交换器处理后,进入吸收塔,在吸收塔里,SO_2 直接与石灰浆液接触并被吸收去除。治理后烟气通过除雾器及热交换器处理后经烟囱排放。吸收产生的反应液部分循环使用,另一部分进行脱水及进一步处理后制成石膏。

日常运行管理应注意的问题有:

1)石灰储藏注意防潮,石灰储量需满足运行要求;

2)石灰系统容易堵塞,注意检查石灰浆液是否达到设计要求;

3)定期检查吸收塔及其他处理设施运行是否正常,确保脱硫除尘效率。

(2)旋流板脱硫除尘技术。旋流板技术是针对烟气成分组成的特点,采用碱液吸收法,经过旋流、喷淋、吸收、吸附、氧化、中和、还原等物理、化学过程,经过脱水、除雾,达到脱硫、除尘、除湿、净化烟气的目的。在各种锅炉烟气脱硫除尘中得到广泛应用。

旋流板技术根据脱硫剂选用不同分为采用石灰液法、双碱法、钠碱法 3 种。以下介绍其工艺流程及特点。

1)石灰液法工艺流程。石灰液工艺示意图如图 9-3 所示。锅炉烟气在塔内经旋流板处理后,由引风机送入烟囱排放。喷淋循环液由脱硫除尘器中上部进入,在旋流塔板上分散成雾滴,与烟气充分接触净化后,从脱硫除尘器底部经水管流入循环水系统的中和池进行再生反应,反应生成上清液循环使用。

日常运行管理应注意的问题:①石灰储藏注意防潮,石灰储量需满足运行要求;②循环水系统容易结垢,需控制脱硫设施进、出水的 pH 值,注意检查循环水量是否达到设计要求,如有异常需对循环水系统进行检修;③定期检查吸收设备及其他处理设施运行是否正常,确保脱硫除尘效率。

2)双碱法工艺流程。双碱法工艺示意图如图 9-4 所示,该工艺在脱硫除尘方面同石灰石法相同。为解决循环水系统及旋流板结垢问题,吸收剂采用钠碱与石灰结合使用。

日常运行管理应注意的问题同石灰液法工艺流程。

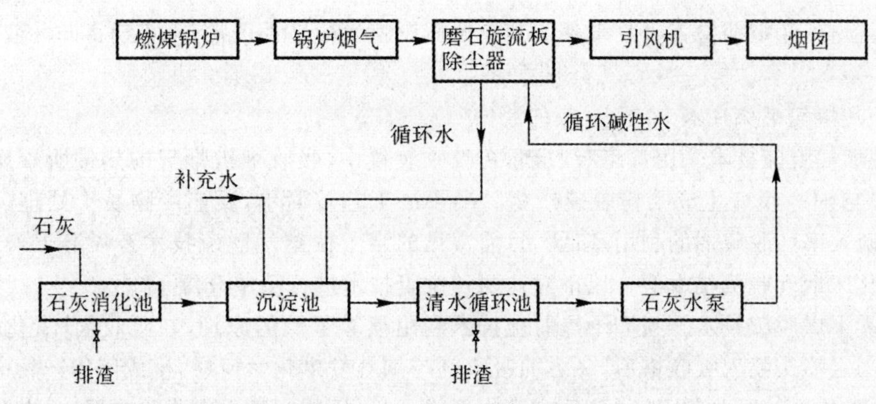

图 9-3　石灰液工艺示意图

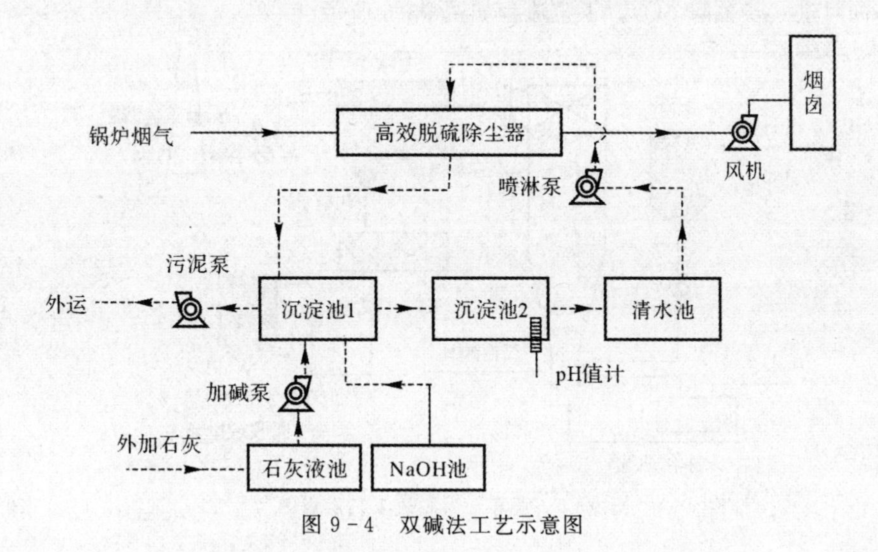

图 9-4　双碱法工艺示意图

3)单钠碱法工艺。单碱法工艺示意图如图 9-5 所示，该工艺一般在燃油锅炉上应用较多。

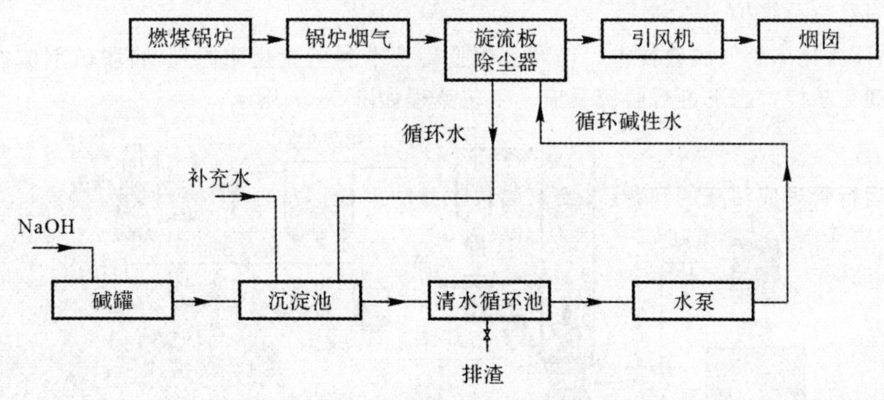

图 9-5　单碱法工艺示意图

日常运行管理应注意的问题。①NaOH 储藏注意防潮，储量需满足运行要求；②需控制脱硫设施进、出水的 pH 值，注意检查循环水量是否达到设计要求；如有异常需对循环水系统及喷嘴进行检查；③定期检查吸收设备及其他处理设施运行是否正常；④定期将循环液排至污水站处理。

2.半干法烟气脱硫技术

半干法烟气脱硫技术采用湿态吸收剂，在吸收装置中，吸收剂被烟气的热量所干燥，并在干燥过程中与 SO_2 反应生成干粉脱硫产物。半干法工艺较简单，反应产物易于处理，无废水产生，但脱硫效率和脱硫剂的利用率低。目前常见的半干法烟气脱硫技术有喷雾干燥脱硫技术、循环流化床烟气脱硫技术等。以下对这两种脱硫技术进行简单介绍。

(1)喷雾干燥脱硫技术。喷雾干燥脱硫技术利用喷雾干燥的原理，在吸收剂(氧化钙或氢氧化钙)用固定喷头喷入吸收塔后，一方面吸收剂与烟气发生化学反应，生成固体产物；另一方面烟气将热量传递给吸收剂，使脱硫反应产物形成干粉，反应产物在布袋除尘器(或电除尘器)处被分离，同时进一步去除 SO_2。工艺流程如图 9-6 所示。

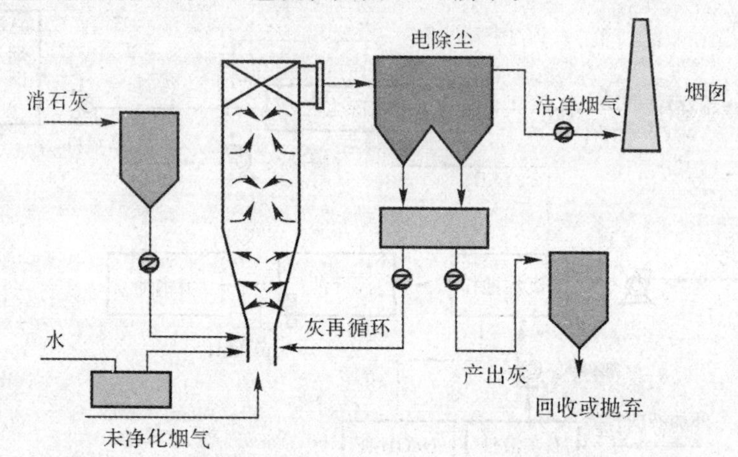

图 9-6 喷雾干燥脱硫工艺示意图

日常运行管理应注意的问题：①石灰储藏注意防潮，储量需满足运行要求；②注意检查石灰投加量是否达到设计要求；③定期检查石灰输送系统及其他处理设施运行是否正常；④注意喷雾器使用寿命及维护。

(2)循环流化床烟气脱硫技术。循环流化脱硫技术利用流化床原理，将脱硫剂流态化，烟气与脱硫剂在悬浮状态下进行脱硫反应。工艺流程如图 9-7 所示。

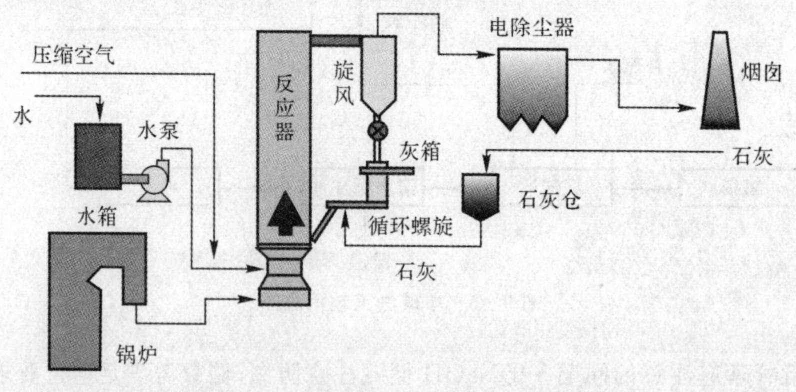

图 9-7 CFB-FGD 脱硫工艺示意图

日常运行管理应注意的问题：①石灰储藏注意防潮，储量需满足运行要求；②注意检查石灰投加量是否达到设计要求；③定期检查石灰输送系统及其他处理设施运行是否正常。

3. 干法脱硫技术

干法脱硫技术采用湿态吸收剂，反应生成干粉脱硫产物。干法工艺较简单，但脱硫效率和脱硫剂的利用率较低。目前常见的干法烟气脱硫技术有炉内喷钙脱硫技术。工艺流程图如图9-8所示。

日常运行管理注意的问题：①石灰储藏注意防潮，储量需满足运行要求；②注意检查石灰投加量是否达到设计要求；③定期检查石灰输送系统及其他处理设施运行是否正常。

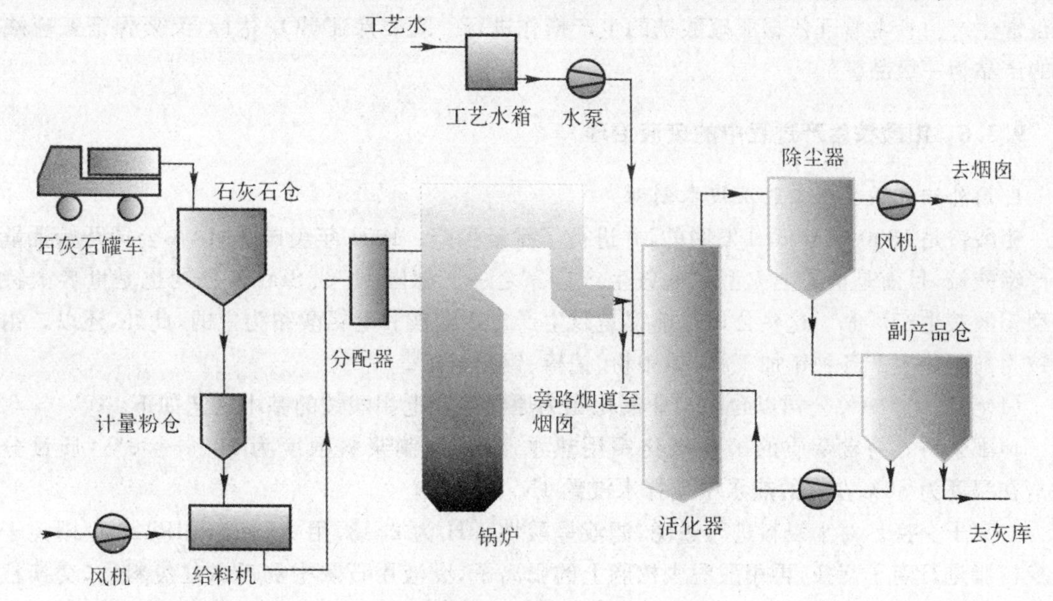

图9-8　炉内喷钙脱硫工艺示意图

4. 亚硫酸钠技术

(1)适用范围。适用于钼冶炼钼精矿 SO_2 治理、高浓度有害气体产生源。

(2)基本原理。采用大孔板技术处理有害气体。通过冲击、自激等方式，有害气体与吸收液充分结合，进行一级、二级处理。处理效率只在60%左右。第三级方式为，大孔板技术，有害气体在通过几层大孔板，并穿过一定厚度的水膜与吸收液结合后达到净化的目的。已喷出吸收液雾化后，捕捉剩余的有害气体，最后高速离心甩干，净化后的气体排出。五个步骤在单台LBT-C型多级净化塔设备中实现，保证了净化效率在95%以上。

大孔板技术属国内首创。不同于国内任何一种漏板塔及化工用的反应塔。该设备的主要原理：有害气体通过塔板时，在风机的作用下，吸收液形成了一定高度的水膜。关键在于既保证了气体的流速，又能使气液充分混合，同时又保证了不堵塔。在国内现有材料的基础上，在研制过程中通过材料的组合克服了在高温高酸、碱、耐磨及避免热胀冷缩对材料与钢材的影响等方面，采用了一系列的具体措施，使这一工况环境同时出现时，设备的防腐保持稳定。

以生产钼铁的铁合金企业为例，钼铁生产年产量为5000t钼铁，7000t氧化钼。某企业采用回转窑生产三氧化钼，尾气中的 SO_2 净化后综合利用生产亚硫酸钠。

(3)主要技术指标。当设备入口 SO_2 浓度达到15000mg/m^3 时，设备处理后的排放浓度达到国家工业窑炉的排放标准，低于 $800mg/m^3$；设备的脱硫效率达到 95％；粉尘的回收率达到 99.95％。

(4)主要条件。适合于高温酸碱等的条件设备；稳定排放(在线监测稳定率在 100％)；适合于回转窑的正常生产；适合于生产一级品的再生产品；占地面积小，投资少，操作简单，维修方便。

主要设备是 LBT－C 型多级净化塔，配套设备为亚硫酸钠生产线，主要包括水洗塔(净化尾气中的杂物)、回收塔(主要是尾气中含有的碱雾)、风机及水泵。

(5)运行管理。设备运行管理，不仅要保证回转窑的正常使用，同时也要适合于亚硫酸钠的正常生产。日常管理依据亚硫酸钠的生产操作进行。既要保证 SO_2 达标，又要保证亚硫酸钠的产品为一级品。

9.3.6 钼酸铵生产过程中的废液治理

1.国外钼酸铵生产工艺及技术创新

钼酸铵是 1930 年 Iredell 发明的，并进行了批量生产。1931 年美国 AMAX 公司开始批量生产钼酸铵，目前是世界上大型钼酸铵生产厂家之一。德国 H.C.Starck 公司也是世界上特大型钼酸铵生产厂家。这些公司目前都是以生产二钼酸铵和七钼酸铵为主的，此外，还以二钼酸铵为前驱体生产各种钼加工材，如钼粉、钼棒、钼靶材等。

(1)美国 AMAX 公司以含杂工业氧化钼为原料生产七钼酸铵的基本工艺如下：

1)配浆料。将含杂质的工业氧化钼用热水浸出，配制浆料浓度为 20％～50％(质量分数)，在温度为 80℃左右的热水中搅拌水浸约 1h。

2)离子交换。对水浸料进行过滤，滤液呈酸性，pH 为 2～3，用 Amerlite IR120 型阳离子交换树脂进行离子交换，再用酸脱去树脂上的阳离子，废液用石灰中和后送往废料场，交换柱中的液体含钼酸，送氨浸作业。

3)氨浸。滤饼调浆至 20％～50％(质量分数)用氨水浸出，氨浸温度为 20～30℃，时间为 3～4h，此过程中氧化钼转为钼酸铵。

4)过滤结晶。过滤后的滤饼为硅铝酸盐脉石矿物和部分氢氧化铁杂质等氨不溶物，送至废料场。滤液送往蒸发结晶装置，在温度为 90～98℃条件下蒸发除去氨和水，结晶出 ADM，烘干得产品。

母液送往温度为 55℃的 pH 调节槽，通入 CO_2 气体(也可以用硫酸、盐酸或硝酸，但最佳选择为 CO_2)，使母液的 pH 值调到 6.3～7.0，NH_3：MoO_3 摩尔比调至 0.86：1 到 1.25：1。温度约 55℃时七钼酸铵每升为 300～500g，浓度接近饱和。然后在 10～20℃下冷却结晶，使 ADM 析出、过滤，钼酸铵滤液返回至 ADM 蒸发结晶装置。

另一种工艺是将热水洗涤工业氧化钼的溶液用 IRA—93 型阴离子树脂(即叔胺树脂)处理。

基本工艺是，首先将工业氧化钼用热水浸，滤液进行中和，然后采用阴离子树脂处理，用氨水解吸获得钼酸铵溶液。将滤饼进行氨浸，氨浸液与离子交换得到的钼酸铵溶液一起进行真空蒸馏，该工艺蒸馏时不需要调节 pH 值，蒸发出的氨和水经过冷凝器冷却到缓冲瓶中，返回至氨浸作业。蒸发得到的钼酸铵溶液在 20℃或稍低的温度下冷却结晶，然后过滤、真空干燥得到高纯七钼酸铵产品。冷却过程得到的钼酸铵母液返回缓冲器中(而不是直接返回蒸发结晶装置)。该工艺的整个过程只生产高纯七钼酸铵,直收率高。

(2)德国 H. C. Starck 公司制备七钼酸铵的方法的基本工艺如下:

1)熔解。用氢氧化钠熔解工业氧化钼,得到钼酸钠溶液,然后过滤,将滤液 pH 调为 2.5。

2)萃取。用含双十三胺有机相进行萃取得到负载钼有机相,将其中一部分引入用于反萃的搅拌器中,同时往该搅拌器中加入氨溶液和冷却结晶得到的母液,调节氨、钼比为 1.20∶1,获得钼含量为 19.24%的反萃液(反萃率为 94.5%)。

3)结晶。将反萃液在 15~20℃下冷却结晶制取七钼酸铵。另一部分含钼有机相引入搅拌器中,同时将第一次反萃有机相也通入该搅拌器中,另外,再加入适量的氨溶液和冷却结晶后的母液,进行反萃,将反萃液进行真空蒸馏获得二钼酸铵。把反萃有机相进行两次水洗使其再生。第一次水洗用的液体来自第二次水洗液,该过程可合理利用资源。

该工艺的优点是在制备高纯七钼酸铵过程中避免了能耗高的缺点,同时也避免了产品中氨含量过高的缺点,直收率高,资源得到合理利用。

(3)美国 Kennecott Utah 公司 POX - MoSX 法。该方法可经济、有效地从低品位钼精矿生产二钼酸铵,基本工艺如下:

1)氧压煮。将低品位钼精矿给至衬有聚四氟乙烯反应釜中,在 200℃和 2 MPa 下氧压煮约 2 h。在该过程中,95%的 MoS_2 被氧化为可溶性氧化钼水合物,其余 5%为不溶性三氧化物。黄铁矿在此过程中转化为可溶性硫酸铜和可溶性硫酸铁。

2)分离洗涤。将反应釜中的反应物放出,进行固、液分离,将滤饼进行洗涤,然后调浆,在 50~55℃下浆料与碳酸钠溶液反应 1h 左右,不溶性三氧化钼转化为可溶性钼酸钠。将钼酸钠溶液过滤、洗涤。滤饼送至熔炼厂回收金、铜等有价金属。

3)萃取。钼酸钠浸出液、氧压煮得到的可溶钼化合物与铜化合物溶液合并送往溶剂萃取,一般采用多级逆流萃取,萃取剂可采用仲胺和季胺,也可采用叔胺,其中叔胺最佳。

萃取后钼负载在有机相上,而液相多为含铜铁硫酸盐,向液相中加硫氢化钠等硫化物沉淀铜为硫化铜,硫化铜随后送冶金厂用于回收铜。废液用石灰石中和送往尾矿库。负载钼的有机相用氨水解吸。

4)结晶。有机萃取剂 R_3N 再返回溶剂萃取作业,解吸溶液主要是钼酸铵和少量杂质。向解吸液中加入适量镁盐沉淀砷、磷等杂质。过滤,滤液浓缩蒸发结晶产出二钼酸铵。氨可循环使用,返回氨浸作业,二钼酸铵可作为产品上市。

(4)德国的 Kummer 改进后的 POX - MoSX 法。将低品位钼精矿(Mo 含量为 25.5%~29.3%,质量分数)置入带有衬钛不锈钢的反应釜中,加水调浆至固体浓度为 20%~30%,在温度为 210~220℃,氧分压为 0.6~0.7 MPa 条件下进行压煮 2h 左右。将釜内反应产物冷却后放出,然后过滤,滤液为可溶性钼化合物和硫酸铜、硫酸铁等。向滤液中添加铁屑,在室温条件下沉铜,经过滤、洗涤后继续加铁屑沉淀钼,固体钼返回至压煮再进行氧化,滤饼用水重新调浆,加碳酸钠水溶液,浸出钼为可溶性钼酸钠,产出的钼酸钠溶液用溶剂萃取钼。萃取剂的组成为 10%的双十三胺、5%癸醇和 85% Escaid110 溶剂。负载钼的有机相用弱酸洗涤,溶剂萃取的 pH 值为 4~4.5,目的是有效减少砷、磷、硒和硫酸盐转入有机相。用浓氨水解吸有机相上的钼,解吸溶液的 pH 控制在 7。为了进一步减少钼酸铵溶液中的痕量杂质,向钼酸铵解吸溶液加入少量钼酸铁和硫化铵,蒸发结晶得二钼酸铵。结晶过程的蒸气经冷却回收氨,返回溶剂萃取系统。

与传统的氧化焙烧钼精矿转化工业氧化钼方法比较，POX－MoSX操作环境友好，钼资源利用率高，工业氧化钼产品质量好，为炼制高强度低合金钢和不锈钢等提供了优质前驱体。

2.国内部分企业工艺情况

(1)金堆城钼业集团有限公司连续蒸发结晶法。该公司2008年引进了连续式蒸发结晶器制备二钼酸铵。所谓连续式蒸发结晶器是指溶液的加热、蒸发以及结晶同时在不同容器内进行。它们的基本设计思路是使3区独立，即加热、蒸发与浓缩以及结晶室分区，同时进行作业，其中特别关键的部件是结晶室的结构。它直接关系到产品的结构、相貌、纯度及其粒度分布等性能。

此外，连续蒸发结晶设备还有热力蒸气再压缩(TVR)及低温蒸气结晶(MVR)等设备。连续式蒸发结晶器的主要结构形式有3种，包括强制外循环式、循环筒-挡板式结晶器以及奥斯陆流化床式等。在制备二钼酸铵过程中，国外多采用连续结晶方法，如智利Molymet采用硫酸酸洗、离子交换除杂后再连续结晶生产ADM，德国H. C. Starck采用萃取法生产ADM，美国Climax对于低品位的原料采用高温氧压煮法生产ADM。

(2)我国某钼酸铵厂生产四钼酸铵。以含Mo 45%～50%(质量分数)左右含杂高的工业氧化钼生产四钼酸铵。具体工艺是，将工业氧化钼用适量浓度的硝酸酸浸，然后过滤，滤液采用离子交换回收钼。滤饼先进行一次氨浸，然后过滤，向滤液中通入硫化铵除杂，进行固液分离，将得到的液体用硝酸酸沉、过滤，母液返回酸洗过程，滤饼进行蒸发结晶、烘干得四钼酸铵。一次氨浸时得到的滤渣进行二次氨浸和三次氨浸。该工艺制取1t四钼酸铵约消耗1.2t工业氧化钼，硝酸0.65t(97%)，液氨0.36t(99.8%)，水5.5t，电力900 kW·h，回收率为96%～97%。

3.钼酸铵生产酸性废水的治理

(1)国外钼酸铵生产废水中回收钼。根据文献资料介绍，国外从钼酸铵生产废水中回收钼的主要方法有活性炭吸附、萃取、离子交换及其无机盐工艺等。

1)吸附法。Atsushi UCHIDA等利用铅化物吸附剂对工业废水中钼的去除进行了试验研究。结果表明，铅化物对含钼废水中的Mo(Ⅵ)有吸附能力，在溶液pH值为3～7，Mo(Ⅵ)初始质量浓度为50 mg/L，搅拌时间2h条件下，对Mo(Ⅵ)的最大吸附量为49 mg。加入0.5 mol/L的NaOH溶液洗涤后铅化物中99%的钼被去除；Mo(Ⅵ)的初始质量浓度为270mg/L，pH值为8，在反应进行30min后，出水中已检不出钼。

日本公害资源研究所伊势一夫等为从含钼2～5g/L的钼酸铵结晶母液中回收钼，使用相应的碱性溶液或H_2SO_4调溶液pH＝1.46，在25℃用No155活性炭吸附，对2g/L，5g/L含钼母液分别进行活性炭吸附，结果母液中钼残存率分别为30%和5%。

2)萃取法。Fuentes对于氧压酸浸钼精矿浸出液、酸沉钼酸铵母液等含钼酸性废液用$(NH_4)_2S$在60～80℃、pH值为1.5～1.8的条件下处理15 min，沉淀析出MoS_2。

A. A. Klemyator等研制了采用泡沫浮选萃取法的新型湿法冶金工艺，从生产钼酸钙的排放水(pH值为8～9)中回收Mo(Ⅵ)。在排放废水中含有0.4～1.0 g/L的钼，多半是以钼酸根离子(MoO^{2-})形式存在。泡沫浮选萃取工艺准备系统包括反萃取胺和用NaOH使水溶液pH值达到12以后，通过添加水溶液以使煤油、壬醇和阳离子捕收剂按规定的比例进行混合等作业。对在萃取器中获得的混合液进行相分离后，有机溶液可用作泡沫浮选萃取Mo(Ⅵ)的萃取剂，而水溶液则加入到原始溶液中。根据研究结果，推荐采用以下工艺参数泡沫浮选萃取钼：阳离子捕收剂不低于0.4mol/mol[Mo]；pH值为3.6；溶剂混合液中煤油与壬醇的质量比为9∶1。在最佳的条件下,钼在泡沫产品的有机相中的回收率为96%～98%。

3)无机盐工艺法。美国J. Paul,Pemsier利用无机盐工艺回收钼,用$FeSO_4$或$FeCO_3$,$FeCl_3$,$FeC(NO_3)_2$和含钼0.6 g/L的溶液混合,配成2.9 g/L的$FeSO_4$混合液,Fe∶Mo>3.5,形成$[Fe(OH)_2]\cdot(NH_2)_2MO_4$复合物沉淀。30 min后液、固分离,用$H_2SO_4$熔解沉淀物。在沉淀物中钼回收率为93%。再用离子交换可从酸分解液中回收97%的钼,钼溶液富集至5.4g/L。

(2)国内钼酸铵生产废水回收钼。

1)加碱共沉淀法。桂林等人在钼酸铵生产的废水处理中,研究了将生产过程中产生的pH=1.0～1.5的酸性废水用碱液进行调节,使$Cu(OH)_2$、$Zn(OH)_2$、$Al(OH)_3$的熔解度达到最低值,Fe以$Fe(OH)_2$形式存在,采取压缩空气搅拌,使其变成$Fe(OH)_3$,$Fe(OH)_3$在pH=6～7时极难熔解。钼在酸性废水中主要以钼酸形式存在,随着pH值增大,一部分MoO^{2-}和Fe,NH_3,HNO_3形成络合物,一部分HNO_3被不溶的$Fe(OH)_3$所包裹而沉降,最终使Mo和Cu,Fe一起共沉淀进入渣中,以达到Mo回收和废水净化的目的。通过处理后,废水中95%的钼进入碱渣。经过焙烧生产其他的钼盐以达到综合利用的目的。

2)酸(废水)碱(碱浸液)中和法。将钼酸铵生产中的酸性废水(Mo含量为1～5g/L,pH=1～1.5)缓缓通入废钼渣一次处理液中(Mo含量为20～50g/L,pH=9～10)。搅拌直到pH=3.5时停止,静置有大量Fe,Cu泥产生,固、液分离后,在液体中继续加入HCl,HN_4Cl搅拌,有大量H_2MoO_4和$(NH_4)_2MoO_4$混合物产生,上清液则为H^+和NH_4^+的酸洗液。将酸洗液返回酸洗工序,作为酸洗焙砂的原液,固体烘干直接用于出口高纯MoO_3即可,也可作为钼酸铵、钼酸钠的生产原料。

3)中和—过滤—浓缩法。张建刚等研究了用中和—过滤—浓缩法回收钼酸铵废液中的钼。生产钼酸铵的酸性废液,经氨水中和、过滤、滤渣用热碱(Na_2CO_3)浸取和滤液蒸发浓缩等步骤,回收了废液中约79%的钼,并获得NH_4NO_3和NH_4Cl。NH_4NO_3和NH_4Cl固体烘干后可做肥料。

4)氨水调pH值及$(NH_4)_2S$沉淀法。徐劼等研究了用硫化氨及用氨水调节pH值的方法处理钼酸铵生产中的酸性废水。将质量分数为80%、体积为废水体积1%的工业硫化铵加入酸性废水,pH值控制在6左右,室温静置4h,废水中90%以上的铜、铁、铅、锌被沉淀,98%以上的钼共沉淀进入渣中。沉淀渣再用氨水熔解,84.59%的钼转化为钼酸铵溶液,而渣中的铁、铜、铅基本不溶,锌有部分熔解进入钼酸铵溶液中,此溶液可直接返回生产钼酸铵的生产工艺中。经沉淀处理后的酸性废水,再经处理除去碱金属离子后,可结晶生产硝酸铵。

但该工艺处理后的废水中仍含有少量各种重金属杂质,需进一步去除。如直接将处理后的废水结晶,硝酸铵的纯度达不到工业要求,不能直接作为产品销售。而进一步去除各种残余的金属杂质仍需一定的工作量,综合下来该处理工艺较为烦琐。

5)膜技术。唐丽霞等采用纳滤膜系统处理钼酸铵生产的酸性废水,对钼的截留率高达98%以上,对Cu,Fe,Ca,Mg的截留率都在80%～95%之间。对一价金属离子有较高的透过率,K,Na的透过率达60%以上。通过纳滤系统浓缩后的原液钼含量大为提高,对后续处理浓缩液提取钼极为方便。透过液各种金属离子指标较低,可以返回钼酸铵生产过程回用,达到环保效果。

宣凤琴等提出了在相同压力下,钼酸铵溶液经陶瓷膜分离和离子交换膜分离时通量的变化，说明钼酸铵溶液经陶瓷膜和离子交换膜串联分离情况下，陶瓷膜通量比单用大些，离子交换膜变化不明显，但这一情况是在料液已被陶瓷膜分离过一次的基础上进行的，因此将陶瓷膜和离子交换膜串联起来对溶液进行分离效果比较好。这些对于改进钼酸铵废水处理生产工艺也有很大的意义。

6)离子交换法。离子交换过程一般为吸附、解吸、再生、淋洗，但对于树脂的选择以及工艺条件和工艺参数的优化比较重要。

张兴元在pH为2时对酸沉母液进行吸附，吸附流量定为不大于0.5m^3/h。之后用8%的氨水以600 L/h的速率进行解吸，当解吸液pH为9时停止解吸，然后用20%的盐酸进行再生和用自来水进行淋洗。用此工艺钼的回收率在95%以上。把回收液充氨至pH为9时净化、酸沉得到的钼酸铵符合GB3460—82标准。产品有时呈微黄色，但熔解后黄色去除，不影响钼的深加工。

梁宏等选择以大孔径弱碱性阴离子交换树脂进行吸附，用NaOH进行解吸，所得解吸液转入生产钼酸钠，有利于稳定产品质量，可避免采用NH_4OH解吸后转入钼酸铵使钨的杂质含量增加。此法从含钼酸洗、酸沉母液中回收钼，回收率可达94%以上。回收过程中所用辅助材料碱或氨进入成品，特别是碱液解吸生产钼酸钠，不增加“三废”排放，有利于环境保护。

刘敏婕等将钼酸铵生产废水依次通过DK树脂和AH树脂动态处理，可以去除并回收其中86%～92%的钼和98%的铜。结合氨化沉淀其他重金属，可以从处理后的废水中结晶回收质量基本达到乳化炸药标准的硝酸铵。

7)“二步分级沉淀”回收废液中硝酸铵。王红梅研究了一种“二步分级沉淀”回收生产钼酸铵酸洗废液中硝酸铵的方法，可以从废液中回收纯度不低于99.5%的优质硝酸铵。同时还可以将大体积的废液转化为少量能处置的固体残渣。首先，在搅拌的条件下往钼酸铵废酸液中缓缓加入硫化铵溶液，使溶液的pH值维持在1左右，静置沉降1h后过滤，收集金黄色透明状滤液(A)。在此过程中，废液中的Cu^{2+}，MoO_4^{2-}和S^{2-}从溶液中去除。其次，在搅拌条件下，于滤液(A)中，缓慢加入氨水，控制pH值在10～11，再加入碳酸铵，缓慢加热到60～70℃，静置沉降2.5h后过滤，收集澄清透明的滤液(B)。此操作可除去溶液中的Fe^{3+}，Zn^{2+}，Ca^{2+}，Mg^{2+}，$A1^{3+}$。然后，用质量分数约为33%的稀硝酸中和溶液(B)，控制pH值在5～6，加热蒸发，浓缩至原体积的1/5，得到母液(Ⅰ)。此间，溶液中过量的氨转化为硝酸铵。最后，将浓缩液冷却至室温，过滤得到粗品硝酸铵。母液(Ⅰ)蒸发至180～200 mL后，再次冷却析晶，抽滤得到另一份硝酸铵粗品及母液(Ⅲ)，合并2次的粗品。按其与水之体积比为5∶1，进行重结晶，得到母液(Ⅱ)和湿品硝酸铵，经(100±2)℃干燥制得产品。上述母液(Ⅱ)和母液(Ⅲ)合并称为二次母液，将其返回原废液循环使用。

表9-5为回收的硝酸铵与国家标准规定的工业硝酸铵技术指标对比。

表9-5 回收硝酸铵与工业硝酸铵技术指标对比

指标名称	优级品	回收品
硝酸铵质量分数/(%)	≥99.5	99.52
游离水质量分数/(%)	≤0.3	0.1
灼烧残量质量分数/(%)	≤0.05	0.03
酸度	甲基橙指示剂不显红色	甲基橙指示剂不显红色

由表9-5可知，按上述方法连续处理废液3批，所得的硝酸铵符合国家标准优级品的技术要求。

该试验为从钼酸铵废液中回收可直接销售的硝酸铵的工程应用提供了重要的参数，但钼的最终处理及回收没有提及，做为综合处理钼酸铵废水工艺还不够完善。

目前，我国钼酸铵废水治理大多数都是针对氧化焙烧氨浸法生产钼酸铵的酸盐预处理工艺的废水。大多数研究都只是停留在试验研究阶段，涉及工程应用的很少，而且有些试验用于综合治理钼酸铵方案的依据还不够完善。钼酸铵酸洗废水的综合利用的关键性问题是钼的回收及硝酸盐的提纯结晶，国内目前还没有生产实践，有待进一步研究。

4.钼酸铵清洁生产

(1)钼酸铵清洁生产工艺。钼酸铵清洁生产工艺采用酸-盐预处理与离子交换组合工艺，流程如图9-9所示。该工艺以工业氧化钼为原料，先进行酸-盐预处理，预处理液经压滤后，滤饼氨浸并再次过滤，滤液回流至预处理阶段，提高钼回收率。初次压滤液进入离子交换柱，利用酸铵和七钼酸铵树脂对不同离子的亲和力，有效除去P，As和Si等杂质，实现钼的转型，得到纯净的精钼酸铵溶液。精钼酸铵溶液经酸沉、离心分离和烘干等工序得到工业产品四钼酸铵。

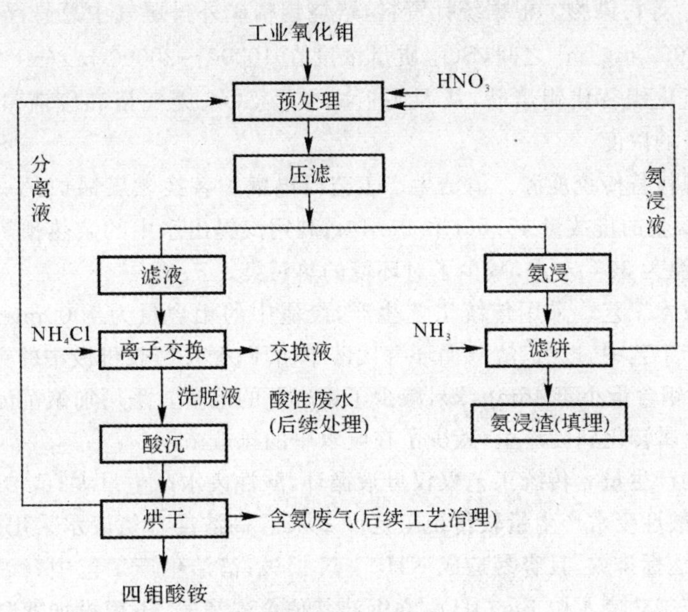

图9-9　钼酸铵清洁生产工艺流程

(2)污染物处理与回收工艺。污染物处理工艺流程如图9-10所示。首先向酸性废水中投加次氯酸钠，将处理后的酸性废水通过耐蚀泵打入填料吸收塔吸收含氨废气，含氨废气中氨的去除率达到95.4%，净化气体达标排放。调节吸收液pH为11，在沉淀池停留24h，金属离子被共沉淀到池底，上清液经预热泵入汽提脱氨塔喷淋。喷淋液经过再沸器进一步加热沸腾生成含氨和水蒸气的混合气体，混合气体在塔顶部经冷凝器作用后，水冷却成液体回流，氨气通过管道引入氨浸罐回用于生产。

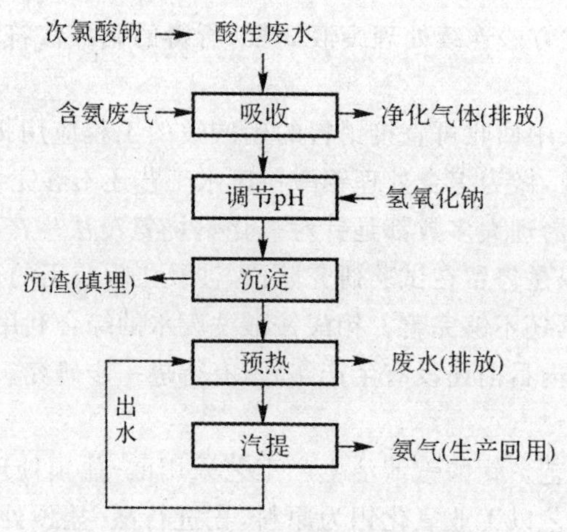

图 9-10　污染物处理工艺流程

(3)清洁生产新工艺技术特点。

1)选用清洁原材料。传统工艺采用钼精矿氧化焙烧生成钼焙砂,同时还生成金属氧化物、细颗粒粉尘及 SO_2 等污染物。根据统计资料,焙烧钼精矿外排尾气中总悬浮颗粒物(TSP)质量浓度在 1500～2000 mg/m^3 之间,SO_2 质量浓度在 10000～20000 mg/m^3 之间。在清洁生产工艺采用工业氧化钼替代钼焙砂,从源头上减少了 SO_2、废气量和废渣量,减少了废水中 Fe,Cu 等金属离子的浓度。

2)以清洁能源代替传统能源。清洁生产工艺以电锅炉替换燃煤锅炉,平均每年分别减少大气污染物 SO_2 烟尘的排放量 45.50t 和 36.14t;利用汽提出水中的余热预热,提高了热利用率,且总排出水水温为 30℃左右,减少了对环境的热污染。

3)采用先进技术工艺。采用传统工艺生产,废渣中的钼含量为 1000mg/kg,造成钼资源的浪费。清洁生产工艺中,以液、渣双循环替代液单循环,循环回收母液中的钼,钼的回收率达到 99.7%,废渣中钼含量小于 46mg/kg,减少了钼资源的浪费。采用加碱沉淀工艺,废水中的 Mo,Fe 和 Cu 等金属转化到废渣里,减少了在废水中的排放浓度。

4)降低污染物产生量。传统工艺仅仅母液循环,酸性废水产生量大;清洁生产工艺采用离子交换法,洗脱液酸性废水产生量较传统工艺少 20%。高浓度含氨废水采用生物法或多效蒸发处理,出水难以达标排放,且容易造成 NH_4^+-N 损失;清洁生产工艺中,汽提工艺具有高效的特点。清洁生产工艺废水中 $Fe(OH)_3$ 共沉淀其他金属离子,不用投加絮凝剂,絮凝污泥量少,减少了固体废渣的排放量。清洁生产工艺与酸沉工艺比较,不产生 SO_2 和 TSP 废气,较蒸发浓缩工艺产生的含氨废气量少。

5)回收废弃物。钼酸铵生产废气中的氨采用酸性废水吸收,增加了吸收效率,减少了生产用水量,废气中的氨回收率达到 95%。废水中的氨采用汽提工艺回收,氨回收率达到 99.99%。滤饼、滤液中的钼均通过离子交换工艺回收,钼的回收率达到 99.7%。

6)采用节能环保型设备。清洁生产过程中的主要设备如氨浸反应釜、阴离子交换柱、烘干机、抽滤机、压滤机等均选用节能环保型设备,符合清洁生产要求。

7)达标排放污染物。处理后钼酸铵生产废气中的氨质量浓度小于 5mg/m^3,符合 GB14554—93《恶臭污染物排放标准》中三级标准,可达标排放;出水 $\rho(NH_4^+-N)$ 小于

15mg/L,$\rho(NH_4^+-N)$、pH和色度均达到了GB8978—1996《污水综合排放标准》(GB8978—1996)一级排放标准要求。

(4)清洁生产技术经济分析。钼酸铵生产传统工艺和清洁生产工艺比较,单位产品能耗指标见表9-6,污染物排放指标见表9-7。

表9-6 单位产品能耗指标

项目	酸-盐预处理	清洁生产工艺
燃煤/$(t\cdot t^{-1})$	1.32	0
电耗/$(kW\cdot h\cdot t^{-1})$	1200	5812
用水/$(t\cdot t^{-1})$	5	4

表9-7 污染物指标

项目	酸-盐预处理	清洁生产工艺
单位产品烟气量/$(m^3\cdot t^{-1})$	16250	0
含氨废气量/$(m^3\cdot h^{-1})$	1030	880
单位产品SO_2量/$(kg\cdot t^{-1})$	3.59	0
单位产品烟尘量/$(kg\cdot t^{-1})$	0.07	0
废气中氨质量浓度/$(mg\cdot m^{-3})$	140	<5
废水中$\rho(NH_4^+-N)/(mg\cdot L^{-1})$	25	<15

注:气体以标准状态计。

采用清洁生产工艺,每生产1t成品钼酸铵的同时可回收0.24t氨,回用于生产。按氨回收量187t/a,液氨价格0.3万元/t计算,可节约资金约56.2万元/a。

(5)钼酸铵清洁生产工艺预期的效果。

1)以酸-盐预处理-离子交换组合工艺替换传统工艺,以液、渣双循环工艺代替液单循环,减少废水排放量20%,出水中氨回收率达到99.99%,取得了很好的污染防治效果。

2)每生产1t成品钼酸铵的同时可回收0.24t氨,与传统工艺相比,附加产值720元/t,按氨回收量187t/a计算,可节约资金约56.2万元/a。

3)采用酸性生产废水吸收处理含氨废气、汽提工艺处理高浓度含氨废液,分离出的氨回用于生产。处理后的废气中氨质量浓度小于5mg/m³,符合GB l4554—93《恶臭污染物排放标准》(GB l4554—93)中的三级标准,出水达到了GB 8978—1996《污水综合排放标准》(GB 8978—1996)一级排放标准要求,环境效益良好。

9.3.7 钼粉末冶金及压力加工对环境污染治理

(1)钼粉末冶金和压力加工工艺流程。钼粉末冶金和压力加工工艺流程如图9-11所示。

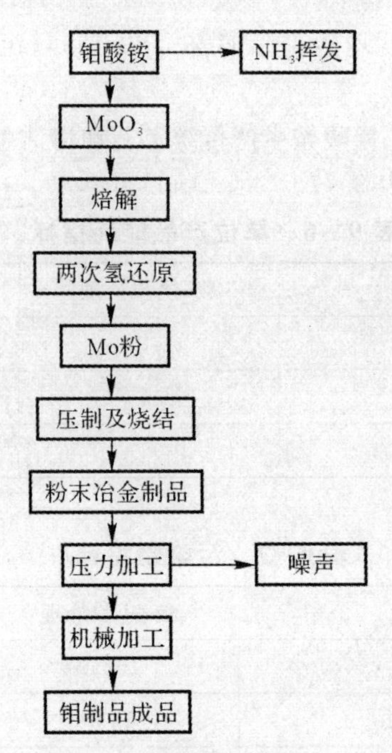

图 9-11　钼粉末冶金和压力加工工艺流程图

(2)治理过程。钼粉末冶金和压力加工及机械加工污染问题较少,在钼粉末冶金过程中存在氨气问题,在钼的压力加工过程中存在噪声问题。

1)钼酸铵焙解过程氨气排放问题。钼酸铵在加热焙解时要放出氨气和水,反应过程为

$$\text{钼酸铵} \rightarrow MoO_3 + NH_3 \uparrow + H_2O$$

现代焙解炉(网带炉、回转炉)均有尾气回收装置,回收装置通水,钼酸铵和 MoO_3 也经过回收装置,等焙解炉运行一段时间,回收钼酸铵及 MoO_3,废水加入 KOH 中和,形成 KNO_3,和回收物质一起回收,再返回钼酸铵生产线。

当废水 pH 接近 7 时,排放。

2)钼压力加工生产线。钼的压力加工过程中的噪声主要出现在旋锻(B203,B201),其中 B203 旋锻时的噪声要达到 110dB,因此,操作工要带耳套,操作间与外部封闭起来,在操作时外部噪声要小于 50dB。

旋锻已经是很落后的工艺,目前一般采用轧制。

9.4　钼及难熔金属环境问题新举措

钼产业链中涉及的对环境主要污染问题是钼矿采矿、选矿过程中对地貌位移、废水污染等问题,在冶炼过程中 SO_2 污染,钼化工过程 NH_4^+ -N 污染问题。

首先应该在全国提出抓重点企业,重点企业污染治理好了,然后以点带面,全面推广到中小企业。其次,抓产业结构的调整,生产落后、设备陈旧、效率低劣、管理落后、产品劣次的企业应坚决淘汰。要改变传统工艺中的重污染、能耗大、效益低的生产模式,要向少污染、少能耗、高效益的清洁生产模式转变。同时改变传统的方式,向源头控制和全过程控制的方式转变。这个转变的过程可能要牺牲一部分企业的利益,但从长远看,与治理环境所付出的代价相比,

今天的付出是微不足道的。

首先在理念上、观念上要更新，要坚持可持续发展的战略，树立企业与环境和谐的观念。在新的生态价值观指导下，对自然界进行合理开发和科学的管理。对于钼企业，首先要改变传统的工艺方法，淘汰对环境污染大的落后的工艺生产方式。

同时积极开展循环经济为特征的产业链条，构建钼生产过程中整个产业链的完美循环，以达到清洁生产。清洁生产的定义就是一种创新的思路，整体预防，环境战略，持续利用，运用到整个生产、制作过程中去，这样我们的产品必然是低成本、高质量的。从工业的思路贯彻到企业，企业和企业之间连起来，如矿物提取后的尾矿进行分离选别，制取贵重金属，并把不可利用的废矿资源用于建筑行业等；钼酸铵生产过程中产生的氨氮离子，可以制成农业化肥作为下家企业的原料，这样物料再循环，再使用，成本很节约，排出的污染物也很少，形成了一个清洁生产的循环经济。

要转变必须有创新，必须要有观念创新、技术创新、管理体制的创新。如果不是这样做，尽管投入很大，尽管提高了认识，我们的生产模式还是落后的，管理方法也是落后的，同国际接不上轨。

参 考 文 献

[1] 杨江海. 提高选矿回水利用的措施与实践. 中国钼业. 1998,22(3):42-44.

[2] 郝吉明，王书肖，等，燃煤二氧化硫污染控制技术手册. 北京：化学工业出版社，2001.

[3] 钟秦，燃煤烟气脱硫脱硝技术及工程实例. 北京：化学工业出版社，2002.

[4] 赵由才. 危险废物处理技术. 北京：化学工业出版杜，2003.

[5] 吴先余，张兰芳，等. 水土保持农林措施. 西安：西北大学，1982.

[6] 王礼先，苏新琴，等，水土保持工程学[D]. 北京林业大学，1988.

[7] 太原市水利局. 太原市西山水源保护研究之十. 1987.

[8] 陕西省地表水资源. 陕西省水文总站，1984.

[9] 四一三事故环境污染调查技术小组. 某公司尾矿库泄漏事故河道环境污染影响评价报告. 1988.

[10] 环保工作者实用手册，北京：冶金工业出版社，1984.

[11] 农业部乡企局造纸工业生产与污染防治. 北京：中国环境科学出版社，1991.

[12] 向铁根. 钼冶金(修订版). 长沙：中南大学出版社，2002.

[13] 桂林，王淑芳，等. 钼酸铵生产中的废水处理. 中国钼业，1999,23(5):25-26.

[14] 徐劫，肖连生，张启修. 钼酸铵生产中工业废水的综合治理. 稀有金属与硬质合金，2002,30(4):6-8.

[15] 汪金发，华东发. 钼酸铵生产中的“三废”治理及综合利用. 中国钼业，1998,22 (4):44-48.

[16] 张自刚，段黎萍，等. 钼酸铵生产废液的综合治理. 化工环保，2000,20(1): 28-31.

[17] 梁宏，卢基爵，等. 离子交换法从含钼酸性废液中回收钼. 中国钼业，1999, 23(3),43-45.

[18] 李辉，唐丽霞. 钼酸铵生产工艺与技术进展状况分析. 中国钼业，2009, 33 (6):41-43.

[19] 国家环保总局监督管理司. 中国环境影响评价(培训教材). 北京:化学工业出版社,2001.
[20] 杨再鹏. 清洁生产与 ISO14000 环境管理体系标准. 化工环保,2009,29 (5):449 - 452.
[21] 杨再鹏,孙杰,徐怡珊. 清洁生产与循环经济. 化工环保,2005,25(2): 160 - 164.
[22] 张建刚,段黎平,李俊平,等. 钼酸铵生产废液的综合治理. 化工环保,2000,20 (1):28 - 31.
[23] 张兴元. 用离子交换法从酸沉母液中回收钼 . 中国钼业,1997,21(4):23 - 25.
[24] 刘敏婕,马全智,李辉. 离子交换法综合处理钼酸铵生产废水的研究. 中国钼业,2006,30 (3):27 - 29.
[25] 姬涛,金奇庭,郭新超,等. 钼酸铵生产酸洗废水的治理. 工业用水与废水,2007,38 (4):12 - 14.
[26] 王玉芳,刘三平,王海北. 钼精矿酸性介质加压氧化生产钼酸铵. 有色金属,2008,60 (4):91 - 94.
[27] 唐军利,刘东新,唐丽霞,等. 从钼精矿、氧化钼、钼酸铵质量对比看中外生产技术差异. 中国钼业,2008,32(2):42 - 44.
[28] 张启修,赵秦生. 钨钼冶金. 北京:冶金工业出版社,2005.
[29] 丁春生,袁春生. 线路板工业废水处理工程实践. 环境污染与防治,2005, 27 (9):686 - 688.
[30] 张文钲. 工业氧化钼生产研讨. 中国钼业,2009,33(1):5 - 8.
[31] 关卫省,袁卫宁,张志杰. 港口化学品废水的 DAF - OD 法处理. 环境工程,2000,18 (3):1 - 3.
[32] 国家环境保护总局,国家技术监督局. GB14554—1993 恶臭污染物排放标准. 北京:中国标准出版社,1994.
[33] 国家环境保护总局,国家技术监督局. GB8978—1996 污水综合排放标准. 北京:中国环境科学出版社,1997.
[34] Klemyatov A A. Usage of foamy floto-extraction for molybdenum (VI) extracting from poor solutions of waste waters. Tsvetnye Metally,2002,(6):13 - 16.
[35] Atsushi UCHIDA. Removal of Mo(VI)Ion from Waste with Lead Compounds. 资源与素材,2002,(2):81 - 85.
[36] 王红梅. 钼酸铵废液成分分析及其中硝酸铵的回收. 德州学院学报,2003,(6):60 - 63.
[37] 唐军利,唐丽霞,罗建海. 制备条件对二钼酸铵粒度及分布的影响. 中国钼业,2010,34 (4):21 - 22.
[38] 丁舜. 表面活性剂在纳米八钼酸铵制备中的应用. 中国钼业,2007,31(6):37 - 38.
[39] 李峰. 高溶性二钼酸铵生产工艺. 山西化工,2007,27(5):41 - 43.
[40] 张文钲. 钼酸铵研发进展. 中国钼业,2005,29(2):29 - 32.
[41] Bomshtejn viktor evgenevich,volodin valeIij fedorovich,glejzer sergej vladimirovich,et al. A process for preparing AHM. SUl723042,1990,01 - 29.
[42] Viktor stouer,Michael Erb,et a1. Method for producing ammonium heptamolybdate. US20100008846,2010,1 - 14.

[43] Victor J. Ketcha J Ⅱ, EIlzo L. c01trinari. Pressure oxidation process for the production of molybdenum trioxide from molybdenite. US6149883, 2000, 11-21.

[44] 宣凤琴,方晓飞. 膜分离技术处理钼酸铵废水的研究. 安庆师范学院学报,2008,14(4):58-61.

[45] 唐丽霞,周新文,唐军利,等. 纳滤膜处理含钼酸性废水的试验研究. 中国钼业,2009,33(3):27-29.

第 10 章　中国钼加工工业现状及发展建议

中国虽然是钼资源大国，但钼的加工水平和国外先进企业相比还是有很大的差距，中国虽然钼矿开采量居世界第一位，但大部分产品均属基本原料，如工业氧化钼、钼铁等。钼的深加工产品及含钼的特殊钢材与国际先进水平差距很大。如我国现在大量使用的 TCD，TED 溅射靶材，国内产品还无法满足市场要求，需要大量进口，不锈钢等相关产品质量较日本、美国、韩国等也有较大差距。

产生如此差距的主要原因，除了基础理论薄弱、工装水平落后等因素外，管理者在理念认识上也存在较大差距。

10.1　中国钼加工工业现状

10.1.1　中国是钼资源生产和出口大国

据统计，2012 年 52%的钼来自原生矿，大部分在中国。图 10－1 所示为 2003 年以后世界钼来源的统计。

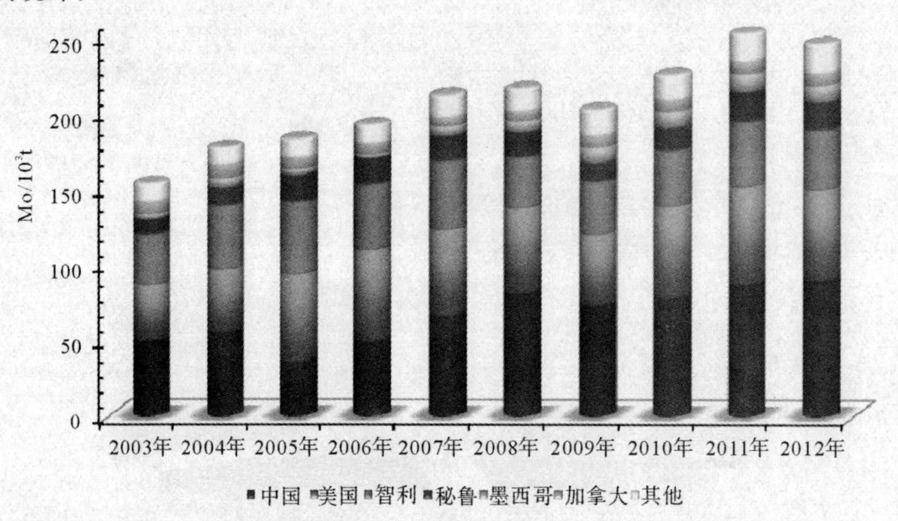

图 10－1　世界钼产量出处

从图中可以看出，2012 年钼产量大约为 246kt，其中，中国、美国和智利约占钼总产量的 76%。

10.1.2　企业规模较小，难以参加国际竞争

1. 生产占比分散

采选点（钼精矿生产点）有 300 多个，钼铁生产点有 200 多个，加工生产点有 100 多个。

2. 规模小

年产量只有几吨、几十吨，在加工材产量上没有一家超过 500 t(奥地利的 Plansee 一家年产钼加工材和深加工制品就达 1500 t)。

因此，国内产业布局不符合产业结构优化理论，不符合产业结构高级化、合理化要求，难于参与国际竞争。

10.1.3 装备技术落后，生产自动化控制水平低

1. 国际水平

设备的更新周期一般为 5～10 年，普遍采用连续化、自动化的现代生产方式。

2. 国内水平

许多加工设备是在 20 世纪 70 年代发展起来的，有些地方还存在作坊式的生产，生产自动化程度低。

产品质量不稳定，形成不了规模，也无力跻身于世界先进行列。

10.1.4 加工环节薄弱，产品结构不合理

1. 加工环节薄弱

我国钼加工集中于粗丝、钼板、钼棒等初级加工品种，缺少技术含量特高、规格特大、形状特异的精品。

2. 产品结构不合理

如图 10－2 所示为 2012 年钼的区域消费分布情况，从 2012 年钼的消费分布可以看出，中国钼的消耗量最大，但大部分限于初级产品。初级品、中间品所占比例很大，多为粗放型产品，而技术含量高、产品附加值高的产品很少。例如，出口产品中氧化钼、钼铁占 86%以上，钼盐占 9%，加工产品仅占 1.7%。

因此，过度依赖资源，利润低，缺少市场竞争力及抗风险能力。

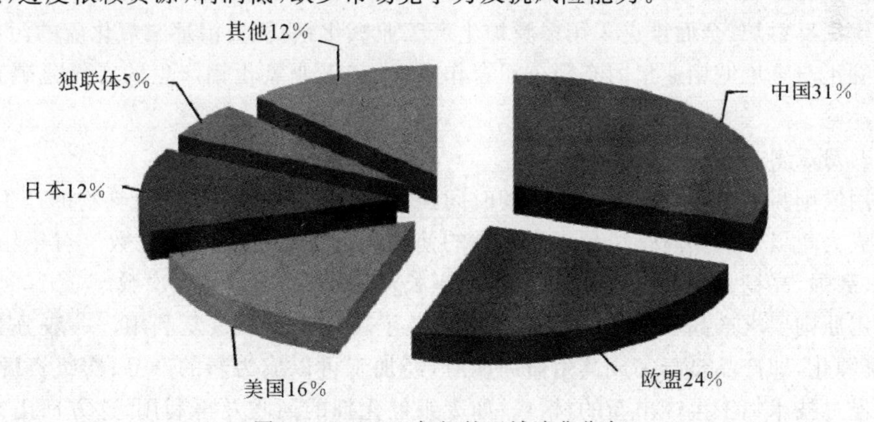

图 10－2 2012 年钼的区域消费分布

10.1.5 研发力度不够，缺乏核心技术及产品

1. 专业技术人才奇缺

难熔金属钼的专业人才奇缺，而且研究单位少，研发经费投入不足，企业研究力量不强。

2.基础性研究不断消弱

缺乏对钼产品应用领域的开拓(核聚变堆的应用、军工应用),研究和检测仪器设备的更新速度远低于老化速度。

10.1.6 中国钼工业总体评价

钼金属制品质量很难达到国际先进标准要求,出口量很小,高精尖产品仍需进口。

钼仍属于小金属,但各行各业均采用,要做到精细、特质、性能优良,关键是抓住特殊时机和环境练好内功,实现早日转危为安,加速我国钼加工业的产业转型和跳跃式发展。

10.2 国内钼加工工业发展的建议

本着环保、节约、安全的原则,从下述几方面来开展。

10.2.1 用循环经济模式引领钼加工工业的发展

以"3R"原则组织生产:减量化原则(Reduce);再利用原则(Reuse);资源化原则(Resource)。

1.减量化原则

减量化原则也即减物质化原则,要求减少进入生产和消费流程的物质量,有利于避免先污染、后治理的传统发展方式。对于钼,则应节约资源、改进产品、重新设计产品、提高功能,重点开发稀土钼、高温钼合金和利于消除 SO_2 的 $MoSi_2$ 产品。

减量化原则是我们必须要考虑的问题,虽然我国钼资源居世界首位,但是前些年,我国大量生产并出口钼精矿、钼铁等资源类初级产品,造成价格不断下降,恶性竞争层出不穷,经济效益十分低下。国家应效仿钨及稀土业的做法,将钼定位为战略性资源,严格控制准入门槛,强化钼产品出口配额制,坚定淘汰那些产能较小、产品结构不合理、污染严重的中小钼企业。如应下力气淘汰反射炉,全面推进采用多膛炉生产工业氧化钼,积极治理二氧化硫的污染。如北京钢铁总院正与金堆城钼业集团有限公司合作,将生产工业氧化钼产生的二氧化硫直接转变为硫磺。

2.再利用原则

再利用原则目的是延长产品和服务的时间强度,减少生产和消费中废弃物的产生,防止物品过早地成为垃圾。其实质是尽量提高产品的使用寿命和重复使用的次数。对于钼,则重点在于高温、高强、高韧、高纯,以提高其质量,而延长使用寿命、增加使用次数。

再利用原则要求产品在完成其使用功能后经重新加工可以重复利用。一般分为两个层次:原级资源化,即产品自身完成其生命周期后,经加工可以成为新的产品;次级资源化,即利用废弃物经过技术加工生产出新的材料。如废钼催化剂的回收及再利用,这方面山东铝业做得很好,他们将含钼的废催化剂进行处理,制备出了合格的钼酸铵产品。

3.资源化原则

资源化原则也即再循环原则,要求产品在完成其使用功能后尽可能重新变成可以重复利用的资源而不是无用的垃圾。对于原级资源化,即产品自身完成使用周期后经加工又生产本产品;对于次级资源化,即利用废弃物经过加工生产新的材料,如废钼催化剂的回收和再生产。

在钼深加工企业，要努力改进对生产过程的控制，减少或杜绝废弃物的产生，通过工艺优化及设备改进不断提高钼各类产品的成品率及回收率，避免钼资源的浪费。同时立足于提高钼产品的技术性能，不断延长钼产品的使用寿命。对钼的深加工产品要以“高温、高强、高韧、高纯”为目标。在采矿、选矿、冶炼、化工、粉末冶金、压力加工、机加工等全产业链推进技术革新及装备的更新换代，努力提高最终产品的使用性能。如金堆城钼业集团有限公司在冶炼上引进了美国的多膛炉技术、在钼化工领域引进了美国的钼酸铵水洗技术、在粉末冶金方面引进了德国全自动还原炉及电阻炉等先进技术装备。

在循环经济中，“3R”原则是一个有机联系的整体，因此，在矿产资源开发、加工、利用、废弃和再利用过程中，应全面推行清洁生产，加强污染物排放总量的控制，加大矿区水的综合利用，提高废水循环利用率，研究无废、少废开采技术，推广绿色矿业开发模式。

10.2.2　以可持续发展为准则调整钼产品结构

可持续发展就是要节约资源、节约能源、保护环境，使人和自然和谐发展。对于钼，应该以调整产品结构为主线，从产业发展的实际出发。具体产品结构调整的重点是：

(1)喷涂钼丝：提高生产钼丝的锭坯单重(≥20kg/根)，适应汽车工业发展的需要。

(2)稀土钼：用复合强化机制提高其耐热性，用单一型或复合型稀土改善钼的电性能。

(3)特种规格钼材：特宽板材(≥1000mm)，大规格棒材(直径≥100mm)等，满足靶材市场。

(4)高温保护涂层：发展 $MoSi_2$ 涂层，在 1450℃下大气中使用寿命≥100h，在 1600℃下大气中使用寿命≥20h。

(5)筒状钼及钼合金制品：生产外径＞120mm、内径＞50mm、长度＞4000mm 筒状钼和钼复合材料筒材，满足太阳能溅射靶材的市场需要。

(6)超微 MoC，MoN 金属陶瓷：依据市场及发展要求，进行超微 MoC，MoN 粉体研究并进行涂层技术研究，力争在航空发动机等构件上应用。

(7)非层状纳米 MoS_2：研制具有富勒烯结构或管状结构的纳米 MoS_2 材料，不局限于将这些纳米颗粒应用在润滑剂和油脂中，还要将这种纳米颗粒应用添加到金属薄膜、陶瓷、聚合物的涂层中。

(8)加强对辉钼的研究：瑞士洛桑理工学院纳米电子与结构研究所采用辉钼(MoS_2)单层材料制造半导体，不但体积小而且性能比 Si 材料要好。

10.2.3　以拓宽钼产品应用领域为准则，积极引进先进技术

对于钼的加工行业来说，调整产业结构、促进产品更新换代已势在必行。钼产品升级换代所用先进工艺技术有以下几种。

1. 静液挤压

原理：利用高压黏性介质对毛坯施加压力，使毛坯材料产生塑性变形，通过凹模型腔出口挤出的技术。

特点：由于高压黏性介质对毛坯材料的三向压力，提高了被挤材料的塑性。

应用：Mo－Cu 的致密化、钼加工。

静液挤压示意图如图 10－3 所示。

2.粉末注射成形技术

由现代塑料注射成形技术与传统粉末冶金工艺相结合而形成一种新型成形技术。

特点:能低成本、大批量制备高性能的复杂小型零部件。材料利用率高达100%。

钼应用:手机振子、钼电极、钼磁控管件(见图10-4)、钼铜热沉、钴铬钼移植件等。

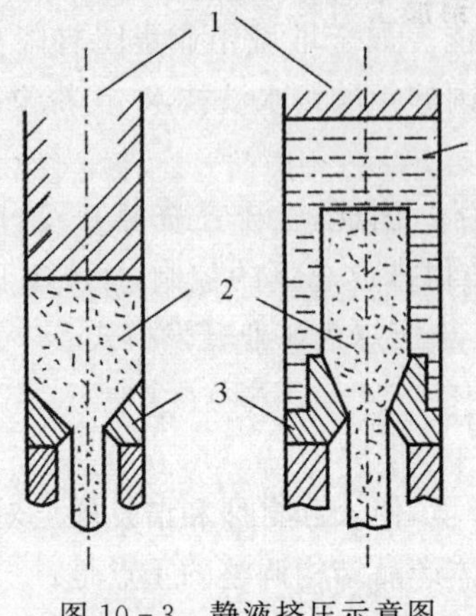

图10-3　静液挤压示意图

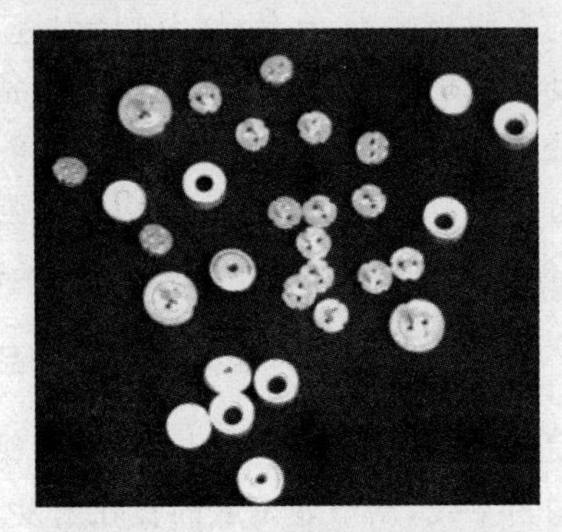

图10-4　微波炉通用磁控管

3.放电等离子烧结(SPS)技术

原理:放电等离子烧结是在粉末颗粒间直接通入脉冲电流进行加热烧结的技术,烧结机制融合了离子体活化、热压、电阻加热等机理。

特点:烧结时间短、温度均匀、易自动化、致密度高、材料组织均匀、晶粒细小,是纳米块体材料制备的潜在技术。

应用:钼、稀土钼、纳米钼材料。

4.微波烧结(Microwave Sintering)技术

原理:利用材料吸收微波能转化为内部分子的动能和热能,使得材料整体均匀加热至一定温度而实现致密化烧结的一种方法,是快速制备高质量的新材料和制备具有新性能的传统材料的重要技术手段。

特点:具有快速加热、烧结温度低、细化材料组织、改进材料性能、安全无污染以及高效节能等优点。

应用:钼和钼复合材料的烧结。

5.粉末锻造技术

粉末锻造是将传统粉末冶金和精密锻造结合起来的一种新技术,是将粉末烧结的预成形坯经加热后,在闭式模中锻造成零件,可以制取密度接近材料理论密度的粉末锻件。

材料及制品达到全致密、力学性能高;同时,又保持了普通粉末冶金少屑、无屑工艺的优点。该技术在钼及钼合金的等温锻造方面得到应用。

6.温压成形技术

它是使用金属粉末和特殊润滑剂在高于室温(为130～150℃)下压制成形,获得高密度制品(压坯)的技术。温压工艺可以有效提高钼基合金等粉末压坯密度。

流动温压工艺因具有成形复杂零件的能力,亦具有广阔的应用前景。

7.超声拉丝

原理:在常规拉丝过程中叠加超声振动处理技术。

特点：降低钼及其合金的变形抗力，使变形更加均匀，更有利于发挥其塑性外，还可以降低拉拔力，改变组织结构，提高耐高温持久性，同时生产效率也明显提高。

应用：钼超细丝制备。

10.2.4 以科学的规划、积极的产业政策促进钼加工可持续发展

1.制定钼加工“十二五”和中长期发展规划

“十二五”期间，要使我国钼深加工得到可持续发展，必须用前瞻的眼光做好发展规划，把发展循环经济作为编制钼深加工“十二五”规划和中长期发展规划的重要指导原则，以更好地指导和扶持产业的健康发展。这是一个发展的机遇期，要紧跟国际著名制造企业，特别是难熔金属及合金钼精细化工产品，充分意识到前有标兵，后有追兵，做到国内领先。

2.加大科技投入，建立起产、学、研联盟的框架，提高创新能力

企业级技术中心，不但要立足市场进行与生产实践相关的理论及技术创新，而且要密切联系市场，加强对市场的洞察力，及时寻找科研方向。要以重大科技攻关项目为纽带，以市场为导向，在政策推动下以企业模式运作，建立产、学、研科研基地。

以重大产业科技攻关项目为纽带，成立产、学、研联合体系，形成联合办学、联建实验室的科技创业基地和研发中心，辅助以市场机制、政策推动和企业运作促进钼深加工的可持续发展。提高创新能力，关键是制度创新。

3.以理念创新为灵魂，构建和谐发展的企业

以著名的难熔金属先进企业为榜样，向它们学习，如奥地利的 Plansee 公司从事难熔金属研究及生产已有上百年的历史，有成功的经验也有失败的教训，这些都是我们要学习的地方。不光要学习其先进的科技、理论及生产知识，而且也要学习其思维方式，坚持以市场为导向的研究理念。

企业理念也是一个企业的灵魂，是企业的精神支柱。企业领导者包括全体员工在企业生产经营建设全过程中用科学的制度、方法对内、外部资源合理配置，并不断寻求新的发展而形成的一种共识，是与时俱进的价值观。我们要迎合新型的加工企业文化，“鼓励创新，宽容失败”，对钼进行新领域的开拓和新的加工技术的研究。

陕西、河南两大钼业公司拥有自己的矿产资源，而世界著名的难熔企业一般都没有这种优势，这有利于形成一套从矿石开采到压力加工一整套的管理方法及科研系统，从而对企业内、外部各种资源进行合理配置，并形成和谐发展的企业文化。

10.2.5 紧跟国际先进水平，积极推进产品的更新换代

1.同国际先进水平相比，差距仍然存在

材料科学是一切科学的基础，较世界先进企业，国内企业落后很多，这既反映在基础理论的研究上，又反映在工业生产上，由于生产过于粗放，精度控制不够细，这严重影响了材料科学及其他科学的发展。中国的难熔业在最近20年内也有了很大的发展，钨酸铵、钼酸铵等化工产品的质量同世界先进水平（斯达克）的差距在逐渐减小；但钨、钼加工产品同先进水平（山德维克、普兰西、斯达克）差距依旧较大。国内企业在技术上一直努力追赶，如北京安泰科技、厦门钨业、苏州先端等。

2.遵循绿色经济,完成传统产品升级换代

产品的生命周期有长有短,产品经开发、增长、稳定,最后逐渐退出市场。现阶段产品均处于稳定期,但较国际先进企业水平还有差距,可以通过对传统产品进行技术改造、升级后重新供应社会以满足更高的要求。21世纪条件下,生产过程要环保、节约能源,这符合循环经济发展的需要。例如:20世纪所使用的电子管,由于没有集成电路,各种无线电手发系统均适用电子管,电子管所用的钨丝、钼丝、钼轧片被广泛应用,但集成电路的出现使电子管逐步退出市场,目前进入的数字化时代,使LED深入到社会上的各个领域。

3.紧跟科技发展,提高产品科技含量

现在国内难熔企业多达数百家,对能源、环保要求越来越严,即便是对传统产品的质量要求也越来越严格。新兴产品要求化学纯度更高、物理尺寸更精密。难熔金属材料向"纯化、细化、强化、均质化、复合化"发展;难熔金属制备工艺向"大型化、高精度、自动化、近终成形化"发展。例如,LED所用的溅射靶材,普兰西、斯达克公司已能够生产出6000mm×2000mm×15mm尺寸的钼靶,纯度高达99.99%、单个质量超过20t,而国内还是空白,所用靶材均向其采购。传统产品如钼元片,我们要求的尺寸精度以mm为度量,但国际上要求以μm为度量,圆度要求也是以μm为单位,而且要求钼元片表面无白点、黑点等,要求生产的原料钼粉杂质含量要小于17×10^{-6}。可见,即便是传统产品的技术要求也要提高。传统的钼电极,过去一般采用普通钼粉进行压制、烧结、压力加工及机加工到成品,但现在一般采用Mo-稀土、Mo-Ti合金,光导玻璃纤维所用电极纯度要求含钼量在99.99%以上。